Anfangsgründe

der

höheren Mechanik,

nach der antiken, rein geometrischen Methode

bearbeitet

von

Dr. Jacob Wilhelm Heinrich Lehmann.

Mit zwei Steindruck-Tafeln.

Berlin, 1831.
Gedruckt und verlegt
bei G. Reimer.

Sinnentstellende Druckfehler.

Seite	30	Zeile	3 v. o.	statt	2a	lies	2α
=	37	=	10 v. u.	=	u_{k+1}	l.	u^r_{k+1}
=	38	=	10 = =	=	$q_{,,,}$	l.	$q^r_{,,,}$
=	59	=	6 v. o.	=	$\frac{1.3..(2n-2)}{4.6..(2n+4)}$	l.	$\frac{1.3..(2n-1)}{4.6..(2n+4)}$
=	167	=	11 = =	=	$(\mathrm{Sin.}^{k+m}\mathrm{Cos.}^{l}\varphi)$	l.	$(\mathrm{Sin.}^{k+m}\mathrm{Cos.}^{l})\varphi$
=	228	=	6 = =	=	2ten	l.	1sten
=	228	=	8 = =	=	1sten	l.	2ten
=	256	=	7 = =	=	AH	l.	AF
=	300	=	10 v. u.	=	Punct B	l.	Punct A
=	367	=	2 = =	=	D	l.	B
=	395	=	9 = =	=	$p_{,,,}, p_{,,,}$	l.	$p_{,,,}, p'_{,,,}$

Vorrede.

Der Versuch, die höhere Mechanik nach der antiken Methode zu bearbeiten, ist nicht ganz neu. Abgesehen davon, daß bereits Archimedes in seinen statischen und hydrostatischen Schriften manche Lehren vom Gleichgewicht, welche einen wesentlichen Theil der Lehre von der Bewegung ausmachen, ohne alle Hülfe der neueren analytischen Operationen behandelt hat, von denen ja den Alten gar nichts bekannt war, so führte Newton in seinen principiis mathematicis philosophiae naturalis die Mechanik mit fast durchgängiger Befolgung der reingeometrischen Methode (welche nur hier und da durch Benutzung der in seiner Arithmetica universalis entwickelten arithmetischen Operationen, mit Zuziehung des Begriffs positiver und negativer Größen, unterbrochen ist) bis zu einem hohen Grade der Vollendung durch, so daß diese Schrift, wie so manche andere desselben Verfassers, unerschöpfliche Schätze enthält, welche auch selbst bei den neueren Fortschritten der Wissenschaft immer ihren eigenthümlichen Werth behalten. In seine Fußstapfen traten Maclaurin, Varignon und andere Franzosen und Engländer, welche fortfuhren die Mechanik nach einer der antiken sich nähernden Methode zu bearbeiten, bis in der Mitte des vorigen Jahrhunderts der berühmte Euler, besonders durch seine theoria motus corporum solidorum seu rigidorum, auf dem Wege der neueren Analysis die Mechanik viel allgemeiner als alle seine Vorgänger behandelte und mit unschätzbaren Entdeckungen bereicherte, — weshalb man von der Zeit an die Hoffnung aufgegeben zu haben scheint, die Lehre von der Bewegung einzelner Puncte und ganzer Körper auf reingeometrischem und synthetischem Wege dem gegenwärtigen Zustande der Wissenschaft gemäß darstellen zu können. Ueberdies bewirkten die in der letzten Hälfte des vorigen Jahrhunderts immer mehr vervollkommten analytischen Methoden, wodurch man schnell von Entdeckung zu Entdeckung forteilte, eine lange dauernde Vernachlässigung des Studiums der Werke der griechischen Mathematiker. Die neueste Zeit scheint indessen dem Wiedererwachen dieses Studiums günstig zu sein; wenigstens ist schon viel von der Einseitigkeit verschwunden, wonach der antike Geist durch das Abstracte der neueren analytischen Operationen fast erdrückt wurde. Meine Ansichten über den Werth der alten und neuen mathematischen Methode und über ihr gegenseitiges Verhältniß darzulegen, dazu würde der Raum dieser Vorrede viel zu eng sein; ich berufe mich daher auf die im Jahre 1829 von mir herausgegebenen mathematischen Abhandlungen (Zerbst, in Commission bei G. A. Kummer), mit der Bitte, manche darin vorkommende Bemerkungen, welche zu sehr auf das Extrem gehen, als Erguß eines jugendlichen Ungestüms anzusehen, der späterhin bei gereifterem Nachdenken einer ruhigen Mäßigung und einer Einschränkung in die goldene Mittelstraße Platz machen mußte. Besonders aber bitte ich, die in jenem Werke enthaltenen langen Abschnitte zur Begründung des Begriffs der geraden Linie und Ebene nicht als Hauptsache des Buches anzusehen, sondern nur gewissermaßen als ein Kunststück, wie man es machen könnte, wenn man in der Begründung der Grundbegriffe bis auf die allerschärfsten philosophischen Deductionen zurückgehen wollte. Der Anhang jenes Werks, welcher es versucht, die Keplerschen Gesetze und andere Gegenstände der höheren Mechanik auf antikem Wege zu entwickeln, möchte eher als Hauptsache des Buchs zu betrachten sein. Was dort nur in den ersten Grundlinien hingeworfen war, und zur vollendeten Deutlichkeit, besonders in den allgemeinen Sätzen von Tangential-, Normal- und Centralkräften, noch manches zu wünschen übrig ließ, erscheint in dem gegenwärtigen Werke schärfer begründet und weiter ausgeführt, so daß ich mir schmeicheln darf, es werden manche dort angeregte Hoffnungen, welche die geehrten Leser zu Zweifeln veranlassen konnten, hier realisirt erscheinen. Gegenwärtiges Werk über Mechanik bezieht sich indessen mit keiner Silbe auf die gedachten mathematischen Abhandlungen, sondern ist so abgefaßt, daß es ganz für sich allein, wenn man nur mit den Elementen des Euclides und mit einigen Sätzen des Archimedes und Apollonius sich vertraut gemacht hat, auch selbst bei völliger Unbekanntschaft mit der neueren Arithmetik, Algebra und Analysis (die Rechnungszeichen ausgenommen, welche als Abkürzungen statt der Worte dienen) verstanden werden kann; zur Erleichterung ist übrigens überall, wo es nöthig war, auf die betreffenden Stellen der 3 genannten Alten verwiesen worden. Das Buch ist daher hauptsächlich für eine gewisse Klasse von Lesern bestimmt, für diejenigen nämlich, welchen es schwer wird und schwer bleibt, sich in das Abstracte des neueren Calküls hineinzuarbeiten, die aber doch neben der Fähigkeit bei unmittelbar anschaulichen, räumlichen Gegenständen die Aufmerksamkeit scharf anzuspannen (ohne dabei allemal durch eine wirklich gezeichnete Figur unterstützt zu sein), ein lebhaftes Interesse haben die aus der neueren Analysis hervorgegangenen Entdeckungen in sich aufzunehmen und sich gründlich zu eigen zu machen. Daher habe ich mich bemüht die Betrachtung der imaginären Größen gänzlich zu umgehen, und überhaupt an die Stelle des allgemeinen Begriffs des Positiven und Negativen die jedesmalige genaue Betrachtung des speciellen Falls gesetzt; auch den allgemeinen Begriff der Einheit, welcher der reingeometrischen Methode fremd ist, bin ich mir bewußt ganz vermieden zu haben; daher sind denn überall, wo von Zahlen die Rede ist, nur ganze Zahlen und höchstens rationale Brüche, niemals aber Irrationalzahlen gemeint, wofür ich vielmehr die Betrachtuug irrationaler Verhältnisse eingeführt, und alle arithmetischen Operationen nach Art der Alten auf die Umwandlungen der Proportionen zurückgeführt habe. Das Unendlichkleine aber ist und wird immer ein delicater Punct bleiben; der Sache nach läßt es sich bei höheren mathematischen und besonders bei mechanischen Untersuchungen nie abweisen; ich habe indessen den Ausdruck des Unendlichkleinen, so wie alles dasjenige zu vermeiden gesucht, was der gedachten Klasse von Lesern anstößig sein könnte, und statt dessen, wenn die Exhaustions-Methode der Alten nicht ausreichte oder zu große Weitläuftigkeit gab, mich bestrebt, an den jedem menschlichen Verstande inwohnenden, wenn auch nur allmälig zum Bewußtsein kommenden Begriff der Stetigkeit, des Werdens und Entstehens, der allmäligen Annäherung, so daß der Unterschied kleiner werden kann als jede gegebene Größe, zu appelliren; mit Einem Worte, ich habe mich der Newtonschen Ansicht von Fluxionen, von den ersten und letzten Verhältnissen angeschlossen; lieb wäre mirs indessen, wenn die von mir gebrauchten Ausdrücke den oben bezeichneten Lesern noch etwas klarer erschienen als die von Newton in seinen principiis . . . gebrauchten. Daher glaubte ich im ersten Eingang der mechanischen Lehren durch eine scharfe Entwickelung des Begriffs der Geschwindigkeit (der im Wesentlichen mit Newtons Fluxion übereinkommt) zu Hülfe kommen zu müssen; über die den archimedischen ähnlichen Annahmen aber, welche den Sprung von discreten zu stetigen Größen begleiten, habe ich mich in der Anmerkung Seite 426 des vorliegenden Werks hoffentlich hinreichend erklärt.

Wenn es nun bei der hier besprochenen Methode möglich gewesen ist, den gesammten Inhalt dessen, was im 1sten Buche der Laplace'schen Mechanik des Himmels

(Auseinandersetzung derjenigen allgemeinen mechanischen Lehren, welche in den 15 folgenden Büchern speciell auf das Weltsystem angewandt werden) enthalten ist, so wie den größten Theil dessen, was Poisson in seinem Traité de mécanique beibringt, mit Ausnahme der Bewegung der Flüssigkeiten, zu entwickeln, und zwar so, daß die Entwickelung nur ebensoviel oder noch weniger Raum einnimmt als in den genannten französischen Werken selbst mit den dazu nöthigen analytischen Vorbereitungen zusammengenommen, so ist das vielleicht ein kleiner Beleg zu der Behauptung, daß die antike mathematische Methode doch wohl etwas mehr zu leisten im Stande ist, als diejenigen meinen, welche sich hauptsächlich nur in die neuere Analysis hineingearbeitet haben. Auch glaube ich theils die geometrische Methode noch reiner erhalten zu haben als Newton in seinen principiis, theils hinsichtlich der Resultate weiter vorgeschritten zu sein als die früheren Bearbeiter der Mechanik auf antikem Wege; namentlich zweifle ich, daß die Theorie der Rotation fester Körper, der Hauptumdrehungsaxen, des sicheren und unsicheren Zustandes, u. s. w., welche Theorie den letzten und größten Abschnitt des vorliegenden Werks ausmacht, bisher anders als rein analytisch vorgetragen sei.

Ueber die einzelnen Theile des Buchs wäre noch folgendes zu bemerken. Der erste Theil enthält vorbereitende arithmetische Lehren. Der Ausdruck ist unpassend gewählt; doch wußte ich keinen besseren und dabei eben so kurzen. Denn da dieser Theil sich hauptsächlich mit Proportionen beschäftigt, so bezieht er sich nicht auf die Arithmetik im Sinne der Alten; das war die Mathematik der discreten Größen; sondern auf die allgemeine Größenlehre. Der zweite Theil enthält vorbereitende geometrische Lehren, diejenigen nämlich, welche, ohne sich auf Bewegung zu beziehen, doch mit den Lehren des 1sten Theils zusammen zur Bearbeitung der eigentlichen Bewegungslehre unentbehrlich sind. Was in diesen beiden Theilen über Reihen vorkommt, wäre überflüssig gewesen, hätte ich nicht an dem Beispiel der Pendel-Theorie zeigen wollen, daß auch convergirende unendliche Reihen für die reine Geometrie und Synthesis der Alten zugänglich seien. Daß nach der antiken Betrachtungsweise die Sinus, Cosinus, Tangenten u. s. w. nicht Zahlen, sondern wirkliche Linien sind, und daß dabei der Halbmesser nicht mit 1, sondern mit r bezeichnet wird, bedarf wohl kaum einer Erinnerung; aus diesem Gesichtspunct betrachtet werden aber auch die Bezeichnungen $\mathrm{Sin.}^2\varphi$, $\mathrm{Sin.}^3\varphi\ldots$ statt $\mathrm{Sin.}\varphi^2$, $\mathrm{Sin.}\varphi^3\ldots$ sich rechtfertigen. — Da sich der Lehre vom Schwerpunct auch eine reingeometrische Ansicht, ohne alle Beziehung auf Gleichgewicht und Bewegung, abgewinnen läßt, so ist schon in die vorbereitenden geometrischen Lehren ein Abschnitt vom Schwerpunct eingeschaltet; doch ist, zur Abkürzung des Vortrags, die Definition des Schwerpuncts eines Körpers bis zu den eigentlich mechanischen Abschnitten aufgespart worden. — Bei der Anordnung des dritten Theils, welcher die eigentlich mechanischen Lehren enthält, habe ich mich am meisten vom ersten Buche der Laplace'schen Mechanik des Himmels leiten lassen; vielleicht gelingt es mir, die Resultate dieses unsterblichen, bisher noch unübertroffenen Werks durch die von mir befolgte Methode für manche zugänglicher zu machen. Freilich mußte zum Behuf der antiken Behandlung die Ordnung in mehreren Puncten wesentlich verändert werden; ich habe indeß in Anmerkungen allemal auf die Stellen des Laplace verwiesen, wo seine Resultate mit den meinigen übereinkommen. — Manches, was zum vollständigen Beweise in antiker Form größerer Ausführlichkeit bedurft hätte, ist, der Kürze wegen, bloß angedeutet worden, und es bleibt dem denkenden Leser überlassen, die Schlußreihen zu vervollständigen. Dahin gehören denn auch manche Stellen, welche den sich selbst widersprechenden Begriff unendlichkleiner Größen zu enthalten scheinen, aber bei gründlicherem Nachdenken ihn nicht wirklich enthalten. — Daß die hier abgehandelte Mechanik eine rein mathematische Wissenschaft, und die Anwendungen auf die wirkliche Körperwelt und auf das Weltsystem bloße Beispiele sind, wo die bloß gedachten Bewegungen sich wiederfinden, — daß aber die Natur-Erscheinungen keineswegs den Stoff zu den ersten Principien der hier entwickelten Theorien geben, — wird man bald aus dem ganzen Vortrag ersehen. Bei dem so gewählten Gange fallen die unseligen Streitigkeiten über Maaß der Kräfte, Beweis des Princips von den Bedingungen des Gleichgewichts beim Hebel, Beweis des Princips des Parallelogramms der Kräfte, u. s. w., von selbst weg. Auch über die Haltbarkeit des atomistischen und dynamischen Systems in der Physik habe ich in der Anmerkung Seite 426 dasjenige gesagt, was mir für den Zweck dieses Werks nöthig schien. — Den Satz der kleinsten Wirkung, die Theorie der Brachistochrona, so wie andere Gegenstände, welche sich auf die curvas maximi minimive proprietate gaudentes oder auf die Variationsrechnung beziehen, nach der antiken Methode zu begründen, ist mir bisher nicht gelungen. — Ueberall aber ging mein Streben dahin, den abgehandelten Gegenständen die möglichst vollkommenste räumliche Anschaulichkeit zu geben. Zur Beförderung dieser Anschaulichkeit sollten nicht sowohl die angehängten Zeichnungen, als vielmehr der im Text befolgte Gang beitragen; diese Bemerkung scheint mir besonders hinsichtlich des letzten Abschnitts, von der drehenden Bewegung der festen Körper und von den Hauptaxen und den bei der Rotation obwaltenden Perioden, von Wichtigkeit. — Bei der Begründung des Princips der virtuellen Geschwindigkeiten bin ich besonders Poisson und Grunert gefolgt, habe aber dabei alles vom Unendlichkleinen zu entkleiden gesucht, indem ich statt dessen den Begriff der Geschwindigkeit einführte; man sehe Seite 389 — 401 des Textes. — Anderes, was dazu beitragen kann, den Leser über den ganzen Geist des Werks zu orientiren, wird auch derjenige, welcher das Buch nur flüchtig ansehen will, leicht aus den mit kleinerer Schrift gedruckten Anmerkungen entnehmen können.

Inwiefern der hier gemachte Versuch auf schwierigere Gegenstände der Mechanik des Himmels, auf die Attraction der Ellipsoiden, auf das Problem der drei Körper und den Perturbations-Calkül, auf die Bewegung der Flüssigkeiten u. s. w. übergetragen werden könne, muß die Zeit lehren. Indessen würde ich mich freuen, wenn durch dieses Werk mancher mathematische Kopf, welcher der Sache mehr gewachsen ist als ich, sich veranlaßt finden sollte in demselben Geiste die Untersuchungen der Himmels-Mechanik (die ja doch immer der größte Triumph des menschlichen Verstandes bleiben werden) weiter fortzuführen und bekannt zu machen.

Berlin, den 30sten April 1831.

W. Lehmann.

Inhaltsverzeichniß.

Seite

Zweiter Theil.

Dritter Theil.

Seite

Erster Theil.

Vorbereitende arithmetische Lehren.

Erster Abschnitt.

Vervollständigung der euclidischen Proportions-Lehre.

§. 1. Lehrsatz.

Wenn zwei Verhältnisse gleichartiger Größen einander gleich sind, so hat die Differenz der Vorderglieder zur Differenz der Hinterglieder dasselbe Verhältniß.

Beweis. Die vier gleichartigen Größen seien a, b, c, d, und es verhalte sich $a:b=c:d$; auch sei $a>c$, und folglich $b>d$. Man nehme zu a, b und $a-c$ das vierte Proportionalglied x, so verhält sich

$$\begin{aligned} a:b &= c : d \\ a:b &= a-c : x \\ \hline a:b &= a : d+x. \end{aligned} \quad \text{(Eucl. 5,12)}$$

Also ist (Eucl. 5,9) $d+x=b$, folglich $x=b-d$, und es verhält sich $a:b=a-c:b-d$.

§. 2. Zusatz.

Wenn man diesen Satz und den Satz Eucl. 5,12 wiederholt anwendet, so beweist man folgenden Satz: Wenn mehrere Verhältnisse gleichartiger Größen einander gleich sind, und man nimmt mit den Vorder- und Hintergliedern, wie man will, doch in einerlei Ordnung, abwechselnd Additionen und Subtractionen vor, so erhält man wieder dasselbe Verhältniß. Z. B. wenn $a:b=c:d=e:f=g:h$, so ist $a-c-e+g:b-d-f+h=a:b$.

§. 3. Lehrsatz.

In jeder Proportion verhält sich die Summe der beiden ersten Glieder zu ihrer Differenz wie die Summe der beiden letzten Glieder zu ihrer Differenz.

Beweis. Die Proportion sei $a:b=c:d$, und es sei

1) $a>b$, also auch $c>d$. Man mache $a+b:a-b=c+d:x$, so ist verbunden (Eucl. 5,18) $2a:a+b=c+d+x:c+d$. Aber aus $a:b=c:d$ folgt verbunden $2a:a+b=2c:c+d$. Folglich ist (Eucl. 5,9) $c+d+x=2c$, also $x=c-d$. Folglich ist $a+b:a-b=c+d:c-d$.

2) Es sei $a<b$, und $c<d$. Dann folgt aus $a:b=c:d$ umgekehrt (Eucl. 5,4) $b:a=d:c$, und daraus, nach dem, was in No. 1) bewiesen, $a+b:b-a=c+d:d-c$.

§. 4. Zusatz.

Folglich verhält sich auch umgekehrt: Die Differenz des 1. und 2. Gliedes zu ihrer Summe wie die Differenz des 3. und 4. Gliedes zu ihrer Summe.

§. 5. Lehrsatz.

Wenn zwei Proportionen die 2ten und 4ten Glieder gemein haben, so verhält sich die Differenz der 1sten Glieder zum 2ten wie die Differenz der 3ten Glieder zum 4ten.

Beweis. Es sei $a:b=c:d$, und $e:b=f:d$, und $a>e$, also auch $c>f$. Man mache $b:a-e=d:x$, so wird umgekehrt

$$a-e:b=x:d. \quad \text{Da aber}$$
$$e:b=f:d$$

so wird (Eucl. 5, 24) $a\quad:b=x+f:d$.

Und da auch $a:b=c:d$, so ist $x+f=c$, also $x=c-f$, und $a-e:b=c-f:d$.

§. 6. Zusatz.

Wenn man diesen Satz und den Satz Eucl. 5, 24 wiederholt anwendet, so beweist man folgenden Satz: Wenn in mehreren Proportionen die 2ten und 4ten Glieder gleich sind, und man nimmt mit den 1sten und 3ten Gliedern, wie man will, doch in einerlei Ordnung, abwechselnd Additionen und Subtractionen vor, und läßt dagegen die 2ten und 4ten Glieder unverändert, so erhält man wieder eine richtige Proportion. Z. B. wenn

$$a : b = c : d$$
$$e : b = f : d$$
$$g : b = h : d$$
$$i : b = k : d$$

so ist $a - e - g + i : b = c - f - h + k : d$.

§. 7. Zusatz.

Hieraus, in Verbindung mit Eucl. 5, 4 fließt folgender Satz: Wenn mehrere Proportionen die ersten und dritten Glieder gemein haben, und man nimmt mit den 2ten und 4ten Gliedern, wie man will, doch in einerlei Ordnung, abwechselnd Additionen und Subtractionen vor, und läßt dagegen die 1sten und 3ten Glieder unverändert, so erhält man wieder eine richtige Proportion. Z. B. aus $a : b = c : d$

$$a : e = c : f$$
$$a : g = c : h$$
$$a : i = c : k$$

folgt $a : b - e + g - i = c : d - f + h - k$.

§. 8. Lehrsatz.

Wenn man zwei Größen nach einerlei Verhältniß verändert, die dadurch sich ergebenden Größen wieder nach einerlei Verhältniß verändert, u. s. w., so oft man will, so verhält sich die anfängliche erste Größe zu dem Werth, den sie zuletzt erhalten, wie die anfängliche 2te Größe zu dem Werth, den sie zuletzt erhalten.

Beweis. Die anfänglichen Größen seien a und b. Man verwandle a in c, und b in d, so daß $a:c = b:d$, alsdann c in e, und d in f, so daß $c:e = d:f$

so wird ordinatim ex aequo (Eucl. 5,22) $a:e = b:f$. Man verwandle e in g, und f in h, so daß $e:g = f:h$,

so wird ord. ex aeq. $a:g = b:h$. So kann man fortfahren zu schließen, so weit man will.

§. 9. Erklärung.

Wenn man auf die angezeigte Art eine Größe nach mehreren Verhältnissen successive verändert, so heißt das Verhältniß der anfänglichen Größe zu der zuletzt erhaltenen das aus allen einzelnen Verhältnissen zusammengesetzte Verhältniß, und man bezeichnet das aus mehreren Verhältnissen $a:b$, $c:d$, $e:f$ zusammengesetzte Verhältniß durch $(a:b)+(c:d)+(e:f)$. Werden 2 gleiche Verhältnisse zusammengesetzt, so heißt das daraus entstandene das doppelte Verhältniß des anfänglichen, und man bezeichnet es, wenn $a:b$ das einfache Verhältniß ist, durch $2(a:b)$; werden drei gleiche Verhältnisse zusammengesetzt, so heißt das daraus sich ergebende das dreifache Verhältniß des anfänglichen, und man bezeichnet es durch $3(a:b)$, u. s. w.

§. 10. Lehrsatz.

Werden 2 ungleiche Verhältnisse zusammengesetzt, so kann man sie in beliebiger Ordnung zusammensetzen, ohne das sich ergebende Verhältniß zu verändern.

Beweis. Die beiden zusammenzusetzenden Verhältnisse seien $a:b$ und $c:d$. Man nehme eine beliebige Größe e, und mache $a:b = e:f$, und $c:d = f:g$, so ist $e:g = (a:b)+(c:d)$. Man mache $c:d = e:h$, nnd $a:b = h:i$. Da nun auch $a:b = e:f$, so folgt

simpliciter ex aequo (Eucl. 5,11) $e:f = h:i$, und eben so aus $c:d = f:g$, und $c:d = e:h$ simpl. ex aeq. $f:g = e:h$

perturbatim ex aeq. (Eucl. 5,23) $e:g = e:i$,

d. i. $(a:b)+(c:d) = (c:d)+(a:b)$.

§. 11. Lehrsatz.

Werden drei Verhältnisse zusammengesetzt, so kann man sie in beliebiger Ordnung zusammensetzen, ohne das sich ergebende Verhältniß zu ändern.

Beweis. Es seien die Verhältnisse a:b, c:d und e:f zusammenzusetzen. Nach dem vorigen Satze ist (a:b) + (c:d) + (e:f) = (a:b) + (e:f) + (c:d), aber auch = (c:d) + (a:b) + (e:f), und dies = (c:d) + (e:f) + (a:b), dies = (e:f) + (c:d) + (a:b), und dies = (e:f) + (a:b) + (c:d).

§. 12. Lehrsatz.

Werden vier Verhältnisse zusammengesetzt, so kann man sie in beliebiger Ordnung zusammensetzen, ohne das sich ergebende Verhältniß zu ändern.

Beweis. Die 4 Verhältnisse seien a:b, c:d, e:f, g:h. Nach dem vorigen Satz kann man, während g:h in der 4ten Stelle bleibt, die 3 ersten Verhältnisse beliebig verwechseln, ohne das aus allen vieren zusammengesetzte Verhältniß zu ändern. Dadurch kommt nach und nach jedes der 3 ersten Verhältnisse in die 3te Stelle. Das in der 3ten Stelle stehende Verhältniß aber kann man, nach dem vorigen Satz, allemal in die 4te Stelle, und statt dessen das Verhältniß g:h in die 3te Stelle setzen. Dadurch kommt nach und nach jedes der 4 Verhältnisse in die 4te Stelle. Während aber ein Verhältniß in der 4ten Stelle bleibt, kann man allemal die in den 3 ersten Stellen stehenden in beliebige Ordnung setzen. Folglich kann man 4 Verhältnisse in beliebige Ordnung setzen, ohne das zusammengesetzte Verhältniß zu ändern.

§. 13. Zusatz.

Auf ähnliche Art macht man von 4 Verhältnissen den Schluß auf 5, von 5 auf 6, u. s. w. Folglich kann man, so viele Verhältnisse man will, in beliebige Ordnung setzen, ohne das aus allen zusammengesetzte Verhältniß zu ändern.

§. 14. Zusatz.

Anstatt ein Verhältniß mit mehreren andern nach der Reihe zusammenzusetzen, kann man es gleich mit dem aus allen Verhältnissen zusammengesetzten Verhältniß zusammensetzen. Z. B. $(a:b)+(c:d)+(e:f)+(g:h)=(a:b)+[(c:d)+(e:f)+(g:h)]$.

§. 15. Erklärung.

Was es heißt, eine Größe mit einer ganzen Zahl multipliciren, ist bekannt. **Eine Größe mit einem Bruch multipliciren**, heißt, sie in soviel gleiche Theile theilen, als der Nenner anzeigt, und einen solchen Theil mit dem Zähler multipliciren. Man bezeichnet die Multiplication einer Größe mit einem Bruch dadurch, daß man vor das Zeichen der Größe den Bruch schreibt, und zwischen beide einen Punct setzt, welcher Punct aber auch, wenn die zu multiplicirende Größe nicht selbst eine bestimmte Zahl oder ein Bruch ist, weggelassen werden kann.

§. 16. Zusatz.

Wird eine Größe mit einem Bruch multiplicirt, so wird sie im Verhältniß des Nenners zum Zähler verändert.

§. 17. Lehrsatz.

Wenn ein Bruch einer ganzen Zahl gleich ist, z. B. $\frac{21}{7}=3$, so ist es einerlei, ob man eine Größe mit der ganzen Zahl, oder ob man dieselbe Größe mit dem Bruch multiplicirt.

Beweis. Es sei a mit der ganzen Zahl b, und auch a mit dem Bruch $\frac{c}{d}$ zu multipliciren, welcher $=$ b ist. Alsdann ist $c=d.b$, also a mit $\frac{d.b}{d}$ zu multipliciren, d. i. der dte Theil von a mit d.b zu multipliciren, oder, was dasselbe sagt, der dte Theil von a mit d, und was herauskommt, mit b zu multipliciren. Da aber der dte Theil von a, mit d multiplicirt, $=$ a ist, so heißt a mit $\frac{c}{d}$ multipliciren soviel als a mit b multipliciren.

§. 18. Lehrsatz.

Wenn 2 Brüche mit verschiedenen Zahlen geschrieben, doch ihrem Werth nach gleich sind, z. B. $\frac{12}{8} = \frac{21}{14}$, so verhält sich der Nenner des einen zu seinem Zähler wie der Nenner des andern zu seinem Zähler.

Beweis. Es sei $\frac{a}{b} = \frac{c}{d}$, so ist, wenn man beiderseits mit $b.d$ multiplicirt, $a.d = b.c$. Nun verhält sich $b.d : a.d = b : a$, d. i. $b.d : b.c = b : a$, d. i. $d : c = b : a$.

§. 19. Zusatz.

Aus §. 18. und 16. folgt, daß, wenn 2 Brüche, mit verschiedenen Zahlen geschrieben, doch ihrem Werth nach gleich sind, es einerlei ist, ob man eine Größe mit dem einen, oder ob man dieselbe Größe mit dem andern Bruche multiplicirt.

§. 20. Lehrsatz.

Anstatt eine Größe mit einem Bruche, und das Product mit einem andern Bruche zu multipliciren, kann man sie gleich mit einem Bruche multipliciren, dessen Zähler = dem Product der beiden ersteren Zähler, und dessen Nenner = dem Product der beiden ersteren Nenner ist.

Beweis. Es sei $\frac{b}{c} a = d$, und $\frac{e}{f} d = g$, so verhält sich nach §. 16. $c : b = a : d$, und $f : e = d : g$, also (§. 9.) $a : g = (c : b) + (f : e) = (c.f : b.f) + (b.f : b.e) = c.f : b.e$; folglich ist $g = \frac{b \cdot e}{c \cdot f} a$.

§. 21. Zusatz.

Aus der Beweisführung des letzten Satzes geht hervor, daß das Verhältniß zweier Producte, deren jedes aus 2 ganzen Factoren besteht, aus den Verhältnissen der einzelnen Factoren zusammengesetzt ist. Und hieraus geht wieder hervor, daß das Verhältniß zweier Producte, deren jedes aus 3 oder 4 ganzen Factoren besteht, u. s. w., aus den Verhältnissen der einzelnen

Factoren, der Reihe nach, zusammengesetzt ist. Z. B. $4.5.6.8 : 11.13.2.3 = (4:11) + (5:13) + (6:2) + (8:3)$.

§. 22. Lehrsatz.

Anstatt eine Größe mit einem Bruche, und das Product mit einer ganzen Zahl zu multipliciren, kann man die anfängliche Größe gleich mit einem Bruche multipliciren, dessen Zähler das Product des anfänglichen Zählers und der ganzen Zahl, und dessen Nenner der anfängliche Nenner ist.

Beweis. Es sei $\frac{b}{c} a = d$, und $e.d = f$, so ist $c:b = a:d$, also $c:e.b = a:e.d = a:f$, also ist $f = \frac{e.b}{c} a$.

§. 23. Lehrsatz.

Anstatt eine Größe mit einer ganzen Zahl, und das Product mit einem Bruche zu multipliciren, kann man die anfängliche Größe gleich mit einem Bruche multipliciren, dessen Zähler das Product des anfänglichen Zählers und der ganzen Zahl, und dessen Nenner der anfängliche Nenner ist.

Beweis. Es sei $b.a = c$, und $\frac{d}{e} c = f$, so ist $e:d = c:f$,

d. i. $e:d = b.a:f$, aber

$d:b.d = a:b.a$

$$\overline{}\ \text{pert. ex aeq.}$$

$e:b.d = a:f$, also $f = \frac{b.d}{e} a$.

§. 24. Zusatz.

Aus §. 13. und 16. folgt, daß, wenn eine Größe mit einer ganzen Zahl oder einem Bruch, das Product wieder mit einer ganzen Zahl oder einem Bruch multiplicirt werden soll, u. s. w., daß man alsdann die Ordnung der Factoren, womit die anfängliche Größe multiplicirt werden soll, wie viele ihrer auch sein mögen, beliebig verwechseln kann, ohne das zuletzt sich ergebende Product zu ändern.

§. 25. Zusatz.

Durch wiederholte Anwendung der Sätze §. 20. 22. 23. und 24. beweist man, daß man, anstatt eine Größe mit einer ganzen Zahl oder einem Bruch, das Product wieder mit einer ganzen Zahl oder einem Bruch zu multipliciren, u. s. w., die anfängliche Größe gleich mit einem Bruche multipliciren kann, dessen Zähler das Product aller einzelnen Zähler und ganzen Zahlen, und dessen Nenner das Product aller einzelnen Nenner ist. Z. B. $i\left(\frac{g}{h}\left(\frac{e}{f}\left(d\left(\frac{b}{c}a\right)\right)\right)\right) = \frac{bdegi}{cfh}a.$

§. 26. Lehrsatz.

Wenn 2 Verhältnisse zusammengesetzt werden, davon das eine das umgekehrte des andern ist, so erhält man das Verhältniß der Gleichheit. Und wenn 2 Verhältnisse, zusammengesetzt, das Verhältniß der Gleichheit hervorbringen, so ist das eine das umgekehrte des andern.

Beweis. Die beiden Verhältnisse seien $a:b$ und $b:a$. Man wähle eine beliebige Größe c, und mache $a:b = c:d$, und $b:a = d:e$, so wird umgekehrt $a:b = e:d$, also simpl. ex aeq. $c:d = e:d$, also $c = e$, folglich $(a:b) + (b:a) = c:c$.

Ist aber $(a:b) + (b:c) = a:a$, so ist (§. 9.) $a:c = a:a$, also $c = a$.

§. 27. Lehrsatz.

Wenn mehrere Verhältnisse zusammengesetzt werden sollen, so kann man die Vorderglieder unter sich und die Hinterglieder unter sich in beliebige Ordnung setzen ohne das sich ergebende Verhältniß zu ändern, wenn nur zusammengesetzte Vorder- und Hinterglieder gleichartig bleiben.

Beweis. 1) Wenn 2 Verhältnisse, $a:b$ und $c:d$, zusammenzusetzen sind, wo a, b, c und d gleichartige Größen sind, so ist $(a:b) + (c:d) = (a:d) + (d:b) + (c:d) = (a:d) + (c:d) + (d:b) = (a:d) + (c:b)$.

2) Wenn drei Verhältnisse zusammenzusetzen sind, so daß

die Glieder zweier Verhältnisse unter sich gleichartig, aber den Gliedern des 3ten Verhältnisses ungleichartig sind, so ist der Beweis schon in Nr. 1) enthalten. Sind alle 6 Glieder gleichartig, so ist, nach dem, was in Nr. 1) bewiesen, $(a:b)+(c:d)+(e:f)=(a:b)+(c:f)+(e:d)$, aber auch $=(a:d)+(c:b)+(e:f)=(a:d)+(c:f)+(e:b)=(a:f)+(c:d)+(e:b)=(a:f)+(c:b)+(e:d)$.

3) Wenn vier Verhältnisse zusammenzusetzen sind, und es sind nicht sämmtliche Glieder aller Verhältnisse gleichartig, so ist der Beweis schon in Nr. 1) und 2) enthalten. Sind aber alle 8 Glieder gleichartig, so können in dem zusammengesetzten Verhältnisse $(a:b)+(c:d)+(e:f)+(g:h)$, während die Vorderglieder a, c, e, g in ihren Stellen bleiben, die 3 ersten Hinterglieder b, d, f zufolge Nr. 2) beliebig verwechselt werden. Dadurch kommt nach und nach jedes der Glieder b, d, f in die Stelle des 3ten Verhältnisses, kann also, wie gleichfalls aus Nr. 2) hervorgeht, in die Stelle des 4ten Verhältnisses gesetzt werden, wenn man nur statt dessen h in die Stelle des 3ten Verhältnisses setzt. Auf diese Art kommt nach und nach jedes der 4 Glieder b, d, f, h in die Stelle des 4ten Verhältnisses. Während nun alle Vorderglieder in ihren Stellen, und ein Hinterglied in der Stelle des 4ten Verhältnisses bleibt, können allemal die 3 ersten Hinterglieder beliebig verwechselt werden. Folglich können, während die 4 Vorderglieder in ihren Stellen bleiben, die 4 Hinterglieder unter sich beliebig verwechselt werden.

4) Auf ähnliche Art schließt man von 4 Verhältnissen auf 5, von 5 auf 6, u. s. w.; und man kann überdies, während jedes Vorderglied mit seinem Hinterglied verbunden bleibt, nach §. 13. die Ordnung der Verhältnisse beliebig verwechseln.

§. 28. Erklärung.

Diese Eigenschaft der zusammenzusetzenden Verhältnisse wollen wir, wegen der Analogie mit bekannten chemischen Erscheinungen, die Wahlverwandtschaft (Affinität) nennen.

§. 29. Erklärung.

Wenn zwischen 2 gleichartige Größen eine gewisse Anzahl mittlerer stetiger Proportionalgrößen eingeschaltet werden, so heißt das Verhältniß der ersten anfänglichen Größe zur ersten eingeschalteten ein getheiltes Verhältniß, und zwar das halbe Verhältniß, wenn Ein Glied, das gedrittheilte Verhältniß, wenn 2 Glieder, das geviertheilte Verhältniß, wenn 3 Glieder eingeschaltet sind, u. s. w., und man bezeichnet das halbe Verhältniß zwischen a und b durch $\frac{1}{2}(a:b)$, das gedrittheilte Verhältniß durch $\frac{1}{3}(a:b)$, u. s. w. Hieraus wird auch klar, was man unter einem gebrochenen Verhältniß im Allgemeinen versteht; so heißt z. B. $\frac{5}{13}(a:b)$ das Verhältniß der Größe a zur 5ten unter den 12 mittleren stetigen Proportionalen zwischen a und b, und wenn man die stetigen Proportionalen über b hinaus fortsetzt, $\frac{35}{13}(a:b)$ das Verhältniß der Größe a zu der 22sten unter den nach b folgenden Größen.

§. 30. Zusatz.

Wenn ein Bruch, seinem Werth nach, einer ganzen Zahl gleich ist, so ist das durch jenen Bruch ausgedruckte gebrochene Verhältniß = dem durch die ganze Zahl ausgedruckten Vielfachen des einfachen Verhältnisses. Z. B. $\frac{39}{13}(a:b) = 3(a:b)$.

§. 31. Lehrsatz.

Wenn 2 Brüche ihrem Werth nach gleich sind, so ist das durch den einen Bruch ausgedruckte gebrochene Verhältniß = dem durch den andern Bruch ausgedruckten, zu demselben einfachen Verhältniß gehörigen, gebrochenen Verhältniß.

Beweis. Die beiden gebrochenen Verhältnisse seien $\frac{c}{d}(a:b)$ und $\frac{e}{f}(a:b)$, wo $\frac{c}{d} = \frac{e}{f}$, also $cf = de$. Dann ist $\frac{c}{d}(a:b) = \frac{cf}{df}(a:b)$, wie man leicht aus dem Begriff eines gebrochenen Verhältnisses einsieht. Folglich ist $\frac{c}{d}(a:b) = \frac{de}{df}(a:b) = \frac{e}{f}(a:b)$.

§. 32. Erklärung.

Das Verhältniß $a:b$ heißt $> c:d$, wenn a sich zu b verhält wie eine Größe, welche $> c$ ist, zu d. Dagegen heißt das Verhältniß $a:b < c:d$, wenn a sich zu b verhält wie eine Größe, welche $< c$ ist, zu d.

§. 33. Lehrsatz.

Wenn 2 ungleiche Größen ebensoviel von einander verschieden sind als 2 andere ihnen gleichartige, die aber einzeln genommen größer sind, so hat die kleinere Größe zur größeren im ersten Paar ein kleineres Verhältniß als im zweiten Paar.

Beweis. Die 4 Größen seien a, $a+b$, $a+c$ und $a+c+b$. Man mache $a:a+b = a+c:x$, so ist, weil $a+b>a$, auch $x>a+c$, und weil $a+c>a$, auch $x>a+b$. Folglich ist in der letzteren Proportion das letzte Glied das größte, und das erste das kleinste; folglich ist (Eucl. 5,25) $a+x > 2a+b+c$, also $x>a+b+c$. Daher ist $a:a+b < a+c:a+b+c$.

§. 34. Lehrsatz.

Wenn ein Verhältniß $\left\{{> \atop <}\right\}$ ist als ein anderes, so ist die 4te Proportionale zu den 3 ersten Gliedern $\left\{{< \atop >}\right\}$ als das 4te Glied, die 4te Proportionale zum 3ten, 4ten und 1sten Glied $\left\{{> \atop <}\right\}$ als das 2te Glied, und die 4te Proportionale zum 4ten, 3ten und 2ten Glied $\left\{{< \atop >}\right\}$ als das 1ste Glied.

Beweis. Es sei $a:b \left\{{> \atop <}\right\} c:d$, so verhält sich nach §. 32. a zu b wie eine Größe, welche $\left\{{> \atop <}\right\} c$, zu d, also $a:b$ wie c zu einer Größe, welche $\left\{{< \atop >}\right\} d$. Da eine Größe, welche $\left\{{> \atop <}\right\} c$, sich zu d verhält wie a zu b, so verhält sich c zu d wie a zu einer Größe, welche $\left\{{> \atop <}\right\} b$, oder umgekehrt, d zu c wie eine

Größe, welche $\gtrless$ b, zu a, also d:c wie b zu einer Größe, welche $\lessgtr$ a.

§. 35. Lehrsatz.

Wenn ein Verhältniß $\gtrless$ ist als ein anderes, so ist dieses $\lessgtr$ als das erste.

Beweis. Es sei $a:b \gtrless c:d$, so verhält sich (§. 32.) eine Größe, welche $\gtrless$ c ist, zu d wie a:b, also c:d wie eine Größe, welche $\lessgtr$ a ist, zu b.

§. 36. Lehrsatz.

Wenn ein Verhältniß $\gtrless$ ist als ein anderes, so ist das umgekehrte des ersten Verhältnisses $\lessgtr$ als das umgekehrte des andern.

Beweis. Es sei $a:b \gtrless c:d$. Man mache $b:a = d:e$, so ist (§. 32.) $e \gtrless c$, also (§. 34.) $b:a \lessgtr d:c$.

§. 37. Lehrsatz.

Wenn 2 Verhältnisse einander gleich sind, und ein drittes ist $\gtrless$ als eins von beiden, so ist es auch $\gtrless$ als das andere.

Beweis. Es sei $a:b = c:d$, aber $e:f \gtrless a:b$. Man mache $a:b = e:g$, so ist (§. 34.) $g \gtrless f$. Aus $a:b = c:d$ und $a:b = e:g$ folgt simpl. ex aeq. $e:g = c:d$; also ist (§. 34.) $e:f \gtrless c:d$.

§. 38. Lehrsatz.

Wenn ein Verhältniß $\gtrless$ ist als ein anderes, und dieses $\gtrless$ als ein drittes, so ist auch das erste $\gtrless$ als das dritte.

Beweis. Es sei $a:b \gtrless c:d$, und $c:d \gtrless e:f$. Man mache $c:d = e:g$, so ist (§. 34.) $g \lessgtr f$. Aber aus $a:b \gtrless c:d$ und $c:d = e:g$ folgt (§. 37.) $a:b \gtrless e:g$, also um so mehr $a:b \gtrless e:f$.

§. 39. Lehrsatz.

Wenn mehrere Verhältnisse, einzeln genommen, entweder sämmtlich $>$ oder sämmtlich $<$ sind als ein und dasselbe Verhältniß (worunter aber auch gleiche Verhältnisse vorkommen können), so steht die Summe der Vorderglieder zur Summe der Hinterglieder in einem Verhältniß, welches $\gtrless$ ist als jenes einzelne Verhältniß.

Beweis.

Es sei $a:b \gtrless i:k$	Man mache $i:k = a:l$, so ist $l \gtrless b$,
$c:d = i:k$	$i:k = c:m, \ldots m = d$,
$e:f \gtrless i:k$	$i:k = e:n, \ldots n \gtrless f$,
$\vdots$	$\vdots$
$g:h \gtrless i:k$	$i:k = g:p, \ldots p \gtrless h$

Aus Eucl. 5,12 folgt $i:k = a+c+e+\ldots+g : l+m+n+\ldots+p$. Da nun $l+m+n+\ldots+p$ (nach Eucl. 1, 4ter Grunds.) $\gtrless b+d+f+\ldots+h$, so ist $i:k$ nach §. 34. $\lessgtr a+c+e+\ldots+g : b+d+f+\ldots+h$, also (§. 35.) $a+c+e+\ldots+g : b+d+f+\ldots+h \gtrless i:k$.

§. 40. Lehrsatz.

Wenn ein Verhältniß $\gtrless$ ist als ein anderes, und alle 4 Glieder sind gleichartig, so ist, verwechselt, das Verhältniß des ersten Gliedes zum 3ten $\left\{\begin{matrix}>\\<\end{matrix}\right\}$ als das Verhältniß des 2ten Gliedes zum 4ten.

Beweis. Es sei $a:b \left\{\begin{matrix}>\\<\end{matrix}\right\} c:d$. Man mache $a:b = c:e$, so ist $e \left\{\begin{matrix}<\\>\end{matrix}\right\} d$. Durch Verwechselung erhalten wir (Eucl. 5, 16) $a:c = b:e$; also ist $a:c \left\{\begin{matrix}>\\<\end{matrix}\right\} b:d$.

§. 41. Lehrsatz.

Wenn ein Verhältniß $\left\{\begin{matrix}>\\<\end{matrix}\right\}$ ist als ein anderes, so ist, verbunden, das Verhältniß der Summe des 1sten und 2ten Gliedes zum 2ten $\left\{\begin{matrix}>\\<\end{matrix}\right\}$ als das Verhältniß der Summe des 3ten und 4ten Gliedes zum 4ten. Und wenn ein Verhältniß einer größeren Größe zu einer kleineren $\left\{\begin{matrix}>\\<\end{matrix}\right\}$ ist als ein anderes Verhältniß einer größeren Größe zu einer kleineren, so ist, getrennt, das Verhältniß der Differenz des 1sten und 2ten Gliedes zum 2ten $\left\{\begin{matrix}>\\<\end{matrix}\right\}$ als das Verhältniß der Differenz des 3ten und 4ten Gliedes zum 4ten, dagegen, zurückkehrend, das Verhältniß des 1sten Gliedes zur Differenz des 1sten und 2ten $\left\{\begin{matrix}<\\>\end{matrix}\right\}$ als das Verhältniß des 3ten Gliedes zur Differenz des 3ten und 4ten, und auch das Verhältniß der Summe der beiden ersten Glieder zu ihrer Differenz $\left\{\begin{matrix}<\\>\end{matrix}\right\}$ als das Verhältniß der Summe der beiden letzten Glieder zu ihrer Differenz.

Beweis. 1) Es sei $a:b \left\{\begin{matrix}>\\<\end{matrix}\right\} c:d$. Man mache $b:a = d:e$, so ist $e \left\{\begin{matrix}>\\<\end{matrix}\right\} c$. Da aber $a:b = e:d$, so ist verbunden $a+b:b = e+d:d$, also $a+b:b \left\{\begin{matrix}>\\<\end{matrix}\right\} c+d:d$.

2) Es sei $a:b \begin{Bmatrix}>\\<\end{Bmatrix} c:d$, und dabei $a > b$, und $c > d$. Man mache $b:a = d:e$, so ist $e \begin{Bmatrix}>\\<\end{Bmatrix} c$. Da aber $a:b = e:d$, so ist getrennt $a - b:b = e - d:d$, also $a - b:b \begin{Bmatrix}>\\<\end{Bmatrix} c - d:d$. Man mache ferner $a:b = c:f$, so ist $f \begin{Bmatrix}<\\>\end{Bmatrix} d$. Da aber $a:b = c:f$, so ist zurückkehrend $a:a-b = c:c-f$, also $a:a-b \begin{Bmatrix}<\\>\end{Bmatrix} c:c-d$. Auch folgt aus $a:b = c:f$ nach §. 3. $a+b : a-b = c+f : c-f$; also ist $a+b : a-b \begin{Bmatrix}<\\>\end{Bmatrix} c+d : c-f$, also um so mehr $a+b : a-b \begin{Bmatrix}<\\>\end{Bmatrix} c+d : c-d$.

§. 42. Lehrsatz.

Wenn ein Verhältniß $\begin{Bmatrix}>\\<\end{Bmatrix}$ ist als ein anderes, und ein 3tes, welches das 2te Glied des ersten Verhältnisses zum ersten Gliede hat, $\begin{Bmatrix}= \text{ oder } >\\= \text{ oder } <\end{Bmatrix}$ als ein 4tes, welches das 2te Glied des 2ten Verhältnisses zum ersten Gliede hat, so ist (ordinatim ex aequo) unter den übrigbleibenden Gliedern das Verhältniß des 1sten zum 2ten $\begin{Bmatrix}>\\<\end{Bmatrix}$ als das Verhältniß des 3ten zum 4ten.

Beweis. Es sei $a:b \begin{Bmatrix}>\\<\end{Bmatrix} c:d$, und

$$b:e \begin{Bmatrix}= \text{ oder } >\\= \text{ oder } <\end{Bmatrix} d:f.$$

Man mache $a:b = d:g$, und $b:e = d:h$, so ist $g \begin{Bmatrix}>\\<\end{Bmatrix} c$, und $h \begin{Bmatrix}= \text{ oder } <\\= \text{ oder } >\end{Bmatrix} f$. Da aber

$$\begin{aligned} a:b &= g:d \\ b:e &= d:h \end{aligned}$$

so folgt ordinatim ex aequo $a:e = g:h$; also ist $a:e \begin{Bmatrix}>\\<\end{Bmatrix} c:h$, also um so mehr $a:e \begin{Bmatrix}>\\<\end{Bmatrix} c:f$.

§. 43. Lehrsatz.

Wenn ein Verhältniß $\left\{\begin{matrix}>\\<\end{matrix}\right\}$ ist als ein anderes, und ein 3tes, welches das 1ste Glied des 1sten Verhältnisses zum 2ten Gliede hat, $\left\{\begin{matrix}= \text{ oder } >\\= \text{ oder } <\end{matrix}\right\}$ als ein 4tes, welches das 1ste Glied des 2ten Verhältnisses zum 2ten Gliede hat, so ist, ordinatim ex aequo, unter den übrigen Gliedern das Verhältniß des 1sten zum 2ten ebenfalls $\left\{\begin{matrix}>\\<\end{matrix}\right\}$ als das Verhältniß des 3ten zum 4ten.

Beweis. Es sei

$$a:b\left\{\begin{matrix}>\\<\end{matrix}\right\}c:d$$

$$e:a\left\{\begin{matrix}= \text{ oder } >\\= \text{ oder } <\end{matrix}\right\}f:c,$$

so ist umgekehrt

$$b:a\left\{\begin{matrix}<\\>\end{matrix}\right\}d:c$$

$$a:e\left\{\begin{matrix}= \text{ oder } <\\= \text{ oder } >\end{matrix}\right\}c:f$$

---

also ord. ex aeq. (§. 42.) $b:e\left\{\begin{matrix}<\\>\end{matrix}\right\}d:f$; umgekehrt $e:b\left\{\begin{matrix}>\\<\end{matrix}\right\}f:d$.

§. 44. Lehrsatz.

Wenn ein Verhältniß $\left\{\begin{matrix}>\\<\end{matrix}\right\}$ ist als ein anderes, und ein 3tes, welches das 2te Glied des 1sten Verhältnisses zum 1sten Gliede hat, $\left\{\begin{matrix}= \text{ oder } >\\= \text{ oder } <\end{matrix}\right\}$ als ein 4tes, welches das 1ste Glied des 2ten Verhältnisses zum 2ten Gliede hat, so ist (perturbatim ex aequo) unter den übrigen Gliedern das Verhältniß des 1sten zum 2ten $\left\{\begin{matrix}>\\<\end{matrix}\right\}$ als das Verhältniß des 3ten zum 4ten.

Beweis. Es sei

$$a:b\left\{\begin{matrix}>\\<\end{matrix}\right\}c:d$$

$$b:e\left\{\begin{matrix}= \text{ oder } >\\= \text{ oder } <\end{matrix}\right\}f:c.$$

Man mache $a:b = c:g$, und $e:b = c:h$, so ist $g\left\{\begin{matrix}<\\>\end{matrix}\right\}d$, und

$h \left\{\begin{matrix} = \text{ oder } > \\ = \text{ oder } < \end{matrix}\right\} f$. Aus $a:b = c:g$ und

$b:c = h:c$ folgt pert. ex aeq.

$a:e = h:g$; also ist $a:e \left\{\begin{matrix} > \\ < \end{matrix}\right\} h:d$,

also um so mehr $\left\{\begin{matrix} > \\ < \end{matrix}\right\} f:d$.

§. 45. Zusatz.

Hieraus beweißt man auf eine ähnliche Art wie in §. 43., daß, wenn ein Verhältniß $\left\{\begin{matrix} > \\ < \end{matrix}\right\}$ ist als ein anderes, und ein 3tes, welches das erste Glied des ersten Verhältnisses zum 2ten Gliede hat, $\left\{\begin{matrix} = \text{ oder } > \\ = \text{ oder } < \end{matrix}\right\}$ als ein 4tes, welches das 2te Glied des 2ten Verhältnisses zum 1sten Glied hat, daß alsdann (perturbatim ex aequo) unter den übrigen Gliedern das Verhältniß des 1sten zum 2ten $\left\{\begin{matrix} > \\ < \end{matrix}\right\}$ ist als das Verhältniß des 3ten zum 4ten.

§. 46. Lehrsatz.

Wenn mehrere Verhältnisse, einzeln genommen, $\left\{\begin{matrix} > \\ < \end{matrix}\right\}$ sind als ebensoviele andere, wobei aber auch gleiche Verhältnisse vorkommen können, und es sind alle 2ten Glieder unter sich, wie auch alle 4ten Glieder unter sich, gleich, so ist das Verhältniß der Summe der 1sten Glieder zum 2ten $\left\{\begin{matrix} > \\ < \end{matrix}\right\}$ als das Verhältniß der Summe der 3ten Glieder zum 4ten. Sind aber alle ersten Glieder unter sich, wie auch alle 3ten Glieder unter sich, gleich, so ist das Verhältniß des ersten Gliedes zur Summe der 2ten Glieder $\left\{\begin{matrix} > \\ < \end{matrix}\right\}$ als das Verhältniß des 3ten Gliedes zur Summe der 4ten Glieder.

Beweis. 1) Es sei $a:b \left\{\begin{matrix} > \\ < \end{matrix}\right\} c:d$

$e:b \left\{\begin{matrix} = \text{ oder } > \\ = \text{ oder } < \end{matrix}\right\} f:d$.

Man mache $b:a = d:g$, und $b:e = d:h$, so ist $g \left\{{> \atop <}\right\} c$, und $h \left\{{= \text{ oder } > \atop = \text{ oder } <}\right\} f$. Aber aus $a:b = g:d$ und

$$\frac{\begin{matrix} a:b = g:d \\ e:b = h:d \end{matrix}}{a+e:b = g+h:d}$$

$e:b = h:d$ folgt (Eucl. 5, 24)

$a+e:b = g+h:d$. Also ist $a+e:b \left\{{> \atop <}\right\} c+f:d$. Wenn mehr als 4 Verhältnisse da sind, so braucht man nur dieselben Schlüsse zu wiederholen.

2) Es sei

$$\begin{matrix} a:b \left\{{> \atop <}\right\} c:d \\ a:e \left\{{= \text{ oder } > \atop = \text{ oder } <}\right\} c:f, \end{matrix}$$

so ist umgekehrt

$$\frac{\begin{matrix} b:a \left\{{< \atop >}\right\} d:c \\ e:a \left\{{= \text{ oder } < \atop = \text{ oder } >}\right\} f:c \end{matrix}}{}$$

also zufolge Nr. 1) $b+e:a \left\{{< \atop >}\right\} d+f:c$; umgekehrt $a:b+e \left\{{> \atop <}\right\} c:d+f$. Wenn mehr als 4 Verhältnisse da sind, so braucht man nur die Schlüsse zu wiederholen.

§. 47. Lehrsatz.

Wenn mehrere Verhältnisse, einzeln genommen, $\left\{{> \atop <}\right\}$ sind als ebensoviele andere, wobei auch gleiche Verhältnisse vorkommen können, so ist auch das aus allen vorangehenden Verhältnissen zusammengesetzte Verhältniß $\left\{{> \atop <}\right\}$ als das aus allen nachfolgenden zusammengesetzte.

Beweis. Es sei $a:b \left\{{> \atop <}\right\} c:d$; $e:f = g:h$; $i:k \left\{{> \atop <}\right\} l:m$; . . .; $n:p \left\{{> \atop <}\right\} q:r$.

$$\text{Man mache}\quad \begin{array}{c|c|l} e:f = b:s & g:h = d:t & \text{so ist}\ a:b \gtreqless c:d \\ i:k = s:u & l:m = t:v & \quad b:s = d:t \\ \vdots & \vdots & \quad s:u \gtreqless t:v\ (\S.37.) \\ n:p = w:y & q:r = x:z & \quad\quad \vdots \\ & & \quad w:y \gtreqless x:z \\ \hline \end{array}$$

ord. ex aeq. (§. 42.) $a:y \gtreqless c:z$,

d. i. $(a:b)+(e:f)+(i:k)+\ldots+(n:p) \gtreqless (c:d)+(g:h)+(l:m)+\ldots+(q:r)$.

§. 48. Lehrsatz.

Wenn ein Verhältniß $\gtreqless$ (d. h. größer oder gleich oder kleiner) ist als ein anderes, so ist auch jedes gebrochene Verhältniß des 1sten Verhältnisses $\gtreqless$ (d. h. im 1sten Fall $>$, im 2ten Fall $=$, im 3ten Fall $<$) als das entsprechende gebrochene Verhältniß des 2ten Verhältnisses.

Beweis. Es sei $a:b \gtreqless c:d$. Wäre nun $\frac{e}{f}(a:b)$ nicht $\gtreqless \frac{e}{f}(c:d)$, so wäre nach §. 47. $e(a:b)$ nicht $\gtreqless e(c:d)$. Ist aber $a:b \gtreqless c:d$, so ist nach §. 47. dennoch $e(a:b) \gtreqless e(c:d)$. Da dies sich widerspricht, so ist die Annahme falsch, und $\frac{e}{f}(a:b) \gtreqless \frac{e}{f}(c:d)$.

Zweiter Abschnitt.

Von den arithmetischen und geometrischen Reihen.

§. 1. Erklärung.

Wenn 4 gleichartige Größen so beschaffen sind, daß die 1ste die 2te um ebensoviel übertrifft oder von ihr um ebensoviel übertroffen wird, als die 3te die 4te im 1sten Fall übertrifft, im 2ten Fall von ihr übertroffen wird, so bilden die 4 Größen eine arithmetische Proportion, und die Zusammenstellung der 2 ersten oder der 2 letzten heißt ein arithmetisches Verhältniß, und man sagt alsdann, daß beide arithmetischen Verhältnisse einander gleich sind. Sind die vorangehenden Glieder in beiden Verhältnissen einzeln genommen $>$ als die nachfolgenden, so heißt die Proportion eine fallende; sind aber die vorangehenden Glieder $<$ als die nachfolgenden, so heißt sie eine steigende. Wenn in einer arithmetischen Proportion das 2te und 3te Glied gleich sind, so heißt sie eine stetige, sonst eine discrete. Wenn eine Reihe gleichartiger Größen so beschaffen ist, daß jede 3 auf einander folgenden Glieder eine stetige arithmetische Proportion bilden, so heißt die Reihe eine arithmetische Reihe oder Progression. — Eine Proportion in der beim Euclides erklärten Bedeutung heißt zum Unterschiede von der arithmetischen eine geometrische Proportion, und wenn eine Reihe gleichartiger Größen so beschaffen ist, daß jede 3 auf einander folgenden Glieder eine stetige geometrische Proportion bilden, so heißt die Reihe eine geometrische Reihe oder Progression.

§. 2. Lehrsatz.

Wenn man die halbe Summe des ersten und letzten Gliedes einer arithmetischen Reihe mit der Anzahl der Glieder multiplicirt, so erhält man die Summe aller Glieder der Reihe.

Beweis. Das kleinste Glied der Reihe ist vom benachbarten Gliede um ebensoviel verschieden als das größte von seinem benachbarten; folglich ist die Summe dieser beiden benachbarten Glieder = der Summe des größten und kleinsten, und ebenso wird weiter bewiesen, daß die Summe zweier Glieder, die gleich weit vom ersten und letzten Gliede abstehen, allemal dieselbe ist. Daraus folgt das zu Beweisende leicht von selbst.

§. 3. Zusatz.

Wenn man zwischen 2 ungleiche Größen eine hinreichende Anzahl Glieder einschaltet, so daß dadurch eine arithmetische Reihe entsteht, so kann (zufolge Eucl. 10, 1) die Differenz der Reihe kleiner werden als jede gegebene Größe derselben Art.

§. 4. Lehrsatz.

Der Unterschied zweier Glieder einer geometrischen Reihe ist allemal > als der Unterschied des kleineren von beiden Gliedern und des nächstkleineren, aber < als der Unterschied des größeren von beiden Gliedern und des nächstgrößeren, und die Differenzen bilden wieder eine geometrische Reihe, in welcher jede 2 aufeinander folgenden Glieder sich wie die aufeinander folgenden Glieder der ursprünglichen Reihe verhalten.

Beweis. Daß der Unterschied jeder 2 auf einander folgenden Glieder einer geometrischen Reihe > ist als der Unterschied des kleinern von beiden Gliedern und des nächstkleineren, aber < als der Unterschied des größeren von beiden Gliedern und des nächstgrößeren, folgt unmittelbar aus Eucl. 5,25. Daß aber die Unterschiede eine geometrische Reihe bilden, worin jede 2 auf einander folgenden Glieder sich wie die auf einander folgenden Glieder der ursprünglichen Reihe verhalten, wird so bewiesen. Es seien a, b, c, d vier auf einander folgende Glieder einer geometrischen Reihe, also $a : b = b : c = c : d$, und es sei a das größte der 4 Glieder. Aus §. 1. des vorigen Abschnitts folgt $a - b : b - c = b : c = b - c : c - d$. Folglich bilden die Differenzen der ursprünglichen Reihe eine geometrische Reihe, worin jede 2 auf einander folgenden Glieder sich wie $b : c$, d. i. wie die auf einander folgenden Glieder der ursprünglichen Reihe verhalten.

§. 5. Zusatz.

Macht man von der Differenzenreihe einer geometrischen Reihe wieder eine Differenzenreihe, u. s. w., so viele Differenzenreihen man will, so erhält man entweder lauter steigende oder lauter fallende geometrische Reihen, und jede 2 auf einander folgenden Glieder jeder Reihe sind jeden 2 auf einander folgenden Gliedern jeder andern Reihe proportional.

§. 6. Zusatz.

Auf ähnliche Art wird bewiesen, daß, wenn man jede 2 auf einander folgenden Glieder einer geometrischen Reihe addirt, und von der dadurch entstandenen Summenreihe wieder eine Summenreihe macht, u. s. w., so viele Summenreihen man will, man entweder lauter steigende oder lauter fallende geometrische Reihen erhält, je nachdem die ursprüngliche Reihe steigend oder fallend war, und daß jede 2 auf einander folgenden Glieder jeder Summenreihe sich wie die auf einander folgenden Glieder der ursprünglichen Reihe verhalten.

§. 7. Zusatz.

Da in einer geometrischen Reihe jedes Glied das nächstkleinere um weniger übertrifft, als es selbst von dem nächstgrößeren übertroffen wird, so kann man, wenn man die Reihe auf der Seite der steigenden Glieder weit genug fortsetzt, auf ein Glied kommen, welches $>$ ist als jede gegebene Größe derselben Art, wie nahe auch das Verhältniß der auf einander folgenden Glieder dem Verhältniß der Gleichheit kommen mag.

§. 8. Lehrsatz.

Wenn man eine geometrische Reihe auf der fallenden Seite weit genug fortsetzt, so kann man auf ein Glied kommen, welches $<$ ist als jede gegebene Größe derselben Art, wie nahe auch das Verhältniß der auf einander folgenden Glieder dem Verhältniß der Gleichheit kommen mag.

Beweis. Es seien a und b zwei auf einander folgende Glieder der Reihe, und zwar a das kleinere, c aber irgend eine gegebene wenn auch noch so kleine Größe derselben Art. Man bilde eine geometrische Reihe c, d, e u. s. w., so daß $c:d = a:b$, so kann man, wenn man diese Reihe weit genug fortsetzt, nach dem vorigen §. auf ein Glied kommen, welches $> a$ ist. Es sei z. B das 5te Glied g in der Reihe c, d, e ... $> a$. Dann bilde man eine geometrische Reihe von 5 Gliedern a, h, i, k, l, so daß $b:a = a:h$, so ist

$g:f = a:h$. Da nun $a < g$, so ist $h < f$
$f:e = h:i$ ..... $h < f$, ... $i < e$
$e:d = i:k$ ..... $i < e$, ... $k < d$
$d:c = k:l$ ..... $k < d$, ... $l < c$.

Wir haben also die geometrische Reihe, wovon a und b zwei auf einander folgende Glieder sind, auf der Seite der fallenden Glieder bis zum Gliede l fortgesetzt, welches $< c$ ist.

§. 9. Lehrsatz.

Wenn man zwischen 2 ungleiche Größen eine hinreichende Anzahl mittlerer stetiger geometrischer Proportionalgrößen einschaltet, so kann der größte Unterschied zwischen 2 auf einander folgenden Gliedern $<$ werden als jede gegebene Größe derselben Art.

Beweis. Es sei a die kleinere, b die größere von beiden Größen, zwischen welche eingeschaltet werden soll, und c irgend eine gegebene wenn auch noch so kleine Größe derselben Art. Man bilde eine geometrische Progression b, b — c, u. s. w., so kommt man nach §. 8. endlich auf ein Glied d, welches $< a$ ist. Nimmt man nun zwischen a und b eben so viele mittlere stetige Proportionalgrößen, als zwischen d und b enthalten sind, so wird, weil $d:b < a:b$, nach §. 48. des vorigen Abschnitts auch das Verhältniß jedes zwischen d und b genommenen Mittelgliedes zum folgenden $<$ sein als das Verhältniß jedes zwischen a und b genommenen Mittelgliedes zum folgenden. Folglich ist das letzte zwischen d und b enthaltene Mittelglied $<$ als das letzte zwischen a und b enthaltene Mittelglied, und daher der größte Unterschied zweier auf einander folgender zwischen a und b enthaltenen Mittelglieder $<$ c.

§. 10. Lehrsatz.

Wenn man zwischen 2 ungleiche Größen eine hinreichende Anzahl mittlerer stetiger geometrischer Proportionalgrößen einschaltet, so kann das Verhältniß zweier auf einander folgender Differenzen dem Verhältniß der Gleichheit näher kommen als jedes gegebene Verhältniß zweier ungleicher Größen.

Beweis. Es sei a die kleinere, b die größere der beiden Größen, zwischen welche eingeschaltet werden soll, und $m:n$ irgend ein gegebenes Verhältniß, worin $m < n$. Man mache $n:m = b:c$, und schalte nun zwischen a und b so viele mittlere stetige geometrische Proportionalgrößen ein, daß der größte Unterschied zweier auf einander folgender Glieder $< b - c$ ist. Es sei alsdann d das zunächst vor b vorhergehende Mittelglied, so ist $d > c$, also $n:m > b:d$, also $b:d < n:m$, also $d:b > m:n$, also (§. 4.) das Verhältniß der Differenz jeder 2 aufeinander folgenden Mittelglieder zur nächstgrößeren Differenz $> m:n$; d. h. das Verhältniß zweier auf einander folgender Differenzen kommt dem Verhältniß der Gleichheit näher als das Verhältniß $m:n$.

§. 11. Zusatz.

Da die Differenz in einer geometrischen Reihe desto $>$ ist, je $>$ jedes der beiden auf einander folgenden Glieder selbst ist (§. 4.), so ist die 3te stetige geometrische Proportionalgröße zu 2 ungleichen Größen allemal $>$ als die 3te stetige arithmetische Proportionalgröße, es mag nun von den 2 anfänglichen Größen die erste oder die zweite die größere sein. Um so mehr ist die vierte stetige geometrische Proportionale $>$ als die 4te stetige arithmetische Proportionale, und um so mehr die fünfte stetige geometrische Proportionale $>$ als die 5te stetige arithmetische Proportionale, u. s. w.

§. 12. Lehrsatz.

Der Unterschied der 3ten stetigen arithmetischen und geometrischen Proportionale zu 2 ungleichen Größen ist die 3te geometrische Proportionale zur ersten von beiden Größen und zur Differenz beider Größen.

Beweis. Die erste der beiden Größen sei t, und die Differenz τ, so ist die 2te Größe $= t \pm \tau$, wo das obere Zeichen für den Fall gilt, wenn die erste von beiden Größen, und das untere Zeichen für den Fall, wenn die zweite von beiden Größen die kleinere ist. Man mache $t:\tau = \tau:x$, so wird (§. 1. des 1sten Abschn.) $t:\tau = t \pm \tau : \tau \pm x$; $\left\{\begin{matrix}\text{verbunden}\\ \text{zurückkehrend}\end{matrix}\right\}$ $t : t \pm \tau = t \pm \tau : t \pm 2\tau + x$.

§. 13. Zusatz.

Wenn man daher zu 2 ungleichen Größen die 3te arithmetische und geometrische Proportionale, und dann zur 1sten Größe und zur 3ten arithmetischen Proportionale wieder die 3te arithmetische und geometrische Proportionale nimmt, so ist der Unterschied der zuletzt genommenen 3ten arithmetischen und geometrischen Proportionale 4mal so groß als der Unterschied der zuerst genommenen 3ten arithmetischen und geometrischen Proportionale.

§. 14. Lehrsatz.

Wenn man zu 2 ungleichen Größen die 4te stetige arithmetische und geometrische Proportionale nimmt, so ist der Unterschied zwischen beiden letzteren $=$ der 3fachen 3ten Proportionale zur 1sten Größe und zum Unterschied der 1sten und 2ten, $\pm$ der 4ten Proportionale zur 1sten Größe und zum Unterschied der 1sten und 2ten.

Beweis. Die 1ste Größe heiße t, und die Differenz der 1sten und 2ten τ, und man mache $t:\tau = \tau:x = x:z$, so ist nach §. 12. $t : t \pm \tau = t \pm \tau : t \pm 2\tau + x$. Man mache noch

$t : t \pm \tau = t \pm 2\tau + x : t \pm 3\tau + y$, so ist y der Unterschied zwischen der 4ten stetigen arithmetischen und geometrischen Proportionale zu den beiden anfänglichen Größen, und $y > x$. Aus der letzteren Proportion folgt $\left\{\begin{matrix}\text{getrennt}\\ \text{zurückkehrend}\end{matrix}\right\}$ $t : \tau = t \pm 2\tau + x : \tau \pm (y - x)$. Nun ist

$$\begin{aligned} t : \tau &= t : \tau \\ t : \tau &= \tau : x \\ t : \tau &= \tau : x \\ t : \tau &= x : z \end{aligned}$$

(§. 2. des 1sten Abschn.)

$t : \tau = t \pm 2\tau + x : \tau \pm 2x + z$. Wir hatten aber auch $t : \tau = t \pm 2\tau + x : \tau \pm (y - x)$. Folglich ist $\tau \pm (y - x) = \tau \pm 2x + z$, also $y - x = 2x \pm z$, also $y = 3x \pm z$.

§. 15. Zusatz.

Wenn man daher zu 2 Größen, wovon die erste die kleinere ist, die 4te stetige arithmetische und geometrische Proportionale nimmt, und dann zur ersten Größe und zur 3ten stetigen arithmetischen Proportionale wieder die 4te stetige arithmetische und geometrische Proportionale, so ist der Unterschied zwischen der zuletzt genommenen 4ten arithmetischen und geometrischen Proportionale mehr als 4mal so groß als der Unterschied zwischen der zuerst genommenen 4ten arithmetischen und geometrischen Proportionale.

§. 16. Lehrsatz.

Wenn von 3 Größen t, t', t'' die erstere die kleinste, die letztere die größte ist, und man nimmt zwischen t'' und $3t''$ die mittlere geometrische Proportionale α, so ist das aus den 3 Verhältnissen $t:t'$, $\alpha + t : \alpha + t'$ und $\alpha - t : \alpha - t'$ zusammengesetzte ein Verhältniß einer kleineren Größe zu einer größeren.

Beweis. Es sei $t' - t = \tau$, und und man mache $t : \tau = \tau : T$; $t : \alpha = \alpha : A$; und $t : \tau = \alpha : B$, so ist auch verwechselt $t : \alpha = \tau : B$. Aus diesen 4 Proportionen folgt:

	$t+\tau:t = \tau+T:\tau$	$\alpha-t:t = A-\alpha:\alpha$
	$t+\tau:t = \alpha+B:\alpha$	$\alpha-t:t = B-\tau:\tau$. Setzt man dazu die identische
Proportion	$t+\tau:t = t+\tau:t$	$\alpha-t:t = 2\alpha-2t:2t$, so wird
(Eucl. 5,12)	$t+\tau:t = \alpha+B+t+2\tau+T:\alpha+t+\tau$	$\alpha-t:t = \alpha+B+A-2t-\tau:\alpha+2t+\tau$.

Da nun $t'':\alpha=\alpha:3t''$, aber $t''>t'$, d. i. $>t+\tau$, so ist

$t+\tau:\alpha<\alpha \quad :3t+3\tau$. Aber $t:t+\tau=t+\tau:t+2\tau+T$ (§. 12.),

also (Eucl. 5,15) $t:t+\tau=3t+3\tau:3t+6\tau+3T$

pert. ex aeq. (§. 45. des 1sten Abschn.)

$t:\alpha<\alpha \quad :3t+6\tau+3T$, also um so mehr $t:\alpha<\alpha:3t+3\tau+T$. Man mache ferner $\alpha+t:\tau=t+\tau:W$, so ist verbunden $\alpha+t:\alpha+t+\tau=t+\tau:t+\tau+W$, d. i. $\alpha+t:\alpha+t'=t':t+\tau+W$, also $(t:t')+(\alpha+t:\alpha+t')=t:t+\tau+W$. Man mache ferner

$\alpha-t:\tau = t+\tau:X$, so ist, weil

$\alpha+t:\tau = t+\tau:W$

pert. ex aeq.

$\alpha-t:\alpha+t = W:X$. Man mache ferner

$\alpha+t:\ \tau \ = X:Y$ . . . (a)

ord. ex aeq.

$\alpha-t:\ \tau \ = W:Y$; zurückkehrend $\alpha-t:\alpha-t-\tau = W:W-Y$. Aber aus

$\alpha-t:\tau = i+\tau:X$ folgt zurückkehrend $\alpha-t:\alpha-t-\tau = t+\tau:t+\tau-X$

(Eucl. 5,12) $\alpha-t:\alpha-t-\tau = t+\tau+W:t+\tau+W-X-Y$, also $(t:t') + (\alpha + t:\alpha + t') + (\alpha - t:\alpha - t') = t: t + \tau + W - X - Y$.

Da nun $t:\alpha = \alpha:A$, und dagegen $t:\alpha < \alpha:3t + 3\tau + T$, so ist $A > 3t + 3\tau + T$, also $A - 2t - \tau > t + 2\tau + T$, also $\alpha + B + A - 2t - \tau > \alpha + B + t + 2\tau + T$. Nun war $t + \tau : t = \alpha + B + t + 2\tau + T : \alpha + t + \tau$; also ist

$t + \tau : t < \alpha + B + A - 2t - \tau : \alpha + t + \tau$. Dagegen war

$\alpha - t : t = \alpha + B + A - 2t - \tau : \alpha + 2t + \tau$

———————————————— pert. ex aeq.

$t + \tau : \alpha - t < \alpha + 2t + \tau : \alpha + t + \tau$. Da aber $t + \tau : \alpha - t = X : \tau$, so ist (§. 37. des ersten Abschn.)

$X : \tau < \alpha + 2t + \tau : \alpha + t + \tau$. Aber aus der Proport. (a) folgt verbunden

$X + Y : X = \alpha + t + \tau : \alpha + t$

———————————————— pert. ex aeq.

$X + Y : \tau < \alpha + 2t + \tau : \alpha + t$. Aus $\tau : W = \alpha + t : t + \tau$ folgt

$\tau : \tau + W = \alpha + t : \alpha + 2t + \tau$

———————————————— pert. ex aeq.

$X + Y : \tau + W < \alpha + t : \alpha + t$, d. i. $X + Y < \tau + W$, also $t + \tau + W - X - Y > t$, folglich das Verh. $t : t + \tau + W - X - Y$, d. i. $(t:t') + (\alpha + t:\alpha + t') + (\alpha - t:\alpha - t')$ ein Verhältniß einer kleineren Größe zu einer größeren.

§. 17. Lehrsatz.

In jeder geometrischen Reihe verhält sich die Differenz zweier auf einander folgender Glieder zum größern von beiden Gliedern wie die Differenz des größten Gliedes der Reihe und des (wenn man die Reihe fortsetzt) auf das kleinste zunächst folgenden Gliedes zur Summe aller Glieder der Reihe; dagegen die Differenz zweier auf einander folgender Glieder der Reihe zum kleinern von beiden Gliedern wie die Differenz des kleinsten Gliedes der Reihe und des (wenn man die Reihe fortsetzt) auf das größte zunächst folgenden Gliedes zur Summe aller Glieder der Reihe.

Beweis. Die geometrische Reihe sei $a, b, c, \ldots n$, und zwar a das größte Glied. Man mache $a:b = n:p$, und $b:a$

$= a : q$, so ist $b : a = c : b = d : c = \ldots = n : m = p : n$, also (Eucl. 5,12) $b + c + d + \ldots + p : a + b + c + \ldots + n = b : a$; zurückkehrend $a - p : a + b + c + \ldots + n = a - b : a$, welches zuerst bewiesen werden sollte.

Dagegen verhält sich $q : a = a : b = b : c = \ldots = m : n$, also $q + a + b + \ldots + m : a + b + c + \ldots + n = a : b$; getrennt $q - n : a + b + c + \ldots + n = a - b : b$, welches gleichfalls bewiesen werden sollte.

§. 18. Lehrsatz.

In jeder geometrischen Reihe von gerader Anzahl der Glieder verhält sich die Summe zweier auf einander folgender Glieder zum größern von beiden Gliedern wie die Differenz des größten Gliedes der Reihe und des auf das kleinste zunächst folgenden Gliedes zu dem, was herauskommt, wenn man vom größten Gliede das nächstkleinere wegnimmt, zum Rest das nächstkleinere zusetzt, von der Summe das nächstkleinere wegnimmt, u. s. w., bis die Glieder der Reihe zu Ende sind. Dagegen verhält sich die Summe zweier auf einander folgender Glieder zum kleineren von beiden Gliedern wie die Differenz des kleinsten Gliedes der Reihe und des auf das größte zunächst folgenden Gliedes zu jener Größe, die durch abwechselnde Subtractionen und Additionen der Glieder entstanden.

Beweis. Es sei $a, b, c, \ldots n$ die geometrische Reihe, und a das größte Glied; man mache $a : b = n : p$, und $b : a = a : q$, so ist $a : b = b : c = c : d = \ldots = n : p$, also (§. 2. des ersten Abschn.) $a - b + c - d + \ldots - n : b - c + d - e + \ldots - p = a : b$; verbunden $a - p : a - b + c - d + \ldots - n = a + b : a$, welches zuerst bewiesen werden sollte.

Dagegen verhält sich $q : a = a : b = b : c = \ldots = m : n$, also $q - a + b - c + \ldots - m : a - b + c - d + \ldots - n = a : b$; verbunden $q - n : a - b + c - d + \ldots - n = a + b : b$, welches gleichfalls bewiesen werden sollte.

§. 19. Zusatz.

Auf ähnliche Art wird bewiesen, daß in einer geometrischen Reihe von ungerader Anzahl der Glieder die Summe zweier aufeinander folgender Glieder sich zum größern von beiden Gliedern verhält wie die Summe des größten Gliedes der Reihe und des auf das kleinste folgenden zu jener Größe, die durch abwechselnde Subtractionen und Additionen entstanden, und daß dagegen die Summe zweier aufeinander folgender Glieder sich zum kleinern von beiden Gliedern verhält wie die Summe des kleinsten Gliedes der Reihe und des auf das größte folgenden zu jener Größe, die durch abwechselnde Subtractionen und Additionen entstanden.

§. 20. Lehrsatz.

Werden mehrere Größen, die eine fallende geometrische Reihe bilden, zu einander addirt, so ist die Summe, wie weit man auch die Reihe fortsetzen mag, allemal $<$ als die 3te Proportionale zur Differenz des 1sten und 2ten Gliedes und zum 1sten Gliede; aber der Fehler kann, wenn man die Reihe weit genug fortsetzt, $<$ werden als jede gegebene Größe derselben Art.

Beweis. Man habe die Reihe bis zu irgend einem Gliede fortgesetzt, so heiße das folgende Glied t, das 1ste Glied a, das 2te Glied b, die Summe aller Glieder von a bis zu dem vor t vorhergehenden Gliede S, so ist (nach §. 17.) $a-b:a=a-t:S$, also $S<$ als die 3te Prop. zu $a-b$ und a. Es sei $a-b:a=a\ :P$,

so ist nach §. 1. des ersten Abschn. $a-b:a=t:P-S$.

Es sei x irgend eine wenn auch noch so kleine gegebene Größe derselben Art, und man mache $a:a-b=x:y$, und setze nun die Reihe fort, bis $t<y$. Da nun $a:a-b=P-S:t$, und $t<y$, so ist $P-S<x$. Folglich kann, wenn man die Reihe weit genug fortsetzt, $P-S$ kleiner werden als jede gegebene Größe derselben Art.

§. 21. Lehrsatz.

Wenn mehrere Größen eine fallende geometrische Reihe bilden, und man nimmt vom 1sten Gliede das 2te weg, setzt zum Rest das 3te zu, nimmt von der Summe das 4te weg u. s. w., immer abwechselnd, so ist das Resultat, wenn man eine gerade Anzahl Glieder genommen hat, $<$, wenn man aber eine ungerade Anzahl Glieder genommen hat, $>$ als die 3te Proportionale zur Summe der beiden ersten Glieder und zum ersten Gliede; doch kann der Fehler $<$ werden als jede gegebene Größe derselben Art.

Beweis. 1) Wenn man eine gerade Anzahl Glieder genommen hat, so ist (§. 18.) $a+b:a=a-t:S$, wo S die durch abwechselnde Subtractionen und Additionen entstandene Größe bedeutet. Also ist $S <$ als die 3te Proportionale zu $a+b$ und a. Man mache $a+b:a=a:P$, so ist, weil

$$\frac{a+b:a=a-t:S}{a+b:a=t:P-S.}$$

Hier beweist man wie im vorigen §., daß $P-S$ kleiner werden kann als jede gegebene Größe derselben Art.

2) Wenn man eine ungerade Anzahl Glieder genommen hat, so ist (§. 19.) $a+b:a=a+t:S$, also $S >$ als die 3te Prop. zu $a+b$ und a. Man mache

$$\frac{a+b:a=a\quad:\quad P,\ \text{so ist}}{a+b:a=t:S-P.}$$

Hier beweist man wie im vorigen §., daß $S-P$ kleiner werden kann als jede gegebene Größe derselben Art.

Dritter Abschnitt.

Von den Facultäten.

---

§. 1. Erklärung.

Wenn man eine Größe nach einem aus mehreren Verhältnissen zusammengesetzten Verhältniß verändert, und die vorangehenden Glieder der einzelnen Verhältnisse sind einander gleich, und die nachfolgenden Glieder bilden eine arithmetische Reihe, so heißt die zuletzt entstandene Größe eine **Facultät** der anfänglichen Größe, das Verhältniß des gemeinschaftlichen vorangehenden Gliedes zur Differenz der arithmetischen Reihe das **Differenzverhältniß**, und die Anzahl der einzelnen Verhältnisse der **Exponent** der Facultät.

§. 2. Lehrsatz.

Wenn $p > q$, und man macht $p:p = q:q'_{,}$; $p:p+q = q'_{,}:q''_{,}$; $p:p+2q = q''_{,}:q'''_{,}$, u. s. w., ferner $p:p = p-q:t'$; $p:p+q = t':t''$; $p:p+2q = t'':t'''$, u. s. w., endlich $p:p+q = p:u'_{,}$; $p:p+2q = u'_{,}:u''_{,}$; $p:p+3q = u''_{,}:u'''_{,}$, u. s. w., so ist $q'_{,} = \frac{u'_{,}-t'}{2}$; $q''_{,} = \frac{u''_{,}-t''}{3}$; $q'''_{,} = \frac{u'''_{,}-t'''}{4}$ u. s. w.

Beweis. Wir wolen das rte Glied in der Reihe $q'_{,}$, $q''_{,}$, $q'''_{,}$ ... mit $q^r_{,}$ bezeichnen. Dann folgt aus

$$\begin{array}{l|l|l}
p:p = q : q'_{,} & p:p+q = q'_{,}:q''_{,} & p:p+2q = q''_{,}:q'''_{,} \\
p:p = p-q:t' & p:p+q = t':t'' & p:p+2q = t'':t''' \\
\hline
p:p = p:q'_{,}+t' & p:p+q = p:q''_{,}+t'' & p:p+2q = u'_{,}:q'''_{,}+t''' \\
\text{also } q'_{,}+t' = p & \text{also } q''_{,}+t'' = u'_{,} & \text{also } q'''_{,}+t''' = u''_{,}, \text{ u. s. w.,}
\end{array}$$

also im Allgemeinen $q^{r+1}_{,} + t^{r+1} = u^r_{,}$. Aber aus

$p:p = q:q_{,}'$	$p:p+q = q_{,}':q_{,}''$	$p:p+2q = q_{,}'':q_{,}'''$
$p:p = p-q:t'$	$p:p+q = t':t''$	$p:p+2q = t'':t'''$ folgt auch noch
$q:p-q = q_{,}':t'$	$q_{,}':t' = q_{,}'':t''$	$q_{,}'':t'' = q_{,}''':t'''$,

also im Allgemeinen $q_{,}^{r}:t^{r} = q:p-q$, und $q_{,}^{r+1}:t^{r+1} = q:p-q$. Aus $q_{,}^{r}:t^{r} = q:p-q$ folgt $(r+1)q_{,}^{r}:t^{r} = (r+1)q:p-q$; verbunden $(r+1)q_{,}^{r}+t^{r}:t^{r} = p+rq:p-q$. Nun aber ist

$$t^{r}:t^{r+1} = p \quad : p+rq$$

pert. ex aeq.

$(r+1)q_{,}^{r}+t^{r}:t^{r+1} = p \quad : p-q$. Aus der Proportion $q_{,}^{r+1}:t^{r+1} = q:p-q$ folgt verbunden $u_{,}^{r}:t^{r+1} = p:p-q$. Also ist $(r+1)q_{,}^{r}+t^{r} = u_{,}^{r}$, also $q_{,}^{r} = \frac{u_{,}^{r}-t^{r}}{r+1}$.

§. 3. Lehrsatz.

Wenn im vorigen Satze $p = q$ ist, so ist $q_{,}' = \frac{u_{,}'}{2}$; $q_{,}'' = \frac{u_{,}''}{3}$; $q_{,}''' = \frac{u_{,}'''}{4}$, u. s. w.

Beweis. Es ist alsdann $q_{,}' = p$; $q_{,}'' = 1.2p$; $q_{,}''' = 1.2.3p$, u. s. w., und $u_{,}' = 1.2p$; $u_{,}'' = 1.2.3p$; $u_{,}''' = 1.2.3.4p$; u. s. w., also $q_{,}' = \frac{u_{,}'}{2}$; $q_{,}'' = \frac{u_{,}''}{3}$; $q_{,}''' = \frac{u_{,}'''}{4}$, u. s. w.

§. 4. Lehrsatz.

Wenn $p > q$ ist, und man macht

$p:p = q:q_{,}'$	$p:p+q = q:q_{,,}'$	$p:p+2q = q:q_{,,,}'$	
$p:p+q = q_{,}':q_{,}''$	$p:p+2q = q_{,,}':q_{,,}''$	$p:p+3q = q_{,,,}':q_{,,,}''$	u. s. w.
$p:p+2q = q_{,}'':q_{,}'''$	$p:p+3q = q_{,,}'':q_{,,}'''$	$p:p+4q = q_{,,,}'':q_{,,,}'''$	
u. s. w.	u. s. w.	u. s. w.	

ferner $\left| \begin{array}{l} p : p = p - q : t' \\ p : p + q = t' : t'' \\ p : p + 2q = t'' : t''' \\ \text{u. f. w.} \end{array} \right.$

$p : p + q = p : u'_{,}$	$p : p + 2q = p + q : u'_{,,}$	$p : p + 3q = p + 2q : u'_{,,,}$	u.f.w.
$p : p + 2q = u'_{,} : u''_{,}$	$p : p + 3q = u'_{,,} : u''_{,,}$	$p : p + 4q = u'_{,,,} : u''_{,,,}$	
$p : p + 3q = u''_{,} : u'''_{,}$	$p : p + 4q = u''_{,,} : u'''_{,,}$	$p : p + 5q = u''_{,,,} : u'''_{,,,}$	
u. f. w.	u. f. w.	u. f. w.	

fo ift $q^r_{,} + q^r_{,,} + q^r_{,,,} + \ldots + q^r_k = \frac{u^r_k - t^r}{r + 1}$, wo man für k nnd r beliebige ganze Zahlen fetzen kann.

Beweis. Wir wollen annehmen, der Satz fei für irgend einen Werth von k richtig, und beweifen, daß er alsdann auch für das um 1 größere k richtig fei.

Aus $q^r_{,} + q^r_{,,} + q^r_{,,,} + \ldots + q^r_k = \frac{u^r_k - t^r}{r + 1}$ folgt $q^r_{,} + q^r_{,,} + q^r_{,,,} + \ldots + q^r_{k+1} = \frac{u^r_k + (r + 1)\, q^r_{k+1} - t^r}{r + 1}$. Nun ift $u^r_k : u^r_{k+1} = (u^r_k : u^{r-1}_k) + (u^{r-1}_k : u^{r-2}_k) + (u^{r-2}_k : u^{r-3}_k) + \ldots + (u''_k : u'_k) + (u'_k : p + kq - q) + (p + kq - q : p + kq) + (p + kq : u'_{k+1}) + (u'_{k+1} : u''_{k+1}) + (u''_{k+1} : u'''_{k+1}) + (u'''_{k+1} : u''''_{k+1}) + \ldots + (u^{r-1}_{k+1} : u_{k+1}) = [p + (k + r - 1)q : p] + [p + (k + r)q - 2q : p] + [p + (k + r)q - 3q : p] + \ldots + (p + kq : p) + (p + kq - q : p + kq) + [p : p + (k + 1)q] + [p : p + (k + 2)q] + [p : p + (k + 3)q] + \ldots + [p : p + (k + r)q]$. Hebt man hier die umgekehrten Verhält=niffe (nach §. 26. des 1ften Abfchn.), fo erhält man $u^r_k : u^r_{k+1} = p + kq - q : p + (k + r)q$. Dagegen ift $q^r_{k+1} : u^r_{k+1} = (q^r_{k+1} : q^{r-1}_{k+1}) + (q^{r-1}_{k+1} : q^{r-2}_{k+1}) + \ldots + (q''_{k+1} : q'_{k+1}) + (q'_{k+1} : q) + (q : p + kq) + (p + kq : u'_{k+1}) + (u'_{k+1} : u''_{k+1}) + (u''_{k+1} : u'''_{k+1}) + \ldots + (u^{r-1}_{k+1} : u^r_{k+1}) = [p + (k + r)q - q : p] + [p + (k + r)q - 2q : p] + \ldots + (p + kq : p) + (q : p + kq) +$

$[p:p+(k+1)q]+[p:p+(k+2)q]+\ldots+[p:p+(k+r)q]$ $= q:p+(k+r)q$. Also

$(r+1)\,q^{r}_{k+1}:u^{r}_{k+1} = (r+1)q : p+(k+r)q$. Vorher war

$$u^{r}_{k} : u^{r}_{k+1} = p+kq-q:p+(k+r)q$$

Eucl. 5,24

$u^{r}_{k}+(r+1)\,q^{r}_{k+1}:u^{r}_{k+1} = p+(k+r)q:p+(k+r)q$. Da in dieser Proportion die beiden letzten Glieder gleich sind, so sind es auch die beiden ersten, d. i. $u^{r}_{k}+(r+1)\,q^{r}_{k+1} = u^{r}_{k+1}$. Also

$$q^{r}_{,}+q^{r}_{,,}+q^{r}_{,,,}+\ldots+q^{r}_{k+1} = \frac{u^{r}_{k+1}-t^{r}}{r+1}.$$

Ist also der Satz für irgend einen Werth von k richtig, so ist er auch für das um 1 größere k richtig. Nun ist er aber nach §. 2. für $k=1$ richtig; er ist also für jedes k richtig.

§. 5. Lehrsatz.

Wenn im vorigen Satze $p=q$ ist, so ist $q^{r}_{,}+q^{r}_{,,}+q^{r}_{,,,}$ $+\ldots+q^{r}_{k} = \frac{u^{r}_{k}}{r+1}$.

Beweis. Wir wollen annehmen, der Satz sei für irgend ein k richtig, und beweisen, daß er auch für das um 1 größere k richtig sei.

Aus $q^{r}_{,}+q^{r}_{,,}+q_{,,,}+\ldots+q^{r}_{k} = \frac{u^{r}_{k}}{r+1}$ folgt $q^{r}_{,}+q^{r}_{,,}+q^{r}_{,,,}$ $+\ldots+q^{r}_{k+1} = \frac{u^{r}_{k}+(r+1)\,q^{r}_{k+1}}{r+1}$. Nun ist schon im Beweise des vorigen Satzes gezeigt, daß $u^{r}_{k}+(r+1)\,q^{r}_{k+1} = u^{r}_{k+1}$. Also wird $q^{r}_{,}+q^{r}_{,,}+\ldots+q^{r}_{k+1} = \frac{u^{r}_{k+1}}{r+1}$.

Ist also der Satz für irgend ein k richtig, so ist er auch für das um 1 größere k richtig. Nun aber ist er nach §. 3. für $k=1$ richtig; er ist also für jedes k richtig.

§. 6. Zusatz.

Wenn im vorigen Satze $p=1$ und $q=1$ gesetzt wird, so haben wir

$q'_{,} = 1$	$q'_{,,} = 2$	$q'_{,,,} = 3$	
$q''_{,} = 1.2$	$q''_{,,} = 2.3$	$q''_{,,,} = 3.4$	u. s. w.
$q'''_{,} = 1.2.3$	$q'''_{,,} = 2.3.4$	$q'''_{,,,} = 3.4.5$	
u. s. w.	u. s. w.	u. s. w.	

$n'_{,} = 1.2$	$n'_{,,} = 2.3$	$n'_{,,,} = 3.4$	
$n''_{,} = 1.2.3$	$n''_{,,} = 2.3.4$	$n''_{,,,} = 3.4.5$	u. s. w.
$n'''_{,} = 1.2.3.4$	$n'''_{,,} = 2.3.4.5$	$n'''_{,,,} = 3.4.5.6$	
u. s. w.	u. s. w.	u. s. w.	

Daraus fließt folgender Satz: Wenn n eine ganze Zahl, und > 1 ist, so ist $n(n+1)(n+2) \ldots (2n-2) + (n-1)n(n+1) \ldots (2n-3) + (n-2)(n-1)n \ldots (2n-4) + \ldots + 1.2.3 \ldots (n-1) = (n+1)(n+2)(n+3) \ldots (2n-1)$.

§. 7. Zusatz.

Wenn in §. 4. p irgend einer ungeraden Zahl gleich gesetzt wird, die > 1 ist, also $= 2r + 1$, und dagegen $q = 1$, so wird (wenn man noch die in §. 16. und 25. des 1sten Abschn. angegebenen Regeln der Bruchrechnung befolgt)

$q'_{,} = \frac{2r+1}{2r+1}$	$q'_{,,} = \frac{2r+2}{2r+1}$	
$q''_{,} = \frac{(2r+1)(2r+2)}{(2r+1)^2}$	$q''_{,,} = \frac{(2r+2)(2r+3)}{(2r+1)^2}$	u. s. w.
$q'''_{,} = \frac{(2r+1)(2r+2)(2r+3)}{(2r+1)^3}$	$q'''_{,,} = \frac{(2r+2)(2r+3)(2r+4)}{(2r+1)^3}$	
u. s. w.	u. s. w.	

ferner

$$t' = 2r$$

$$t'' = 2r \cdot \frac{2r+2}{2r+1}$$

$$t''' = 2r \cdot \frac{(2r+2)(2r+3)}{(2r+1)^2}$$

u. s. w.

$u'_{,} = \frac{(2r+1)(2r+2)}{2r+1}$	$u'_{,,} = \frac{(2r+2)(2r+3)}{2r+1}$	u. s. w.
$u''_{,} = \frac{(2r+1)(2r+2)(2r+3)}{(2r+1)^2}$	$u''_{,,} = \frac{(2r+2)(2r+3)(2r+4)}{(2r+1)^2}$	
$u'''_{,} = \frac{(2r+1)(2r+2)(2r+3)(2r+4)}{(2r+1)^3}$	$u'''_{,,} = \frac{(2r+2)(2r+3)(2r+4)(2r+5)}{(2r+1)^3}$	
u. s. w.	u. s. w.	

Bedeutet nun n irgend eine ganze Zahl, welche $> r + 1$ ist, so finden wir, weil $q_{,}^{n-r-1} + q_{,,}^{n-r-1} + q_{,,,}^{n-r-1} + \dots + q_{n-r}^{n-r-1} = \frac{u_{n-r}^{n-r-1} - t^{n-r-1}}{n-r}$, folgenden Satz: $\frac{(n+r)(n+r+1)\dots(2n-2)}{(2r+1)^{n-r-1}} + \frac{(n+r-1)(n+r)\dots(2n-3)}{(2r+1)^{n-r-1}} + \dots + \frac{(2r+1)(2r+2)\dots(n+r-1)}{(2r+1)^{n-r-1}} = \frac{\frac{(n+r)(n+r+1)\dots(2n-1)}{(2r+1)^{n-r-1}} - 2r.\frac{(2r+2)(2r+3)\dots(n+r-1)}{(2r+1)^{n-r-2}}}{n-r}$, oder, kürzer ausgedruckt, $(n+r)(n+r+1)\dots(2n-2) + (n+r-1)(n+r)\dots(2n-3) + \dots + (2r+1)(2r+2)\dots(n+r-1) = \frac{(n+r)(n+r+1)\dots(2n-1) - 2r(2r+1)\dots(n+r-1)}{n-r}$.

§. 8. Zusatz.

Aus dem vorigen Satze folgt, wenn r irgend eine ganze Zahl, und n irgend eine ganze Zahl, die aber $> r + 1$ ist, bedeutet:

$$\frac{n-r}{n+r}(n+r)(n+r+1)\dots(2n-2) + \frac{n-r}{n+r}(n+r-1)(n+r)\dots(2n-3) + \dots + \frac{n-r}{n+r}(2r+2)(2r+3)\dots(n+r) + (2r+1)(2r+2)\dots(n+r-1) = (n+r+1)(n+r+2)\dots(2n-1).$$

§. 9. Lehrsatz.

Wenn n irgend eine ganze Zahl bezeichnet, welche > 2, und k eine andere ganze Zahl, welche $< n-1$ ist, und man n durch ${}^n\mathfrak{A}$, $\frac{n(n-1)}{1.2}$ durch ${}^n\mathfrak{B}$, $\frac{n(n-1)(n-2)}{1.2.3}$ durch ${}^n\mathfrak{C}$, u. s. w. aus-

druckt, so ist für ein gerades k: $n(n+1)\ldots(2n-2)+(n-1)n\ldots(2n-3)+\ldots+(n+1-k)(n+2-k)\ldots(2n-k-1)$
$+{}^n\mathfrak{B}(n-1)n\ldots(2n-3)+{}^n\mathfrak{D}(n-3)(n-2)\ldots(2n-5)+\ldots$
$+{}^n\mathfrak{K}(n+1-k)(n+2-k)\ldots(2n-k-1)$
$-{}^n\mathfrak{A}\,n(n+1)\ldots(2n-2)-{}^n\mathfrak{C}(n-2)(n-1)\ldots(2n-4)-\ldots$
$-{}^n\mathfrak{J}(n+2-k)(n+3-k)\ldots(2n-k)=$
$\frac{n-k}{n}({}^{n-1}\mathfrak{K}-1)(n+1-k)(n+2-k)\ldots(2n-k-1)$, für ein ungerades k aber ${}^n\mathfrak{A}.n(n+1)\ldots(2n-2)$
$+{}^n\mathfrak{C}(n-2)(n-1)\ldots(2n-4)+\ldots$
$+{}^n\mathfrak{K}(n+1-k)(n+2-k)\ldots(2n-k-1)$
$-{}^n\mathfrak{B}(n-1)n\ldots(2n-3)-{}^n\mathfrak{D}(n-3)(n-2)\ldots(2n-5)-\ldots$
$-{}^n\mathfrak{J}(n+2-k)(n+3-k)\ldots(2n-k)-n(n+1)\ldots(2n-2)$
$-(n-1)n\ldots(2n-3)-\ldots-(n+1-k)(n+2-k)\ldots(2n-k-1)$
$=\frac{n-k}{n}({}^{n-1}\mathfrak{K}+1)(n+1-k)(n+2-k)\ldots(2n-k-1)$.

Beweis. Für $n=3$ ist der Satz an sich klar. Für $n>3$ nehmen wir an, der Satz sei für irgend ein k richtig, welches $<n-2$, und beweisen, daß er auch für das um 1 größere k richtig sei.

1) Wenn das k, für welches der Satz als richtig angenommen wird, gerade ist. Dann ist
$\frac{n-k}{n}({}^{n-1}\mathfrak{K}-1)(n+1-k)(n+2-k)\ldots(2n-k-1)=$
$\frac{2n-k-1}{n}({}^{n-1}\mathfrak{K}-1)(n-k)(n+1-k)\ldots(2n-k-2)$. Hierzu $(n-k)(n+1-k)\ldots(2n-k-2)$ addirt, giebt
$\left(\frac{2n-k-1}{n}.{}^{n-1}\mathfrak{K}-\frac{n-k-1}{n}\right)(n-k)(n+1-k)\ldots(2n-k-2)$.
Dies von ${}^n\mathfrak{L}(n-k)(n+1-k)\ldots(2n-k-2)$ weggenommen, giebt $\left(\text{weil } {}^n\mathfrak{L}=\frac{n}{n-k-1}.{}^{n-1}\mathfrak{L}, \text{ und } {}^{n-1}\mathfrak{K}=\frac{k+1}{n-k-1}.{}^{n-1}\mathfrak{L} \text{ ist}\right)$
$\left[\left(\frac{n}{n-k-1}-\frac{(2n-k-1)(k+1)}{n(n-k-1)}\right){}^{n-1}\mathfrak{L}+\frac{n-k-1}{n}\right](n-k)(n+1-k)\ldots$
$(2n-k-2)$,

d. i. $\frac{n-k-1}{n}({}^{n-1}\mathfrak{L}+1)(n-k)(n+1-k)\ldots(2n-k-2)$. Folglich ist

$$\begin{aligned}&{}^{n}\mathfrak{A}\,n(n+1)\ldots(2n-2)+{}^{n}\mathfrak{C}(n-2)(n-1)\ldots(2n-4)\\&+\ldots+{}^{n}\mathfrak{L}(n-k)(n+1-k)\ldots(2n-k-2)\\&-{}^{n}\mathfrak{B}(n-1)n\ldots(2n-3)-{}^{n}\mathfrak{D}(n-3)(n-2)\ldots(2n-5)-\ldots\\&-{}^{n}\mathfrak{K}(n+1-k)(n+2-k)\ldots(2n-k-1)-n(n+1)\ldots(2n-2)\\&-(n-1)n\ldots(2n-3)-\ldots-(n-k)(n+1-k)\ldots(2n-k-2)\\&=\frac{n-(k+1)}{n}({}^{n-1}\mathfrak{L}+1)(n-k)(n+1-k)\ldots(2n-k-2).\end{aligned}$$

2) Wenn das k, für welches der Satz als richtig angenommen wird, **ungerade** ist. Dann ist

$$\frac{n-k}{n}({}^{n-1}\mathfrak{K}+1)(n+1-k)(n+2-k)\ldots(2n-k-1)=$$
$$\frac{2n-k-1}{n}({}^{n-1}\mathfrak{K}+1)(n-k)(n+1-k)\ldots(2n-k-2).$$

Hiervon $(n-k)(n+1-k)\ldots(2n-k-2)$ weggenommen, giebt

$$\left(\frac{2n-k-1}{n}\cdot{}^{n-1}\mathfrak{K}+\frac{n-k-1}{n}\right)(n-k)(n+1-k)\ldots(2n-k-2).$$

Dies von ${}^{n}\mathfrak{L}(n-k)(n+1-k)\ldots(2n-k-2)$ weggenommen, giebt

$$\left[\left(\frac{n}{n-k-1}-\frac{(2n-k-1)(k+1)}{n(n-k-1)}\right){}^{n-1}\mathfrak{L}-\frac{n-k-1}{n}\right](n-k)(n+1-k)\ldots(2n-k-2),$$

d. i. $\frac{n-k-1}{n}({}^{n-1}\mathfrak{L}-1)(n-k)(n+1-k)\ldots(2n-k-2)$. Folglich ist

$$\begin{aligned}&n(n+1)\ldots(2n-2)+(n-1)n\ldots(2n-3)+\ldots\\&+(n-k)(n+1-k)\ldots(2n-k-2)+{}^{n}\mathfrak{B}(n-1)n\ldots(2n-3)+\\&{}^{n}\mathfrak{D}(n-3)(n-2)\ldots(2n-5)+\ldots+{}^{n}\mathfrak{L}(n-k)(n+1-k)\ldots(2n-k-2)\\&-{}^{n}\mathfrak{A}\,n(n+1)\ldots(2n-2)-{}^{n}\mathfrak{C}(n-2)(n-1)\ldots(2n-4)-\ldots\\&-{}^{n}\mathfrak{K}(n+1-k)(n+2-k)\ldots(2n-k-1)=\\&\frac{n-(k+1)}{n}({}^{n-1}\mathfrak{L}-1)(n-k)(n+1-k)\ldots(2n-k-2).\end{aligned}$$

Ist also der Satz für irgend ein k richtig, welches $< n-2$, so ist er auch für das um 1 größere k richtig. Nun ist er aber für $k=1$ richtig, folglich für jedes k, welches $< n-1$.

§. 10. Zusatz.

Setzen wir im vorigen Satz $k = n - 2$, so finden wir, wenn n gerade ist:

$$n(n+1)\ldots(2n-2) + (n-1)n\ldots(2n-3) + \ldots + 3.4.5\ldots(n+1) + {}^n\mathfrak{B}(n-1)n\ldots(2n-3) + {}^n\mathfrak{D}(n-3)(n-2)\ldots(2n-5) + \ldots + \frac{n(n-1)}{2}.3.4.5\ldots(n+1) - {}^n\mathfrak{A}\,n(n+1)\ldots(2n-2) - {}^n\mathfrak{C}(n-2)(n-1)\ldots(2n-4) - \ldots - \frac{n(n-1)(n-2)}{6}.4.5.6\ldots(n+2) = \frac{2}{n}(n-1-1).3.4.5\ldots(n+1)$$

$$= \frac{n-2}{n}.1.2.3\ldots(n+1),$$

und wenn n ungerade ist,

$${}^n\mathfrak{A}.n(n+1)\ldots(2n-2) + {}^n\mathfrak{C}(n-2)(n-1)\ldots(2n-4) + \ldots + \frac{n(n-1)}{2}.3.4.5\ldots(n+1) - {}^n\mathfrak{B}(n-1)n\ldots(2n-3) - {}^n\mathfrak{D}(n-3)(n-2)\ldots(2n-5) - \ldots - \frac{n(n-1)(n-2)}{6}.4.5.6\ldots(n+2) - n(n+1)\ldots(2n-2) - (n-1)n\ldots(2n-3) - \ldots - 3.4.5\ldots(n+1)$$

$$= \frac{2}{n}(n-1+1).3.4.5\ldots(n+1) = 1.2.3\ldots(n+1).$$

§. 11. Zusatz.

Aus dem vorigen Satze folgt, wenn n gerade und > 2 ist,

$$n(n+1)\ldots(2n-2) + (n-1)n\ldots(2n-3) + \ldots + 1.2.3\ldots(n-1)$$

$$= {}^n\mathfrak{A}.n(n+1)\ldots(2n-2) + {}^n\mathfrak{C}(n-2)(n-1)\ldots(2n-4) + \ldots + \frac{n(n-1)(n-2)}{6}.4.5.6\ldots(n+2) + \frac{n-2}{n}.1.2.3\ldots(n+1) + 2.3.4\ldots n + 1.2.3\ldots(n-1) - {}^n\mathfrak{B}(n-1)n\ldots(2n-3) - {}^n\mathfrak{D}(n-3)(n-2)\ldots(2n-5) - \ldots - \frac{n(n-1)}{2}.3.4.5\ldots(n+1)$$

$$= {}^n\mathfrak{A}\,n(n+1)\ldots(2n-2) + {}^n\mathfrak{C}(n-2)(n-1)\ldots(2n-4) + \ldots + n.2.3.4\ldots n - {}^n\mathfrak{B}(n-1)n\ldots(2n-3) - {}^n\mathfrak{D}(n-3)(n-2)\ldots(2n-5) - \ldots - 1.2.3\ldots(n-1),$$

und wenn n ungerade und > 1 ist,

$${}^n\mathfrak{A}.n(n+1)\ldots(2n-2) + {}^n\mathfrak{C}(n-2)(n-1)\ldots(2n-4) + \ldots + 1.2.3\ldots(n-1) - {}^n\mathfrak{B}(n-1)n\ldots(2n-3) - {}^n\mathfrak{D}(n-3)(n-2)\ldots(2n-5) - \ldots - n.2.3.4\ldots n$$

$$= n(n+1)\ldots(2n-2) + (n-1)n\ldots(2n-3) + \ldots +$$

$3.4.5\ldots(n+1)+1.2.3\ldots(n-1)+1.2.3\ldots(n+1)$ $-n.2.3.4\ldots n = n(n+1)\ldots(2n-2)+(n-1)n\ldots(2n-3)+\ldots$ $+1.2.3\ldots(n-1)$.

§. 12. Zusatz.

Aus dem vorigen Satze folgt, daß, wenn n eine ganze Zahl und > 2 ist, allemal ${}^{n}\mathfrak{A}\, n(n+1)\ldots(2n-2)+$ ${}^{n}\mathfrak{C}(n-2)(n-1)\ldots(2n-4)+\ldots+\begin{Bmatrix} n.2.3.4\ldots n \\ 1.2.3\ldots(n-1) \end{Bmatrix}$ $-{}^{n}\mathfrak{B}(n-1)n\ldots(2n-3) - {}^{n}\mathfrak{D}(n-3)(n-2)\ldots(2n-5)-\ldots$ $-\begin{Bmatrix} 1.2.3\ldots(n-1) \\ n.2.3.4\ldots n \end{Bmatrix} = n(n+1)\ldots(2n-2)+(n-1)n\ldots(2n-3)$ $+\ldots+1.2.3\ldots(n-1)$ ist, wo der obere Ausdruck für ein gerades, und der untere für ein ungerades n gilt; und es ist an sich klar, daß der Satz auch für $n=2$ richtig ist.

§. 13. Zusatz.

Aus §. 12. und 6. folgt, daß, wenn n eine ganze, von 1 verschiedene Zahl ist,

$${}^{n}\mathfrak{A}\, n(n+1)\ldots(2n-2)+{}^{n}\mathfrak{C}(n-2)(n-1)\ldots(2n-4)+\ldots+\begin{Bmatrix} n.2.3.4\ldots n \\ 1.2.3\ldots(n-1) \end{Bmatrix}-{}^{n}\mathfrak{B}(n-1)n\ldots(2n-3)$$

$$-{}^{n}\mathfrak{D}(n-3)(n-2)\ldots(2n-5)-\ldots-\begin{Bmatrix} 1.2.3\ldots(n-1) \\ n.2.3.4\ldots n \end{Bmatrix}$$

$= (n+1)(n+2)\ldots(2n-1)$ ist, wo der obere Ausdruck für ein gerades, der untere für ein ungerades n gilt.

§. 14. Lehrsatz.

Wenn r eine beliebige ganze Zahl bezeichnet, und n eine andere ganze Zahl, welche $> r+2$ ist, und k eine ganze Zahl, welche $< n-r-1$ ist, so ist für ein gerades k:

$$\frac{n-r}{n+r}(n+r)(n+r+1)\ldots(2n-2)+\frac{n-r}{n+r}(n+r-1)(n+r)\ldots(2n-3)$$

$$+\ldots+\frac{n-r}{n+r}(n+r+1-k)(n+r+2-k)\ldots(2n-k-1)$$

$$+\,{}^{n-r}\mathfrak{B}(n+r-1)(n+r)\ldots(2n-3)+$$

$${}^{n-r}\mathfrak{D}(n+r-3)(n+r-2)\dots(2n-5)+\dots+$$
$${}^{n-r}\mathfrak{K}(n+r+1-k)(n+r+2-k)\dots(2n-k-1)$$
$$-{}^{n-r}\mathfrak{A}(n+r)(n+r+1)\dots(2n-2)$$
$$-{}^{n-r}\mathfrak{C}(n+r-2)(n+r-1)\dots(2n-4)-\dots$$
$$-{}^{n-r}\mathfrak{J}(n+r+2-k)(n+r+3-k)\dots(2n-k)=$$
$$\frac{n+r-k}{n+r}({}^{n-r-1}\mathfrak{K}-1)(n+r+1-k)(n+r+2-k)\dots(2n-k-1),$$

für ein ungerades k aber ${}^{n-r}\mathfrak{A}(n+r)(n+r+1)\dots(2n-2)$

$$+{}^{n-r}\mathfrak{C}(n+r-2)(n+r-1)\dots(2n-4)+\dots$$
$$+{}^{n-r}\mathfrak{K}(n+r+1-k)(n+r+2-k)\dots(2n-k-1)$$
$$-{}^{n-r}\mathfrak{B}(n+r-1)(n+r)\dots(2n-3)$$
$$-{}^{n-r}\mathfrak{D}(n+r-3)(n+r-2)\dots(2n-5)-\dots$$
$$-{}^{n-r}\mathfrak{J}(n+r+2-k)(n+r+3-k)\dots(2n-k)$$
$$-\frac{n-r}{n+r}(n+r)(n+r+1)\dots(2n-2)$$
$$-\frac{n-r}{n+r}(n+r-1)(n+r)\dots(2n-3)-\dots$$
$$-\frac{n-r}{n+r}(n+r+1-k)(n+r+2-k)\dots(2n-k-1)=$$
$$\frac{n+r-k}{n+r}({}^{n-r-1}\mathfrak{K}+1)(n+r+1-k)(n+r+2-k)\dots(2n-k-1).$$

Beweis. 1) Für $n=r+3$ wird $n-r=3$; $n-r-1=2$; also k, welches $<n-r-1$ sein soll, $=1$; endlich $n+r=2r+3$; also die linke Seite der zu beweisenden Gleichung $=3(2r+3)(2r+4)-\frac{3}{2r+3}(2r+3)(2r+4)$, d. i. $\left(3-\frac{3}{2r+3}\right)(2r+3)(2r+4)$, d. i. $\frac{6r+6}{2r+3}(2r+3)(2r+4)$, und die rechte Seite $=\frac{2r+2}{2r+3}.3(2r+3)(2r+4)$, d. i. $\frac{6r+6}{2r+3}(2r+3)(2r+4)$, also beide Seiten gleich. Folglich gilt der Satz für $n=r+3$.

2) Für $n>r+3$ nehmen wir an, der Satz sei für irgend ein k richtig, welches $<n-r-2$ ist, und beweisen, daß er auch für das um 1 größere k richtig sei.

a) Wenn das k, für welches der Satz als richtig angenommen wird, gerade ist. Dann ist

$$\frac{n+r-k}{n+r}({}^{n-r-1}\mathfrak{K}-1)(n+r+1-k)(n+r+2-k)\dots(2n-k-1)$$

$$=\frac{2n-k-1}{n+r}({}^{n-r-1}\mathfrak{K}-1)(n+r-k)(n+r+1-k)\dots(2n-k-2).$$

Hierzu $\frac{n-r}{n+r}(n+r-k)(n+r+1-k)\dots(2n-k-2)$ addirt, giebt

$$\left(\frac{2n-k-1}{n+r}\cdot{}^{n-r-1}\mathfrak{K}-\frac{n+r-k-1}{n+r}\right)(n+r-k)(n+r+1-k)\dots$$
$$\dots(2n-k-2).$$

Dies von ${}^{n-r}\mathfrak{L}\cdot(n+r-k)(n+r+1-k)\dots(2n-k-2)$ weggenommen, giebt $\Big($weil ${}^{n-r}\mathfrak{L}=\frac{n-r}{n-r-k-1}\cdot{}^{n-r-1}\mathfrak{L}$, und ${}^{n-r-1}\mathfrak{K}=\frac{k+1}{n-r-k-1}\cdot{}^{n-r-1}\mathfrak{L}$ ist$\Big)$

$$\left[\left(\frac{n-r}{n-r-k-1}-\frac{(2n-k-1)(k+1)}{(n+r)(n-r-k-1)}\right){}^{n-r-1}\mathfrak{L}+\frac{n+r-k-1}{n+r}\right]$$
$$(n+r-k)(n+r+1-k)\dots(2n-k-2),$$

d. i. $\frac{n+r-k-1}{n+r}({}^{n-r-1}\mathfrak{L}+1)(n+r-k)(n+r+1-k)\dots(2n-k-2).$

Folglich ist

$$\begin{aligned}
&{}^{n-r}\mathfrak{A}(n+r)(n+r+1)\dots(2n-2)\\
&+{}^{n-r}\mathfrak{C}(n+r-2)(n+r-1)\dots(2n-4)+\dots\\
&+{}^{n-r}\mathfrak{L}(n+r-k)(n+r+1-k)\dots(2n-k-2)\\
&-{}^{n-r}\mathfrak{B}(n+r-1)(n+r)\dots(2n-3)\\
&-{}^{n-r}\mathfrak{D}(n+r-3)(n+r-2)\dots(2n-5)-\dots\\
&-{}^{n-r}\mathfrak{K}(n+r+1-k)(n+r+2-k)\dots(2n-k-1)\\
&-\frac{n-r}{n+r}(n+r)(n+r+1)\dots(2n-2)\\
&-\frac{n-r}{n+r}(n+r-1)(n+r)\dots(2n-3)-\dots\\
&-\frac{n-r}{n+r}(n+r-k)(n+r+1-k)\dots(2n-k-2)=
\end{aligned}$$

$$\frac{n+r-(k+1)}{n+r}({}^{n-r-1}\mathfrak{L}+1)(n+r-k)(n+r+1-k)\dots(2n-k-2).$$

b) Wenn das k, für welches der Satz als richtig angenommen wird, ungerade ist. Dann ist

$$\frac{n+r-k}{n+r}({}^{n-r-1}\mathfrak{K}+1)(n+r+1-k)(n+r+2-k)\ldots(2n-k-1)$$

$$=\frac{2n-k-1}{n+r}({}^{n-r-1}\mathfrak{K}+1)(n+r-k)(n+r+1-k)\ldots(2n-k-2).$$

Hiervon $\frac{n-r}{n+r}(n+r-k)(n+r+1-k)\ldots(2n-k-2)$ weggenommen, giebt

$$\left(\frac{2n-k-1}{n+r}\cdot{}^{n-r-1}\mathfrak{K}+\frac{n+r-k-1}{n+r}\right)(n+r-k)(n+r+1-k)\ldots$$
$$\ldots(2n-k-2).$$

Dies von ${}^{n-r}\mathfrak{L}(n+r-k)(n+r+1-k)\ldots(2n-k-2)$ weggenommen, giebt

$$\left[\left(\frac{n-r}{n-r-k-1}-\frac{(2n-k-1)(k+1)}{(n+r)(n-r-k-1)}\right){}^{n-r-1}\mathfrak{L}-\frac{n+r-k-1}{n+r}\right]$$
$$(n+r-k)(n+r+1-k)\ldots(2n-k-2),$$

d. i. $\frac{n+r-k-1}{n+r}({}^{n-r-1}\mathfrak{L}-1)(n+r-k)(n+r+1-k)\ldots(2n-k-2).$

Folglich ist $\frac{n-r}{n+r}(n+r)(n+r+1)\ldots(2n-2)$

$$+\frac{n-r}{n+r}(n+r-1)(n+r)\ldots(2n-3)+\ldots$$
$$+\frac{n-r}{n+r}(n+r-k)(n+r+1-k)\ldots(2n-k-2)$$
$$+{}^{n-r}\mathfrak{B}(n+r-1)(n+r)\ldots(2n-3)$$
$$+{}^{n-r}\mathfrak{D}(n+r-3)(n+r-2)\ldots(2n-5)+\ldots$$
$$+{}^{n-r}\mathfrak{L}(n+r-k)(n+r+1-k)\ldots(2n-k-2)$$
$$-{}^{n-r}\mathfrak{A}(n+r)(n+r+1)\ldots(2n-2)$$
$$-{}^{n-r}\mathfrak{C}(n+r-2)(n+r-1)\ldots(2n-4)-\ldots$$
$$-{}^{n-r}\mathfrak{K}(n+r+1-k)(n+r+2-k)\ldots(2n-k-1)=$$
$$\frac{n+r-(k+1)}{n+r}({}^{n-r-1}\mathfrak{L}-1)(n+r-k)(n+r+1-k)\ldots(2n-k-2).$$

Ist also der Satz für irgend ein k richtig, das $<n-r-2$ ist, so ist er auch für das um 1 größere k richtig. Nun ist er aber für $k=1$ richtig; denn dann wird die linke Seite der zu beweisenden Gleichung $=(n-r)(n+r)(n+r+1)\ldots(2n-2)$ $-\frac{n-r}{n+r}(n+r)(n+r+1)\ldots(2n-2)$, d. i.

$(n-r)\left(1-\frac{1}{n+r}\right)(n+r)(n+r+1)\ldots(2n-2)$, d. i. $(n-r)(n+r-1)(n+r+1)(n+r+2)\ldots(2n-2)$, und die rechte Seite =
$\frac{n+r-1}{n+r}(n-r-1+1)(n+r)(n+r+1)\ldots(2n-2)$, d. i. $(n-r)(n+r-1)(n+r+1)(n+r+2)\ldots(2n-2)$, also beide Seiten gleich. Folglich ist der Satz für jedes k richtig, das $< n-r-1$ ist.

§. 15. Zusatz.

Setzen wir im vorigen Satze $k = n-r-2$, so finden wir für ein gerades $n-r$:

$$\frac{n-r}{n+r}(n+r)(n+r+1)\ldots(2n-2)$$
$$+\frac{n-r}{n+r}(n+r-1)(n+r)\ldots(2n-3)+\ldots$$
$$+\frac{n-r}{n+r}(2r+3)(2r+4)\ldots(n+r+1)$$
$$+{}^{n-r}\mathfrak{B}(n+r-1)(n+r)\ldots(2n-3)$$
$$+{}^{n-r}\mathfrak{D}(n+r-3)(n+r-2)\ldots(2n-5)+\ldots$$
$$+\frac{(n-r)(n-r-1)}{2}(2r+3)(2r+4)\ldots(n+r+1)$$
$$-{}^{n-r}\mathfrak{A}(n+r)(n+r+1)\ldots(2n-2)$$
$$-{}^{n-r}\mathfrak{C}(n+r-2)(n+r-1)\ldots(2n-4)-\ldots$$
$$-\frac{(n-r)(n-r-1)(n-r-2)}{6}(2r+4)(2r+5)\ldots(n+r+2)$$
$$=\frac{2r+2}{n+r}(n-r-2)(2r+3)(2r+4)\ldots(n+r+1)$$
$$=\frac{n-r-2}{n+r}(2r+2)(2r+3)\ldots(n+r+1),$$

für ein ungerades $n-r$ aber

$$^{n-r}\mathfrak{A}(n+r)(n+r+1)\ldots(2n-2)$$
$$+{}^{n-r}\mathfrak{C}(n+r-2)(n+r-1)\ldots(2n-4)+\ldots$$
$$+\frac{(n-r)(n-r-1)}{2}(2r+3)(2r+4)\ldots(n+r+1)$$
$$-{}^{n-r}\mathfrak{B}(n+r-1)(n+r)\ldots(2n-3)$$
$$-{}^{n-r}\mathfrak{D}(n+r-3)(n+r-2)\ldots(2n-5)-\ldots$$

$$-\frac{(n-r)(n-r-1)(n-r-2)}{6}(2r+4)(2r+5)\ldots(n+r+2)$$

$$-\frac{n-r}{n+r}(n+r)(n+r+1)\ldots(2n-2)$$

$$-\frac{n-r}{n+r}(n+r-1)(n+r)\ldots(2n-3)-\ldots$$

$$-\frac{n-r}{n+r}(2r+3)(2r+4)\ldots(n+r+1)$$

$$=\frac{n-r}{n+r}(2r+2)(2r+3)\ldots(n+r+1).$$

§. 16. Zusatz.

Aus dem vorigen Satze folgt, wenn $n-r$ gerade und >2 ist, $\frac{n-r}{n+r}(n+r)(n+r+1)\ldots(2n-2)$

$$+\frac{n-r}{n+r}(n+r-1)(n+r)\ldots(2n-3)+\ldots$$

$$+\frac{n-r}{n+r}(2r+2)(2r+3)\ldots(n+r)+(2r+1)(2r+2)\ldots(n+r-1)$$

$$= {}^{n-r}\mathfrak{A}(n+r)(n+r+1)\ldots(2n-2)$$

$$+{}^{n-r}\mathfrak{C}(n+r-2)(n+r-1)\ldots(2n-4)+\ldots$$

$$+\frac{(n-r)(n-r-1)(n-r-2)}{6}(2r+4)(2r+5)\ldots(n+r+2)$$

$$+\frac{n-r-2}{n+r}(2r+2)(2r+3)\ldots(n+r+1)$$

$$+\frac{n-r}{n+r}(2r+2)(2r+3)\ldots(n+r)+(2r+1)(2r+2)\ldots(n+r-1)$$

$$-{}^{n-r}\mathfrak{B}(n+r-1)(n+r)\ldots(2n-3)$$

$$-{}^{n-r}\mathfrak{D}(n+r-3)(n+r-2)\ldots(2n-5)-\ldots$$

$$-\frac{(n-r)(n-r-1)}{2}(2r+3)(2r+4)\ldots(n+r+1)$$

$$= {}^{n-r}\mathfrak{A}(n+r)(n+r+1)\ldots(2n-2)$$

$$+{}^{n-r}\mathfrak{C}(n+r-2)(n+r-1)\ldots(2n-4)+\ldots$$

$$+(n-r)(2r+2)(2r+3)\ldots(n+r)$$

$$-{}^{n-r}\mathfrak{B}(n+r-1)(n+r)\ldots(2n-3)$$

$$-{}^{n-r}\mathfrak{D}(n+r-3)(n+r-2)\ldots(2n-5)-\ldots$$

$-(2r+1)(2r+2)\ldots(n+r-1)$, und wenn $n-r$ un-

gerade und >1 ist, ${}^{n-r}\mathfrak{A}(n+r)(n+r+1)\dots(2n-2)$
$+\,{}^{n-r}\mathfrak{C}(n+r-2)(n+r-1)\dots(2n-4)+\dots+$
$(2r+1)(2r+2)\dots(n+r-1)-{}^{n-r}\mathfrak{B}(n+r-1)(n+r)\dots(2n-3)$
$-\,{}^{n-r}\mathfrak{D}(n+r-3)(n+r-2)\dots(2n-5)-\dots$
$-(n-r)(2r+2)(2r+3)\dots(n+r)$

$$=\frac{n-r}{n+r}(n+r)(n+r+1)\dots(2n-2)$$

$$+\frac{n-r}{n+r}(n+r-1)(n+r)\dots(2n-3)+\dots$$

$$+\frac{n-r}{n+r}(2r+3)(2r+4)\dots(n+r+1)$$

$$+(2r+1)(2r+2)\dots(n+r-1)$$

$$+\frac{n-r}{n+r}(2r+2)(2r+3)\dots(n+r+1)$$

$$+(n-r)(2r+2)(2r+3)\dots(n+r)$$

$$=\frac{n-r}{n+r}(n+r)(n+r+1)\dots(2n\quad 2)$$

$$+\frac{n-r}{n+r}(n+r-1)(n+r)\dots(2n-3)+\dots+$$

$$\frac{n-r}{n+r}(2r+2)(2r+3)\dots(n+r)+(2r+1)(2r+2)\dots(n+r-1).$$

§. 17. Zusatz.

Aus dem vorigen Satze folgt, daß, wenn $n>r+2$ ist, allemal ${}^{n-r}\mathfrak{A}(n+r)(n+r+1)\dots(2n-2)$

$$+\,{}^{n-r}\mathfrak{C}(n+r-2)(n+r-1)\dots(2n-4)+\dots$$

$$+\left\{\begin{matrix}(n-r)(2r+2)(2r+3)\dots(n+r)\\ (2r+1)(2r+2)\dots(n+r-1)\end{matrix}\right\}$$

$$-\,{}^{n-r}\mathfrak{B}(n+r-1)(n+r)\dots(2n-3)$$

$$-\,{}^{n-r}\mathfrak{D}(n+r-3)(n+r-2)\dots(2n-5)-\dots$$

$$-\left\{\begin{matrix}(2r+1)(2r+2)\dots(n+r-1)\\ (n-r)(2r+2)(2r+3)\dots(n+r)\end{matrix}\right\}$$

$$=\frac{n-r}{n+r}(n+r)(n+r+1)\dots(2n-2)$$

$$+\frac{n-r}{n+r}(n+r-1)(n+r)\dots(2n-3)+\dots+$$

$$\frac{n-r}{n+r}(2r+2)(2r+3)\dots(n+r)+(2r+1)(2r+2)\dots(n+r-1)$$

ist, wo der obere Ausdruck für ein gerades, der untere für ein ungerades $n - r$ gilt; und es ist an sich klar, daß der Satz auch für $n = r + 2$ richtig ist.

§. 18. Zusatz.

Aus §. 17. und 8. geht hervor, daß, wenn r eine beliebige ganze Zahl, und n eine andere ganze Zahl und $> r + 1$ ist, daß alsdann

$$
\begin{aligned}
&{}^{n-r}\mathfrak{A}(n+r)(n+r+1)\ldots(2n-2) \\
&+ {}^{n-r}\mathfrak{C}(n+r-2)(n+r-1)\ldots(2n-4) + \ldots \\
&+ \left\{ \begin{matrix} (n-r)(2r+2)(2r+3)\ldots(n+r) \\ (2r+1)(2r+2)\ldots(n+r-1) \end{matrix} \right\} \\
&- {}^{n-r}\mathfrak{B}(n+r-1)(n+r)\ldots(2n-3) \\
&- {}^{n-r}\mathfrak{D}(n+r-3)(n+r-2)\ldots(2n-5) - \ldots \\
&- \left\{ \begin{matrix} (2r+1)(2r+2)\ldots(n+r-1) \\ (n-r)(2r+2)(2r+3)\ldots(n+r) \end{matrix} \right\} = \\
&(n+r+1)(n+r+2)\ldots(2n-1)
\end{aligned}
$$

ist, wo der obere Ausdruck für ein gerades, und der untere für ein ungerades $n - r$ gilt.

§. 19. Lehrsatz.

Wenn n eine beliebige von 1 verschiedene ganze Zahl ist, und r eine andere ganze Zahl, die aber $< n$, und k eine ganze Zahl und $< r + 1$ ist, so ist

$$
\begin{aligned}
&\frac{2n+2r}{2r+1} \cdot \frac{r+1}{r+1} \cdot {}^{n}\mathfrak{S} + \frac{2n+2r}{2r+1} \cdot \frac{r}{r+1} \cdot {}^{n-1}\mathfrak{R} \cdot {}^{2n}\mathfrak{B} + \frac{2n+2r}{2r+1} \cdot \frac{r-1}{r+1}\, {}^{n-2}\mathfrak{Q} \cdot {}^{2n}\mathfrak{D} + \ldots \\
&+ \frac{2n+2r}{2r+1} \cdot \frac{r+1-k}{r+1} \cdot {}^{n-k}\overset{+1-k}{\mathfrak{R}} \cdot {}^{2n}\overset{+k}{\mathfrak{K}} \\
&- \left({}^{n}\mathfrak{S} + {}^{n-1}\mathfrak{R} \cdot {}^{2n}\mathfrak{B} + {}^{n-2}\mathfrak{Q} \cdot {}^{2n}\mathfrak{D} + \ldots + {}^{n-k}\overset{+1-k}{\mathfrak{R}} \cdot {}^{2n}\overset{+k}{\mathfrak{K}} \right) \\
&= \frac{2n-2k-1}{2r+1} \cdot \frac{r+1-k}{r+1} \cdot {}^{n-k}\overset{+1-k}{\mathfrak{R}} \cdot {}^{2n}\overset{+k}{\mathfrak{K}},
\end{aligned}
$$

wo ${}^{n-k}\overset{+1-k}{\mathfrak{R}}$ soviel als $\frac{(n-k)(n-k-1)(n-k-2)\ldots(n-r)}{1 \cdot 2 \cdot 3 \ldots (r+1-k)}$, und ${}^{2n}\overset{+k}{\mathfrak{K}}$ soviel als $\frac{2n(2n-1)(2n-2)\ldots(2n+1-2k)}{1 \cdot 2 \cdot 3 \ldots (k+k)}$ bezeichnet.

Beweis. Für $n = 2$ ist der Satz an sich klar. Für $n > 2$ wollen wir annehmen, der Satz sei für irgend ein k richtig, das $< r$, und beweisen, daß er auch für das um 1 größere k richtig sei.

Statt $\frac{2n-2k-1}{2r+1}\cdot\frac{r+1-k}{r+1}\cdot{}^{n-k}\mathfrak{R}^{+1-k}\cdot{}^{2n}\mathfrak{K}^{+k}$ können wir schreiben $\frac{2k+1}{2r+1}\cdot\frac{k+1}{r+1}\cdot{}^{n-k-1}\mathfrak{R}^{-k}\cdot{}^{2n}\mathfrak{K}^{+k+2}$. Nun ist

$$[2n-2(k+1)-1]\,[r+1-(k+1)] = (2n+2r)(r-k)$$
$$-[2k+1+2(r+1)]\,[r+1-(k+1)] = (2n+2r)(r-k)$$
$$+(2k+1)(k+1)-(2r+1)(r+1).$$

Addiren wir also $\frac{2n+2r}{2r+1}\cdot\frac{r-k}{r+1}\cdot{}^{n-k-1}\mathfrak{R}^{-k}\cdot{}^{2n}\mathfrak{K}^{+k+2}$ zu $\frac{2k+1}{2r+1}\cdot\frac{k+1}{r+1}\cdot{}^{n-k-1}\mathfrak{R}^{-k}\cdot{}^{2n}\mathfrak{K}^{+k+2}$, und subtrahiren ${}^{n-k-1}\mathfrak{R}^{-k}\cdot{}^{2n}\mathfrak{K}^{+k+2}$ von der Summe, so erhalten wir $\frac{2n-2(k+1)-1}{2r+1}\cdot\frac{r+1-(k+1)}{r+1}\cdot{}^{n-(k+1)}\mathfrak{R}^{+1-(k+1)}\cdot{}^{2n}\mathfrak{K}^{+k+2}$.

Folglich ist $\frac{2n+2r}{2r+1}\cdot\frac{r+1}{r+1}\cdot{}^{n}\mathfrak{S}+\frac{2n+2r}{2r+1}\cdot\frac{r}{r+1}\cdot{}^{n-1}\mathfrak{R}\cdot{}^{2n}\mathfrak{B}+$

$$\frac{2n+2r}{2r+1}\cdot\frac{r-1}{r+1}\cdot{}^{n-2}\mathfrak{Q}\cdot{}^{2n}\mathfrak{D}+\ldots+$$

$$\frac{2n+2r}{2r+1}\cdot\frac{r+1-(k+1)}{r+1}\cdot{}^{n-(k+1)}\mathfrak{R}^{+1-(k+1)}\cdot{}^{2n}\mathfrak{K}^{+k+2}$$

$$-\left({}^{n}\mathfrak{S}+{}^{n-1}\mathfrak{R}\cdot{}^{2n}\mathfrak{B}+{}^{n-2}\mathfrak{Q}\cdot{}^{2n}\mathfrak{D}+\ldots+{}^{n-(k+1)}\mathfrak{R}^{+1-(k+1)}\cdot{}^{2n}\mathfrak{K}^{+k+2}\right)$$

$$=\frac{2n-2(k+1)-1}{2r+1}\cdot\frac{r+1-(k+1)}{r+1}\cdot{}^{n-(k+1)}\mathfrak{R}^{+1-(k+1)}\cdot{}^{2n}\mathfrak{K}^{+k+2}.$$

Ist also der Satz für irgend ein k richtig, das $< r$, so ist er auch für das um 1 größere k richtig. Nun ist er aber für $k = 1$ richtig; denn alsdann wird die linke Seite der zu beweisenden Gleichung $= \frac{2n+2r}{2r+1}\cdot\frac{r+1}{r+1}\cdot\frac{n}{r+1}\cdot{}^{n-1}\mathfrak{R}$

$$+\frac{2n+2r}{2r+1}\cdot\frac{r}{r+1}\cdot{}^{n-1}\mathfrak{R}\cdot n(2n-1)-\frac{n}{r+1}\cdot{}^{n-1}\mathfrak{R}-{}^{n-1}\mathfrak{R}\cdot n(2n-1),$$

d. i.

$\frac{n \cdot {}^{n-1}\mathfrak{R}}{(2r+1)(r+1)}[(2n+2r)(1+(2n-1)r)-2r-1$

$-(2n-1)(2r+1)(r+1)]$, d. i.

$\frac{n \cdot {}^{n-1}\mathfrak{R}}{(2r+1)(r+1)}(2n-1)[1+r(2n+2r)-(2r+1)(r+1)]$, d. i.

$\frac{n \cdot {}^{n-1}\mathfrak{R}(2n-1)(2n-3)r}{(2r+1)(r+1)}$, und die rechte Seite $=$

$\frac{2n-3}{2r+1} \cdot \frac{r}{r+1} \cdot {}^{n-1}\mathfrak{R} \cdot n(2n-1)$, also beide Seiten gleich. Folglich ist der Satz für jedes k richtig, das $< r+1$.

§. 20. Zusatz.

Setzt man im vorigen Satze $k = r$, so findet man, daß, wenn n eine ganze Zahl und > 1, und r eine ganze Zahl und $< n$ ist, allemal $\frac{2n+2r}{2r+1} \cdot \frac{r+1}{r+1} \cdot {}^{n}\mathfrak{S} + \frac{2n+2r}{2r+1} \cdot \frac{r}{r+1} \cdot {}^{n-1}\mathfrak{R} \cdot {}^{2n}\mathfrak{B}$
$+ \frac{2n+2r}{2r+1} \cdot \frac{r-1}{r+1} \cdot {}^{n-2}\mathfrak{Q} \cdot {}^{2n}\mathfrak{D} + \ldots + \frac{2n+2r}{2r+1} \cdot \frac{1}{r+1} \cdot {}^{n-r}\mathfrak{A} \cdot {}^{2n}\overset{+r}{\mathfrak{R}}$
$= {}^{n}\mathfrak{S} + {}^{n-1}\mathfrak{R} \cdot {}^{2n}\mathfrak{B} + {}^{n-2}\mathfrak{Q} \cdot {}^{2n}\mathfrak{D} + \ldots + {}^{n-r}\mathfrak{A} \cdot {}^{2n}\overset{+r}{\mathfrak{R}}$
$+ {}^{2n}\overset{+r+2}{\mathfrak{R}}$.

§. 21. Lehrsatz.

Wenn n und r ganze, von 1 verschiedene Zahlen sind, und zwar r nicht $> n$, so ist allemal ${}^{n}\mathfrak{R} + {}^{n-1}\mathfrak{Q} \cdot {}^{2n}\mathfrak{B} + {}^{n-2}\mathfrak{P} \cdot {}^{2n}\mathfrak{D}$
$+ \ldots + {}^{n+1-r}\mathfrak{A} \cdot {}^{2n}\overset{+r-2}{\mathfrak{R}} + {}^{2n}\overset{+r}{\mathfrak{R}} =$

$\frac{2^{2r}}{1.2.3\ldots(2r)} \cdot n^2(n^2-1^2)(n^2-2^2)(n^2-3^2)\ldots[n^2-(r-1)^2]$.

Beweis. Für $n = 2$ ist der Satz an sich klar. Für $n > 2$ wollen wir annehmen, der Satz sei für irgend ein r richtig, das > 1 und $< n$, und beweisen, daß er auch für das um 1 größere r richtig sei.

Multipliciren wir beide Seiten der zu beweisenden Gleichung mit $\frac{2(n+r)(n-r)}{(2r+1)(r+1)}$, so finden wir $\frac{2n+2r}{2r+1} \cdot \frac{r+1}{r+1} \cdot {}^{n}\mathfrak{S}$

$$+\frac{2n+2r}{2r+1}\cdot\frac{r}{r+1}\cdot{}^{n-1}\mathfrak{N}\cdot{}^{2n}\mathfrak{B}+\frac{2n+2r}{2r+1}\cdot\frac{r-1}{r+1}\cdot{}^{n-2}\mathfrak{Q}\cdot{}^{2n}\mathfrak{D}+\ldots$$

$$+\frac{2n+2r}{2r+1}\cdot\frac{1}{r+1}\cdot{}^{n-r}\mathfrak{A}\cdot{}^{2n}\overset{+r}{\mathfrak{N}}=$$

$$\frac{2^{2(r+1)}}{1.2.3\ldots[2(r+1)]}n^2(n^2-1^2)(n^2-2^2)\ldots[n^2-(r+1-1)^2],$$

d. i. (nach dem vorigen §.) $^{n}\mathfrak{S}+{}^{n-1}\mathfrak{N}\cdot{}^{2n}\mathfrak{B}+{}^{n-2}\mathfrak{Q}\cdot{}^{2n}\mathfrak{D}+\ldots$

$$+{}^{n-r}\mathfrak{A}\cdot{}^{2n}\overset{+r}{\mathfrak{N}}+{}^{2n}\overset{+r+2}{\mathfrak{N}}=$$

$$\frac{2^{2(r+1)}}{1.2.3\ldots[2(r+1)]}n^2(n^2-1^2)(n^2-2^2)\ldots[n^2-(r+1-1)^2].$$

Ist also der Satz für irgend ein r richtig, das >1 und $<n$, so ist er auch für das um 1 größere r richtig. Nun ist er aber für $r=2$ richtig; denn alsdann wird die linke Seite der zu beweisenden Gleichung $=\frac{n(n-1)}{2}+(n-1)n(2n-1)$ $+\frac{2n(2n-1)(2n-2)(2n-3)}{24}$, d. i.

$\frac{n(n-1)}{6}[3+6(2n-1)+(2n-1)(2n-3)]$, d. i.

$\frac{n(n-1)}{6}[3+(2n-1)(2n+3)]$, d. i. $\frac{n(n-1)}{6}(4n^2+4n)$,

d. i. $\frac{2}{3}n^2(n^2-1)$, und die rechte Seite $=\frac{16}{1.2.3.4}n^2(n^2-1)$, also beide Seiten gleich. Folglich ist der Satz für jedes r richtig, das >1 und $<n+1$ ist.

§. 22. Lehrsatz.

Wenn n eine ganze Zahl ist, so ist $\frac{2n(2n-1)(2n-2)\ldots(n+1)}{2^n}$ $=1.3.5\ldots(2n-1)$.

Beweis. Gesetzt, der Satz sei für irgend ein n richtig, so beweisen wir, daß er auch für das um 1 größere n richtig sei. Ist $\frac{2n(2n-1)(2n-2)\ldots(n+1)}{2^n}=1.3.5\ldots(2n-1)$, so ist $\frac{(2n+2)(2n+1)(2n)\ldots(n+2)}{2^{n+1}}=1.3.5\ldots(2n+1)$. Ist also der Satz für irgend ein n richtig, so ist er auch für das um 1 größere n richtig. Nun aber ist er für $n = 1$ richtig; folglich ist er für jedes n richtig.

§. 23. Lehrsatz.

$$1 + 2 + 3 + \ldots + n \text{ ist } = \frac{n(n+1)}{2}.$$

Beweis. Man nehme an, der Satz sei für irgend ein n richtig, so beweisen wir, daß er auch für das um 1 größere n richtig sei. Ist $1+2+3+\ldots+n = \frac{n(n+1)}{2}$, so ist $1+2+3+\ldots+(n+1) = \frac{n+1}{2}(n+2)$. Ist also der Satz für irgend ein n richtig, so ist er auch für das um 1 größere n richtig. Nun ist der Satz für $n=1$ richtig; also ist er für jedes n richtig.

§. 24. Lehrsatz.

$$1^2 + 2^2 + 3^2 + \ldots + n^2 = \frac{n(n+1)(2n+1)}{6}.$$

Beweis. Gesetzt, der Satz sei für irgend ein n richtig, so beweisen wir, daß er auch für das um 1 größere n richtig sei. Ist $1^2+2^2+3^2+\ldots+n^2 = \frac{n(n+1)(2n+1)}{6}$, so ist $1^2+2^2+3^2+\ldots+(n+1)^2 = \frac{n+1}{6}(2n^2+n+6n+6)$ $= \frac{(n+1)(2n^2+7n+6)}{6} = \frac{(n+1)(n+2)(2n+3)}{6}$. Ist also der Satz für irgend ein n richtig, so ist er auch für das um 1 größere n richtig. Nun aber ist er für $n=1$ richtig; also ist er für jedes n richtig.

§. 25. Lehrsatz.

$$1^3 + 2^3 + 3^3 + \ldots + n^3 \text{ ist } = \left(\frac{n(n+1)}{2}\right)^2.$$

Beweis. Man nehme an, der Satz sei für irgend ein n richtig, so wollen wir beweisen, daß er auch für das um 1 größere n richtig sei. Ist $1^3+2^3+3^3+\ldots+n^3=\left(\frac{n(n+1)}{2}\right)^2$ $=\frac{n^2(n+1)^2}{4}$, so ist $1^3+2^3+3^3+\ldots+(n+1)^3=$ $\frac{(n+1)^2}{4}[n^2+4(n+1)]=\frac{(n+1)^2(n+2)^2}{4}=\left(\frac{(n+1)(n+2)}{2}\right)^2$. Ist also der Satz für irgend ein n richtig, so ist er auch für das um 1 größere n richtig. Nun ist der Satz für $n=1$ richtig; also ist er für jedes n richtig.

§. 26. Zusatz.

Aus §. 23. und 25. folgt, daß auch $\frac{1^3+2^3+3^3+\ldots+n^3}{1+2+3+\ldots+n}$ $=\frac{n(n+1)}{2}$ ist.

§. 27. Zusatz.

Folglich ist $\frac{1^3+2^3+3^3+\ldots+n^3}{(1+2+3+\ldots+n)n^2}=\frac{1}{2}\cdot\frac{n+1}{n}=\frac{1}{2}+\frac{1}{2n}$.

§. 28. Zusatz.

Folglich ist $\frac{1^3+2^3+3^3+\ldots+n^3}{(1+2+3+\ldots+n)n^2}$ a allemal $>\frac{1}{2}$ a; doch kann der Ueberschuß über $\frac{1}{2}$ a, wenn man n groß genug annimmt, $<$ werden als jede gegebene Größe von der Art der Größe a.

§. 29. Lehrsatz.

$$1^4+2^4+3^4+\ldots+n^4=\frac{n(n+1)(6n^3+9n^2+n-1)}{30}.$$

Beweis. Man nehme an, der Satz sei für irgend ein n richtig, so beweisen wir, daß er auch für das um 1 größere n richtig sei. Ist $1^4+2^4+3^4+\ldots+n^4=$ $\frac{n(n+1)(6n^3+9n^2+n-1)}{30}$, so ist $1^4+2^4+3^4+\ldots+(n+1)^4$ $=\frac{n+1}{30}[6n^4+9n^3+n^2-n+30(n+1)^3]=$ $\frac{n+1}{30}(6n^4+39n^3+91n^2+89n+30)=$

$\frac{n+1}{30}(6n^4 + 12n^3 + 27n^3 + 54n^2 + 37n^2 + 74n + 15n + 30)$
$= \frac{n+1}{30}(n+2)(6n^3 + 27n^2 + 37n + 15) =$
$\frac{(n+1)(n+2)[6(n+1)^3 + 9(n+1)^2 + n + 1 - 1]}{30}$. Ist also der Satz für irgend ein n richtig, so ist er auch für das um 1 größere n richtig. Nun ist er für $n = 1$ richtig; er ist also für jedes n richtig.

§. 30. Zusatz.

Aus §. 24. 25. und 29. folgt, daß, wenn $n > 1$ ist, $1^2 + 2^2 + 3^2 + \ldots + (n-1)^2 = \frac{n(n-1)(2n-1)}{6}$; $1^3 + 2^3 + 3^3 + \ldots + (n-1)^3 = \left(\frac{n(n-1)}{2}\right)^2$, und $1^4 + 2^4 + 3^4 + \ldots + (n-1)^4 = \frac{n(n-1)(6n^3 + n + 1 - 9n^2)}{30}$.

§. 31. Lehrsatz.

$$\frac{1}{2.4} + \frac{1.3}{2.4.6} + \frac{1.3.5}{2.4.6.8} + \ldots + \frac{1.3.5\ldots(2r-1)}{2.4.6\ldots(2r+2)} + \frac{1.3.5\ldots(2r+1)}{2.4.6\ldots(2r+2)} = \frac{1}{2}.$$

Beweis. Gesetzt, der Satz sei für irgend ein r richtig, so beweisen wir, daß er auch für das um 1 größere r richtig sei. Aus $\frac{1}{2.4} + \frac{1.3}{2.4.6} + \ldots + \frac{1.3.5\ldots(2r-1)}{2.4.6\ldots(2r+2)} + \frac{1.3.5\ldots(2r+1)}{2.4.6\ldots(2r+2)} = \frac{1}{2}$ folgt $\frac{1}{2.4} + \frac{1.3}{2.4.6} + \ldots + \frac{1.3.5\ldots(2r+1)}{2.4.6\ldots(2r+4)} + \frac{1.3.5\ldots(2r+3)}{2.4.6\ldots(2r+4)} = \frac{1}{2}$. Ist also der Satz für irgend ein r richtig, so ist er auch für das um 1 größere r richtig. Er ist aber für $r = 1$ richtig, folglich für jedes r.

§. 32. Lehrsatz.

$$\frac{1.3.5\ldots(2n-1)}{2.4.6\ldots(2n+2)} \cdot \frac{1}{2} + \frac{1.3.5\ldots(2n-3)}{2.4.6\ldots(2n)} \cdot \frac{1}{2.4} + \frac{1.3.5\ldots(2n-5)}{2.4.6\ldots(2n-2)} \cdot \frac{1.3}{2.4.6}$$

$$+\ldots+\frac{1}{2.4}\cdot\frac{1.3.5\ldots(2n-3)}{2.4.6\ldots(2n)}+\tfrac{1}{2}\cdot\frac{1.3.5\ldots(2n-1)}{2.4.6\ldots(2n+2)}=$$

$$\frac{1.3.5\ldots(2n+1)}{4.6.8\ldots(2n+4)};\text{ und }\frac{1.3.5\ldots(2n+3)}{2.4.6\ldots(2n+4)}+\frac{1.3.5\ldots(2n-1)}{2.4.6\ldots(2n)}.3.\frac{1}{2.4}$$

$$+\frac{1.3.5\ldots(2n-3)}{2.4.6\ldots(2n-2)}.3.\frac{1}{2.4.6}+\frac{1.3.5\ldots(2n-5)}{2.4.6\ldots(2n-4)}.3.\frac{1.3}{2.4.6.8}+\ldots$$

$$+\tfrac{1}{2}.3.\frac{1.3.5\ldots(2n-3)}{2.4.6\ldots(2n+2)}+3.\frac{1.3.5\ldots(2n-1)}{2.4.6\ldots(2n+4)}=\frac{1.3.5\ldots(2n+1)}{2.4.6\ldots(2n+2)}.3.\tfrac{1}{2}.$$

Beweis. Gesetzt, diese beiden Sätze seien für irgend ein n richtig, so beweisen wir, daß sie auch für das um 1 größere n richtig sind. Bezeichnen wir die erste der zu beweisenden Gleichungen mit a), und die zweite mit b), so können wir die Gleichung b) auch so schreiben: c) $\frac{1.3.5\ldots(2n+3)}{2.4.6\ldots(2n+4)}+$

$$\frac{1.3.5\ldots(2n-1)}{2.4.6\ldots(2n+2)}.3(n+1).\tfrac{1}{4}+\frac{1.3.5\ldots(2n-3)}{2.4.6\ldots(2n)}.3n.\frac{1}{4.6}+$$

$$\frac{1.3.5\ldots(2n-5)}{2.4.6\ldots(2n-2)}.3(n-1).\frac{1.3}{4.6.8}+\ldots+\frac{1}{2.4}.3.2.\frac{1.3.5\ldots(2n-3)}{4.6.8\ldots(2n+2)}$$

$$+\tfrac{1}{2}.3.\frac{1.3.5\ldots(2n-1)}{4.6.8\ldots(2n+4)}=\frac{1.3.5\ldots(2n+1)}{2.4.6\ldots(2n+4)}(3n+6).$$ Die Gleichung a) aber kann auch so geschrieben werden:

d) $$\frac{1.3.5\ldots(2n-1)}{2.4.6\ldots(2n+2)}.2.\tfrac{1}{4}+\frac{1.3.5\ldots(2n-3)}{2.4.6\ldots(2n)}.3.\frac{1}{4.6}+$$

$$\frac{1.3.5\ldots(2n-5)}{2.4.6\ldots(2n-2)}.4.\frac{1.3}{4.6.8}+\ldots+\frac{1}{2.4}(n+1).\frac{1.3.5\ldots(2n-3)}{4.6.8\ldots(2n+2)}$$

$$+\tfrac{1}{2}(n+2).\frac{1.3\ldots(2n-1)}{4.6\ldots(2n+4)}=\frac{1.3\ldots(2n+1)}{4.6\ldots(2n+4)}.$$ Addirt man die Gleichungen c) und d), und nimmt man in der entstandenen Gleichung zu beiden Seiten $\frac{1.3\ldots(2n+3)}{2.4\ldots(2n+4)}$ weg, so erhält man:

e) $$\frac{1.3\ldots(2n-1)}{2.4\ldots(2n+2)}[n+3+2(n+1)].\tfrac{1}{4}+$$

$$\frac{1.3\ldots(2n-3)}{2.4\ldots(2n)}(n+3+2n).\frac{1}{4.6}+$$

$\frac{1.3\ldots(2n-5)}{2.4\ldots(2n-2)}[n+3+2(n-1)]\cdot\frac{1.3}{4.6.8}+\ldots+\frac{1}{2.4}(n+3+2.2)\cdot\frac{1.3\ldots(2n-3)}{4.6\ldots(2n+2)}+\frac{1}{2}(n+3+2.1)\cdot\frac{1.3\ldots(2n-1)}{4.6\ldots(2n+4)}=\frac{1.3.5\ldots(2n+1)}{2.4.6\ldots(2n+4)}(n+3+2)$. Diese Gleichung durch $2n+6$ dividirt, giebt: f) $\frac{1.3\ldots(2n-1)}{2.4\ldots(2n+2)}\left(\frac{1}{2}+\frac{n+1}{n+3}\right)\cdot\frac{1}{4}+\frac{1.3\ldots(2n-3)}{2.4\ldots(2n)}\left(\frac{1}{2}+\frac{n}{n+3}\right)\cdot\frac{1}{4.6}+\frac{1.3\ldots(2n-5)}{2.4\ldots(2n-2)}\left(\frac{1}{2}+\frac{n-1}{n+3}\right)\cdot\frac{1.3}{4.6.8}+\ldots+\frac{1}{2.4}\left(\frac{1}{2}+\frac{2}{n+3}\right)\cdot\frac{1.3\ldots(2n-3)}{4.6\ldots(2n+2)}+\frac{1}{2}\left(\frac{1}{2}+\frac{1}{n+3}\right)\cdot\frac{1.3.\,(2n-2)}{4.6.\,(2n+4)}=\frac{1.3\ldots(2n+1)}{2.4\ldots(2n+6)}(n+3+2)$. Multiplicirt man die Gleichung d) mit $\frac{n+2}{n+3}$, so erhält man: g) $\frac{1.3.5\ldots(2n-1)}{2.4.6\ldots(2n+2)}\cdot\frac{2(n+2)}{n+3}\cdot\frac{1}{4}+\frac{1.3\ldots(2n-3)}{2.4\ldots(2n)}\cdot\frac{3(n+2)}{n+3}\cdot\frac{1}{4.6}+\frac{1.3\ldots(2n-5)}{2.4\ldots(2n-2)}\cdot\frac{4(n+2)}{n+3}\cdot\frac{1.3}{4.6.8}+\ldots+\frac{1}{2.4}\cdot\frac{(n+1)(n+2)}{n+3}\cdot\frac{1.3\ldots(2n-3)}{4.6\ldots(2n+2)}+\frac{1}{2}\cdot\frac{(n+2)^2}{n+3}\cdot\frac{1.3\ldots(2n-1)}{4.6\ldots(2n+4)}=\frac{1.3\ldots(2n+1)}{4.6\ldots(2n+6)}\cdot 2(n+2)$. Hiervon die Gleichung f) abgezogen, giebt: h) $\frac{1.3\ldots(2n-1)}{2.4\ldots(2n+2)}\cdot\frac{1}{2}\cdot\frac{1}{4}+\frac{1.3\ldots(2n-3)}{2.4\ldots(2n)}\cdot\frac{3}{2}\cdot\frac{1}{4.6}+\frac{1.3\ldots(2n-5)}{2.4\ldots(2n-2)}\cdot\frac{5}{2}\cdot\frac{1.3}{4.6.8}+\ldots+\frac{1}{2.4}\cdot\frac{2n-1}{2}\cdot\frac{1.3\ldots(2n-3)}{4.6\ldots(2n+2)}+\frac{1}{2}\cdot\frac{2n+1}{2}\cdot\frac{1.3\ldots(2n-1)}{4.6\ldots(2n+4)}=\frac{1.3\ldots(2n+1)}{2.4\ldots(2n+6)}(3n+3)$. Addirt man hier auf beiden Seiten $\frac{1.3\ldots(2n+1)}{2.4\ldots(2n+4)}\cdot\frac{1}{2}$, so erhält man

$$\frac{1.3\ldots(2n+1)}{2.4\ldots(2n+4)}\cdot\frac{1}{2}+\frac{1.3.\,(2n-1)}{2.4\ldots(2n+2)}\cdot\frac{1}{2.4}+\frac{1.3\ldots(2n-3)}{2.4\ldots(2n)}\cdot\frac{1.3}{2.4.6}+\ldots+\frac{1}{2.4}\cdot\frac{1.3\ldots(2n-1)}{2.4\ldots(2n+2)}+\frac{1}{2}\cdot\frac{1.3\ldots(2n+1)}{2.4\ldots(2n+4)}=\frac{1.3\ldots(2n+3)}{4.6\ldots(2n+6)}.$$

Sind also die Gleichungen a) und b) für irgend ein n richtig, so ist die Gleichung a) auch für das um 1 größere n richtig.

Wenn wir die Glieder der linken Seite der Gleichung b) in umgekehrte Ordnung schreiben, so lautet sie: i) $3.\frac{1.3..(2n-1)}{2.4..(2n+4)} + 3.\frac{1.3..(2n-3)}{2.4..(2n+2)}.\frac{1}{2} + 3.\frac{1.3..(2n-5)}{2.4..(2n)}.\frac{1.3}{2.4} + .. + 3.\frac{1}{2.4.6}.\frac{1.3..(2n-3)}{2.4..(2n-2)} + 3.\frac{1}{2.4}.\frac{1.3..(2n-1)}{2.4..(2n)} = \frac{1.3..(2n+1)}{2.4..(2n+2)}\left(\frac{1}{2} - \frac{2n+3}{2n+4}\right)$, d. i. k) $3.\frac{1.3..(2n-1)}{2.4..(2n+4)} + 3.\frac{1.3..(2n-3)}{2.4..(2n+2)}.2.\frac{1}{4} + 3.\frac{1.3..(2n-5)}{2.4..(2n)}.3.\frac{1.3}{4.6} + .. + 3.\frac{1}{2.4.6}n.\frac{1.3..(2n-3)}{4.6..(2n)} + 3.\frac{1}{2.4}(n+1).\frac{1.3..(2n-1)}{4.6..(2n+2)} = \frac{1.3..(2n+1)(n+3)}{2.4..(2n+4)}$. Multiplicirt man die Gleichung a) mit 3, so erhält man:

l) $3.\frac{1.3..(2n-1)}{2.4..(2n+4)}(n+2) + 3.\frac{1.3..(2n-3)}{2.4..(2n+2)}(n+1).\frac{1}{4} + 3.\frac{1.3..(2n-5)}{2.4..(2n)}n.\frac{1.3}{4.6} + .. + 3.\frac{1}{2.4.6}.3.\frac{1.3..(2n-3)}{4.6..(2n)} + 3.\frac{1}{2.4}.2.\frac{1.3..(2n-1)}{4.6..(2n+2)} = 3.\frac{1.3..(2n+1)}{4.6..(2n+4)}$. Die Gleichungen k) und l) zusammenaddirt, und die Summe durch $2n+6$ dividirt, giebt:

m) $3.\frac{1.3..(2n-1)}{2.4..(2n+4)}.\frac{1}{2} + 3.\frac{1.3..(2n-3)}{2.4..(2n+2)}.\frac{1}{2}.\frac{1}{4} + 3.\frac{1.3..(2n-5)}{2.4..(2n)}.\frac{1}{2}.\frac{1.3}{4.6} + .. + 3.\frac{1}{2.4.6}.\frac{1}{2}.\frac{1.3..(2n-3)}{4.6..(2n)} + 3.\frac{1}{2.4}.\frac{1}{2}.\frac{1.3..(2n-1)}{4.6..(2n+2)} = \frac{1.3..(2n+1)}{2.4..(2n+4)}\left(\frac{1}{2} + \frac{3}{n+3}\right)$.

Diese Gleichung von der Gleichung k) subtrahirt, giebt:

n) $3.\frac{1.3..(2n-1)}{2.4..(2n+4)}.\frac{1}{2} + 3.\frac{1.3..(2n-3)}{2.4..(2n+2)}.\frac{3}{2}.\frac{1}{4}$

$$+3.\frac{1.3..(2n-5)}{2.4..(2n)}.\tfrac{5}{2}.\frac{1.3}{4.6}+..+3.\frac{1}{2.4.6}.\frac{2n-1}{2}.\frac{1.3..(2n-3)}{4.6..(2n)}$$

$$+3.\frac{1}{2.4}.\frac{2n+1}{2}.\frac{1.3..(2n-1)}{4.6..(2n+2)}=\frac{1.3..(2n+1)}{2.4..(2n+4)}\left(n+3-\tfrac{1}{2}-\frac{3}{n+3}\right).$$

Stellt man die Glieder auf der linken Seite dieser Gleichung in umgekehrte Ordnung, und addirt vorn $\frac{1.3..(2n+5)}{2.4..(2n+6)}$, und hinten $3.\frac{1.3..(2n+1)}{2.4..(2n+6)}$, so erhält man $\frac{1.3..(2n+5)}{2.4..(2n+6)}+$

$$\frac{1.3..(2n+1)}{2.4..(2n+2)}.3.\frac{1}{2.4}+\frac{1.3..(2n-1)}{2.4..(2n)}.3.\frac{1}{2.4.6}+$$

$$\frac{1.3..(2n-3)}{2.4..(2n-2)}.3.\frac{1.3}{2.4.6.8}+..+\tfrac{1}{2}.3.\frac{1.3..(2n-1)}{2.4..(2n+4)}+3.\frac{1.3..(2n+1)}{2.4..(2n+6)}$$

$$=\frac{1.3..(2n+1)}{2.4..(2n+6)}[2(n+3)^2-n-3-6+(2n+3)(2n+5)+3]$$

$$=\frac{1.3..(2n+1)}{2.4..(2n+6)}[(n+3)(2n+5)+(2n+3)(2n+5)-3]$$

$$=\frac{1.3..(2n+1)}{2.4..(2n+6)}[(3n+6)(2n+5)-3]$$

$$=\frac{1.3..(2n+1)}{2.4..(2n+6)}(6n^2+27n+27)$$

$$=\frac{1.3..(2n+1)}{2.4..(2n+6)}(3n+9)(2n+3)=\frac{1.3..(2n+3)}{2.4..(2n+4)}.3.\tfrac{1}{2}.$$

Sind also die Gleichungen a) und b) für irgend ein n richtig, so ist auch die Gleichung b) für das um 1 größere n richtig.

Nun sind aber die Gleichungen a) und b) für $n=1$ richtig; folglich sind sie für jedes n richtig.

§. 33. Lehrsatz.

$${}^{n}\mathfrak{K}+{}^{n}\mathfrak{L}={}^{n+1}\mathfrak{L}.$$

Beweis. ${}^{n}\mathfrak{K}+{}^{n}\mathfrak{L}=\frac{n(n-1)\ldots(n+1-k)}{1.2\ldots k}+$

$$\frac{n(n-1)\ldots(n-k)}{1.2\ldots(k+1)}=\frac{n(n-1)\ldots(n+1-k)(n+1)}{1.2\ldots(k+1)}={}^{n+1}\mathfrak{L}.$$

Vierter Abschnitt.

Von den convergirenden Reihen.

§. 1. Erklärung.

Eine Reihe gleichartiger Größen, deren Glieder entweder zu einander addirt oder von einander subtrahirt sind, und welche, indem die Glieder nach einem bestimmten Gesetz fortschreiten, sich irgend einem Werthe immer mehr nähert, so daß der Fehler, wenn man die Reihe nach dem bestimmten Gesetz weit genug fortsetzt, kleiner werden kann als jede gegebene Größe derselben Art, heißt eine **convergirende Reihe**, der Werth, dem sie sich auf die angezeigte Art nähert, der **Näherungswerth**, und das, was der irgendwo abgebrochenen Reihe am Näherungswerthe fehlt, die **Ergänzung**; wenn aber der Werth der irgendwo abgebrochenen Reihe den Näherungswerth übertrifft, so heißt das, was zuviel ist, der **Ueberschuß** der Reihe.

§. 2. Zusatz.

Eine fallende geometrische Reihe ist daher, die Glieder mögen nun sämmtlich zu einander addirt oder abwechselnd subtrahirt und addirt sein, nach §. 20. und 21. des 2ten Abschn. allemal eine convergirende Reihe, und der Näherungswerth derselben im 1sten Fall die 3te Proportionale zur Differenz des 1sten und 2ten Gliedes und zum 1sten Gliede, im 2ten Fall die 3te Proportionale zur Summe des 1sten und 2ten Gliedes und zum 1sten Gliede. Auch erhellt aus der Beweisführung zu den beiden angeführten Sätzen leicht, daß die Ergänzungen und Ueberschüsse, wenn man die Reihe immer um ein Glied weiter fortsetzt, wieder eine geometrische Reihe bilden, worin jede 2 auf einander folgenden Glieder sich wie die auf einander folgenden Glieder der ursprünglichen Reihe verhalten.

§. 3. Zusatz.

Wenn man alle Glieder einer convergirenden Reihe, deren Glieder sämmtlich zu einander addirt sind, verkleinert, so erhält man um so mehr eine convergirende Reihe, und der Näherungswerth wird gleichfalls verkleinert.

§. 4. Zusatz.

Wenn man daher alle Glieder einer fallenden geometrischen Reihe verkleinert, so bilden die Glieder, zu einander addirt, gewiß eine convergirende Reihe.

§. 5. Zusatz.

Wenn daher a, b, c ... eine fallende geometrische Reihe bilden, so ist $a + \frac{1}{2}b + \frac{1.3}{2.4}c + \frac{1.3.5}{2.4.6}d + \ldots \infty$ gewiß eine convergirende Reihe.

§. 6. Lehrsatz.

Wenn a, b, c ... eine fallende geometrische Reihe bilden, so ist $a - \frac{1}{2}b - \frac{1}{2.4}c - \frac{1.3}{2.4.6}d - \frac{1.3.5}{2.4.6.8}e - \ldots \infty$ eine convergirende Reihe, und ihr Näherungswerth $> a - \frac{1}{2}b - \frac{1}{2}c$.

Beweis. Wie weit man auch die Reihe $\frac{1}{2.4} + \frac{1.3}{2.4.6} + \frac{1.3.5}{2.4.6.8} + \ldots$ fortsetzen mag, so bleibt sie nach §. 31. des vorigen Abschn. doch immer $< \frac{1}{2}$, ist also convergirend. Folglich ist (§. 3. dieses Abschn.) die Reihe $\frac{1}{2.4}c + \frac{1.3}{2.4.6}d + \frac{1.3.5}{2.4.6.8}e + \ldots \infty$ gewiß convergirend, und ihr Näherungswerth $< \frac{1}{2}c$. Folglich ist die Reihe $a - \frac{1}{2}b - \frac{1}{2.4}c - \frac{1.3}{2.4.6}d - \frac{1.3.5}{2.4.6.8}e - \ldots \infty$ convergirend, und ihr Näherungswerth $> a - \frac{1}{2}b - \frac{1}{2}c$.

§. 7. Lehrsatz.

Wenn 2 convergirende Reihen, deren Glieder sämmtlich zu einander addirt sind, Glied für Glied addirt werden, so erhält man wieder eine convergirende Reihe, deren Näherungswerth = ist der Summe der Näherungswerthe der beiden ersten Reihen.

Beweis. Es seien $a + b + c + \ldots \infty$ und $a' + b' + c' + \ldots \infty$ die beiden Reihen, und P und P' ihre Näherungswerthe, so wird, weil die Reihe $a + b + c + \ldots$, wie weit man sie auch fortsetzen mag, nie den Werth P, und die Reihe $a' + b' + c' + \ldots$ nie den Werth P' erreicht, die Reihe $(a + a') + (b + b') + (c + c') + \ldots$ nie den Werth $P + P'$ erreichen; sie ist also convergirend, und ihr Näherungswerth nicht $> P + P'$. Das aber, was an $P + P'$ fehlt, kann $<$ werden als jede gegebene Größe x derselben Art; denn man setze die Reihen $a + b + c + \ldots$ und $a' + b' + c' + \ldots$ bis zu einer gleichen Anzahl Glieder fort, so daß das, was bei der ersteren noch an P fehlt, $< \frac{1}{2}x$, und das, was bei der zweiten noch an P' fehlt, auch $< \frac{1}{2}x$ ist, so ist das, was der ebensoweit fortgesetzten Reihe $(a + a') + (b + b') + (c + c') + \ldots$ an $P + P'$ fehlt, $< \frac{1}{2}x + \frac{1}{2}x$, d. i. $< x$. Folglich ist $P + P'$ der Näherungswerth der Reihe $(a + a') + (b + b') + (c + c') + \ldots \infty$.

§. 8. Zusatz.

Wiederholt man diese Schlüsse, so findet man folgenden Satz: Wenn man **mehr** als 2 convergirende Reihen, deren Glieder sämmtlich zu einander addirt sind, Glied für Glied addirt, so erhält man wieder eine convergirende Reihe, deren Näherungswerth = ist der Summe der Näherungswerthe der ersteren Reihen.

§. 9. Lehrsatz.

Wenn man 2 convergirende Reihen, deren Glieder sämmtlich zu einander addirt sind, Glied für Glied von einander subtrahirt, so erhält man wieder eine convergirende Reihe, deren

Näherungswerth = ist der Differenz der Näherungswerthe der beiden ersten Reihen.

Beweis. Daß die 3te Reihe convergirt, und ihr Näherungswerth < ist als der Näherungswerth derjenigen Reihe, von deren Gliedern die Glieder der andern Reihe subtrahirt werden, erhellt nach §. 3. aus dem Umstande, daß jedes Glied der 3ten Reihe < ist als das entsprechende Glied der 1sten Reihe. Es seien nun $a+b+c+\ldots\infty$ und $a'+b'+c'+\ldots\infty$ die beiden ersten Reihen, so daß $a>a'$; $b>b'$; $c>c'$, u. s. w. Es sei P der Näherungswerth der ersten, P′ der Näherungswerth der 2ten Reihe, so ist nach §. 3. $P>P'$. Es sei x der Näherungswerth der 3ten Reihe, so ist, weil

x der Näherungswerth der Reihe $(a-a')+(b-b')+(c-c')+\ldots\infty$, und

$$
\begin{array}{l}
P' \;\; = \; = \; = \; = \; = \; = \; = \; = \;\; a' + b' + c' + \ldots\infty \\
\hline
x+P' = \; = \; = \; = \; = \; = \; = \; = \;\; a + b + c + \ldots\infty
\end{array}
$$

nach §. 7. Nun ist aber P der Näherungswerth dieser Reihe; folglich ist $x+P'=P$, also $x=P-P'$.

§. 10. Lehrsatz.

Wenn $a+b+c+\ldots\infty$, $a'+b'+c'+\ldots\infty$, $a''+b''+c''+\ldots\infty$, u. s. w. lauter convergirende Reihen, und p, p', p'', u. s. w. ihre Näherungswerthe sind, und es sind auch $a+a'+a''+\ldots\infty$, $b+b'+b''+\ldots\infty$, $c+c'+c''+\ldots\infty$, u. s. w. und $p+p'+p''+\ldots\infty$ lauter convergirende Reihen, und q, q', q'', u. s. w. und r ihre Näherungswerthe, so ist auch $q+q'+q''+\ldots\infty$ eine convergirende Reihe, und r ihr Näherungswerth.

Beweis. Man setze die Reihen $a+b+c+\ldots$, $a'+b'+c'+\ldots$, $a''+b''+c''+\ldots$, u. s. w. z. B. bis zum 4ten Gliede fort, so ist

$$
\begin{array}{l}
a + b + c + d < p \\
a' + b' + c' + d' < p' \\
a'' + b'' + c'' + d'' < p'' \\
\text{u. s. w.}
\end{array}
$$

also, da $p + p' + p'' + \ldots \sim$ eine convergirende Reihe ist, nach §. 3. auch $(a + b + c + d) + (a' + b' + c' + d') + (a'' + b'' + c'' + d'') + \ldots \sim$ eine convergirende Reihe, und ihr Näherungswerth $< r$; auch ist der Näherungswerth der Reihe $(a+b+c+d) + (a'+b'+c'+d') + (a''+b''+c''+d'') + \ldots \sim$ nach §. 7. und 8. $= q + q' + q'' + q'''$. Folglich ist die Reihe $q + q' + q'' + \ldots$, wie weit man sie auch fortsetzen mag, $< r$, also $q + q' + q'' + \ldots \sim$ eine convergirende Reihe, und ihr Näherungswerth nicht $> r$.

Er kann aber auch nicht $< r$ sein. Denn man nehme an, er sei $< r$, und setze ihn $= r - x$, und setze nun die Reihe $p + p' + p'' + \ldots$ so weit fort, daß das, was an r fehlt, $< x$ ist; es sei z. B. schon die Summe der 4 ersten Glieder, nämlich $p + p' + p'' + p'''$, $> r - x$. Nun ist nach §. 7. und 8. $p + p' + p'' + p''' =$ dem Näherungswerth der Reihe $(a + a' + a'' + a''') + (b + b' + b'' + b''') + (c + c' + c'' + c''') + \ldots \sim$. Folglich ist der Näherungswerth dieser Reihe $> r - x$. Folglich ist (nach §. 3.) um so mehr der Näherungswerth der Reihe $q + q' + q'' + \ldots \sim > r - x$, welches der Annahme, daß er $= r - x$ sein soll, widerspricht.

Der Näherungswerth der Reihe $q + q' + q'' + \ldots \sim$ kann also nur $= r$ sein.

§. 11. Zusatz.

Aus der Beweisführung des vorigen Satzes geht bei näherer Betrachtung hervor, daß derselbe Satz auch gilt, wenn die Reihen $a + b + c + \ldots \sim$, $a' + b' + c' + \ldots \sim$, $a'' + b'' + c'' + \ldots \sim$ u. s. w., immer mit Einrücken eines oder mehrerer Glieder unter einander geschrieben, und dann Columne für Columne addirt werden; z. B. wenn

$$
\begin{array}{l}
a+b+c+d+e+f+g+h+\ldots\ldots\ldots\sim \text{ eine convergirende Reihe, und } p \text{ ihr Näherungswerth,}\\
\quad a'+b'+c'+d'+e'+f'+\ldots\ldots\ldots\sim \;-\;-\;-\;-\;-\;-\;-\;-\;-\; p' \;-\;-\;-\;-\;-\;-\\
\qquad a''+b''+c''+d''+\ldots\ldots\ldots\sim \;-\;-\;-\;-\;-\;-\;-\;-\;-\; p'' \;-\;-\;-\;-\;-\;-\\
\qquad\quad a'''+b'''+\ldots\ldots\ldots\sim \;-\;-\;-\;-\;-\;-\;-\;-\;-\; p''' \;-\;-\;-\;-\;-\;-\\
\qquad\qquad \ldots\ldots\ldots\sim \\
\qquad\qquad\quad \ldots\ldots\sim \\
\qquad\qquad\qquad \ldots\ldots\ldots\ldots\sim \; r
\end{array}
$$

---

und es ist auch $p+p'+p''+\ldots\sim$ eine convergirende Reihe, und r ihr Näherungswerth, so ist auch $a+b+(c+a')+(d+b')+(e+c'+a'')+(f+d'+b'')+(g+e'+c''+a''')+(h+f'+d''+b''')+\ldots\sim$ eine convergirende Reihe, und r ihr Näherungswerth.

§. 12. Lehrsatz.

Wenn alle Glieder einer convergirenden Reihe nach einerlei Verhältniß vergrößert oder verkleinert werden, so erhält man wieder eine convergirende Reihe, und der Näherungswerth ist nach demselben Verhältniß im 1sten Fall vergrößert, im 2ten Fall verkleinert.

Beweis. Es sei $a \pm b \pm c \pm \ldots \sim$ die ursprüngliche Reihe (wobei die vor die einzelnen Glieder gesetzten Zeichen + und − von einander unabhängig sind), und P ihr Näherungswerth. Man bilde eine Reihe $a' \pm b' \pm c' \pm \ldots \sim$, so daß $a : a' = b : b' = c : c'$, u. s. w. Dann ist nach §. 2. des 1sten Abschn. auch

$a \pm b : a' \pm b' = a \pm b \pm c : a' \pm b' \pm c' = a \pm b \pm c \pm d : a' \pm b' \pm c' \pm d'$, u. s. w. $= a : a'$. Man mache $a : a' = P : P'$. Wenn man die Reihen $a \pm b \pm c \pm \ldots$ und $a' \pm b' \pm c' \pm \ldots$ bis zu einer gleichen Anzahl von Gliedern fortsetzt, z. B. bis zum 4ten, so ist, wenn $a \pm b \pm c \pm d \left\{ \begin{matrix} > \\ < \end{matrix} \right\} P$, auch $a' \pm b' \pm c' \pm d' \left\{ \begin{matrix} > \\ < \end{matrix} \right\} P'$ (weil $a \pm b \pm c \pm d : a' \pm b' \pm c' \pm d' = a : a' = P : P'$). Wir wollen nun beweisen, daß das, was der Reihe $a' \pm b' \pm c' \pm \ldots$, wenn man sie irgendwo abbricht, an P' fehlt, oder zuviel ist, $<$ werden kann als jede gegebene Größe x von derselben Art. Man mache $a' : a = x : y$, und setze nun die Reihe $a \pm b \pm c \pm \ldots$ fort, bis $\left\{ \begin{matrix} \text{der Ueberschuß} \\ \text{die Ergänzung} \end{matrix} \right\} < y$. Sie sei z. B. bis zum 4ten Gliede fortzusetzen, damit dieser Zweck erreicht werde, so ist $a \pm b \pm c \pm d \left\{ \begin{matrix} < P + y \\ > P - y \end{matrix} \right\}$. Da nun

$a : a' = y : x$ und

$a . a' = P : P'$, so ist (Eucl. 5, 12 und §. 1. des 1sten Abschn.)

$a : a' = \left\{ \begin{matrix} P + y : P' + x \\ P - y : P' - x \end{matrix} \right\}$, also auch $a \pm b \pm c \pm d : a' \pm b' \pm c' \pm d' = \left\{ \begin{matrix} P + y : P' + x \\ P - y : P' - x \end{matrix} \right\}$. Da nun $a \pm b \pm c \pm d \left\{ \begin{matrix} < P + y \\ > P - y \end{matrix} \right\}$, so ist auch $a' \pm b' \pm c' \pm d' \left\{ \begin{matrix} < P' + x \\ > P' - x \end{matrix} \right\}$. Folglich kann der Werth der Reihe $a' \pm b' \pm c' \pm d' \pm \ldots$, wenn man sie weit genug fortsetzt, dem Werth P' so nahe kommen, daß der Fehler kleiner wird als jede gegebene Größe derselben Art; d. h. die Reihe $a' \pm b' \pm c' \pm \ldots$ ist eine convergirende, und P' ihr Näherungswerth.

§. 13. Lehrsatz.

Die Differenz der Näherungswerthe der Reihen $a + \frac{1}{2} b + \frac{1.3}{2.4} c + \frac{1.3.5}{2.4.6} d + \ldots \sim$ und $a - \frac{1}{2} b - \frac{1}{2.4} c - \frac{1\,3}{2.4.6} d - \frac{1.3.5}{2.4.6.8} e - \ldots \sim$, wo $a, b, c, d, e \ldots$ eine fallende geometrische

Reihe bilden, verhält sich zum Näherungswerth der ersteren Reihe wie jedes Glied der geometrischen Reihe zum vorhergehenden.

Beweis. Der Näherungswerth der ersteren Reihe heiße A, und der der 2ten B, so ist der Näherungswerth der Reihe $\frac{1}{2}b + \frac{1}{2.4}c + \frac{1.3}{2.4.6}d + \ldots \infty = a - B$, und der Näherungswerth der Reihe $\frac{1}{2}b + \frac{1.3}{2.4}c + \frac{1.3.5}{2.4.6}d + \ldots \infty = A - a$, also (nach §. 7.) der Nähernngswerth der Reihe $b + \frac{1}{2}c + \frac{1.3}{2\,4}d + \frac{1.3.5}{2.4.6}e + \ldots \infty = A - B$. Verwandelt man nun die letztere Reihe in $a + \frac{1}{2}b + \frac{1.3}{2.4}c + \frac{1.3\,5}{2.4.6}d + \ldots \infty$, so verändert man jedes Glied nach dem Verhältniß $b:a$; also wird auch der Näherungswerth $A - B$ nach demselben Verhältniß verändert; d. h. $A - B : A = b : a$.

§. 14. Lehrsatz.

Wenn $a, b, c, \ldots$ eine fallende geometrische Reihe bilden, so ist die Reihe $a, 2.2b, 3.3c, 4.4d, \ldots$ irgendwo fallend.

Beweis. Man nehme zwischen a und b die mittlere Proportionale M, und nehme nun von a einen aliquoten Theil, welcher $< a - M$; es sei z. B. der 7te Theil. Man setze die Reihe $a, 2.2b, 3.3c, 4.4d \ldots$ bis zu den Gliedern $6.6f$ und $7.7g$ fort. Nun ist, wenn N die mittlere Proportionale zwischen f und g ist, $\frac{1}{7}f < f - N$ (weil $\frac{1}{7}a < a - M$), also $N < \frac{6}{7}f$, also $g < \frac{6.6}{7.7}f$, also $7.7g < 6.6f$. Folglich ist die Reihe $a, 2.2b, 3.3c, 4.4d \ldots$ bei den Gliedern $6.6f$ und $7.7g$ fallend.

§. 15. Lehrsatz.

Wenn $a, b, c \ldots$ eine fallende geometrische Reihe bilden, so folgen auf ein solches Glied der Reihe $a, 2.2b, 3.3c, 4.4d \ldots$ welches $<$ als das vorhergehende Glied ist, immer kleinere und kleinere Glieder, und man kann, wenn man die Reihe weit genug fortsetzt, auf ein Glied kommen, welches $<$ ist als jede gegebene Größe derselben Art.

Beweis. Es sei $7.7g < 6.6f$, so ist (weil $f:g = g:h$, also $6.6f:7.7g = 6.6g:7.7h$) auch $7.7h < 6.6g$. Aber nach §. 33. des 1sten Abschn. ist $6:7 < 7:8$, also (§. 47. des 1sten Abschn.) $6.6:7.7 < 7.7:8.8$, also $6.6g:7.7g < 7.7h:8.8h$; verwechselt $6.6g:7.7h < 7.7g:8.8h \ldots (a)$. Da nun $7.7h < 6.6g$, so ist um so mehr $8.8h < 7.7g$; und hieraus beweist man auf ähnliche Art, daß $9.9i < 8.8h$, u. s. w. Folglich werden, von dem Gliede $6.6f$ an gerechnet, alle folgenden Glieder immer kleiner.

Bildet man nun eine geometrische Reihe, deren 2 erste Glieder $6.6f$ und $7.7g$ sind, so kann ein Glied dieser Reihe $<$ werden als jede gegebene Größe derselben Art. Nun ist zufolge der Proportion (a) $6.6g:7.7h$, d. i. (weil $f:g = g:h$) $6.6f:7.7g < 7.7g:8.8h$, und ebenso wird bewiesen, daß $7.7g:8.8h < 8.8h:9.9i$ u. s. w. Folglich fällt die Reihe $6.6f$, $7.7g$, $8.8h \ldots$ schneller als die mit $6.6f$ und $7.7g$ anfangende geometrische Reihe; folglich kann um so mehr in der Reihe $6.6f$, $7.7g$, $8.8h \ldots$ ein Glied kleiner werden als jede gegebene Größe derselben Art.

§. 16. Lehrsatz.

Wenn $a, b, c \ldots$ eine fallende geometrische Reihe bilden, so ist die 3te Proportionale zu a und $a - \frac{1}{2}b > a - b$, aber $< a - b + c$, die 3te Proportionale zu a und $a - \frac{1}{2}b - \frac{1}{2.4}c > a - b$, aber $< a - b + 2.2d$, die 3te Proportionale zu a und $a - \frac{1}{2}b - \frac{1}{2.4}c - \frac{1.3}{2.4.6}d > a - b$, aber $< a - b + 3.3e$, die 3te Proportionale zu a und $a - \frac{1}{2}b - \frac{1}{2.4}c - \frac{1.3}{2.4.6}d - \frac{1.3.5}{2.4.6.8}e > a - b$, aber $< a - b + 4.4f$, u. s. w.

Beweis. Die Reihe $a - \frac{1}{2}b - \frac{1}{2.4}c - \frac{1.3}{2.4.6}d - \ldots$ sei z. B. bis zum 6ten Gliede fortgesetzt, sei also $a - \frac{1}{2}b - \frac{1}{2.4}c - \frac{1.3}{2.4.6}d - \frac{1.3\,5}{2.4.6.8}e - \frac{1.3.5.7}{2.4.6.8.10}f$, so kann man statt dessen schreiben $a - \alpha$, wo $\alpha = \frac{1}{2}b + \frac{1}{2.4}c + \frac{1.3}{2.4.6}d + \frac{1.3.5}{2.4.6.8}e + \frac{1.3\,5.7}{2.4.6.8.10}f$. Man mache $a : \alpha = \alpha : \beta$.

Nun ist $a : a \quad = \alpha : \alpha$

$a : \alpha \quad = \alpha : \beta$

(§. 7. des 1sten Abschn.)

$a : a - \alpha = \alpha : \alpha - \beta$

$a : a - \alpha = a : a - \alpha$

(§. 1. des 1sten Abschn.)

$a : a - \alpha = a - \alpha : a + \beta - 2\alpha$. Also ist die 3te Proportionale zu a und $a - \alpha$, die wir γ nennen wollen, $= a + \beta - 2\alpha = a - b + \beta - 2\left(\frac{1}{2.4}c + \frac{1.3}{2.4.6}d + \frac{1.3.5}{2.4.6.8}e + \frac{1.3.5.7}{2.4.6.8.10}f\right)$ $= a - b + \beta - \frac{1}{4}c - \frac{1.3}{4.6}d - \frac{1\,3.5}{4.6.8}e - \frac{1.3.5.7}{4.6\,8.10}f$. Nun ist (nach Eucl. 5,12 und §. 7. des 1sten Abschn.) β zusammengesetzt aus der 4ten Proportionale

zu a, $\frac{1}{2}b$ und $\frac{1}{2}b$	(diese ist $= \frac{1}{2} \cdot \frac{1}{2}c$)
„ a, $\frac{1}{2}b$ und $\frac{1}{2.4}c$	(„ „ „ $= \frac{1}{2.4} \cdot \frac{1}{2}d$)
„ a, $\frac{1}{2}b$ und $\frac{1.3}{2.4\,6}d$	(„ „ „ $= \frac{1.3}{2.4.6} \cdot \frac{1}{2}e.$)
„ a, $\frac{1}{2}b$ und $\frac{1.3.5}{2.4.6.8}e$	(„ „ „ $= \frac{1.3.5}{2.4.6.8} \cdot \frac{1}{2}f$)
„ a, $\frac{1}{2}b$ und $\frac{1.3.5.7}{2.4.6\,8.10}f$	(„ „ „ $< g$)
„ a, $\frac{1}{2.4}c$ und $\frac{1}{2}b$	(„ „ „ $= \frac{1}{2} \cdot \frac{1}{2.4}d$)
„ a, $\frac{1}{2.4}c$ und $\frac{1}{2.4}c$	(„ „ „ $= \frac{1}{2.4}\,\frac{1}{2.4}e$)

zu a, $\frac{1}{2.4}c$ und $\frac{1.3}{2.4.6}d$ (diese ist $= \frac{1.3}{2.4.6}\cdot\frac{1}{2.4}f$)

⸗ a, $\frac{1}{2.4}c$ und $\frac{1.3.5}{2.4.6.8}e$ (⸗ ⸗ ⸗ $< g$)

⸗ a, $\frac{1}{2.4}c$ und $\frac{1.3.5.7}{2.4.6.8.10}f$ (⸗ ⸗ ⸗ $< g$)

⸗ a, $\frac{1.3}{2.4.6}d$ und $\frac{1}{2}b$ (⸗ ⸗ ⸗ $= \frac{1}{2}\cdot\frac{1.3}{2.4.6}e$)

⸗ a, $\frac{1.3}{2.4.6}d$ und $\frac{1}{2.4}c$ (⸗ ⸗ ⸗ $= \frac{1}{2.4}\cdot\frac{1.3}{2.4.6}f$)

⸗ a, $\frac{1.3}{2.4.6}d$ und $\frac{1.3}{2.4.6}d$ (⸗ ⸗ ⸗ $< g$)

⸗ a, $\frac{1.3}{2.4.6}d$ und $\frac{1.3.5}{2.4.6.8}e$ (⸗ ⸗ ⸗ $< g$)

⸗ a, $\frac{1.3}{2.4.6}d$ und $\frac{1.3.5.7}{2.4.6.8.10}f$ (⸗ ⸗ ⸗ $< g$)

⸗ a, $\frac{1.3.5}{2.4.6.8}e$ und $\frac{1}{2}b$ (⸗ ⸗ ⸗ $= \frac{1}{2}\cdot\frac{1.3.5}{2.4.6.8}f$)

⸗ a, $\frac{1.3.5}{2.4.6.8}e$ und $\frac{1}{2.4}c$ (⸗ ⸗ ⸗ $< g$)

⸗ a, $\frac{1.3.5}{2.4.6.8}e$ und $\frac{1.3}{2.4.6}d$ (⸗ ⸗ ⸗ $< g$)

⸗ a, $\frac{1.3.5}{2.4.6.8}e$ und $\frac{1.3.5}{2.4.6.8}e$ (⸗ ⸗ ⸗ $< g$)

⸗ a, $\frac{1.3.5}{2.4.6.8}e$ und $\frac{1.3.5.7}{2.4.6.8.10}f$ (⸗ ⸗ ⸗ $< g$)

⸗ a, $\frac{1.3.5.7}{2.4.6.8.10}f$ und $\frac{1}{2}b$ (⸗ ⸗ ⸗ $< g$)

⸗ a, $\frac{1.3.5.7}{2.4.6.8.10}f$ und $\frac{1}{2.4}c$ (⸗ ⸗ ⸗ $< g$)

⸗ a, $\frac{1.3.5.7}{2.4.6.8.10}f$ und $\frac{1.3}{2.4.6}d$ (⸗ ⸗ ⸗ $< g$)

⸗ a, $\frac{1.3.5.7}{2.4.6.8.10}f$ und $\frac{1.3.5}{2.4.6.8}e$ (⸗ ⸗ ⸗ $< g$)

⸗ a, $\frac{1.3.5.7}{2.4.6.8.10}f$ und $\frac{1.3.5.7}{2.4.6.8.10}f$ (⸗ ⸗ ⸗ $< g$)

Folglich ist $\beta > \frac{1}{2}\cdot\frac{1}{2}c + \left(\frac{1}{2.4}\cdot\frac{1}{2} + \frac{1}{2}\cdot\frac{1}{2.4}\right)d +$

$\left(\frac{1.3}{2.4.6} \cdot \frac{1}{2} + \frac{1}{2.4} \cdot \frac{1}{2.4} + \frac{1}{2} \cdot \frac{1.3}{2.4.6}\right) e +$
$\left(\frac{1.3.5}{2.4.6.8} \cdot \frac{1}{2} + \frac{1.3}{2.4.6} \cdot \frac{1}{2.4} + \frac{1}{2.4} \cdot \frac{1.3}{2.4.6} + \frac{1}{2} \cdot \frac{1.3.5}{2.4.6.8}\right) f$, d. i. (nach §. 32. des vorigen Abschn.) $> \frac{1}{4}c + \frac{1.3}{4.6}d + \frac{1.3.5}{4.6.8}e + \frac{1.3.5.7}{4.6.8.10}f$, aber $< \frac{1}{4}c + \frac{1.3}{4.6}d + \frac{1.3.5}{4.6.8}e + \frac{1.3.5.7}{4.6.8.10}f + 5.5g$. Folglich ist $\gamma > a - b$, aber $< a - b + 5.5g$.

§. 17. Lehrsatz.

Wenn man die Reihe $a - \frac{1}{2}b - \frac{1}{2.4}c - \frac{1.3}{2.4.6}d - \frac{1.3.5}{2.4.6.8}e - \ldots$, worin a, b, c ... eine fallende geometrische Reihe bilden, weit genug fortsetzt, so kann der Ueberschuß der 3ten Proportionale zu a und zum Werth der abgebrochenen Reihe über $a - b$ kleiner werden als jede gegebene Größe derselben Art.

Beweis. Nimmt man 2 Glieder der Reihe, so ist nach dem vorigen §. der Ueberschuß $< c$; nimmt man 3 Glieder, so ist der Ueberschuß $< 2.2\,d$; nimmt man 4 Glieder, so ist der Ueberschuß $< 3.3\,e$ u. s. w. Nun aber kann unter den Größen c, 2.2d, 3.3e, 4.4f, ... nach §. 15. eine kleiner werden als jede gegebene Größe derselben Art; folglich kann um so mehr jener Ueberschuß < werden als jede gegebene Größe derselben Art.

§. 18. Lehrsatz.

Der Näherungswerth der Reihe $a - \frac{1}{2}b - \frac{1}{2.4}c - \frac{1.3}{2.4.6}d - \ldots \sim$, worin a, b, c ... eine fallende geometrische Reihe bilden, ist die mittlere Proportionale zwischen a und $a - b$.

Beweis. 1) Man nehme an, die 3te Proportionale zu a und zum Näherungswerth der Reihe $a - \frac{1}{2}b - \frac{1}{2.4}c - \frac{1.3}{2.4.6}d - \ldots \sim$, den wir B nennen wollen, sei $> a - b$, und setze jene 3te Proportionale $= a - b + x$. Man setze die Reihe fort, bis der Ueberschuß der 3ten Proportionale zu a und zum Werth C der abgebrochenen Reihe über $a - b$ kleiner als x wird. Dann ist diese 3te Proportionale $< a - b + x$. Setzen wir nun $a:C = C:D$, so ist $D < a - b + x$. Da aber auch $a:B = B:a - b + x$, so haben wir zwischen den Proportionen $a:C = C:D$, und $a:B = B:a - b + x$ einen Widerspruch, weil $C > B$, und dennoch $D < a - b + x$. Folglich kann die 3te Proportionale zu a und B nicht $> a - b$ sein.

2) Man nehme nun an, diese 3te Proportionale sei $< a - b$. Dann ist die mittlere Proportionale zwischen a und $a - b$ $> B$. Man setze sie $= B + x$. Man setze die Reihe $a - \frac{1}{2}b - \frac{1}{2.4}c - \frac{1\,3}{2.4.6}d - \ldots$ fort, bis ihr Ueberschuß über $B < x$ wird. Dann ist der Werth der abgebrochenen Reihe, den wir C nennen wollen, $< B + x$. Man mache $a:C = C:E$, so ist E nach §. 16. $> a - b$. Dann waltet zwischen den Proportionen $a:C = C:E$ und $a:B + x = B + x:a - b$ ein Widerspruch ob, weil $C < B + x$, und doch $E > a - b$. Folglich kann die 3te Proportionale zu a und B auch nicht $< a - b$ sein.

Folglich ist $a:B = B:a - b$.

§. 19. Lehrsatz.

Die Reihe $\frac{1}{2} + \frac{1}{2\,4} + \frac{1.3}{2.4.6} + \frac{1.3.5}{2.4.6.8} + \ldots \sim$ ist eine convergirende, und ihr Näherungswerth $= 1$.

Beweis. Aus §. 31. des vorigen Abschn. geht hervor, daß die Reihe $\frac{1}{2} + \frac{1}{2\,4} + \frac{1.3}{2.4.6} + \ldots$, wie weit man sie auch fortsetzen mag, allemal < 1 ist. Folglich ist diese Reihe convergirend, und ihr Näherungswerth nicht > 1.

Er kann aber auch nicht < 1 sein; denn man nehme an, er sei < 1, so ist, wenn a eine beliebige Größe bedeutet, der

Näherungswerth der Reihe $\frac{1}{2}a + \frac{1}{2.4}a + \frac{1.3}{2.4.6}a + \ldots \sim < a$. Man setze ihn $= a - x$, so ist der Näherungswerth der Reihe $a - \frac{1}{2}a - \frac{1}{2.4}a - \frac{1.3}{2.4.6}a - \ldots \sim = x$. Man mache $a : x = x : y$, und $a : a - y = a - y : z = z : w = w : v = v : u$, u. s. w., so ist nach §. 18. der Näherungswerth der Reihe $a - \frac{1}{2}(a - y) - \frac{1}{2.4}z - \frac{1.3}{2.4.6}w - \ldots \sim$ die mittlere Proportionale zwischen a und y, also $= x$. Da aber $a - y < a$, $z < a$, $w < a$, u. s. w., so ist der Näherungswerth der Reihe $a - \frac{1}{2}(a - y) - \frac{1}{2.4}z - \frac{1.3}{2.4.6}w - \ldots \sim >$ als der Näherungswerth der Reihe $a - \frac{1}{2}a - \frac{1}{2.4}a - \frac{1.3}{2.4.6}a - \ldots \sim$, d. i. $> x$. Vorher aber ergab sich, daß er $= x$ sei. Da dies sich widerspricht, so kann der Näherungswerth der Reihe $\frac{1}{2} + \frac{1}{2.4} + \frac{1.3}{2.4.6} + \ldots \sim$ nicht < 1 sein.

Er kann also nur $= 1$ sein.

§. 20. Lehrsatz.

Der Näherungswerth der Reihe $a + \frac{1}{2}b + \frac{1.3}{2.4}c + \frac{1.3.5}{2.4.6}d + \ldots \sim$, wo a, b, c ... eine fallende geometrische Reihe bilden, ist die 3te Proportionale zur mittleren Proportionale zwischen a und zwischen $a - b$ und zu a.

Beweis. Wenn wir den Näherungswerth der Reihe $a + \frac{1}{2}b + \frac{1.3}{2.4}c + \ldots \sim = A$, und den der Reihe $a - \frac{1}{2}b - \frac{1}{2.4}c - \frac{1.3}{2.4.6}d - \ldots \sim = B$ setzen, so ist nach §. 13. $A - B : A = b : a$, also zurückkehrend $B : A = a - b : a$, nach §. 18. aber $a : B = B : a - b$, also $B : A = 2(B : a)$, d. i. $B : a = a : A$.

§. 21. Lehrsatz.

Die Reihe $a + (\frac{1}{2})^2 b + \left(\frac{1.3}{2.4}\right)^2 c + \left(\frac{1.3.5}{2.4.6}\right)^2 d + \ldots \sim$, wo a, b, c ... eine fallende geometrische Reihe bilden, ist eine convergirende Reihe.

Beweis. $a + b + c + \ldots \sim$ ist nach §. 2. eine convergirende Reihe. Nun ist $(\frac{1}{2})^2 b < b$; $\left(\frac{1.3}{2.4}\right)^2 c < c$; $\left(\frac{1.3.5}{2.4.6}\right)^2 d < d$; u. s. w., also nach §. 3. $a + (\frac{1}{2})^2 b + \left(\frac{1.3}{2.4}\right)^2 c + \left(\frac{1.3.5}{2.4.6}\right)^2 d + \ldots \sim$ eine convergirende Reihe.

§. 22. Lehrsatz.

Wenn a, b und c drei gleichartige Größen sind, und man macht $a : c = c : d'$; $a + b : c = c : d''$; $a + 2b : c = c : d'''$; $a + 3b : c = c : d^{IV}$, u. s. w., so kann die Reihe $d' + d'' + d''' + \ldots$, wenn man sie weit genug fortsetzt, größer werden als jede gegebene Größe derselben Art.

Beweis. Wir wollen das nte Glied in der Reihe d', d'', d''' ... mit d^n bezeichnen. Man wiederhole b so oft, bis man eine Größe erhält, welche $>$ a ist. Es sei b zu diesem Zweck mmal zu wiederholen.

Nun ist	$a + nb : c = c : d^{n+1}$	also $a + (m+2n-2)b : c > c : d^{n+1}$
	$a + (n+1)b : c = c : d^{n+2}$	also $a + (m+2n-2)b : c > c : d^{n+2}$
	$a + (n+2)b : c = c : d^{n+3}$	also $a + (m+2n-2)b : c > c : d^{n+3}$
	$\vdots$	
	$a + (m+2n-3)b : c = c : d^{m+2n-2}$	also $a + (m+2n-2)b : c > c : d^{m+2n-2}$
	$a + (m+2n-2)b : c = c : d^{m+2n-1}$	also $a + (m+2n-2)b : c = c : d^{m+2n-1}$

also nach §. 39. des 1sten Abschn. $a + (m+2n-2)b : c \begin{Bmatrix} = \\ > \end{Bmatrix} (m+n-1)c : d^{n+1} + d^{n+2} + d^{n+3} + \ldots + d^{m+2n-1}$, wo das Zeichen $=$ gilt, wenn $m=1$ und $n=1$, das Zeichen $>$ aber, wenn entweder nur Eine der beiden Zahlen m und n oder keine von beiden $= 1$ ist. In jedem Fall aber ist [weil $a < mb$, also $a + (m+2n-2)b < 2(m+n-1)b$ ist] $2(m+n-1)b : c > (m+n-1)c : d^{n+1} + d^{n+2} + d^{n+3} + \ldots + d^{m+2n-1}$, also auch $2b : c > c : d^{n+1} + d^{n+2} + d^{n+3} + \ldots + d^{m+2n-1}$, also $d^{n+1} + d^{n+2} + d^{n+3} + \ldots + d^{m+2n-1} >$ als die 3te Proportionale zu $2b$ und c. Setzen wir hier n nach und nach $= 1$, $1 + m$, $1 + m + 2m$, $1 + m + 2m + 4m$, u. s. w., so wird

$d'' + d''' + \ldots + d^{m+1}$ $>$ als die 3te Proportionale zu $2b$ und c,

$d^{m+2} + d^{m+3} + \ldots + d^{3m+1}$ $>$ als die 3te Proportionale zu $2b$ und c,

$d^{3m+2} + d^{3m+3} + \ldots + d^{7m+1}$ $>$ als die 3te Proportionale zu $2b$ und c,

$d^{7m+2} + d^{7m+3} + \ldots + d^{15m+1}$ $>$ als die 3te Proportionale zu $2b$ und c u. s. w.

Durch Addition finden wir, daß $d' + d'' + d''' + \ldots + d^{m+1} >$ ist als die 3te Proportionale zu $2b$ und c;

$d' + d'' + d''' + \ldots + d^{3m+1} >$ als die zweifache 3te Proportionale zu 2b und c; $d' + d'' + d''' + \ldots + d^{7m+1} >$ als die dreifache 3te Proportionale zu 2b und c; $d' + d'' + d''' + \ldots + d^{15m+1} >$ als die vierfache 3te Proportionale zu 2b und c, u. s. w. Folglich kann (nach Archimedes de Sphaera et Cyl. Lib. I. Annahme 5) die Reihe $d' + d'' + d''' + \ldots$, wenn man sie weit genug fortsetzt, > werden als jede gegebene Größe derselben Art.

§. 23. Lehrsatz.

Die Reihe $a + \frac{1}{2}a + \frac{1}{3}a + \frac{1}{4}a + \ldots$ kann, wenn man sie weit genug fortsetzt, > werden als jede gegebene Größe von der Art der Größe a.

Beweis. Der Satz folgt aus dem vorigen, wenn man darin $b = a$ und $c = a$ setzt.

§. 24. Lehrsatz.

Die Reihe $a + (\frac{1}{2})^2 a + \left(\frac{1.3}{2.4}\right)^2 a + \left(\frac{1.3.5}{2.4.6}\right)^2 a + \ldots$ kann, wenn man sie weit genug fortsetzt, > werden als jede gegebene Größe von der Art der Größe a.

Beweis. Es sei b eine gegebene Größe, welche > a ist. Man setze (§. 23.) die Reihe $a + \frac{1}{2}a + \frac{1}{3}a + \frac{1}{4}a + \ldots$ so weit fort, bis sie $> 4(b - a)$ ist; es sei demnach $a + \frac{1}{2}a + \frac{1}{3}a + \frac{1}{4}a + \ldots + \frac{1}{m}a > 4(b - a)$, oder $a + \frac{2}{3}.\frac{3}{4}a + \frac{2}{3}.\frac{3}{4}.\frac{4}{5}.\frac{5}{6}a + \frac{2}{3}.\frac{3}{4}.\frac{4}{5}.\frac{5}{6}.\frac{6}{7}.\frac{7}{8}a + \ldots + \frac{2}{3}.\frac{3}{4}.\frac{4}{5}\ldots\frac{2m-1}{2m}a > 4(b - a)$. Dann ist um so mehr $a + \frac{3}{4}.\frac{3}{4}a + \frac{3}{4}.\frac{3}{4}.\frac{5}{6}.\frac{5}{6}a + \frac{3}{4}.\frac{3}{4}.\frac{5}{6}.\frac{5}{6}.\frac{7}{8}.\frac{7}{8}a + \ldots + (\frac{3}{4}.\frac{3}{4})(\frac{5}{6}.\frac{5}{6})\ldots\left(\frac{2m-1}{2m}.\frac{2m-1}{2m}\right)a$, d. i. $a + (\frac{3}{4})^2 a + \left(\frac{3.5}{4.6}\right)^2 a + \left(\frac{3.5.7}{4.6.8}\right)^2 a + \ldots + \left(\frac{3.5.7\ldots(2m-1)}{4.6.8\ldots(2m)}\right)^2 a > 4(b - a)$, also, wenn man beiderseits den 4ten Theil nimmt, $(\frac{1}{2})^2 a + \left(\frac{1.3}{2.4}\right)^2 a + \left(\frac{1.3.5}{2.4.6}\right)^2 a + \ldots + \left(\frac{1.3.5\ldots(2m-1)}{2.4.6\ldots(2m)}\right)^2 a > b - a$, und wenn man beiderseits a addirt, $a + (\frac{1}{2})^2 a + \left(\frac{1.3}{2.4}\right)^2 a + \left(\frac{1.3.5}{2.4.6}\right)^2 a + \ldots + \left(\frac{1.3.5\ldots(2m-1)}{2.4.6\ldots(2m)}\right)^2 a > b$.

§. 25. Lehrsatz.

Wenn a, b, c ... eine fallende geometrische Reihe bilden, und man läßt a unverändert, und vergrößert b so, daß es von a immer weniger übertroffen wird, so kann, wenn b nahe genug an a angenommen wird, sowohl $a + (\frac{1}{2})^2 a - [a + (\frac{1}{2})^2 b]$ als auch $a + (\frac{1}{2})^2 a + \left(\frac{1.3}{2.4}\right)^2 a - \left[a + (\frac{1}{2})^2 b + \left(\frac{1.3}{2.4}\right)^2 c\right]$ als auch $a + (\frac{1}{2})^2 a + \left(\frac{1.3}{2.4}\right)^2 a + \left(\frac{1.3.5}{2.4.6}\right)^2 a - \left[a + (\frac{1}{2})^2 b + \left(\frac{1.3}{2.4}\right)^2 c + \left(\frac{1.3.5}{2.4.6}\right)^2 d\right]$ u. s. w. kleiner werden als jede gegebene Größe derselben Art.

Beweis. Wir wollen beweisen, daß $a + (\frac{1}{2})^2 a + \left(\frac{1.3}{2.4}\right)^2 a + \left(\frac{1.3.5}{2.4.6}\right)^2 a + \ldots + \left(\frac{1.3..(2m-1)}{2.4..(2m)}\right)^2 a - \left[a + (\frac{1}{2})^2 b + \left(\frac{1.3}{2.4}\right)^2 c + \left(\frac{1.3.5}{2.4.6}\right)^2 d + \ldots + \left(\frac{1.3..(2m-1)}{2.4..(2m)}\right)^2 N\right]$, wo N die mte Größe in der Reihe b, c, d ... bedeutet, $<$ werden könne als die gegebene Größe x derselben Art. Man setze $b > a - \frac{x}{m^2}$, so ist $b + \frac{x}{m^2} > a$, also $a - b < \frac{x}{m^2}$, also (nach §. 11. des 2ten Abschn.) $a - c < \frac{2x}{m^2}$; $a - d < \frac{3x}{m^2}$; $a - e < \frac{4x}{m^2}$ u. s. w., endlich $a - N < \frac{mx}{m^2}$; also um so mehr

$$(\tfrac{1}{2})^2 a - (\tfrac{1}{2})^2 b < \frac{x}{m^2}$$
$$\left(\frac{1.3}{2.4}\right)^2 a - \left(\frac{1.3}{2.4}\right)^2 c < \frac{2x}{m^2}$$
$$\left(\frac{1.3.5}{2.4.6}\right)^2 a - \left(\frac{1.3.5}{2.4.6}\right)^2 d < \frac{3x}{m^2}$$
$$\vdots$$
$$\left(\frac{1.3..(2m-1)}{2.4..(2m)}\right)^2 a - \left(\frac{1.3..(2m-1)}{2.4..(2m)}\right)^2 N < \frac{mx}{m^2}$$

$$a + (\tfrac{1}{2})^2 a + \left(\frac{1.3}{2.4}\right)^2 a + \ldots + \left(\frac{1.3..(2m-1)}{2.4..(2m)}\right)^2 a$$
$$- \left[a + (\tfrac{1}{2})^2 b + \left(\frac{1.3}{2.4}\right)^2 c + \ldots + \left(\frac{1.3..(2m-1)}{2.4..(2m)}\right)^2 N\right] <$$
$\frac{1+2+3+\ldots+m}{m^2} x$, d. i. (nach §. 2. des 2ten Abschn.) $<$
$\frac{m+1}{2m} x$, also um so mehr $< \frac{2m}{2m} x$, d. i. $< x$.

§. 26. Lehrsatz.

Wenn a, b, c ... eine fallende geometrische Reihe bilden, so kann der Näherungswerth der Reihe $a + (\tfrac{1}{2})^2 b + \left(\frac{1.3}{2.4}\right)^2 c + \left(\frac{1.3.5}{2.4.6}\right)^2 d + \ldots \infty$, indem man das Verhältniß je zweier zunächst auf einander folgender Glieder der geometrischen Reihe allmählig dem Verhältniß der Gleichheit näher kommen läßt, größer werden als jede gegebene Größe derselben Art.

Beweis. Man lasse a unverändert, und vergrößere b so, daß es immer weniger von a übertroffen wird. Es sei x irgend eine gegebene Größe derselben Art. Man setze die Reihe $a + (\tfrac{1}{2})^2 a + \left(\frac{1.3}{2.4}\right)^2 a + \ldots$ fort, bis sie $> 2x$ wird (siehe §. 24.); es sei demnach $a + (\tfrac{1}{2})^2 a + \left(\frac{1.3}{2.4}\right)^2 a + \ldots + \left(\frac{1.3..(2m-1)}{2.4..(2m)}\right)^2 a > 2x$. Man nehme nun b so groß an, daß $a + (\tfrac{1}{2})^2 a + \left(\frac{1.3}{2.4}\right)^2 a + \ldots + \left(\frac{1.3..(2m-1)}{2.4..(2m)}\right)^2 a$
$$- \left[a + (\tfrac{1}{2})^2 b + \left(\frac{1.3}{2.4}\right)^2 c + \ldots + \left(\frac{1.3..(2m-1)}{2.4..(2m)}\right)^2 N\right] < x$$ sei, so ist, wenn man die letztere Formel von der vorletzten subtrahirt, $a + (\tfrac{1}{2})^2 b + \left(\frac{1.3}{2.4}\right)^2 c + \ldots + \left(\frac{1.3..(2m-1)}{2.4..(2m)}\right)^2 N > x$, also um so mehr der Näherungswerth der Reihe $a + (\tfrac{1}{2})^2 b + \left(\frac{1.3}{2.4}\right)^2 c + \left(\frac{1.3.5}{2.4.6}\right)^2 d + \ldots \infty > x$.

§. 27. Zusatz.

Aus §. 24. geht hervor, daß um so mehr die Reihe $a + \frac{1}{2}a + \frac{1.3}{2.4}a + \frac{1.3.5}{2.4.6}a + \ldots$, wenn man sie weit genug fortsetzt, $>$ werden kann als jede gegebene Größe von der Art der Größe a. Aus §. 26. dagegen folgt, daß um so mehr der Näherungswerth der Reihe $a + \frac{1}{2}b + \frac{1.3}{2.4}c + \frac{1.3.5}{2.4.6}d + \ldots \sim$ (wo a, b, c ... eine fallende geometrische Reihe bilden), wenn man das Verhältniß je zweier zunächst auf einander folgender Glieder der geometrischen Reihe dem Verhältnisse der Gleichheit nahe genug bringt, $>$ werden kann als jede gegebene Größe derselben Art.

§. 28. Lehrsatz.

Der Näherungswerth einer fallenden geometrischen Reihe, deren Glieder sämmtlich zu einander addirt sind, kann, wenn man bei unverändertem erstem Gliede das 2te Glied klein genug annimmt, das erste Glied weniger als um jede gegebene Größe derselben Art übertreffen.

Beweis. Das 1ste Glied sei a, wir wollen beweisen, daß das 2te Glied so klein angenommen werden könne, daß der Näherungswerth der Reihe $< a + x$ ist (wo x eine beliebige Größe von der Art der Größe a bezeichnet). Man mache $a + x : a = a : y$, und setze nun das 2te Glied der geometrischen Reihe $< a - y$, so ist aus §. 2. klar, daß der Näherungswerth $<$ ist als die 3te Proportionale zu $a - (a - y)$ und a, d. h. $<$ als die 3te Proportionale zu y und a, d. h. $< a + x$.

§. 29. Zusatz.

Auf ähnliche Art wird bewiesen, daß, wenn a, b, c... eine fallende geometrische Reihe bilden, man das Glied b bei unverändertem a so klein annehmen kann, daß der Näherungswerth der Reihe $a - b + c - d + e - f + \ldots \sim$ von a weniger als um jede gegebene Größe derselben Art übertroffen wird.

§. 30. Lehrsatz.

Der Näherungswerth der Reihe $a - \frac{1}{2}b - \frac{1}{2.4}c - \frac{1.3}{2.4.6}d - \frac{1.3.5}{2.4.6.8}e - \ldots \sim$, worin a, b, c... eine fallende geometrische Reihe bilden, kann, wenn man b bei ungeändertem a klein genug annimmt, von a weniger als um jede gegebene Größe derselben Art übertroffen werden.

Beweis. Es sei x eine gegebene Größe, welche $< a$ ist. Man mache $a : a - x = a - x : y$, und setze nun $b < a - y$, so ist $y < a - b$, also nach §. 18. der Näherungswerth der Reihe $a - \frac{1}{2}b - \frac{1}{2.4}c - \frac{1.3}{2.4.6}d - \ldots \sim > a - x$.

§. 31. Zusatz.

Aus §. 28. folgt, daß um so mehr der Näherungswerth der Reihe $a + \frac{1}{2}b + \frac{1.3}{2.4}c + \frac{1.3.5}{2.4.6}d + \ldots \sim$ oder der Reihe $a + (\frac{1}{2})^2 b + \left(\frac{1.3}{2.4}\right)^2 c + \left(\frac{1.3.5}{2.4.6}\right)^2 d + \ldots \sim$ (wo a, b, c . . . eine fallende geometrische Reihe bilden), wenn man b bei ungeändertem a klein genug annimmt, die Größe a weniger als um jede gegebene Größe derselben Art übertreffen kann.

Zweiter Theil.

Vorbereitende geometrische Lehren.

Erster Abschnitt.

Von den Tangenten, Normalen, der Osculation und dem Maaße der Krümmung bei Curven im Allgemeinen.

§. 1. Erklärung.

Eine krumme Linie heißt eine Curve von einfacher Krümmung, wenn sie ganz in Einer Ebene liegt, aber eine Curve von doppelter Krümmung, wenn kein Theil von ihr in Einer Ebene liegt.

§. 2. Erklärung.

Wenn (Fig. 1.) aus einem Punct A ein Zweig ADCB einer Curve von einfacher oder doppelter Krümmung ausläuft, und man verbindet jenen Punct A mit einem andern Punct B dieses Zweiges durch eine gerade Linie AB, und dreht diese um ihren Endpunct A so, daß sie nach und nach die Lagen AC, AD, u. s. w. annimmt, d. h. so, daß sie mit ihrem andern Endpunct nach und nach alle zwischen B und A liegenden Puncte des Zweiges durchläuft, so heißt die gerade Linie AE, welcher sich die sich drehende Linie zuletzt so sehr nähert, daß der zwischenliegende Winkel kleiner werden kann als jeder gegebene Winkel, ohne sie jedoch zu erreichen, die Tangente oder Berührungslinie des Zweiges AFDCB im Punct A, und der Punct A der Berührungspunct.

§. 3. Zusatz.

Ist eine Curve von einfacher Krümmung, so läßt sich aus dem Berührungspunct zwischen den von da auslaufenden Zweig und die Tangente desselben keine gerade Linie ziehen; und wenn aus einem Punct einer Curve von einfacher Krümmung eine gerade Linie so gezogen ist, daß sich zwischen sie und den sich daran lehnenden Zweig der Curve keine gerade Linie ziehen läßt, so ist sie die Tangente dieses Zweigs in dem genannten Punct.

§. 4. Erklärung.

Wenn aus einem Punct A Fig. 1. ein Zweig AFDCB einer Curve von doppelter Krümmung und die Tangente AE auslaufen, und man legt durch AE und durch einen andern Punct B dieses Zweiges eine Ebene EAB, und läßt diese sich um die Linie AE so drehen, daß sie nach und nach in die Lagen EAC, EAD u. s. w. kommt, d. h. so, daß sie nach und nach durch alle zwischen B und A liegenden Puncte des Zweiges geht, so heißt diejenige durch die Tangente gelegte Ebene, welcher sich die sich drehende Ebene zuletzt so sehr nähert, daß der zwischenliegende Neigungswinkel kleiner werden kann als jeder gegebene Winkel, ohne sie jedoch zu erreichen, die Krümmmungsebene dieses Zweiges im Punct A.

§. 5. Erklärung.

Ein Perpendikel, das man bei einer Curve von einfacher Krümmung in der Ebene der Curve, bei einer Curve von doppelter Krümmung aber in der Krümmungsebene, aus dem Berührungspunct auf die Tangente errichtet, heißt die Normale des zugehörigen Zweigs in dem Berührungspunct. Auch theilt die Tangente die Ebene einer Curve von einfacher Krümmung, oder bei einer Curve von doppelter Krümmung die Krümmungsebene, in 2 Theile, davon derjenige, wo der zugehörige Zweig der Curve liegt, die hohle (concave), der entgegengesetzte aber die erhabene (convexe) Seite heißt.

§. 6. Erklärung.

Wenn in irgend einem Punct einer Curve von einfacher oder doppelter Krümmung die Tangente des vorangehenden und nachfolgenden Zweigs der Curve die Verlängerungen von einander sind, wie z. B. in Fig. 2. und 3. im Punct A der Curve BAC, wo AD die Tangente des Zweigs AB, und AE die Tangente des Zweigs AC ist, und AE die Verlängerung von AD ist, so sagt man, die Curve ändere in diesem Punct ihre Richtung stetig; sind aber beide Tangenten nicht die Verlängerungen von einander, wie in Fig. 4., wo die Tangente AD des Zweigs AB und die Tangente AE des Zweigs AO einander schneiden, oder in Fig. 5. und 6., wo AD die gemeinschaftliche Tangente der Zweige AB und AC ist, so sagt man, die Curve BAC ändere in A ihre Richtung plötzlich. Eine Curve, welche ihre Richtung überall stetig ändert, heißt eine stetig gekrümmte Linie.

§. 7. Zusatz.

Jede Curve von einfacher oder doppelter Krümmung ist entweder stetig gekrümmt oder aus mehreren stetig gekrümmten Linien zusammengesetzt.

§. 8. Erklärung.

Wenn 2 Curven in einem gemeinschaftlichen Punct eine gemeinschaftliche Tangente haben, so sagt man, sie berühren sich in diesem Puncte. Laufen sie vom Berührungspuncte aus nach einerlei Richtung, wie AC und AB Fig. 5. und 6., so bilden sie daselbst eine Spitze oder einen Rückkehrpunct (point de rebroussement), und zwar, wenn sie beide von einfacher Krümmung sind, beide in Einer und derselben Ebene liegen, und auf entgegengesetzten Seiten der Tangente AD sich befinden (wie in Fig. 5.), eine Spitze der ersten Art, wenn sie aber beide von einfacher Krümmung sind, beide in Einer und derselben Ebene liegen, und auf einerlei Seite der Tangente AD sich befinden (wie in Fig. 6.) eine Spitze der zweiten

Art. Sind sie aber beide von einfacher Krümmung, und liegen sie in Einer und derselben Ebene, und laufen sie von dem gemeinschaftlichen Punct aus nach entgegengesetzten Richtungen und auf entgegengesetzten Seiten der Tangente (wie in Fig. 3.), so bilden sie einen Wendepunct (point d'inflexion).

§. 9. Erklärung.

Wenn durch einen Punct eine ebene und eine unebene Fläche so gelegt sind, daß sich durch denselben Punct zwischen die ebene und unebene Fläche keine Ebene legen läßt, wie z. B. wenn durch einen Punct einer Kugelfläche eine Ebene winkelrecht auf den zu diesem Punct gehörigen Halbmesser gelegt ist, so heißt die Ebene eine Berührungsebene, jener Punct der Berührungspunct, jede durch diesen Punct in dieser Ebene gezogene Linie eine Tangente der Fläche, und die aus dem Berührungspuuct winkelrecht auf diese Ebene errichtete Linie eine Normale. Läßt sich durch einen Punct einer unebenen Fläche nur Eine berührende Ebene legen, wie z. B. bei der Kugelfläche, so sagt man, die Fläche krümmt in diesem Punct sich stetig; lassen sich aber durch einen Punct einer unebenen Fläche mehrere berührende Ebenen legen, wie z. B. durch die Spitze eines Kegels, so sagt man, die Fläche krümmt in diesem Punct sich plötzlich.

§. 10. Lehrsatz.

Wenn man aus einem Punct der Axe einer Parabel, der vom Scheitel um den halben Parameter entfernt ist, durch den Scheitel einen Kreis beschreibt, so läßt sich zwischen die Peripherie desselben und die Parabel kein Kreisbogen durch den Scheitel beschreiben.

Beweis. Nach Apollonii Conic. 5, 4 ist unter allen Linien, die man aus einem vom Scheitel um den halben Parameter entfernten Punct der Axe nach der Parabel ziehen kann, die nach dem Scheitel gehende die kleinste. Folglich fällt der aus dem genannten Punct der Axe durch den Scheitel beschriebene

Kreis ganz innerhalb der Parabel, und berührt sie im Scheitel (§. 8.). Beschreibt man nun durch den Scheitel einen Kreis, der daselbst mit der Parabel keine gemeinschaftliche Tangente hat, so schneidet er die Parabel im Scheitel, und geht nicht zwischen ihr und dem erstgedachten Kreis durch. Beschreibt man aber durch den Scheitel einen Kreis, der daselbst mit der Parabel eine gemeinschaftliche Tangente hat, so liegt der Mittelpunct in der Axe oder in deren Verlängerung. Liegt er auf der Verlängerung der Axe, so berührt er die Parabel von außen so, daß er der convexen Seite der Parabel seine convexe Seite zuwendet, geht also ebenfalls nicht zwischen der Parabel und dem erstgedachten Kreis durch. Beschreibt man einen Kreis, dessen Mittelpunct auf der Axe selbst liegt, und dessen Halbmesser $<$ als der halbe Parameter ist, so liegt er ganz innerhalb des erstgedachten Kreises, geht also ebenfalls nicht zwischen diesem und der Parabel durch. Beschreibt man endlich einen Kreis, dessen Mittelpunct in der Axe selbst liegt, und dessen Halbmesser $>$ als der halbe Parameter ist, so tritt er aus der Parabel heraus, weil (nach Apoll. Conic. 5, 8) unter den Linien, die man aus einem vom Scheitel um mehr als den halben Parameter entfernten Punct der Axe nach der Parabel ziehen kann, die nach dem Scheitel gezogene $>$ ist als die nach den zunächst benachbarten Puncten der Parabel gezogenen. Folglich läßt sich durch den Scheitel kein Kreisbogen beschreiben, der zwischen die Parabel und den erstgedachten Kreis fiele.

§. 11. Erklärung.

Wenn aus einem Punct ein Kreisbogen und ein Bogen einer in derselben Ebene liegenden andern Curve von einfacher Krümmung so auslaufen, daß sich zwischen beide kein anderer Kreisbogen durch den gedachten Punct beschreiben läßt, so sagt man, der Kreis oskulire die Curve in dem genannten Puncte, und nennt den Kreis selbst den Krümmungskreis (Osculationskreis), den Halbmesser desselben den Krümmungshalbmesser (radius osculi), den Mittelpunct dieses Kreises Mittelpunct der Krümmung. Auch sagt man, der Krümmungskreis sei mit der Curve im Berührungspunct gleich stark gekrümmt, und von 2 Puncten einer und derselben oder zweier verschiedener Curven, es finde daselbst gleich starke Krümmung statt, wenn die zugehörigen Krümmungskreise gleich sind; dagegen sagt man, wenn in 2 Puncten einer und derselben oder zweier verschiedener Curven 2 verschiedene Krümmungskreise statt finden, es finde daselbst ungleich starke Krümmung statt, und die Krümmung verhalte sich umgekehrt wie der Krümmungshalbmesser.

§. 12. Zusatz.

Ein oskulirender Kreis hat allemal mit dem zugehörigen Punct der Curve eine gemeinschaftliche Tangente; auch bildet er mit dem zugehörigen Zweig der Curve eine Spitze der zweiten Art (§. 8.).

§. 13. Erklärung.

Wenn man auf einer geraden Linie AD Fig. 7., von einem beliebigen Punct A aus, nach einerlei Seite hin, soviele Abschnitte AB, AC, macht, als man will, und aus den Puncten B, C, Perpendikel BE, CF nach einerlei Seite von AD hin errichtet, so daß die Abschnitte AB, AC im dreifachen Verhältnisse der Perpendikel stehen, so heißt der geometrische Ort der Puncte E, F, nämlich die Curve AEF, eine cubische Parabel.

§. 14. Lehrsatz.

Zwischen das aus A auf AD (Fig. 7.) errichtete Perpendikel und die cubische Parabel fällt keine gerade Linie.

Beweis. Man ziehe eine beliebige Linie AG (Fig. 8.) zwischen AD und das aus A auf AD errichtete Perpendikel, und fälle aus einem beliebigen Punct G der Linie AG das Perpendikel GH auf AD. Man mache AB : BE = □BE : □p (Eucl. 6,20.

2ter Zus.), so ist aus dem Begriff der cubischen Parabel klar, daß die Linie p dieselbe ist, wie groß oder wie klein man auch den Abschnitt AB angenommen haben mag. Man schneide von AH das Stück AI ab, so daß $\square AI:\square p < 3(AH:HG)$, und errichte das Perpendikel IK bis an AG, so ist $3(AH:HG) = 3(AI:IK)$, also (§. 37. des 1sten Abschn. Theil 1.) $\square AI:\square p < 3(AI:IK)$, d. i. (Eucl. 6, 23) $2(AI:p) < 3(AI:IK)$. Ist aber $AB:BE = \square BE:\square p$, so ist BE die 2te der 2 mittleren stetigen Proportionalen zwischen AB und p, also auch das aus I auf AD bis an die Curve errichtete Perpendikel, das wir y nennen wollen, die 2te der 2 mittleren stetigen Proportionalen zwischen AI und p. Folglich ist $3(AI:y) = 2(AI:p)$, also (I. 1, 37) $3(AI:y) < 3(AI:IK)$, also auch (I, 1, 48) $AI:y < AI:IK$. Folglich ist $y > IK$. Daher liegt der Punct K, und folglich um so mehr die zwischen A und K liegenden Puncte der Linie AG, innerhalb der Curve. Es läßt sich daher zwischen das aus A auf AD errichtete Perpendikel und zwischen die Curve keine gerade Linie aus A ziehen.

§. 15. Lehrsatz.

Wenn man von der zur cubischen Parabel gehörigen Linie AD Fig. 7. und 8. ein Stück AL Fig. 9. abschneidet, das $>$ p ist, und von AL wieder ein Stück AM, so daß $AM:\frac{1}{8}p =$ oder $< 6(p:AL)$, und man errichtet aus M das Perpendikel MN bis an die Curve, und zieht NL, so ist $NL > AL$.

Beweis. Da $AM:MN = \square MN:\square p = 2(MN:p)$, und $AM:\frac{1}{8}p =$ oder $< 6(p:AL)$, also $\frac{1}{8}p:AM =$ oder $> 6(AL:p)$, so ist (§. 47. des 1sten Abschn. Theil 1.) $\frac{1}{8}p:MN =$ oder $> 2(MN:p) + 6(AL:p)$, also $\frac{1}{2}p:MN =$ oder $> 2(MN:\frac{1}{2}p) + 6(AL:p)$, also $3(\frac{1}{2}p:MN) =$ oder $> 6(AL:p)$, also $\frac{1}{2}p:MN =$ oder $> 2(AL:p)$, also gewiß $> AL:p$, also $\frac{1}{2}\square p > AL \times MN$ (wo $AL \times MN$ das aus den Linien AL und MN gebildete Rechteck bezeichnet). Nun verhält sich

$$2AL \times MN : \square MN = 2AL : MN \text{ (Eucl. 6, 1)}$$
$$\square MN : \square p = AM : MN$$

$2AL \times MN : \square p = 2AL \times AM : \square MN$ (Eucl. 6, 23). Da in dieser Proportion $\square p > 2AL \times MN$, so ist auch

$$\square MN > 2AL \times AM. \text{ Aber}$$
$$\square ML = \square AL + \square AM - 2AL \times AM \text{ (Eucl. 2, 7)}$$

$\square NL > \square AL + \square AM$, also um so mehr $\square NL > \square AL$, also auch $NL > AL$.

§. 16. Zusatz.

Wenn man aus einem auf AD (Fig. 7.) liegenden Punct, der von A weiter als um die Linie p entfernt ist, durch A einen Kreis beschreibt, so liegt das Anfangsstück der cubischen Parabel allemal zwischen dem aus A auf AD errichteten Perpendikel und dem Kreisbogen.

§. 17. Zusatz.

Um so mehr findet dies statt, wenn der Punct auf AD, aus welchem man den Kreis beschreibt, genau um die Linie p oder noch weniger von A entfernt ist (weil ein solcher Kreis ganz innerhalb des im vorigen Satz gedachten liegt).

§. 18. Zusatz.

Wie groß man daher auch den Halbmesser des Kreises annehmen mag, der die cubische Parabel in A berührt, so läßt sich zwischen das Anfangsstück der Curve und den Kreisbogen immer noch ein Kreisbogen beschreiben.

§. 19. Zusatz.

Es findet daher für den Anfangspunct einer cubischen Parabel kein oskulirender Kreis statt.

§. 20. Erklärung.

Wenn für einen Punct einer Curve kein oskulirender Kreis statt findet, sondern der von diesem Punct auslaufende Zweig allemal zwischen die Tangente und den berührenden Kreisbogen fällt, wie groß man auch den Halbmesser des Berührungskreises annehmen mag, so sagt man, die Krümmung sei unendlich klein.

§. 21. Erklärung.

Wenn man auf einer geraden Linie AD Fig. 10. von einem beliebigen Puncte A aus nach einerlei Seite hin soviele Abschnitte AB, AC macht, als man will, und aus den Puncten B, C Perpendikel BE, CF nach einerlei Seite der Linie AD hin errichtet, so daß die Quadrate der Abschnitte, □AB, □AC, im dreifachen Verhältniß der Perpendikel stehen, so heißt der geometrische Ort der Puncte E, F, nämlich die Curve AEF, eine Neilsche Parabel.

§. 22. Lehrsatz.

Zwischen das aus A auf AD (Fig. 10.) errichtete Perpendikel und die Neilsche Parabel läßt sich aus A keine gerade Linie ziehen.

Beweis. Man ziehe eine beliebige Linie AG (Fig. 8.) zwischen AD und das aus A errichtete Perpendikel, und fälle aus einem beliebigen Punct G der Linie AG das Perpendikel GH auf AD. Man mache □AB : □BE = BE : p, so ist aus dem Begriff der Neilschen Parabel klar, daß die Linie p dieselbe ist, wie groß oder wie klein man auch den Abschnitt AB angenommen haben mag. Man schneide von AH das Stück AI ab, so daß AI : p < 3(AH : HG), und errichte das Perpendikel IK bis an AG, so ist 3(AH : HG) = 3(AI : IK), also AI : p < 3(AI : IK). Ist aber □AB : □BE = BE : p, so ist BE die erste der 2 mittleren stetigen Proportionalen zwischen AB und p; folglich ist auch das aus I auf AD bis an die Curve errichtete Perpendikel, welches wir y nennen wollen, die erste der 2 mittleren stetigen Proportionalen zwischen AI und p, also 3(AI : y) = AI : p, also 3(AI : y) < 3(AI : IK), also auch (I. 1, 48.) AI : y < AI : IK, folglich y > IK. Hieraus folgt, daß der Punct K, und also um so mehr die zwischen A und K liegenden Puncte der Linie AG, innerhalb der Curve liegen. Daher läßt sich aus A zwischen das Perpendikel und die Neilsche Parabel keine gerade Linie ziehen.

§. 23. Lehrsatz.

Wenn man von der zur Neilschen Parabel gehörigen Linie AD Fig. 10. ein Stück AL (Fig. 11.) abschneidet, das $< p$ ist, und von AL wieder ein Stück AM, so daß $AM : AL =$ oder $< \square AL : \square p$, und man errichtet aus M das Perpendikel MN bis an die Curve, und zieht NL, so ist $NL < AL$.

Beweis. Da $\square AM : \square MN = MN : p$, und $AM : AL =$ oder $< \square AL : \square p$, oder $\square AL : \square AM =$ oder $> 4(p : AL)$, so ist (I. 1, 47.) $\square AL : \square MN =$ oder $> (MN : AL) + 3(p : AL)$, also $3(AL : MN) =$ oder $> 3(p : AL)$, also (I. 1, 48.) $p : AL =$ oder $< AL : MN$, also gewiß $MN < p$, also $MN + p < 2p$, also $AL : 2p < AL : MN + p$

$$AL : 2p < AL : MN + p$$
$$p : AL = \text{oder} < AL : MN$$

$AL : 4p < (AL : MN) + 2(AL : MN + p)$, also $MN : 4p < 2(AL : MN + p)$. Da aber MN die erste der 2 mittleren Proportionalen zwischen AM und p, so ist $MN : p = 2(AM : MN)$, also $MN : 4p = 2(AM : 2MN)$, also $2(AM : 2MN) < 2(AL : MN + p)$, daher auch (I. 1, 48.) $AM : 2MN < AL : MN + p$. Nun war

$$\square AM : \square MN = MN : p$$
$$p \times AM : \square AM = p : AM \text{ (Eucl. 6, 1)}$$

--- pert. ex aeq.

$p \times AM : \square MN = MN : AM$. Hieraus folgt $AM : 2MN = \square MN : 2p \times AM$; also wird $\square MN : 2p \times AM < AL : MN + p$, d. i. $< AL \times MN : \square MN + p \times MN$; verwechselt $MN : AL < 2p \times AM : \square MN + p \times MN$. Nun aber ist $p \times MN : \square MN = \square MN : \square AM$, also $p : MN = \square MN + p \times MN : \square AM + \square MN$

---

pert. ex aeq. $p : AL < 2p \times AM : \square AM + \square MN$,

d. i. $2p \times AM : 2AL \times AM < 2p \times AM : \square AM + \square MN$. Folglich ist $2AL \times AM > \square AM + \square MN$. Beschreibt man nun aus

L durch A einen Kreis, so ist das □ des aus M auf AL bis an die Kreisperipherie errichteten Perpendikels + □AM = 2 AL × AM (Eucl. 6, 8. Zus.), also > □AM + □MN, folglich das bis an die Kreisperipherie errichtete Perpendikel > MN, folglich NL < AL.

§. 24. Zusatz.

Wenn man aus einem auf AD Fig. 10. liegenden Punct, der von A weniger als um die Linie p entfernt ist, durch A einen Kreis beschreibt, so liegt der Kreisbogen zwischen dem Anfangsstück der Neilschen Parabel und der Tangente dieses Anfangsstücks.

§. 25. Zusatz.

Um so mehr findet dies statt, wenn der Punct auf AD, aus welchem man den Kreis durch A beschreibt, genau um die Linie p oder noch weiter von A entfernt ist.

§. 26. Zusatz.

Wie klein man daher auch den Halbmesser des Kreises annehmen mag, der die Neilsche Parabel in A berührt, so läßt sich zwischen das Anfangsstück der Curve und den Kreisbogen immer noch ein Kreisbogen beschreiben.

§. 27. Zusatz.

Es findet daher für den Anfangspunct der Neilschen Parabel kein oskulirender Kreis statt.

§. 28. Erklärung.

Wenn für einen Punct einer Curve kein oskulirender Kreis statt findet, sondern der berührende Kreisbogen allemal zwischen den von diesem Punct auslaufenden Zweig und die Tangente fällt, wie klein man auch den Halbmesser des Berührungskreises annehmen mag, so sagt man, die Krümmung sei unendlich groß.

§. 29. Lehrsatz.

Wenn bei einem Punct einer Curve von einfacher Krümmung keine unendlichgroße oder unendlichkleine Krümmung statt findet, so findet für den anstoßenden Zweig allemal ein, aber auch nur Ein oskulirender Kreis statt.

Beweis. Es sei AB Fig. 12. ein von A auslaufender Zweig einer Curve von einfacher Krümmung, AC die Tangente, und AD die nach der hohlen Seite gezogene Normale. Nun fallen die aus einem Punct der Linie AD beschriebenen Kreise

1) entweder sämmtlich zwischen AD und AB; dann findet die unendlich kleine Krümmung statt; oder

2) sämmtlich zwischen AC und AB; dann findet die unendlich große Krümmung statt; oder

3) theils zwischen AD und AB theils zwischen AC und AB. Dann muß es einen Kreisbogen geben, welcher die Grenze macht, d. h. welcher von der Art ist, daß alle Bogen mit größerem Halbmesser zwischen AB und AC, alle Bogen mit kleinerem Halbmesser aber zwischen AB und AD fallen. Ist nun AB nicht selbst ein Kreisbogen, so fällt der Grenzkreisbogen

a) entweder zwischen AB und AD; dann läßt sich zwischen diesen Grenzkreisbogen und die Curve AB kein Kreis durch A beschreiben, weil alle mit größerem Halbmesser beschriebenen Bogen zwischen AB und AC fallen; dagegen lassen sich zwischen jeden andern durch A beschriebenen Kreisbogen und die Curve so viele Kreisbogen beschreiben, als man will; folglich giebt es einen, aber auch nur Einen oskulirenden Kreis. Oder

b) zwischen AB und AC; dann läßt sich zwischen den Grenzkreisbogen und die Curve kein Kreisbogen beschreiben, weil alle mit kleinerem Halbmesser beschriebenen Bogen zwischen AB und AD fallen; dagegen lassen sich zwischen jeden andern Kreisbogen und die Curve so viele Kreisbogen beschreiben, als man will; folglich giebt es einen, aber auch nur Einen oskulirenden Kreis.

§. 30. Lehrsatz.

Wenn aus einem Punct A Fig. 13. ein Bogen AB einer krummen Linie von einfacher Krümmung und seine Tangente AC gezogen ist, und man läßt einen Punct auf der Curve entlang sich von B nach A bewegen, und beschreibt zugleich durch jeden Punct D, den der bewegte Punct während seiner Bewegung erreicht, einen Kreis, welcher AC in A berührt, und es findet in A eine unendlich kleine Krümmung statt, so wächst der veränderliche Kreis zuletzt ununterbrochen und so, daß er größer wird als jeder gegebene Kreis; findet aber in A eine unendlich große Krümmung statt, so nimmt der veränderliche Kreis zuletzt ununterbrochen und so ab, daß er kleiner wird als jeder gegebene Kreis; findet endlich in A ein osculirender Kreis statt, so nähert sich die Größe des veränderlichen Kreises zuletzt ununterbrochen und so der Größe des osculirenden Kreises, daß der Unterschied der Halbmesser kleiner werden kann als jede gegebene Länge.

Beweis. 1) Wenn bei A eine unendlich kleine Krümmung statt findet, so ziehe man die Normale AE Fig. 14. nach der hohlen Seite hin. Dann fallen alle Kreisbogen, welche man aus einem Punct der Linie AE durch A beschreibt, zwischen AB und AE. Man nehme nun an, der veränderliche, durch D beschriebene Kreis nähere sich zuletzt einem Kreis mit angebbarem Halbmesser; dieser Kreis sei AF. Man beschreibe einen Kreis AG zwischen AF und AB, und einen Kreis AH zwischen AF und AE. Dann lassen sich zwischen AF und AG, wie auch zwischen AF und AH, so viele Kreise beschreiben, als man will. Folglich kann AF nicht der Kreis sein, dem sich der veränderliche, durch D beschriebene Kreis zuletzt nähert. Man nehme ferner an, der Halbmesser des veränderlichen Kreises werde zuletzt $<$ als jede gegebene Länge. Man beschreibe einen beliebigen Kreis AH aus einem Punct der Linie AE durch A. Dann lassen sich zwischen AH und AE so viele Kreise beschreiben, als man will. Folglich kann der Halbmesser des veränderlichen Kreises zuletzt nicht $<$ werden als jede gegebene Länge. Es bleibt also nur übrig, daß der Halbmesser des veränderlichen Kreises zuletzt größer werden muß als jede gegebene Länge.

2) Wenn bei A eine unendlich große Krümmung statt findet, so fallen alle Kreise, welche man aus einem Punct der Linie

AE Fig. 15. durch A beschreibt, zwischen AB und AC. Man nehme nun an, der veränderliche Kreis nähere sich zuletzt einem Kreise mit angebbarem Halbmesser; dieser Kreis sei AF. Man beschreibe einen Kreis AG zwischen AF und AB, und einen Kreis AH zwischen AF und AC. Dann lassen sich zwischen AF und AG, wie auch zwischen AF und AH, so viele Kreise beschreiben, als man will. Folglich kann AF nicht der Kreis sein, dem sich der veränderliche Kreis zuletzt nähert. Man nehme ferner an, der Halbmesser des veränderlichen Kreises werde zuletzt > als jede gegebene Länge. Man beschreibe einen beliebigen Kreis AH aus einem Punct der Linie AE durch A. Dann lassen sich zwischen AH und AC so viele Kreise beschreiben, als man will. Folglich kann der Halbmesser des veränderlichen Kreises zuletzt nicht > werden als jede gegebene Länge. Es bleibt also nur übrig, daß der Halbmesser des veränderlichen Kreises zuletzt kleiner werden muß als jede gegebene Länge.

3) Wenn bei A ein osculirender Kreis statt findet, der zwischen die Curve und die Normale fällt, so sei AF Fig. 16. dieser Kreis. Dann kann der veränderliche Kreis nicht zuletzt > werden als jeder gegebene Kreis; denn beschreibt man einen beliebigen Kreis AG zwischen AB und AC, so lassen sich zwischen AG und AC so viele Kreise beschreiben, als man will. Er kann aber auch nicht zuletzt < werden als jeder gegebene Kreis; denn beschreibt man einen beliebigen Kreis AH zwischen AF und AE, so lassen sich zwischen AH und AE so viele Kreise beschreiben, als man will. Er kann sich aber auch nicht zuletzt einem Kreise nähern, der zwischen AF und AE fällt, z. B. dem Kreise AH, weil sich sonst zwischen AH und AF, wie auch zwischen AH und AE, so viele Kreise beschreiben ließen, als man will. Er kann sich aber auch nicht zuletzt einem Kreise nähern, der zwischen AB und AC fällt, z. B. dem Kreise AG, weil sich sonst zwischen AG und AB, wie auch zwischen AG und AC, so viele Kreise beschreiben ließen, als man will. Es bleibt also nichts übrig,

als daß der Kreis, dem sich der veränderliche nähert, mit AF zusammenfallen muß.

4) Wenn bei A ein osculirender Kreis statt findet, welcher zwischen die Curve und die Tangente fällt, so läßt sich der Beweis auf ähnliche Art führen.

§. 31. Erklärung.

Wenn aus einem Punct A Fig. 1. ein Zweig AFDCB einer Curve von einfacher oder doppelter Krümmung ausläuft, und man zieht an A die Tangente AE, und läßt nun einen Punct sich auf der Curve entlang von B nach A bewegen, und beschreibt durch den jedesmaligen Punct C, D, F, in welchem der bewegte Punct sich befindet, einen Kreis, welcher AE in A berührt, so sagt man, wenn der veränderliche Kreis zuletzt $>$ wird als jeder gegebene Kreis, der Zweig AFDCB habe in A eine unendlich kleine Krümmung, wenn aber der veränderliche Kreis zuletzt $<$ wird als jeder gegebene Kreis, der Zweig AFDCB habe in A eine unendlich große Krümmung; wenn endlich der Halbmesser des veränderlichen Kreises sich zuletzt einer angebbaren Länge nähert, und man beschreibt mit dieser angebbaren Länge als Halbmesser einen Kreis in der Krümmungsebene, welcher AE in A auf der hohlen Seite der Curve berührt, so heißt dieser Kreis der osculirende Kreis oder Krümmungskreis, der Halbmesser desselben Krümmungshalbmesser (radius osculi), der Mittelpunct aber Mittelpunct der Krümmung. Auch sagt man, der Krümmungskreis sei mit der Curve im Berührungspunct gleich stark gekrümmt, und von 2 Puncten einer und derselben oder zweier verschiedener Curven, es finde daselbst gleich starke Krümmung statt, wenn die zugehörigen Krümmungskreise gleich sind; dagegen sagt man, wenn in 2 Puncten einer und derselben oder zweier verschiedener Curven 2 verschiedene Krümmungskreise statt finden, es finde daselbst ungleich starke Krümmung statt, und die

Krümmung verhalte sich umgekehrt wie der Krümmungshalbmesser.

§. 32. Zusatz.

Auch bei einer Curve von doppelter Krümmung hat ein osculirender Kreis allemal mit dem zugehörigen Punct der Curve eine gemeinschaftliche Tangente, und bildet mit dem zugehörigen Zweig der Curve einen Rückkehrpunct.

§. 33. Erklärung.

Der geometrische Ort aller Mittelpuncte der Krümmung bei einer Curve von einfacher oder doppelter Krümmung heißt die Evolute dieser Curve, die ursprüngliche Curve selbst aber in Beziehung auf die Evolute die Evolvente.

§. 34. Erklärung.

Man sagt von 2 Curven, sie osculiren einander, wenn sie in einem gemeinschaftlichen Puncte einen gemeinschaftlichen Osculationskreis haben.

§. 35. Lehrsatz.

Wenn man einen spitzen Winkel eines rechtwinkligen Dreiecks genug verkleinert, so kann das Verhältniß des Unterschiedes der anliegenden Kathete und der Hypotenuse zur gegenüberliegenden Kathete kleiner werden als jedes gegebene Verhältniß.

Beweis. Das $\triangle ABC$ Fig. 17. sei bei B rechtwinklig, und A der gedachte spitze Winkel. Nun ist $\square BC = \square AC - \square AB$ (Eucl. 1, 47) $= (AC + AB) \times (AC - AB)$ (Eucl. 2, 5 oder 6), also (Eucl. 6, 17) $AC - AB : BC = BC : AC + AB$. Nun kann das Verhältniß $BC : 2AB$, d. i. $BC : AB + AB$, also um so mehr das Verhältniß $BC : AC + AB$ kleiner werden als jedes gegebene Verhältniß; d. h. das Verhältniß $AC - AB : BC$ kann $<$ werden als jedes gegebene Verhältniß.

§. 36. Lehrsatz.

Wenn in einem aus C Fig. 18. beschriebenen Kreis ein Durchmesser AB gezogen, und aus einem Puncte D desselben ein

Perpendikel DE bis an die Peripherie errichtet ist, so kann das Verhältniß AD:DE, wenn man D nahe genug bei A annimmt, $<$ werden als jedes gegebene Verhältniß.

Beweis. Es sei m:n ein gegebenes Verhältniß einer kleineren Größe zu einer größeren. Man wähle auf der Peripherie zwischen A und E einen Punct G so, daß, wenn man GC zieht, und das Perpendikel GF auf AC fällt, GC—FC:GF $<$ m:n sei (§. 35.). Nun ist GC—FC = AC—FC = AF, also AF:FG $<$ m:n.

§. 37. Lehrsatz.

Wenn über eine Linie AB Fig. 19. ein Halbkreis, und über einen Theil derselben, AC, auf derselben Seite wieder ein Halbkreis beschrieben, aus A aber die gemeinschaftliche Tangente AD gezogen ist, und man schneidet nun beide Halbkreise durch eine mit AB parallele Linie EF, welche AD in E, den größeren Halbkreis in G, und den kleinern in H schneidet, und man zieht zwischen EF und AB eine andere Parallele, welche AD in I, den größern Halbkreis in K, den kleinern in L schneidet, so kommt das Verhältniß IK:IL dem Verhältniß der Gleichheit näher als EG:EH.

Beweis. Man ziehe GK, und verlängere sie, bis sie AI in M schneidet, so ist □AM = MG × MK (Eucl. 3,36). Nun können M, L und H nicht in gerader Linie liegen; sonst wäre □MA = MH × ML, also MH:MG = MK:ML, aber auch MH:MG = ML:MK; also wäre MK:ML = ML:MK, welches unmöglich, da ML $>$ MK. Auf ähnliche Art wird bewiesen, daß die aus H durch L gezogene Linie die Linie AI auch nicht zwischen A und M schneiden kann. Folglich schneidet die aus H durch L gezogene Linie die Linie AI zwischen M und I, z. B. in N. Nun ist EG:IK = EM:IM, also (nach §. 33. des 1sten Abschn. Theil 1.) $<$ EN:IN, d. i. $<$ EH:IL; verwechselt EG:EH $<$ IK:IL.

§. 38. Lehrsatz.

Wenn bei einem von A (Fig. 20. und 21.) auslaufenden Zweig AB einer Curve von einfacher Krümmung ein osculiren=

der Kreis AC statt findet, und man zieht aus einem Punct D des Zweigs AB eine Parallele DE mit der Normale FA bis an die Tangente AG, welche Parallele den Kreis AC in H schneidet, so kann das Verhältniß DH : HE, wenn man den Punct D nahe genug bei A annimmt, kleiner werden als jedes gegebene Verhältniß.

Beweis. Es sei m : n ein gegebenes Verhältniß einer kleineren Größe zu einer größeren. Man mache n : m = EH : HI, so daß E, H, I in gerader Linie liegen, der Punct I aber mit AB auf einerlei Seite von AH liegt. Man beschreibe durch I einen Kreis, welcher AG in A berührt, so werden (zufolge der Erklärung des osculirenden Kreises) der Anfang des Kreises AI und der Anfang des Kreises AC auf entgegengesetzte Seiten von AB fallen. Wenn man nun die Linie HE parallel mit sich selbst nach A zu bewegt, so wird nach dem vorigen Satze das Verhältniß EH : EI dem Verhältniß der Gleichheit immer näher kommen; d. i. das Verhältniß IH : HE wird immer kleiner werden. Bei dieser Bewegung aber wird, wenigstens von einer gewissen Grenze an, zwischen H und I allemal ein Punct des Zweiges AB liegen (weil AC der osculirende Kreis ist, also der Bogen AD zwischen AH und AI auszulaufen anfängt). Findet nun diese Grenze da noch nicht statt, wo wir D anfangs angenommen hatten, so wird gewiß näher bei A zu, wo IH : HE $<$ m : n, um so mehr (weil, wenn jene Grenze überschritten ist, D gewiß zwischen H und I liegt) DH : HE $<$ m : n sein.

§. 39. Erklärung.

Wenn man aus einem Punct einer Curve von einfacher oder doppelter Krümmung eine gerade Linie nach einer Fläche zieht, und man bewegt diese Linie parallel mit sich selbst so, daß sie allmälig die auf einander folgenden Puncte der erstgedachten Curve durchschneidet, so heißt die von dem Puncte, wo die bewegte Linie die Fläche schneidet, beschriebene Curve die orthographische Projection oder schlechtweg Projection der erstgedachten Curve auf die Fläche. Gehen aber die nach der Fläche gezogenen geraden Linien, anstatt parallel zu sein, von einem feststehenden Puncte im Raume aus, so heißt die auf der Fläche beschriebene Curve die stereographische Projection. Insbesondere aber heißt diejenige orthographische Projection, welche sich ergiebt, wenn die parallelen Linien nach einer Ebene gezogen sind, und auf derselben winkelrecht stehen, vorzugsweise schlechtweg Projection.

§. 40. Lehrsatz.

Wenn man eine Curve von doppelter Krümmung auf die Krümmungsebene eines ihrer Puncte durch winkelrechte oder schiefe Parallelen projicirt, so ist die Tangente dieses Punctes zugleich die Tangente der projicirten Curve.

Beweis. Es sei AGEC Fig. 22. ein von A auslaufender Zweig einer Curve von doppelter Krümmung, AB die Tangente desselben, AHFD die Projection dieses Zweigs auf die Krümmungsebene des Punctes A, CD eine der Parallelen, wodurch die Projection entstanden, und EF eine näher bei A liegende Parallele, so daß der Zweig AHF überall nach Einer Seite hohl ist (was das heiße, ist in Archimed. de Sphaer. et Cyl. Lib. I. Erkl. 2. gesagt). Alsdann bilden die zwischen AGEC und AHFD enthaltenen Parallelen eine gekrümmte prismatische Fläche, deren Grundfläche in der Krümmungsebene liegt. Man ziehe die geraden Linien AE und AF, so fallen beide ganz innerhalb, ihre von E und F ausgehenden Verlängerungen aber ganz außerhalb der Fläche AGEFHA. Zieht man aber aus A eine Tangente des Bogens AHF, und legt durch diese und durch die aus A parallel mit DC gezogene Linie eine Ebene, so hat man die zum Punct A gehörige Berührungsebene der Fläche AGECDFHA (§. 9.). Die Tangente des Bogens AGE im Punct A liegt in dieser Berührungsebene, weil die gerade Linie AE stets mit AF auf einerlei Seite der Berührungsebene bleibt, indem E auf EGA entlang nach A zu rückt. Die Tangente des Bogens AGE im

Puncte A liegt aber auch in der Krümmungsebene BAF (zufolge der Erklärung der Krümmungsebene §. 4.). Folglich ist sie die Durchschnittslinie beider Ebenen, fällt also mit der zum Puncte A gehörigen Tangente des Bogens AHF zusammen.

§. 41. Zusatz.

Hieraus ist auch klar, daß die Curve von doppelter Krümmung und die projicirte Curve nach derselben Seite zu hohl sind.

§. 42. Lehrsatz.

Wenn man eine Curve von doppelter Krümmung auf die Krümmungsebene eines ihrer Puncte durch winkelrechte Linien projicirt, so ist der Krümmungskreis dieses Punctes zugleich der Krümmungskreis für die projicirte Curve, und wenn bei der erstgedachten Curve im genannten Puncte eine $\left\{\begin{matrix}\text{unendlich große}\\ \text{unendlich kleine}\end{matrix}\right\}$ Krümmung statt findet, so findet auch für die projicirte Curve in demselben Punct eine $\left\{\begin{matrix}\text{unendlich große}\\ \text{unendlich kleine}\end{matrix}\right\}$ Krümmung statt.

Beweis. Es sei AHEC Fig. 23. ein von A auslaufender Zweig der Curve von doppelter Krümmung, AB die Tangente, AIFD die Projection des Zweiges. Man fälle aus einem beliebigen Punct E des Zweiges AHEC das Perpendikel EG auf AB, und das Perpendikel EF auf die Krümmungsebene, und ziehe GF, AE, AF, so steht (Eucl. 11, 11) auch GF auf AB winkelrecht. Der Durchmesser des durch E beschriebenen Kreises, welcher AB in A berührt, ist die 3te Proportionale zu EG und AE (Eucl. 6, 8. Zus.) der Durchmesser des durch F beschriebenen Kreises aber, welcher AB in A berührt, die 3te Proportionale zu FG und AF. Man nenne diese beiden Kreisdurchmesser d und D. Dann verhält sich $EG : AE = AE : d$, also $EG : d = 2(EG : AE)$; eben so $FG : D = 2(FG : AF)$. Aber das Verhältniß EG:FG kann, wenn man den Punct E auf EHA entlang nahe genug an A rückt, dem Verhältniß der Gleichheit näher kommen als jedes gegebene Verhältniß (weil, zufolge des Begriffs der Krümmungsebene §. 4., der Neigungswinkel der Ebenen BAE und BAF, d. i. der $\angle$AGF, $<$ werden kann als jeder gegebene Winkel). Folglich kann auch das Verhältniß 2(EG:FG), d. i. 2(EG:AE) + 2(AE:AF) + 2(AF:FG), d. i. (EG:d) + 2(AE:AF) + (D:FG), dem Verhältniß der Gleichheit näher kommen als jedes gegebene Verhältniß. Aber auch das Verhältniß 2(AF:AE) kann dem Verhältniß der Gleichheit näher kommen als jedes gegebene Verhältniß. Setzt man dies Verhältniß mit dem vorigen, (EG:d) + 2(AE:AF) + (D:FG), und mit FG:EG zusammen, so findet man, daß auch das Verhältniß D:d dem Verhältniß der Gleichheit näher kommen kann als jedes gegebene Verhältniß. Das würde aber nicht statt finden, wenn nicht entweder der Krümmungskreis des Bogens AHE im Punct A und der Krümmungskreis des Bogens AIF im Punct A gleiche Durchmesser hätten, oder im Punct A des Bogens AHE und im Punct A des Bogens AIF zugleich unendlich große oder zugleich unendlich kleine Krümmung statt fände.

§. 43. Lehrsatz.

Wenn aus einem Punct ein Zweig einer Curve von einfacher oder doppelter Krümmung ausläuft, so läßt sich aus diesem Punct eine Sehne dieses Zweigs ziehen, welche zu dem umspannten Bogen ein Verhältniß hat, das dem Verhältniß der Gleichheit näher kommt als jedes gegebene Verhältniß einer kleineren Größe zu einer größeren.

Beweis. 1) Wenn die Curve von einfacher Krümmung ist. Es sei ALHB Fig. 24. ein von A auslaufender, überall nach Einer Seite hohler Zweig der Curve, und AC die Tangente im Punct A. Es sei $m:n$ ein gegebenes Verhältniß einer kleineren Größe zu einer größeren. Man halbire eine beliebige gerade Linie DE in F, und errichte ein Perpendikel FG, so daß $m:n-m = DF:FG$, und ziehe GD und GE. Dann ist verbunden $m:n = DF:DF+FG = DE:DE+2FG$, also $DE:DG+GE > m:n$. Nun kann der $\angle$, welchen AC gegen eine aus A gezogene Sehne, wie auch der $\angle$, welchen AC gegen eine benachbarte Tangente macht, $<$ werden als jeder gegebene Winkel; folglich kann um so mehr der Unterschied beider Winkel, d. i. der $\angle$, welchen die Sehne gegen die Tangente ihres andern Endpuncts macht, $<$ werden als jeder gegebene Winkel. Man ziehe also eine Sehne AH so, daß, wenn man noch die Tangente HI bis an AC zieht, $\angle IAH < GDE$, und zugleich $IHA < GED$ sei. Man errichte über AH auf derselben Seite, wo das $\triangle AIH$ liegt, ein $\triangle AHK$, worin $\angle HAK = GDE = GED = AHK$. Dann verhält sich $\left.\begin{array}{l} DE:DG = AH:AK \\ DE:GE = AH:HK \end{array}\right\}$ (Eucl. 6, 4)

(I. 1,7)

$$DE:DG+GE = AH:AK+HK.$$

Folglich ist $AH:AK+HK > m:n$, also um so mehr $AH:AI+IH > m:n$, also um so mehr $AH:ALH > m:n$.

2) Wenn die Curve von doppelter Krümmung ist. Es sei AKB Fig. 25. ein von A auslaufender Zweig der Curve, und AC die Tangente des Puncts A. Man projicire den Zweig AKB durch winkelrechte Linien auf die Krümmungsebene des Puncts A; es sei AHD die Projection. Man lasse eine Linie, welche stets winkelrecht auf der Krümmungsebene bleibt, sich auf AHD entlang von A nach D bewegen, so wird sie eine Fläche AKBDHA beschreiben, welche sich in eine Ebene ausbreiten läßt, wobei AHD in eine eben so große gerade Linie EF, AKB aber in eine eben so große krumme Linie EIG übergeht, so daß, wenn man die gerade Linie FG zieht, diese auf EF winkelrecht steht. Zieht man noch die gerade Linie EG, so kann das Verhältniß GE:GIE, wenn man B auf BKA entlang nahe genug nach A zu rückt, (zufolge dessen, was unter Nr. 1) bewiesen) dem Verhältniß der Gleichheit näher kommen als jedes gegebene Verhältniß einer kleineren Größe zu einer größeren. Zieht man nun die Sehne DA, so kann das Verhältniß BD:DA kleiner werden als jedes gegebene Verhältniß; folglich kann um so mehr das Verhältniß BD:DHA, d. i. GF:FE, $<$ werden als jedes gegebene Verhältniß; folg-

lich kann der ∠FEG kleiner werden als jeder gegebene ∠; folglich kann das Verhältniß GE:EF dem Verhältniß der Gleichheit näher kommen als jedes gegebene Verhältniß einer größeren Größe zu einer kleineren. Kann aber das Verhältniß GIE:GE dem Verhältniß der Gleichheit näher kommen als jedes gegebene Verhältniß einer größeren Größe zu einer kleineren, so kann auch das aus den beiden letzteren Verhältnissen zusammengesetzte, GIE:EF, d. i. BKA:DHA, dem Verhältniß der Gleichheit näher kommen als jedes gegebene Verhältniß. Aber auch das Verhältniß DHA:DA, wie auch das Verhältniß DA zur Sehne BA, kann dem Verhältniß der Gleichheit näher kommen als jedes gegebene Verhältniß. Also kann auch das aus allen dreien zusammengesetzte Verhältniß, BKA:BA, dem Verhältniß der Gleichheit näher kommen als jedes gegebene Verhältniß einer größeren Größe zu einer kleineren.

§. 44. Lehrsatz.

Das Verhältniß des Unterschiedes zwischen dem Bogen AEB und der geraden Linie AC (Fig. 26.), welche letztere man erhält, wenn man BC winkelrecht auf die Tangente AC des Bogens AEB fällt, zu BC, kann, wenn man den Punct B auf der Curve BEA entlang nahe genug an A rückt, $<$ werden als jedes gegebene Verhältniß, — die Curve mag nun von einfacher oder doppelter Krümmung sein.

Beweis. 1) Wenn die Curve von einfacher Krümmung ist. Man ziehe an B eine Tangente, welche AC in D schneidet. Nun kann der ∠BDC $<$ werden als jeder gegebene ∠; folglich kann (§. 35.) das Verhältniß BD — DC : BC kleiner werden als jedes gegebene Verh.; d. i. das Verh. BD + DA — AC : BC kann kleiner werden als jedes gegebene Verhältniß. Also kann um so mehr das Verhältniß BEA — AC : BC kleiner werden als jedes gegebene Verhältniß.

2) Wenn die Curve von doppelter Krümmung ist, so können wir erstlich die 25ste Figur benutzen. Da das Verhältniß

GF:FE, wenn man B auf BKA entlang nahe genug an A rückt, $<$ werden kann als jedes gegebene Verhältniß (wie aus der Beweisführung des vorigen Satzes hervorgeht) so kann $\angle$GEF kleiner werden als jeder gegebene $\angle$; folglich ist EF die Tangente des Bogens EIG, und daher kann (nach dem, was so eben unter Nr. 1) bewiesen worden) das Verhältniß EIG—EF :GF kleiner werden als jedes gegebene Verhältniß; d. i. (wenn wir von jetzt an die 23ste Figur benutzen) das Verhältniß EHA—FIA:EF, d. i. EHA—AG—(FIA—AG):EF, kann $<$ werden als jedes gegebene Verhältniß. Folglich kann um so mehr das Verhältniß EHA—AG—(FIA—AG):EG $<$ werden als jedes gegebene Verhältniß. Aus dem, was unter Nr. 1) bewiesen, folgt auch, daß das Verhältniß FIA—AG:FG kleiner werden kann als jedes gegebene Verhältniß; folglich kann um so mehr das Verhältniß FIA—AG:EG kleiner werden als jedes gegebene Verhältniß. Wollen wir nun beweisen, daß das Verhältniß EHA—AG:EG kleiner werden könne als irgend ein gegebenes Verhältniß $m:n$, wo $m<n$, so rücken wir E auf EHA entlang, bis

$$\begin{array}{ll} & EHA-AG-(FIA-AG):EG < \tfrac{1}{2}m:n, \text{ und zugleich} \\ & FIA-AG:EG < \tfrac{1}{2}m:n, \text{ so ist nach} \\ \hline (I.\,1,46) & EHA-AG:EG < m:n. \end{array}$$

§. 45. Lehrsatz.

Wenn eine Curve BIC Fig. 27. von einfacher Krümmung ist, und man aus einem beliebigen Punct derselben Ebene, dem Punct A, eine gerade Linie AB durch einen beliebigen Punct B der Curve zieht, und man bewegt nun die Linie AB um den Punct A so, daß sie nach und nach die auf einander folgenden Puncte der Curve BIC durchschneidet, wodurch eine Fläche ABIC gebildet wird, und man zieht nun die Sehne BC, so kann das Verhältniß des Dreiecks ABC zum Flächenraum ABIC, wenn man C auf CIB entlang nahe genug an B rückt, dem Verhältniß der Gleichheit näher kommen als jedes gegebene Verhältniß zweier ungleicher Größen.

Beweis. Der Bogen BIC wird, wenigstens von einer gewissen Grenze an, überall nach Einer Seite hohl sein, und die Linie BC wird auf die hohle, die Tangenten BL und CL aber, die sich in L schneiden, auf die erhabene Seite fallen, so daß der Bogen BIC ganz innerhalb des Dreiecks BCL fällt, und mit dessen Umfang nichts als die Puncte B und C gemein hat. Der ∠CBL aber, wie auch der Nebenwinkel des Winkels BLC, also auch ∠BCL, kann < werden als jeder gegebene ∠. Man errichte über BC ein von BAC verschiedenes Dreieck BMC, dessen Höhe < als die kleinste winkelrechte Linie ist, die man aus A auf eine Sehne des überall nach einerlei Seite hohlen Bogens BIC fällen kann, — welche Höhe man unverändert läßt, auch wenn C auf CIB entlang näher an B rückt. Dann ist das △BMC, während der Punct C sich bewegt, allemal < BAC. Nun sei m:n ein gegebenes Verhältniß einer kleineren Größe zu einer größeren. Man beschreibe über BC ein gleichschenkliges △BNC, dessen Höhe sich zur Höhe des Dreiecks BMC verhält wie m:n. Da nun die Höhe des Dreiecks BNC ungeändert bleibt, seine Grundlinie aber zuletzt immer kleiner wird, so werden die ∠∠CBN und BCN größer. Da aber sowohl der ∠CBL als der ∠BCL kleiner werden kann als jeder gegebene ∠, so muß, wenigstens von einer gewissen Grenze an, ∠CBL allemal < CBN, und BCL < BCN sein. Folglich ist alsdann das △BLC < BNC, also △BLC : BMC < △BNC : BMC, also < m:n; also um so mehr Segment BICB : △BMC < m:n, also um so mehr Segment BICB : △BAC < m:n. Folglich kann das Verhältniß des Segments BICB zum △BAC kleiner werden als jedes gegebene Verhältniß; oder, was dasselbe sagt, das Verhältniß des △BAC zum Sector ABIC kann dem Verhältnisse der Gleichheit näher kommen als jedes gegebene Verhältniß.

§. 46. Lehrsatz.

Wenn auf einer Kugelfläche eine Curve von doppelter Krümmung beschrieben ist, und man schneidet die Kugelfläche mit einer

Ebene, die die Krümmungsebene irgend eines Punctes der Curve ist, so ist der durch diesen Schnitt entstehende Kreis der Krümmungskreis für den genannten Punct; berührt aber die Krümmungsebene die Kugelfläche, so findet in dem betreffenden Punct der Curve eine unendlich große Krümmung statt.

Beweis. Es sei AFDB Fig. 28. ein von A auslaufender Zweig der Curve, und AC die Tangente dieses Zweiges, der Kreis AGH aber derjenige Kreis, welcher entsteht, wenn man die Kugel mit der Krümmungsebene des Punctes A schneidet. Beschreibt man nun durch A und einen beliebigen andern Punct D des Zweigs einen Kreis, welcher AC in A berührt, und rückt den Punct D auf DFA entlang allmälig nach A zu, so ist der Kreis, dem sich der durch A und D beschriebene nähert, der Krümmungskreis des Punctes A (§. 31.). Es sei nun E der Mittelpunct der Kugel, und man beschreibe das gleichschenklige △ADE, so kann der ∠DAE dem rechten ∠ näher kommen als jeder gegebene spitze ∠; folglich ist ∠CAE = R, also AC eine Tangente der Kugelfläche (§. 9.). Folglich ist der veränderliche durch A und D beschriebene Kreis, während D sich auf DFA entlang bewegt, stets ein Kugelkreis. Er kann also nicht > werden als jeder gegebene Kreis; folglich kann in A keine unendlich kleine Krümmung statt finden. Berührt die Krümmungsebene die Kugelfläche, so wird der veränderliche Kreis zuletzt < als jeder gegebene Kreis; folglich findet in A eine unendlich große Krümmung statt (§. 31.). Schneidet aber die Krümmungsebene die Kugel, so ist der Kreis AGH selbst der Krümmungskreis des Punctes A.

§. 47. Zusatz.

Hieraus ist klar, daß jede Tangente einer auf einer Kugelfläche beschriebenen Curve auch eine Tangente der Kugelfläche ist.

Zweiter Abschnitt.

Von den Krümmungshalbmessern der Kegelschnitte insbesondere.

§. 1. Lehrsatz.

Der Krümmungshalbmesser am Scheitel eines Kegelschnitts ist allemal dem halben Parameter gleich.

Beweis. 1) Für die Parabel haben wir den Beweis schon in §. 10. des vorigen Abschnitts geführt.

2) Für die Ellipse beweist Apollonius (Conic. 5, 6), daß, wenn man auf der großen Axe einen Punct annimmt, der vom nächsten Scheitel um den halben Parameter entfernt ist, unter allen Linien, die man aus dem genannten Punct nach dem Umfang ziehen kann, die nach dem nächsten Scheitel gezogene die kleinste ist; im 10ten Satze desselben Buchs aber beweist er, daß, wenn der auf der großen Axe angenommene Punct weiter vom Scheitel gerückt wird, die nach dem Scheitel gezogene Linie größer ist als die nach den zunächst benachbarten Puncten des Umfangs gezogenen geraden Linien. Folglich ist (§. 11. des vorigen Abschn.) der Krümmungshalbmesser des Scheitels der Ellipse dem halben Parameter gleich.

3) Für die Hyperbel beweist Apoll. (5, 5), daß, wenn man innerhalb einer Hyperbel auf der Hauptaxe einen Punct annimmt, der vom Scheitel um den halben Parameter entfernt ist, unter allen Linien, die man aus diesem Punct nach der Hyperbel ziehen kann, die nach dem Scheitel gehende die kleinste ist; im 9ten Satze desselben Buchs aber beweist er, daß, wenn der auf der Hauptaxe angenommene Punct weiter vom Scheitel gerückt wird, die nach dem Scheitel gezogene Linie $>$ ist als die nach den zunächst benachbarten Puncten der Hyperbel gezogenen

Linien. Folglich ist der Krümmungshalbmesser des Scheitels dem halben Parameter gleich.

§. 2. Lehrsatz.

Der Krümmungshalbmesser am Endpuncte der kleinen Axe einer Ellipse ist dem halben Parameter der kleinen Axe gleich.

Beweis. Wenn man von einem Endpuncte der kleinen Axe einer Ellipse eine Linie durch den Mittelpunct zieht, bis sie dem halben Parameter der kleinen Axe gleich wird, so ist die vom gefundenen Endpunct nach dem erstgedachten Endpunct der kleinen Axe gezogene Linie $>$ als die nach den zunächst benachbarten Puncten des Umfangs gezogenen Linien (Apoll. 5, 16); rückt man aber den gefundenen Endpunct näher nach dem Mittelpunct zu, so ist die nach dem erstgedachten Endpunct der kleinen Axe gezogene Linie $<$ als die nach den zunächst benachbarten Puncten des Umfangs gezogenen Linien (Apoll. 5, 17). Folglich ist der Krümmungshalbmesser des Endpuncts der kleinen Axe $=$ dem halben Parameter der kleinen Axe.

§. 3. Lehrsatz.

Wenn man (Fig. 29.) die Normale IA eines vom Scheitel C verschiedenen Puncts I einer Parabel CID über die Axe CA hinaus bis zu einem Puncte H verlängert, so daß das aus H auf die Axe gefällte Perpendikel HF von dem Punct A, wo die Normale die Axe schneidet, doppelt so weit entfernt ist als das von I auf die Axe gefällte Perpendikel IB vom Scheitel, so schneidet der aus H durch I beschriebene Kreisbogen die Parabel so, daß das mit C auf einerlei Seite von IH liegende Stück des Kreisbogens aus der Parabel hinaustritt, das auf der andern Seite von IH liegende Stück des Kreisbogens aber in die Parabel hineintritt.

Beweis. Da $BA =$ dem halben Parameter (Apoll. 5, 13), so ist $CF =$ dem halben Parameter $+ 3CB$; also ist (Apoll. 5, 67) unter allen Linien, die man aus H nach der halben Parabel CID ziehen kann, die nach dem Scheitel gehende die kleinste, und die nach einem dem Scheitel näher liegenden Punct gehende allemal $<$ als die nach einem entferntern Punct gehende. Folglich ist HI $>$ als die Linien, die man aus H nach den zunächst bei I benachbarten Puncten des Bogens IC ziehen kann, aber $<$ als die Linien, die man aus H nach den zunächst bei I benachbarten Puncten des Bogens ID ziehen kann.

§. 4. Lehrsatz.

Wenn man wie mit dem Punct I (Fig. 29.) ebenso mit so vielen anderen Puncten der halben Parabel CID, als man will, verfährt, so ist der geometrische Ort des Puncts H die Neilsche Parabel, und der Anfangspunct derselben auf CF um den halben Parameter von C entfernt.

Beweis. Der Punct N auf CF sei um den halben Parameter, den wir $\frac{1}{2}p$ nennen wollen, von C entfernt, so ist CF $= \frac{1}{2}p + NF$, aber auch $= \frac{1}{2}p + 3CB$, also $CB = \frac{1}{3}NF$, und $AF = 2CB = \frac{2}{3}NF$. Da nun $\square BI = p \times CB$, so ist $\square BI = \frac{1}{3}p \times NF$. Aber $\square BA : \square BI = \square AF : \square FH$, d. i. $\frac{1}{4}\square p : \frac{1}{3}p \times NF$, d. i. $3p : 4NF = \frac{4}{9}\square NF : \square FH$; also $\frac{27}{16}p : NF = \square NF : \square FH$. Nennen wir nun 2 beliebige Werthe, welche die Linie NF erhält, y und y′, und die entsprechenden Werthe, welche die Linie FH erhält, x und x′, so ist $\frac{27}{16}p : y = \square y : \square x$, und $\frac{27}{16}p : y' = \square y' : \square x'$, also $\square x : \square x'$, d. i. $(\square x : \square y) + (\square y : \square y') + (\square y' : \square x') = (y : \frac{27}{16}p) + 2(y : y') + (\frac{27}{16}p : y') = 3(y : y')$. Denkt man sich nun aus N eine Linie $\#$ FH gezogen, und fällt auf dieselbe Perpendikel aus den Puncten H, so ist aus §. 21. des vorigen Abschn. klar, daß der geometrische Ort des Puncts H die Neilsche Parabel, und N der Anfangspunct derselben ist.

§. 5. Zusatz.

Aus §. 22. des vorigen Abschn. folgt, daß die aus N durch H (Fig. 29.) gehende Neilsche Parabel NHE von NF in N berührt wird. Auch ist aus §. 21. des vorigen Abschn. klar, daß diese Neilsche Parabel sich über H hinaus ins Unbestimmte ausbreitet, und zwar so, daß, wenn NF wächst, auch FH wächst, und wenn man NF groß genug annimmt, FH größer werden kann als jede gegebene Linie. Und da NF = 3CB, so ist klar, daß, wenn man den Punct I auf CID entlang immer weiter nach D hin rückt, der Punct H von N an auf NHE entlang immer weiter nach E hin geht, und daß, wenn man CB groß genug annimmt, NF größer werden kann als jede gegebene Linie.

§. 6. Lehrsatz.

Eine Normale IV einer halben Parabel CID Fig. 30. hat, wie weit man sie auch nach beiden Seiten verlängern mag, mit der aus der Neilschen Parabel NHO und der über den Scheitel C hinaus verlängerten Axe NCB zusammengesetzten gemischten Linie BCNHO nur Einen Punct, H, gemein, und liegt ganz auf derjenigen Seite der Linie BCNHO, wo die halbe Parabel selbst liegt.

Beweis. Die Linie IV schneide die Axe in A. Daß nun jeder von A nach I zu liegende Punct der Linie IV, wenn man sie von I aus auch noch so weit verlängert, mit der halben Parabel auf einerlei Seite der Linie BCNHO liegt, ist für sich klar. Dasselbe gilt für den Punct A selbst. Man nehme aber nun an, IV treffe die Neilsche Parabel in einem zwischen A und H liegenden Puncte U, so müßte diejenige Normale, für welche der Punct U der Neilschen Parabel eben das ist, was H für IV, entweder zu einem zwischen I und C liegenden oder zu einem von I nach D zu liegenden Punct der Parabel gehören; in jedem Fall wäre aber alsdann UI keine Normale, sondern die zu I gehörige Normale müßte die Axe in einem weiter als A von C entfernten Puncte schneiden (Apoll. 5, 51). Also ist die Annahme falsch, und die ganze Linie AH liegt mit der halben Parabel auf einerlei Seite der Linie BCNHO. Man nehme ferner an, IV treffe die Neilsche Parabel in einem von H nach V zu liegenden Puncte noch einmal, so läßt sich auf ähnliche Art beweisen, daß dies unmöglich ist. Folglich hat die ganze durch I und H gezogene Linie, wie weit man sie auch nach beiden Seiten verlängern mag, nichts als den Punct H mit der Linie BCNHO gemein. Es ist daher nur noch zu beweisen, daß HV nicht mit der halben Parabel CID auf entgegengesetzten Seiten der Linie BCNHO liegen kann.

Man nehme an, HV liege mit CID auf entgegengesetzten Seiten der Linie BCNHO (siehe Fig. 31.), und nehme nun einen beliebigen von H verschiedenen Punct W der Linie HV, fälle WY winkelrecht auf die Axe, nenne den Punct, wo WY die Neilsche Parabel schneidet, X, und ziehe XI, welche AY in Z schneidet, so ist XI keine Normale (weil IV die Normale des Puncts I ist); folglich müßte (nach Apoll. 5, 51) die Normale des Puncts I die Axe in einem weiter als Z von C entfernten Puncte schneiden; es findet aber das Gegentheil statt. Also ist die Annahme falsch, und auch die Linie HV liegt mit der halben Parabel CID auf einerlei Seite der Linie BCNHO.

§. 7. Lehrsatz.

Die auf die bisher beschriebene Art zu einer halben Parabel construirte Neilsche Parabel ist die Evolute der halben Parabel.

Beweis. Es sei CLIFD Fig. 32. eine halbe Parabel, CNAE die Axe, NPKHMO die auf die bisher beschriebene Art construirte Neilsche Parabel, IABHV eine Normale der Parabel, welche die Axe in A schneidet, und die Neilsche Parabel in H trifft. Man nehme zwischen A und H einen beliebigen Punct B, so lassen sich (nach Apoll. 5, 51) aus B zwei Normalen an die halbe Parabel ziehen. Eine davon ist nun schon BI. Folglich trifft die andere die Parabel entweder in einem zwischen I und C oder in einem von I nach D zu liegenden Puncte. Das letztere kann nicht statt finden; denn gesetzt, es fände statt, und BF wäre die Normale, so würde diese, von B aus verlängert, einen Punct K der Neilschen Parabel treffen, welcher zwischen H und N liegt; das widerspricht aber dem Satze §. 5. Folglich trifft die zweite aus B an die halbe Parabel gezogene Normale einen zwischen I und C liegenden Punct der halben Parabel, und dann ist aus Apoll. 5, 72 klar, daß die Linie BI $<$ ist als die von B nach den zunächst bei I benachbarten Puncten der Parabel gezogenen Linien. Folglich tritt der aus B durch I beschriebene Kreisbogen zu beiden Seiten der Linie BI in die Parabel hinein. Man nehme ferner auf der von H ausgehenden Verlängerung der Linie IH einen beliebigen Punct V, so lassen sich, nach Apoll. 5, 51, aus V ebenfalls 2 Normalen an die halbe Parabel ziehen. Eine davon ist VI; folglich trifft die andere die halbe Parabel entweder in einem zwischen I und C liegenden Puncte L oder in einem von I nach D zu liegenden Puncte. Das erstere kann nicht statt finden, weil sonst VL die Neilsche Parabel in 2 Puncten M und P schneiden müßte, welches dem vorigen §. widerspricht. Folglich trifft die zweite aus V an die halbe Parabel gezogene Normale einen von I nach D zu liegenden Punct der halben Parabel, und dann ist aus Apoll. 5, 72 klar, daß die Linie VI $>$ ist als die von B nach den zunächst bei I benachbarten Puncten der Parabel gezogenen Linien. Folglich tritt der aus V durch I beschriebene Kreisbogen zu beiden Seiten der Linie VI aus der Parabel hinaus.

Aus allem diesem, verglichen mit §. 3., ist klar, daß der aus H durch I beschriebene Kreis der Krümmungskreis des Puncts I, und folglich die Neilsche Parabel NPKHMO die Evolute der halben Parabel CLIFD ist.

§. 8. Lehrsatz.

Wenn man eine Normale EL eines elliptischen Quadranten AEP Fig. 33. über die große Axe ADLK hinaus verlängert, doch nicht ganz bis zur kleinen Axe PK, sondern nur so weit, daß das Verhältniß ihrer kleinsten Entfernung von der kleinen Axe zur Entfernung des aus E auf AK gefällten Perpendikels ED vom Mittelpunct K zusammengesetzt ist aus dem Verhältniß der Differenz der großen Axe und des Parameters zur großen

Axe und aus dem Doppelten des Verhältnisses DK : AK, so findet man einen Punct G von der Art, daß der aus G durch E beschriebene Kreisbogen auf der Seite der Linie EG, wo A liegt, aus der Ellipse hinaus, auf der andern Seite der Linie EG aber in die Ellipse hineintritt.

Beweis. Man fälle GB winkelrecht auf LK, so ist, wenn wir die ganze große Axe der Ellipse a, den Parameter aber p nennen, nach der Voraussetzung DK : BK = 2 (AK : DK) + (a : a — p). Nehmen wir daher auf DK einen Punct C so, daß KC die 4te stetige Proportionale zu KA und KD ist, so liegt C zwischen D und B, und es ist CK : CB = a : p. Auch ist

a : p = DK : DL (Apoll. 5, 15)

a : p = AK : $\frac{1}{2}$ p (Eucl. 5, 15)

———————————— (I. 1, 1)

a : p = AD : $\frac{1}{2}$ p — DL. Da nun a > p, so ist auch AD > $\frac{1}{2}$ p — DL; also AD + DL, d. i. AL > $\frac{1}{2}$ p, und um so mehr AB > $\frac{1}{2}$ p. Aus allem diesem folgt, nach Apoll. 5, 74, daß unter allen Linien, die man aus G nach dem Quadranten AEP ziehen kann, die nach A gehende die kleinste, die nach P gehende die größte, und von den zwischenliegenden Linien die der größten nähere allemal > ist als die entferntere. Folglich schneidet der aus G durch E beschriebene Kreisbogen die Ellipse so, daß er auf der Seite von EG, wo A liegt, aus der Ellipse hinaus, auf der andern Seite von EG aber in die Ellipse hineintritt.

§. 9. Lehrsatz.

Wenn man wie mit dem Punct E (Fig. 33.) eben so mit so vielen andern Puncten des elliptischen Quadranten AEP, als man will, verfährt, so ist der geometrische Ort des Puncts G eine zwischen der halben großen Axe KA und der Verlängerung KR der halben kleinen Axe KP eingeschlossene Curve QGR, deren Anfangspunct Q von A um den halben Parameter der großen Axe, deren Endpunct R aber von P um den halben Parameter der kleinen Axe entfernt ist; und wenn der Punct E von

A an auf AEP entlang allmälig bis P rückt, so rückt der Punct G von Q an auf QGR entlang allmälig bis R.

Beweis. Aus der Beweisführung des vorigen Satzes geht hervor, daß AL $>$ ½ p. Doch kann AL — ½ p, wenn man E nahe genug bei A annimmt, $<$ werden als jede gegebene Linie, weil (nach Apoll. 5, 10) aus jedem mittleren Punct der Linie AK, welcher von A weiter als um den halben Parameter entfernt ist, eine Normale nach einem mittleren Puncte des Quadranten AEP gezogen werden kann. Verlängert man EG, bis sie die kleine Axe in V schneidet, so kann KV, wenn man E nahe genug bei A annimmt, $<$ werden als jede gegebene Linie, weil (nach Apoll. 5, 17) aus jedem Punct der von K ausgehenden Verlängerung der Linie PK, welcher von P weniger als um den halben Parameter der kleinen Axe entfernt ist, eine Normale nach einem mittleren Punct des Quadranten AEP gezogen werden kann. Folglich kann um so mehr BG, wenn man E nahe genug bei A annimmt, $<$ werden als jede gegebene Linie. Hieraus ist klar, daß der geometrische Ort des Puncts G seinen Anfang in einem mittleren Punct Q der Linie AK nimmt, der von A um den halben Parameter der großen Axe entfernt ist. Nun ist □AK : □DK = DK : CK, also zurückkehrend □AK : (AK+DK)×(AK—DK) = DK : CD. Aber nach Apoll. 1, 21 ist (AK+DK)×(AK—DK) : □DE = □AK : □PK; verwechselt und umgekehrt □AK:(AK+DK)×(AK—DK) = □PK : □DE. Folglich DK : CD = □PK : □DE. Nun ist aber DK : LK = AK : AK—½ p = CK : BK; verwechselt DK : CK = LK : BK; zurückkehrend DK : CD, d. i. □PK : □DE = LK : LB. Nun ist ferner DE:BG=DL:LB=(DL:LK)+(LK:LB)=(½p:AK—½p) + (□PK : □DE). Folglich ist DE : BG $>$ ½ p : AK — ½ p; aber das Verhältniß DE : BG kann, wenn man E nahe genug bei P annimmt, dem Verhältnisse ½ p : AK — ½ p näher kommen als das Verhältniß jeder gegebenen Linie, welche $>$ ½ p ist, zu AK — ½ p. Nun kann aber auch, wenn man E nahe genug bei P annimmt, das Verhältniß PK : DE dem Verhältnisse der Gleichheit näher kommen als jedes gegebene Verhältniß einer größeren Größe zu einer kleineren. Auch kann das Verhältniß PK:BG dem Verhältnisse $\frac{1}{2}p : AK - \frac{1}{2}p$ näher kommen als das Verhältniß $\frac{1}{2}p + m : AK - \frac{1}{2}p$, wie klein auch m angenommen werden mag; denn nehmen wir E so nahe bei P an, daß

$$PK : DE < \tfrac{1}{2}p + m : \tfrac{1}{2}p + \tfrac{1}{2}m, \text{ und zugleich}$$
$$DE : BG < \tfrac{1}{2}p + \tfrac{1}{2}m : AK - \tfrac{1}{2}p$$

so ist ord. ex aeq. $PK : BG < \frac{1}{2}p + m : AK - \frac{1}{2}p$. Und weil zugleich, wenn man E nahe genug bei P annimmt, DK, und also um so mehr BK, < werden kann als jede gegebene Linie, so ist klar, daß der Endpunct des geometrischen Orts des Puncts G auf der von K ausgehenden Verlängerung der Linie PK liegen muß, und daß die Entfernung dieses Puncts von P dem halben Parameter der kleinen Axe gleich sein muß.

Ferner ist klar, daß, wenn der Punct E von A an auf AEP entlang allmälig bis P rückt, daß alsdann DK, folglich auch CK, folglich auch BK abnimmt, daß folglich der Punct G von Q an auf QGR entlang allmälig bis R rückt.

§. 10. Lehrsatz.

Wenn man in Fig. 33. die Linie DA von A aus unbestimmt nach F, und KR von R aus unbestimmt nach U verlängert, so hat die Linie EV, wie weit man sie auch nach beiden Seiten verlängern mag, mit der gemischten Linie FADQGRU nichts als den Punct G gemein, und liegt mit dem elliptischen Quadranten auf einerlei Seite der ebengenannten gemischten Linie.

Beweis. Wie bei der Parabel (doch so, daß statt des Satzes Apoll. 5, 51 der Satz Apoll. 5, 52 benutzt wird).

§. 11. Lehrsatz.

Die Curve QGR Fig. 33. ist die Evolute des elliptischen Quadranten AEP, und EG der Krümmungshalbmesser des Puncts E der Ellipse.

Beweis. Wie bei der Parabel, doch so, daß statt des

Satzes Apoll. 5, 51 der Satz Apoll. 5, 52, und statt des Satzes Apoll. 5, 72 der Satz Apoll. 5, 75 benutzt wird.

§. 12. Lehrsatz.

Der Krümmungshalbmesser eines Puncts der Parabel oder Ellipse ist das Vierfache der 4ten stetigen Proportionale zum Parameter und zu der durch die große Axe begrenzten Normale.

Beweis. 1) Für die Parabel. In Fig. 29. ist IH der Krümmungshalbmesser des Puncts I der Parabel CID. Nun ist $IA:IH = BA:BF = \frac{1}{2}p:\frac{1}{2}p + 2BC$, also $IA:\frac{1}{4}IH = p:\frac{1}{4}p + BC = \square p:\square\frac{1}{2}p + \square BI = \square p:\square BA + \square BI = \square p:\square AI = 2(p:AI)$. Folglich ist IH das Vierfache der 4ten stetigen Proportionale zu p und IA.

2) Für die Ellipse. In Fig. 33. ist $DE:BG$ (zufolge der Beweisführung in §. 9.) $= (\frac{1}{2}p:AK - \frac{1}{2}p) + (DK:CD) = p\times DK:(a-p)\times CD$; verbunden $DE:DE + BG$, d. i. $EL:EG = p\times DK:a\times CD + p\times CK$. Nun ist $KB:KC = a-p:a$, also (Eucl. 6, 16) $a\times KC - p\times KC = a\times KB$, also $a\times(KC - KB)$, d. i. $a\times BC = p\times KC$. Also $EL:EG = p\times DK:a\times BD$; also $EL:\frac{1}{4}EG = 2p\times DK:AK\times BD$. Ferner ist $DK:BK = (a:a-p) + (\square AK:\square DK)$. Aber $a:a-p = DK:LK$, also $DK:BK = (AK:DK) + (AK:LK) = \square AK:DK\times LK$; zurückkehrend $DK:DB = \square AK:\square AK - DK\times LK$. Vorher war $EL:\frac{1}{4}EG = (2p:AK) + (DK:BD)$. Also wird $EL:\frac{1}{4}EG = 2p\times AK:\square AK - DK\times LK$. Aber $AK:\frac{1}{2}p = \square AK - \square DK:\square DE$ (Apoll. 1, 21), und $AK:\frac{1}{2}p = DK:DL = DK\times DL:\square DL$; also (Eucl. 5, 12) $AK:\frac{1}{2}p = \square AK - DK\times LK:\square EL$. Vorher war $EL:\frac{1}{4}EG = 2p\times AK:\square AK - DK\times LK$; also wird $EL:\frac{1}{4}EG = (2p\times AK:\square EL) + (\square p:2p\times AK) = 2(p:EL)$. Folglich ist EG das Vierfache der 4ten stetigen Proportionale zu p und EL.

§. 13. Lehrsatz.

Wenn man eine Normale EL einer halben Hyperbel AEM Fig. 34. über die Hauptaxe ADLBC hinaus bis G verlängert, so daß, wenn man GB winkelrecht auf die Axe fällt, das

Verhältniß der Entfernung des aus G auf die Axe gefällten Perpendikels GB vom Mittelpunct K zu der Entfernung des aus E gefällten Perpendikels ED von K aus dem Verhältniß $a+p:a$ (wo a die ganze Hauptaxe, und p den Parameter der Hyperbel bedeutet) und aus dem Doppelten des Verhältnisses $DK:AK$ zusammengesetzt ist, so tritt der aus G durch E beschriebene Kreisbogen auf der Seite von GE, wo A liegt, aus der Hyperbel hinaus, auf der andern Seite von GE aber in die Hyperbel hinein.

Beweis. Da (nach Apoll. 5, 14) $KD:DL = KA:\frac{1}{2}p$, und $KD > KA$, so ist auch $DL > \frac{1}{2}p$, also um so mehr $AB > \frac{1}{2}p$. Da ferner $DK:BK = 2(AK:DK) + (a:a+p)$, so fällt, wenn wir auf CD den Punct U so annehmen, daß KU die 4te stetige Proportionale zu KA und KD ist, U zwischen D und B, und es ist $KU:UB = a:p$. Hieraus folgt nach Apoll. 5, 74, daß unter allen Linien, die man aus G nach der halben Hyperbel ziehen kann, die nach A gehende die kleinste, die der kleinsten nähere aber allemal < als die entferntere ist. Folglich schneidet der aus G durch E beschriebene Kreis die Hyperbel auf die oben bezeichnete Art.

§. 14. Lehrsatz.

Wenn man wie mit dem Punct E (Fig. 34.) ebenso mit so vielen andern Puncten der halben Hyperbel AEM, als man will, verfährt, so ist der geometrische Ort des Puncts G eine ins Unbestimmte sich ausbreitende Curve QGR, deren Anfangspunct Q innerhalb der Hyperbel auf der Hauptaxe um den halben Parameter von A entfernt ist; und wenn man den Punct E von A an auf AEM entlang allmälig immer weiter nach M zu rückt, so rückt auch der Punct G von Q an auf QGR entlang allmälig immer weiter nach R zu.

Beweis. Aus $DK:LK = a:a+p = UK:BK$ folgt verwechselt $DK:UK = LK:BK$; getrennt $DK:DU = LK:LB$, also $(p:a+p) + (DK:DU) = DL:LB = DE:BG$. Da aber

$DK:UK = \square AK : \square DK$, so ist getrennt $DK:DU = \square AK : \square DK - \square AK$, also $DE:BG = (\frac{1}{2}p : AK + \frac{1}{2}p) + (\square AK : \square DK - \square AK)$. Folglich kann, wenn man E nahe genug bei A annimmt, das Verhältniß $DE:BG >$ werden als jedes gegebene Verhältniß. Da nun DE schon $<$ werden kann als jede gegebene Linie, so kann um so mehr $BG <$ werden als jede gegebene Linie. Folglich ist der Anfangspunct des geometrischen Orts des Puncts G auf AC selbst, und von A um den halben Parameter entfernt.

Ferner ist klar, daß, wenn der Punct E von A an allmälig auf AEM entlang immer weiter nach M zu rückt, daß alsdann DK, folglich auch UK, folglich auch BK wächst, daß folglich der Punct G von Q an auf QGR entlang allmälig immer weiter nach R zu geht.

§. 15. Lehrsatz.

Wenn man in Fig. 34. die Linie DK von K aus unbestimmt nach F verlängert, so hat die Linie EG, wie weit man sie auch nach beiden Seiten verlängern mag, mit der gemischten Linie FKADQGR nichts als den Punct G gemein, und liegt ganz mit der halben Hyperbel auf einerlei Seite der ebengenannten gemischten Linie.

Beweis. Wie bei der Ellipse.

§. 16. Lehrsatz.

Die Curve QGR Fig. 34. ist die Evolute der halben Hyperbel AEM, und EG der Krümmungshalbmesser des Puncts E der Hyperbel.

Beweis. Wie bei der Ellipse.

§. 17. Lehrsatz.

Der Krümmungshalbmesser einer Hyperbel ist das Vierfache der 4ten stetigen Proportionale zum Parameter und zu der durch die Hauptaxe begrenzten Normale.

Beweis. Da zufolge der Beweisführung in §. 14. $DE:BG = (p:a+p) + (DK:DU) = p \times DK : (a+p) \times DU$, so ist verbunden $DE : DE + BG$, d. i. $EL : EG = p \times DK : a \times DU + p \times UK$. Nun ist $KB : KU = a + p : a$, also (Eucl. 6, 16) $a \times UK + p \times UK = a \times KB$, also $p \times UK = a \times UB$, also $EL : EG = p \times DK : a \times DB$; $EL : \frac{1}{4} EG = 2p \times DK : AK \times DB$. Nun ist $DK : BK = (a : a + p) + (\square AK : \square DK)$. Aber $a : a + p = DK : LK$, also $DK : BK = (AK : DK) + (AK : LK) = \square AK : DK \times LK$; getrennt $DK : DB = \square AK : DK \times LK - \square AK$. Vorher war $EL : \frac{1}{4} EG = (2p : AK) + (DK : DB)$. Also wird $EL : \frac{1}{4} EG = 2p \times AK : DK \times LK - \square AK$. Aber

$$\begin{array}{l} AK : \frac{1}{2} p = \square DK - \square AK : \square DE \\ AK : \frac{1}{2} p = DK \times DL \quad : \quad \square DL \\ \hline \end{array} \quad \text{Eucl. 5, 12}$$

$AK : \frac{1}{2} p = DK \times LK - \square AK : \square EL$. Vorher war $EL : \frac{1}{4} EG = 2p \times AK : DK \times LK - \square AK$. Also wird $EL : \frac{1}{4} EG = (2p \times AK : \square EL) + (\square p : 2p \times AK) = 2(p : EL)$. Folglich ist EG das Vierfache der 4ten stetigen Proportionale zu p und EL.

§. 18. Lehrsatz.

In jedem Kegelschnitt ist die Krümmung am Scheitel am stärksten, und in einem dem nächsten Scheitel näher liegenden Punct allemal stärker als in einem entfernteren Puncte, bei der Ellipse aber im Endpunct der kleinen Axe am schwächsten.

Beweis. Es sei AEGFC Fig. 35. ein Quadrant eines Kegelschnitts, und A der Scheitel. Man ziehe zu einem beliebigen mittleren Punct E des Quadranten die Normale ED bis an die Hauptaxe ADHB, errichte aus D das Perpendikel DF auf AB bis an den Quadranten, ziehe DG nach einem beliebigen mittleren Punct G des Bogens EGF, und zu G die Normale GH bis an die Axe. Nach Apoll. 5, 8. 9. 10. ist unter allen Linien, die man aus D nach dem Quadranten ziehen kann, DE die kleinste, also $DE < DG$, aber $DG < GH$ (Eucl. 1, 19), also um so mehr $DE < GH$. Hieraus sehen wir, daß, wenn man einen Punct eines Kegelschnitts vom nächsten Scheitel entfernt, die durch die Hauptaxe begrenzte Normale allemal wächst;

folglich wächst (nach §. 12. und 17.) auch der Krümmungshalbmesser.

§. 19. Zusatz.

Da die Entfernung eines Puncts der Parabel und Hyperbel von der Hauptaxe ins Unbestimmte wächst, wenn man den Punct auf der Curve entlang vom Scheitel entfernt, so wächst um so mehr die durch die Hauptaxe begrenzte Normale ins Unbestimmte; folglich kann bei jeder Parabel und Hyperbel, wenn man den Punct der Curve weit genug vom Scheitel entfernt annimmt, die Krümmung schwächer werden als jede gegebene Krümmung.

§. 20. Erklärung.

Wenn eine Curve von einfacher oder doppelter Krümmung in einem Puncte ihre Richtung stetig ändert (§. 6. des vorigen Abschn.), und der Krümmungshalbmesser des vorhergehenden Zweigs in diesem Punct ist = dem Krümmungshalbmesser des nachfolgenden Zweigs in diesem Puncte, so sagt man, wenn die Krümmung in diesem Punct sich ändert, die Krümmung ändere daselbst sich stetig; wenn aber eine Curve in einem Puncte ihre Richtung stetig ändert, und der Krümmungshalbmesser des vorhergehenden Zweiges in diesem Puncte ist dem Krümmungshalbmesser des nachfolgenden Zweiges in diesem Puncte nicht gleich, so sagt man, die Krümmung ändere in diesem Puncte sich plötzlich. Eine stetig gekrümmte Linie, welche ihre Krümmung überall stetig ändert, mag eine stetig gekrümmte Curve heißen.

§. 21. Zusatz.

Jede stetig gekrümmte Linie ist entweder eine stetig gekrümmte Curve oder aus mehreren stetig gekrümmten Curven zusammengesetzt.

§. 22. Lehrsatz.

Wenn man aus dem Scheitel einer Parabel ein Perpendikel auf die Axe errichtet, so treffen alle aus dem Brennpunct auf die Tangenten gefällten Perpendikel die Tangenten in jenem Perpendikel.

Beweis. Es sei AC Fig. 36. eine Parabel, AB die Axe, CB ein aus einem beliebigen Punct C der Parabel auf die Axe gefälltes Perpendikel, CD die Tangente des Puncts C, welche die verlängerte Axe in D schneidet. Man errichte das Perpendikel AE auf DB, welches CD in E schneidet, und ziehe EF nach dem Brennpunct, endlich noch FC. Dann ist DA = AB, also auch DE = EC. Da aber FC = AB + AF, und DF = DA + AF = AB + AF, so ist FC = DF. In den Dreiecken EFC und EFD sind also die 3 Seiten einzeln genommen gleich, und also die Dreiecke congruent, und daher ∠FED = FEC, und, da es Nebenwinkel sind, jeder derselben ein rechter. Mithin ist FE das aus F auf die Tangente des Puncts C gefällte Perpendikel, und so haben wir bewiesen, daß jedes aus dem Brennpunct auf eine Tangente gefällte Perpendikel die Tangente in der Linie AE trifft.

§. 23. Lehrsatz.

Zwei Krümmungshalbmesser eines Kegelschnitts stehen im dreifachen desjenigen Verhältnisses, welches aus dem Verhältniß der zugehörigen nach einem und demselben Brennpunct gezogenen Linien und aus dem umgekehrten Verhältniß der Perpendikel aus jenem Brennpunct auf die Tangenten zusammengesetzt ist.

Beweis. 1) Für den Kreis ist der Satz für sich klar.

2) Für die Parabel. Der Scheitel der Parabel AC Fig. 37. sei A, die Axe AFDB, der Brennpunct F; man ziehe aus einem beliebigen vom Scheitel verschiedenen Punct C der Curve die Tangente CE bis an das aus A auf die Axe errichtete Perpendikel, fälle das Perpendikel CD auf die Axe, und ziehe die Normale CB bis an die Axe; endlich ziehe man noch CF und FE, so ist (§. 22.) FE das Perpendikel auf die Tangente. Da nun ∠ECB = R, so ist ∠CDB = dem Complement des spitzen Winkels, den die Tangente gegen die Axe macht, zu einem rechten. Dieser ∠, welchen CE gegen BA macht, ist aber auch

$= FCE$; folglich ist $\angle FCE + CBD = R$, also die rechtwinkligen $\triangle\triangle FEC$ und CBD einander ähnlich; daher $EF:FC = BD:BC$. Bedeutet nun r den Krümmungshalbmesser des Puncts C, so ist (§. 12.) $2(p:BC) = BC:\frac{1}{4}r$; also $\square p:\square BC$, d. i. $4\square BD:\square BC = BC:\frac{1}{4}r$; also $\square BD:\square BC$, d. i. $\square EF:\square FC = BC:r$; also $3(EF:FC)$, d. i. $3[(AF:FC) + (EF:AF)] = BD:r =$ Krümmungshalbmesser des Puncts A zum Krümmungshalbmesser des Puncts C.

3) Für die Hyperbel. Es sei AEM Fig. 38. eine halbe Hyperbel, F der Brennpunct derselben, NOKHAFDIB die Hauptaxe, K der Mittelpunct, O der andere Scheitel, N der andere Brennpunct; man fälle aus einem beliebigen Punct E der halben Hyperbel das Perpendikel ED auf die Axe, ziehe die Tangente EH und die Normale EI bis an die Axe, ziehe EF, und fälle das Perpendikel FL auf EH; endlich ziehe man noch EN. Da nun $\angle NEH = HEF$, so ist (Eucl. 6, 3) $NE:EF = NH:HF$; getrennt $NE - EF$, d. i. $OA:EF = NH - HF$, d. i. $OH - HA$, d. i. $2KH:HF$; verwechselt $KA:KH = EF:HF$; also $(KA:KH) + (HF:FL)$, d. i. $(KA:KH) + (EI:ID) = EF:FL = (EF:FA) + (FA:FL)$. Aber $KA:KH = KD:KA$ (Apoll. 1, 37), und $EI:ID = (EI:KD) + (KA:\frac{1}{2}p)$. Also $EI:\frac{1}{2}p = (EF:FA) + (FA:FL)$. Aber (§. 17.) $EI:\frac{1}{4}r = 2(p:EI)$; oder $EI:r = 2(\frac{1}{2}p:EI)$. Also $3[(EF:FA) + (FA:FL)] = (r:EI) + (EI:\frac{1}{2}p) =$ Krümmungshalbmesser des Puncts E zum Krümmungshalbmesser des Scheitels.

4) Für die Ellipse. a) Vergleichung der Krümmungshalbmesser an den 4 Hauptscheiteln. Der Krümmungshalbmesser am Endpunct der großen Axe ist $\frac{1}{2}p$, und der am Endpunct der kleinen Axe $\frac{1}{2}P$, wenn wir unter P den Parameter der kleinen Axe verstehen. Nennen wir die Entfernung der beiden Brennpuncte von einander e, so ist die aus dem Brennpunct nach dem nächsten Scheitel gezogene Linie $= \frac{1}{2}a - \frac{1}{2}e$, die nach dem Endpunct der kleinen Axe gezogene Linie $= \frac{1}{2}a$, die nach dem entfernteren Scheitel gezogene Linie $= \frac{1}{2}a + \frac{1}{2}e$. Die Perpen-

dikel auf die Tangenten sind respective $\frac{1}{2}a - \frac{1}{2}c$, $\frac{1}{2}b$ (wo b die kleine Axe bedeutet) und $\frac{1}{2}a + \frac{1}{2}c$. Folglich das Verhältniß der Krümmungshalbmesser $\frac{1}{2}p : \frac{1}{2}P = 3(b:a) = 3[(\frac{1}{2}a - \frac{1}{2}c : \frac{1}{2}a) + (\frac{1}{2}b : \frac{1}{2}a - \frac{1}{2}e)]$, und $\frac{1}{2}p : \frac{1}{2}p = 3[(\frac{1}{2}a - \frac{1}{2}c : \frac{1}{2}a + \frac{1}{2}c) + (\frac{1}{2}a + \frac{1}{2}c : \frac{1}{2}a - \frac{1}{2}e)]$.

b) Vergleichung des Krümmungshalbmessers eines von den 4 Hauptscheiteln verschiedenen Puncts mit dem Krümmungshalbmesser des dem Brennpunct zunächst benachbarten Endpuncts der großen Axe. Es sei AEO Fig. 39. eine halbe Ellipse, AO die große Axe, K der Mittelpunct, F und N die Brennpuncte, E ein von den 4 Hauptscheiteln verschiedener Punct des an A anstoßenden Quadranten, EH die durch die verlängerte große Axe begrenzte Tangente. Man fälle ED winkelrecht auf AK, ferner ziehe man die Normale EI bis an FK, ferner EF und EN, und fälle die Perpendikel FL und NM auf die Tangente. Da nun $\angle FEL = NEM$, so ist $NE : EF = NM : FL = NH : FH$; verbunden $NE + EF$, d. i. $AO : EF = NH + FH$, d. i. $OH + AH$, d. i. $2KH : FH$; verwechselt $AK : KH$, d. i. $DK : KA = EF : FH$, also $(DK:KA) + (FH:FL)$, d. i. $(DK:KA) + (EI:ID)$ $= \begin{Bmatrix} EF:FL \\ EN:NM \end{Bmatrix} = \begin{Bmatrix} (EF:FA) + (FA:FL) \\ (EN:NO) + (NO:NM) \end{Bmatrix}$. Aber $EI:ID = (EI:KD) + (AK : \frac{1}{2}p)$. Also $EI : \frac{1}{2}p = \begin{Bmatrix} (EF:FA) + (FA:LF) \\ (EN:NO) + (NO:NM) \end{Bmatrix}$. Aber (§. 12.) $EI : \frac{1}{4}r = 2(p : EI)$; oder $EI : r = 2(\frac{1}{2}p : EI)$. Also $\begin{Bmatrix} 3[(EF:FA) + (FA:FL)] \\ 3[(EN:NO) + (NO:NM)] \end{Bmatrix} = r : \frac{1}{2}p =$ Krümmungshalbmesser des Puncts E zum Krümmungshalbmesser des Puncts $\begin{Bmatrix} A \\ O \end{Bmatrix}$.

§. 24. Lehrsatz.

In jeder Parabel ist der Krümmungshalbmesser eines Puncts die 3te Proportionale zum halben Perpendikel aus dem Brennpunct auf die Tangente und zu der aus dem betreffenden Punct nach dem Brennpunct gezogenen Linie.

Beweis. Aus der Beweisführung zu §. 23. Nr. 2) erhellt, daß, wenn wir das Perpendikel auf die Tangente mit q, die nach dem Brennpunct gezogene Linie mit v, und die durch die Axe begrenzte Normale mit n bezeichnen, $q:v = \frac{1}{2}p:n$ ist. Aber (§. 12.) $2(\frac{1}{2}v:n) = n:r$. Da ferner $q = \frac{1}{2}n$ (wie aus der Betrachtung der 36sten Figur leicht erhellt), so wird $\frac{1}{2}q:v = \frac{1}{2}p:4q$, und $2(\frac{1}{2}p:2q) = 2q:r$, also $(v:\frac{1}{2}q) + (\frac{1}{2}q:r)$, d. i. $v:r = (4q:\frac{1}{2}p) + 2(\frac{1}{2}p:4q) = \frac{1}{2}p:4q = \frac{1}{2}q:v$. Für den Scheitel ist der Satz für sich klar.

§. 25. Lehrsatz.

Wenn man aus dem Mittelpunct F einer Hyperbel (Fig. 40.) auf die Hauptaxe eine Linie FL aufträgt, welche sich zu der durch das Perpendikel ID, das man aus einem vom Scheitel verschiedenen Punct der Hyperbel auf die Axe fällt, abgeschnittenen Linie FD verhält wie die Entfernung des Brennpuncts A vom Mittelpunct zur halben Hauptaxe BF, und man zieht IA und nach dem andern Brennpunct die Linie IK, so ist $LB = IA$, und die nach dem andern Scheitel G gehende Linie $LG = IK$.

Beweis. Man errichte aus F ein Perpendikel FC = der halben conjugirten Axe, so verhält sich $\square FB : \square FC = BD \times DG : \square DI = \square FD - \square FB : \square DI$, also (Eucl. 5, 12) $\square FB : \square FC = \square FD : \square FC + \square DI$. Nun ist aber nach der Voraussetzung $FB:FA = FD:FL$, also $\square FB : \square FA = \square FD : \square FL$; getrennt $\square FB : \square FA - \square FB$; d. i. $\square FB : \square FC = \square FD : \square FL - \square FD$. Folglich wird $\square FC + \square DI = \square FL - \square FD$, also $\square FC + \square DI + \square FD = \square FL$. Nun ist $\square BL = \square FL + \square FB - 2 FL \times FB = \square FC + \square DI + \square FD + \square FB - 2 FA \times FD = \square FA + \square DI + \square FD - 2 FA \times FD$. Trifft nun

1) die Linie ID den Brennpunct A, so ist $\square AI = \square DI$, also $\square BL = \square AI$, also $BL = AI$, und (da $KI - AI = BG$) $LG = KI$.

2) Trifft aber ID nicht den Brennpunct, so ist $\square AI = \square AD + \square DI = \square FA + \square FD - 2 FA \times FD + \square DI$, also $\square BL = \square AI$, also $BL = AI$, und (da $KI - AI = BG$) $LG = KI$.

§. 26. Lehrsatz.

In der Hyperbel ist der Krümmungshalbmesser $>$ als die 3te Proportionale zum halben Perpendikel auf die Tangente und zu der nach dem Brennpunct gezogenen Linie; und zwar ist das Verhältniß des Krümmungshalbmessers zu der nach dem Brennpunct gezogenen Linie aus dem Verhältniß dieser Linie zum halben Perpendikel auf die Tangente und aus dem Verhältniß der nach dem andern Brennpunct gezogenen Linie zur Hauptaxe zusammengesetzt.

Beweis. Nach dem vorigen §. ist in Fig. 38. $AK:KF = KD:KA+FE$. Aber $AF \times FO = \frac{1}{2}p \times KA$, also $AF \times FO + \square KA$, d. i. $\square KF = (\frac{1}{2}p + KA) \times KA$. Also (zufolge der obigen Proportion) $\square KA : (\frac{1}{2}p + KA) \times KA$, d. i. $KA : \frac{1}{2}p + KA = \square KD : \square KA + (OA + FE) \times FE$; oder $KD : KI$, d. i. $\square KD : KI \times KD = \square KD : \square KA + (OA+FE) \times FE$. Also ist $KI \times KD = \square KA + (OA + FE) \times FE$. Nun ist aber $\frac{1}{2}FL : FE = (\frac{1}{2}FL:FH) + (FH:FE) = (\frac{1}{2}DI:IE) + (NH - HF:NE - EF)$ (Eucl. 6, 3 und §. 1. des 1sten Abschn. Theil 1.), d. i. $= (\frac{1}{2}DI:IE) + (KH:KA) = (\frac{1}{2}DI:IE) + (KA:KD)$. Ferner

$$KD \times DH : \square DE = a:p$$
$$KD \times DI : \square DI = a:p$$

―――――――――――――― Eucl. 5, 12

$KD \times HI : \square EI$, d. i. $(KD \times HI : \square \frac{1}{2}p) + (EI:r)$, d. i. $(KD : \frac{1}{2}p) + (HI : \frac{1}{2}p) + (EI:r) = AK : \frac{1}{2}p$; folglich $EI:r = (AK:KD) + (\frac{1}{2}p:HI)$; oder $(EI:r) + (HI:\frac{1}{2}p) = AK:KD$. Folglich $\frac{1}{2}FL : FE = (\frac{1}{2}DI:r) + (HI:\frac{1}{2}p)$. Da aber $KI \times KD = \square KA + (OA+FE) \times FE$, so ist $DI \times KD = (OA+FE) \times FE - KD \times DH$, also $KD \times HI = (OA+FE) \times FE$, also $(\frac{1}{2}FL:FE) + (OA:OA+FE) = (\frac{1}{2}DI:r) + (HI:\frac{1}{2}p) + (OA:KD) + (FE:HI) = (FE:\frac{1}{2}p) + (OA:DI) + (\frac{1}{2}p:AK) + (\frac{1}{2}DI:r) = (FE:AK) + (AK:r) = FE:r$.

Im Scheitel ist $r = \frac{1}{2}p$, und die nach dem Brennpunct gezogene Linie $= AF$, auch das Perpendikel auf die Tangente $= AF$. Aber $AF \times FO = \frac{1}{2}p \times KA$, d. i. $AF \times AN = \frac{1}{2}p \times KA$.

Also (Eucl. 6, 16) $\frac{1}{2}p : AF = AN : KA = (AF : \frac{1}{2}AF) + (AN : OA)$.

§. 27. Lehrsatz.

Wenn man aus dem Mittelpunct F einer Ellipse (Fig. 41.) auf die große Axe eine Linie FL aufträgt, welche sich zu der durch das Perpendikel ID, das man aus einem von den 4 Hauptscheiteln verschiedenen Punct I auf die Axe gefällt hat, abgeschnittenen Linie FD verhält wie die Entfernung des zunächst bei I benachbarten Brennpuncts A vom Mittelpunct zur halben großen Axe FB, so ist LB = der nach dem Brennpunct A gezogenen Linie IA, und die nach dem andern Scheitel G gehende Linie GL = der nach dem andern Brennpunct K gehenden Linie IK.

Beweis. Man fälle IH winkelrecht auf die kleine Axe CE. Nun ist (Apoll. 1, 21) $\square FB : \square FC = \square IH : \square FC - \square FH = \square FD : \square FC - \square DI$. Aber nach der Voraussetzung ist $FB : FA = FD : FL$, also $\square FB : \square FA = \square FD : \square FL$; zurückkehrend $\square FB : \square FC = \square FD : \square FD - \square FL$. Folglich ist $\square FC - \square DI = \square FD - \square FL$; also $\square FL = \square FD + \square DI - \square FC$. Aber $\square BL = \square BF + \square LF - 2BF \times LF = \square BF + \square FD + \square DI - \square FC - 2DF \times FA = \square AF + \square FD + \square DI - 2DF \times FA$. Trifft nun

1) ID den Brennpunct A, so ist $\square AI = \square DI$, also $\square BL = \square AI$, also $BL = AI$, und (da $AI + IK = BG$) $LG = IK$.

2) Trifft aber ID nicht den Brennpunct A, so ist $\square AI = \square AD + \square DI = \square AF + \square FD - 2DF \times FA + \square DI$, also $\square BL = \square AI$, also $BL = AI$, und (da $AI + IK = BG$) $LG = IK$.

§. 28. Lehrsatz.

In der Ellipse ist der Krümmungshalbmesser **kleiner** als die 3te Proportionale zum halben Perpendikel auf die Tangente und zu der nach dem Brennpunct gezogenen Linie; und zwar ist das Verhältniß des Krümmungshalbmessers zu der nach dem

Brennpunct gezogenen Linie aus dem Verhältniß dieser Linie zum halben Perpendikel auf die Tangente und aus dem Verhältniß der nach dem andern Brennpunct gezogenen Linie zur großen Axe zusammengesetzt.

Beweis. 1) Für den dem Brennpunct zunächst liegenden Scheitel. Hier ist der Krümmungshalbmesser $= \frac{1}{2}p$, die nach dem Brennpunct gehende Linie $= \frac{1}{2}a - \frac{1}{2}e$, die nach dem andern Brennpunct gehende Linie $= \frac{1}{2}a + \frac{1}{2}e$, und das Perpendikel auf die Tangente $= \frac{1}{2}a - \frac{1}{2}e$. Es ist aber $\left(\frac{1}{2}a - \frac{1}{2}e : \frac{\frac{1}{2}a - \frac{1}{2}e}{2}\right) + \left(\frac{1}{2}a + \frac{1}{2}e : a\right) = a + e : a = (a+e) \times (a-e) : a \times (a-e) = a \times p : a \times (a-e) = \frac{1}{2}p : \frac{1}{2}a - \frac{1}{2}e$.

2) Für den entferntern Scheitel. Hier ist $r = \frac{1}{2}p$, $v = \frac{1}{2}a + \frac{1}{2}e$, die nach dem andern Brennpunct gehende Linie $= \frac{1}{2}a - \frac{1}{2}e$, und $q = \frac{1}{2}a + \frac{1}{2}e$. Es ist aber $\left(\frac{1}{2}a + \frac{1}{2}e : \frac{\frac{1}{2}a + \frac{1}{2}e}{2}\right) + \left(\frac{1}{2}a - \frac{1}{2}e : a\right) = a - e : a = \frac{1}{2}p : \frac{1}{2}a + \frac{1}{2}e$.

3) Für den Endpunct der kleinen Axe. Hier ist $r = \frac{1}{2}P$, $v = \frac{1}{2}a$, die nach dem andern Brennpunct gehende Linie ebenfalls $= \frac{1}{2}a$, und $q = \frac{1}{2}b$. Es ist aber $\left(\frac{1}{2}a : \frac{1}{2}b\right) + \left(\frac{1}{2}a : a\right) = a : b = \frac{1}{2}P : \frac{1}{2}a$.

4) Für einen Punct, welcher nicht zu den 4 Hauptscheiteln gehört. Nach dem vorigen §. ist (Fig. 39.) $KA : KF = KD : KA - FE = KD : NE - KA$; also $\square KA : \square KF = \square KD : \square(KA - FE) = \square KD : \square(NE - KA)$. Aber $AF \times FO = \frac{1}{2}p \times KA$, also $\square KA - AF \times FO = (KA - \frac{1}{2}p) \times KA = \square KF$. Also $\square KA : \square KA - AF \times FO$, d. i. $KA : KA - \frac{1}{2}p = \square KD : \square KA - NE \times FE$. Nun ist aber $\frac{1}{2}FL : FE = \frac{1}{2}MN : NE = (\frac{1}{2}FL : FH) + (FH : FE) = (\frac{1}{2}MN : NH) + (NH : NE)$. Aus $FH : FE = NH : NE$ folgt (Eucl. 5, 12) $FH : FE = \frac{FH + NH}{2} : \frac{FE + NE}{2} = KH : KA = KA : KD$. Also wird $\frac{1}{2}FL : FE = (\frac{1}{2}DI : IE) + (KA : KD)$. Ferner ist

$KD \times DH : \square DE = a : p$
$KD \times DI : \square DI = a : p$
———————————— Eucl. 5, 12

$KD \times HI : \square IE$, d. i. $(KD \times HI : \square \frac{1}{2}p) + (EI : r)$, d. i. $(KD : \frac{1}{2}p) + (HI : \frac{1}{2}p) + (EI : r) = AK : \frac{1}{2}p$; folglich $EI : r = (AK : KD) + (\frac{1}{2}p : HI)$, oder $(EI : r) + (HI : \frac{1}{2}p) = AK : KD$. Also wird $\frac{1}{2}FL : FE = (\frac{1}{2}DI : r) + (HI : \frac{1}{2}p)$. Da aber $KA : KA - \frac{1}{2}p$, d. i. $KD : KI$, d. i. $\square KD : KD \times KI = \square KD : \square KA - NE \times FE$, so ist $KD \times KI = \square KA - NE \times FE$, also $KD \times DI = NE \times FE - KD \times DH$, also $KD \times HI = NE \times FE$. Also $(\frac{1}{2}FL : FE) + (OA : NE) = (\frac{1}{2}DI : r) + (HI : \frac{1}{2}p) + (OA : KD) + (FE : HI) = (FE : \frac{1}{2}p) + (OA : DI) + (\frac{1}{2}p : KA) + (\frac{1}{2}DI : r) = (FE : KA) + (KA : r) = FE : r$, und dagegen $(\frac{1}{2}MN : NE) + (OA : FE) = NE : r$.

§. 29. Aufgabe.

Wenn der Brennpunct und ein Punct in der Parabel, wie auch die Tangente dieses Puncts, der Lage nach gegeben sind, die Parabel zu construiren.

Auflösung. 1) Ist die Tangente winkelrecht auf der den gegebenen Punct der Parabel und den Brennpunct verbindenden Linie, so ist der Parameter gleich der vierfachen Entfernung des Brennpuncts vom gegebenen Puncte, und dieser wird der Scheitel.

2) Ist aber die Tangente nicht winkelrecht, so sei F (Fig. 42) der Brennpunct, B der gegebene Punct der Parabel, und BH die gegebene Tangente. Man fälle FI senkrecht auf die Tangente, schneide auf der Tangente die Linie $IH = IB$ ab, und ziehe durch H und F eine Linie, so ist diese die Axe. Man fälle IA winkelrecht auf die Axe, so hat man in A den Scheitel. Daß die durch A als Scheitel construirte Parabel, welche F zum Brennpunct hat, auch durch B geht, und BH zur Tangente hat, erhellt folgendermaßen. Man fälle BC winkelrecht auf HF, so ist, weil $BI = IH$, auch $AC = AH$, und $\square AI = HA \times AF$ (Eucl. 6, 8. Zus.), also $\square BC = HA \times 4AF = AC \times 4AF$; folglich ist B ein Punct

der construirten Parabel. Und weil $AH = AC$, so ist BH die Tangente des Puncts B der construirten Parabel.

§. 30. Aufgabe.

Wenn der Brennpunct und ein Punct der Hyperbel, wie auch die Tangente dieses Puncts, der Lage nach, und der Krümmungshalbmesser desselben Puncts der Größe nach gegeben sind, die Hyperbel zu construiren. Doch muß der Krümmungshalbmesser $>$ als die 3te Proportionale zum halben Perpendikel aus dem Brennpunct auf die Tangente und zu der den Brennpunct und den gegebenen Punct der Hyperbel verbindenden geraden Linie sein.

Auflösung. 1) Wenn die Tangente winkelrecht auf der den Brennpunct und den gegebenen Punct der Hyperbel verbindenden geraden Linie steht, so sei F (Fig. 43.) der gegebene Brennpunct, A der gegebene Punct der Hyperbel. Man verdoppele den gegebenen Krümmungshalbmesser, so hat man den Parameter p. Da nun der gegebene Krümmungshalbmesser $>$ ist als die genannte 3te Proportionale, so ist $\frac{1}{2}p > 2AF$. Man nehme die 3te Proportionale zu $\frac{1}{2}p - 2AF$ und zu AF, so hat man die halbe Hauptaxe der gesuchten Hyperbel. Trägt man diese auf die von A ausgehende Verlängerung der Linie FA von A nach K, so hat man den Mittelpunct. Man construire nun eine Hyperbel, deren Mittelpunct K, deren Scheitel A, und deren Parameter p ist. Daß alsdann F von selbst der Brennpunct wird, erhellt daraus, daß $\square AF = \frac{1}{2}p - 2AF) \times AK = \frac{1}{2}p \times \frac{1}{2}a - a \times AF = \square \frac{1}{2}b - a \times AF$, also $(a + AF) \times AF = \square \frac{1}{2}b$, d. i. $\square KF - \square KA = \square \frac{1}{2}b$, also $\square KF = \square \frac{1}{2}e$, also $KF = \frac{1}{2}e$.

2) Wenn aber die Tangente nicht winkelrecht steht, so sei F Fig. 44. der gegebene Brennpunct, E der gegebene Punct der Hyperbel, EH die Tangente, und r der gegebene Krümmungshalbmesser des Puncts E. Man trage den spitzen $\angle HEF$ auf die entgegengesetzte Seite der Tangente, so daß $\angle HEN = HEF$

wird, und fälle das Perpendikel FL auf die Tangente. Man nehme zwischen r und $\frac{1}{2}$FL die mittlere Proportionale c, so ist diese, nach der Voraussetzung, $>$ FE. Man nehme also eine Linie d, deren Quadrat $= \square c - \square FE$, und mache $2(d:FE) = FE:a$, so ist a die Hauptaxe der gesuchten Hyperbel. Man mache $EN = a + FE$, so ist N der andere Brennpunct, und die Hyperbel ist gefunden. Daß alsdann r der wirkliche Krümmungshalbmesser des Puncts E sei, erhellt folgendermaßen. Wir haben $\frac{1}{2}FL : c = c : r$ gemacht; also ist $\square c = \frac{1}{2}FL \times r$, also $\square d = \frac{1}{2}FL \times r - \square FE$. Da aber $\square d : \square FE = FE : a$, so ist $\frac{1}{2}FL \times r - \square FE : \square FE = FE : a$; verbunden $\frac{1}{2}FL \times r : \square FE = EN : a$, d. i. $(r:FE) + (\frac{1}{2}FL : FE) = EN : a$; also $r : FE = (FE : \frac{1}{2}FL) + (EN : a)$. Nach §. 26. aber verhält sich auch der Krümmungshalbmesser des Puncts E der construirten Hyperbel zu $FE = (FE : \frac{1}{2}FL) + (EN : a)$. Folglich ist r = dem Krümmungshalbmesser des Puncts E der construirten Hyperbel.

§. 31. Aufgabe.

Wenn ein Brennpunct und ein Punct der Ellipse, wie auch die Tangente dieses Puncts, der Lage nach, und der Krümmungshalbmesser desselben Puncts der Größe nach gegeben sind, die Ellipse zu construiren. Doch muß der gegebene Krümmungshalbmesser $<$ sein als die 3te Proportionale zum halben Perpendikel auf die Tangente und zu der den gegebenen Punct der Ellipse mit dem gegebenen Brennpunct verbindenden Linie; und wenn die Tangente winkelrecht auf der den gegebenen Punct der Ellipse mit dem gegebenen Brennpunct verbindenden Linie steht, so darf überdies der Krümmungshalbmesser nicht = der den gegebenen Punct der Ellipse mit dem gegebenen Brennpunct verbindenden Linie sein.

Auflösung. 1) Wenn die Tangente winkelrecht auf der den gegebenen Punct der Ellipse mit dem gegebenen Brennpunct verbindenden Linie steht, und der gegebene Krümmungshalbmesser r ist $>$ als die den gegebenen Punct der Ellipse mit dem gegebenen Brennpunct verbindende Linie, so ist er doch, nach den Bedingungen der Aufgabe, $<$ als das Doppelte dieser Linie. In Fig. 43. sei A der gegebene Brennpunct, K der gegebene Scheitel. Man verdoppele den gegebenen Krümmungshalbmesser, so hat man den Parameter p. Man mache $2KA - \frac{1}{2}p : KA = KA : \frac{1}{2}a$, so ist a die große Axe der gesuchten Ellipse. Da nun $\frac{1}{2}p > KA$, so ist $2KA - \frac{1}{2}p < 2KA - KA$, d. i. $< KA$, also auch $KA < \frac{1}{2}a$. Man verlängere KA von A aus, bis $KF = \frac{1}{2}a$, so ist F der Mittelpunct der gesuchten Ellipse. Man construire eine Ellipse, deren Mittelpunct F, deren einer Scheitel K, und deren Parameter p, so hat man die gesuchte Ellipse. Daß alsdann a ein wirklicher Brennpunct der gesuchten Ellipse ist, erhellt daraus, daß (weil $2KA - \frac{1}{2}p : KA = KA : \frac{1}{2}a$) $\square KA = a \times KA - \square \frac{1}{2}b$, also $\square \frac{1}{2}b = (a - KA) \times KA = \square KF - \square AF$, also $\square AF = \square KF - \square \frac{1}{2}b = \square \frac{1}{2}e$, also $AF = \frac{1}{2}e$.

2) Wenn die Tangente winkelrecht steht, und r $<$ als die den gegebenen Punct der Ellipse mit dem Brennpunct verbindende Linie. In Fig. 45. sei F der gegebene Brennpunct, und O der gegebene Scheitel. Man verdoppele den gegebenen Krümmungshalbmesser, so hat man den Parameter p. Man mache $2FO - \frac{1}{2}p : FO = FO : \frac{1}{2}a$, so ist a die große Axe der gesuchten Ellipse. Da nun $FO > \frac{1}{2}p$, so ist $2FO - \frac{1}{2}p > FO$, also auch $FO > \frac{1}{2}a$. Man schneide von FO das Stück $OK = \frac{1}{2}a$ ab, so ist K der Mittelpunct der gesuchten Ellipse. Da ferner in der Proportion $2FO - \frac{1}{2}p : FO = FO : \frac{1}{2}a$ das 1ste Glied $<$ ist als das Doppelte des 2ten, so ist auch $FO < a$. Man verlängere nun KF von F aus nach A, so daß $KA = KO$, so sind A und O die beiden Scheitel der gesuchten Ellipse. Construirt man nun eine Ellipse, deren Scheitel A und O sind, und deren Parameter p, so hat man die gesuchte Ellipse. Daß alsdann F ein wirklicher Brennpunct der construirten Ellipse wird, erhellt daraus, daß (weil $2FO - \frac{1}{2}p : FO = FO : \frac{1}{2}a$) $\square FO = a \times FO - \square \frac{1}{2}b$, also $\square \frac{1}{2}b = (a - FO) \times FO = AF \times FO = \square AK - \square FK$, also $\square FK = \square AK - \square \frac{1}{2}b = \square \frac{1}{2}e$, also $FK = \frac{1}{2}e$.

3) Wenn die Tangente nicht winkelrecht steht, so sei F Fig. 46. der gegebene Brennpunct, E der gegebene Punct des Umfangs, HEM die Tangente, und r der gegebene Krümmungshalbmesser. Man trage den spitzen $\angle$HEF ab, so daß auf derselben Seite von HM der $\angle$MEN $=$ HEF wird. Man fälle das Perpendikel FL auf die Tangente, und nehme zwischen r und $\frac{1}{2}$FL die mittlere Proportionale c, so ist diese, nach der Voraussetzung, $<$ FE. Man nehme also eine Linie d, so daß $\square$d $= \square$FE $- \square$c, und mache 2(d:FE) $=$ FE:a, so ist a die große Axe der gesuchten Ellipse. Da nun FE $>$ d, so ist auch a $>$ FE. Man mache EN $=$ a $-$ FE, so ist N der andere Brennpunct der gesuchten Ellipse, und die Ellipse ist gefunden. Daß alsdann r der wirkliche Krümmungshalbmesser des Puncts E der construirten Ellipse ist, erhellt folgendermaßen. Wir haben $\square$c $= \frac{1}{2}$FL$\times$r gemacht, ferner $\square$d $= \square$FE $- \square$c; also ist $\square$d $=$ $\square$FE $- \frac{1}{2}$FL$\times$r. Da aber $\square$d : $\square$FE $=$ FE : a, so ist $\square$EF $- \frac{1}{2}$FL$\times$r : $\square$FE $=$ FE:a; zurückkehrend $\frac{1}{2}$FL$\times$r : $\square$FE, d. i. (r:FE) $+$ ($\frac{1}{2}$FL : FE) $=$ NE:a, also r:FE $=$ (FE:$\frac{1}{2}$FL) $+$ (NE : a). Aber nach §. 28. verhält sich der Krümmungshalbmesser des Puncts E der construirten Ellipse : FE $=$ (FE : $\frac{1}{2}$FL) $+$ (NE : a). Folglich ist r $=$ dem Krümmungshalbmesser des Puncts E der construirten Ellipse.

Dritter Abschnitt.

Vom Schwerpunct zwischen jeder beliebigen Anzahl Puncte im Raume.

§. 1. Lehrsatz.

Wenn man eine Seite AB eines Dreiecks ABC Fig. 47. in D nach einem beliebigen Verhältniß $a:b$ theilt, so daß $BD:DA = a:b$, und man zieht CD, und theilt sie in E nach einem beliebigen Verhältniß $a+b:c$, so daß $CE:ED = a+b:c$, und man theilt nun eine andere Seite AC des Dreiecks so, daß sich der an C liegende Abschnitt zu dem an A liegenden wie $a:c$ verhält, und die vom Theilpunct nach B gezogene Linie so, daß sich der an B liegende Abschnitt zu dem an AC stoßenden Abschnitt wie $a+c:b$ verhält, so fällt der zuletzt gefundene Theilpunct mit E zusammen.

Beweis. Man ziehe BE, und verlängere sie, bis sie AC in F schneidet, ziehe ferner durch E und F Parallelen mit AB, wovon die erste die Linie BC in G, und die zweite die Linie GC in H, und EC in I schneidet, so ist $CF:FA = CI:ID = (CI:CE) + (CE:ED) + (ED:ID) = (IH:EG) + (a+b:c) + (GB:BH) = (IH:EG) + (a+b:c) + (EG:HF) = (IH:HF) + (a+b:c) = (DB:BA) + (a+b:c) = (a:a+b) + (a+b:c) = a:c$. Folglich ist F selbst der Theilpunct, worin AC getheilt wird. Aber $BE:EF = BD:FI = (BD:DA) + (DA:FI) = (a:b) + (AC:FC) = (a:b) + (a+c:a) = a+c:b$. Folglich fällt der Theilpunct der Linie BF mit E zusammen.

§. 2. Lehrsatz.

Der vorige Satz gilt auch, wenn die 3 Puncte A, B, C in gerader Linie liegen.

Beweis. Es sei B Fig. 48. der mittlere unter den 3

Puncten A, B, C. Man theile AC in E so, daß $CE : EA = a : c$, so fällt E entweder mit B zusammen oder nicht.

1) Fällt E mit B zusammen (Fig. 48.), so schwindet die Linie BE in Einen Punct zusammen; also fällt auch der Theilpunct dieser Linie in B. Man theile aber AB in D so, daß $BD : DA = a : b$, so ist verbunden

$$\begin{array}{l} BD : AB = a : a + b \\ AB : BC = c : a \\ \hline BD : BC = c : a + b. \end{array} \quad \text{pert. ex aeq.}$$

Also fällt der Theilpunct der Linie CD mit B zusammen.

2) Fällt E nicht mit B zusammen, z. B. zwischen A und B (Fig. 49.), so theile man BE wieder in F so, daß $BF : FE = a + c : b$. Theilt man nun BC in G so, daß $CG : GB = b : c$, so ist verbunden $BC : GB = b + c : c$. Man schneide nun AE in H so, daß $AC : CE = AB : BH$, so ist zurückkehrend $AC : AE = AB : AH$, also (I. 1, 1) $AC : AE$, d. i. $a + c : c = BC : HE$. Aus $BF : FE = a + c : b$ folgt verbunden $BE : BF = a + b + c : a + c$, und $BE : FE = a + b + c : b$. Man schneide ferner von BG das Stück BI ab, so daß

$$\begin{array}{l} a+b+c : c = BC : BI. \\ a+c : c = BC : HE \\ \hline a+b+c : a+c = HE : BI. \end{array} \quad \text{pert. ex aeq.}$$

$$\begin{array}{l} a+b+c : a+c = BE : BF \\ \hline a+b+c : a+c = BH : FI. \end{array} \quad \text{Eucl. 5, 12}$$

Nun ist aber $AC : CE$, d. i. $a+c : a = AB : BH$

$$\begin{array}{l} \hline a+b+c : a = AB : FI. \end{array} \quad \text{pert. ex aeq.}$$

Aber aus $a+b+c : c = BC : BI$, und

$$\begin{array}{l} b+c : c = BC : GB \text{ folgt pert. ex aeq.} \\ \hline a+b+c : b+c = GB : BI; \text{ zurückkehrend} \\ a+b+c : a = GB : GI \\ \hline a+b+c : a = AG : GF; \end{array} \quad \text{(Eucl. 5, 12)}$$

getrennt $b+c:a = AF:FG$. Folglich fällt der Theilpunct der Linie AG mit F zusammen.

Man theile ferner AB so, daß der bei B liegende Abschnitt sich zu dem bei A liegenden verhält wie $a:b$, so fällt der Theilpunct entweder auf E oder nicht auf E.

a) Fällt er auf E (siehe Fig. 49.), so ist

$$\begin{array}{l} CE:EA = a:c \\ BE:EA = a:b \\ \hline \end{array} \text{ pert. ex aeq.}$$

$$\begin{array}{l} CE:BE = b:c \\ BE:EF = a+b+c:b \\ \hline \end{array} \text{ pert. ex aeq.}$$

$CE:EF = a+b+c:c$; getrennt $CF:FE = a+b:c$. Folglich fällt der Theilpunct der Linie CE mit F zusammen.

b) Fällt er nicht auf E (Fig. 50.), so falle er in K. Dann ist $BK:BA = a:a+b$

$$\begin{array}{l} BA:FI = a+b+c:a \\ \hline \end{array} \text{ pert. ex aeq.}$$

$BK:FI = a+b+c:a+b$. Aber $BC:BI = a+b+c:c$; zurückkehrend

$$\begin{array}{l} BC:CI = a+b+c:a+b \\ \hline \end{array} \text{ Eucl. 5, 12}$$

$KC:FC = a+b+c:a+b$. Da hier $a+b+c > a+b$, so ist auch $KC > FC$; folglich fällt K zwischen A und F. Aus der letzten Proportion folgt getrennt $KF:FC = c:a+b$. Folglich fällt der Theilpunct der Linie KC mit F zusammen.

§. 3. Lehrsatz.

Derselbe Satz gilt auch, wenn von den 3 Puncten A, B, C zwei zusammenfallen.

Beweis. A und B Fig. 51. seien die zusammenfallenden Puncte. Man schneide AC in D so, daß $CD:DA = a+b:c$. Man schneide ferner DC in E so, daß $CE:EA = a:c$. Dann ist verbunden $AC:EA = a+c:c$ und

$$\begin{array}{l} AC:DA = a+b+c:c \\ \hline \end{array} \text{ pert. ex aeq.}$$

$EA:DA = a+b+c:a+c$;

getrennt $ED:DA = b:a+c$. Folglich fällt der Theilpunct der Linie AE mit D zusammen.

§. 4. Zusatz.

Wenn zwischen 3 Puncten, sie mögen in gerader Linie liegen oder nicht, und zwei davon oder auch alle drei mögen zusammenfallen oder nicht, ein Punct auf die in den 3 vorigen §§. beschriebene Art genommen wird, so erhält man denselben Punct, wenn man die 3 Größen a, b, c nach einerlei Verhältniß vergrößert oder verkleinert.

§. 5. Lehrsatz.

Wenn A, B, C, D, E, F Fig. 52. so viele im Raum befindliche Puncte sind, als man will, und in welcher gegenseitigen Lage man will, und man zieht AB, und theilt sie in G nach beliebigem Verhältniß, so daß $BG:GA = a:b$, ferner GC, und theilt sie in H nach beliebigem Verhältniß, so daß $CH:HG = a+b:c$, ferner HD, und theilt sie in I nach beliebigem Verhältniß, so daß $DI:IH = a+b+c:d$, ferner IE, und theilt sie in K nach beliebigem Verhältniß, so daß $EK:KI = a+b+c+d:e$, endlich FK, und theilt sie in L nach beliebigem Verhältniß, so daß $FL:LK = a+b+c+d+e:f$, so erhält man zuletzt immer denselben Punct L, wenn man die Ordnung der Puncte A, B, C, D, E, F beliebig verändert, wofern nur die ihnen respective entsprechenden Größen a, b, c, d, e, f unverändert bleiben.

Der Beweis ist dem Beweise des Satzes §. 13. des 1sten Abschn. Theil 1. ganz analog.

§. 6. Zusatz.

Auch erhält man denselben Punct L Fig. 52., wenn man die Größen a, b, c, d, e, f sämmtlich nach einerlei Verhältniß vergrößert oder verkleinert.

§. 7. Erklärung.

Der auf diese Art zwischen den Puncten A, B, C, D, E, F (Fig. 52.) genommene Punct L heißt der Schwerpunct zwischen den Puncten A, B, C, D, E, F, und die Größen a, b, c, d, e, f, welche zur Bestimmung des Schwerpuncts dienen, die intensiven Größen oder Massen der Puncte A, B, C, D, E, F.

§. 8. Lehrsatz.

Wenn auf Einer Seite einer Ebene CDEF (Fig. 53.) zwei Puncte A und B sich befinden, deren Massen a und b sind, und man zieht Parallellinien AG, BH und IK aus A und B und deren Schwerpunct bis an die Ebene, und macht $a+b:a=AG:\alpha$, und $a+b:b=BH:\beta$, so ist $IK=\alpha+\beta$.

Beweis. 1) Wenn die Linien AG und BH zusammenfallen (Fig. 54.), so sei A der der Ebene näherliegende Punct. Ist nun $a+b:a=AG:\alpha$, so ist zurückkehrend

$$a+b:b=AG:AG-\alpha\text{; da aber}$$
$$\underline{a+b:b=BG:\beta,}\text{ so ist (I. 1, 1)}$$
$$a+b:b=AB:\alpha+\beta-AG.$$

Nach dem Begriff des Schwerpuncts ist aber $BI:IA=a:b$; verbunden $BA:IA=a+b:b$. Folglich ist $IA=\alpha+\beta-AG$, also $IA+AG$, d. i. $IG=\alpha+\beta$.

2) Wenn die Linien AG und BH nicht zusammenfallen, (siehe Fig. 53.), so haben entweder A und B gleiche Entfernung von der Ebene, oder sie haben ungleiche Entfernung. Haben sie gleiche Entfernung, so ist $AG=BH$, also

$$a+b:a=AG:\alpha$$
$$\text{(I. 1, 7)}\quad\underline{a+b:b=AG:\beta}$$
$$a+b:a+b=AG:\alpha+\beta.$$

Folglich AG, d. i. $IK=\alpha+\beta$. Haben sie aber ungleiche Entfernung, so sei A der näher bei der Ebene liegende Punct; man ziehe AL und IM $\#$ GH bis an BH, so ist $AB:BI=LB:BM$, d. i. $a+b:a=BH-AG:BH-IK$, und $AB:AI=LB:LM$, d. i. $a+b:b=BH-AG:IK-AG$. Da aber

$$a+b:a=AG:\alpha$$
$$\underline{a+b:a=BH-AG:BH-IK,}\text{ so wird (Eucl. 5, 12)}$$
$$a+b:a=BH:\alpha+BH-IK;$$

zurückkehrend $a+b:b=$

$BH:IK-\alpha$. Und da $a+b:b=BH:\beta$, so ist $IK-\alpha=\beta$, also $IK=\alpha+\beta$.

§. 9. Lehrsatz.

Wenn auf entgegengesetzten Seiten einer Ebene CDEF (Fig. 55.) 2 Puncte A und B befindlich sind, und die Entfernung des Puncts B von der Ebene verhält sich zur Entfernung des Puncts A von der Ebene wie die Masse a des Puncts A zur Masse b des Puncts B, so ist der Punct N, wo die von A nach B gezogene Linie die Ebene schneidet, der Schwerpunct zwischen A und B.

Beweis. Man fälle AG und BH winkelrecht auf die Ebene, und ziehe die gerade Linie GNH. Dann ist $BN:NA=BH:AG=a:b$, also N der Schwerpunct.

§. 10. Lehrsatz.

Verhält sich aber nicht $BH:AG=a:b$, so liegt der Schwerpunct mit demjenigen unter den Puncten A und B auf einerlei Seite der Ebene, dessen Entfernung von der Ebene zur Entfernung des andern Puncts von der Ebene ein größeres Verhältniß hat als das umgekehrte Verhältniß der entsprechenden Massen.

Beweis. Es sei $BH:AG>a:b$, so ist auch $BN:NA>a:b$; also liegt der Schwerpunct zwischen N und B.

§. 11. Lehrsatz.

Wenn 2 Puncte A und B (Fig. 56.), deren Massen a und b sind, auf entgegengesetzten Seiten einer Ebene CDEF liegen, und man zieht die Parallellinien AG und BH bis an die Ebene, und es ist $BH:AG>a:b$, und man zieht noch aus dem Schwerpunct I die Linie $IK \# BH$ bis an die Ebene, und macht $a+b:a=AG:\alpha$, und $a+b:b=BH:\beta$, so ist $IK=\beta-\alpha$.

Beweis. 1) Wenn G und H zusammenfallen (siehe Fig. 57.), so ist $a+b:a=AG:\alpha$; zurückkehrend $a+b:b=AG:AG-\alpha$

$$a+b:b=BG:\beta$$

Eucl. 5, 12

$$a+b:b=AB:AG+\beta-\alpha.$$

Aber $a:b = BI:IA$; verbunden $a+b:b = AB:IA$. Also ist $IA = AG + \beta - \alpha$, folglich $IA - AG$, d. i. $IG = \beta - \alpha$.

2) Wenn G und H nicht zusammenfallen (siehe Fig. 56.), so ziehe man $IM \# GH$ bis an BH, und $AL \# GH$ bis an die Verlängerung von BH, endlich die gerade Linie GKH, so ist $AB : BI = LB : BM$, d. i. $a+b:a = AG+BH:BH-IK$, und $AB:AI = LB:LM$, d. i. $a+b:b = AG+BH:AG+IK$. Da aber

$$a+b:a = AG:\alpha$$
$$a+b:a = AG+BH:BH-IK,$$ so wird (I. 1,1)

$a+b:a = BH:BH-IK-\alpha$; zurückkehrend $a+b:b = BH:IK+\alpha$. Da aber $a+b:b = BH:\beta$, so ist $IK+\alpha = \beta$, also $IK = \beta - \alpha$.

§. 12. Zusatz.

Liegt einer der Puncte A und B, z. B. A, in der Ebene CDEF selbst, und man macht $a+b:b = BH:\beta$, so ist $IK = \beta$.

§. 13. Lehrsatz.

Wenn so viele Puncte A, B, C, D, E, F (Fig. 58.), als man will, im Raume liegen, deren Massen a, b, c, d, e, f sind, und zwischen sie, wo man will, eine Ebene NOPQ gelegt wird, so daß die Puncte theils auf die eine theils auf die andere Seite der Ebene theils in sie selbst fallen, und man zieht nun Parallellinien AG, BH, CI, DK, EL, FM bis an die Ebene, und macht

$$a+b+c+d+e+f:a = AG:\alpha$$
$$a+b+c+d+e+f:b = BH:\beta$$
$$a+b+c+d+e+f:c = CI:\gamma$$
$$a+b+c+d+e+f:d = DK:\delta$$
$$a+b+c+d+e+f:e = EL:\varepsilon$$
$$a+b+c+d+e+f:f = FM:\zeta,$$

(wobei diejenigen 4ten Proportionalen, deren zugehörige Puncte in der Ebene selbst liegen, ganz verschwinden), und diejenigen unter den Linien α, β, γ, δ, ε, ζ, deren zugehörige Puncte auf der einen Seite der Ebene liegen, sind zusammen = der Summe derjenigen, deren zugehörige Puncte auf der andern Seite der Ebene liegen, so liegt der Schwerpunct der Puncte A, B, C, D,

E, F in der Ebene selbst; sind aber die Summen ungleich, so liegt der Schwerpunct auf derjenigen Seite der Ebene, wo die zugehörigen Puncte die größere Summe geben, und die aus dem Schwerpunct parallel mit AG, BH u. s. w. bis an die Ebene gezogene Linie ist = der Differenz beider Summen.

Beweis. Gesetzt, der Satz sei für irgend eine Anzahl Puncte richtig, so beweisen wir, daß er auch für die um 1 größere Anzahl richtig sei. Er sei z. B. für 5 Puncte richtig, und wir wollen beweisen, daß er auch für 6 Puncte richtig sei. Ist er für 5 Puncte richtig, und man macht

$$\begin{aligned}
a+b+c+d+e : a &= AG : \alpha' \\
a+b+c+d+e : b &= BH : \beta' \\
a+b+c+d+e : c &= CI : \gamma' \\
a+b+c+d+e : d &= DK : \delta' \\
a+b+c+d+e : e &= EL : \varepsilon'
\end{aligned}$$

so ist, weil auch

$$\begin{aligned}
a+b+c+d+e+f : a &= AG : \alpha \\
a+b+c+d+e+f : b &= BH : \beta \\
a+b+c+d+e+f : c &= CI : \gamma \\
a+b+c+d+e+f : d &= DK : \delta \\
a+b+c+d+e+f : e &= EL : \varepsilon
\end{aligned}$$

pert. ex aeq.

$$\begin{aligned}
a+b+c+d+e : a+b+c+d+e+f &= \alpha : \alpha' \\
a+b+c+d+e : a+b+c+d+e+f &= \beta : \beta' \\
a+b+c+d+e : a+b+c+d+e+f &= \gamma : \gamma' \\
a+b+c+d+e : a+b+c+d+e+f &= \delta : \delta' \\
a+b+c+d+e : a+b+c+d+e+f &= \varepsilon : \varepsilon'.
\end{aligned}$$

Hieraus folgt nach §. 2. des 1sten Abschn. Theil 1, wenn wir die Summe derjenigen unter den Linien α, β, γ, δ, ε, deren zugehörige Puncte auf der einen Seite der Ebene liegen, mit $\Sigma\alpha$, die Summe derjenigen unter den Linien α, β, γ, δ, ε aber, deren zugehörige Puncte auf der andern Seite der Ebene liegen, mit $\mathfrak{Z}\alpha$ bezeichnen (und zwar so, daß $\Sigma\alpha$ nicht $< \mathfrak{Z}\alpha$), $a+b+c+d+e : a+b+c+d+e+f = \Sigma\alpha - \mathfrak{Z}\alpha : \Sigma\alpha' - \mathfrak{Z}\alpha'$. Nun ist aber das 4te Glied dieser Proportion = der Linie, die man von dem zwischen A, B, C, D, E genommenen Schwer=

punct # mit AG bis an die Ebene ziehen kann. Der Schwerpunct zwischen A, B, C, D, E, F aber ist nach §. 7. einerlei mit demjenigen Schwerpunct, den man zwischen dem zu A, B, C, D, E gehörigen und mit der Masse a+b+c+d+e begabten Schwerpunct und zwischen F nehmen kann. Folglich ist (nach

$$§. 8. — 12.) \begin{Bmatrix} \Sigma\alpha - \mathfrak{Z}\alpha + \zeta \\ \Sigma\alpha - \mathfrak{Z}\alpha - \zeta \\ \zeta - (\Sigma\alpha - \mathfrak{Z}\alpha) \end{Bmatrix} = \text{derjenigen mit AG paralle-}$$

len Linie, die man von dem zwischen A, B, C, D, E, F genommenen Schwerpunct bis zur Ebene ziehen kann.

Ist also der Satz für irgend eine Anzahl Puncte richtig, so ist er auch für die um 1 größere Anzahl richtig. Nun ist er aber zufolge §. 8. — 12. für zwei Puncte richtig; folglich ist er für jede beliebige Anzahl Puncte richtig.

Anmerkung. Laplace hat in seiner Mechanik des Himmels (Buch 1. Cap. 3. Nr. 15.) von der eben bewiesenen Eigenschaft die Definition des Schwerpuncts hergenommen. Auch ist klar, wie man vermittelst dieser Eigenschaft den Schwerpunct zwischen einer beliebigen Anzahl Puncte im Raum, deren Massen und deren Entfernungen von 3 aufeinander winkelrechten Ebenen gegeben sind, finden könne. Laplace hat aber in derselben Nummer ein Mittel angegeben, aus den gegebenen gegenseitigen Entfernungen der Puncte und ihren gegebenen Massen allein den Schwerpunct zu bestimmen, wenn man außerdem nur noch die Entfernungen aller einzelnen Puncte von 3 festen Puncten im Raume, die nicht in gerader Linie liegen, kennt. Er bestimmt nämlich aus den Massen der einzelnen Puncte, ihren gegenseitigen Entfernungen und ihren Entfernungen von einem festen Punct im Raum die Entfernung des Schwerpuncts von demselben festen Punct auf eine Art, deren Richtigkeit wir in den beiden folgenden §§. rein geometrisch und synthetisch beweisen werden.

§. 14. Lehrsatz.

Wenn man zwischen 2 Puncten A und B, welche die Massen a und b, und von einem 3ten Puncte G die Entfernungen g und h haben, den Schwerpunct nimmt, und man macht $a+b : a = \square g : P$; $a+b : b = \square h : P'$ und $(a+b : a) + (a+b : b) = \square n : Q$ (wo n die Entfernung der Puncte A und B von einander bedeutet), so kann Q nicht $> P + P'$ sein; ist aber $Q = P + P'$, so ist G selbst der Schwerpunct zwischen A und B; und ist Q $< P + P'$, so ist $P + P' - Q =$ dem □ der Entfernung des Schwerpuncts zwischen A und B vom Punct G.

Beweis. 1) Wenn der Punct G mit einem der beiden Puncte A und B, z. B. mit A, zusammenfällt. Dann ist $g = o$, und $h = n$, also $P = o$, und $a + b : b = \square n : P'$, auch $P + P' = P'$; aber $(a + b : a) + (a + b : b) = \square n : Q$, d. i. $(a + b : a) + (\square n : P') = \square n : Q$, also $a + b : a = P' : Q = P + P' : Q$; zurückkehrend $a + b : b = P + P' : P + P' - Q$

$$\frac{a + b : b = \square n \quad : P + P'}{2(a + b : b) = \square n \quad : P + P' - Q.}$$

Da aber $a + b : b = n$ zur Entfernung des Schwerpuncts zwischen A und B vom Punct G, so ist $2(a + b : b) = \square n$ zum □ der Entfernung des Schwerpuncts zwischen A und B vom Punct G, also das □ dieser Entfernung $= P + P' - Q$.

2) Wenn der Punct G mit dem Schwerpunct zwischen A und B zusammenfällt. Dann ist $h : g = a : b$; verbunden $h + g$, d. i. $n : g = a + b : b$. Dagegen $n : h = a + b : a$; also $(n : g) + (n : h)$, d. i. $\square n : g \times h = (a + b : a) + (a + b : b) = \square n : Q$. Folglich ist $Q = g \times h$. Aber $a + b : a = \square g : P$, und $a + b : b = \square h : P'$, also $(P : \square g) + (\square g : \square h) + (\square h : P')$, d. i. $P : P' = (a : a + b) + 2(b : a) + (a + b : b) = b : a$; verbunden $P : P + P' = b : a + b$, und $P + P' : P' = a + b : a$, also $(\square g : P) + (P : P + P')$, d. i. $\square g : P + P' = (a + b : a) + (b : a + b) = b : a$, und dagegen $(P + P' : P') + (P' : \square h)$, d. i. $P + P' : \square h = (a + b : a) + (b : a + b) = b : a$. Also simpl. ex aeq. $\square g : P + P' = P + P' : \square h$. Also ist $P + P'$ die mittlere Proportionale zwischen $\square g$ und $\square h$. Aber auch $g \times h$ ist die mittlere Proportionale zwischen $\square g$ und $\square h$ (Eucl. 10, 54. Lehns.). Folglich ist $P + P' = g \times h = Q$.

3) Wenn der Punct G zwischen A und B, aber nicht in den Schwerpunct fällt, z. B. zwischen A und den Schwerpunct. Auch dann ist $g + h = n$. Man mache $a + b : a = g : R$; $a + b : b$

$= h : R'$; $a+b : a = P' : U$, und $a+b : b = P : V$, so ist (weil $a+b : a = g \times R : \square R = \square g : g \times R$) $P = g \times R$, und ebenso $P' = h \times R'$. Aber

$$\frac{a+b : a = P' : U}{a+b : a = P+P' : \square R + U} \text{ Eucl. 5, 12}$$

Dagegen

$$\frac{\begin{array}{l} a+b : b = P : V \\ a+b : b = h : R' = h \times R' : \square R' = P' : \square R' \end{array}}{a+b : b = P+P' : \square R' + V} \text{ (Eucl. 5, 12)}$$

$$\frac{\begin{array}{l} a+b : b = P+P' : \square R' + V \\ a+b : a = P+P' : \square R + U \end{array}}{a+b : a+b = P+P' : \square R + \square R' + U + V} \text{ (I. 1, 7)}$$

also $P+P' = \square R + \square R' + U + V$. Aber da $a+b : a$, d. i. $\square g : P = P' : U$, und $a+b : b$, d. i. $\square h : P' = P : V$, also

$$\frac{P : V = \square h : P', \text{ so wird pert. ex aeq.}}{\square g : V = \square h : U,}$$

also (Eucl. 5, 12) $\square g + \square h : U + V = (\square g : P) + (P : V) = (a+b : a) + (a+b : b) = \square n : Q$.

Aber auch

$$\frac{2 g \times h : 2 R \times R' = (g : R) + (h : R') = (a+b : a) + (a+b : b) = \square n : Q}{\text{(Eucl. 5, 12) } \square n : U + V + 2 R \times R' = \square n : Q.}$$

Folglich ist $Q = U + V + 2 R \times R'$. Vorher war $P + P' = U + V + \square R + \square R'$. Da nun G zwischen A und dem Schwerpunct liegt, so ist $h : g > a : b$, d. i. $> (a : a+b) + (a+b : b)$, d. i. $> (R : g) + (h : R')$; also (I. 1, 47) $(R' : h) + (h : g)$, d. i. $R' : g > R : g$; also $R' > R$. Nun ist $\square(R' - R) = \square R + \square R' - 2R \times R'$, also $2R \times R' < \square R + \square R'$; also auch $U + V + 2R \times R' < U + V + \square R + \square R'$, d. i. $Q < P + P'$. Auch ist

$P+P'-Q=\square(R'-R)$. Es sei nun H Fig. 59. der Schwerpunct zwischen A und B, so ist $a+b:b$, d. i. $AB:AH=h:R'$ $=BG:R'$, und $a+b:a$, d. i. $AB:BH=g:R=AG:R$; also (I. 1, 1) $AB-BG$, d. i. $AG:AH-R'=AB:AH$

$$\frac{\begin{array}{l} AG:AH-R'=AB:AH \\ AG:\quad R\quad =AB:BH \end{array}}{AG:AH-(R'-R)=AB:AB.} \quad (I. 1, 7)$$

Folglich ist $AH-(R'-R)=AG$, und daher $AH-AG$, d. i. $GH=R'-R$. Also $P+P'-Q=\square GH$.

4) Wenn der Punct G mit A und B in gerader Linie, aber nicht zwischen A und B, sondern z. B. über A hinaus fällt (siehe Fig. 60.). Dann ist $h-g=n$, und es wird wie unter Nr. 3) bewiesen, daß, wenn man $a+b:a=g:R$; $a+b:b=h:R'$; $a+b:a$ $=P':U$ und $a+b:b=P:V$ macht,

$$\frac{\begin{array}{l} \square g+\square h:U+V=\square n:Q. \text{ Da aber auch} \\ 2g\times h:2R\times R'=\square n:Q, \text{ so wird (I. 1, 1)} \end{array}}{}$$

$\square(h-g)$, d. i. $\square n:U+V-2R\times R'=\square n:Q$, also $Q=U+V$ $-2R\times R'$, also $P+P'-Q=\square(R+R')$. Aber $AB:AH=$ $a+b:b=h:R'$, und $AB:BH=g:R$, also

$$\frac{\begin{array}{l} BG-AB:R'-AH=AB:AH \\ AG\quad:\quad R\quad=AB:BH \end{array}}{AG:R+R'-AH=AB:AB.} \quad (I. 1, 7)$$

Also ist $R+R'-AH=AG$, und daher $R+R'=GH$, also $P+P'-Q=\square GH$.

5) Wenn G nicht mit A und B in gerader Linie liegt, und das zwischen A, B und G enthaltene $\triangle$ ist bei A oder B, z. B. bei A, rechtwinklig, (siehe Fig. 61.), so ist $\square n=\square h$ $-\square g$. Man mache wieder $a+b:a=g:R$; $a+b:b=h:R'$; $a+b:a=P':U$ und $a+b:b=P:V$, so ist wie oben $P+P'=$ $\square R+\square R'+U+V$, und $\square g+\square h:U+V=\square n:Q=\square h$ $-\square g:Q$: also (I. 1, 1) $2\square g:U+V-Q=\square n:Q$. Nun ist aber $AB:BH=a+b:a=g:R$, also $\square n:\square BH=\square g:\square R$, eben so $\square n:\square AH=\square h:\square R'$; also (I. 1, 1)

$\square n : \square AH = \square h - \square n$, d. i. $\square g : \square R' - \square AH$
$\square n : \square BH = \qquad\qquad \square g : \square R$
(I. 1, 7)

$\square n : \square AH + \square BH = \square g : \square R + \square R' - \square AH$, also $2\square n : \square AH + \square BH = 2\square g : \square R + \square R' - \square AH$
$2\square n : 2AH \times BH = (n : AH) + (n : BH) = (a + b : b) + (a + b : a) = \square n : Q = 2\square g : U + V - Q$

(I. 1, 7) $2\square n : \square AB = \qquad 2\square g : P + P' - Q - \square AH$;
also $P + P' - Q = \square g + \square AH = \square GH$.

6) Wenn das von G auf AB gefällte Perpendikel den zwischen A und B genommenen Schwerpunct H trifft (siehe Fig. 62.), so ist wie oben $P + P' = \square R + \square R' + U + V$ und $\square g + \square h : U + V = \square n : Q$, d. i.
$2\square GH + \square AH + \square BH : U + V = \square AH + 2AH \times BH + \square BH : Q$. . . . . (a).
Ist nun

a) AGB ein rechter $\angle$, so ist $\square g + \square h = \square n$, also $U + V = Q$, und $P + P' - Q = \square R + \square R'$. Da nun $a + b : a$, d. i. $n : BH = g : R$, so ist $\square n : \square g = \square BH : \square R$, und $\square n : \square h = \square AH : \square R'$; zurückkehrend $\square n : \square g = \square AH : \square AH - \square R'$.
Ist nun

α) das $\triangle$ AGB gleichschenklig, so ist $g = h$ und $a = b$, also $R = R'$ und $(a + b : a) + (a + b : b)$, d. i. $\square g : \square R = 4 : 1$, also $\square R = \frac{1}{4}\square g$, und $\square R + \square R' = \frac{1}{2}\square g = \square GH$, d. i. $P + P' - Q = \square GH$. Ist aber

β) das $\triangle$ AGB nicht gleichschenklig, sondern z. B. $a > b$, so erhalten wir aus den 2 zuletzt unter einander geschriebenen Proportionen (zufolge I. 1, 1) $\square n : \square g = \square BH - \square AH : \square R + \square R' - \square AH$. Nun ist

AB : AG = AG : AH (Eucl. 6, 8. Zus.), d. i. n : g = g : AH, also

$\square n : \square g = \square g : \square AH$

$\square n : \square g = \square BH - \square AH : \square R + \square R' - \square AH$

———————————————— (Eucl. 5, 12)

$\square n : \square g = \square h : \square R + \square R'$. Da aber auch (Eucl. 6, 8) AB : AG = BG : GH, also $\square n : \square g = \square h : \square GH$, so ist $\square R + \square R'$, d. i. $P + P' - Q = \square GH$.

b) Ist aber AGB ein $\begin{cases}\text{stumpfer}\\ \text{spitzer}\end{cases}$ $\angle$, so folgt aus der Prop. (a) (nach I. 1, 1) $\begin{cases}2AH \times BH - 2\square GH : Q - U - V\\ 2\square GH - 2AH \times BH : U + V - Q\end{cases} = \square n : Q$. Nun ist aber wie unter Nr. 5) $\square n : \square BH = \square g : \square R$, und $\square n : \square AH = \square h : \square R'$; verbunden

$\square n : \square n + \square BH = \square g : \square R + \square g$

$\square n : 2n \times BH \quad = n : 2BH = a + b : 2a = \square g : 2P$

———————————————— (I. 1, 7)

$\square n : \square AH = \square g : \square R + \square g - 2P$

$\square n : \square AH = \square h : \square R'$

———————————————— (Eucl. 5, 12)

$\square n : \square AH = \square g + \square h : \square R + \square R' + \square g - 2P$. Nun ist $\square n : Q = (a + b : a) + (a + b : b) = (n : BH) + (n : AH) = \square n : AH \times BH$, also $\square n : AH \times BH = \begin{cases}2AH \times BH - 2\square GH : Q - U - V\\ 2\square GH - 2AH \times BH : U + V_1 - Q\end{cases}$. Macht man also $AH : BH = GH : S$, so wird

$$\square n : \square AH = \begin{cases}2\square BH - 2GH \times S : Q - U - V\\ 2GH \times S - 2\square BH : U + V - Q\end{cases}.$$

$$\square n : \square AH = \square g + \square h : \square R + \square R' + \square g - 2P.$$

Ist nun

α) das $\triangle$ AGB gleichschenklig, so wird $\square n : \square AH = 4 : 1$, und $S = GH$; also verwandeln sich die zuletzt unter einander geschriebenen Proportionen in

$4 : 1 = \begin{cases}2\square BH - 2\square GH : Q - U - V\\ 2\square GH - 2\square BH : U + V - Q\end{cases}$

$4 : 1 = 2\square g \qquad : \square R + \square R'$

———————————————— $\begin{cases}\text{I. 1, 1}\\ \text{Eucl. 5, 12}\end{cases}$

$4 : 1 = 2\square g + 2\square GH - 2\square BH : P + P' - Q = 4\square GH : P + P' - Q$, also $P + P' - Q = \square GH$.

β) Ist aber das $\triangle AGB$ nicht gleichschenklig, sondern z. B. $b > a$, so ist $AH > BH$, also um so mehr $AG > BH$, also $\square g > \square BH$, auch $\square h > \square BH$, also $\square g + \square h > 2\square BH$, also um so mehr $\square g + \square h > 2\square BH - 2GH \times S$. Aus den zuletzt unter einander geschriebenen Proportionen findet man also

$\left.\begin{array}{l}\text{nach I. 1, 1}\\ \text{nach Eucl. 5, 12}\end{array}\right\}$ $\square n : \square AH = \square g + \square h + 2GH \times S - 2\square BH : \square R + \square R' + U + V + \square g - 2P - Q = \square g + \square GH + 2GH \times S - \square BH : P + P' + \square g - 2P - Q$. Nun aber ist $BH : AH = AH \times BH + 2GH \times S - \square BH : \square AH + 2\square GH - AH \times BH$; verbunden $AH : n = \square AH + 2\square GH - AH \times BH : \square g + \square GH + 2GH \times S - \square BH$; oder $\square AH : n \times AH = 2\square g - n \times AH : \square g + \square GH + 2GH \times S - \square BH$. Aber aus $a + b : a$, d. i. $n : BH = \square g : P$ folgt zurückkehrend $n : AH = \square g : \square g - P$, oder $n \times AH : \square AH = 2\square g : 2\square g - 2P$; also (I. 1, 1)

$\square n : n \times AH = 2\square g - n \times AH : \square g + \square GH - 2P$. Vorher war
$\square AH : n \times AH = 2\square g - n \times AH : \square g + \square GH + 2GH \times S - \square BH$ pert.

——— ex aeq.

$\square n : \square AH = \square g + \square GH + 2GH \times S - \square BH : \square g + \square GH - 2P$.

Vorher war $\square n : \square AH = \square g + \square GH + 2GH \times S - \square BH : P + P' + \square g - 2P - Q$. Also ist $P + P' + \square g - 2P - Q = \square g + \square GH - 2P$, also $P + P' + \square g - Q = \square g + \square GH$, also $P + P' - Q = \square GH$.

7) Wenn das aus G auf AB gefällte Perpendikel zwischen A und B, aber nicht in H trifft (siehe Fig. 63.), so treffe es z. B. zwischen A und H, in I. Dann ist $\square BG = \square AG + \square AB - 2AB \times AI$ (Eucl. 2, 13), d. i. $\square h = \square g + \square n - 2n \times AI$, und $\square GH = \square AG + \square AH - 2AH \times AI = \square g + \square AH - 2AH \times AI$. Nun ist wie früher $P + P' = \square R + \square R' + U + V$, und $\square g + \square h : U + V = \square n : Q$, und $Q = AH \times BH$, auch $\square n : \square AH = \square g + \square h : \square R + \square R' + \square g - 2P$ . . . . (d)

$\square n : AH \times BH = \square g + \square h : U + V$ . . . . (e)

Ist nun

a) das $\triangle AGB$ bei G rechtwinklig, so ist $\square g + \square h = \square n$,

also $\square R + \square R' + \square g - 2P = \square AH$, und $U + V = AH \times BH$, folglich (Eucl. 1, 2ter Grundſ.) $P + P' + \square g - 2P = \square AH + Q$. . . . (a)
Aus $n : BH = \square g : P$ folgt zurückkehrend $n : AH = \square g : \square g - P$, also $n : 2AH = \square g : 2\square g - 2P$. . . . . (b)
Iſt nun

α) $a = b$, ſo iſt $\square g = 2P$, aber auch $AH = BH = GH$, alſo [vermöge der Gleichung (a)] $P + P' = \square GH + Q$, folglich $P + P' - Q = \square GH$. Iſt aber

β) $a \left\{\begin{matrix} > \\ < \end{matrix}\right\} b$, ſo iſt $AH \left\{\begin{matrix} < \\ > \end{matrix}\right\} BH$, alſo $AH + AH \left\{\begin{matrix} < \\ > \end{matrix}\right\} BH + AH$,

d. i. $\left\{\begin{matrix} < \\ > \end{matrix}\right\} n$, alſo [vermöge der Prop. (b)] $n : \left\{\begin{matrix} n - 2AH \\ 2AH - n \end{matrix}\right\} = \square g : \left\{\begin{matrix} 2P - \square g \\ \square g - 2P \end{matrix}\right\}$, aber $AB : AG = AG : AI$ (Eucl. 6, 8. Zuſ.), alſo $\square g = n \times AI$, aber $n : \left\{\begin{matrix} n - 2AH \\ 2AH - n \end{matrix}\right\} = n \times AI : \left\{\begin{matrix} (n - 2AH) \\ (2AH - n) \end{matrix}\right\} \times AI$, alſo $\left\{\begin{matrix} 2P - \square g = (n - 2AH) \times AI \\ \square g - 2P = (2AH - n) \times AI \end{matrix}\right\}$, alſo (Eucl. 1, 2ter u. 3ter Grundſ.) $\square AH + 2P - \square g = \square AH + n \times AI - 2AH \times AI = \square AH + \square AG - 2AH \times AI = \square GH$. Da aber $P + P' + \square g - 2P = \square AH + Q$, ſo iſt $P + P' + \square g = \square AH + 2P + Q$, alſo $P + P' = \square AH + 2P - \square g + Q = \square GH + Q$, alſo $P + P' - Q = \square GH$. Iſt aber

b) das $\triangle AGB$ bei G $\left\{\begin{matrix} \text{ſtumpfwinklig} \\ \text{ſpitzwinklig} \end{matrix}\right\}$, ſo wird aus der Proportion (c) (nach I. 1, 1) $\square n : AH \times BH = \left\{\begin{matrix} \square n - \square g - \square h : Q - U - V \\ \square g + \square h - \square n : U + V - Q \end{matrix}\right\}$. Da aber $\square h = \square n + \square g - 2n \times AI$, ſo iſt

$$\left\{\begin{matrix} \square n + \square g = \square h + 2n \times AI, \text{ und } \\ \square n - \square g - \square h = 2n \times AI - 2\square g \\ \square g + \square h = \square n + 2\square g - 2n \times AI, \text{ und } \\ \square g + \square h - \square n = 2\square g - 2n \times AI \end{matrix}\right\},$$

alſo $\square n : AH \times BH = \left\{\begin{matrix} 2n \times AI - 2\square g : Q - U - V \\ 2\square g - 2n \times AI : U + V - Q \end{matrix}\right\}$, aber $\square g + \square h = 2\square g + \square n - 2n \times AI$, alſo [zufolge der Proportionen (d) und (c)]

$$\square n : \square AH = 2\square g + \square n - 2n \times AI : \square R + \square R' + \square g - 2P$$
$$\square n : AH \times HB = 2\square g + \square n - 2n \times AI : U + V$$
$$\overline{} \text{ (I. 1, 7)}$$
$$\square n : n \times AH,$$ d. i. $n : AH = 2\square g + \square n - 2n \times AI : P + P' + \square g - 2P$ .... (e). Ist nun

α) $a = b$, so ist $n : AH = 2 : 1$, und $\square g = 2P$, also $\frac{2\square g + \square n - 2n \times AI}{2}$, d. i. $\square g + 2\square AH - n \times AI = P + P'$, d. i. $\square g + \square AH + Q - n \times AI = P + P'$; d. i. $Q + \square GH = P + P'$; folglich $\square GH = P + P' - Q$. Ist endlich

β) a nicht = b, so treten die Fälle, daß das △AGB bei G stumpfwinklig oder spitzwinklig ist, in Einen zusammen, indem die Schlüsse für das stumpfwinklige und spitzwinklige △ von jetzt an zusammenfallen. Ist also $a \left\{ \begin{matrix} > \\ < \end{matrix} \right\} b$, so ist wie oben $n : \left\{ \begin{matrix} n - 2AH \\ 2AH - n \end{matrix} \right\} = \square g : \left\{ \begin{matrix} 2P - \square g \\ \square g - 2P \end{matrix} \right\}$. Aus der Prop. (e) folgt $n : 2AH = \square g + \frac{1}{2}\square n - n \times AI : P + P' + \square g - 2P$, also

$$n : \left\{ \begin{matrix} n - 2AH \\ 2AH - n \end{matrix} \right\} = \square g + \tfrac{1}{2}\square n - n \times AI : \left\{ \begin{matrix} 2P + \frac{1}{2}\square n - n \times AI - P - P' \\ P + P' + n \times AI - 2P - \frac{1}{2}\square n \end{matrix} \right\}.$$

Vorher war $n : \left\{ \begin{matrix} n - 2AH \\ 2AH - n \end{matrix} \right\} = \square g \qquad : \left\{ \begin{matrix} 2P - \square g \\ \square g - 2P \end{matrix} \right\}$.

Ist nun

αα) $AI = \frac{1}{2} AB$, so wird $n : 2AH - n = \square g : P' - P$

$$n : 2AH - n = \square g : \square g - 2P.$$

Also $\square g - 2P = P' - P$; $\square g - P = P'$; $\square g = P + P'$; d. i. (Eucl. 2, 13) $\square AH + \square GH - 2AH \times HI = P + P'$,

d. i. $AH \times AI + \square GH - AH \times HI = P + P'$; d. i. $AH \times BI + \square GH - AH \times HI = P + P'$; d. i. $\square GH + AH \times BH = P + P'$; d. i. $\square GH + Q = P + P'$; also $\square GH = P + P' - Q$. Ist aber

$\beta\beta$) AI nicht $= \frac{1}{2}AB$, so haben wir von jetzt an noch überhaupt 3 Fälle zu unterscheiden, nämlich $\left\{\begin{matrix} a > b;\ AH < BH, \text{ und } AI < \frac{1}{2}AB \\ a < b;\ AH > BH, \text{ und } AI < \frac{1}{2}AB \\ a < b;\ AH > BH, \text{ und } AI > \frac{1}{2}AB \end{matrix}\right\}$. Aus den beiden zuletzt unter einander geschriebenen Proportionen folgern wir $n : \left\{\begin{matrix} n - 2AH \\ 2AH - n \\ 2AH - n \end{matrix}\right\} = n \times \left\{\begin{matrix} (\frac{1}{2}n - AI) : \square g + \frac{1}{2}\square n - n \times AI - P - P' \\ (\frac{1}{2}n - AI) : P + P' + n \times AI - \square g - \frac{1}{2}\square n \\ (AI - \frac{1}{2}n) : \square g + \frac{1}{2}\square n - n \times AI - P - P' \end{matrix}\right\}$, und daraus $n : 2AH =$ $n \times \left\{\begin{matrix} (\frac{1}{2}n - AI) : P + P' - \square g \\ (\frac{1}{2}n - AI) : P + P' - \square g \\ (AI - \frac{1}{2}n) : \square g - P - P' \end{matrix}\right\}$; oder $n \times \left\{\begin{matrix} (\frac{1}{2}n - AI) : AH \times (n - 2AI) = n \times (\frac{1}{2}n - AI) : P + P' - \square g \\ (\frac{1}{2}n - AI) : AH \times (n - 2AI) = n \times (\frac{1}{2}n - AI) : P + P' - \square g \\ (AI - \frac{1}{2}n) : AH \times (2AI - n) = n \times (AI - \frac{1}{2}n) : \square g - P - P' \end{matrix}\right\}$. Folglich ist $\left\{\begin{matrix} P + P' - \square g = AH \times (n - 2AI) = \square AH + Q - 2AH \times AI \\ P + P' - \square g = AH \times (n - 2AI) = \square AH + Q - 2AH \times AI \\ \square g - P - P' = AH \times (2AI - n) = 2AH \times AI - \square AH - Q \end{matrix}\right\}$, folglich $P + P' = Q + \square AG + \square AH - 2AH \times AI = Q + \square GH$, also $P + P' - Q = \square GH$.

8) Wenn das aus G auf AB gefällte Perpendikel GI die **Verlängerung** der Linie AB trifft, z. B. die von A ausgehende Verlängerung (siehe Fig. 64.), so ist (Eucl. 2, 12) $\square h = \square g + \square n + 2n \times AI$, und $\square GH = \square g + \square AH + 2AH \times AI$, und dagegen wie oben $P + P' = \square R + \square R' + U + V$; $\square g + \square h : U + V = \square n : Q$; $Q = AH \times BH$, und

$$\square n : \square AH = \square g + \square h : \square R + \square R' + \square g - 2P = 2\square g + \square n + 2n \times AI : \square R + \square R' + \square g - 2P$$
$$\square n : AH \times BH = \square g + \square h : U + V \qquad = 2\square g + \square n + 2n \times AI : U + V$$

$$\square n : n \times AH, \text{ d. i. } n : AH, \text{ d. i. } n \times BH : Q = 2\square g + \square n + 2n \times AI : P + P' + \square g - 2P.$$

Ist nun

a) $a = b$, so wird $n \times BH : Q = 2 : 1$, also $\square g + 2\square AH + n \times AI = P + P' + \square g - 2P$; also $2\square AH + 2AH \times AI = P + P' - 2P$; d. i. $\square AH + Q + 2AH \times AI = P + P' - \square AG$; $Q + \square AG + \square AH + 2AH \times AI$, d. i. $Q + \square GH = P + P'$; also $\square GH = P + P' - Q$. Ist aber

b) $a \begin{Bmatrix} > \\ < \end{Bmatrix} b$, so ist wie oben $n : \begin{Bmatrix} n - 2AH \\ 2AH - n \end{Bmatrix} = \square g : \begin{Bmatrix} 2P - \square g \\ \square g - 2P \end{Bmatrix}$, und $n : 2AH = \square g + \frac{1}{2}\square n + n \times AI : P + P' + \square g - 2P$, also

$$n : \begin{Bmatrix} n - 2AH \\ 2AH - n \end{Bmatrix} = \square g + \tfrac{1}{2}\square n + n \times AI : \begin{Bmatrix} 2P + \frac{1}{2}\square n + n \times AI - P - P' \\ P + P' - 2P - \frac{1}{2}\square n - n \times AI \end{Bmatrix} \qquad \text{(I. 1, 1)}$$

$$n : \begin{Bmatrix} n - 2AH \\ 2AH - n \end{Bmatrix} = n \times (\tfrac{1}{2}n + AI) : \begin{Bmatrix} \square g + \frac{1}{2}\square n + n \times AI - P - P' \\ P + P' - \frac{1}{2}\square n - n \times AI - \square g \end{Bmatrix},$$

also $n : 2AH$, d. i. $n \times (\frac{1}{2}n + AI) : AH \times (n + 2AI) = n \times (\frac{1}{2}n + AI) : P + P' - \square g$. Folglich ist $P + P' - \square g = AH \times (n + 2AI)$; $P + P' = \square g + \square AH + Q + 2AH \times AI = Q + \square GH$, folglich $P + P' - Q = \square GH$.

§. 15. Lehrsatz.

Wenn man zwischen so vielen Puncten im Raum, als man will, A, B, C, D, E, F, deren Massen a, b, c, d, e, f sind, und welche von einem und demselben Punct G im Raum resp. die Entfernungen g, h, i, k, l, m haben, den Schwerpunct nimmt, und man macht

$$a+b+c+d+e+f:a=\square g:P$$
$$a+b+c+d+e+f:b=\square h:P'$$
$$a+b+c+d+e+f:c=\square i:P''$$
$$a+b+c+d+e+f:d=\square k:P'''$$
$$a+b+c+d+e+f:e=\square l:P^{IV}$$
$$a+b+c+d+e+f:f=\square m:P^{V};$$

$P+P'+P''+P'''+P^{IV}+P^{V}=\Sigma P$, und $(a+b+c+d+e+f:a)+(a+b+c+d+e+f:b)=\square n:Q$ (wo n die Entfernung der Puncte A und B von einander bedeutet), und man verfährt ebenso mit jeden zweien unter den Puncten A, B, C, D, E, F, und bildet dadurch eine Summe ΣQ, so kann ΣQ nicht $> \Sigma P$ sein; ist aber $\Sigma P=\Sigma Q$, so ist G selbst der Schwerpunct zwischen A, B, C, D, E, F; und ist $\Sigma P>\Sigma Q$, so ist $\Sigma P-\Sigma Q$ = dem $\square$ der Entfernung des Schwerpuncts zwischen A, B, C, D, E, F vom Punct G.

Beweis. Gesetzt, der Satz sei für irgend eine Anzahl Puncte richtig, so beweisen wir, daß er auch für die um 1 größere Anzahl richtig sei. Er sei z. B. für 5 Puncte richtig, und wir wollen beweisen, daß er auch für 6 Puncte richtig sei. Ist er für 5 Puncte richtig, und man bezeichnet die Entfernung des zwischen A, B, C, D, E genommenen Schwerpuncts vom Punct G mit H, die Entfernung des zwischen A, B, C, D, E, F genommenen Schwerpuncts vom Punct G mit I, und macht

$$a+b+c+d+e:a=\square g:p$$
$$a+b+c+d+e:b=\square h:p'$$
$$a+b+c+d+e:c=\square i:p''$$
$$a+b+c+d+e:d=\square k:p'''$$
$$a+b+c+d+e:e=\square l:p^{IV}$$

$p+p'+p''+p'''+p^{IV}=\Sigma p;$

$$(a+b+c+d+e:a)+(a+b+c+d+e:b)=\square n:q$$
$$(a+b+c+d+e:a)+(a+b+c+d+e:c)=\square n':q'$$
$$(a+b+c+d+e:b)+(a+b+c+d+e:c)=\square n'':q''$$
$$(a+b+c+d+e:a)+(a+b+c+d+e:d)=\square n''':q'''$$

$(a+b+c+d+e:b)+(a+b+c+d+e:d)=\square n^{IV}:q^{IV}$
$(a+b+c+d+e:c)+(a+b+c+d+e:d)=\square n^{V}:q^{V}$
$(a+b+c+d+e:a)+(a+b+c+d+e:e)=\square n^{VI}:q^{VI}$
$(a+b+c+d+e:b)+(a+b+c+d+e:e)=\square n^{VII}:q^{VII}$
$(a+b+c+d+e:c)+(a+b+c+d+e:e)=\square n^{VIII}:q^{VIII}$
$(a+b+c+d+e:d)+(a+b+c+d+e:e)=\square n^{IX};q^{IX}$

und $q+q'+q''+q'''+q^{IV}+q^{V}+q^{VI}+q^{VII}+q^{VIII}+q^{IX}=\Sigma q$, so ist $\square H=\Sigma p-\Sigma q$. Nach §. 14. aber ist, wenn man $a+b+c+d+e+f:a+b+c+d+e=\square H:K$, und $(a+b+c+d+e+f:a+b+c+d+e)+(a+b+c+d+e+f:f)$ $=\square L:M$ (wo L die Entfernung des zwischen A, B, C, D, E genommenen Schwerpuncts vom Punct F bedeutet) macht, $\square l=K+P^{V}-M$; und wenn man

$a+b+c+d+e:a=\square n^{X}:N$
$a+b+c+d+e:b=\square n^{XI}:N'$
$a+b+c+d+e:c=\square n^{XII}:N''$
$a+b+c+d+e:d=\square n^{XIII}:N'''$
$a+b+c+d+e:e=\square n^{XIV}:N^{IV}$

und $N+N'+N''+N'''+N^{IV}=\Sigma N$ macht, $\square L=\Sigma N-\Sigma q$. Macht man nun noch $a+b+c+d+e:a+b+c+d+e+f=$ $Q:\varkappa=Q':\varkappa'=Q'':\varkappa''=Q''':\varkappa'''=Q^{IV}:\varkappa^{IV}=Q^{V}:\varkappa^{V}=Q^{VI}:\varkappa^{VI}$ $=Q^{VII}:\varkappa^{VII}=Q^{VIII}:\varkappa^{VIII}=Q^{IX}:\varkappa^{IX}$, und $\varkappa+\varkappa'+\varkappa''+\varkappa'''+$ $\varkappa^{IV}+\varkappa^{V}+\varkappa^{VI}+\varkappa^{VII}+\varkappa^{VIII}+\varkappa^{IX}=\Sigma\varkappa$, so wird
$(a:a+b+c+d+e)+(a+b+c+d+e+f:a)$, d. i.

$a+b+c+d+e+f : a+b+c+d+e = (p : \Box g) + (\Box g : P) = p : P; \; (b : a+b+c+d+e) + (a+b+c+d+e+f : b)$, d. i.

$a+b+c+d+e+f : a+b+c+d+e = \qquad p' : P'$

$a+b+c+d+e+f : a+b+c+d+e = \qquad p'' : P''$

$a+b+c+d+e+f : a+b+c+d+e = \qquad p''' : P'''$

$a+b+c+d+e+f : a+b+c+d+e = \qquad p^{IV} : P^{IV}$

$(a : a+b+c+d+e) + (b : a+b+c+d+e) + (a+b+c+d+e+f : a) + (a+b+c+d+e+f : b)$
$+ (a+b+c+d+e : a+b+c+d+e+f)$, d. i.

$a+b+c+d+e+f : a+b+c+d+e = (q : \Box n) + (\Box n : Q) + (Q : \varkappa) = q : \varkappa$

$a+b+c+d+e+f : a+b+c+d+e = \qquad q' : \varkappa'$

$a+b+c+d+e+f : a+b+c+d+e = \qquad q'' : \varkappa''$

$\vdots$

$a+b+c+d+e+f : a+b+c+d+e = \qquad q^{IX} : \varkappa^{IX}$

(I. 1, 2)

$a+b+c+d+e+f : a+b+c+d+e = \Sigma p - \Sigma q$, d. i. $\Box H : \Sigma P - P^{V} - \Sigma \varkappa$.

Da aber auch $a+b+c+d+e+f : a+b+c+d+e = \Box H : K$, so ist $K = \Sigma P - P^{V} - \Sigma \varkappa$; also $\Box I = \Sigma P - \Sigma \varkappa - M$. Ferner ist $(a : a+b+c+d+e) + (a+b+c+d+e+f : a) + (a+b+c+d+e+f : f)$, d. i.

$(a+b+c+d+e+f : a+b+c+d+e) + (a+b+c+d+e+f : f) = (N : \Box n^{X}) + (\Box n^{X} : Q^{X}) = N : Q^{X}$

$(a+b+c+d+e+f : a+b+c+d+e) + (a+b+c+d+e+f : f) = \qquad N' : Q^{XI}$

$(a+b+c+d+e+f : a+b+c+d+e) + (a+b+c+d+e+f : f) = \qquad N'' : Q^{XII}$

$$(a+b+c+d+e+f:a+b+c+d+e)+(a+b+c+d+e+f:f) = \qquad N''':Q^{XIII}$$

$$(a+b+c+d+e+f:a+b+c+d+e)+(a+b+c+d+e+f:f) = \qquad N^{IV}:Q^{XIV}$$

$$(a+b+c+d+e+f:a+b+c+d+e)+(a+b+c+d+e+f:a+b+c+d+e)+(a+b+c+d+e:f),\ \text{d. i.}$$

$$(a+b+c+d+e+f:a+b+c+d+e)+(a+b+c+d+e+f:f) = (q:\varkappa)+(\varkappa:Q)+(Q:\varkappa-Q) = q:\varkappa-Q$$

$$(a+b+c+d+e+f:a+b+c+d+e)+(a+b+c+d+e+f:f) = \qquad q':\varkappa'-Q'$$

$$(a+b+c+d+e+f:a+b+c+d+e)+(a+b+c+d+e+f:f) = \qquad q'':\varkappa''-Q''$$

.
.
.

$$(a+b+c+d+e+f:a+b+c+d+e)+(a+b+c+d+e+f:f) = \qquad q^{IX}:\varkappa^{IX}-Q^{IX}$$

(I. 1, 2) $\square L:M$, d. i. $\Sigma N - \Sigma q : M = \Sigma N - \Sigma q : \Sigma Q - \Sigma \varkappa$. Folglich ist $M = \Sigma Q - \Sigma \varkappa$; $\square I = \Sigma P - \Sigma Q$.

Ist also der Satz für irgend eine Anzahl Puncte richtig, so ist er auch für die um 1 größere Anzahl richtig. Nun ist er aber zufolge §. 14. für zwei Puncte richtig; folglich ist er für jede beliebige Anzahl Puncte richtig.

Vierter Abschnitt.

Von den goniometrischen Linien.

§. 1. Erklärung.

Wenn man in den aus C Fig. 65. mit einem beliebigen Halbmesser r beschriebenen Kreis einen Halbmesser CA zieht, und einen zweiten CB, der mit ihm einen beliebigen spitzen Winkel φ macht, und man fällt aus B ein Perpendikel BD auf AC, so heißt BD der Sinus des Winkels φ, und soll durch Sin. φ, so wie die 3te stetige Proportionale zu r und Sin. φ durch Sin.$^2\varphi$,
- 4te - - - - - - - - - - - - - - - Sin.$^3\varphi$,
- 5te - - - - - - - - - - - - - - - Sin.$^4\varphi$,
u. s. w. bezeichnet werden. Die Linie CD aber heißt der Cosinus des Winkels φ, und soll durch Cos. φ, so wie die 3te, 4te, 5te stetige Proportionale zu r und Cos. φ durch Cos.$^2\varphi$, Cos.$^3\varphi$, Cos.$^4\varphi$, u. s. w. bezeichnet werden. Die Linie AD aber heißt der Sinus versus des Winkels φ, und soll durch Sin. vers. φ, so wie die 3te, 4te, 5te stetige Proportionale zu r und Sin. vers. φ durch Sin. vers.$^2\varphi$, Sin. vers.$^3\varphi$, Sin. vers.$^4\varphi$, u. s. w. bezeichnet werden. Verlängert man CB, bis sie das aus A auf AC errichtete Perpendikel in E schneidet, so heißt AE die Tangente, und CE die Secante des Winkels φ, wofür wir tg. φ, Sec. φ schreiben wollen. Errichtet man CF winkelrecht auf AC bis an die Peripherie (so daß CB zwischen CA und CF liegt), und FG winkelrecht auf CF bis an CE, so heißt FG die Cotangente, und CG die Cosecante des Winkels φ, wofür wir Cot. φ, Cosec. φ schreiben wollen. Auch erhellt aus dem Bisherigen leicht, was unter tg.$^2\varphi$, tg.$^3\varphi$, tg.$^4\varphi$, u. s. w. Sec.$^2\varphi$, Sec.$^3\varphi$, Sec.$^4\varphi$, u. s. w. Cot.$^2\varphi$, Cot.$^3\varphi$, Cot.$^4\varphi$, u. s. w. Cosec.$^2\varphi$, Cosec.$^3\varphi$, Cosec.$^4\varphi$, u. s. w. zu verstehen ist.

Läßt man, bei unveränderter Lage des Halbmessers CA, den $\angle \varphi$ wachsen, so daß er zu einem stumpfen, ACH, wird, und fällt nun aus H, wo CH die Peripherie schneidet, das Perpendikel HK auf CI (d. i. auf die Verlängerung von AC), so heißt HK der Sinus des $\angle \varphi$, CK der Cosinus, und AK der Sinus versus; verlängert man EA und HC, bis sie sich in L schneiden, so heißt AL die Tang., und CL die Secante; verlängert man GF und CH, bis sie sich in M schneiden, so heißt FM die Cotangente, und CM die Cosecante. Läßt man den $\angle \varphi$ weiter wachsen, so daß er zu einem convexen, ACN, wird, der zwischen 2R und 3R fällt, und man fällt aus N, wo CN die Peripherie schneidet, das Perpendikel NK auf CI, so heißt NK der Sinus, CK der Cosinus, und AK der Sinus versus; verlängert man NC, bis sie AE in E schneidet, so heißt AE die Tang., und CE die Secante; und ist G der Schneidepunct des aus F auf CF errichteten Perpendikels mit NC, so heißt FG die Cotangente, und CG die Cosecante. Läßt man den $\angle \varphi$ noch weiter wachsen, so daß er zu einem convexen ACO wird, der zwischen 3R und 4R fällt, und man fällt aus O, wo CO die Peripherie trifft, das Perpendikel OD auf CA, so heißt OD der Sinus, CD der Cosinus, und AD der Sinus versus; verlängert man CO, bis sie das aus A auf CA errichtete Perpendikel in L schneidet, so heißt AL die Tang., und CL die Secante; und verlängert man OC, bis sie das aus F auf CF errichtete Perpendikel in M schneidet, so heißt FM die Cotangente, und CM die Cosecante. Läßt man den $\angle \varphi$ noch weiter wachsen, so daß er $>$ 4R wird, so heißt

der Sinus
" Cosinus
" Sinus versus
die Tangente
" Secante
" Cotangente
" Cosecante

desjenigen Winkels, welcher übrig bleibt, wenn man von dem $\angle$, welcher $>$ 4R ist, 4R so oft wegnimmt, als es angeht, zugleich auch $\left\{\begin{array}{l}\text{Sinus}\\ \text{Cosinus}\\ \text{Sinus versus}\\ \text{Tangente}\\ \text{Secante}\\ \text{Cotangente}\\ \text{Cosecante}\end{array}\right\}$ des Winkels, welcher $> 4R$ ist.

Der Sinus, Cosinus, Sinus versus, die Tangente, Secante, Cotangente und Cosecante des Winkels φ sollen zusammen die **goniometrischen Linien** dieses Winkels genannt werden.

§. 2. Zusatz.

Durch leichte geometrische Schlüsse ergeben sich folgende Sätze:

1) Die Verhältnisse $r:\text{Sin.}\varphi$, $r:\text{Sin.}^2\varphi$, $r:\text{Sin.}^3\varphi$, u. s. w. $r:\text{Cos.}\varphi$, $r:\text{Cos.}^2\varphi$, $r:\text{Cos.}^3\varphi$, u. s. w. $r:\text{Sin. vers.}\varphi$, $r:\text{Sin. vers.}^2\varphi$, $r:\text{Sin. vers.}^3\varphi$, u. s. w. $r:\text{tg.}\varphi$, $r:\text{tg.}^2\varphi$, $r:\text{tg.}^3\varphi$, u. s. w. $r:\text{Sec.}\varphi$, $r:\text{Sec.}^2\varphi$, $r:\text{Sec.}^3\varphi$, u. s. w. $r:\text{Cot.}\varphi$, $r:\text{Cot.}^2\varphi$, $r:\text{Cot.}^3\varphi$, u. s. w. $r:\text{Cosec.}\varphi$, $r:\text{Cosec.}^2\varphi$, $r:\text{Cosec.}^3\varphi$, u. s. w. bleiben ungeändert, wenn φ ungeändert bleibt, aber r sich ändert.

2) Für einen spitzen und einen stumpfen $\angle$, die einander zu 2R ergänzen, wie auch für einen concaven und einen convexen $\angle$, die einander zu 4R ergänzen, sind alle goniometrischen Linien, einzeln genommen, bei gleichem Halbmesser gleich; nur der Sinus versus macht eine Ausnahme.

§. 3. Lehrsatz.

Der Sinus eines Winkels, dieser $\angle$ mag nun $< R$, oder $> R$, auch $> 2R$, auch $> 3R$, auch $> 4R$ sein, ist allemal $=$ der halben Sehne des doppelten Winkels.

Beweis. 1) Für einen spitzen Winkel ist der Satz für sich klar.

2) Ist φ ein stumpfer $\angle$, wie ACH Fig. 65., so mache

man $\angle$ICN = ICH, so ist der convexe $\angle$HCN = 2φ, und HK = $\frac{1}{2}$HN, d. i. Sin.φ = $\frac{1}{2}$ Sehne 2φ.

3) Fällt φ zwischen 2R und 3R, wie der convexe $\angle$ACN, so ist NK = $\frac{1}{2}$NH, d. i. Sin.φ = $\frac{1}{2}$ Sehne (4R + HCN) = $\frac{1}{2}$ Sehne 2(2R + ICN) = $\frac{1}{2}$ Sehne 2φ.

4) Fällt φ zwischen 3R und 4R, wie der convexe $\angle$ACO, so ist OD = $\frac{1}{2}$OB, d. i. Sin.φ = $\frac{1}{2}$ Sehne (8R — BCO) = $\frac{1}{2}$ Sehne 2(4R — ACO) = $\frac{1}{2}$ Sehne 2φ.

5) Ist $\varphi > 4$R, so ziehe man 4R von φ so oft ab, als es angeht; es gehe n mal an, und es sei demnach $\varphi = 4$nR + ψ, so ist (§. 1.) Sin.φ = Sin.ψ = $\frac{1}{2}$ Sehne 2ψ = $\frac{1}{2}$ Sehne (8nR + 2ψ) = $\frac{1}{2}$ Sehne 2φ.

§. 4. Lehrsatz.

Sin.$^2\varphi$ + Cos.$^2\varphi$ ist allemal = r, φ mag nun $<$ R, oder $>$ R, auch $>$ 2R, $>$ 3R, auch $>$ 4R sein.

Beweis. Der Sinus und Cosinus eines jeden Winkels, er mag nun $<$ R, oder $>$ R, auch $>$ 2R, auch $>$ 3R, auch $>$ 4R sein, bilden mit dem Halbmesser ein rechtwinkliges $\triangle$; also ist $\square$Sin.φ + $\square$Cos.φ = $\square$r. Da aber r : Sin.φ = Sin.φ : Sin.$^2\varphi$, so ist (Eucl. 6, 17) $\square$Sin.φ = r × Sin.$^2\varphi$, und ebenso $\square$Cos.φ = r × Cos.$^2\varphi$. Also r × Sin.$^2\varphi$ + r × Cos.$^2\varphi$ = $\square$r, d. i. r × (Sin.$^2\varphi$ + Cos.$^2\varphi$) = r × r, folglich Sin.$^2\varphi$ + Cos.$^2\varphi$ = r.

§. 5. Zusatz.

Für einen $\angle$, welcher $<$R ist, oder zwischen 3R und 5R oder zwischen 7R und 9R oder zwischen 11R und 13R, u. s. w. liegt, ist der Sinus versus mit dem Cosinus zusammen = dem Halbmesser. Für einen $\angle$ aber, der zwischen R und 3R, oder zwischen 5R und 7R oder zwischen 9R und 11R u. s. w. liegt, ist der Sinus versus = dem Halbmesser und Cosinus zusammen.

§. 6. Lehrsatz.

Die Tangente jedes Winkels ist die 4te Proportionale zum Cosinus, zum Sinus und zum Halbmesser.

Beweis. Ergiebt sich in allen 4 Quadranten durch einfache geometrische Schlüsse aus der Aehnlichkeit der Dreiecke.

§. 7. Zusatz.

Auf dieselbe Art ergiebt sich's, daß die Cotangente jedes Winkels die 4te Proportionale zum Sinus, Cosinus und Halbmesser ist.

§. 8. Zusatz.

Auf dieselbe Art ergiebt sich's, daß die Cotangente jedes Winkels die 3te Proportionale zur Tangente und zum Halbmesser, und die Tangente die 3te Proportionale zur Cotangente und zum Halbmesser ist.

§. 9. Lehrsatz.

$\text{tg.}^2 \varphi + \text{Sec.}^2 \varphi$ ist allemal $= r$, und auch $\text{Cot.}^2 \varphi + \text{Cosec.}^2 \varphi = r$.

Beweis. Wie in §. 4.

§. 10. Zusatz.

Auch ergiebt sich in allen 4 Quadranten durch leichte geometrische Schlüsse, daß die Secante eines Winkels die 3te Proportionale zum Cosinus und zum Halbmesser, der Cosinus die 3te Proportionale zur Secante und zum Halbmesser, die Cosecante die 3te Proportionale zum Sinus und zum Halbmesser, und der Sinus die 3te Proportionale zur Cosecante und zum Halbmesser ist.

§. 11. Lehrsatz.

Wenn φ und ψ zwei $\angle\angle$ sind, und zwar $\psi < R$, und man macht $r : \text{Sin.}\varphi = \text{Cos.}\psi : x$; $r : \text{Cos.}\varphi = \text{Sin.}\psi : y$; $r : \text{Cos.}\varphi = \text{Cos.}\psi : z$, und $r : \text{Sin.}\varphi = \text{Sin.}\psi : w$, so ist

1) (wenn $\varphi < R$, und $\varphi + \psi < R$) $\text{Sin.}(\varphi + \psi) = x + y$, und $\text{Cos.}(\varphi + \psi) = z - w$

2) (wenn $\varphi < R$, und $\varphi + \psi$ zwischen R und 2R) $\text{Sin.}(\varphi + \psi) = x + y$, und $\text{Cos.}(\varphi + \psi) = w - z$

3) (wenn φ zwischen R u. 2R, u. $\varphi + \psi$ zwischen R u. 2R) $\text{Sin.}(\varphi + \psi) = x - y$, u. $\text{Cos.}(\varphi + \psi) = z + w$

4)	- - - - - - R u. 2R	- - - - - - 2R u. 3R	- - - - - $y - x$	- - - - - - $z + w$
5)	- - - - - - 2R u. 3R	- - - - - - 2R u. 3R	- - - - - $x + y$	- - - - - - $z - w$
6)	- - - - - - 2R u. 3R	- - - - - - 3R u. 4R	- - - - - $x + y$	- - - - - - $w - z$
7)	- - - - - - 3R u. 4R	- - - - - - 3R u. 4R	- - - - - $x - y$	- - - - - - $z + w$
8)	- - - - - - 3R u. 4R	- - - - - - 4R u. 5R	- - - - - $y - x$	- - - - - - $z + w$
9)	- - - - - - 4R u. 5R	- - - - - - 4R u. 5R	- - - - - $x + y$	- - - - - - $z - w$
10)	- - - - - - 4R u. 5R	- - - - - - 5R u. 6R	- - - - - $x + y$	- - - - - - $w - z$
11)	- - - - - - 5R u. 6R	- - - - - - 5R u. 6R	- - - - - $x - y$	- - - - - - $z + w$
12)	- - - - - - 5R u. 6R	- - - - - - 6R u. 7R	- - - - - $y - x$	- - - - - - $z + w$

u. s. w.

Beweis. 1) Wenn $\varphi + \psi < R$, so sei $\angle ACB$ Fig. 66. $= \varphi$, und BCD, welcher ganz außerhalb des Winkels ACB fällt, $= \psi$. Man beschreibe aus C einen Kreisbogen ABD mit dem Halbmesser r, und fälle BE und DH winkelrecht auf AC, DF auf BC, FG auf EH, und FI auf DH, so ist $\angle ACF = CFI$, aber $CFI + DFI = R$, also $\triangle BCE \sim DFI$; daher $CB : CE = FD : DI$, d. i. $r : \text{Cos.}\varphi = \text{Sin.}\psi : DI$; also ist $DI = y$. Dagegen $CB : BE = CF : IH$, d. i. $r : \text{Sin.}\varphi = \text{Cos.}\psi : IH$; also $IH = x$; also DH, d. i. $\text{Sin.}(\varphi + \psi) = x + y$. Ferner $CB : CE = CF : CG$, d. i. $r : \text{Cos.}\varphi = \text{Cos.}\psi : CG$; also ist $CG = z$. Dagegen $CB : BE = DF : FI$.

d. i. $r : \text{Sin.}\varphi = \text{Sin.}\psi : FI$; also ist $FI = w$; also $CG - FI$, d. i. CH, d. i. $\text{Cos.}(\varphi + \psi) = z - w$.

2) Wenn $\varphi < R$, aber $\varphi + \psi$ zwischen R und $2R$ liegt, so ist nach §. 2 $\text{Sin.}(\varphi + \psi) = \text{Sin.}(2R - \varphi - \psi) = \text{Sin.}(R - \varphi + R - \psi)$. Nun ist $\text{Sin.}(R - \varphi) = \text{Cos.}\varphi$; $\text{Cos.}(R - \varphi) = \text{Sin.}\varphi$; $\text{Sin.}(R - \psi) = \text{Cos.}\psi$, und $\text{Cos.}(R - \psi) = \text{Sin.}\psi$. Also, nach der Voraussetzung, $r : \text{Cos.}(R - \varphi) = \text{Sin.}(R - \psi) : x$, und $r : \text{Sin.}(R - \varphi) = \text{Cos.}(R - \psi) : y$. Folglich, zufolge dessen, was unter Nr. 1) bewiesen, $\text{Sin.}(R - \varphi + R - \psi)$, d. i. $\text{Sin.}(\varphi + \psi) = y + x$. Dagegen ist $\text{Cos.}(\varphi + \psi) = \text{Cos.}(2R - \varphi - \psi) = \text{Cos.}(R - \varphi + R - \psi)$. Nun ist nach der Voraussetzung $r : \text{Sin.}(R - \varphi) = \text{Sin.}(R - \psi) : z$, und $r : \text{Cos.}(R - \varphi) = \text{Cos.}(R - \psi) : w$, also, nach dem, was unter Nr. 1) bewiesen, $\text{Cos.}(R - \varphi + R - \psi)$, d. i. $\text{Cos.}(\varphi + \psi) = w - z$.

3) Wenn φ zwischen R und $2R$, und auch $\varphi + \psi$ zwischen R und $2R$, so ist $\text{Sin.}(\varphi + \psi) = \text{Cos.}(\varphi - R + \psi)$, und $\text{Cos.}(\varphi + \psi) = \text{Sin.}(\varphi - R + \psi)$. Aber $\text{Sin.}(\varphi - R) = \text{Cos.}\varphi$, und $\text{Cos.}(\varphi - R) = \text{Sin.}\varphi$. Folglich $r : \text{Cos.}(\varphi - R) = \text{Cos.}\psi : x$; $r : \text{Sin.}(\varphi - R) = \text{Sin.}\psi : y$; $r : \text{Sin.}(\varphi - R) = \text{Cos.}\psi : z$, und $r : \text{Cos.}(\varphi - R) = \text{Sin.}\psi : w$. Also, nach dem, was unter Nr. 1) bewiesen, $\text{Cos.}(\varphi - R + \psi)$, d. i. $\text{Sin.}(\varphi + \psi) = x - y$, und $\text{Sin.}(\varphi - R + \psi)$, d. i. $\text{Cos.}(\varphi + \psi) = z + w$.

4) Wen φ zwischen R und $2R$, und $\varphi + \psi$ zwischen $2R$ und $3R$, so ist $\text{Sin.}(\varphi + \psi) = \text{Cos.}(3R - \varphi - \psi) = \text{Cos.}(2R - \varphi + R - \psi)$, und $\text{Cos.}(\varphi + \psi) = \text{Sin.}(3R - \varphi - \psi) = \text{Sin.}(2R - \varphi + R - \psi)$. Aber $\text{Sin.}(2R - \varphi) = \text{Sin.}\varphi$; $\text{Cos.}(2R - \varphi) = \text{Cos.}\varphi$; $\text{Sin.}(R - \psi) = \text{Cos.}\psi$, und $\text{Cos.}(R - \psi) = \text{Sin.}\psi$. Also $r : \text{Sin.}(2R - \varphi) = \text{Sin.}(R - \psi) : x$; $r : \text{Cos.}(2R - \varphi) = \text{Cos.}(R - \psi) : y$; $r : \text{Cos.}(2R - \varphi) = \text{Sin.}(R - \psi) : z$, und $r : \text{Sin.}(2R - \varphi) = \text{Cos.}(R - \psi) : w$. Folglich $\text{Cos.}(2R - \varphi + R - \psi)$, d. i. $\text{Sin.}(\varphi + \psi) = y - x$, und $\text{Sin.}(2R - \varphi + R - \psi)$, d. i. $\text{Cos.}(\varphi + \psi) = w + z$.

Die Fälle 5) 9) 13) u. s. w. lassen sich leicht auf Fall 1), die Fälle 6) 10) 14) u. s. w. auf Fall 2), die Fälle 7) 11) 15) u. s. w. auf Fall 3), und die Fälle 8) 12) 16) u. s. w. auf

Fall 4) zurückführen, weil, wenn ein Winkel $> 2R$ ist, und man $2R$ so oft wegnimmt, als es angeht, der Sinus und Cosinus unverändert bleiben.

§. 12. Willkürlicher Satz.

Wenn das kte Glied in der Reihe $\text{Sin.}\varphi$, $\text{Sin.}^2\varphi$, $\text{Sin.}^3\varphi\ldots$ durch $\text{Sin.}^k\varphi$, und das lte Glied in der Reihe $\text{Cos.}\varphi$, $\text{Cos.}^2\varphi$, $\text{Cos.}^3\varphi\ldots$ durch $\text{Cos.}^l\varphi$ bezeichnet wird, so wollen wir die 4te Proportionale zu r, $\text{Sin.}^k\varphi$ und $\text{Cos.}^l\varphi$ durch $(\text{Sin.}^k\,\text{Cos.}^l)\varphi$ oder $(\text{Cos.}^l\,\text{Sin.}^k)\varphi$ ausdrucken.

§. 13. Lehrsatz.

$r : (\text{Sin.}^k\,\text{Cos.}^l)\varphi = \text{Sin.}^m\varphi : (\text{Sin.}^{k+m}\,\text{Cos.}^l\varphi)$;
$r : (\text{Sin.}^k\,\text{Cos.}^l)\varphi = \text{Cos.}^n\varphi : (\text{Sin.}^k\,\text{Cos.}^{l+n})\varphi$; und
$r : (\text{Sin.}^k\,\text{Cos.}^l)\varphi = (\text{Sin.}^m\,\text{Cos.}^n)\varphi : (\text{Sin.}^{k+m}\,\text{Cos.}^{l+n})\varphi$.

Beweis. $r : (\text{Sin.}^k\,\text{Cos.}^l)\varphi = (r : \text{Sin.}^k\varphi) + [\text{Sin.}^k\varphi : (\text{Sin.}^k\,\text{Cos.}^l)\varphi] = (r : \text{Sin.}^k\varphi) + (r : \text{Cos.}^l\varphi)$ (§. 12.). Aber

1) nach §. 1. ist $r : \text{Sin.}^k\varphi = \text{Sin.}^m\varphi : \text{Sin.}^{k+m}\varphi$, und nach §. 12. $r : \text{Cos.}^l\varphi = \text{Sin.}^{k+m}\varphi : (\text{Sin.}^{k+m}\,\text{Cos.}^l)\varphi$; also $(r : \text{Sin.}^k\varphi) + (r : \text{Cos.}^l\varphi)$, d. i. $r : (\text{Sin.}^k\,\text{Cos.}^l)\varphi = \text{Sin.}^m\varphi : (\text{Sin.}^{k+m}\,\text{Cos.}^l)\varphi$.

2) Nach §. 1. ist $r : \text{Cos.}^l\varphi = \text{Cos.}^n\varphi : \text{Cos.}^{l+n}\varphi$, und nach §. 12. $r : \text{Sin.}^k\varphi = \text{Cos.}^{l+n}\varphi : (\text{Sin.}^k\,\text{Cos.}^{l+n})\varphi$; also $(r : \text{Cos.}^l\varphi) + (r : \text{Sin.}^k\varphi)$, d. i. $r : (\text{Sin.}^k\,\text{Cos.}^l)\varphi = \text{Cos.}^n\varphi : (\text{Sin.}^k\,\text{Cos.}^{l+n})\varphi$.

3) Nach dem, was unter Nr. 1) bewiesen, ist $r : \text{Sin.}^k\varphi = (\text{Sin.}^m\,\text{Cos.}^n)\varphi : (\text{Sin.}^{k+m}\,\text{Cos.}^n)\varphi$, und nach dem, was unter Nr. 2) bewiesen, $r : \text{Cos.}^l\varphi = (\text{Sin.}^{k+m}\,\text{Cos}^n)\varphi : (\text{Sin.}^{k+m}\text{Cos.}^{l+n})\varphi$; also $(r : \text{Sin.}^k\varphi) + (r : \text{Cos.}^l\varphi)$, d. i. $r : (\text{Sin.}^k\,\text{Cos.}^l)\varphi = (\text{Sin.}^m\,\text{Cos.}^n)\varphi : (\text{Sin.}^{k+m}\,\text{Cos.}^{l+n})\varphi$.

§. 14. Lehrsatz.

Wenn $\varphi < \frac{1}{2}R$, so ist $\text{Sin.}2\varphi = 2(\text{Sin.}^1\,\text{Cos.}^1)\varphi$, und $\text{Cos.}2\varphi = \text{Cos.}^2\varphi - \text{Sin.}^2\varphi$.

Beweis. Nach §. 11. ist $\text{Sin.}(\varphi + \varphi) = (\text{Sin.}^1\,\text{Cos.}^1)\varphi + (\text{Cos.}^1\,\text{Sin.}^1)\varphi$, und $\text{Cos.}(\varphi + \varphi) = \text{Cos.}^2\varphi - \text{Sin.}^2\varphi$.

§. 15. Lehrsatz.

Wenn n eine ganze Zahl, und φ einen spitzen $\angle$ bezeichnet, so lassen sich die Sinus und Cosinus der Vielfachen des Winkels φ durch folgende Formeln ausdrucken: 1) Wenn $n\varphi < R$ oder zwischen 4R und 5R oder zwischen 8R und 9R, u. s. w., so ist $\mathrm{Sin.}\, n\varphi = {}^n\mathfrak{A}\, (\mathrm{Sin.}^1\, \mathrm{Cos.}^{n-1})\, \varphi + {}^n\mathfrak{E}\, (\mathrm{Sin.}^5\, \mathrm{Cos.}^{n-5})\, \varphi +$

$$ {}^n\mathfrak{I}\, (\mathrm{Sin.}^9\, \mathrm{Cos.}^{n-9})\, \varphi + \ldots + \left\{ \begin{array}{r} \frac{n(n-1)(n-2)}{6} (\mathrm{Sin.}^{n-3}\, \mathrm{Cos.}^3)\, \varphi \\ \mathrm{Sin.}^n \quad \varphi \\ n\, (\mathrm{Sin.}^{n-1}\, \mathrm{Cos.}^1)\, \varphi \\ \frac{n(n-1)}{2} (\mathrm{Sin.}^{n-2}\, \mathrm{Cos.}^2)\, \varphi \end{array} \right\} $$

$$ - {}^n\mathfrak{C}(\mathrm{Sin.}^3\, \mathrm{Cos.}^{n-3})\, \varphi - {}^n\mathfrak{G}\, (\mathrm{Sin.}^7\, \mathrm{Cos.}^{n-7})\, \varphi - \ldots $$

$$ - \left\{ \begin{array}{r} n\, (\mathrm{Sin.}^{n-1}\, \mathrm{Cos.}^1)\, \varphi \\ \frac{n(n-1)}{2} (\mathrm{Sin.}^{n-2}\, \mathrm{Cos.}^2)\, \varphi \\ \frac{n(n-1)(n-2)}{6} (\mathrm{Sin.}^{n-3}\, \mathrm{Cos.}^3)\, \varphi \\ \mathrm{Sin.}^n \quad \varphi \end{array} \right\}, $$

und $\mathrm{Cos.}\, n\varphi = \mathrm{Cos.}^n\, \varphi +$

$$ {}^n\mathfrak{D}\, (\mathrm{Sin.}^4\, \mathrm{Cos.}^{n-4})\, \varphi + {}^n\mathfrak{H}\, (\mathrm{Sin.}^8\, \mathrm{Cos.}^{n-8})\, \varphi + \ldots + $$

$$ \left\{ \begin{array}{r} \mathrm{Sin.}^n \quad \varphi \\ n\, (\mathrm{Sin.}^{n-1}\, \mathrm{Cos.}^1)\, \varphi \\ \frac{n(n-1)}{2} (\mathrm{Sin.}^{n-2}\, \mathrm{Cos.}^2)\, \varphi \\ \frac{n(n-1)(n-2)}{6} (\mathrm{Sin.}^{n-3}\, \mathrm{Cos.}^3)\, \varphi \end{array} \right\} - {}^n\mathfrak{B}\, (\mathrm{Sin.}^2\, \mathrm{Cos.}^{n-2})\, \varphi $$

$$ - {}^n\mathfrak{F}(\mathrm{Sin.}^6\, \mathrm{Cos.}^{n-6})\varphi - \ldots - \left\{ \begin{array}{r} \frac{n(n-1)}{2} (\mathrm{Sin.}^{n-2}\, \mathrm{Cos.}^2)\, \varphi \\ \frac{n(n-1)(n-2)}{6} (\mathrm{Sin.}^{n-3}\, \mathrm{Cos.}^3)\varphi \\ \mathrm{Sin.}^n \quad \varphi \\ n\, (\mathrm{Sin.}^{n-1}\, \mathrm{Cos.}^1)\, \varphi \end{array} \right\} $$

2) Wenn $n\varphi$ zwischen R und 2R oder zwischen 5R und 6R oder zwischen 9R und 10R . . . liegt, so ist $\mathrm{Sin.}\, n\varphi =$ ${}^n\mathfrak{A}\, (\mathrm{Sin.}^1\, \mathrm{Cos.}^{n-1})\, \varphi + {}^n\mathfrak{E}\, (\mathrm{Sin.}^5\, \mathrm{Cos}^{n-5})\, \varphi + \ldots +$

$$\left\{\begin{matrix} \frac{n(n-1)(n-2)}{6}(\mathrm{Sin.}^{n-3}\mathrm{Cos.}^{3})\varphi \\ \mathrm{Sin.}^{n}\varphi \\ n(\mathrm{Sin.}^{n-1}\mathrm{Cos.}^{1})\varphi \\ \frac{n(n-1)}{2}(\mathrm{Sin.}^{n-2}\mathrm{Cos.}^{2})\varphi \end{matrix}\right\} - {}^{n}\mathfrak{C}(\mathrm{Sin.}^{3}\,\mathrm{Cos.}^{n-3})\varphi$$

$$- {}^{n}\mathfrak{G}(\mathrm{Sin.}^{7}\,\mathrm{Cos.}^{n-7})\varphi - \ldots - \left\{\begin{matrix} n(\mathrm{Sin.}^{n-1}\mathrm{Cos.}^{1})\varphi \\ \frac{n(n-1)}{2}(\mathrm{Sin.}^{n-2}\mathrm{Cos.}^{2})\varphi \\ \frac{n(n-1)(n-2)}{6}(\mathrm{Sin.}^{n-3}\mathrm{Cos.}^{3})\varphi \\ \mathrm{Sin.}^{n}\varphi \end{matrix}\right\}$$

und $\mathrm{Cos.}\, n\varphi = {}^{n}\mathfrak{B}(\mathrm{Sin.}^{2}\,\mathrm{Cos.}^{n-2})\varphi + {}^{n}\mathfrak{F}(\mathrm{Sin.}^{6}\,\mathrm{Cos.}^{n-6})\varphi$

$$+ \ldots + \left\{\begin{matrix} \frac{n(n-1)}{2}(\mathrm{Sin.}^{n-2}\mathrm{Cos.}^{2})\varphi \\ \frac{n(n-1)(n-2)}{6}(\mathrm{Sin.}^{n-3}\mathrm{Cos.}^{3})\varphi \\ \mathrm{Sin.}^{n}\varphi \\ n(\mathrm{Sin.}^{n-1}\mathrm{Cos.}^{1})\varphi \end{matrix}\right\} - \mathrm{Cos.}^{n}\varphi$$

$$- {}^{n}\mathfrak{D}(\mathrm{Sin.}^{4}\,\mathrm{Cos.}^{n-4})\varphi - {}^{n}\mathfrak{H}(\mathrm{Sin.}^{8}\,\mathrm{Cos.}^{n-8})\varphi - \ldots$$

$$- \left\{\begin{matrix} \mathrm{Sin.}^{n}\varphi \\ n(\mathrm{Sin.}^{n-1}\mathrm{Cos.}^{1})\varphi \\ \frac{n(n-1)}{2}(\mathrm{Sin.}^{n-2}\mathrm{Cos.}^{2})\varphi \\ \frac{n(n-1)(n-2)}{6}(\mathrm{Sin.}^{n-3}\mathrm{Cos.}^{3})\varphi \end{matrix}\right\}.$$

3) Wenn $n\varphi$ zwischen 2R und 3R oder zwischen 6R und 7R . . . liegt, so ist $\mathrm{Sin.}\, n\varphi = {}^{n}\mathfrak{C}(\mathrm{Sin.}^{3}\,\mathrm{Cos.}^{n-3})\varphi +$

$${}^{n}\mathfrak{G}(\mathrm{Sin.}^{7}\,\mathrm{Cos.}^{n-7})\varphi + \ldots + \left\{\begin{matrix} n(\mathrm{Sin.}^{n-1}\mathrm{Cos.}^{1})\varphi \\ \frac{n(n-1)}{2}(\mathrm{Sin.}^{n-2}\mathrm{Cos.}^{2})\varphi \\ \frac{n(n-1)(n-2)}{6}(\mathrm{Sin.}^{n-3}\mathrm{Cos}^{3})\varphi \\ \mathrm{Sin.}^{n}\varphi \end{matrix}\right\}$$

$$- {}^{n}\mathfrak{A}(\mathrm{Sin.}^{1}\,\mathrm{Cos.}^{n-1})\varphi - {}^{n}\mathfrak{E}(\mathrm{Sin.}^{5}\,\mathrm{Cos.}^{n-5})\varphi - \ldots$$

$$-\left\{\begin{matrix} \frac{n(n-1)(n-2)}{6}(\text{Sin.}^{n-3}\,\text{Cos.}^{3})\,\varphi \\ \text{Sin.}^{n}\,\varphi \\ n\,(\text{Sin.}^{n-1}\,\text{Cos.}^{1})\,\varphi \\ \frac{n(n-1)}{2}(\text{Sin.}^{n-2}\,\text{Cos.}^{2})\,\varphi \end{matrix}\right\}, \text{ und } \text{Cos.}\,n\,\varphi =$$

$${}^{n}\mathfrak{B}\,(\text{Sin.}^{2}\,\text{Cos.}^{n-2})\,\varphi + {}^{n}\mathfrak{F}\,(\text{Sin.}^{6}\,\text{Cos.}^{n-6})\,\varphi + \ldots +$$

$$\left\{\begin{matrix} \frac{n(n-1)}{2}(\text{Sin.}^{n-2}\,\text{Cos.}^{2})\,\varphi \\ \frac{n(n-1)(n-2)}{6}(\text{Sin.}^{n-3}\,\text{Cos.}^{3})\,\varphi \\ \text{Sin.}^{n}\,\varphi \\ n\,(\text{Sin.}^{n-1}\,\text{Cos.}^{1})\,\varphi \end{matrix}\right\} - \text{Cos.}^{n}\varphi - {}^{n}\mathfrak{D}(\text{Sin.}^{4}\,\text{Cos.}^{n-4})\varphi$$

$$- {}^{n}\mathfrak{H}(\text{Sin.}^{8}\,\text{Cos.}^{n-8})\varphi - \ldots - \left\{\begin{matrix} \text{Sin.}^{n}\,\varphi \\ n\,(\text{Sin.}^{n-1}\,\text{Cos.}^{1})\,\varphi \\ \frac{n(n-1)}{2}(\text{Sin.}^{n-2}\,\text{Cos.}^{2})\,\varphi \\ \frac{n(n-1)(n-2)}{6}(\text{Sin.}^{n-3}\,\text{Cos.}^{3})\,\varphi \end{matrix}\right\}$$

4) Wenn $n\varphi$ zwischen 3R und 4R oder zwischen 7R und 8R . . . liegt, so ist $\text{Sin.}\,n\,\varphi = {}^{n}\mathfrak{C}\,(\text{Sin.}^{3}\,\text{Cos.}^{n-3})\,\varphi +$

$${}^{n}\mathfrak{G}\,(\text{Sin.}^{7}\,\text{Cos.}^{n-7})\,\varphi + \ldots + \left\{\begin{matrix} n\,(\text{Sin.}^{n-1}\,\text{Cos.}^{1})\,\varphi \\ \frac{n(n-1)}{2}(\text{Sin.}^{n-2}\,\text{Cos.}^{2})\,\varphi \\ \frac{n(n-1)(n-2)}{6}(\text{Sin.}^{n-3}\,\text{Cos.}^{3})\,\varphi \\ \text{Sin.}^{n}\,\varphi \end{matrix}\right\}$$

$$- {}^{n}\mathfrak{A}\,(\text{Sin.}^{1}\,\text{Cos.}^{n-1})\,\varphi - {}^{n}\mathfrak{E}\,(\text{Sin.}^{5}\,\text{Cos.}^{n-5})\,\varphi - \ldots$$

$$-\left\{\begin{matrix} \frac{n(n-1)(n-2)}{6}(\text{Sin.}^{n-3}\,\text{Cos.}^{3})\,\varphi \\ \text{Sin.}^{n}\,\varphi \\ n\,(\text{Sin.}^{n-1}\,\text{Cos.}^{1})\,\varphi \\ \frac{n(n-1)}{2}(\text{Sin.}^{n-2}\,\text{Cos.}^{2})\,\varphi \end{matrix}\right\}, \text{ und } \text{Cos.}\,n\,\varphi = \text{Cos.}^{n}\,\varphi$$

$$+ {}^{n}\mathfrak{D}\,(\text{Sin.}^{4}\,\text{Cos.}^{n-4})\,\varphi + {}^{n}\mathfrak{H}\,(\text{Sin.}^{8}\,\text{Cos.}^{n-8})\,\varphi + \ldots +$$

$$\left\{\begin{matrix} \text{Sin.}^{n}\,\varphi \\ n\,(\text{Sin.}^{n-1}\,\text{Cos.}^{1})\,\varphi \\ \frac{n(n-1)}{2}\,(\text{Sin.}^{n-2}\,\text{Cos.}^{2})\,\varphi \\ \frac{n(n-1)(n-2)}{6}\,(\text{Sin.}^{n-3}\,\text{Cos.}^{3})\,\varphi \end{matrix}\right\} - {}^{n}\mathfrak{B}\,(\text{Sin.}^{2}\,\text{Cos.}^{n-2})\,\varphi$$

$$-\,{}^{n}\mathfrak{F}\,(\text{Sin.}^{6}\,\text{Cos.}^{n-6})\,\varphi - \ldots - \left\{\begin{matrix} \frac{n(n-1)}{2}\,(\text{Sin.}^{n-2}\,\text{Cos.}^{2})\,\varphi \\ \frac{n(n-1)(n-2)}{6}\,(\text{Sin.}^{n-3}\,\text{Cos.}^{3})\,\varphi \\ \text{Sin.}^{n}\,\varphi \\ n\,(\text{Sin.}^{n-1}\,\text{Cos.}^{1})\,\varphi \end{matrix}\right\}$$

In jeder dieser Formeln gilt der oberste der 4 unter einander gesetzten Ausdrücke für den Fall, wo n durch 4 aufgeht, der 2te der 4 unter einander gesetzten Ausdrücke für den Fall, wo n durch 4 getheilt 1 zum Rest läßt, der 3te Ausdruck für den Fall, wo n durch 4 getheilt 2 zum Rest läßt, und der 4te Ausdruck für den Fall, wo n durch 4 getheilt 3 zum Rest läßt.

Beweis. Wir wollen annehmen, der Satz sei für irgend ein n richtig, und beweisen, daß er alsdann auch für das um 1 größere n richtig sei.

1) a) Wenn $n\varphi < R$, und auch $(n+1)\varphi < R$, oder $n\varphi$ zwischen 4R und 5R, und auch $(n+1)\varphi$ zwischen 4R und 5R liegt, oder wenn $n\varphi$ zwischen 8R und 9R, und auch $(n+1)\varphi$ zwischen 8R und 9R liegt, u. s. w. Alsdann ist nach §. 11, wenn man $r : \text{Sin.}\,n\varphi = \text{Cos.}\,\varphi : x$; $r : \text{Cos.}\,n\varphi = \text{Sin.}\,\varphi : y$; $r : \text{Cos.}\,n\varphi = \text{Cos.}\,\varphi : z$, und $r : \text{Sin.}\,n\varphi = \text{Sin.}\,\varphi : w$ macht, $\text{Sin.}\,(n+1)\varphi = x + y$, und $\text{Cos.}\,(n+1)\varphi = z - w$. Nun ist aber nach §. 13.

$$r : {}^{n}\mathfrak{A}\,(\text{Sin.}^{1}\,\text{Cos.}^{n-1})\,\varphi = \text{Cos.}\,\varphi : {}^{n}\mathfrak{A}\,(\text{Sin.}^{1}\,\text{Cos.}^{n})\,\varphi$$

$$r : {}^{n}\mathfrak{E}\,(\text{Sin.}^{5}\,\text{Cos.}^{n-5})\,\varphi = \text{Cos.}\,\varphi : {}^{n}\mathfrak{E}\,(\text{Sin.}^{5}\,\text{Cos.}^{n-4})\,\varphi$$

$$\vdots$$

$$r : \left\{\begin{array}{r} \frac{n(n-1)(n-2)}{6}(\text{Sin.}^{n-3}\,\text{Cos.}^{3})\,\varphi \\ \text{Sin.}^{n}\quad\varphi \\ n\,(\text{Sin.}^{n-1}\,\text{Cos.}^{1})\,\varphi \\ \frac{n(n-1)}{2}(\text{Sin.}^{n-2}\,\text{Cos.}^{2})\,\varphi \end{array}\right\} = \text{Cos.}\,\varphi : \left\{\begin{array}{r} \frac{n(n-1)(n-2)}{6}(\text{Sin.}^{n-3}\,\text{Cos.}^{4})\,\varphi \\ (\text{Sin.}^{n}\,\text{Cos.}^{1})\,\varphi \\ n\,(\text{Sin.}^{n-1}\,\text{Cos.}^{2})\,\varphi \\ \frac{n(n-1)}{2}(\text{Sin.}^{n-2}\,\text{Cos.}^{3})\,\varphi \end{array}\right\}$$

$$r : {}^{n}\mathfrak{C}\,(\text{Sin.}^{3}\,\text{Cos.}^{n-3})\,\varphi = \text{Cos.}\,\varphi : {}^{n}\mathfrak{C}\,(\text{Sin.}^{3}\,\text{Cos.}^{n-2})\,\varphi$$

$$r : {}^{n}\mathfrak{G}\,(\text{Sin.}^{7}\,\text{Cos.}^{n-7})\,\varphi = \text{Cos.}\,\varphi : {}^{n}\mathfrak{G}\,(\text{Sin.}^{7}\,\text{Cos.}^{n-6})\,\varphi$$

$$\vdots$$

$$r : \left\{\begin{array}{r} n\,(\text{Sin.}^{n-1}\,\text{Cos.}^{1})\,\varphi \\ \frac{n(n-1)}{2}(\text{Sin.}^{n-2}\,\text{Cos.}^{2})\,\varphi \\ \frac{n(n-1)(n-2)}{6}(\text{Sin.}^{n-3}\,\text{Cos.}^{3})\,\varphi \\ \text{Sin.}^{n}\quad\varphi \end{array}\right\} = \text{Cos.}\,\varphi : \left\{\begin{array}{r} n\,(\text{Sin.}^{n-1}\,\text{Cos.}^{2})\,\varphi \\ \frac{n(n-1)}{2}(\text{Sin.}^{n-2}\,\text{Cos.}^{3})\,\varphi \\ \frac{n(n-1)(n-2)}{6}(\text{Sin.}^{n-3}\,\text{Cos.}^{4})\,\varphi \\ (\text{Sin.}^{n}\,\text{Cos.}^{1})\,\varphi \end{array}\right\}$$

(I. 1, 7)

$$r : \text{Sin.}\, n\varphi = \text{Cos.}\,\varphi : {}^n\mathfrak{A}(\text{Sin.}^1\,\text{Cos.}^n)\,\varphi + {}^n\mathfrak{E}(\text{Sin.}^5\,\text{Cos.}^{n-4})\,\varphi$$

$$+\ldots+\left\{\begin{array}{r}\frac{n(n-1)(n-2)}{6}(\text{Sin.}^{n-3}\,\text{Cos.}^4)\,\varphi\\ (\text{Sin.}^n\,\text{Cos.}^1)\,\varphi\\ n\,(\text{Sin.}^{n-1}\,\text{Cos.}^2)\,\varphi\\ \frac{n(n-1)}{2}(\text{Sin.}^{n-2}\,\text{Cos.}^3)\,\varphi\end{array}\right\} - {}^n\mathfrak{C}(\text{Sin.}^3\,\text{Cos.}^{n-2})\,\varphi$$

$$- {}^n\mathfrak{G}(\text{Sin.}^7\,\text{Cos.}^{n-6})\,\varphi - \cdots - \left\{\begin{array}{r}n\,(\text{Sin.}^{n-1}\,\text{Cos.}^2)\,\varphi\\ \frac{n(n-1)}{2}(\text{Sin.}^{n-2}\,\text{Cos.}^3)\,\varphi\\ \frac{n(n-1)(n-2)}{6}(\text{Sin.}^{n-3}\,\text{Cos.}^4)\,\varphi\\ (\text{Sin.}^n\,\text{Cos.}^1)\,\varphi\end{array}\right\}.$$

Folglich ist das 4te Glied dieser Proportion $= x$, und ebenso wird bewiesen, daß $y = (\text{Sin.}^1\,\text{Cos.}^n)\,\varphi + {}^n\mathfrak{D}(\text{Sin.}^5\,\text{Cos.}^{n-4})\,\varphi +$

$${}^n\mathfrak{H}(\text{Sin.}^9\,\text{Cos.}^{n-8})\,\varphi + \ldots + \left\{\begin{array}{r}\text{Sin.}^{n+1}\,\varphi\\ n\,(\text{Sin.}^n\,\text{Cos.}^1)\,\varphi\\ \frac{n(n-1)}{2}(\text{Sin.}^{n-1}\,\text{Cos.}^2)\,\varphi\\ \frac{n(n-1)(n-2)}{6}(\text{Sin.}^{n-2}\,\text{Cos.}^3)\,\varphi\end{array}\right\}$$

$$- {}^n\mathfrak{B}(\text{Sin.}^3\,\text{Cos.}^{n-2})\,\varphi - {}^n\mathfrak{F}(\text{Sin.}^7\,\text{Cos.}^{n-6})\,\varphi - \ldots$$

$$\ldots\left\{\begin{array}{r}\frac{n(n-1)}{2}(\text{Sin.}^{n-1}\,\text{Cos.}^2)\,\varphi\\ \frac{n(n-1)(n-2)}{6}(\text{Sin.}^{n-2}\,\text{Cos.}^3)\,\varphi\\ \text{Sin.}^{n+1}\,\varphi\\ n\,(\text{Sin.}^n\,\text{Cos.}^1)\,\varphi\end{array}\right\};\quad z = \text{Cos.}^{n+1}\,\varphi +$$

$${}^n\mathfrak{D}(\text{Sin.}^4\,\text{Cos.}^{n-3})\,\varphi + {}^n\mathfrak{H}(\text{Sin.}^8\,\text{Cos.}^{n-7})\,\varphi + \ldots +$$

$$\left\{\begin{array}{r}(\text{Sin.}^n\,\text{Cos.}^1)\,\varphi\\ n\,(\text{Sin.}^{n-1}\,\text{Cos.}^2)\,\varphi\\ \frac{n(n-1)}{2}(\text{Sin.}^{n-2}\,\text{Cos.}^3)\,\varphi\\ \frac{n(n-1)(n-2)}{6}(\text{Sin.}^{n-3}\,\text{Cos.}^4)\,\varphi\end{array}\right\} - {}^n\mathfrak{B}(\text{Sin.}^2\,\text{Cos.}^{n-1})\,\varphi$$

$$-{}^{n}\mathfrak{F}(\mathrm{Sin.}^{6}\,\mathrm{Cos.}^{n-5})\varphi - \dots - \left\{\begin{matrix} \frac{n(n-1)}{2}(\mathrm{Sin.}^{n-2}\,\mathrm{Cos.}^{3})\varphi \\ \frac{n(n-1)(n-2)}{6}(\mathrm{Sin.}^{n-3}\,\mathrm{Cos.}^{4})\varphi \\ (\mathrm{Sin.}^{n}\,\mathrm{Cos.}^{1})\;\varphi \\ n(\mathrm{Sin.}^{n-1}\,\mathrm{Cos.}^{2})\varphi \end{matrix}\right\},$$

und $w = {}^{n}\mathfrak{A}(\mathrm{Sin.}^{2}\,\mathrm{Cos.}^{n-1})\varphi + {}^{n}\mathfrak{E}(\mathrm{Sin.}^{6}\,\mathrm{Cos.}^{n-5})\varphi + \dots$

$$+\left\{\begin{matrix} \frac{n(n-1)(n-2)}{6}(\mathrm{Sin.}^{n-2}\,\mathrm{Cos.}^{3})\varphi \\ \mathrm{Sin.}^{n+1}\;\varphi \\ n(\mathrm{Sin.}^{n}\,\mathrm{Cos.}^{1})\;\varphi \\ \frac{n(n-1)}{2}(\mathrm{Sin.}^{n-1}\,\mathrm{Cos.}^{2})\varphi \end{matrix}\right\} - {}^{n}\mathfrak{C}(\mathrm{Sin.}^{4}\,\mathrm{Cos.}^{n-3})\varphi$$

$$-{}^{n}\mathfrak{G}(\mathrm{Sin.}^{8}\,\mathrm{Cos.}^{n-7})\varphi - \dots - \left\{\begin{matrix} n(\mathrm{Sin.}^{n}\,\mathrm{Cos.}^{1})\;\varphi \\ \frac{n(n-1)}{2}(\mathrm{Sin.}^{n-1}\,\mathrm{Cos.}^{2})\varphi \\ \frac{n(n-1)(n-2)}{6}(\mathrm{Sin.}^{n-2}\,\mathrm{Cos.}^{3})\varphi \\ \mathrm{Sin.}^{n+1}\;\varphi \end{matrix}\right\}.$$

Hieraus, verglichen mit §. 33. des 3ten Abschn. Theil 1., folgt, daß $x+y$, d. i. $\mathrm{Sin.}(n+1)\varphi = {}^{n+1}\mathfrak{A}(\mathrm{Sin.}^{1}\,\mathrm{Cos.}^{n})\varphi +$

$${}^{n+1}\mathfrak{E}(\mathrm{Sin.}^{5}\,\mathrm{Cos.}^{n-4})\varphi + \dots + \left\{\begin{matrix} \mathrm{Sin.}^{n+1}\;\varphi \\ (n+1)(\mathrm{Sin.}^{n}\,\mathrm{Cos.}^{1})\;\varphi \\ \frac{(n+1)n}{2}(\mathrm{Sin.}^{n-1}\,\mathrm{Cos.}^{2})\varphi \\ \frac{(n+1)n(n-1)}{6}(\mathrm{Sin.}^{n-2}\,\mathrm{Cos.}^{3})\varphi \end{matrix}\right\}$$

$$- {}^{n+1}\mathfrak{C}(\mathrm{Sin.}^{3}\,\mathrm{Cos.}^{n-2})\varphi - {}^{n+1}\mathfrak{G}(\mathrm{Sin.}^{7}\,\mathrm{Cos.}^{n-6})\varphi - \dots$$

$$-\left\{\begin{matrix} \frac{(n+1)n}{2}(\mathrm{Sin.}^{n-1}\,\mathrm{Cos.}^{2})\varphi \\ \frac{(n+1)n(n-1)}{6}(\mathrm{Sin.}^{n-2}\,\mathrm{Cos.}^{3})\varphi \\ \mathrm{Sin.}^{n+1}\;\varphi \\ (n+1)(\mathrm{Sin.}^{n}\,\mathrm{Cos.}^{1})\;\varphi \end{matrix}\right\},$$ und $z-w$, d. i. $\mathrm{Cos.}(n+1)\varphi$

$$= \mathrm{Cos.}^{n+1}\varphi + {}^{n+1}\mathfrak{D}(\mathrm{Sin.}^{4}\,\mathrm{Cos.}^{n-3})\varphi + {}^{n+1}\mathfrak{H}(\mathrm{Sin.}^{8}\,\mathrm{Cos.}^{n-7})\varphi$$

$$+\dots+\left\{\begin{matrix} (n+1)\,(\mathrm{Sin.}^{n}\,\mathrm{Cos.}^{1})\,\varphi \\ \frac{(n+1)n}{2}(\mathrm{Sin.}^{n-1}\,\mathrm{Cos.}^{2})\,\varphi \\ \frac{(n+1)n(n-1)}{6}(\mathrm{Sin.}^{n-2}\,\mathrm{Cos.}^{3})\,\varphi \\ \mathrm{Sin.}^{n+1}\,\varphi \end{matrix}\right\} - {}^{n+1}\mathfrak{B}(\mathrm{Sin.}^{2}\,\mathrm{Cos.}^{n-1})\varphi$$

$$- {}^{n+1}\mathfrak{F}(\mathrm{Sin.}^{6}\,\mathrm{Cos.}^{n-5})\varphi - \dots - \left\{\begin{matrix} \frac{(n+1)n(n-1)}{6}(\mathrm{Sin.}^{n-2}\,\mathrm{Cos.}^{3})\,\varphi \\ \mathrm{Sin.}^{n+1}\,\varphi \\ (n+1)\,(\mathrm{Sin.}^{n}\,\mathrm{Cos.}^{1})\,\varphi \\ \frac{(n+1)n}{2}(\mathrm{Sin.}^{n-1}\,\mathrm{Cos.}^{2})\,\varphi \end{matrix}\right\}.$$

1) b) Wenn $n\varphi < R$, und $(n+1)\varphi$ zwischen R und 2R, oder $n\varphi$ zwischen 4R und 5R, und $(n+1)\varphi$ zwischen 5R und 6R, u. s. w., so mache man wieder $r : \mathrm{Sin.}\,n\varphi = \mathrm{Cos.}\,\varphi : x$; $r : \mathrm{Cos.}\,n\varphi = \mathrm{Sin.}\,\varphi : y$; $r : \mathrm{Cos.}\,n\varphi = \mathrm{Cos.}\,\varphi : z$, und $r : \mathrm{Sin.}\,n\varphi = \mathrm{Sin.}\,\varphi : w$, so ist $\mathrm{Sin.}\,(n+1)\,\varphi = x + y$, und $\mathrm{Cos.}\,(n+1)\varphi = w - z$ (§. 11.), d. i. $\mathrm{Sin.}\,(n+1)\,\varphi = {}^{n+1}\mathfrak{A}\,(\mathrm{Sin.}^{1}\,\mathrm{Cos.}^{n})\,\varphi +$

$${}^{n+1}\mathfrak{E}\,(\mathrm{Sin.}^{5}\,\mathrm{Cos.}^{n-4})\,\varphi + \dots + \left\{\begin{matrix} \mathrm{Sin.}^{n+1}\,\varphi \\ (n+1)\,(\mathrm{Sin.}^{n}\,\mathrm{Cos.}^{1})\,\varphi \\ \frac{(n+1)n}{2}(\mathrm{Sin.}^{n-1}\,\mathrm{Cos.}^{2})\,\varphi \\ \frac{(n+1)n(n-1)}{6}(\mathrm{Sin.}^{n-2}\,\mathrm{Cos.}^{3})\,\varphi \end{matrix}\right\}$$

$$- {}^{n+1}\mathfrak{C}\,(\mathrm{Sin}^{3}\,\mathrm{Cos.}^{n-2})\,\varphi - {}^{n+1}\mathfrak{G}\,(\mathrm{Sin.}^{7}\,\mathrm{Cos.}^{n-6})\,\varphi - \dots$$

$$- \left\{\begin{matrix} \frac{(n+1)n}{2}(\mathrm{Sin.}^{n-1}\,\mathrm{Cos.}^{2})\,\varphi \\ \frac{(n+1)n(n-1)}{6}(\mathrm{Sin.}^{n-2}\,\mathrm{Cos.}^{3})\,\varphi \\ \mathrm{Sin.}^{n+1}\,\varphi \\ (n+1)\,(\mathrm{Sin.}^{n}\,\mathrm{Cos}^{1})\,\varphi \end{matrix}\right\},$$ und $\mathrm{Cos.}^{n+1}\,\varphi =$

$${}^{n+1}\mathfrak{B}\,(\mathrm{Sin.}^{2}\,\mathrm{Cos.}^{n-1})\,\varphi + {}^{n+1}\mathfrak{F}\,(\mathrm{Sin.}^{6}\,\mathrm{Cos.}^{n-5})\,\varphi + \dots +$$

$$\left\{\begin{array}{r} \frac{(n+1)n(n-1)}{6}(\mathrm{Sin.}^{n-2}\,\mathrm{Cos.}^{3})\,\varphi \\ \mathrm{Sin.}^{n+1}\quad\varphi \\ (n+1)\,(\mathrm{Sin.}^{n}\,\mathrm{Cos.}^{1})\,\varphi \\ \frac{(n+1)n}{2}(\mathrm{Sin}^{n-1}\,\mathrm{Cos.}^{2})\,\varphi \end{array}\right\} - \mathrm{Cos.}^{n+1}\,\varphi$$

$$- {}^{n+1}\mathfrak{D}\,(\mathrm{Sin.}^{4}\,\mathrm{Cos.}^{n-3})\,\varphi - {}^{n+1}\mathfrak{H}\,(\mathrm{Sin.}^{8}\,\mathrm{Cos.}^{n-7})\,\varphi - \ldots$$

$$- \left\{\begin{array}{r} (n+1)\,(\mathrm{Sin.}^{n}\,\mathrm{Cos.}^{1})\,\varphi \\ \frac{(n+1)n}{2}(\mathrm{Sin.}^{n-1}\,\mathrm{Cos.}^{2})\,\varphi \\ \frac{(n+1)n(n-1)}{6}(\mathrm{Sin.}^{n-2}\,\mathrm{Cos.}^{3})\,\varphi \\ \mathrm{Sin.}^{n+1}\quad\varphi \end{array}\right\}.$$

2) a) Wenn $n\varphi$ zwischen R und 2R, und auch $(n+1)\varphi$ zwischen R und 2R, oder $n\varphi$ zwischen 5R und 6R, und auch $(n+1)\varphi$ zwischen 5R und 6R, u. s. w., so wird nach §. 11. $\mathrm{Sin.}(n+1)\varphi = x-y$, und $\mathrm{Cos.}(n+1)\varphi = z+w$, also $\mathrm{Sin.}(n+1)\varphi$ $= {}^{n+1}\mathfrak{A}\,(\mathrm{Sin.}^{1}\,\mathrm{Cos.}^{n})\,\varphi + {}^{n+1}\mathfrak{E}(\mathrm{Sin.}^{5}\,\mathrm{Cos.}^{n-4})\,\varphi + \ldots +$

$$\left\{\begin{array}{r} \mathrm{Sin.}^{n+1}\quad\varphi \\ (n+1)\,(\mathrm{Sin.}^{n}\,\mathrm{Cos.}^{1})\,\varphi \\ \frac{(n+1)n}{2}(\mathrm{Sin.}^{n-1}\,\mathrm{Cos.}^{2})\,\varphi \\ \frac{(n+1)n(n-1)}{6}(\mathrm{Sin.}^{n-2}\,\mathrm{Cos.}^{3})\,\varphi \end{array}\right\} - {}^{n+1}\mathfrak{C}\,(\mathrm{Sin.}^{3}\,\mathrm{Cos.}^{n-2})\,\varphi$$

$$- {}^{n+1}\mathfrak{G}(\mathrm{Sin.}^{7}\,\mathrm{Cos.}^{n-6})\varphi - \ldots - \left\{\begin{array}{r} \frac{(n+1)n}{2}(\mathrm{Sin.}^{n-1}\,\mathrm{Cos.}^{2})\,\varphi \\ \frac{(n+1)n(n-1)}{6}(\mathrm{Sin.}^{n-2}\,\mathrm{Cos.}^{3})\,\varphi \\ \mathrm{Sin.}^{n+1}\quad\varphi \\ (n+1)\,(\mathrm{Sin.}^{n}\,\mathrm{Cos.}^{1})\,\varphi \end{array}\right\},$$

und $\mathrm{Cos.}(n+1)\,\varphi = {}^{n+1}\mathfrak{B}\,(\mathrm{Sin.}^{2}\,\mathrm{Cos.}^{n-1})\,\varphi +$

$${}^{n+1}\mathfrak{F}\,(\mathrm{Sin.}^{6}\,\mathrm{Cos.}^{n-5})\,\varphi + \ldots + \left\{\begin{array}{r} \frac{(n+1)n(n-1)}{6}(\mathrm{Sin.}^{n-2}\,\mathrm{Cos.}^{3})\,\varphi \\ \mathrm{Sin.}^{n+1}\quad\varphi \\ (n+1)\,(\mathrm{Sin.}^{n}\,\mathrm{Cos.}^{1})\,\varphi \\ \frac{(n+1)n}{2}(\mathrm{Sin.}^{n-1}\,\mathrm{Cos.}^{2})\,\varphi \end{array}\right\}$$

$$- \text{Cos.}^{n+1}\varphi - {}^{n+1}\mathfrak{D}(\text{Sin.}^4\,\text{Cos.}^{n-3})\varphi - {}^{n+1}\mathfrak{H}(\text{Sin.}^8\,\text{Cos.}^{n-7})\varphi$$

$$- \ldots - \left\{\begin{matrix} (n+1)\,(\text{Sin.}^n\,\text{Cos.}^1)\,\varphi \\ \frac{(n+1)n}{2}(\text{Sin.}^{n-1}\,\text{Cos.}^2)\,\varphi \\ \frac{(n+1)n(n-1)}{6}(\text{Sin.}^{n-2}\,\text{Cos.}^3)\,\varphi \\ \text{Sin.}^{n+1}\,\varphi \end{matrix}\right\}.$$

2) b) Wenn $n\varphi$ zwischen R und 2R, und $(n+1)\varphi$ zwischen 2R und 3R, oder $n\varphi$ zwischen 5R und 6R, und $(n+1)\varphi$ zwischen 6R und 7R, u. s. w., so wird $\text{Sin.}(n+1)\varphi = y - x$, und $\text{Cos.}(n+1)\varphi = z + w$, also $\text{Sin.}(n+1)\varphi = {}^{n+1}\mathfrak{C}(\text{Sin.}^3\,\text{Cos.}^{n-2})\varphi$

$$+ {}^{n+1}\mathfrak{G}(\text{Sin.}^7\,\text{Cos.}^{n-6})\varphi + \ldots + \left\{\begin{matrix} \frac{(n+1)n}{2}(\text{Sin.}^{n-1}\,\text{Cos.}^2)\,\varphi \\ \frac{(n+1)n(n-1)}{6}(\text{Sin.}^{n-2}\,\text{Cos.}^3)\,\varphi \\ \text{Sin.}^{n+1}\,\varphi \\ (n+1)\,(\text{Sin.}^n\,\text{Cos.}^1)\,\varphi \end{matrix}\right\}$$

$$- {}^{n+1}\mathfrak{A}(\text{Sin.}^1\,\text{Cos.}^n)\varphi \cdot \cdot {}^{n+1}\mathfrak{E}(\text{Sin.}^5\,\text{Cos.}^{n-4})\varphi - \ldots -$$

$$\left\{\begin{matrix} \text{Sin.}^{n+1}\,\varphi \\ (n+1)\,(\text{Sin.}^n\,\text{Cos.}^1)\,\varphi \\ \frac{(n+1)n}{2}(\text{Sin.}^{n-1}\,\text{Cos.}^2)\,\varphi \\ \frac{(n+1)n(n-1)}{6}(\text{Sin.}^{n-2}\,\text{Cos.}^3)\,\varphi \end{matrix}\right\},\ \text{und}\ \text{Cos.}(n+1)\varphi =$$

$${}^{n+1}\mathfrak{B}(\text{Sin.}^2\,\text{Cos.}^{n-1})\varphi + {}^{n+1}\mathfrak{F}(\text{Sin.}^6\,\text{Cos.}^{n-5})\varphi + \ldots +$$

$$\left\{\begin{matrix} \frac{(n+1)n(n-1)}{6}(\text{Sin.}^{n-2}\,\text{Cos.}^3)\,\varphi \\ \text{Sin.}^{n+1}\,\varphi \\ (n+1)\,(\text{Sin.}^n\,\text{Cos.}^1)\,\varphi \\ \frac{(n+1)n}{2}(\text{Sin}^{n-1}\,\text{Cos.}^2)\,\varphi \end{matrix}\right\} - \text{Cos.}^{n+1}\varphi$$

$$- {}^{n+1}\mathfrak{D}(\text{Sin.}^4\,\text{Cos.}^{n-3})\varphi - {}^{n+1}\mathfrak{H}(\text{Sin.}^8\,\text{Cos.}^{n-7})\varphi - \ldots$$

$$-\left\{\begin{matrix}(n+1)(\mathrm{Sin.}^{n}\,\mathrm{Cos.}^{1})\,\varphi\\ \frac{(n+1)n}{2}(\mathrm{Sin.}^{n-1}\,\mathrm{Cos.}^{2})\,\varphi\\ \frac{(n+1)n(n-1)}{6}(\mathrm{Sin.}^{n-2}\,\mathrm{Cos.}^{3})\,\varphi\\ \mathrm{Sin.}^{n+1}\,\varphi\end{matrix}\right\}.$$

3) a) Wenn $n\varphi$ zwischen 2R und 3R, und auch $(n+1)\varphi$ zwischen 2R und 3R, oder $n\varphi$ zwischen 6R und 7R, und auch $(n+1)\varphi$ zwischen 6R und 7R u. s. w., so ist $\mathrm{Sin.}(n+1)\varphi = x+y$, und $\mathrm{Cos.}(n+1)\varphi = z-w$, also $\mathrm{Sin.}(n+1)\varphi = {}^{n+1}\mathfrak{C}(\mathrm{Sin.}^{3}\,\mathrm{Cos.}^{n-2})\varphi + {}^{n+1}\mathfrak{G}(\mathrm{Sin.}^{7}\,\mathrm{Cos.}^{n-6})\varphi + \ldots +$

$$\left\{\begin{matrix}\frac{(n+1)n}{2}(\mathrm{Sin.}^{n-1}\,\mathrm{Cos.}^{2})\,\varphi\\ \frac{(n+1)n(n-1)}{6}(\mathrm{Sin.}^{n-2}\,\mathrm{Cos.}^{3})\,\varphi\\ \mathrm{Sin.}^{n+1}\,\varphi\\ (n+1)(\mathrm{Sin.}^{n}\,\mathrm{Cos.}^{1})\,\varphi\end{matrix}\right\} - {}^{n+1}\mathfrak{A}(\mathrm{Sin.}^{1}\,\mathrm{Cos.}^{n})\,\varphi$$

$$-\,{}^{n+1}\mathfrak{E}(\mathrm{Sin.}^{5}\,\mathrm{Cos.}^{n-4})\varphi - \ldots - \left\{\begin{matrix}\mathrm{Sin.}^{n+1}\,\varphi\\ (n+1)(\mathrm{Sin.}^{n}\,\mathrm{Cos.}^{1})\,\varphi\\ \frac{(n+1)n}{2}(\mathrm{Sin.}^{n-1}\,\mathrm{Cos.}^{2})\,\varphi\\ \frac{(n+1)n(n-1)}{6}(\mathrm{Sin.}^{n-2}\,\mathrm{Cos.}^{3})\,\varphi\end{matrix}\right\},$$

und $\mathrm{Cos.}(n+1)\varphi = {}^{n+1}\mathfrak{B}(\mathrm{Sin.}^{2}\,\mathrm{Cos.}^{n-1})\varphi +$

$${}^{n+1}\mathfrak{F}(\mathrm{Sin.}^{6}\,\mathrm{Cos.}^{n-5})\varphi + \ldots + \left\{\begin{matrix}\frac{(n+1)n(n-1)}{6}(\mathrm{Sin.}^{n-2}\,\mathrm{Cos.}^{3})\,\varphi\\ \mathrm{Sin.}^{n+1}\,\varphi\\ (n+1)(\mathrm{Sin.}^{n}\,\mathrm{Cos.}^{1})\,\varphi\\ \frac{(n+1)n}{2}(\mathrm{Sin.}^{n-1}\,\mathrm{Cos.}^{2})\,\varphi\end{matrix}\right\}$$

$$-\,\mathrm{Cos.}^{n+1}\varphi - {}^{n+1}\mathfrak{D}(\mathrm{Sin.}^{4}\,\mathrm{Cos.}^{n-3})\varphi - {}^{n+1}\mathfrak{H}(\mathrm{Sin.}^{8}\,\mathrm{Cos.}^{n-7})\varphi$$

$$-\ldots-\left\{\begin{matrix}(n+1)(\mathrm{Sin.}^{n}\,\mathrm{Cos.}^{1})\,\varphi\\ \frac{(n+1)n}{2}(\mathrm{Sin.}^{n-1}\,\mathrm{Cos.}^{2})\,\varphi\\ \frac{(n+1)n(n-1)}{6}(\mathrm{Sin.}^{n-2}\,\mathrm{Cos.}^{3})\,\varphi\\ \mathrm{Sin.}^{n+1}\,\varphi\end{matrix}\right\}.$$

3) b) Wenn $n\varphi$ zwischen 2R und 3R, und $(n+1)\varphi$ zwischen 3R und 4R, oder $n\varphi$ zwischen 6R und 7R, und $(n+1)\varphi$ zwischen 7R und 8R . . ., so ist $\text{Sin.}(n+1)\varphi = x + y$, und $\text{Cos.}(n+1)\varphi = w - z$, also $\text{Sin.}(n+1)\varphi = {}^{n+1}\mathfrak{C}(\text{Sin.}^3\,\text{Cos.}^{n-2})\varphi$

$$+ {}^{n+1}\mathfrak{G}(\text{Sin.}^7\,\text{Cos.}^{n-6})\varphi + \ldots + \left\{\begin{matrix} \frac{(n+1)n}{2}(\text{Sin.}^{n-1}\,\text{Cos.}^2)\,\varphi \\ \frac{(n+1)n(n-1)}{6}(\text{Sin.}^{n-2}\,\text{Cos.}^3)\,\varphi \\ \text{Sin.}^{n+1}\,\varphi \\ (n+1)(\text{Sin.}^n\,\text{Cos.}^1)\,\varphi \end{matrix}\right\}$$

$$- {}^{n+1}\mathfrak{A}(\text{Sin.}^1\,\text{Cos.}^n)\varphi - {}^{n+1}\mathfrak{E}(\text{Sin.}^5\,\text{Cos.}^{n-4})\varphi - \ldots$$

$$- \left\{\begin{matrix} \text{Sin.}^{n+1}\,\varphi \\ (n+1)(\text{Sin.}^n\,\text{Cos.}^1)\,\varphi \\ \frac{(n+1)n}{2}(\text{Sin.}^{n-1}\,\text{Cos.}^2)\,\varphi \\ \frac{(n+1)n(n-1)}{6}(\text{Sin.}^{n-2}\,\text{Cos.}^3)\,\varphi \end{matrix}\right\},$$ und $\text{Cos.}(n+1)\varphi =$

$$\text{Cos.}^{n+1}\varphi + {}^{n+1}\mathfrak{D}(\text{Sin.}^4\,\text{Cos.}^{n-3})\varphi + {}^{n+1}\mathfrak{H}(\text{Sin.}^8\,\text{Cos.}^{n-7})\varphi$$

$$+ \ldots + \left\{\begin{matrix} (n+1)(\text{Sin.}^n\,\text{Cos.}^1)\,\varphi \\ \frac{(n+1)n}{2}(\text{Sin.}^{n-1}\,\text{Cos.}^2)\,\varphi \\ \frac{(n+1)n(n-1)}{6}(\text{Sin.}^{n-2}\,\text{Cos.}^3)\,\varphi \\ \text{Sin.}^{n+1}\,\varphi \end{matrix}\right\} - {}^{n+1}\mathfrak{B}(\text{Sin.}^2\,\text{Cos.}^{n-1})\varphi$$

$$- {}^{n+1}\mathfrak{F}(\text{Sin.}^6\,\text{Cos.}^{n-5})\varphi - \ldots - \left\{\begin{matrix} \frac{(n+1)n(n-1)}{6}(\text{Sin.}^{n-2}\,\text{Cos.}^3)\,\varphi \\ \text{Sin.}^{n+1}\,\varphi \\ (n+1)(\text{Sin.}^n\,\text{Cos.}^1)\,\varphi \\ \frac{(n+1)n}{2}(\text{Sin.}^{n-1}\,\text{Cos.}^2)\,\varphi \end{matrix}\right\}.$$

4) a) Wenn $n\varphi$ zwischen 3R und 4R, und auch $(n+1)\varphi$ zwischen 3R und 4R, oder $n\varphi$ zwischen 7R und 8R, und auch $(n+1)\varphi$ zwischen 7R und 8R . . ., so ist $\text{Sin.}(n+1)\varphi = x - y$, u. $\text{Cos.}(n+1)\varphi = z + w$, also $\text{Sin.}(n+1)\varphi = {}^{n+1}\mathfrak{C}(\text{Sin.}^3\,\text{Cos.}^{n-2})\varphi$

$$+ {}^{n+1}\mathfrak{G}(\text{Sin.}^7\,\text{Cos.}^{n-6})\varphi + \ldots + \left\{\begin{matrix} \frac{(n+1)n}{2}(\text{Sin.}^{n-1}\,\text{Cos.}^2)\varphi \\ \frac{(n+1)n(n-1)}{6}(\text{Sin.}^{n-2}\,\text{Cos.}^3)\varphi \\ \text{Sin.}^{n+1}\,\varphi \\ (n+1)(\text{Sin.}^n\,\text{Cos.}^1)\,\varphi \end{matrix}\right\}$$

$$- {}^{n+1}\mathfrak{A}(\text{Sin.}^1\,\text{Cos.}^n)\varphi - {}^{n+1}\mathfrak{E}(\text{Sin.}^5\,\text{Cos.}^{n-4})\varphi - \ldots$$

$$- \left\{\begin{matrix} \text{Sin.}^{n+1}\,\varphi \\ (n+1)(\text{Sin.}^n\,\text{Cos.}^1)\,\varphi \\ \frac{(n+1)n}{2}(\text{Sin.}^{n-1}\,\text{Cos.}^2)\varphi \\ \frac{(n+1)n(n-1)}{6}(\text{Sin.}^{n-2}\,\text{Cos.}^3)\varphi \end{matrix}\right\},$$ und $\text{Cos.}\,(n+1)\varphi =$

$$\text{Cos.}^{n+1}\varphi + {}^{n+1}\mathfrak{D}(\text{Sin.}^4\,\text{Cos.}^{n-3})\varphi + {}^{n+1}\mathfrak{H}(\text{Sin.}^8\,\text{Cos.}^{n-7})\varphi$$

$$+ \ldots + \left\{\begin{matrix} (n+1)(\text{Sin.}^n\,\text{Cos.}^1)\,\varphi \\ \frac{(n+1)n}{2}(\text{Sin.}^{n-1}\,\text{Cos.}^2)\varphi \\ \frac{(n+1)n(n-1)}{6}(\text{Sin.}^{n-2}\,\text{Cos.}^3)\varphi \\ \text{Sin.}^{n+1}\,\varphi \end{matrix}\right\} - {}^{n+1}\mathfrak{B}(\text{Sin.}^2\,\text{Cos.}^{n-1})\varphi$$

$$- {}^{n+1}\mathfrak{F}(\text{Sin.}^6\,\text{Cos.}^{n-5})\varphi - \ldots - \left\{\begin{matrix} \frac{(n+1)n(n-1)}{6}(\text{Sin.}^{n-2}\,\text{Cos.}^3)\varphi \\ \text{Sin.}^{n+1}\,\varphi \\ (n+1)(\text{Sin.}^n\,\text{Cos.}^1)\,\varphi \\ \frac{(n+1)n}{2}(\text{Sin.}^{n-1}\,\text{Cos.}^2)\varphi \end{matrix}\right\}.$$

4) b) Wenn $n\varphi$ zwischen 3R und 4R, und $(n+1)\varphi$ zwischen 4R und 5R, oder $n\varphi$ zwischen 7R und 8R, und $(n+1)\varphi$ zwischen 8R und 9R . . ., so ist $\text{Sin.}(n+1)\varphi = y - x$, und $\text{Cos.}(n+1)\varphi = z + w$, also $\text{Sin.}(n+1)\varphi = {}^{n+1}\mathfrak{A}(\text{Sin.}^1\,\text{Cos.}^n)\varphi$

$$+ {}^{n+1}\mathfrak{E}(\text{Sin.}^5\,\text{Cos.}^{n-4})\varphi + \ldots + \left\{\begin{matrix} \text{Sin.}^{n+1}\,\varphi \\ (n+1)(\text{Sin.}^n\,\text{Cos.}^1)\,\varphi \\ \frac{(n+1)n}{2}(\text{Sin.}^{n-1}\,\text{Cos.}^2)\varphi \\ \frac{(n+1)n(n-1)}{6}(\text{Sin.}^{n-2}\,\text{Cos.}^3)\varphi \end{matrix}\right\}$$

$$- {}^{n+1}\mathfrak{E}(\text{Sin.}^3\,\text{Cos.}^{n-2})\,\varphi - {}^{n+1}\mathfrak{G}(\text{Sin.}^7\,\text{Cos.}^{n-6})\,\varphi - \ldots$$

$$- \left\{\begin{matrix} \frac{(n+1)n}{2}(\text{Sin.}^{n-1}\,\text{Cos.}^2)\,\varphi \\ \frac{(n+1)n(n-1)}{6}(\text{Sin.}^{n-2}\,\text{Cos.}^3)\,\varphi \\ \text{Sin.}^{n+1}\,\varphi \\ (n+1)\,(\text{Sin.}^n\,\text{Cos}^1)\,\varphi \end{matrix}\right\}, \text{ und } \text{Cos.}(n+1)\,\varphi =$$

$$\text{Cos.}^{n+1}\varphi + {}^{n+1}\mathfrak{D}(\text{Sin.}^4\,\text{Cos.}^{n-3})\,\varphi + {}^{n+1}\mathfrak{H}(\text{Sin.}^8\,\text{Cos.}^{n-7})\,\varphi$$

$$+ \ldots + \left\{\begin{matrix} (n+1)\,(\text{Sin.}^n\,\text{Cos.}^1)\,\varphi \\ \frac{(n+1)n}{2}(\text{Sin.}^{n-1}\,\text{Cos.}^2)\,\varphi \\ \frac{(n+1)n(n-1)}{6}(\text{Sin.}^{n-2}\,\text{Cos.}^3)\,\varphi \\ \text{Sin.}^{n+1}\,\varphi \end{matrix}\right\} - {}^{n+1}\mathfrak{B}(\text{Sin.}^2\,\text{Cos.}^{n-1})\,\varphi$$

$$- {}^{n+1}\mathfrak{F}(\text{Sin.}^6\,\text{Cos.}^{n-5})\,\varphi - \ldots - \left\{\begin{matrix} \frac{(n+1)n(n-1)}{6}(\text{Sin.}^{n-2}\,\text{Cos.}^3)\,\varphi \\ \text{Sin.}^{n+1}\,\varphi \\ (n+1)\,(\text{Sin.}^n\,\text{Cos.}^1)\,\varphi \\ \frac{(n+1)n}{2}(\text{Sin.}^{n-1}\,\text{Cos.}^2)\,\varphi \end{matrix}\right\}.$$

Aus allem diesem ist klar, daß, wenn der zu beweisende Satz für irgend ein n richtig ist, er auch für das um 1 größere n richtig ist. Nun ist er aber für $n = 1$ richtig; folglich ist er für jedes n richtig.

§. 16. Zusatz.

Aus dem vorigen Satze geht folgender hervor: Wenn $\varphi < R$ ist, und n eine ganze Zahl bedeutet, und $2n\varphi$ ist $< R$ oder zwischen $3R$ und $5R$ oder zwischen $7R$ und $9R$ u. s. w., so ist

$$\text{Cos.}\,2n\varphi = \text{Cos.}^{2n}\varphi + {}^{2n}\mathfrak{D}(\text{Sin.}^4\,\text{Cos.}^{2n-4})\,\varphi + {}^{2n}\mathfrak{H}(\text{Sin.}^8\,\text{Cos.}^{2n-8})\,\varphi$$

$$+ \ldots + \left\{\begin{matrix} \text{Sin.}^{2n}\,\varphi \\ n(2n-1)\,(\text{Sin.}^{2n-2}\,\text{Cos.}^2)\,\varphi \end{matrix}\right\} - {}^{2n}\mathfrak{B}(\text{Sin.}^2\,\text{Cos.}^{2n-2})\,\varphi$$

$$- {}^{2n}\mathfrak{F}(\text{Sin.}^6\,\text{Cos.}^{2n-6})\,\varphi - \ldots - \left\{\begin{matrix} n(2n-1)\,(\text{Sin.}^{2n-2}\,\text{Cos.}^2)\,\varphi \\ \text{Sin.}^{2n}\,\varphi \end{matrix}\right\};$$

liegt aber $2n\varphi$ zwischen R und $3R$ oder zwischen $5R$ und $7R$ u. s. w., so ist $\text{Cos.}\,2n\varphi = {}^{2n}\mathfrak{B}(\text{Sin.}^2\,\text{Cos.}^{2n-2})\,\varphi +$

$^{2n}\mathfrak{F}\,(\mathrm{Sin.}^6\,\mathrm{Cos.}^{2n-6})\,\varphi + \ldots + \begin{Bmatrix} n(2n-1)\,(\mathrm{Sin.}^{2n-2}\,\mathrm{Cos.}^2)\,\varphi \\ \mathrm{Sin.}^{2n}\,\varphi \end{Bmatrix}$
$- \mathrm{Cos.}^{2n}\,\varphi - {}^{2n}\mathfrak{D}\,(\mathrm{Sin.}^4\,\mathrm{Cos.}^{2n-4})\,\varphi - {}^{2n}\mathfrak{H}\,(\mathrm{Sin.}^8\,\mathrm{Cos.}^{2n-8})\,\varphi$
$- \ldots - \begin{Bmatrix} \mathrm{Sin.}^{2n}\,\varphi \\ n(2n-1)\,(\mathrm{Sin.}^{2n-2}\,\mathrm{Cos.}^2)\,\varphi \end{Bmatrix}$. Der obere der beiden unter einander gesetzten Ausdrücke gilt allemal für den Fall, wo n gerade, der untere aber für den Fall, wo n ungerade ist.

§. 17. Lehrsatz.

$$\mathrm{Cos.}^{2n}\varphi = r + {}^n\mathfrak{B}\,\mathrm{Sin.}^4\varphi + {}^n\mathfrak{D}\,\mathrm{Sin.}^8\varphi + \ldots + \begin{Bmatrix} \mathrm{Sin.}^{2n}\,\varphi \\ n\,\mathrm{Sin.}^{2n-2}\,\varphi \end{Bmatrix}$$
$$- {}^n\mathfrak{A}\,\mathrm{Sin.}^2\,\varphi - {}^n\mathfrak{C}\,\mathrm{Sin.}^6\,\varphi - \ldots - \begin{Bmatrix} n\,\mathrm{Sin.}^{2n-2}\,\varphi \\ \mathrm{Sin.}^{2n}\,\varphi \end{Bmatrix},$$

wo der obere Ausdruck für ein gerades, der untere für ein ungerades n gilt.

Beweis. Gesetzt, der Satz sei für irgend ein n richtig, so beweisen wir, daß er auch für das um 1 größere n richtig sei. Nach §. 1. ist $\mathrm{Cos.}^{2n}\,\varphi : \mathrm{Cos.}^{2n+2}\,\varphi = r : \mathrm{Cos.}^2\varphi = r : r - \mathrm{Sin.}^2\,\varphi$ (§. 4.). Nun aber ist

$$\begin{aligned}
r : \mathrm{Sin.}^2\,\varphi &= r : \mathrm{Sin.}^2\varphi \\
r : \mathrm{Sin.}^2\,\varphi &= {}^n\mathfrak{B}\,\mathrm{Sin.}^4\,\varphi : {}^n\mathfrak{B}\,\mathrm{Sin.}^6\,\varphi \\
r : \mathrm{Sin.}^2\,\varphi &= {}^n\mathfrak{D}\,\mathrm{Sin.}^8\,\varphi : {}^n\mathfrak{D}\,\mathrm{Sin.}^{10}\,\varphi \\
&\vdots \\
r : \mathrm{Sin.}^2\,\varphi &= \begin{Bmatrix} \mathrm{Sin.}^{2n}\,\varphi \\ n\,\mathrm{Sin.}^{2n-2}\,\varphi \end{Bmatrix} : \begin{Bmatrix} \mathrm{Sin.}^{2n+2}\,\varphi \\ n\,\mathrm{Sin.}^{2n}\,\varphi \end{Bmatrix} \\
r : \mathrm{Sin.}^2\,\varphi &= {}^n\mathfrak{A}\,\mathrm{Sin.}^2\,\varphi : {}^n\mathfrak{A}\,\mathrm{Sin.}^4\,\varphi \\
r : \mathrm{Sin.}^2\,\varphi &= {}^n\mathfrak{C}\,\mathrm{Sin.}^6\,\varphi : {}^n\mathfrak{C}\,\mathrm{Sin.}^8\,\varphi \\
&\vdots \\
r : \mathrm{Sin.}^2\,\varphi &= \begin{Bmatrix} n\,\mathrm{Sin.}^{2n-2}\,\varphi : n\,\mathrm{Sin.}^{2n}\,\varphi \\ \mathrm{Sin.}^{2n}\,\varphi : \mathrm{Sin.}^{2n+2}\,\varphi \end{Bmatrix}
\end{aligned}$$

(I. 1, 2)

$$r : \mathrm{Sin.}^2\,\varphi = r + {}^n\mathfrak{B}\,\mathrm{Sin.}^4\,\varphi + {}^n\mathfrak{D}\,\mathrm{Sin.}^8\,\varphi + \ldots + \begin{Bmatrix} \mathrm{Sin.}^{2n}\,\varphi \\ n\,\mathrm{Sin.}^{2n-2}\,\varphi \end{Bmatrix}$$
$$- {}^n\mathfrak{A}\,\mathrm{Sin.}^2\,\varphi - {}^n\mathfrak{C}\,\mathrm{Sin.}^6\,\varphi - \ldots - \begin{Bmatrix} n\,\mathrm{Sin.}^{2n-2}\,\varphi \\ \mathrm{Sin.}^{2n}\,\varphi \end{Bmatrix} : \mathrm{Sin.}^2\,\varphi +$$
$${}^n\mathfrak{B}\,\mathrm{Sin.}^6\,\varphi + {}^n\mathfrak{D}\,\mathrm{Sin.}^{10}\,\varphi + \ldots + \begin{Bmatrix} \mathrm{Sin.}^{2n+2}\,\varphi \\ n\,\mathrm{Sin.}^{2n}\,\varphi \end{Bmatrix} - {}^n\mathfrak{A}\,\mathrm{Sin.}^4\,\varphi$$
$$- {}^n\mathfrak{C}\,\mathrm{Sin.}^8\,\varphi - \ldots - \begin{Bmatrix} n\,\mathrm{Sin.}^{2n}\,\varphi \\ \mathrm{Sin.}^{2n+2}\,\varphi \end{Bmatrix};$$

zurückkehrend $r : r - \mathrm{Sin.}^2\,\varphi$,

d. i. $\text{Cos.}^{2n}\varphi : \text{Cos.}^{2n+2}\varphi = \text{Cos.}^{2n}\varphi : r + {}^{n+1}\mathfrak{B}\,\text{Sin.}^4\varphi + {}^{n+1}\mathfrak{D}\,\text{Sin.}^8\varphi + \ldots + \begin{Bmatrix}(n+1)\,\text{Sin.}^{2n}\varphi \\ \text{Sin.}^{2n+2}\varphi\end{Bmatrix} - {}^{n+1}\mathfrak{A}\,\text{Sin.}^2\varphi - {}^{n+1}\mathfrak{C}\,\text{Sin.}^6\varphi - \ldots - \begin{Bmatrix}\text{Sin.}^{2n+2}\varphi \\ (n+1)\,\text{Sin.}^{2n}\varphi\end{Bmatrix}$. Folglich ist das letzte Glied dieser Prop. $= \text{Cos.}^{2n+2}\varphi$.

Ist also der Satz für irgend ein n richtig, so ist er auch für das um 1 größere n richtig. Nun ist er aber zufolge §. 4. für $n = 1$ richtig; folglich ist er für jedes n richtig.

§. 18. Lehrsatz.

Wenn φ einen spitzen Winkel, und n eine beliebige ganze Zahl bezeichnet, und wir drucken 1.2 durch 2!, 1.2.3 durch 3!, 1.2.3.4 durch 4! u. s. w. aus, so ist:

1) (Wenn $2n\varphi < R$, oder zwischen 3R und 5R oder zwischen 7R und 9R ... ist) $\text{Cos.}\,2n\varphi = r + \frac{2^4}{4!}n^2(n^2-1^2)\,\text{Sin.}^4\varphi$

$$+ \frac{2^8}{8!}n^2(n^2-1^2)(n^2-2^2)(n^2-3^2)\,\text{Sin.}^8\varphi +$$

$$\frac{2^{12}}{12!}n^2(n^2-1^2)(n^2-2^2)(n^2-3^2)(n^2-4^2)(n^2-5^2)\text{Sin.}^{12}\varphi + \ldots$$

$$+ \begin{Bmatrix}\frac{2^{2n}}{(2n)!}n^2(n^2-1^2)(n^2-2^2)(n^2-3^2)\ldots[n^2-(n-1)^2]\text{Sin.}^{2n}\varphi \\ \frac{2^{2n-2}}{(2n-2)!}n^2(n^2-1^2)(n^2-2^2)(n^2-3^2)\ldots[n^2-(n-2)^2]\text{Sin.}^{2n-2}\varphi\end{Bmatrix}$$

$$- \frac{2^2}{2!}n^2\,\text{Sin.}^2\varphi - \frac{2^6}{6!}n^2(n^2-1^2)(n^2-2^2)\,\text{Sin.}^6\varphi$$

$$- \frac{2^{10}}{10!}n^2(n^2-1^2)(n^2-2^2)(n^2-3^2)(n^2-4^2)\,\text{Sin.}^{10}\varphi - \ldots$$

$$- \begin{Bmatrix}\frac{2^{2n-2}}{(2n-2)!}n^2(n^2-1^2)(n^2-2^2)(n^2-3^2)\ldots[n^2-(n-2)^2]\text{Sin.}^{2n-2}\varphi \\ \frac{2^{2n}}{(2n)!}n^2(n^2-1^2)(n^2-2^2)(n^2-3^2)\ldots[n^2-(n-1)^2]\text{Sin.}^{2n}\varphi\end{Bmatrix}.$$

2) (Wenn $2n\varphi$ zwischen R und 3R oder zwischen 5R und 7R oder zwischen 9R und 11R ... liegt) $\text{Cos.}\,2n\varphi =$

$$\frac{2^2}{2!}n^2\,\text{Sin.}^2\varphi + \frac{2^6}{6!}n^2(n^2-1^2)(n^2-2^2)\,\text{Sin.}^6\varphi +$$

$$\frac{2^{10}}{10!}n^2(n^2-1^2)(n^2-2^2)(n^2-3^2)(n^2-4^2)\,\mathrm{Sin.}^{10}\varphi+\ldots+$$

$$\begin{Bmatrix}\frac{2^{2n-2}}{(2n-2)!}n^2(n^2-1^2)(n^2-2^2)(n^2-3^2)\ldots[n^2-(n-2)^2]\,\mathrm{Sin.}^{2n-2}\varphi\\ \frac{2^{2n}}{(2n)!}n^2(n^2-1^2)(n^2-2^2)(n^2-3^2)\ldots[n^2-(n-1)^2]\,\mathrm{Sin.}^{2n}\varphi\end{Bmatrix}$$

$$-r-\frac{2^4}{4!}n^2(n^2-1^2)\,\mathrm{Sin.}^4\varphi$$

$$-\frac{2^8}{8!}n^2(n^2-1^2)(n^2-2^2)(n^2-3^2)\,\mathrm{Sin.}^8\varphi$$

$$-\frac{2^{12}}{12!}n^2(n^2-1^2)(n^2-2^2)(n^2-3^2)(n^2-4^2)(n^2-5^2)\,\mathrm{Sin.}^{12}\varphi-\ldots$$

$$-\begin{Bmatrix}\frac{2^{2n}}{(2n)!}n^2(n^2-1^2)(n^2-2^2)(n^2-3^2)\ldots[n^2-(n-1)^2]\,\mathrm{Sin.}^{2n}\varphi\\ \frac{2^{2n-2}}{(2n-2)!}n^2(n^2-1^2)(n^2-2^2)(n^2-3^2)\ldots[n^2-(n-2)^2]\,\mathrm{Sin.}^{2n-2}\varphi\end{Bmatrix}.$$

Auch hier gilt der obere der beiden unter einander gesetzten Ausdrücke für ein gerades, der untere für ein ungerades n.

Beweis. 1) Wenn $2n\varphi < R$, oder zwischen 3R und 5R oder zwischen 7R und 9R fällt, u. s. w., so ist nach §. 16.

$$\mathrm{Cos.}2n\varphi=\mathrm{Cos.}^{2n}\varphi+{}^{2n}\mathfrak{D}(\mathrm{Sin.}^4\mathrm{Cos.}^{2n-4})\varphi+{}^{2n}\mathfrak{H}(\mathrm{Sin.}^8\mathrm{Cos.}^{2n-8})\varphi$$
$$+\ldots+\begin{Bmatrix}\mathrm{Sin.}^{2n}\varphi\\ n(2n-1)(\mathrm{Sin.}^{2n-2}\mathrm{Cos.}^2)\varphi\end{Bmatrix}-{}^{2n}\mathfrak{B}(\mathrm{Sin.}^2\mathrm{Cos.}^{2n-2})\varphi$$
$$-{}^{2n}\mathfrak{F}(\mathrm{Sin.}^6\mathrm{Cos.}^{2n-6})\varphi-\ldots-\begin{Bmatrix}n(2n-1)(\mathrm{Sin.}^{2n-2}\mathrm{Cos.}^2)\varphi\\ \mathrm{Sin.}^{2n}\varphi\end{Bmatrix}.$$

Nach §. 17. aber ist

$$\mathrm{Cos.}^{2n}\varphi = 1 \qquad + {}^{n}\mathfrak{B}\,\mathrm{Sin.}^{4}\varphi \qquad + {}^{n}\mathfrak{D}\,\mathrm{Sin.}^{8}\varphi$$

$$- {}^{n}\mathfrak{A}\,\mathrm{Sin.}^{2}\varphi \qquad - {}^{n}\mathfrak{C}\,\mathrm{Sin.}^{6}\varphi \qquad - {}^{n}\mathfrak{E}$$

$${}^{2n}\mathfrak{B}(\mathrm{Sin.}^{2}\mathrm{Cos.}^{2n-2})\varphi = {}^{2n}\mathfrak{B}\,\mathrm{Sin.}^{2}\varphi + {}^{n-1}\mathfrak{B}\,{}^{2n}\mathfrak{B}\,\mathrm{Sin.}^{6}\varphi + {}^{n-1}$$

$$- {}^{n-1}\mathfrak{A}\,{}^{2n}\mathfrak{B}\,\mathrm{Sin.}^{4}\varphi \quad - {}^{n-1}\mathfrak{C}\,{}^{2n}\mathfrak{B}\,\mathrm{Sin.}^{8}\varphi$$

$${}^{2n}\mathfrak{D}(\mathrm{Sin.}^{4}\mathrm{Cos.}^{2n-4})\varphi = {}^{2n}\mathfrak{D}\,\mathrm{Sin.}^{4}\varphi \qquad + {}^{n-2}\mathfrak{B}\,{}^{2n}\mathfrak{D}\,\mathrm{Sin.}^{8}\varphi$$

$$- {}^{n-2}\mathfrak{A}\,{}^{2n}\mathfrak{D}\,\mathrm{Sin.}^{6}\varphi \quad - {}^{n-}$$

⋮

$$\mathrm{Sin.}^{2n}\varphi =$$

Folglich, wenn man diese Werthe in die vorher für Cos. 2 n
$$\mathrm{Cos.}\,2n\varphi = 1 + ({}^{n}\mathfrak{B} + {}^{n-1}\mathfrak{A}\,{}^{2n}\mathfrak{B} + {}^{2n}\mathfrak{D})\,\mathrm{Sin.}^{4}\varphi + ({}^{n}\mathfrak{D} +$$

$$- ({}^{n}\mathfrak{A} + {}^{2n}\mathfrak{B})\,\mathrm{Sin.}^{2}\varphi - ({}^{n}\mathfrak{C} + {}^{n-1}\mathfrak{B}\,{}^{2n}\mathfrak{B} + {}^{n-2}\mathfrak{A}\,{}^{2n}\mathfrak{D} + {}^{2n}\mathfrak{F}$$

und dies ist nach §. 21. des 3ten Abschn. Theil 1. = 1

$$+ \begin{cases} \dfrac{2^{2n}}{(2n)!}\, n^2 (n^2-1^2)(n^2-2^2) \ldots [n^2-(n-1)^2]\,\mathrm{Sin.}^{2n}\varphi \\ \dfrac{2^{2n-2}}{(2n-2)!}\, n^2 (n^2-1^2)(n^2-2^2) \ldots [n^2-(n-2)^2]\,\mathrm{Sin.}^{2n-2} \end{cases}$$

$$- \begin{cases} \dfrac{2^{2n-2}}{(2n-2)!}\, n^2 (n^2-1^2)(n^2-2^2) \ldots [n^2-(n-2)^2]\,\mathrm{Sin.}^{2n-2}\varphi \\ \dfrac{2^{2n}}{(2n)!}\, n^2 (n^2-1^2)(n^2-2^2) \ldots [n^2-(n-1)^2]\,\mathrm{Sin.}^{2n}\varphi \end{cases}$$

$$\ldots\varphi \quad + \ldots\ldots + \left\{\begin{matrix} \mathrm{Sin.}^{2n}\varphi \\ n\,\mathrm{Sin.}^{2n-2}\varphi \end{matrix}\right\}$$

$$- {}^{n}\mathfrak{G}\,\mathrm{Sin.}^{14}\varphi \quad - \ldots - \left\{\begin{matrix} n\,\mathrm{Sin.}^{2n-2}\varphi \\ \mathrm{Sin.}^{2n}\varphi \end{matrix}\right\}$$

$$+ {}^{n-1}\mathfrak{F}\,{}^{2n}\mathfrak{B}\,\mathrm{Sin.}^{14}\varphi \quad + \ldots + \left\{\begin{matrix} (n-1)\,{}^{2n}\mathfrak{B}\,\mathrm{Sin.}^{2n-2}\varphi \\ {}^{2n}\mathfrak{B}\,\mathrm{Sin.}^{2n}\varphi \end{matrix}\right\}$$

$$\mathrm{Sin.}^{12}\varphi \quad - \ldots\ldots - \left\{\begin{matrix} {}^{2n}\mathfrak{B}\,\mathrm{Sin.}^{2n}\varphi \\ (n-1)\,{}^{2n}\mathfrak{B}\,\mathrm{Sin.}^{2n-2}\varphi \end{matrix}\right\}$$

$$\mathrm{Sin.}^{12}\varphi \quad + \ldots\ldots + \left\{\begin{matrix} {}^{2n}\mathfrak{D}\,\mathrm{Sin.}^{2n}\varphi \\ (n-2)\,{}^{2n}\mathfrak{D}\,\mathrm{Sin.}^{2n-2}\varphi \end{matrix}\right\}$$

$$- {}^{n-2}\mathfrak{E}\,{}^{2n}\mathfrak{D}\,\mathrm{Sin.}^{14}\varphi \quad - \ldots - \left\{\begin{matrix} (n-2)\,{}^{2n}\mathfrak{D}\,\mathrm{Sin.}^{2n-2}\varphi \\ {}^{2n}\mathfrak{D}\,\mathrm{Sin.}^{2n}\varphi \end{matrix}\right\}$$

$$\mathrm{Sin.}^{2n}\varphi$$

---

nel substituirt,

$$\ldots{}^{2n}\mathfrak{D} + {}^{n-3}\mathfrak{A}\,{}^{2n}\mathfrak{F} + {}^{2n}\mathfrak{H})\,\mathrm{Sin.}^{8}\varphi + \ldots +$$

$$\left\{\begin{matrix} (1 + {}^{2n}\mathfrak{B} + {}^{2n}\mathfrak{D} + {}^{2n}\mathfrak{F} + \ldots + 1)\,\mathrm{Sin.}^{2n}\varphi \\ [n + (n-1)\,{}^{2n}\mathfrak{B} + (n-2)\,{}^{2n}\mathfrak{D} + \ldots + n(2n-1)]\,\mathrm{Sin.}^{2n-2}\varphi \end{matrix}\right\}$$

$$\left\{\begin{matrix} [n + (n-1)\,{}^{2n}\mathfrak{B} + (n-2)\,{}^{2n}\mathfrak{D} + \ldots + n(2n-1)]\,\mathrm{Sin.}^{2n-2}\varphi \\ (1 + {}^{2n}\mathfrak{B} + {}^{2n}\mathfrak{D} + {}^{2n}\mathfrak{F} + \ldots + 1)\,\mathrm{Sin.}^{2n}\varphi \end{matrix}\right\}$$

$$\mathrm{Sin.}^{4}\varphi + \frac{2^{8}}{8!}\,n^{2}(n^{2}-1^{2})(n^{2}-2^{2})(n^{2}-3^{2})\,\mathrm{Sin.}^{8}\varphi + \ldots$$

$$\ldots{}^{2}\varphi - \frac{2^{6}}{6!}\,n^{2}(n^{2}-1^{2})(n^{2}-2^{2})\,\mathrm{Sin.}^{6}\varphi - \ldots$$

2) Auf ähnliche Art wird bewiesen, daß, wenn $2n\varphi$ zwischen R und 3R oder zwischen 5R und 7R ... fällt, $\mathrm{Cos.}\,2n\varphi$

$$= \frac{2^2}{2!} n^2 \,\mathrm{Sin.}^2 \varphi + \frac{2^6}{6!} n^2 (n^2-1^2)(n^2-2^2) \,\mathrm{Sin.}^6 \varphi +$$

$$\frac{2^{10}}{10!} n^2 (n^2-1^2)(n^2-2^2)(n^2-3^2)(n^2-4^2) \,\mathrm{Sin.}^{10} \varphi + \ldots +$$

$$\left\{\begin{array}{l} \frac{2^{2n-2}}{(2n-2)!} n^2(n^2-1^2)(n^2-2^2)(n^2-3^2)\ldots[n^2-(n-2)^2]\,\mathrm{Sin.}^{2n-2}\varphi \\ \frac{2^{2n}}{(2n)!} n^2(n^2-1^2)(n^2-2^2)(n^2-3^2)\ldots[n^2-(n-1)^2]\,\mathrm{Sin.}^{2n}\varphi \end{array}\right\}$$

$$- r - \frac{2^4}{4!} n^2 (n^2-1^2) \,\mathrm{Sin.}^4 \varphi$$

$$- \frac{2^8}{8!} n^2 (n^2-1^2)(n^2-2^2)(n^2-3^2) \,\mathrm{Sin.}^8 \varphi$$

$$- \frac{2^{12}}{12!} n^2(n^2-1^2)(n^2-2^2)(n^2-3^2)(n^2-4^2)(n^2-5^2)\,\mathrm{Sin.}^{12}\varphi - \ldots$$

$$-\left\{\begin{array}{l} \frac{2^{2n}}{(2n)!} n^2(n^2-1^2)(n^2-2^2)(n^2-3^2)\ldots[n^2-(n-1)^2]\,\mathrm{Sin.}^{2n}\varphi \\ \frac{2^{2n-2}}{(2n-2)!} n^2(n^2-1^2)(n^2-2^2)(n^2-3^2)\ldots[n^2-(n-2)^2]\,\mathrm{Sin.}^{2n-2}\varphi \end{array}\right\}.$$

§. 19. Lehrsatz.

Ist φ ein spitzer $\angle$, und n eine ganze Zahl, so ist

$$2^{2n+1}\,\mathrm{Sin.}^{2n+2}\varphi = (2n+2)\,.\,2^{2n-1}\,\mathrm{Sin.}^{2n}\varphi +$$

$$\frac{2n+2}{3}\,.\,{}^{2n-2}\mathfrak{B}\,.\,2^{2n-5}\,\mathrm{Sin.}^{2n-4}\varphi + \frac{2n+2}{5}\,.\,{}^{2n-4}\mathfrak{D}\,.\,2^{2n-9}\,\mathrm{Sin.}^{2n-8}\varphi$$

$$+ \frac{2n+2}{7}\,.\,{}^{2n-6}\mathfrak{F}\,.\,2^{2n-13}\,\mathrm{Sin.}^{2n-12}\varphi + \ldots\ldots$$

$$\left\{\begin{array}{l} + \frac{2n+2}{n-1}\,.\,\frac{(n+2)(n+1)n(n-1)}{1\,.\,2\,.\,3\,.\,4}\,.\,2^3\,\mathrm{Sin.}^4\varphi + r \\ + \frac{2n+2}{n}\,.\,\frac{(n+1)n}{1\,.\,2}\,.\,2\,\mathrm{Sin.}^2\varphi + \mathrm{Cos.}\,(2n+2)\,\varphi \\ + \frac{2n+2}{n-1}\,.\,\frac{(n+2)(n+1)n(n-1)}{1\,.\,2\,.\,3\,.\,4}\,.\,2^3\,\mathrm{Sin.}^4\varphi + r + \mathrm{Cos.}\,(2n+2)\,\varphi \\ + \frac{2n+2}{n}\,.\,\frac{(n+1)n}{1\,.\,2}\,.\,2\,\mathrm{Sin.}^2\varphi \end{array}\right\}$$

$$- \frac{2n+2}{2}\,.\,{}^{2n-1}\mathfrak{A}\,.\,2^{2n-3}\,\mathrm{Sin.}^{2n-2}\varphi - \frac{2n+2}{4}\,.\,{}^{2n-3}\mathfrak{C}\,.\,2^{2n-7}\,\mathrm{Sin.}^{2n-6}\varphi$$

$$- \frac{2n+2}{6} \cdot {}^{2n-5}\mathfrak{C} \cdot 2^{2n-11} \operatorname{Sin.}^{2n-10} \varphi - \ldots\ldots$$

$$\left\{\begin{array}{l} - \frac{2n+2}{n} \cdot \frac{(n+1)n}{1 \cdot 2} \cdot 2 \operatorname{Sin.}^2 \varphi - \operatorname{Cos.}(2n+2)\varphi \\ - \frac{2n+2}{n-1} \cdot \frac{(n+2)(n+1)n(n-1)}{1 \cdot 2 \cdot 3 \cdot 4} \cdot 2^3 \operatorname{Sin.}^4 \varphi - r \\ - \frac{2n+2}{n} \cdot \frac{(n+1)n}{1 \cdot 2} \cdot 2 \operatorname{Sin.}^2 \varphi \\ - \frac{2n+2}{n-1} \cdot \frac{(n+2)(n+1)n(n-1)}{1 \cdot 2 \cdot 3 \cdot 4} \cdot 2^3 \operatorname{Sin.}^4 \varphi - r - \operatorname{Cos.}(2n+2)\varphi \end{array}\right\},$$

wo der oberste der 4 unter einander gesetzten Ausdrücke für den Fall gilt, wenn n gerade, und $(2n+2)\varphi$ entweder $< R$ ist, oder zwischen 3R und 5R oder zwischen 7R und 9R . . . fällt, der 2te Ausdruck für den Fall, wenn n ungerade, und $(2n+2)\varphi$ entweder $< R$ ist, oder zwischen 3R und 5R oder zwischen 7R und 9R . . . fällt, der 3te Ausdruck für den Fall, wenn n gerade ist, und $(2n+2)\varphi$ entweder zwischen R und 3R oder zwischen 5R und 7R . . . fällt, der unterste Ausdruck endlich für den Fall, wenn n ungerade ist, und $(2n+2)\varphi$ entweder zwischen R und 3R oder zwischen 5R und 7R . . . fällt.

Beweis. Nach dem vorigen Satz ist, wenn $(2n+2)\varphi < R$ ist, oder zwischen 3R und 5R oder zwischen 7R und 9R . . . fällt, $\operatorname{Cos.}(2n+2)\varphi = r + \frac{2^4}{4!}(n+1)^2 [(n+1)^2 - 1^2] \operatorname{Sin.}^4 \varphi + \frac{2^8}{8!}(n+1)^2 [(n+1)^2 - 1^2][(n+1)^2 - 2^2][(n+1)^2 - 3^2] \operatorname{Sin.}^8 \varphi + \ldots$

$$+ \left\{\begin{array}{l} \frac{2^{2n}}{(2n)!}(n+1)^2 [(n+1)^2 - 1^2] \ldots [(n+1)^2 - (n-1)^2] \operatorname{Sin.}^{2n} \varphi \\ \frac{2^{2n+2}}{(2n+2)!}(n+1)^2 [(n+1)^2 - 1^2] \ldots [(n+1)^2 - n^2] \operatorname{Sin.}^{2n+2} \varphi \end{array}\right\}$$

$$- \frac{2^2}{2!}(n+1)^2 \operatorname{Sin.}^2 \varphi$$

$$- \frac{2^6}{6!}(n+1)^2 [(n+1)^2 - 1^2][(n+1)^2 - 2^2] \operatorname{Sin.}^6 \varphi - \ldots\ldots$$

$$\left\{\begin{array}{l} \frac{2^{2n+2}}{(2n+2)!}(n+1)^2 [(n+1)^2 - 1^2] \ldots [(n+1)^2 - n^2] \operatorname{Sin.}^{2n+2} \varphi \\ \frac{2^{2n}}{(2n)!}(n+1)^2 [(n+1)^2 - 1^2] \ldots [(n+1)^2 - (n-1)^2] \operatorname{Sin.}^{2n} \varphi \end{array}\right\}; \ldots (a)$$

und wenn $(2n+2)\varphi$ zwischen R und 3R oder zwischen 5R und 7R ... fällt, $\text{Cos.}(2n+2)\varphi = \frac{2^2}{2!}(n+1)^2 \text{Sin.}^2\varphi$

$$+\frac{2^6}{6!}(n+1)^2[(n+1)^2-1^2][(n+1)^2-2^2]\text{Sin.}^6\varphi + \dots + \left\{\begin{matrix}\frac{2^{2n+2}}{(2n+2)!}(n+1)^2[(n+1)^2-1^2]\dots[(n+1)^2-n^2]\text{Sin.}^{2n+2}\varphi \\ \frac{2^{2n}}{(2n)!}(n+1)^2[(n+1)^2-1^2]\dots[(n+1)^2-(n-1)^2]\text{Sin.}^{2n}\varphi\end{matrix}\right\}$$

$$-r-\frac{2^4}{4!}(n+1)^2[(n+1)^2-1^2]\text{Sin.}^4\varphi - \frac{2^8}{8!}(n+1)^2[(n+1)^2-1^2][(n+1)^2-2^2][(n+1)^2-3^2]\text{Sin.}^8\varphi - \dots$$

$$-\left\{\begin{matrix}\frac{2^{2n}}{(2n)!}(n+1)^2[(n+1)^2-1^2]\dots[(n+1)^2-(n-1)^2]\text{Sin.}^{2n}\varphi \\ \frac{2^{2n+2}}{(2n+2)!}(n+1)^2[(n+1)^2-1^2]\dots[(n+1)^2-n^2]\text{Sin.}^{2n+2}\varphi\end{matrix}\right\} \quad \dots\dots \quad (b)$$

Nun aber ist $\frac{2^{2n+2}}{(2n+2)!}(n+1)^2[(n+1)^2-1^2]\dots[(n+1)^2-n^2] =$

$\frac{2^{2n+2}}{(2n+2)!}(n+1)^2[(n+2)n][(n+3)(n-1)][(n+4)(n-2)]\dots[(2n+1).1] =$

$\frac{2^{2n+2}}{(2n+2)!}.1.2.3\dots(n+1)(n+1)(n+2)(n+3)\dots(2n+1) = \frac{2^{2n+2}(n+1)}{(2n+2)!}(2n+1)! = \frac{2^{2n+2}(n+1)}{2n+2} = \frac{2^{2n+2}}{2}$

$= 2^{2n+1}$. Ferner ist

$$\frac{2^{2n}}{(2n)!}(n+1)^2[(n+1)^2-1^2]\dots[(n+1)^2-(n-1)^2] = \frac{2^{2n+2}}{(2n+2)!}(n+1)^2[(n+1)^2-1^2]\dots[(n+1)^2-n^2]\cdot\frac{(2n+2)(2n+1)}{4(2n+1)};$$

$$\frac{2^{2n-2}}{(2n-2)!}(n+1)^2[(n+1)^2-1^2]\ldots[(n+1)^2-(n-2)^2] = \frac{2^{2n}}{(2n)!}(n+1)^2[(n+1)^2-1^2]\ldots[(n+1)^2-(n-1)^2].\frac{2n(2n-1)}{4.2.2n};$$

$$\frac{2^{2n-4}}{(2n-4)!}(n+1)^2[(n+1)^2-1^2]\ldots[(n+1)^2-(n-3)^2] = \frac{2^{2n-2}}{(2n-2)!}(n+1)^2[(n+1)^2-1^2]\ldots[(n+1)^2-(n-2)^2].\frac{(2n-2)(2n-3)}{4.3(2n-1)}$$

u. s. w. Folglich ist $\frac{2^{2n}}{(2n)!}(n+1)^2[(n+1)^2-1^2]\ldots[(n+1)^2-(n-1)^2] = (2n+2).2^{2n-1}$;

$$\frac{2^{2n-2}}{(2n-2)!}(n+1)^2[(n+1)^2-1^2]\ldots[(n+1)^2-(n-2)^2] = \frac{2n+2}{2}.\,{}^{2n-1}\mathfrak{A}.\,2^{2n-3};$$

$$\frac{2^{2n-4}}{(2n-4)!}(n+1)^2[(n+1)^2-1^2]\ldots[(n+1)^2-(n-3)^2] = \frac{2n+2}{3}.\,{}^{2n-2}\mathfrak{B}.\,2^{2n-5};$$ u. s. w.

Setzt man nun die hier gefundenen Werthe an die Stelle der Factoren, womit die Sinus in den einzelnen Gliedern der Gleichungen (a) und (b) multiplicirt sind, so ist es leicht, die zu beweisende Gleichung daraus abzuleiten.

§. 20. Lehrsatz.

Ist φ ein spitzer $\angle$, und n eine ganze Zahl, und man theilt die Linien $\frac{1}{2}\,{}^{2n}\mathfrak{N}r$, ${}^{2n}\mathfrak{M}\,\mathrm{Cos}.2\varphi$, ${}^{2n}\mathfrak{L}\,\mathrm{Cos}.4\varphi$, ${}^{2n}\mathfrak{K}\,\mathrm{Cos}.6\varphi$, ... ${}^{2n}\mathfrak{A}\,\mathrm{Cos}.(2n-2)\varphi$ und $\mathrm{Cos}.2n\varphi$ in 2 Partheien, so daß $\frac{1}{2}\,{}^{2n}\mathfrak{N}r$ in die 1ste Parthei kommt, ${}^{2n}\mathfrak{M}\,\mathrm{Cos}.2\varphi$, wenn $2\varphi < R$ ist, in die 2te, wenn aber $2\varphi > R$ ist, in die 1ste Parthei kommt, ${}^{2n}\mathfrak{L}\,\mathrm{Cos}.4\varphi$, wenn $4\varphi < R$ oder $> 3R$ ist, in die 1ste, wenn aber 4φ zwischen R und 3R liegt, in die 2te Parthei kommt, ${}^{2n}\mathfrak{K}\,\mathrm{Cos}.6\varphi$, wenn $6\varphi < R$ oder zwischen 3R und 5R ist, in die 2te, wenn aber 6φ zwischen R und 3R oder $> 5R$ ist, in die 1ste Parthei kommt, ${}^{2n}\mathfrak{J}\,\mathrm{Cos}.8\varphi$, wenn $8\varphi < R$ oder zwischen 3R und 5R oder $> 7R$ ist, in die 1ste, wenn aber 8φ zwischen R und 3R oder zwischen 5R und 7R ist, in die 2te Parthei kommt, ${}^{2n}\mathfrak{H}\,\mathrm{Cos.}\,10\varphi$, wenn $10\varphi < R$ oder zwischen 3R und 5R oder zwischen 7R und 9R ist, in die 2te, wenn aber 10φ zwischen R und 3R oder zwischen 5R und 7R oder $> 9R$ ist, in die 1ste Parthei kommt, ${}^{2n}\mathfrak{G}\,\mathrm{Cos.}\,12\varphi$, wenn $12\varphi < R$ oder zwischen 3R und 5R oder zwischen 7R und 9R oder $> 11R$ ist, in die 1ste, wenn aber 12φ zwischen R und 3R oder zwischen 5R und 7R oder zwischen 9R und 11R ist, in die 2te Parthei kommt, u. s. w., so übertrifft die Summe der zur 1sten Parthei gehörigen Linien die Summe der zur 2ten Parthei gehörigen um $2^{2n-1}\,\mathrm{Sin.}^{2n}\,\varphi$.

Beweis. Der Satz im vorhergehenden §. kann auch so ausgedruckt werden: Wenn φ ein spitzer $\angle$, und n eine ganze Zahl ist, und man theilt die Linien $(2n+2)\,.\,2^{2n-1}\,\mathrm{Sin.}^{2n}\,\varphi$, $\frac{2n+2}{2}\,.\,{}^{2n-1}\mathfrak{A}\,.\,2^{2n-3}\,\mathrm{Sin.}^{2n-2}\,\varphi$, $\frac{2n+2}{3}\,.\,{}^{2n-2}\mathfrak{B}\,.\,2^{2n-5}\,\mathrm{Sin.}^{2n-4}\,\varphi, \ldots$, $\frac{2n+2}{n}\,.\,\frac{(n+1)n}{1\,.\,2}\,.\,2\,\mathrm{Sin.}^{2}\,\varphi$, r und $\mathrm{Cos.}\,(2n+2)\,\varphi$ in 2 Partheien, so daß die 1ste der genannten Linien in die 1ste, die 2te in die 2te, die 3te wieder in die erste Parthei kommt, u. s. w., immer wechselweise, bis zur Linie r inclusive, und daß endlich, wenn $(2n+2)\varphi < R$ oder zwischen 3R und 5R oder zwischen 7R und 9R . . . ist, die Linien r und $\mathrm{Cos.}\,(2n+2)\,\varphi$ in entgegengesetzte Partheien, wenn aber $(2n+2)\,\varphi$ zwischen R und 3R oder zwischen 5R und 7R . . . liegt, die Linien r und $\mathrm{Cos.}\,(2n+2)\,\varphi$ in einerlei Parthei kommen, so übertrifft die Summe der zur 1sten Parthei gehörigen Linien die Summe der zur 2ten Parthei gehörigen um $2^{2n+1}\,\mathrm{Sin.}^{2n+2}\,\varphi$. Wir wollen nun annehmen, der jetzt zu beweisende Satz sei bis zu irgend einem Werthe von n richtig, und daraus beweisen, daß er auch für den um 1 größeren Werth von n richtig sei. Ist er bis zu irgend einem Werthe von n richtig, und man theilt die Linien $(2n+2)\,.\,\frac{1}{2}\,{}^{2n}\mathfrak{N}\,r$, $(2n+2)\,.\,{}^{2n}\mathfrak{M}\,\mathrm{Cos.}\,2\,\varphi$, $(2n+2)\,.\,{}^{2n}\mathfrak{L}\,\mathrm{Cos.}\,4\varphi, \ldots$ $(2n+2)\,{}^{2n}\mathfrak{A}\,\mathrm{Cos.}\,(2n-2)\,\varphi$ und $(2n+2)\,\mathrm{Cos.}\,2n\,\varphi$, d. i.

$\frac{1}{2}\cdot\frac{2n+2}{(n+1)!}\cdot {}^{n+1}\mathfrak{A}\,(n+1)(n+2)\ldots(2n)\,r$,

$\frac{2n+2}{n!}\cdot {}^{n}\mathfrak{A}\,(n+2)(n+3)\ldots(2n)\,\mathrm{Cos.}\,2\varphi$,

$\frac{2n+2}{(n-1)!}\cdot {}^{n-1}\mathfrak{A}\,(n+3)(n+4)\ldots(2n)\,\mathrm{Cos.}\,4\varphi,\ldots,$

$\frac{2n+2}{2!}\cdot {}^{2}\mathfrak{A}\,.\,2n\,\mathrm{Cos.}\,(2n-2)\varphi$ und $\frac{2n+2}{1!}\cdot {}^{1}\mathfrak{A}\,\mathrm{Cos.}\,2n\varphi$, auf die in der Hypothesis unseres zu beweisenden Satzes beschriebene Art in 2 Partheien, so übertrifft die Summe der zur 1sten Parthei gehörigen Linien die Summe der zur 2ten Parthei gehörigen um $(2n+2)\,.\,2^{2n-1}\,\mathrm{Sin.}^{2n}\,\varphi$. Diese Gleichung wollen wir mit (a) bezeichnen. Theilt man ferner die Linien

$\frac{2n+2}{2}\cdot {}^{2n-1}\mathfrak{A}\,.\,\frac{1}{2}\,{}^{2n-2}\mathfrak{M}\,r$, $\frac{2n+2}{2}\cdot {}^{2n-1}\mathfrak{A}\,.\,{}^{2n-2}\mathfrak{L}\,\mathrm{Cos.}\,2\varphi$,

$\frac{2n+2}{2}\cdot {}^{2n-1}\mathfrak{A}\,.\,{}^{2n-2}\mathfrak{K}\,\mathrm{Cos.}\,4\varphi,\ldots,$ $\frac{2n+2}{2}\cdot {}^{2n-1}\mathfrak{A}\,.\,{}^{2n-2}\mathfrak{A}\,\mathrm{Cos.}\,(2n-4)\varphi$

und $\frac{2n+2}{2}\cdot {}^{2n-1}\mathfrak{A}\,\mathrm{Cos.}\,(2n-2)\varphi$, d. i.

$\frac{1}{2}\cdot\frac{2n+2}{(n+1)!}\cdot {}^{n+1}\mathfrak{B}\,n(n+1)\ldots(2n-1)\,r$,

$\frac{2n+2}{n!}\cdot {}^{n}\mathfrak{B}\,(n+1)(n+2)\ldots(2n-1)\,\mathrm{Cos.}\,2\varphi$,

$\frac{2n+2}{(n-1)!}\cdot {}^{n-1}\mathfrak{B}\,(n+2)(n+3)\ldots(2n-1)\,\mathrm{Cos.}\,4\varphi,\ldots,$

$\frac{2n+2}{2!}\cdot {}^{2}\mathfrak{B}\,(2n-1)\,\mathrm{Cos.}\,(2n-2)\varphi$, auf dieselbe Art in 2 Partheien, so übertrifft die Summe der 1sten Parthei die Summe der 2ten um $\frac{2n+2}{2}\cdot {}^{2n-1}\mathfrak{A}\,.\,2^{2n-3}\,\mathrm{Sin.}^{2n-2}\,\varphi$. Diese Gleichung wollen wir mit (b) bezeichnen. Theilt man ferner die Linien

$\frac{2n+2}{3}\cdot {}^{2n-2}\mathfrak{B}\,.\,\frac{1}{2}\,{}^{2n-4}\mathfrak{L}\,r$, $\frac{2n+2}{3}\cdot {}^{2n-2}\mathfrak{B}\,.\,{}^{2n-4}\mathfrak{K}\,\mathrm{Cos.}\,2\varphi$,

$\frac{2n+2}{3}\cdot {}^{2n-2}\mathfrak{B}\,.\,{}^{2n-4}\mathfrak{J}\,\mathrm{Cos.}\,4\varphi,\ldots,$ $\frac{2n+2}{3}\cdot {}^{2n-2}\mathfrak{B}\,.\,{}^{2n-4}\mathfrak{A}\,\mathrm{Cos.}\,(2n-6)\varphi$

und $\frac{2n+2}{3}\cdot {}^{2n-2}\mathfrak{B}\,\mathrm{Cos.}\,(2n-4)\varphi$, d. i.

$\frac{1}{2}\cdot\frac{2n+2}{(n+1)!}\cdot {}^{n+1}\mathfrak{C}\,(n-1)\,n\ldots(2n-2)\,r$,

$\frac{2n+2}{n!} \cdot {}^{n}\mathfrak{C}\, n(n+1)\ldots(2n-2)\,\mathrm{Cos.}\,2\varphi$,
$\frac{2n+2}{(n-1)!} \cdot {}^{n-1}\mathfrak{C}\,(n+1)(n+2)\ldots(2n-2)\,\mathrm{Cos.}\,4\varphi, \ldots$,
$\frac{2n+2}{3!} \cdot {}^{3}\mathfrak{C}\,(2n-3)(2n-2)\,\mathrm{Cos.}\,(2n-4)\varphi$ auf dieselbe Art in 2 Partheien, so übertrifft die Summe der 1sten Parthei die Summe der 2ten um $\frac{2n+2}{3} \cdot {}^{2n-2}\mathfrak{B} \cdot 2^{2n-5}\,\mathrm{Sin.}^{2n-4}\varphi$. Diese Gleichung wollen wir mit (c) bezeichnen, und nach demselben Gesetze Gleichungen (d), (e), (f) u. s. w. bilden. Die rechten Seiten der Gleichungen (a), (b), (c) u. s. w. sind $(2n+2) \cdot 2^{2n-1}\,\mathrm{Sin.}^{2n}\varphi$; $\frac{2n+2}{2} \cdot {}^{2n-1}\mathfrak{A} \cdot 2^{2n-3}\,\mathrm{Sin.}^{2n-2}\varphi$; $\frac{2n+2}{3} \cdot {}^{2n-2}\mathfrak{B} \cdot 2^{2n-5}\,\mathrm{Sin.}^{2n-4}\varphi$, u. s. w., also einerlei mit denjenigen Linien, welche wir im Anfang dieses Beweises in dem veränderten Ausdruck des vorigen Paragraphen zusammengestellt und in 2 Partheien getheilt haben. Wir wollen annehmen, es seien so viele Gleichungen (a), (b), (c) u. s. w. gebildet, daß von den im Anfang dieses Beweises zusammengestellten Linien $(2n+2) \cdot 2^{2n-1}\,\mathrm{Sin.}^{2n}\varphi$,
$\frac{2n+2}{2} \cdot {}^{2n-1}\mathfrak{A} \cdot 2^{2n-3}\,\mathrm{Sin.}^{2n-2}\varphi$, $\frac{2n+2}{3} \cdot {}^{2n-2}\mathfrak{B} \cdot 2^{2n-5}\,\mathrm{Sin.}^{2n-4}\varphi, \ldots$,
$\frac{2n+2}{n} \cdot \frac{(n+1)n}{1 \cdot 2} \cdot 2\,\mathrm{Sin.}^{2}\varphi$, r und $\mathrm{Cos.}\,(2n+2)\varphi$ nur noch die beiden letzten, r und $\mathrm{Cos.}\,(2n+2)\varphi$, übrig sind. Dann ist die Anzahl der Gleichungen (a), (b), (c) u. s. w. = n, und die letzte werde mit (n) bezeichnet. Setzen wir dazu noch die Gleichung $\frac{1}{2} \cdot \frac{2n+2}{(n+1)!} \cdot {}^{n+1}\mathfrak{O} \cdot 1 \cdot 2 \cdot 3 \ldots n \cdot r = r$, welche wir mit (o) bezeichnen wollen, und die Gleichung $\mathrm{Cos.}\,(2n+2)\varphi = \mathrm{Cos.}\,(2n+2)\varphi$, welche (p) heißen mag, und wir theilen diejenigen Glieder der Gleichungen (a), (b), (c), ..., (o), welche r enthalten, wiederum in 2 Partheien, so daß das Glied der Gleichung (a) in die 1ste, das Glied der Gleichung (b) in die 2te, das Glied der Gleichung (c) wieder in die 1ste Parthei kommt, und so immer wechselweise bis zum Gliede
$\frac{1}{2} \cdot \frac{2n+2}{(n+1)!} \cdot {}^{n+1}\mathfrak{O} \cdot 1 \cdot 2 \cdot 3 \ldots n \cdot r$ inclusive, so übertrifft die Summe

der 1sten Parthei die Summe der 2ten nach §. 13 des 3. Abschn. Theil 1. um $\frac{1}{2}\cdot\frac{2n+2}{(n+1)!}(n+2)(n+3)\ldots(2n+1)r$, d. i. um $\frac{1}{2}\cdot{}^{2n+2}\mathfrak{O}.r$. Theilen wir ferner diejenigen Glieder der Gleichungen (a), (b), (c), ..., (n), welche $\mathrm{Cos}.2\varphi$ enthalten, auf die zuletzt beschriebene Art in 2 Partheien, so übertrifft die Summe der 1sten Parthei die Summe der 2ten nach §. 18. des 3ten Abschn. Theil 1. um $\frac{2n+2}{n!}(n+3)(n+4)\ldots(2n+1)\mathrm{Cos}.2\varphi$, d. i. um ${}^{2n+2}\mathfrak{N}\,\mathrm{Cos}.2\varphi$. Theilen wir ferner diejenigen Glieder der Gleichungen (a), (b), (c), ..., (m), welche $\mathrm{Cos}.4\varphi$ enthalten, auf die zuletzt beschriebene Art in 2 Partheien, so übertrifft die Summe der ersten Parthei die Summe der 2ten nach §. 18. des 3ten Abschn. Theil 1. um $\frac{2n+2}{(n-1)!}(n+4)(n+5)\ldots(2n+1)\mathrm{Cos}.4\varphi$, d. i. um ${}^{2n+2}\mathfrak{M}\,\mathrm{Cos}.4\varphi$. So können wir fortfahren zu schließen, bis wir auch das Glied $\frac{2n+2}{1!}.{}^{1}\mathfrak{A}\,\mathrm{Cos}.2n\varphi$ der Gleichung (a) in Betracht gezogen haben.

Wir wollen nun die Glieder der Gleichung (a), welche r und die Cosinus enthalten, wiederum auf die in der Hypothesis unseres zu beweisenden Satzes angezeigte Art in 2 Partheien theilen. Ebenso wollen wir mit den Gliedern der Gleichung (b) verfahren, welche r und die Cosinus enthalten; doch wollen wir jedes dieser Glieder in die entgegengesetzte Parthei werfen. Mit den Gliedern der Gleichung (c) wollen wir wieder wie mit den Gliedern der Gleichung (a) verfahren, und mit den Gliedern der Gleichung (d) wie mit den Gliedern der Gleichung (b), und so immer wechselsweise bis zur Gleichung (o) inclusive. Endlich wollen wir das auf der linken Seite der Gleichung (p) befindliche Glied $\mathrm{Cos}.(2n+2)\varphi$, wenn $(2n+2)\varphi < R$ oder zwischen 3R und 5R oder zwischen 7R und 9R ... ist, in diejenige Parthei werfen, in welcher nach der vorgenommenen Umwandlung das Glied $\frac{1}{2}.\frac{2n+2}{(n+1)!}.{}^{n+1}\mathfrak{O}.1.2.3\ldots n.r$ der Gleichung (o) nicht steht; wenn aber $(2n+2)\varphi$ zwischen R und 3R oder zwischen 5R und 7R . . . liegt, in diejenige Parthei, in welcher nach der vorgenommenen Umwandlung das Glied $\frac{1}{2} \cdot \frac{2n+2}{(n+1)!} \cdot {}^{n+1}\mathfrak{O} . 1.2.3 \ldots n . r$ der Gleichung (o) steht. Wenn wir alsdann alle diejenigen Glieder der Gleichungen (a), (b), (c), ..., (p) zusammengenommen, welche nunmehr zur 1sten Parthei gehören, unter sich addiren, und so auch alle diejenigen Glieder der Gleichungen (a), (b), (c), ..., (p) zusammengenommen, welche nunmehr zur 2ten Parthei gehören, unter sich addiren, so ist klar, daß die Summe der 1sten Parthei die Summe der 2ten Parthei um ebensoviel übertrifft, als die Summe der 1sten, 3ten, 5ten . . . Linie unter den Linien $(2n+2) . 2^{2n-1} \text{Sin.}^{2n} \varphi$, $\frac{2n+2}{2} . {}^{2n-1}\mathfrak{A} . 2^{2n-3} \text{Sin.}^{2n-2} \varphi$, $\frac{2n+2}{3} . {}^{2n-2}\mathfrak{B} . 2^{2n-5} \text{Sin.}^{2n-4} \varphi, \ldots$, $\frac{2n+2}{n} \cdot \frac{(n+1)n}{1.2} . 2 \text{Sin.}^2 \varphi$, r und $\text{Cos.}(2n+2)\varphi$ die Summe der 2ten, 4ten, 6ten . . . Linie übertrifft [wobei jedoch die beiden letzten Linien dieser Reihe, r und $\text{Cos.}(2n+2)\varphi$, wenn $(2n+2)\varphi$ zwischen R und 3R oder zwischen 5R und 7R . . . liegt, in einerlei Summe kommen müssen], d. h. um $2^{2n+1} \text{Sin.}^{2n+2} \varphi$.

Aus allem Bisherigen können wir schließen, daß, wenn wir die Linien $\frac{1}{2} . {}^{2n+2}\mathfrak{O} . r$, ${}^{2n+2}\mathfrak{N} \text{Cos.} 2\varphi$, ${}^{2n+2}\mathfrak{M} \text{Cos.} 4\varphi, \ldots$, ${}^{2n+2}\mathfrak{A} \text{Cos.} 2n\varphi$ und $\text{Cos.}(2n+2)\varphi$ auf die in der Hypothesis unseres zu beweisenden Satzes angezeigte Art in 2 Partheien theilen, die Summe der 1sten Parthei die Summe der 2ten um $2^{2n+1} \text{Sin.}^{2n+2} \varphi$ übertrifft.

Hieraus geht hervor, daß, wenn unser zu beweisender Satz bis zu irgend einem Werthe von n richtig ist, er auch für den um 1 größeren Werth von n richtig ist. Nun ist er aber für $n = 1$ richtig; folglich ist er für jedes n richtig.

§. 21. Zusatz.

Bedeutet φ einen spitzen $\angle$, und n eine ganze Zahl, so ist $\text{Sin.}^{2n} \varphi =$ dem Unterschied der beiden in der Thesis des vorigen Satzes erwähnten Summen, dieser Unterschied dividirt durch 2^{2n-1}.

Fünfter Abschnitt.

Von der Cykloide oder Radlinie.

---

§. 1. Erklärung.

Wenn man (Fig. 67.) an einen Punct A der Peripherie eines Kreises eine Tangente AB zieht, und man wälzt nun den Kreis an der Tangente entlang, so heißt die Curve CD, welche der dem Punct A entgegengesetzte Punct C der Peripherie bei dieser Bewegung beschreibt, eine Cykloide oder Radlinie (roulette), und der Kreis der erzeugende Kreis derselben.

§. 2. Zusatz.

Wenn man aus einem beliebigen Punct E der nach D zu liegenden halben Peripherie AEC eine Linie EF ⋕ AB bis an die Cykloide zieht, so ist EF = Bogen CE. Und wenn man aus so vielen Puncten der Peripherie eines Halbkreises, als man will, Linien zieht, welche winkelrecht auf dem Durchmesser des Halbkreises stehen, nach außen gerichtet und = dem jedesmaligen abgeschnittenen Bogen sind, so ist der geometrische Ort der Endpuncte aller dieser Linien eine Cykloide, und der Kreis, wovon jener Halbkreis ein Theil ist, der erzeugende Kreis derselben.

§. 3. Zusatz.

Da zwischen die Linie CM Fig. 68., die man ⋕ mit AD ziehen kann, und den Kreis nach Eucl. 3, 16 keine gerade Linie aus C gezogen werden kann, so kann um so weniger zwischen CM und die Cykloide eine gerade Linie aus C gezogen werden; daher ist (§. 3. des 1sten Abschn.) CM eine Tangente der Cykloide.

§. 4. Erklärung.

Der Punct C soll der Scheitel der Cykloide genannt werden.

§. 5. Lehrsatz.

Die Linie DT, die man aus D Fig. 68. # mit AC ziehen kann, ist gleichfalls eine Tangente der Cykloide.

Beweis. Man ziehe durch den Halbkreis und die Cykloide parallel mit CM die Linie RU, welche AC in R, die Peripherie des Halbkreises in P, die Cykloide in S, endlich DT in U schneidet. Man ziehe die Tangente PO des Kreises bis an AD, und fälle PQ winkelrecht auf AD. Da nun, indem man die Linie RU immer näher nach AD zu rückt, nach §. 35. des 1sten Abschn. das Verhältniß OP — OQ : PQ, d. i. AO + OP — AQ : DU, < werden kann als jedes gegebene Verhältniß, so kann (Archimed. de Sphaer. et Cyl. Annahme 2.) um so mehr das Verhältniß AP — AQ : DU, d. i. AD — PS — PR : DU, d. i. AD — RS : DU, d. i. SU : DU, < werden als jedes gegebene Verhältniß; folglich läßt sich zwischen DT und die Cykloide keine gerade Linie ziehen; daher ist DT eine Tangente der Cykloide.

§. 6. Lehrsatz.

Zwei zusammengehörige Puncte E und F des Kreises und der Cykloide sind allemal so beschaffen, daß die Tangente der Cykloide mit der nach C gehenden Sehne EC des Kreises parallel ist.

Beweis. Man ziehe FN # EC, und zwischen HF und CM eine beliebige Parallele IK, welche AC in I, EC in L, die Kreisperipherie in i, die zu E gehörige Tangente EG des Kreises in e, die Cykloide in m, endlich FN in K schneidet; auch ziehe man die Sehne Ei. Dann ist nach Eucl. 3, 32, wenn man AE zieht, ∠GEC = EAC = R — ACE = ILC = ELe, also ∠iEL < ELi, und daher (Eucl. 1, 19) iL < Ei, also um so mehr [Archimed. de Sphaer. et Cyl. Annahme 1] < Bogen Ei, d. i. < EF — im. Folglich iL + im, d. i. Lm < EF, d. i. < LK. Folglich liegt der Punct K außerhalb der Cykloide, und ebenso läßt sich beweisen, daß die ganze Linie FN außerhalb der Cykloide liegt. Aber das Verhältniß Ei : Li kann, wenn man die Linie lk nahe genug bei HF annimmt, dem Verh. der Gleichheit näher kommen als jedes gegebene Verhältniß. Das Verh. Ei : Bogen Ei kann nach §. 43. des 1sten Abschn. ebenfalls dem Verhältniß der Gleichheit näher kommen als jedes gegebene Verhältniß. Folglich kann das Verhältniß Li : Bogen Ei, d. i. Li : EF — im, d. i. Li : Li + mK, dem Verhältniß der Gleichheit näher kommen als jedes gegebene Verhältniß; oder, was dasselbe sagt, das Verhältniß mK : Li kann < werden als jedes gegebene Verhältniß. Das Verhältniß Li : LE aber nähert sich, wenn EG und CM einander in V schneiden, dem Verh. CV : CE. Also kann auch das Verhältniß mK : LE, d. i. mK : KF, < werden als jedes gegebene Verhältniß. Daher läßt sich zwischen FK und den Bogen Fm der Cykloide keine gerade Linie aus F ziehen; also ist [§. 3. des 1sten Abschn.] FN eine Tangente der Cykloide.

Dritter Theil.

Mechanische Lehren.

Erster Abschnitt.

Entwickelung des Begriffs der Geschwindigkeit und der beschleunigenden oder verzögernden Kraft bei geradlinigen und krummlinigen Bewegungen.

§. 1. Erklärung.

Wenn Puncte im Raum ihre gegenseitigen Entfernungen von einander ändern, so sagen wir, sie sind in Bewegung. Von denjenigen Puncten, auf welche wir die Veränderungen der Entfernung der übrigen Puncte beziehen, und welche selbst ihre Entfernungen unter einander nicht ändern, sagen wir, sie seien in Ruhe.

Anmerkung. Bewegung und Ruhe sind relative Begriffe; man kann einem und demselben Punct zu gleicher Zeit Bewegung und Ruhe beilegen, je nachdem man entweder die Veränderung seiner Entfernung von andern Puncten, die selbst ihre Entfernungen unter einander nicht ändern, berücksichtigt, oder die Veränderungen der Lage anderer Puncte auf jenen ersten Punct bezieht. Bei der Vorstellung einer jeden Bewegung aber müssen wenigstens drei Puncte, die nicht in gerader Linie liegen, vorhanden sein, welche ihre Entfernungen von einander nicht ändern, und auf welche wir die Veränderungen der Lage aller bewegten Puncte beziehen. Wir werden jedoch durch nichts gehindert, in der Theorie jede relative Bewegung als eine absolute anzusehen, d. h. als eine solche, welche in bloßer Ortsveränderung in Beziehung auf den absoluten Raum, den man sich unbeweglich denkt, besteht.

§. 2. Erklärung.

Eine Bewegung eines Puncts heißt geradlinig, wenn sie in Beziehung auf andere Puncte, die man als ruhend betrachtet, in gerader Linie, krummlinig aber, wenn sie in krummer Linie geschieht. Eine geradlinige oder krummlinige Bewegung heißt gleichförmig, wenn die längs der gedachten geraden oder krummen Linie beschriebenen Räume den darauf verwandten Zeiten proportional sind. Wenn bei 2 gleichförmigen Bewegungen in einerlei Zeit gleiche Räume beschrieben werden, so sagt man, beide Bewegungen seien gleich schnell, oder sie haben gleiche Geschwindigkeit; werden aber in gleichen Zeiten verschiedene Räume beschrieben, so sagt man, die Geschwindigkeiten bei beiden Bewegungen seien ungleich, und verhalten sich wie die in gleichen Zeiten beschriebenen Räume.

§. 3. Lehrsatz.

Die Geschwindigkeiten zweier gleichförmiger Bewegungen stehen in einem Verhältniß, welches zusammengesetzt ist aus dem Verhältniß zweier beliebiger Stücke beider Bahnen und aus dem umgekehrten Verhältniß der auf diese Stücke verwandten Zeiten.

Beweis. Bei der einen Bewegung mag in der Zeit t der Weg s, bei der andern in der Zeit t' der Weg s' beschrieben werden, so ist der Weg, der bei der 2ten Bewegung in der Zeit t durchlaufen wird, zufolge des Begriffs der gleichförmigen Bewegung die 4te Proportionale zu t', t und s'. Also verhält sich (§. 2.) die Geschwindigkeit der ersten Bewegung zur Geschwindigkeit der 2ten wie s zu jener 4ten Proportionale, d. i. wie $(s:s') + (s'$ zu jener 4ten Proportionale), d. i. wie $(s:s') + (t':t)$.

§. 4. Lehrsatz.

Daß bei einer geradlinigen oder krummlinigen Bewegung die vom Anfang der Bewegung an zurückgelegten Wege im doppelten Verhältniß der darauf verwandten Zeiten stehen können, ist für sich klar, weil unter dieser Voraussetzung allemal nach

Ablauf einer größeren Zeit (vom Anfang der Bewegung an gerechnet) ein größerer Weg beschrieben ist. Ist nun eine geradlinige oder krummlinige Bewegung von der eben erwähnten Beschaffenheit, so soll bewiesen werden, daß der in einer beliebigen Zeit beschriebene Weg allemal kleiner ist als der in der nächstfolgenden eben so großen Zeit beschriebene Weg.

Beweis. Es mögen die vom Anfang der Bewegung an in den Zeiten t, $t+\tau$ und $t+2\tau$ beschriebenen Wege s, $s+\sigma$ und $s+\sigma+v$ sein, so ist nach der Voraussetzung $s:s+\sigma = 2(t:t+\tau)$, und $s:s+\sigma+v = 2(t:t+2\tau)$. Man mache $2(t:t+\tau) = t:t+2\tau+T$, so ist nach §. 13. des 2ten Abschn. Theil 1. $2(t:t+2\tau) = t:t+4\tau+4T$, also

$$\begin{array}{rl} & s:\sigma = t:2\tau+T \\ & s:\sigma+v = t:4\tau+4T \\ \text{ord. ex aeq.} & \overline{\sigma:\sigma+v = 2\tau+T:4\tau+4T;} \end{array}$$

getrennt $\sigma:v = 2\tau+T:2\tau+3T$. Da in dieser Proportion das 4te Glied $>$ ist als das 3te, so ist auch $v>\sigma$. Also werden in den auf einander folgenden gleichen Zeiten τ, τ doch die ungleichen Wege σ, v beschrieben, wovon $v>\sigma$.

§. 5. Zusatz.

Daß bei einer geradlinigen oder krummlinigen Bewegung die von verschiedenen Zeitpuncten an bis zum Ende der Bewegung zurückgelegten Wege allemal im doppelten Verhältniß der darauf verwandten Zeiten stehen können, erhellt unmittelbar daraus, daß diese Bewegung gerade das Umgekehrte der im vorigen §. betrachteten ist, — woraus denn zugleich folgt, daß unter der hier angeführten Voraussetzung in jeder beliebigen Zeit ein kleinerer Weg beschrieben wird, als in der nächstvorhergehenden eben so großen Zeit.

§. 6. Erklärung.

Wenn bei einer geradlinigen oder krummlinigen Bewegung in jeder beliebigen Zeit ein kleinerer Raum beschrieben wird als in der nächstfolgenden eben so großen Zeit, so heißt sie eine beschleunigte Bewegung; wenn aber in jeder beliebigen Zeit ein kleinerer Raum beschrieben wird als in der nächstvorhergehenden ebensogroßen Zeit, so heißt die Bewegung eine verzögerte. Beide Arten der Bewegung heißen zusammen ungleichförmige.

§. 7. Lehrsatz.

Wenn man auf einer geraden oder krummen Linie, die mit beschleunigter Bewegung durchlaufen wird, 2 beliebige Puncte annimmt, und dann einen von beiden oder auch beide vorwärts rückt, doch so, daß sie einander nicht überschreiten, so steht der zwischen den beiden vorwärts gerückten Puncten enthaltene Raum zu dem zwischen beiden anfänglichen Puncten enthaltenen Raum in einem Verhältniß, welches $>$ ist als das Verhältniß der auf beide Räume verwandten Zeiten. Wenn man aber auf einer Linie, die mit verzögerter Bewegung durchlaufen wird, 2 Puncte auf die beschriebene Art vorwärts rückt, so ist das Verhältniß der Wege kleiner als das Verhältniß der darauf verwandten Zeiten.

Beweis. Wir wollen den Beweis erst für die beschleunigte Bewegung führen.

1) Wenn der näher beim Anfang der Bewegung liegende Punct bleibt, der entferntere aber vorwärts gerückt wird, so haben die entsprechenden Zeiten entweder ein rationales oder ein irrationales Verhältniß.

a) Wenn sie ein rationales Verhältniß haben, so sei AB Fig. 1. der durchlaufene Weg, C und D die beiden angenommenen Puncte, und man rücke den Punct D nach E, so daß das Verhältniß der auf die Wege CE und CD verwandten Zeiten z. B. 7 : 3 sei. Man theile die auf CE verwandte Zeit in 7 gleiche Theile, und nenne einen solchen Theil t, so wird der Weg CE in der Zeit 7t, CD in der Zeit 3t beschrieben. Man theile CD und DE in die Theile CF, FG, GD, DH, HI, IK, KE, deren jeder in der Zeit t beschrieben wird, so ist, nach dem Begriff der beschleunigten Bewegung, $FG > CF$, $GD > FG$, $DH > GD$, u. s. w., also $GD > \frac{1}{3}CD$, und $DH < \frac{1}{4}DE$. Da nun $DH > GD$, so wird um so mehr $\frac{1}{4}DE > \frac{1}{3}CD$, folglich $3DE > 4CD$, folglich $3DE + 3CD$, d. i. $3CE > 7CD$, also $CE > \frac{7}{3}CD$ sein. Folglich ist $CE : CD > 7t : 3t$, also das Verhältniß der Wege > als das Verhältniß der darauf verwandten Zeiten.

b) Wenn sie ein irrationales Verhältniß haben, so seien C und D die anfänglichen Puncte, und der Punct D werde nach E vorgerückt. Die auf CE verwandte Zeit sei t', die auf CD verwandte t. Man nehme erstlich an, es sei $CE : CD < t' : t$. Man mache $CE : CD = t' : \tau$, so ist $\tau > t$; aber, weil in dieser Proportion das 2te Glied < als das 1ste, so ist auch $\tau < t'$. Da also $\tau > t$, aber $< t'$, so wird es zwischen D und E einen Punct I geben, von der Art daß die auf CI verwandte Zeit $= \tau$. Man nehme nun einen aliquoten Theil von t', welcher $< \tau - t$ ist, und theile CE in Theile, so daß jeder Theil in einem jener aliquoten Theile von t' beschrieben werde, so wird wenigstens Ein Theilpunct zwischen D und I fallen. Er sei H, und die auf CH verwandte Zeit θ. Dann ist, weil das Verhältniß $t' : \theta$ rational, $CE : CH > t' : \theta$. Ist aber $CE : CD = t' : \tau$, so ist $CE : CH < t' : \tau$, also, da vorher $CE : CH > t' : \theta$ war, gewiß $\theta > \tau$, da doch $\theta < \tau$ war. Da dies sich widerspricht, so kann $CE : CD$ nicht $< t' : t$ sein.

Man nehme ferner an, es sei $CE : CD = t' : t$, und es sei K (zwischen D und E) ein Punct von der Art, daß die Wege DK und KE in gleichen Zeiten beschrieben werden, so ist die auf CK verwandte Zeit $= \frac{1}{2}(t' + t)$. Nach dem, was so eben bewiesen, kann $CE : CK$ nicht $< t' : \frac{1}{2}(t' + t)$ sein. Aber $CE : CK$ kann auch nicht $= t' : \frac{1}{2}(t' + t)$ sein; denn sonst wäre zurückkehrend $CE : EK = t' : \frac{1}{2}(t' - t)$, und aus $CE : CD = t' : t$ würde dito $CE : ED = t' : t' - t$

——————————— ord. ex aeq.

$EK : ED = \frac{1}{2}(t' - t) : t' - t$, also $ED = 2EK$, da doch, weil die Bewegung beschleunigt ist, $ED < 2EK$. Folglich ist $CE : CK >$

$t':\frac{1}{2}(t'+t)$. Nach dem, was vorher bewiesen, kann ferner $CK:CD$ nicht $< \frac{1}{2}(t'+t):t$ sein. Aber $CK:CD$ kann auch nicht $= \frac{1}{2}(t'+t):t$ sein; denn sonst wäre getrennt

$DK:CD = \frac{1}{2}(t'-t):t$, und aus $CE:CD = t':t$ würde getrennt

$$\begin{array}{l} DE:CD = t'-t:t \\ \hline DK:DE = \frac{1}{2}(t'-t):t'-t \end{array} \text{ ord. ex aeq.}$$

$DK:DE = \frac{1}{2}(t'-t):t'-t$, also $DE = 2DK$, da doch wegen der Beschleunigung $DE > 2DK$. Folglich ist $CE:CK > t':\frac{1}{2}(t'+t)$

$$\text{ord. ex aeq.}\ \begin{array}{l} CK:CD > \frac{1}{2}(t'+t):t \\ \hline CE:CD > t':t, \end{array}$$

welches dem Angenommenen, $CE:CD = t':t$, widerspricht. Folglich ist auch diese Annahme falsch, und es kann nur $CE:CD > t':t$ sein.

2) Wenn der näher beim Anfang liegende Punct vorgerückt wird, der entferntere aber bleibt, so seien C und E die beiden angenommenen Puncte, und C werde nach D vorgerückt. Es sei t' die auf CE, und t die auf CD verwandte Zeit, so ist, nach dem, was im 1sten Falle bewiesen, $CE:CD > t':t$; zurückkehrend (§. 41. des 1sten Abschn. Theil 1.) $CE:DE < t':t'-t$; umgekehrt $DE:CE > t'-t:t'$.

3) Wenn beide Puncte vorgerückt werden, so denke man sich, daß erst der entferntere allein vorrücke, dann der näher beim Anfang liegende ihm nachfolge. Durch das Fortrücken des entfernteren Puncts verwandle sich die anfängliche Entfernung beider Puncte von einander, s, in s', und die auf den Weg s verwandte Zeit t in t'; dadurch aber, daß der näher beim Anfang liegende Punct nachrückt, verwandle sich der Weg s' in s'', die Zeit t' in t''. Dann ist, nach dem, was im 1sten Fall bewiesen, $s':s > t':t$, und nach dem, was im 2ten Fall bewiesen,

$$\begin{array}{l} s'':s' > t'':t' \\ \hline s'':s > t'':t. \end{array} \text{ ord. ex aeq.}$$

Für die verzögerte Bewegung ist kein besonderer Beweis nöthig, weil sie gerade das Umgekehrte der beschleunigten ist.

§. 8. Lehrsatz.

Wenn man auf einer Linie, die mit beschleunigter Bewegung durchlaufen wird, 2 beliebige Puncte annimmt, und einen von ihnen oder auch beide auf die im vorigen §. beschriebene Art vorrückt, so daß die anfängliche Entfernung s der beiden Puncte von einander in s', die auf den Weg s verwandte Zeit t in t' übergeht, und man denkt sich nun eine gleichförmige Bewegung, wobei in der Zeit t der Weg s, und eine andere gleichförmige Bewegung, wobei in der Zeit t' der Weg s' beschrieben wird, so ist bei der letzteren die Geschwindigkeit $>$ als bei der ersteren. Wenn aber auf einer Linie, die mit verzögerter Bewegung durchlaufen wird, 2 beliebige Puncte auf die beschriebene Art vorgerückt, und auch auf die angeführte Art 2 gleichförmige Bewegungen angenommen werden, so ist die Geschwindigkeit der 2ten kleiner als die der ersten.

Beweis. Für die beschleunigte Bewegung ist, nach dem vorigen §., $s':s > t':t$. Nun aber verhält sich die Geschwindigkeit der gleichförmigen Bewegung, die in der Zeit t den Raum s durchläuft, zu der Geschwindigkeit, die in der Zeit t' den Weg s' durchläuft, nach §. 3. wie $(s:s') + (t':t)$. Dies Verhältniß ist (weil $s':s > t':t$) $< (s:s') + (s':s)$, d. i. $< s:s$, also ein Verhältniß einer kleineren Größe zu einer größeren. Also ist die Geschwindigkeit der 2ten gleichförmigen Bewegung $>$ als die der 1sten.

Für die verzögerte Bewegung ist kein besonderer Beweis nöthig, aus dem im vorigen §. angeführten Grunde.

§. 9. Zusatz.

Wenn man auf einer Linie AB Fig. 1., die mit $\left\{\begin{matrix}\text{beschl.}\\ \text{verzög.}\end{matrix}\right\}$ Bewegung durchlaufen wird, einen beliebigen Punct D annimmt, und aus demselben nach beiden Seiten hin beliebige Stücke abschneidet, DC, DF, DG nach A hin, (wovon $DF < DC$, aber $> DG$) eben so DH, DI, DK nach B hin (wovon $DI > DH$, aber $< DK$), und die auf DC, DF, DG, DH, DI, DK verwandten Zeiten sind respective t'', t', t, τ, τ', τ'', und man denkt sich nun mehrere **gleichförmige** Bewegungen, eine, welche in der Zeit t'' den Raum CD durchläuft,

- - - - - - - - - t' - - - FD - - -
- - - - - - - - - t - - - GD - - -
- - - - - - - - - τ - - - DH - - -
- - - - - - - - - τ' - - - DI - - -
- - - - - - - - - τ'' - - - DK - - -

so ist jede gleichförmige Bewegung der 2ten Reihe (d. h. wenn die von D aus abgeschnittenen Stücke des Weges nach B liegen) $\left\{\begin{matrix}\text{geschwinder}\\\text{langsamer}\end{matrix}\right\}$ als jede gleichförmige Bewegung der 1sten Reihe (wo die von D aus abgeschnittenen Stücke des Weges nach A zu liegen), und eine Bewegung der 1sten Reihe desto $\left\{\begin{matrix}\text{geschwinder}\\\text{langsamer}\end{matrix}\right\}$, ein je kleineres Stück man von D aus abgeschnitten hat, eine Bewegung der 2ten Reihe aber desto $\left\{\begin{matrix}\text{langsamer}\\\text{geschwinder}\end{matrix}\right\}$, ein je kleineres Stück man abgeschnitten hat, — also die gleichförmige Bewegung,

welche in der Zeit t'' den Weg CD macht, $\left\{\begin{matrix}\text{langsamer}\\\text{geschwinder}\end{matrix}\right\}$ als die, die in der Zeit t' den Weg FD macht,
- - - - - - t' - - - FD - - - - - - - - - - - - - - - - t - - - GD - -
- - - - - - t - - - GD - - - - - - - - - - - - - - - - τ - - - DH - -
- - - - - - τ - - - DH - - - - - - - - - - - - - - - - τ' - - - DI - -
- - - - - - τ' - - - DI - - - - - - - - - - - - - - - - τ'' - - - DK - -

§. 10. Zusatz.

Da aber bei einer $\begin{Bmatrix}\text{beschl.}\\ \text{verzög.}\end{Bmatrix}$ Bewegung die Geschwindigkeit der 1sten Reihe, indem man den Abschnitt kleiner macht, nicht über alle Grenzen hinaus $\begin{Bmatrix}\text{wachsen}\\ \text{abnehmen}\end{Bmatrix}$ kann, sondern immer noch $\begin{Bmatrix}<\\ >\end{Bmatrix}$ bleibt als jede Geschwindigkeit der 2ten Reihe, so giebt es eine Geschwindigkeit c, der sich die Geschwindigkeit der 1sten Reihe mehr nähern kann als jede gegebene Geschwindigkeit, welche $\begin{Bmatrix}<\\ >\end{Bmatrix}$ c, ohne sie jedoch zu erreichen. Und da die Geschwindigkeit der 2ten Reihe, indem man den Abschnitt kleiner macht, nicht über alle Grenzen hinaus $\begin{Bmatrix}\text{abnehmen}\\ \text{wachsen}\end{Bmatrix}$ kann, sondern immer noch $\begin{Bmatrix}>\\ <\end{Bmatrix}$ bleibt als jede Geschwindigkeit der 1sten Reihe, so giebt es eine Geschwindigkeit d, welche nicht $\begin{Bmatrix}<\\ >\end{Bmatrix}$ c ist, und welcher sich die Geschwindigkeit der 2ten Reihe mehr nähern kann als jede gegebene Geschwindigkeit, welche $\begin{Bmatrix}>\\ <\end{Bmatrix}$ d, ohne sie jedoch zu erreichen.

§. 11. Lehrsatz.

Wenn man auf einer Linie AB Fig. 1., die mit $\begin{Bmatrix}\text{beschl.}\\ \text{verzög.}\end{Bmatrix}$ Bewegung durchlaufen wird, einen beliebigen Punct D annimmt, und von demselben aus nach beiden Seiten hin Stücke DF, DI abschneidet, die in gleichen Zeiten beschrieben werden, und von diesen Stücken wieder Stücke DG, DH, die in gleichen Zeiten durchlaufen werden, so kommt das Verhältniß DH:DG dem Verhältniß der Gleichheit näher als das Verhältniß DI:DF.

Beweis. Die Zeit, in welcher jeder der Räume DI, DF durchlaufen wird, heiße t′, die Zeit aber, in welcher jeder der Räume DG, DH durchlaufen wird, t, so ist DG : DF $\begin{Bmatrix}>\\ <\end{Bmatrix}$ t : t′, also umgekehrt DF:DG $\begin{Bmatrix}<\\ >\end{Bmatrix}$ t′ : t, dagegen DI:DH $\begin{Bmatrix}>\\ <\end{Bmatrix}$ t′ : t, also um so mehr $DI : DH \left\{\begin{matrix} > \\ < \end{matrix}\right\} DF : DG$; verwechselt (I. 1, 40) $DI : DF \left\{\begin{matrix} > \\ < \end{matrix}\right\} DH : DG$.

§. 12. Lehrsatz.

Bei einer $\left\{\begin{matrix} \text{beschl.} \\ \text{verzög.} \end{matrix}\right\}$ Bewegung, wo die $\left\{\begin{matrix} \text{von Anfang an} \\ \text{von verschiedenen Zeitpuncten an bis zum Ende der Bewegung} \end{matrix}\right\}$ beschriebenen Räume im doppelten Verhältniß der darauf verwandten Zeiten stehen, kann für jeden angenommenen Punct der Bahn das Verhältniß des in der nächstfolgenden Zeit beschriebenen Weges zu dem in der nächstvorhergehenden eben so großen Zeit beschriebenen Wege, wenn man die Zeit klein genug annimmt, dem Verhältniß der Gleichheit näher kommen als jedes gegebene Verhältniß einer $\left\{\begin{matrix} \text{größeren} \\ \text{kleineren} \end{matrix}\right\}$ Größe zu einer $\left\{\begin{matrix} \text{kleineren} \\ \text{größeren} \end{matrix}\right\}$.

Beweis. Wir reden hier zuerst von der beschleunigten Bewegung. Nach Ablauf der Zeit t sei der Weg s beschrieben, nach Ablauf der Zeit $t+\tau$ der Weg $s+\sigma$, und nach Ablauf der Zeit $t-\tau$ der Weg $s-v$. Man mache $t : \tau = \tau : T$, so ist

$$\left.\begin{matrix} s : \sigma = t : 2\tau + T \\ s : v = t : 2\tau - T \end{matrix}\right\} \text{(I. 2, 12)}$$

ord. ex aeq.

$\sigma : v = 2\tau + T : 2\tau - T$. Vergrößert man hier das 3te und 4te Glied nach dem Verhältniß $T : \tau$ oder $\tau : t$, so erhält man $\sigma : v = 2t + \tau : 2t - \tau$. Es sei nun $m : n$ irgend ein gegebenes Verhältniß einer größeren Größe zu einer kleineren. Man mache $\tau <$ als die 4te Proportionale zu $m+n$, $m-n$ und $2t$, so ist $2t : \tau > \frac{m+n}{2} : \frac{m-n}{2}$, also (I. 1, 41) $2t+\tau : 2t-\tau < m : n$, d. i. $\sigma : v < m : n$. Folglich kommt das Verhältniß $\sigma : v$ dem Verhältniß der Gleichheit näher als das Verhältniß $m : n$.

Für die verzögerte Bewegung ist kein besonderer Beweis nöthig, aus dem schon angeführten Grunde.

§. 13. Zusatz.

Hieraus folgt, daß bei einer $\left\{\begin{matrix}\text{beschl.}\\ \text{verzög.}\end{matrix}\right\}$ Bewegung von der eben bezeichneten Art das Verhältniß einer Geschwindigkeit der 2ten Reihe zu einer Geschwindigkeit der 1sten Reihe dem Verhältniß der Gleichheit näher kommen kann als jedes gegebene Verhältniß einer $\left\{\begin{matrix}\text{größeren}\\ \text{kleineren}\end{matrix}\right\}$ Größe zu einer $\left\{\begin{matrix}\text{kleineren}\\ \text{größeren}\end{matrix}\right\}$, — daß folglich für die hier bezeichnete Art der $\left\{\begin{matrix}\text{beschl.}\\ \text{verzög.}\end{matrix}\right\}$ Bewegung die beiden früher erwähnten Geschwindigkeiten c und d (§. 10.), denen sich die Geschwindigkeiten der 1sten und 2ten Reihe nähern, zusammenfallen.

§. 14. Erklärung.

Fallen bei einer beschleunigten oder verzögerten Bewegung für irgend einen angenommenen Punct der Bahn die beiden Geschwindigkeiten, denen sich die Geschwindigkeiten der 1sten und 2ten Reihe nähern, zusammen, so heißt die auf diese Art bestimmte Geschwindigkeit **die Geschwindigkeit der beschleunigten oder verzögerten Bewegung in dem angenommenen Puncte.** Fallen die beiden Geschwindigkeiten für **jeden** Punct der Bahn zusammen, so nennt man die Bewegung eine **stetig** beschleunigte (stetig verzögerte) Bewegung.

§. 15. Zusatz.

Eine Bewegung eines Punctes kann nur entweder gleichförmig oder stetig beschleunigt oder stetig verzögert oder aus diesen 3 Arten stückweise zusammengesetzt sein.

§. 16. Zusatz.

Eine aus mehreren solchen Stücken zusammengesetzte Bewegung kann in einem solchen Puncte, wo ein Stück aufhört und das andere anfängt, 2 verschiedene Geschwindigkeiten haben, eine, welche die Endgeschwindigkeit im vorhergehenden, und eine, welche die Anfangsgeschwindigkeit im folgenden Stück ist.

§. 17. Erklärung.

Für einen Punct der Bahn, wo 2 verschiedene Geschwindigkeiten statt finden, eine, welche die Endgeschwindigkeit des vorhergehenden, und eine, welche die Anfangsgeschwindigkeit des folgenden Stücks ist, sagt man, die Geschwindigkeit ändere sich plötzlich; für einen Punct der Bahn aber, wo die Endgeschwindigkeit des vorhergehenden und die Anfangsgeschwindigkeit des folgenden Stücks einerlei sind, sagt man, wenn die Geschwindigkeit sich ändert, sie ändere sich stetig.

§. 18. Zusatz.

Bei einer $\begin{Bmatrix}\text{beschl.}\\ \text{verzög.}\end{Bmatrix}$ Bewegung wird die Geschwindigkeit immer $\begin{Bmatrix}\text{größer}\\ \text{kleiner}\end{Bmatrix}$, und eine Bewegung, bei welcher die Geschwindigkeit immer $\begin{Bmatrix}\text{größer}\\ \text{kleiner}\end{Bmatrix}$ wird, ist eine $\begin{Bmatrix}\text{beschl.}\\ \text{verzög.}\end{Bmatrix}$. Eine Bewegung endlich, bei welcher die Geschwindigkeit sich gleich bleibt, kann nur eine gleichförmige sein.

§. 19. Lehrsatz.

Bei einer $\begin{Bmatrix}\text{beschl.}\\ \text{verzög.}\end{Bmatrix}$ Bewegung von der früher bezeichneten speciellen Art, wo nämlich die $\begin{Bmatrix}\text{von Anfang an}\\ \text{von verschiedenen Zeitpuncten an bis zu Ende}\end{Bmatrix}$ beschriebenen Wege im doppelten Verhältniß der darauf verwandten Zeiten stehen, ist die Geschwindigkeit in jedem Augenblick so groß, daß eine eben so schnelle gleichförmige Bewegung in der $\begin{Bmatrix}\text{von Anfang an}\\ \text{bis zu Ende}\end{Bmatrix}$ gerechneten Zeit einen doppelt so großen Weg beschreiben würde als die $\begin{Bmatrix}\text{beschl.}\\ \text{verzög.}\end{Bmatrix}$ Bewegung.

Beweis. Wir wollen erst von der beschleunigten Bewegung sprechen. Nach Ablauf der Zeit t sei der Weg s beschrieben, nach Ablauf der Zeit $t+\tau$ der Weg $s+\sigma$, nach Ablauf der Zeit $t-\theta$ der Weg $s-v$. Man bezeichne die Geschwindigkeit der beschleunigten Bewegung nach Ablauf der Zeit t mit c, die Geschwindigkeit der gleichförmigen Bewegung, welche in der Zeit t den Weg s beschreibt, mit γ

„ „ „ „ „ τ „ „ „ σ „ „ „ „ a

„ „ „ „ „ θ „ „ „ υ „ „ „ „ b. Man mache $t:\tau = \tau:T$, so ist wie früher $s:\sigma = t:2\tau + T$. Wenn man nun das letzte Glied dieser Proportion nach dem Verhältniß $\tau : t$ oder $T:\tau$ vergrößert, so erhält man $2t + \tau$. Also $\tau:t = 2\tau + T : 2t + \tau$; verwechselt $\tau:2\tau + T = t:2t + \tau$. Also, da $s:\sigma = t:2\tau + T = (t:\tau) + (\tau:2\tau + T)$, so ist auch $s:\sigma = (t:\tau) + (t:2t + \tau)$. Aber $\gamma:a$ (nach §. 3.) $= (s:\sigma) + (\tau:t) = t:2t + \tau$. Da in dieser Proportion das 4te Glied $>$ ist als das doppelte 3te, so ist auch $a > 2\gamma$. Auf ähnliche Art wird bewiesen, daß $b < 2\gamma$. Da aber a, wenn man τ klein genug annimmt, wie auch b, wenn man θ klein genug annimmt, der Geschwindigkeit c näher kommen kann als jede gegebene von c verschiedene Geschwindigkeit, so kann nur $c = 2\gamma$ sein.

Für die verzögerte Bewegung ist kein besonderer Beweis nöthig.

§. 20. Lehrsatz.

Bei einer $\left\{\begin{matrix}\text{beschl.}\\ \text{verzög.}\end{matrix}\right\}$ Bewegung von der erwähnten speciellen Art verhält sich die Geschwindigkeit in verschiedenen Augenblicken wie die $\left\{\begin{matrix}\text{von Anfang an}\\ \text{bis zu Ende}\end{matrix}\right\}$ gerechnete Zeit.

Beweis. Bei der bescheunigten Bewegung sei nach Ablauf der Zeit t der Weg s beschrieben, und die Geschwindigkeit c erlangt, nach Ablauf der Zeit t' aber der Weg s' beschrieben, und die Geschwindigkeit c' erlangt, so verhält sich nach dem vorigen §. $c:c' = (2s:2s') + (t':t) = (s:s') + (t':t)$. Aber nach der Voraussetzung ist $s:s' = 2(t:t')$, also $c:c' = t:t'$.

Für die verzögerte Bewegung ist kein besonderer Beweis nöthig.

§. 21. Zusatz.

Bei der $\left\{\begin{matrix}\text{beschl.}\\ \text{verzög.}\end{matrix}\right\}$ Bewegung von der erwähnten Art nimmt die Geschwindigkeit in gleichen Zeiten allemal um gleich viel $\left\{\begin{matrix}\text{zu}\\ \text{ab}\end{matrix}\right\}$.

§. 22. Erklärung.

Eine Bewegung, wobei die Geschwindigkeit allemal in gleichen Zeiten um gleichviel wächst, heißt eine gleichförmig-beschleunigte, eine Bewegung aber, wobei die Geschwindigkeit allemal in gleichen Zeiten um gleichviel abnimmt, eine gleichförmig-verzögerte Bewegung.

§. 23. Lehrsatz.

Wenn 2 Bewegungen so beschaffen sind, daß die Geschwindigkeit der ersten in einem gewissen Augenblicke = ist der Geschwindigkeit der zweiten in einem gewissen Augenblicke, und die Geschwindigkeit der ersten in jedem früheren oder späteren Augenblicke = der Geschwindigkeit der zweiten in dem um eben so viel früheren oder späteren Augenblick, so sind auch alle in correspondirenden Zeiten beschriebenen Wege einander gleich.

Beweis. Man denke sich beide beschriebenen Bahnen, wenn sie etwa nicht geradlinig sind, in gerade Linien ausgebreitet, und lege beide geraden Linien so auf einander, daß sie zusammenfallen, und daß auch diejenigen beiden Puncte in beiden Bahnen, welche den beiden zuerst erwähnten Augenblicken entsprechen, zusammenfallen. Wenn wir nun die eine Bewegung vernichtet denken, also den bewegten Punct ruhend setzen, um danach die relative Bewegung des andern Puncts, in Beziehung auf den ersten zu bestimmen, so wird, weil in correspondirenden Augenblicken die Geschwindigkeiten allemal gleich sein sollen, die relative Geschwindigkeit der 2ten Bewegung, in Beziehung auf die erste, stets 0 sein; der 2te bewegte Punct wird folglich relativ ruhen. Denken wir uns nun die geradlinige Bewegung des 1sten Puncts wiederhergestellt, so wird der 2te Punct stets mit dem 1sten zusammenbleiben. Und denken wir uns nun beide

Bewegungen wieder von einander abgesondert und krummlinig, wie sie anfänglich vorausgesetzt wurden, so sehen wir, daß in correspondirenden Zeiten allemal gleiche Räume beschrieben werden.

§. 24. Erklärung.

Zwei Bewegungen von der im vorigen §. beschriebenen Art heißen in Beziehung auf die Zeit congruent. Sind aber zugleich die Bahnen congruent, im reingeometrischen Sinne des Worts, und die Bewegungen so beschaffen, daß die den correspondirenden Augenblicken angehörigen Puncte bei der Congruenz der Bahnen zusammenfallen, so heißen die Bewegungen in Beziehung auf Zeit und Raum congruent. Hieraus ergiebt sich auch leicht, was es heißt, 2 Bewegungen sind in Beziehung auf die Zeit ähnlich oder in Beziehung auf Zeit und Raum ähnlich.

§. 25. Zusatz.

Aus §. 23. geht unmittelbar hervor, daß, wenn die Geschwindigkeit bei einer Bewegung in einem gewissen Augenblick = ist der Geschwindigkeit bei einer anderen Bewegung in einem gewissen Augenblick, und die Geschwindigkeit der ersten in jedem früheren Augenblick = der Geschwindigkeit der 2ten in dem um eben so viel späteren Augenblick, die Geschwindigkeit der ersten in jedem späteren Augenblick aber = der Geschwindigkeit der zweiten in dem um eben so viel früheren Augenblick, daß alsdann gleichfalls alle in correspondirenden Zeiten beschriebenen Wege einander gleich sind.

§. 26. Erklärung.

Zwei Bewegungen dieser Art heißen in Beziehung auf die Zeit symmetrisch.

§. 27. Zusatz.

Zu jeder Bewegung giebt es eine, aber auch (wenn man nicht auf die Gestalt der Bahn sieht) nur Eine in Beziehung auf die Zeit symmetrische Bewegung, und diese ist für eine gleichförmige Bewegung wiederum gleichförmig und eben so schnell, für eine beschleunigte aber verzögert, und für eine verzögerte beschleunigt.

§. 28. Lehrsatz.

Bei jeder gleichförmig beschleunigten Bewegung, welche mit der Geschwindigkeit 0 anhebt, stehen die von Anfang an beschriebenen Räume im doppelten Verhältniß der Zeiten. Bei jeder gleichförmig beschleunigten Bewegung aber, welche nicht mit der Geschwindigkeit 0 anhebt, stehen die von Anfang an beschriebenen Räume (wenn man zu jedem noch die Hälfte des Raums addirt, den eine gleichförmige, mit der Anfangsgeschwindigkeit behaftete Bewegung in der Zeit beschreiben würde, nach deren Ablauf die Anfangsgeschwindigkeit bei der beschleunigten Bewegung sich verdoppelt hat) im doppelten Verhältniß der vom Anfang an gerechneten Zeiten (wenn man zu jeder noch die vorher genannte Zeit addirt). Bei jeder gleichförmig verzögerten Bewegung endlich stehen die von verschiedenen Zeitpuncten an bis zu dem Zeitpunct, wo die Geschwindigkeit in 0 übergeht, gerechneten Räume im doppelten Verhältniß der darauf verwandten Zeiten.

Beweis. 1) Wenn bei einer gleichförmig beschleunigten Bewegung die Anfangsgeschwindigkeit $= 0$ ist, und nach der Zeit t in eine solche Geschwindigkeit übergeht, womit bei gleichförmiger Bewegung in der Zeit t der Weg s beschrieben würde, so denke man sich neben der problematischen Bewegung eine andere, worin die vom Anfang an beschriebenen Wege im doppelten Verhältniß der Zeiten stehen, und in der vom Anfang an gerechneten Zeit t der Weg $\frac{1}{2}s$ beschrieben wird, so ist aus §. 19. und 21. klar, daß beide Bewegungen in correspondirenden Augenblicken (von Anfang an gerechnet) allemal gleiche Geschwindigkeiten haben. Sie sind folglich in Beziehung auf die Zeit congruent. Folglich ist die problematische Bewegung eine solche, worin die vom Anfang an beschriebenen Räume im doppelten Verhältniß der Zeiten stehen.

2) Wenn bei einer gleichförmig beschleunigten Bewegung die Anfangsgeschwindigkeit nicht $=0$ ist, so werde sie nach der Zeit t verdoppelt, und sei anfangs so groß, daß sie bei gleichförmiger Bewegung in der Zeit t den Weg s beschreiben würde. Man denke sich neben der problematischen Bewegung eine andere, worin die von Anfang an beschriebenen Wege im doppelten Verhältniß der Zeiten stehen, und in der von Anfang an gerechneten Zeit t der Weg $\frac{1}{2}$s beschrieben wird, so ist klar, daß beide Bewegungen in correspondirenden Augenblicken (wenn man die Augenblicke in der problematischen Bewegung vom Anfang an, in der Hülfsbewegung aber vom Ablauf der Zeit t an rechnet) gleiche Geschwindigkeiten haben. Sie sind folglich in Beziehung auf die Zeit congruent, und so sehen wir, daß in der problematischen Bewegung wirklich das statt findet, was bewiesen werden sollte.

3) Eine gleichförmig verzögerte Bewegung ist allemal symmetrisch einer gleichförmig beschleunigten, und so bedarf es für sie keines besonderen Beweises.

§. 29. Erklärung.

Wenn bei 2 gleichförmig beschleunigten oder gleichförmig verzögerten Bewegungen die Geschwindigkeit in einerlei Zeit um gleichviel zu- oder abnimmt, so sagt man, bei beiden Bewegungen finde eine gleiche beschleunigende oder verzögernde Kraft statt; wenn aber die Geschwindigkeit in einerlei Zeit bei beiden Bewegungen nicht um gleichviel zu- oder abnimmt, so sagt man, die beschleunigenden oder verzögernden Kräfte seien ungleich, und verhalten sich wie die Zu- oder Abnahmen der Geschwindigkeit in einerlei Zeit.

§. 30. Zusatz.

Hieraus, verglichen mit §. 19. und 28., ist klar, daß die $\left\{\begin{matrix}\text{beschleunigenden}\\\text{verzögernden}\end{matrix}\right\}$ Kräfte bei 2 gleichförmig $\left\{\begin{matrix}\text{beschl.}\\\text{verzög.}\end{matrix}\right\}$ Bewegungen sich auch wie die in einerlei Zeit $\left\{\begin{matrix}\text{von dem Augenblick an}\\ \text{bis zu dem Augenblick}\end{matrix}\right\}$, wo die Geschwindigkeit $= 0$ ist, beschriebenen Räume verhalten.

§. 31. Lehrsatz.

Daß bei einer geradlinigen oder krummlinigen Bewegung die vom Anfang an zurückgelegten Wege im dreifachen Verhältniß der darauf verwandten Zeiten stehen **können**, ist für sich klar, weil unter dieser Voraussetzung allemal nach Ablauf einer größeren Zeit (vom Anfang der Bewegung an gerechnet) ein größerer Weg beschrieben ist. Ist nun eine geradlinige oder krummlinige Bewegung von der eben erwähnten Beschaffenheit, so soll bewiesen werden, daß die Bewegung eine **stetig beschleunigte** ist.

Beweis. 1) Daß sie eine **beschleunigte** sei. Nach Ablauf der Zeiten t, $t+\tau$, $t+2\tau$ seien respective die Wege s, $s+\sigma$, $s+\sigma+v$ beschrieben, so verhält sich $s:s+\sigma = 3(t:t+\tau)$, und $s:s+\sigma+v = 3(t:t+2\tau)$. Macht man $3(t:t+\tau) = t:t+3\tau+x$, so wird (nach §. 15. des 3. Abschn. Theil 1) $3(t:t+2\tau) < t:t+6\tau+4x$, also, da

$$\begin{array}{rl} & \sigma:s \;=\; 3\tau+x:t \\ & \underline{s:\sigma+v < \quad t \quad :6\tau+4x} \;\text{(I. 1, 41)} \\ \text{ord. ex aeq.} & \sigma:\sigma+v < 3\tau+x:6\tau+4x; \end{array}$$

umgekehrt $\sigma+v:\sigma > 6\tau+4x:3\tau+x$; getrennt $v:\sigma > 3\tau+3x:3\tau+x$, also, da $3\tau+3x > 3\tau+x$, um so mehr $v > \sigma$. Folglich ist die Bewegung eine beschleunigte.

2) Daß sie eine **stetig** beschleunigte sei. In der Zeit t werde der Weg s, in der Zeit $t+\tau$ der Weg $s+\sigma$, in der Zeit $t-\tau$ der Weg $s-v$ beschrieben. Man mache $t:\tau = \tau:T = T:V$, so ist

$$\left.\begin{array}{l} s:\sigma = t:3\tau+3T+V \\ s:v = t:3\tau-3T+V \end{array}\right\}\;\text{(§. 14. des 2. Abschn. Theil 1.)}$$

$$\underline{\qquad\qquad\qquad\qquad}\;\text{ord. ex aeq.}$$

$$\sigma:v = 3\tau+3T+V:3\tau-3T+V = 3t+3\tau+T:3t-3\tau+T.$$

Nun läßt sich beweisen, daß, wenn man τ klein genug annimmt, das Verhältniß $\sigma:v$ dem Verhältniß der Gleichheit näher kommen kann als jedes gegebene Verhältniß einer größeren Größe zu einer kleineren. Es sei m : n irgend ein gegebenes Verhältniß, wo $m > n$. Man mache $\tau <$ als die 4te Proportionale zu $m+n$, $m-n$ und t, so ist $t : \tau > \frac{m+n}{2} : \frac{m-n}{2}$, also (I. 1, 41) $t+\tau : t-\tau$, d. i. $3t+3\tau : 3t-3\tau < m : n$, also um so mehr (I. 1, 33) $3t+3\tau+T : 3t-3\tau+T$, d. i. $\sigma : v < m : n$. Folglich kann das Verhältniß $\sigma : v$ dem Verhältniß der Gleichheit näher kommen als jedes gegebene Verhältniß einer größeren Größe zu einer kleineren. Folglich ist die Bewegung eine **stetig** beschleunigte.

§. 32. Lehrsatz.

Bei der beschleunigten Bewegung von der eben beschriebenen Art ist die Geschwindigkeit in jedem Augenblick so groß, daß eine eben so schnelle **gleichförmige** Bewegung in der vom Anfang bis zu diesem Augenblick gerechneten Zeit einen 3mal so großen Weg beschreiben würde als die beschleunigte Bewegung.

Beweis. Nach Ablauf der Zeiten t, $t+\tau$ und $t-\theta$ seien resp. die Wege s, $s+\sigma$, $s-v$ beschrieben, und c, γ, a, b mögen dieselben Geschwindigkeiten wie in §. 19. bedeuten, so ist $s : \sigma = t : 3\tau+3T+V = (t:\tau) + (\tau : 3\tau+3T+V) = (t:\tau) + (t.3t+3\tau+T)$, also $< (t:\tau) + (t:3t)$. Aber $\gamma : a = (s:\sigma) + (\tau:t)$, also $< t:3t$, folglich $a > 3\gamma$. Auf ähnliche Art wird bewiesen, daß $b < 3\gamma$. Also kann c nur $= 3\gamma$ sein.

§. 33. Lehrsatz.

Bei der eben besprochenen Art der Bewegung stehen die Geschwindigkeiten im doppelten Verhältniß der von Anfang an gerechneten Zeiten.

Beweis. Nach Ablauf der Zeiten t und t′ mögen resp. die Wege s und s′ beschrieben, und die Geschwindigkeiten c und c′ erlangt sein, so ist (§. 32.) $c : c' = (3s : 3s') + (t' : t) = 3(t : t') + (t' : t) = 2(t : t')$.

§. 34. Zusatz.

Daß bei einer geradlinigen oder krummlinigen Bewegung die von verschiedenen Zeitpuncten an bis zu Ende der Bewegung beschriebenen Räume im 3fachen Verhältniß der darauf verwandten Zeiten stehen können, erhellt unmittelbar daraus, daß diese Bewegung der in §. 31. beschriebenen symmetrisch ist, — woraus denn zugleich folgt, daß unter der hier angeführten Voraussetzung die Bewegung eine stetig verzögerte ist, worin die Geschwindigkeit für jeden angenommenen Augenblick im doppelten Verhältniß der von diesem Augenblick an bis zu Ende gerechneten Zeit steht.

§. 35. Lehrsatz.

Aus §. 16. des 2ten Abschn. Theil 1. erhellt, daß eine Bewegung, welche einen Anfang und ein Ende hat, so beschaffen sein kann, daß, wenn man zwischen der ganzen Dauer der Bewegung und dem Dreifachen dieser Dauer die mittlere Proportionale α nimmt, die von Anfang an beschriebenen Räume in einem Verhältniß stehen, welches zusammengesetzt ist 1) aus dem Verhältniß der vom Anfang an gerechneten Zeiten, 2) aus dem Verhältniß der um die Zeit α vermehrten Zeiten, 3) aus dem Verhältniß des Ueberschusses der Zeit α über die von Anfang an gerechnete Zeit. Unter dieser Voraussetzung ist nämlich nach §. 16. des 2ten Abschn. Theil 1. allemal nach Ablauf einer größeren Zeit (vom Anfang der Bewegung an gerechnet) ein größerer Weg beschrieben. Ist nun eine geradlinige oder krummlinige Bewegung von der eben erwähnten Beschaffenheit, so soll bewiesen werden, daß die Bewegung eine stetig verzögerte ist.

Beweis. 1) Daß sie eine verzögerte sei. Nach Ablauf der Zeiten t, $t+\tau$, $t+2\tau$ seien die Wege s, $s+\sigma$, $s+\sigma+v$ beschrieben. Man mache $\alpha+t:\tau=t+\tau:W$; $\alpha-t:\tau=t+\tau:X$; $\alpha+t:\tau=X:Y$; $\alpha+t:2\tau=t+2\tau:W'$; $\alpha-t:2\tau=t+2\tau:X'$, und $\alpha+t:2\tau=X':Y'$, so wird (zufolge der Beweisführung in §. 16. des 2ten Abschn. Theil 1.)

$$\begin{aligned} s:\sigma &= t:\tau+W-X-Y \\ s:\sigma+v &= t:2\tau+W'-X'-Y' \end{aligned}$$

ord. ex aeq.

$\sigma:\sigma+v = \tau+W-X-Y:2\tau+W'-X'-Y'$. Auch ist wie

in (1. 2, 16) $\alpha - t : \alpha + t = W : X$, getrennt $\alpha - t : 2t = W : X - W$, und eben so $\alpha - t : 2t = W' : X' - W'$. In diesen beiden Proportionen sind die ersten und 2ten Glieder gleich, das 3te Glied der 2ten aber ist $>$ als das doppelte 3te Glied der 1sten (wie sich aus den zur Bestimmung von W und W′ dienenden Proportionen leicht ergiebt); folglich ist auch $X' - W' > 2(X - W)$. Aber aus den zur Bestimmung von X und X′ dienenden Proportionen ergiebt sich, daß $X' > 2X$, und daraus wieder, verglichen mit den zur Bestimmung von Y und Y′ dienenden Proportionen, daß $Y' > 2Y$. Also ist auch $X' - W' + Y' > 2(X - W + Y)$, also $2\tau - (X' - W' + Y') < 2\tau - 2(X - W + Y)$, d. i. $2\tau + W' - X' - Y' < 2(\tau + W - X - Y)$, also auch $\sigma + v < 2\sigma$, also $v < \sigma$. Folglich ist die Bewegung eine verzögerte.

2) Daß sie eine stetig verzögerte sei. In den Zeiten t, $t + \tau$ und $t - \tau$ mögen die Wege s, $s + \sigma$, $s - v$ beschrieben werden. Man mache $\alpha + t : \tau = t + \tau : W$; $\alpha - t : \tau = t + \tau : X$; $\alpha + t : \tau = X : Y$; $\alpha + t : \tau = t - \tau : W'$; $\alpha - t : \tau = t - \tau : X'$; $\alpha + t : \tau = X' : Y'$; $t : \tau = \tau : T$; $t : \alpha = \alpha : A$, und $\tau : 2t = X : Z = X' : Z'$, so wird

$$\begin{aligned} s : \sigma &= t : \tau + W - X - Y \\ s : v &= t : \tau + W' + Y' - X' \\ \hline \sigma : v &= \tau + W - X - Y : \tau + W' + Y' - X'. \end{aligned} \quad \text{ord. ex aeq.}$$

$\alpha+t:\tau = t+\tau:W$	$\alpha+t:\tau = t-\tau:W'$	
$\alpha-t:\tau = t+\tau:X$	$\alpha-t:\tau = t-\tau:X'$	pert. ex aeq.
$\alpha-t:\alpha+t = W:X$	$\alpha-t:\alpha+t = W':X'$; zurückkehrend	
$\alpha+t:2t = X:X-W$	$\alpha+t:2t = X':X'-W'$	
$\tau:2t = X:Z$	$\tau:2t = X':Z'$	pert. ex aeq.
$\alpha+t:\tau = Z:X-W$	$\alpha+t:\tau = Z':X'-W'$	
$\alpha+t:\tau = X:Y$	$\alpha+t:\tau = X':Y'$	
$\alpha+t:\tau = \alpha+t:\tau$	$\alpha+t:\tau = \alpha+t:\tau$	(I. 1, 2)
$\alpha+t:\tau = \alpha+t-(Z+X):\tau+W-X-Y$	$\alpha+t:\tau = \alpha+t-(Z'-X'):\tau+W'+Y'-X'$.	simpl. ex aeq.

$\alpha+t-(Z+X):\tau+W-X-Y = \alpha+t-(Z'-X'):\tau+W'+Y'-X'$; verwechselt $\alpha+t-(Z+X):\alpha+t-(Z'-X') = o:v$. Aber aus den Proportionen $\tau:2t = X:Z$ und $\tau:2t = X':Z'$ folgt

	$\tau:2t+\tau = X:Z+X$	$\tau:2t-\tau = X':Z'-X'$	
	$\alpha-t:\tau = t+\tau:X$	$\alpha-t:\tau = t-\tau:X'$	ord. ex aeq.
	$\alpha-t:2t+\tau = t+\tau:Z+X$	$\alpha-t:2t-\tau = t-\tau:Z'-X'$.	
(I. 2, 12 u. Eucl. 5, 18)	$t:2t+\tau = t+\tau:2t+3\tau+T$	$t:2t-\tau = t-\tau:2t-3\tau+T$	
pert. ex aeq.	$\alpha-t:t = 2t+3\tau+T:Z+X$	$\alpha-t:t = 2t-3\tau+T:Z'-X'$.	Aus
$t:\alpha = \alpha:A$ wird	$\alpha-t:t = A-\alpha \quad :\alpha$	$\alpha-t:t = A-\alpha \quad :\alpha$	
	$\alpha-t:t = \alpha-t \quad :t$	$\alpha-t:t = \alpha-t \quad :t$	(I. 1, 2)
	$\alpha-t:t = A-3t-3\tau-T:\alpha+t-(Z+X)$	$\alpha-t:t = A-3t+3\tau-T:\alpha+t-(Z'-X')$;	

simpl. ex aeq. und verwechselt $A-3t-3\tau-T : A-3t+3\tau-T = \sigma:v$, folglich $A-3t-3\tau-T : A-3t+3\tau+T < \sigma:v$. Nun aber kann, wenn man τ klein genug annimmt, 4τ, also um so mehr $3\tau+T$, $<$ werden als jede gegebene Zeit. Es sei nun $m:n$ irgend ein gegebenes Verhältniß einer kleineren Größe zu einer größeren. Bestimmt man die Zeit τ so, daß $3\tau+T$ kleiner wird als die 4te Proportionale zu $m+n$, $n-m$ und $A-3t$, so wird $A-3t : 3\tau+T > \frac{m+n}{2} : \frac{n-m}{2}$, also [I. 1, 41] $A-3t-3\tau-T : A-3t+3\tau+T > m:n$, also um so mehr $\sigma:v > m:n$. Folglich kann das Verhältniß $\sigma:v$ dem Verhältniß der Gleichheit näher kommen als jedes gegebene Verhältniß einer kleineren Größe zu einer größeren. Folglich ist die Bewegung eine stetig verzögerte.

§. 36. Lehrsatz.

Bei der im vorigen §. betrachteten Art der Bewegung ist die Geschwindigkeit in jedem Punct der Bahn so groß, daß ein Punct, der sich mit dieser Geschwindigkeit gleichförmig bewegte, in der von Anfang an gerechneten Zeit einen Weg beschreiben würde, welcher zu dem 3fachen in dieser Zeit von der verzögerten Bewegung beschriebenen Weg ein Verhältniß hat, welches zusammengesetzt ist aus dem Verhältniß der um die ganze Dauer der Bewegung vermehrten zu der um die Zeit α vermehrten Zeit und aus dem Verhältniß der an der ganzen Dauer der Bewegung noch fehlenden zu der an der Zeit α noch fehlenden Zeit. Auch ist die Geschwindigkeit am Ende der Bewegung $= 0$.

Beweis. In den von Anfang an gerechneten Zeiten t, $t+\tau$ und $t-\theta$ seien die Wege s, $s+\sigma$ und $s-v$ beschrieben, und die Buchstaben c, γ, a und b mögen wieder dieselben Geschwindigkeiten wie in §. 19. bedeuten. Auch sei t'' die ganze Dauer der Bewegung. Man mache wie früher $t:\tau=\tau:T$; $t:\alpha = \alpha:A$, $\alpha+t:\tau = t+\tau:W$; $\alpha-t:\tau = t+\tau:X$ und $\alpha+t:\tau = X:Y$, so wird $s:\sigma = t:\tau+W-X-Y$. Aber $\gamma:a = (s:\sigma)+(\tau:t) = \tau:\tau+W-X-Y$. Aber wir haben im Beweise des vorigen §.

geschehen, daß $\alpha+t-(Z+X):\tau+W-X-Y=\alpha+t:\tau$ und

$A-3t-3\tau-T:\alpha+t-(Z+X)=\alpha-t:t$. Setzen wir dazu die ident. Prop. $\tau \quad :A-3t-3\tau-T=\tau:A-3t-3\tau-T$,

---

so wird durch Zusammensetzung der Verhältnisse $\tau:\tau+W-X-Y$, d. i. $\gamma:a=(\alpha-t:t)+(\alpha+t:A-3t-3\tau-T)$, also $>(\alpha-t:t)+(\alpha+t:A-3t)$. Auf ähnliche Art wird bewiesen, daß $\gamma:b<(\alpha-t:t)+(\alpha+t:A-3t)$. Folglich ist $\gamma:c=(\alpha-t:t)+(\alpha+t:A-3t)$, oder $c:3\gamma=(\frac{1}{3}A-t:\alpha+t)+(t:\alpha-t)$. Da aber

$t:\alpha=\alpha:A$

$t'':\alpha=\alpha:3t''$, so wird pert. ex aeq.

$t:t''=3t'':A=t'':\frac{1}{3}A$; getrennt $t''-t:t=\frac{1}{3}A-t'':t''$, also (Eucl. 5, 12) $t''-t:t=\frac{1}{3}A-t:t''+t$, also $(t''+t:\alpha+t)+(t''-t:t)+(t:\alpha-t)$, d. i. $(t''+t:\alpha+t)+(t''-t:\alpha-t)=(\frac{1}{3}A-t:\alpha+t)+(t:\alpha-t)=c:3\gamma$.

Daß aber die Geschwindigkeit zu Ende der Bewegung $=0$ ist, wird so bewiesen. Das Verhältniß $t''-t:\alpha-t$ kann, ehe das Ende der Bewegung erreicht ist, $<$ werden als jedes gegebene Verhältniß. Folglich kann um so mehr das zusammengesetzte Verhältniß $(t''+t:\alpha+t)+(t''-t:\alpha-t)$, d. i. $c:3\gamma$, $<$ werden als jedes gegebene Verhältniß. Das würde aber nicht statt finden, wenn nicht die Geschwindigkeit am Ende der Bewegung $=0$ wäre.

§. 37. Lehrsatz.

Die Geschwindigkeit beim Anfang einer Bewegung von der im vorigen §. betrachteten Art ist so groß, daß der Weg, welchen eine mit dieser Geschwindigkeit behaftete gleichförmige Bewegung in der Zeit t'' zurücklegen würde, zur 3fachen Länge der ganzen Bahn ein Verhältniß hat, welches aus dem Verhältniß $t'':\alpha+t''$ und aus dem Verhältniß $t'':\alpha-t''$ zusammengesetzt ist.

Beweis. Die Länge der ganzen Bahn sei s'', und die Geschwindigkeit zu Anfang der Bewegung so groß, daß eine gleichförmige, mit dieser Geschwindigkeit behaftete Bewegung in der Zeit t'' den Weg S beschreiben würde. Nach Ablauf der Zeit t, vom Anfang an gerechnet, sei der Weg s beschrieben, und eine Geschwindigkeit erlangt, welche bei gleichförmiger Bewegung in der Zeit t'' den Raum Σ beschreiben würde. Dann ist nach dem vorigen §., wenn man alle Geschwindigkeiten auf die Zeit t'' reducirt, $\Sigma : 3s = (t''+t : \alpha+t) + (t''-t : \alpha-t) + (t'' : t)$. Aber $s : s''$, d. i. $3s : 3s'' = (t : t'') + (\alpha+t : \alpha+t'') + (\alpha-t : \alpha-t'')$

$\Sigma : 3s'' = (t''+t : \alpha+t'') + (t''-t : \alpha-t'')$. Setzt man in dieser Proportion $t=0$ (wodurch sich S nach dem Gesetze der Stetigkeit bestimmen läßt), so erhält man $S : 3s'' = (t'' : \alpha+t'') + (t'' : \alpha-t'')$.

§. 38. Lehrsatz.

Bei einer Bewegung von der zuletzt beschriebenen Art steht die vom Anfang an bis zu einem angenommenen Augenblick verlorne Geschwindigkeit im doppelten Verhältniß der von Anfang bis zu diesem Augenblick gerechneten Zeit.

Beweis. Wenn wir den Raum, welcher bei gleichförmiger Bewegung in der Zeit t'' beschrieben würde, für das Maaß einer jeden Geschwindigkeit nehmen, so ist die Abnahme der Geschwindigkeit von Anfang bis zu Ende der Bewegung $= S$, vom Anfang bis zu dem angenommenen Augenblick aber $= S - \Sigma$. Aus den im Beweise des vorigen §. erhaltenen Proportionen
$S : 3s'' = (t'' : \alpha+t'') + (t'' : \alpha-t'')$ und
$\Sigma : 3s'' = (t''+t : \alpha+t'') + (t''-t : \alpha-t'')$, oder
$3s'' : \Sigma = (\alpha+t'' : t''+t) + (\alpha-t'' : t''-t)$ folgt durch Zusammensetzung der Verhältnisse

$S : \Sigma = (t'' : t''+t) + (t'' : t''-t)$. Da aber $t : t'' = t'' : \frac{1}{3}A$ [siehe den Beweis zu §. 36.], so wird verbunden $t'' : t''+t = \frac{1}{3}A : \frac{1}{3}A + t'' = (\text{I. } 1, 1)\ \frac{1}{3}A - t'' : \frac{1}{3}A - t$, und dagegen zurückkehrend $t'' : t'' - t = \frac{1}{3}A : \frac{1}{3}A - t''$, also $(t'' : t''+t) + (t'' : t''-t)$, d. i. $S : \Sigma = \frac{1}{3}A : \frac{1}{3}A - t$; zurückkehrend $S : S - \Sigma = \frac{1}{3}A : t = 2(t'' : t)$.

§. 39. Zusatz.

Daß bei einer geradlinigen oder krummlinigen Bewegung, welche einen Anfang und ein Ende hat, die von verschiedenen Zeitpuncten an bis zu Ende der Bewegung beschriebenen Räume in einem Verhältniß stehen können, welches zusammengesetzt ist 1) aus dem Verhältniß der von dem jedesmaligen Augenblick an bis zu Ende gerechneten Zeit, 2) aus dem Verhältniß eben dieser Zeit, nachdem man sie um die mittlere Proportionale α zwischen der ganzen Dauer der Bewegung und dem Dreifachen dieser Dauer vermehrt hat, 3) aus dem Verhältniß des Ueberschusses der Zeit α über die vom jedesmaligen Augenblick an bis zu Ende gerechnete Zeit, — erhellt unmittelbar daraus, daß diese Bewegung der in §. 35. beschriebenen symmetrisch ist, — woraus denn zugleich folgt, daß unter der hier angeführten Voraussetzung die Bewegung eine stetig beschleunigte ist, worin die Geschwindigkeit von 0 anfängt, und das, was der jedesmaligen Geschwindigkeit noch an der zu Ende der Bewegung erlangten Geschwindigkeit fehlt, im doppelten Verhältniß der vom jedesmaligen Augenblick bis zu Ende gerechneten Zeit steht.

§. 40. Lehrsatz.

Wenn bei einer $\left\{\begin{matrix}\text{beschl.}\\ \text{verzög.}\end{matrix}\right\}$ Bewegung die von Anfang an gerechneten $\left\{\begin{matrix}\text{Zunahmen}\\ \text{Abnahmen}\end{matrix}\right\}$ der Geschwindigkeit im doppelten Verhältniß der Zeiten stehen, so nimmt in jeder beliebigen Zeit die Geschwindigkeit um weniger $\left\{\begin{matrix}\text{zu}\\ \text{ab}\end{matrix}\right\}$ als in der nächstfolgenden eben so großen Zeit. Wenn aber die von verschiedenen Zeitpuncten an bis zum Ende der Bewegung gerechnete $\left\{\begin{matrix}\text{Zunahme}\\ \text{Abnahme}\end{matrix}\right\}$ der Geschwindigkeit im doppelten Verhältniß der vom jedesmaligen Augenblick an bis zum Ende der Bewegung gerechneten Zeit steht, so nimmt die Geschwindigkeit in jeder beliebigen Zeit um weniger $\left\{\begin{matrix}\text{zu}\\ \text{ab}\end{matrix}\right\}$ als in der nächstvorhergehenden eben so großen Zeit.

Der Beweis ist dem Beweise der Sätze §. 4. u. 5. ganz analog.

§. 41. Erklärung.

Wenn bei einer $\left\{\begin{matrix}\text{beschl.}\\ \text{verzög.}\end{matrix}\right\}$ Bewegung die Geschwindigkeit in jeder beliebigen Zeit um weniger $\left\{\begin{matrix}\text{zunimmt}\\ \text{abnimmt}\end{matrix}\right\}$ als in der nächstfolgenden eben so großen Zeit, so heißt die Bewegung eine $\left\{\begin{matrix}\text{beschleunigt-beschleunigte}\\ \text{beschleunigt-verzögerte}\end{matrix}\right\}$ Bewegung. Wenn aber die Geschwindigkeit in jeder beliebigen Zeit um weniger $\left\{\begin{matrix}\text{zunimmt}\\ \text{abnimmt}\end{matrix}\right\}$ als in der nächstvorhergehenden ebensogroßen Zeit, so heißt die Bewegung eine $\left\{\begin{matrix}\text{verzögert-beschleunigte}\\ \text{verzögert-verzögerte}\end{matrix}\right\}$ Bewegung.

§. 42. Lehrsatz.

Wenn man auf einer Linie, die mit $\left\{\begin{matrix}\text{beschl. beschl.}\\ \text{beschl. verzög.}\end{matrix}\right\}$ Bewegung beschrieben wird, 2 beliebige Puncte annimmt, und dann einen von beiden oder auch beide vorwärts rückt, doch so, daß sie einander nicht überschreiten, so steht die von einem der vorgerückten Puncte zum andern gerechnete $\left\{\begin{matrix}\text{Zunahme}\\ \text{Abnahme}\end{matrix}\right\}$ der Geschwindigkeit zu der von einem der anfänglichen Puncte zum andern gerechneten $\left\{\begin{matrix}\text{Zunahme}\\ \text{Abnahme}\end{matrix}\right\}$ der Geschwindigkeit in einem Verhältniß, welches $>$ ist als das Verhältniß der entsprechenden Zwischenzeiten. Wenn aber auf einer Linie, die mit $\left\{\begin{matrix}\text{verzög. beschl.}\\ \text{verzög. verzög.}\end{matrix}\right\}$ Bewegung durchlaufen wird, 2 Puncte auf die beschriebene Art vorwärts gerückt werden, so ist das Verhältniß der $\left\{\begin{matrix}\text{Zunahmen}\\ \text{Abnahmen}\end{matrix}\right\}$ der Geschwindigkeit **kleiner** als das Verhältniß der entsprechenden Zwischenzeiten.

Der Beweis ist dem Beweise des Satzes §. 7. ganz analog.

§. 43. Lehrsatz.

Wenn man auf einer Linie, die mit $\left\{\begin{matrix}\text{beschl. beschl.}\\ \text{beschl. verzög.}\end{matrix}\right\}$ Bewegung durchlaufen wird, 2 beliebige Puncte annimmt, und einen von beiden oder auch beide auf die beschriebene Art vorrückt, so daß die in der Zwischenzeit erfolgte $\left\{\begin{matrix}\text{Zunahme}\\ \text{Abnahme}\end{matrix}\right\}$ der Geschwindigkeit, welche $\left\{\begin{matrix}\text{Zunahme}\\ \text{Abnahme}\end{matrix}\right\}$ wir d nennen wollen, in d', die Zwischenzeit t aber in t' übergeht, und man denkt sich nun eine $\left\{\begin{matrix}\text{gleichförmig beschleunigte}\\ \text{gleichförmig verzögerte}\end{matrix}\right\}$ Bewegung, wobei in der Zeit t die Geschwindigkeit um die Größe d $\left\{\begin{matrix}\text{zunimmt}\\ \text{abnimmt}\end{matrix}\right\}$, und eine andere $\left\{\begin{matrix}\text{gleichf. beschl.}\\ \text{gleichf. verzög.}\end{matrix}\right\}$ Bewegung, wobei in der Zeit t' die Geschwindigkeit um d' $\left\{\begin{matrix}\text{zunimmt}\\ \text{abnimmt}\end{matrix}\right\}$, so ist bei der letzteren die $\left\{\begin{matrix}\text{beschleunigende}\\ \text{verzögernde}\end{matrix}\right\}$ Kraft **größer** als bei der ersteren. Wenn man dagegen auf einer Linie, die mit $\left\{\begin{matrix}\text{verzög. beschl.}\\ \text{verzög. verzög.}\end{matrix}\right\}$ Bewegung durchlaufen wird, 2 beliebige Puncte auf die beschriebene Art vorrückt, und auch auf die angeführte Art sich 2 $\left\{\begin{matrix}\text{gleichf. beschl}\\ \text{gleichf. verzög.}\end{matrix}\right\}$ Bewegungen denkt, so ist die $\left\{\begin{matrix}\text{beschleunigende}\\ \text{verzögernde}\end{matrix}\right\}$ Kraft der 2ten **kleiner** als die der ersten.

Der **Beweis** kann hier auf ähnliche Art wie bei §. 8. gegeben werden.

§. 44. Zusatz.

Wenn auf einer Linie AB Fig. 1., die mit $\left\{\begin{matrix}\text{beschl. beschl.}\\ \text{beschl. verzög.}\end{matrix}\right\}$ Bewegung durchlaufen wird, ein beliebiger Punct D angenommen wird, und man schneidet von demselben aus nach beiden Seiten hin beliebige Stücke ab, DC, DF, DG nach A zu, DH, DI, DK nach B zu, und die auf DC, DF, DG, DH, DI, DK verwandten Zeiten sind resp. t'', t', t, τ, τ', τ'', und die den

Puncten C, F, G, D, H, I, K angehörigen Geschwindigkeiten c'', c', c, C, γ, γ', γ'', und man denkt sich nun mehrere {gleichf. beschl. / gleichf. verzög.} Bewegungen,

eine, bei welcher in der Zeit t'' die Geschwindigkeit um die Größe $\left\{\begin{matrix} C - c'' \text{ zunimmt} \\ c'' - C \text{ abnimmt} \end{matrix}\right\}$,

– – – – – – – – – – t' – – – – – – – – – – – – – $\left\{\begin{matrix} C - c' \text{ zunimmt} \\ c' - C \text{ abnimmt} \end{matrix}\right\}$,

– – – – – – – – – – t – – – – – – – – – – – – – $\left\{\begin{matrix} C - c \text{ zunimmt} \\ c - C \text{ abnimmt} \end{matrix}\right\}$,

– – – – – – – – – – τ – – – – – – – – – – – – – $\left\{\begin{matrix} \gamma - C \text{ zunimmt} \\ C - \gamma \text{ abnimmt} \end{matrix}\right\}$,

– – – – – – – – – – τ' – – – – – – – – – – – – – $\left\{\begin{matrix} \gamma' - C \text{ zunimmt} \\ C - \gamma' \text{ abnimmt} \end{matrix}\right\}$,

– – – – – – – – – – τ'' – – – – – – – – – – – – – $\left\{\begin{matrix} \gamma'' - C \text{ zunimmt} \\ C - \gamma'' \text{ abnimmt} \end{matrix}\right\}$,

so hat jede {gleichförmig beschl. / gleichförmig verzög.} Bewegung der 2ten Reihe eine größere {beschleunigende / verzögernde} Kraft als jede {gleichf. beschl. / gleichf. verzög.} Bewegung der 1sten Reihe, und eine {beschleunigende / verzögernde} Kraft der 1sten Reihe ist desto größer, aber eine Kraft der 2ten Reihe desto kleiner, einen je kleineren Raum man abgeschnitten hat; also die Kräfte der genannten 6 Bewegungen folgen, der Größe nach, in der Ordnung auf einander, wie sie hier genannt sind. Bei der {verzög. beschl. / verzög. verzög.} Bewegung ist alles umgekehrt.

§. 45. Zusatz.

Da aber bei einer $\left\{\begin{matrix}\text{beschl. beschl.}\\ \text{beschl. verzög.}\end{matrix}\right\}$ Bewegung die Kraft der 1sten Reihe, indem man den Abschnitt kleiner macht, nicht über alle Grenzen hinaus wachsen kann, sondern immer noch $<$ bleibt als jede Kraft der 2ten Reihe, so giebt es eine Kraft v, der sich die Kraft der 2ten Reihe mehr nähern kann als jede gegebene Kraft, welche $<$ v ist, ohne sie jedoch zu erreichen. Und da die Kraft der 1sten Reihe, indem man den Abschnitt kleiner macht, nicht über alle Grenzen hinaus abnehmen kann, sondern immer noch $>$ als jede Kraft der 1sten Reihe bleibt, so giebt es eine Kraft w, welche nicht $<$ v ist, und der sich die Kraft der 2ten Reihe mehr nähern kann als jede gegebene Kraft, welche $>$ w ist, ohne sie jedoch zu erreichen.

Eben so giebt es bei einer $\left\{\begin{matrix}\text{verzög. beschl.}\\ \text{verzög. verzög.}\end{matrix}\right\}$ Bewegung für jeden angenommenen Punct der Bahn eine Kraft v, der sich die Kraft der 1sten Reihe mehr nähern kann als jede gegebene Kraft, welche $>$ v ist, ohne sie jedoch zu erreichen, und eine Kraft w, welche nicht $>$ v ist, und der sich die Kraft der 2ten Reihe mehr nähern kann als jede gegebene Kraft, welche $<$ w ist, ohne sie jedoch zu erreichen.

§. 46. Lehrsatz.

Wenn man auf einer Linie AB Fig. 1., die mit beschl. beschl. oder beschl. verzög. oder verzög. beschl. oder verzög verzög. Bewegung durchlaufen wird, einen beliebigen Punct D annimmt, und von demselben aus nach beiden Seiten hin Stücke DF, DI abschneidet, die in gleichen Zeiten durchlaufen werden, und von diesen Stücken wieder Stücke DG, DH, die in gleichen Zeiten durchlaufen werden, und die Geschwindigkeiten in den Puncten F, G, D, H, I sind resp. c′, c, C, γ, γ', so kommt das Verhältniß des Unterschiedes zwischen C und γ zum Unterschiede zwischen C und c dem Verhältniß der Gleichheit näher als das Verhältniß des Unterschiedes zwischen C und γ' zum Unterschied zwischen C und c'.

Der Beweis wie bei §. 11.

§. 47. Lehrsatz.

Bei einer $\begin{Bmatrix}\text{beschl. beschl.}\\ \text{beschl. verzög.}\end{Bmatrix}$ Bewegung von der speciellen Art, wie wir sie §. 31. und 35. betrachtet haben, kann das in §. 46. erwähnte Verhältniß dem Verhältniß der Gleichheit näher kommen als jedes gegebene Verhältniß einer größeren Größe zu einer kleineren, und bei einer $\begin{Bmatrix}\text{verzög. beschl.}\\ \text{verzög. verzög.}\end{Bmatrix}$ Bewegung von der in §. 34. u. 39. erwähnten speciellen Art kann jenes Verhältniß dem Verhältniß der Gleichheit näher kommen als jedes gegebene Verhältniß einer kleineren Größe zu einer größeren.

Der Beweis wie bei §. 12.

§. 48. Zusatz.

Hieraus folgt, daß bei einer $\begin{Bmatrix}\text{beschl. beschl.}\\ \text{beschl. verzög.}\end{Bmatrix}$ Bewegung von jener speciellen Art das Verhältniß einer Kraft der 2ten Reihe zu einer Kraft der 1sten Reihe dem Verhältniß der Gleichheit näher kommen kann als jedes gegebene Verhältniß einer größeren Größe zu einer kleineren, bei einer $\begin{Bmatrix}\text{verzög. beschl}\\ \text{verzög. verzög.}\end{Bmatrix}$ Bewegung von jener speciellen Art aber das Verhältniß einer Kraft der 2ten Reihe zu einer Kraft der 1sten Reihe dem Verhältniß der Gleichheit näher kommen kann als jedes gegebene Verhältniß einer kleineren Größe zu einer größeren, — daß folglich für eine der hier bezeichneten 4 speciellen Arten der Bewegung die beiden in §. 45. erwähnten Kräfte v und w, denen sich die Kräfte der 1sten und 2ten Reihe nähern, zusammenfallen.

§. 49. Erklärung.

Fallen bei einer beschl. beschl. oder verzög. beschl. Bewegung für irgend einen angenommenen Punct der Bahn die beiden Kräfte, denen sich die Kräfte der 1sten und 2ten Reihe nähern, zusammen, so heißt die auf diese Art bestimmte Kraft die beschleunigende Kraft in dem angenommenen Punct der Bahn. Und fallen bei einer beschl. verzög. oder verzög. verzög. Bewegung für irgend einen angenommenen Punct der Bahn die beiden Kräfte, denen sich die Kräfte der 1sten und 2ten Reihe nähern, zusammen, so heißt die auf diese Art bestimmte Kraft die verzögernde Kraft in dem angenommenen Puncte. Fallen die beiden Kräfte für jeden Punct der Bahn zusammen, so nennt man die Bewegung eine stetig-beschleunigt-beschleunigte (stetig-verzögert-beschleunigte, stetig-beschleunigt-verzögerte, stetig-verzögert-verzögerte) Bewegung.

§. 50. Zusatz.

Eine stetig beschleunigte Bewegung kann nur entweder eine gleichförmig-beschleunigte oder eine stetig-beschleunigt-beschleunigte oder eine stetig-verzögert-beschleunigte oder eine aus diesen 3 Arten stückweise zusammengesetzte sein. Und ebenso kann eine stetig-verzögerte Bewegung nur entweder eine gleichförmig-verzögerte oder eine stetig-beschleunigt-verzögerte oder eine stetig-verzögert-verzögerte oder eine aus diesen 3 Arten stückweise zusammengesetzte sein.

§. 51. Zusatz.

Eine aus mehreren solchen Stücken zusammengesetzte $\left\{\begin{matrix}\text{beschl.}\\ \text{verzög.}\end{matrix}\right\}$ Bewegung kann in einem solchen Punct, wo ein Stück aufhört, und das andere anfängt, 2 verschiedene $\left\{\begin{matrix}\text{beschleunigende}\\ \text{verzögernde}\end{matrix}\right\}$ Kräfte haben, eine, welche die Endkraft des vorhergehenden, und eine, welche die Anfangskraft des folgenden Stücks ist.

§. 52. Erklärung.

Für einen Punct der Bahn einer stetig $\left\{\begin{matrix}\text{beschl.}\\ \text{verzög.}\end{matrix}\right\}$ Bewegung, wo 2 verschiedene $\left\{\begin{matrix}\text{beschleunigende}\\ \text{verzögernde}\end{matrix}\right\}$ Kräfte statt finden, eine, welche die Endkraft im vorhergehenden, und eine, welche die Anfangskraft im folgenden Stück ist, sagt man, die $\left\{\begin{matrix}\text{beschleunigende}\\ \text{verzögernde}\end{matrix}\right\}$ Kraft ändere sich plötzlich; für einen Punct der Bahn einer stetig $\left\{\begin{matrix}\text{beschl.}\\ \text{verzög.}\end{matrix}\right\}$ Bewegung aber, wo die Endkraft des vorhergehenden und die Anfangskraft des folgenden Stücks einerlei sind, sagt man, wenn die $\left\{\begin{matrix}\text{beschleunigende}\\ \text{verzögernde}\end{matrix}\right\}$ Kraft sich ändert, sie ändere sich stetig.

§. 53. Zusatz.

Bei einer $\left\{\begin{matrix}\text{beschl. beschl.}\\ \text{verzög. beschl.}\end{matrix}\right\}$ Bewegung wird die beschleunigende Kraft immer $\left\{\begin{matrix}\text{größer}\\ \text{kleiner}\end{matrix}\right\}$; und umgekehrt, eine stetig beschleunigte Bewegung, wobei die beschleunigende Kraft immer $\left\{\begin{matrix}\text{größer}\\ \text{kleiner}\end{matrix}\right\}$ wird, ist eine $\left\{\begin{matrix}\text{beschl. beschl.}\\ \text{verzög. beschl.}\end{matrix}\right\}$ Bewegung. Eine stetig beschl. Bewegung endlich, bei welcher die beschleunigende Kraft stets sich gleich bleibt, kann nur eine gleichförmig-beschleunigte sein.

Bei einer $\left\{\begin{matrix}\text{beschl. verzög.}\\ \text{verzög. verzög.}\end{matrix}\right\}$ Bewegung wird die verzögernde Kraft immer $\left\{\begin{matrix}\text{größer}\\ \text{kleiner}\end{matrix}\right\}$; und umgekehrt, eine stetig verzögerte Bewegung, wobei die verzögernde Kraft immer $\left\{\begin{matrix}\text{größer}\\ \text{kleiner}\end{matrix}\right\}$ wird, ist eine $\left\{\begin{matrix}\text{beschl. verzög.}\\ \text{verzög. verzög.}\end{matrix}\right\}$ Bewegung. Eine stetig verzögerte Bewegung endlich, bei welcher die verzögernde Kraft stets sich gleich bleibt, kann nur eine gleichförmig-verzögerte sein.

Anmerkung. Die Erfahrung lehrt, daß alle Körper auf der Oberfläche der Erde, sich selbst überlassen, und so lange sie nicht unterstützt sind, senkrecht gegen die Erde fallen, und zwar desto genauer mit gleichförmig beschleunigter Bewegung, je weniger wirksam der Widerstand der Luft ist; auch fallen sie, wenn sie vom Zustand der Ruhe (d. h. von dem Zustand, wo die Geschwindigkeit $= 0$ ist) ausgehen, an allen Puncten der Oberfläche der Erde in einerlei Zeit zu einer gleichen Tiefe, wie verschieden auch übrigens die Größe, Masse und materielle Beschaffenheit der Körper sein mag; auch ist diese Tiefe zu allen Zeiten dieselbe. Hieraus erkennen wir, daß beim freien Fall der Körper an der Erdfläche die beschleunigende Kraft während der ganzen Bewegung sich gleich bleibt, daß sie an allen Puncten der Erdfläche, für alle Verschiedenheiten der Größe, Masse und materiellen Beschaffenheit der fallenden Körper und zu allen Zeiten unverändert dieselbe ist, und daß sie auf die kleinsten Theilchen aller körperlichen Materie gleichmäßig wirkt. Diese unveränderliche, auf alle Theilchen der körperlichen Materie gleichmäßig wirkende, senkrecht gegen die Erde gerichtete, beschleunigende Kraft nennen wir Schwere, und das Doppelte des Weges, den sie einen frei fallenden Körper, ohne den Widerstand der Luft, in einer beliebigen Zeit vom Zustand der Ruhe aus beschreiben lassen würde, das Maaß der Beschleunigung der Schwere oder schlechtweg die Beschleunigung der Schwere. Für diese beliebige Zeit wählt man zwar gewöhnlich die Secunde; aber sie ist an sich willkürlich, und wir müssen sie zum Behuf unserer theoretischen Untersuchungen gänzlich unbestimmt lassen, was auch hinsichtlich derjenigen Kräfte, welche größer oder kleiner sind als unsere Schwere, und hinsichtlich aller Geschwindigkeiten gilt, die in unsern Untersuchungen werden betrachtet werden. Für das Maaß der Beschleunigung der Schwere wird in verschiedenen physikalischen Werken der einfache Weg genommen, den ein frei fallender Körper vom Zustand der Ruhe an in einer beliebigen Zeit beschreibt; wir wählen nach Laplace's Beispiel (Méc. cél., Liv. I. Cap. 2. No. 10, wo die Gesetze der Bewegung frei fallender Körper vermittelst der Integration entwickelt sind) das Doppelte jenes Weges, weil dadurch alle Schlüsse bei weiteren Untersuchungen vereinfacht werden, indem nämlich (siehe oben §. 19.) das Doppelte jenes Weges einerlei ist mit dem Wege, den die nach Ablauf der angenommenen Zeit erlangte Geschwindigkeit einen gleichförmig bewegten Körper in der angenommenen Zeit würde beschreiben lassen; und so lassen sich denn jetzt die Definitionen der Geschwindigkeit und der beschleunigenden und verzögernden Kraft folgendermaßen bestimmter fassen.

„Die Geschwindigkeit bei einer gleichförmigen Bewegung ist der „Weg, welcher in einer beliebigen Zeit, die aber für mehrere mit ein„ander zu vergleichende Geschwindigkeiten dieselbe sein muß, zurückge„legt wird. Die Geschwindigkeit bei einer ungleichförmigen Bewegung „ist der Weg, welchen der bewegte Punct, von dem angenommenen „Punct der Bahn an, in einer beliebigen Zeit zurücklegen würde, „wenn er mit der Geschwindigkeit, die er in dem angenommenen Punct „der Bahn erlangt hat, fortführe sich zu bewegen. Die beschleunigende „Kraft bei einer gleichförmig beschleunigten Bewegung ist das Doppelte

„des Weges, welcher in einer beliebigen Zeit, die aber für mehrere zu „vergleichende beschleunigende Kräfte dieselbe sein muß, vom Zustand „der Ruhe an zurückgelegt wird, oder, was dasselbe sagt, die Größe, „um welche die Geschwindigkeit in der genannten Zeit vermehrt wird. „Die verzögernde Kraft bei einer gleichförmig verzögerten Bewegung „ist das Doppelte des Weges, welcher in einer beliebigen Zeit, die aber „für mehrere zu vergleichende verzögernde Kräfte dieselbe sein muß, „und nach Ablauf welcher Zeit die Geschwindigkeit in o übergegangen „ist, zurückgelegt wird, oder, was dasselbe sagt, die Größe, um welche „die Geschwindigkeit in der genannten Zeit vermindert wird. Die „beschleunigende oder verzögernde Kraft bei einer ungleichförmig beschleu= „nigten oder ungleichförmig verzögerten Bewegung ist die Größe, um „welche die in einem angenommenen Puncte der Bahn statt findende „Geschwindigkeit, wenn sie mit der daselbst statt findenden beschleuni= „genden oder verzögernden Kraft fortführe zu= oder abzunehmen, in „einer beliebigen Zeit zu= oder abnehmen würde."

Der scheinbare Cirkel im Erklären, welcher bei diesen Definitio= nen vorkommt, thut, zufolge der in §. 7. bis 49. gegebenen Auseinan= dersetzungen (worin die Vergleichbarkeit der Geschwindigkeit bei einer gleichförmigen Bewegung mit der Geschwindigkeit bei einer ungleichför= migen Bewegung, so wie die Vergleichbarkeit der beschleunigenden oder verzögernden Kraft bei einer gleichförmig beschleunigten oder gleichför= mig verzögerten Bewegung mit der beschleunigenden oder verzögernden Kraft bei einer ungleichförmig beschleunigten oder ungleichförmig verzö= gerten Bewegung, bereits hinlänglich nachgewiesen ist), der schulgerechten Form jener Definitionen keinen Eintrag.

§. 54. Zusatz.

Aus den in dieser Anmerkung beigebrachten Auseinanderse= tzungen über die Schwere geht hervor, daß, wenn ein Körper mit einer gewissen Geschwindigkeit senkrecht abwärts gestoßen, und nachher sich selbst überlassen wird, er sich auf die in §. 28. Nr. 2) beschriebene Art bewegen muß, und daß dagegen, wenn ein Kör= per mit einer gewissen Geschwindigkeit senkrecht aufwärts ge= worfen, und nachher sich selbst überlassen wird, er sich mit gleich= förmig verzögerter Bewegung bewegen muß, bei welcher Be= wegung die verzögernde Kraft = der beschleunigenden Kraft senk= recht abwärts fallender Körper ist, — bis er, wenn seine Ge=

schwindigkeit in 0 übergegangen ist, seine höchste Höhe erreicht hat, von wo er dann sogleich wieder, mit gleichförmig-beschleunigter Bewegung, senkrecht abwärts fallen, und eine der vorigen in Beziehung auf die Zeit symmetrische Bewegung annehmen wird.

Anmerkung. Die Erfahrung bestätigt die in diesem Zusatz ausgesprochenen Folgerungen desto genauer, je weniger wirksam der Widerstand der Luft ist.

§. 55. Lehrsatz.

Wenn ein Körper vom Zustand der Ruhe aus senkrecht fällt, so ist die Geschwindigkeit, die er in jedem beliebigen Punct seiner Bahn erreicht hat, die mittlere Proportionale zwischen der doppelten Beschleunigung der Schwere und dem von Anfang an zurückgelegten Wege.

Beweis. Die zurückgelegten Räume, vom Anfang des Falls an gerechnet, stehen im doppelten Verhältniß der Zeiten, die Zeiten aber im einfachen Verhältnisse der Geschwindigkeiten, also die Räume im Verhältniß der Quadrate der Geschwindigkeiten. Bezeichnen wir die Beschleunigung der Schwere mit g (welches wir, nach Laplace's Beispiel, auch inskünftige thun werden), so gehört dem Raum $\frac{1}{2}$g die Geschwindigkeit g zu. Gehört nun einem andern Raum h die Geschwindigkeit c zu, so verhält sich $\square g : \square c = \frac{1}{2}g : h$. Aber auch $\square g : 2g \times h = \frac{1}{2}g : h$ (Eucl. 6, 1); also ist $\square c = 2g \times h$, also (Eucl. 6, 17) $2g : c = c : h$.

§. 56. Erklärung.

Die Fallhöhe h im vorigen §. heißt die der Geschwindigkeit c zugehörige Höhe.

§. 57. Lehrsatz.

Bei einer $\begin{Bmatrix}\text{beschl. beschl.}\\ \text{verzög. verzög.}\end{Bmatrix}$ Bewegung, die mit der Geschwindigkeit 0 $\begin{Bmatrix}\text{anfängt}\\ \text{aufhört}\end{Bmatrix}$, ist die $\begin{Bmatrix}\text{beschleunigende}\\ \text{verzögernde}\end{Bmatrix}$ Kraft, welche man erhält, wenn man annimmt, ein $\begin{Bmatrix}\text{von Anfang an}\\ \text{bis zu Ende}\end{Bmatrix}$ gerechneter

Weg sei in derselben Zeit, in welcher er wirklich beschrieben ist, mit gleichförmig $\begin{Bmatrix}\text{beschleunigter}\\ \text{verzögerter}\end{Bmatrix}$ Bewegung und mit der $\begin{Bmatrix}\text{Anfangsgeschwindigkeit}\\ \text{Endgeschwindigkeit}\end{Bmatrix}$ 0 beschrieben, größer als die Kraft zu $\begin{Bmatrix}\text{Anfang}\\ \text{Ende}\end{Bmatrix}$ der wirklichen Bewegung, aber kleiner als die Kraft zu $\begin{Bmatrix}\text{Ende}\\ \text{Anfang}\end{Bmatrix}$ des angenommenen Weges.

Beweis. A Fig. 1. sei der $\begin{Bmatrix}\text{Anfangspunct}\\ \text{Endpunct}\end{Bmatrix}$ der Bahn, und AB der angenommene Weg. In der auf AB wirklich verwandten Zeit würde ein ruhender Körper, wenn die $\begin{Bmatrix}\text{Anfangskraft}\\ \text{Endkraft}\end{Bmatrix}$ der wirklichen Bewegung gleichförmig $\begin{Bmatrix}\text{beschleunigend}\\ \text{verzögernd}\end{Bmatrix}$ wirkte, um einen Weg fortgeführt werden, welcher kleiner als AB ist. Gleichförmig $\begin{Bmatrix}\text{beschleunigende}\\ \text{verzögernde}\end{Bmatrix}$ Kräfte bei 2 verschiedenen Bewegungen verhalten sich aber nach §. 30. wie die in einerlei Zeit $\begin{Bmatrix}\text{von dem Augenblick an}\\ \text{bis zu dem Augenblick}\end{Bmatrix}$, wo die Geschwindigkeit $= 0$ ist, beschriebenen Räume. Folglich ist die Kraft, welche einen ruhenden Körper in der genannten Zeit gleichförmig beschleunigend von A bis B bringt, $>$ als die $\begin{Bmatrix}\text{Anfangskraft}\\ \text{Endkraft}\end{Bmatrix}$ der wirklichen Bewegung. Dagegen würde in der auf AB wirklich verwandten Zeit ein ruhender Körper, wenn die Kraft, welche in B wirklich statt findet, gleichförmig $\begin{Bmatrix}\text{beschleunigend}\\ \text{verzögernd}\end{Bmatrix}$ wirkte, um einen Weg fortgeführt werden, welcher $>$ AB ist. Folglich ist die Kraft, welche einen ruhenden Körper in der genannten Zeit gleichförmig beschleunigend von A bis B bringt, $<$ als die Kraft, welche in B wirklich statt findet.

§. 58. Zusatz.

Auf ähnliche Art wird bewiesen, daß, wenn bei einer $\begin{Bmatrix}\text{verzög. beschl.}\\ \text{beschl. verzög.}\end{Bmatrix}$ Bewegung die $\begin{Bmatrix}\text{Anfangsgeschwindigkeit}\\ \text{Endgeschwindigkeit}\end{Bmatrix} = 0$

ist, die Kraft, welche man erhält, wenn man die im vorigen §. angeführte Annahme macht, kleiner als die $\begin{Bmatrix}\text{Anfangskraft}\\ \text{Endkraft}\end{Bmatrix}$ der wirklichen Bewegung, aber größer als die Kraft zu $\begin{Bmatrix}\text{Ende}\\ \text{Anfang}\end{Bmatrix}$ des angenommenen Weges ist.

§. 59. Lehrsatz.

Bei einer $\begin{Bmatrix}\text{beschl. beschl.}\\ \text{verzög. verzög.}\end{Bmatrix}$ Bewegung, die mit der Geschwindigkeit 0 $\begin{Bmatrix}\text{anfängt}\\ \text{aufhört}\end{Bmatrix}$, steht ein $\begin{Bmatrix}\text{von Anfang an}\\ \text{bis zu Ende}\end{Bmatrix}$ gerechneter Weg zu einem kleineren $\begin{Bmatrix}\text{von Anfang an}\\ \text{bis zu Ende}\end{Bmatrix}$ gerechneten Wege in einem Verhältniß, welches $>$ ist als das doppelte Verhältniß der darauf verwandten Zeiten.

Beweis. Wir wollen zuerst von der beschl. beschl. Bewegung sprechen. In der von Anfang an gerechneten Zeit t sei der Weg AC Fig. 2., in der von Anfang an gerechneten Zeit t', welche $> t$ ist, der Weg AB beschrieben. Man denke sich, die Beschleunigung höre von C an auf zu wachsen, so wird nach Ablauf der Zeit t' ein kleinerer Weg als AB, z. B. AD, beschrieben sein. Man denke sich ferner, die Beschleunigung habe von Anfang an die Stärke gehabt, die sie im Punct C wirklich hat, so wird in der Zeit t ein größerer Weg als AC, z. B. der Weg EC, beschrieben sein. Man denke sich nun, die Beschleunigung habe während der ganzen Zeit t' die Stärke gehabt, die sie in C wirklich hat, so wird offenbar in der Zeit t der Weg EC, in der Zeit t' der Weg ED beschrieben sein, und es wird $ED:EC = 2(t':t)$ sein. Nun aber ist $CB:CA > CD:CE$ (§. 32. des 1sten Abschn. Theil 1); verbunden $AB:CA > DE:CE$, d. i. $> 2(t':t)$.

Für die verzög. verzög. Bewegung ist kein besonderer Beweis nöthig, weil sie der beschl. beschl. Bewegung symmetrisch ist.

§. 60. Zusatz.

Auf ähnliche Art wird bewiesen, daß bei einer $\begin{Bmatrix}\text{verz. beschl.}\\ \text{beschl. verz.}\end{Bmatrix}$ Beweg., die mit der Geschw. 0 $\begin{Bmatrix}\text{anfängt}\\ \text{aufhört}\end{Bmatrix}$, ein $\begin{Bmatrix}\text{von Anfang an}\\ \text{bis zu Ende}\end{Bmatrix}$

gerechneter Weg zu einem kleineren $\left\{\begin{matrix}\text{von Anfang an}\\ \text{bis zu Ende}\end{matrix}\right\}$ gerechneten Wege in einem Verh. steht, welches **kleiner** ist als das doppelte Verh. der darauf verwandten Zeiten.

§. 61. Zusatz.

Aus den beiden vorigen §§. folgt, daß, wenn man die in §. 57. und 58. gemachte Annahme macht, und nun den angenommenen Weg in Gedanken kleiner werden läßt, die durch die Annahme erhaltene Kraft der $\left\{\begin{matrix}\text{Anfangskraft}\\ \text{Endkraft}\end{matrix}\right\}$ der wirklichen Bewegung näher kommt.

§. 62. Lehrsatz.

Wenn man die in §. 57. und 58. erwähnte Annahme macht, so ist diejenige Kraft, welcher sich die durch die Annahme erhaltene Kraft, indem man den angenommenen Weg immer kleiner macht, so nähert, daß der Unterschied $<$ werden kann als jede gegebene Kraft, ohne sie jedoch zu erreichen, einerlei mit der $\left\{\begin{matrix}\text{Anfangskraft}\\ \text{Endkraft}\end{matrix}\right\}$ der wirklichen Bewegung.

Beweis. Wir wollen zuerst von der beschl. beschl. Bewegung sprechen. Man nehme an, die Kraft, an welche die erwähnte Annäherung geschieht, sei $>$ als die Anfangskraft. Da die Kraft zu Ende des angenommenen Weges der Anfangskraft der wirklichen Bewegung näher kommen kann als jede gegebene größere Kraft, so kann um so mehr (nach §. 57.) die durch die in §. 57. gemachte Annahme erhaltene Kraft der Anfangskraft näher kommen als jede gegebene größere Kraft. Sie müßte also auch $<$ werden können als jene Kraft, an welche die Annäherung geschieht, und das ist ein Widerspruch. Man nehme ferner an, die Kraft, an welche die Annäherung geschieht, sei $<$ als die Anfangskraft, so müßte die durch die in §. 57. und 58. gemachte Annahme erhaltene Kraft $<$ werden können als die Anfangskraft der wirklichen Bewegung, da sie doch nach §. 57. allemal $>$ bleibt.

Auf ähnliche Art wird der Beweis für die verzög. verzög., verzög. beschl. und beschl. verzög. Bewegung geführt.

Zweiter Abschnitt.

Von der Zusammensetzung mehrerer geradliniger und krummliniger Bewegungen zu Einer Bewegung, und von den dabei obwaltenden Kräften.

§. 1. Erklärung.

Ein Körper oder eine Fläche oder eine Linie hat eine bloß progressive Bewegung, wenn alle Puncte des Körpers (der Fläche, der Linie) so fortrücken, daß die geraden Verbindungslinien eines jeden Puncts mit dem Ort, den derselbe Punct späterhin einnimmt, für jede 2 Augenblicke der Bewegung sämmtlich einander parallel und gleich sind, die Puncte mögen sich inzwischen in dieser geraden Linie selbst oder in irgend einer zwischen denselben Endpuncten enthaltenen Curve bewegt haben. Ein Körper oder eine Fläche oder eine Linie hat eine bloß drehende Bewegung, wenn Ein Punct des Körpers (der Fläche, der Linie), oder auch Eine im Körper (in der Fläche, bei der Linie) befindliche gerade Linie ruht, alle übrigen Puncte des Körpers (der Fläche, der Linie) aber sich so bewegen, daß sie sämmtlich nicht nur ihre Entfernungen unter einander, sondern auch ihre Entfernungen von dem festen Punct oder von den einzelnen Puncten der festen Linie unverändert behalten. Ein Körper oder eine Fläche oder eine Linie hat eine progressive und drehende Bewegung zugleich, wenn kein Punct des Körpers (der Fläche, der Linie) ruht, übrigens aber alle Puncte des Körpers (der Fläche, der Linie) während der Bewegung ihre Entfernungen unter einander unverändert behalten, ohne daß jedoch die Bewegung die zuerst beschriebene bloß progressive ist.

§. 2. Lehrsatz.

Wenn ein Körper (eine Fläche, eine Linie) eine bloß drehende Bewegung hat, worin nicht eine gerade Linie, sondern nur

Ein Punct ruht, so giebt es für jeden Augenblick der Bewegung eine durch den festen Punct gehende gerade Linie, deren Puncte sämmtlich, ungeachtet sie in Bewegung sind, in diesem Augenblick die Geschwindigkeit 0 haben.

Beweis. Man beschreibe aus dem festen Punct als Mittelpunct, mit einem Halbmesser, welcher > ist als die größte Entfernung eines Puncts des Körpers (der Fläche, der Linie) vom festen Punct, eine Kugel (Fig. 3.), und denke sich nun, daß der ganze körperliche Raum dieser Kugel Theil nehme an der Bewegung des bewegten Körpers (der Fläche, der Linie). Ein Punct der Kugelfläche erhalte hierbei die Bewegung CH, und befinde sich in dem angenommenen Augenblick in C, so erhält der diesem Punct e diametro entgegengesetzte Punct der Kugelfläche die Bewegung DF, welche mit CH in Beziehung auf den Raum symmetrisch, in Beziehung auf die Zeit aber congruent ist (siehe §. 24. des vorigen Abschn.). Nun können 2 Fälle statt finden:

1) Die Geschwindigkeit der Bewegung CH im Punct C ist $= 0$; alsdann haben wir einen Punct der Kugelfläche gefunden, welcher in dem angenommenen Augenblicke die Geschwindigkeit 0 hat.

2) Die Geschwindigkeit der Bewegung CH im Punct C ist nicht $= 0$. Alsdann schneide man die Kugel mit einem größten Kreise ACBD, dessen Ebene durch die Tangente des Puncts C der Bahn CH geht. Man schneide die Kugel mit einem zweiten größten Kreise CEDG, welcher durch C und D geht, und auf der Ebene ACBD winkelrecht steht. Man nehme auf der halben Kreisperipherie CED einen beliebigen mittleren Punct I, so soll zuerst bewiesen werden, daß, wenn die Geschwindigkeit des Puncts I im angenommenen Augenblicke nicht $= 0$ ist, die Richtung der Bewegung dieses Puncts in diesem Augenblicke winkelrecht gegen IC stehen muß. Man nehme an, der Punct I befinde sich nach Ablauf einer beliebigen Zeit τ, vom angenommenen Augenblicke an gerechnet, in Ii, und habe während der Zeit τ die Curve Ii

durchlaufen, deren an I gezogene Tangente nicht winkelrecht gegen IC steht. Der Punct C aber befinde sich nach Ablauf der Zeit τ in H, und man ziehe die Bogen hC und hH größter Kreise. Da sich nun, indem man τ immer kleiner und kleiner annimmt, der $\angle$, welchen die aus C gezogenen Tangenten der Curven Ch und CH gegen einander bilden, dem rechten $\angle$ so sehr nähert, daß der Unterschied $<$ werden kann als jeder gegebene $\angle$, so kann das Verhältniß des Unterschiedes der Bogen hH und hC zum Unterschied der Bogen hC und IC kleiner werden als jedes gegebene Verhältniß. Da aber IC $=$ hH, so müßte das Verhältniß des Unterschiedes der Bogen hH und hC zum Unterschiede der Bogen hC und hH, d. i. das Verhältniß der Gleichheit, $<$ werden können als jedes gegebene Verhältniß, was aber ungereimt ist. Folglich ist die Annahme falsch, und die Richtung der Bewegung des Puncts I ist im angenommenen Augenblick, wenn die Geschwindigkeit des Puncts I in diesem Augenblick nicht $= 0$ ist, auf IC winkelrecht. Nun können wir aber dieselben Schlüsse für jeden mittleren Punct der halben Kreislinie CED machen; und so ergiebt sich, daß die Bewegung eines jeden mittleren Puncts dieser halben Kreislinie, wenn sie im angenommenen Augenblick nicht die Geschwindigkeit 0 hat, in diesem Augenblick eine gegen CED winkelrechte Richtung haben muß. Diese gegen CED winkelrechte Richtung ist nun für den Punct C auf der einen, für den Punct D aber auf der andern Seite der Ebene CEDG befindlich; es giebt folglich wenigstens Einen mittleren Punct der halben Kreislinie CED, welcher in dem angenommenen Augenblicke die Geschwindigkeit 0 hat.

In jedem Fall ist es also möglich, einen Punct der Kugelfläche zu finden, welcher in dem angenommenen Augenblicke die Geschwindigkeit 0 hat *). Es sei I dieser Punct. Dann ist auch die Geschwindigkeit des dem Puncte I e diametro entgegen-

*) Hieraus kann man zwar schon unmittelbar folgern, was bewiesen werden soll; aber um der späteren Sätze willen betrachten wir noch die Bewegung der übrigen Puncte der Kugelfläche.

gesetzten Puncts der Kugelfläche in dem angenommenen Augenblick = 0. Es sei nun L ein beliebiger Punct der Kugelfläche, der mit dem Punct I weder einerlei noch ihm e diametro entgegengesetzt ist. Nach Ablauf einer beliebigen Zeit habe der Punct I sich auf der Curve Ii entlang bis i bewegt, L aber auf der Curve Ll entlang bis l. Man ziehe die Bogen LI, lI und li größter Kreise. Da nun die Geschwindigkeit des Puncts I im angenommenen Augenblick = 0 ist, so kann, wenn man die beliebige Zeit klein genug annimmt, das Verhältniß des Unterschiedes zwischen Il und il, d. i. zwischen Il und IL, zu Ll kleiner werden als jedes gegebene Verhältniß. Das würde aber nicht statt finden können, wenn nicht der ∠, welcher zwischen den aus L gezogenen Tangenten der Bogen Ll und LI enthalten ist, ein rechter wäre; folglich ist dieser ∠ ein rechter. Es sei n ein beliebiger mittlerer Punct des Bogens IL. Man schneide vom Bogen il das Stück iO = In ab, und es sei nO der vom Punct n in der zuletzt erwähnten beliebigen Zeit beschriebene Weg, p aber der Punct, wo die Bogen nO und Il sich schneiden. Da nun der ∠, welchen il und On gegen einander bilden, sich dem ∠ InO nähert, so nähert ∠ iOp sich dem Nebenwinkel des Winkels InO. Hieraus, und weil das Verhältniß Ii : Ll kleiner werden kann als jedes gegebene Verhältniß, folgt, daß auch das Verhältniß Op : On kleiner werden kann als jedes gegebene Verhältniß, oder, was dasselbe sagt, daß das Verhältniß On : pn dem Verhältniß der Gleichheit näher kommen kann als jedes gegebene Verhältniß zweier ungleicher Größen. Man schneide nun von Il das Stück Im = IL ab, und beschreibe aus dem Punct I als Pol den Bogen mLRQ eines Kugelkreises. Da die an L gezogene Tangente des Bogens Ll mit der an L gezogenen Tangente des Bogens Lm zusammenfällt, so kann der ∠, welchen die Sehne Lm gegen die Sehne Ll macht, < werden als jeder gegebene ∠. Und da der ∠, welchen die an m gezogene Tangente des Bogens ml gegen die an m gezogene Tangente des Bogens mL macht, = R, so nähert sich der ∠, welchen Sehne ml gegen Sehne mL macht, dem rechten. Daher kann das Verhältniß Sehne Ll : Sehne Lm dem Verhältniß der Gleichheit näher kommen als jedes gegebene Verhältniß. Folglich kann (§. 43. des 1sten Abschn. Theil 2) auch das Verhältniß des Bogens Ll zum Bogen Lm dem Verhältniß der Gleichheit näher kommen als jedes gegebene Verhältniß. Ebenso wird bewiesen, daß, wenn man vom Bogen Il das Stück In = In abschneidet, der ∠, welchen Sehne nn gegen Sehne np macht, < werden kann als jeder gegebene ∠, und daß das Verhältniß des Bogens np zu Bogen nn, folglich auch das Verhältniß Bogen nO : Bogen nn, dem Verhältniß der Gleichheit näher kommen kann als jedes gegebene Verhältniß. Die dem angenommenen Augenblick angehörigen Richtungen und Geschwindigkeiten der Puncte I, L und n sind folglich ebendieselben, als wenn man die ganze Kugel um die durch den festen Punct und durch I gehende Axe drehte; und eben dieses läßt sich von allen Puncten des durch I und L gehenden größten Kreises beweisen. Eben das läßt sich auch von allen übrigen durch I gelegten größten Kreisen beweisen; nur ist noch zu zeigen, daß diejenigen Puncte der Kugelfläche, welche gleich weit von I entfernt sind, in dem angenommenen Augenblick gleiche Geschwindigkeiten haben.

Man nehme demnach auf dem Bogen mLRQ einen beliebigen Punct Q an, der weder mit L zusammenfällt, noch dem Punct L in der Peripherie des Kugelkreises mLRQ gerade gegenüberliegt (denn von dem gerade gegenüberliegenden Punct ist es schon für sich klar, daß er in dem angenommenen Augenblick gleiche Geschwindigkeit mit L hat, weil er mit L in einem und demselben durch I gehenden größten Kreis liegt). Es sei QS derjenige Weg, welchen der Punct Q in derselben Zeit zurücklegt, in welcher L den Weg Ll zurücklegt. Man lege durch I und S einen Bogen eines größten Kreises, welcher mLRQ in R schneidet, und ziehe noch die Bogen lS, mvR und lR größter Kreise. Da nun das Verhältniß lm : Ll kleiner werden kann als jedes gegebene Verhältniß, so kann auch das Verhältniß des Unterschiedes zwischen mvR und lR zu Ll kleiner werden als jedes gegebene Verhältniß. Und da das Verhältniß RS : Ll kleiner werden kann als jedes gegebene Verhältniß, so kann auch das Verhältniß des Unterschiedes zwischen lR und lS zu Ll kleiner werden als jedes gegebene Verhältniß. Daher kann auch (nach §. 46. des 1sten Abschn. Theil 1.) das Verhältniß der Summe der beiden genannten Unterschiede zu Ll kleiner werden als jedes gegebene Verhältniß. Folglich kann um so mehr das Verhältniß des Unterschiedes der beiden genannten Unterschiede zu Ll kleiner werden als jedes gegebene Verhältniß. Der Unterschied zwischen mvR und lS ist aber entweder die Summe oder der Unterschied der beiden vorher genannten Unterschiede, je nachdem die Puncte l und S auf einerlei oder auf entgegengesetzten Seiten des Kugelkreises mLRQ liegen. Folglich kann das Verhältuiß des Unterschiedes zwischen mvR und lS zu Ll kleiner werden als jedes gegebene Verhältniß. Folglich kann auch das Verhältniß des Unterschiedes zwischen den Sehnen mR und lS zum Bogen mL, d. i. das Verhältniß des Unterschiedes zwischen den Sehnen mR und LQ zum Bogen mL, $<$ werden als jedes gegebene Verhältniß. Folglich kann auch das Verhältniß des Unterschiedes zwischen den Bogen mLR und LRQ zum Bogen mL kleiner werden als jedes gegebene Verhältniß. Hieraus ersehen wir, daß der Punct R auf derselben Seite in Beziehung auf den Punct Q liegt wie der Punct m in Beziehung auf den Punct L, und daß das Verhältniß des Unterschiedes der Bogen mL und RQ zum Bogen mL kleiner werden kann als jedes gegebene Verhältniß, oder, was dasselbe sagt, daß das Verhältniß der Bogen mL und RQ dem Verhältniß der Gleichheit näher kommen kann als jedes gegebene Verhältniß. Und so ist bewiesen, daß diejenigen Puncte der Kugelfläche, welche gleich weit von I entfernt sind, in dem angenommenen Augenblick gleiche Geschwindigkeiten haben.

Aus dem bisher Bewiesenen geht hervor, daß die dem angenommenen Augenblick angehörigen Richtungen und Geschwindigkeiten aller Puncte der Kugel ebendieselben sind, als wenn man die ganze Kugel um die durch den festen Punct und durch I gehende Axe drehte. Folglich ist die Geschwindigkeit eines jeden Puncts der durch den festen Punct und durch I gehenden geraden Linie in dem angenommenen Augenblick = 0.

Anmerkung. Laplace beweist eben diesen Satz auf dem Wege der höheren Analysis in seiner Méc. Cél., Liv. I. Cap. 7. No. 28. Er nennt daselbst diejenige gerade Linie, deren Puncte sämmtlich die Geschwindigkeit o haben, die augenblickliche Umdrehungsaxe (axe instantané de rotation), und denjenigen Winkel, um welchen die ganze Kugel sich in einer beliebigen Zeit (die aber bei der Vergleichung mehrerer solcher Bewegungen dieselbe sein muß) fortdrehen würde, wenn alle Puncte der Kugel mit der Geschwindigkeit, die sie in dem angenommenen Augenblick haben, fortführen sich um die augenblickliche Umdrehungsaxe zu drehen, die Winkel-Umdrehungsgeschwindigkeit (vitesse angulaire de rotation).

§. 3. Lehrsatz.

Wenn ein Punct A Fig. 4. sich auf einer beliebigen Linie AB, sie sei gerade oder krumm, und im letzteren Falle von einfacher oder doppelter Krümmung, entlang bewegt, und diese Linie AB hat zu gleicher Zeit eine bloß progressive Bewegung, wobei der Punct A der Linie AB die Linie AC beschreibt, so ist die Bewegung, welche der Punct A nun wirklich im Raum annehmen wird, einerlei mit derjenigen Bewegung, welche der Punct A im Raum annimmt, wenn er sich auf der Linie AC entlang nach demselben Gesetz bewegt, nach welchem vorher die Linie AB in ihrer progressiven Bewegung fortrückte, und wenn zu gleicher Zeit die Linie AC eine bloß progressive Bewegung hat, wobei der Punct A der Linie AC die Linie AB nach demselben Gesetz beschreibt, nach welchem unter der anfänglichen Voraussetzung der Punct A die Linie AB beschrieb.

Beweis. Der Punct A mag, indem er sich auf AB entlang bewegt, in derselben Zeit von A bis D kommen, in welcher er, auf AC entlang sich bewegend, von A bis E kommt. Man ziehe die Sehnen AD und AE, und vollende das Parallelogramm ADFE. Man setze anfangs voraus, der Punct A bewege sich auf der Linie ADB entlang, und diese habe zu gleicher Zeit die progressive Bewegung AEC, so wird, zufolge des Begriffs der bloß progressiven Bewegung, der Punct D in dem Augenblick, wo der bewegte Punct daselbst anlangt, nach F versetzt sein; folglich wird der bewegte Punct bei seiner wirklichen Bewegung im Raume in F angelangt sein. Man setze ferner voraus, der Punct A bewege sich auf der Linie AEC entlang, und diese habe zugleich die progressive Bewegung ADB, so wird der Punct E in dem Augenblick, wo der bewegte Punct daselbst anlangt, nach F versetzt sein; folglich wird der bewegte Punct bei seiner wirklichen Bewegung im Raume in demselben Punct F angelangt sein, in welchem er unter der ersten Voraussetzung im correspondirenden Augenblick anlangte. Da sich nun dieselben Schlüsse für jede 2 correspondirenden Augenblicke der Bewegungen ADB und AEC machen lassen, so wird die vom bewegten Punct wirklich im Raume beschriebene Bahn unter beiden Voraussetzungen genau dieselbe Bahn AFG sein, und auch unter beiden Voraussetzungen nach einerlei Gesetz beschrieben werden.

§. 4. Erklärung.

Die Bewegung AFG Fig. 4. heißt die aus den Bewegungen ADB und AEC zusammengesetzte Bewegung; und wenn man auf die im vorigen §. beschriebene Art 2 Bewegungen in Eine zusammensetzt, die daraus entspringende wieder mit einer dritten gegebenen Bewegung zusammensetzt, u. s. w., so heißt die zuletzt gefundene Bewegung die aus den einzelnen gegebenen Bewegungen zusammengesetzte Bewegung. Hieraus ist auch klar, was es heiße, zwei oder mehrere Bewegungen, die keinen gemeinschaftlichen Anfangspunct haben, in Eine zusammensetzen.

§. 5. Zusatz.

Aus §. 3., verglichen mit Eucl. 6, 26, folgt, daß, wenn 2 geradlinige und gleichförmige Bewegungen in Eine zusammengesetzt werden, die zusammengesetzte wieder geradlinig und gleichförmig ist, und sowohl der Geschwindigkeit als der Richtung nach durch die Diagonale des Parallelogramms ausgedruckt wird, welches man aus den Richtungen beider einzelnen Bewegungen, indem man die Seiten des Parallelogramms den Geschwindigkeiten proportional macht, construiren kann.

§. 6. Lehrsatz.

Wenn 3 Bewegungen zusammengesetzt werden, ABC, ADE, AFG Fig. 5, gleichviel ob man die erste mit der 2ten, und das Resultat mit der dritten, oder ob man die 1ste mit der 3ten, und das Resultat mit der 2ten, oder ob man die 2te mit der 3ten, und das Resultat mit der 1sten zusammensetzt, und man zieht die Linien AB, AD, AF nach den correspondirenden Puncten B, D, F, und vollendet das Parallelepipedum ABHDKFIL, so ist der geometrische Ort des Puncts L die zusammengesetzte Bewegung, und L der den Puncten B, D, F correspondirende Punct.

Beweis. Man ziehe AK und BL, so ist, weil AB = und ⋕ KL, ABLK ein Parallelogramm. Nun ist K der den Puncten F und D correspondirende Punct in der aus ADE und AFG zusammengesetzten Bewegung, und L der den Puncten B und K correspondirende Punct in der Bewegung, welche aus der durch A und K gehenden und aus der Bewegung ABC zusammengesetzt ist. Ebenso wird bewiesen, daß, wenn man die Bewegung ABC mit der Bewegung ADE, und das Resultat mit der Bewegung AFG zusammensetzt, L der dem Punct B correspondirende Punct in der zusammengesetzten Bewegung ist, und daß man denselben Punct L auch dann findet, wenn man die Bewegung ABC mit der Bewegung AFG, und das Resultat mit der Bewegung ADE zusammensetzt. Folglich ist der geometrische Ort des Puncts L die aus allen dreien zusammengesetzte Bewegung, in welcher Ordnung man auch die 3 Bewegungen zusammensetzen mag.

§. 7. Zusatz.

Hieraus erhellt, daß, wenn 3 geradlinige und gleichförmige Bewegungen zusammengesetzt werden, die zusammengesetzte sowohl der Geschwindigkeit als der Richtung nach durch die Diagonale des Parallelepipedums ausgedruckt wird, welches man aus den Richtungen der 3 einzelnen Bewegungen, indem man die Seiten des Parallelepipedums den Geschwindigkeiten proportional macht, construiren kann. Daß nicht nur 3, sondern auch mehrere geradlinige und gleichförmige Bewegungen, in Eine zusammengesetzt, allemal wieder eine geradlinige und gleichförmige Bewegung geben, erhellt aus wiederholter Anwendung des Satzes §. 5.

§. 8. Lehrsatz.

Wenn man so viele Bewegungen, als man will, der Reihe nach zusammensetzt, so kommt zuletzt allemal einerlei Bewegung heraus, in welcher Ordnung man auch die einzelnen Bewegungen zusammensetzen mag.

Der Beweis ist ganz analog dem Beweise zu §. 12. und 13. im 1sten Abschn. Theil 1.

§. 9. Zusatz.

Es ist einerlei, ob man eine Bewegung der Reihe nach mit mehreren anderen, oder ob man die erste gleich mit der aus den übrigen zusammengesetzten Bewegung zusammensetzt.

§. 10. Zusatz.

Es ist einerlei, ob man eine Bewegung mit mehreren anderen, oder ob man statt dessen mehrere andere, deren zusammengesetzte die erste gegebene Bewegung ist, mit den übrigen zusammensetzt.

§. 11. Zusatz.

Daher kann man, wenn man mehrere Bewegungen zusammensetzen will, jede derselben, in soviele Bewegungen man will, zerfällen, ohne die zuletzt entspringende Bewegung zu ändern.

§. 12. Lehrsatz.

Wenn mehrere Bewegungen in Eine zusammengesetzt werden, und man zieht nun an correspondirende Puncte der einzelnen Partialbewegungen Tangenten, und setzt nun gleichförmige Bewegungen, welche resp. die Richtungen dieser Tangenten und die den entspechenden Puncten angehörigen Geschwindigkeiten haben, in Eine zusammen, so druckt diese zusammengesetzte Bewegung die Richtung und Geschwindigkeit im correspondirenden Puncte der aus den einzelnen Partialbewegungen zusammengesetzten Bewegung aus.

Beweis. A, B, C, D Fig. 6. seien correspondirende Puncte in den Partialbewegungen, und E der correspondirende Punct in der aus ihnen zusammengesetzten Bewegung; auch seien AF, BG, CH, DI, EK Bogen, die in gleichen Zeiten beschrieben werden, wobei die Zeiten entweder sämmtlich vorwärts oder sämmtlich rückwärts gerechnet werden. Man ziehe die Sehnen AF, BG, CH, DI, EK, und denke sich nun

eine gleichf. Bew., die in derselben Zeit die Sehne AF durchläuft,
- BG - -
- CH - -
- DI - -
- EK - -

Die Geschwindigkeiten dieser gleichförmigen Bewegungen seien a, b, c, d, e. Dann wird, zufolge des Begriffs der zusammengesetzten Bewegung, die

aus der gleichf. Bew. auf der Sehne AF mit der Geschw. a,
- - - - - - - - - - - - - - - BG - - - - - - - b,
- - - - - - - - - - - - - - - CH - - - - - - - c,
- - - - - - - - - - - - - - - DI - - - - - - - d

zusammengesetzte Bewegung einerlei mit der gleichförmigen Bewegung auf der Sehne EK mit der Geschwindigkeit e sein. Rückt man nun in Gedanken die Puncte F, G, H, I, K immer näher an A, B, C, D, E, doch so, daß sie stets correspondirenden Augenblicken angehören, so werden immer dieselben Schlüsse bleiben. Bei diesem allmäligen Hinanrücken drehen die Sehnen sich resp. um die Puncte A, B, C, D, E so, daß sie allmälig die von F, G, H, I, K bis A, B, C, D, E gehenden Puncte der Bögen durchlaufen. Zuletzt nehmen die Sehnen die Lagen der Tangenten AL, BM, CN, DO, EP an (§. 2. des 1sten Abschn. Theil 2.);

die Geschwindigkeiten der gleichförmigen Bewegungen aber nähern sich (nach §. 43. des 1sten Abschn. Theil 2.) den Geschwindigkeiten der krummlinigen Bewegungen in den Puncten A, B, C, D, E so, daß der Unterschied $<$ werden kann als jede gegebene Geschwindigkeit; folglich wird die aus den Richtungen der Tangenten AL, BM, CN, DO zusammengesetzte Bewegung, wenn man jeder dieser Richtungen die dem entsprechenden Punct zugehörige Geschwindigkeit der krummlinigen Bewegung beilegt, die Richtung der Tangente EP und die dem Punct E zugehörige Geschwindigkeit der krummlinigen Bewegung EK haben.

§. 13. Zusatz.

Hieraus, verglichen mit §. 2., folgt, daß, wenn ein Körper oder eine Fläche oder eine Linie eine progressive und drehende Bewegung zugleich hat (siehe §. 1.), und man betrachtet einen beliebigen Punct des Körpers (der Fläche, der Linie) als ruhend, die Bewegung aller übrigen Puncte des Körpers (der Fläche, der Linie) angesehen werden kann als zusammengesetzt aus der wirklichen Bewegung des als ruhend betrachteten Puncts und aus einer bloß drehenden Bewegung des ganzen Körpers um den als ruhend betrachteten Punct, und daß die Richtung und Geschwindigkeit eines jeden einzelnen Puncts des Körpers (der Fläche, der Linie) in jedem angenommenen Augenblick der Bewegung angesehen werden kann als zusammengesetzt aus der diesem Augenblick angehörigen Richtung und Geschwindigkeit des als ruhend betrachteten Puncts und aus der Richtung und Geschwindigkeit des betreffenden Puncts des Körpers (der Fläche, der Linie) in Beziehung auf eine durch den als ruhend betrachteten Punct gehende augenblickliche Umdrehungsaxe.

§. 14. Zusatz.

Daher giebt es bei jeder Bewegung eines Körpers (einer Fläche, einer Linie), welche eine progressive und drehende Bewegung zugleich ist, in jedem angenommenen Augenblick der Bewegung und in Beziehung auf jeden beliebigen Punct des Körpers (der Fläche, der Linie) eine augenblickliche Umdrehungsaxe und eine Winkel-Umdrehungsgeschwindigkeit.

Anmerkung. Laplace beweist eben dieses am angeführten Orte (Méc. cél. Liv. I. Cap. 7. No. 28.), indem er daselbst von einem point fixe ou considéré comme tel spricht, wo der Ausdruck point fixe sich auf eine bloß drehende Bewegung, der Ausdruck point considéré comme fixe aber sich auf eine Bewegung bezieht, welche eine progressive und drehende zugleich ist.

§. 15. Zusatz.

Auch ist ohne Beweis klar, daß alles, was wir in §. 1. 2. 13. und 14. von der Bewegung eines Körpers, einer Fläche und einer Linie auseinandergesetzt haben, sich auch auf die Bewegung zerstreuter Puncte übertragen läßt, welche sich so bewegen, daß sie sämmtlich ihre Entfernungen von einander unverändert behalten.

§. 16. Lehrsatz.

Wenn mehrere geradlinige, gleichförmige oder ungleichförmige, Bewegungen eben dieselbe zusammengesetzte Bewegung geben als mehrere andere, und man setzt nun mehrere geradlinige gleichförmige Bewegungen, welche die Richtungen der einzelnen Partialbewegungen haben, und deren Geschwindigkeiten sich wie die beschleunigenden oder verzögernden Kräfte in correspondirenden Puncten der Partialbewegungen verhalten (wobei, wenn die Kräfte verzögernd sind, die Richtung in die entgegengesetzte zu verwandeln ist), in Eine zusammen, so ist die Richtung und Geschwindigkeit der zusammengesetzten gleichförmigen Bewegung für das eine System der Partialbewegungen dieselbe als für das andere.

Beweis. Die aus jedem von beiden Systemen der Partialbewegungen zusammengesetzte Bewegung habe in irgend einem Augenblick die Geschwindigkeit a und die Richtung AB Fig. 7. Dann ist die Geschwindigkeit, welche man aus den Richtungen und Geschwindigkeiten der correspondirenden Puncte der Partialbewegungen des 1sten Systems zusammensetzen kann, nach §. 12. = a, und die zugehörige Richtung AB, und die Geschwindigkeit, welche man aus den Richtungen und Geschwindigkeiten der correspondirenden Puncte der Partialbewegungen des 2ten Systems zusammensetzen kann, ebenfalls = a, und die zugehörige Richtung AB. Folglich ist in beiden Systemen die aus den einzelnen Richtungen und Geschwindigkeiten der Partialbewegungen entspringende Richtung und Geschwindigkeit für jeden Augenblick gleich. Man denke sich nun statt der zu beiden Systemen gehörigen Partialbewegungen ebensoviele andere geradlinige Bewegungen, nach denselben Richtungen, worin aber die in verschiedenen Zeiten beschriebenen Räume sich wie die denselben Zeiträumen angehörigen Zu- oder Abnahmen der Geschwindigkeiten der ursprünglichen Partialbewegungen verhalten (und zwar so, daß, wenn in der ursprünglichen Partialbewegung die Geschwindigkeit abnimmt, die an die Stelle dieser Partialbewegung gesetzte Bewegung die entgegengesetzte Richtung erhält). Dann werden die Geschwindigkeiten in den neuen Bahnen sich wie die beschleunigenden oder verzögernden Kräfte in den alten Bahnen verhalten. Nun ist, wie wir gesehen haben, die aus den Richtungen und Geschwindigkeiten der alten Bahnen entspringende Richtung und Geschwindigkeit in beiden Systemen für jeden Augenblick gleich. Folglich ist die aus den neuen Bahnen zusammengesetzte Bewegung in beiden Systemen dieselbe. Man kann daher wie zu Anfang schließen; nämlich die aus den einzelnen Richtungen und Geschwindigkeiten der neuen Partialbewegungen entspringende Richtung und Geschwindigkeit ist für beide Systeme für jeden Augenblick gleich. Die Geschwindigkeiten der neuen Partialbewegungen verhalten sich aber wie die Kräfte der alten. Folglich ist auch die aus den einzelnen Kräften der alten Partialbewegungen entspringende Kraft für beide Systeme für jeden Augenblick, nach Stärke und Richtung, gleich.

§. 17. Erklärung.

Die auf die beschriebene Art aus den Kräften der einzelnen geradlinigen Bewegungen zusammengesetzte Kraft heißt die Kraft der aus den einzelnen geradlinigen Bewegungen zusammengesetzten krummlinigen Bewegung oder die Curvenkraft; und man sieht leicht, wie diese von der beschleunigenden oder verzögernden Kraft längs der Curve zu unterscheiden ist.

§. 18. Lehrsatz.

Für jeden Punct einer krummlinigen Bewegung giebt es eine, aber auch nur Eine Curvenkraft.

Beweis. Man projicire die beschriebene Curve auf eine beliebige Ebene durch winkelrechte Linien, und die dadurch entstehende Curve wiederum auf 2 gerade Linien, die sich in derselben Ebene winkelrecht schneiden. Dadurch hat man die ursprüngliche krummlinige Bewegung in 3 geradlinige auf einander winkelrechte zerfällt. Diese können nicht alle drei gleichförmig sein, weil sonst die aus ihnen zusammengesetzte nach §. 7. nicht krummlinig, sondern geradlinig wäre. Wählt man daher 3 beliebige correspondirende Puncte der geradlinigen Partialbewegungen, so giebt es für diese 3 Puncte wenigstens Eine beschleunigende oder verzögernde Kraft; es kann aber auch für 2 dieser Puncte oder für alle 3 eine beschleunigende oder verzögernde Kraft statt finden. Setzt man diese Eine oder 2 oder 3 Kräfte in Eine zusammen, so hat man die Curvenkraft für den correspondirenden Punct der krummlinigen Bewegung; es giebt folglich für jeden Punct einer krummlinigen Bewegung eine Curvenkraft, und diese bleibt dieselbe, wenn man die krummlinige Bewegung in beliebige andere geradlinige Bewegungen von beliebiger Anzahl zerfällt (§.16.).

§. 19. Zusatz.

Da bei einem Körper, welcher in der Gegend der Erdoberfläche horizontal oder schräg aufwärts oder schräg abwärts geworfen und nachher sich selbst überlassen wird, keine andere Kraft wirkt als die Schwere (wenn wir vom Widerstand der Luft absehen), so ist die beschriebene Bahn eine solche, bei welcher die Curvenkraft = der Schwere, also stets senkrecht gegen die Erdoberfläche gerichtet und der Stärke nach unveränderlich ist. Die

Richtungen dieser Kraft in verschiedenen Puncten der Bahn können, wegen der geringen Ausdehnung der Bahn im Vergleich mit dem Halbmesser der Erde, als parallel betrachtet werden. Zerfällt man nun eine solche Wurfbewegung (welche von der durch die anfängliche Richtung gelegten senkrechten Ebene nirgends abweichen kann, weil, wenn sie nach einer Seite dieser Ebene hin abwiche, sie aus demselben Grunde auch zugleich nach der andern Seite hin abweichen müßte) in 2 geradlinige Bewegungen, in eine senkrechte und in eine horizontale, so kann bei der letzteren nirgends eine beschleunigende oder verzögernde Kraft statt finden, weil diese Kraft, mit der Kraft der senkrechten Partialbewegung zusammengesetzt, eine nicht senkrecht gerichtete Curvenkraft hervorbringen würde; die horizontale Partialbewegung ist daher gleichförmig. Bei der senkrechten Partialbewegung findet keine Kraft weiter als die Schwere statt; und da diese unveränderlich ist, so ist die senkrechte Partialbewegung eine gleichförmig beschleunigte oder gleichförmig verzögerte, bei welcher die beschleunigende oder verzögernde Kraft = der Schwere ist, — gleichförmig verzögert aber nur in dem Fall, wenn der Körper schräg aufwärts geworfen wird, und nur so lange, bis die senkrecht aufwärts gerichtete Geschwindigkeit durch die gleichförmig verzögernde Schwere gänzlich vernichtet ist, worauf die senkrechte Partialbewegung sogleich in eine gleichförmig beschleunigte, dem freien Fall solcher Körper, welche beim Anfang keinen Stoß erhalten, congruente übergeht. Hat ein geworfener Körper auf die so eben beschriebene Art seine höchste Höhe in der Bahn erreicht, so ist seine Richtung daselbst horizontal, und er beschreibt von da an einen abwärts gerichteten Bogen, welcher dem bisher beschriebenen aufwärts gerichteten Bogen in Beziehung auf den Raum congruent, in Beziehung auf die Zeit aber symmetrisch ist. Betrachtet man den eben erwähnten höchsten Punct der Bahn als Anfangspunct der horizontalen und senkrechten Partialbewegung, so ist klar, daß (weil die horizontale Bewegung gleichförmig ist, in der senkrechten aber die von Anfang an beschriebenen

Räume im doppelten Verhältniß der Zeiten stehen) die senkrechten Abscissen der beschriebenen Curve sich wie die Quadrate der horizontalen Ordinaten verhalten, und folglich die Curve eine Parabel ist. Zugleich ist auch klar, daß derjenige Punct der Bahn, in welchem die Richtung der Bewegung horizontal ist, der Scheitel der Parabel, und daß die Axe derselben senkrecht nach unten gerichtet ist, — daß ferner, wenn der Körper anfangs einen horizontalen Stoß erhält, er eine halbe Parabel beschreiben, und der Anfangspunct der Scheitel sein wird, und daß, wenn der Körper anfangs einen schräg abwärts gerichteten Stoß erhält, er nur ein Stück einer halben Parabel beschreiben, und der Scheitel gar nicht in der Bahn enthalten sein wird.

Anmerkung. Laplace hat dieselben Resultate hinsichtlich der Wurfbewegung auf dem Wege der Integration gefunden (siehe Méc. cél. Liv. I. Cap. 2. No. 10.). Sie werden durch die Erfahrung desto genauer bestätigt, je weniger wirksam der Widerstand der Luft ist, — welches unwidersprechlich beweist, daß bei der Bewegung geworfener Körper, abgesehen vom Widerstand der Luft, keine Curvenkraft weiter statt findet als die Schwere.

§. 20. Lehrsatz.

Wenn man mehrere krummlinige Bewegungen in Eine zusammensetzt, und man zieht nun an correspondirende Puncte der Partialbewegungen Linien, welche die Richtungen der diesen Puncten zugehörigen Curvenkräfte haben, und sich wie diese Curvenkräfte verhalten, und man setzt nun diese Linien zusammen, auf die Art, wie man Geschwindigkeiten, die nach verschiedenen Richtungen gehen, zusammensetzt (§.12.), so druckt die durch die Zusammensetzung erhaltene Linie die Stärke und Richtung der Curvenkraft der aus den einzelnen Partialbewegungen zusammengesetzten Bewegung in dem correspondirenden Puncte aus.

Beweis. Man zerfälle jede krummlinige Partialbewegung auf die in §. 18. beschriebene Art in 3 auf einander winkelrechte geradlinige Bewegungen, und zwar nach 3 Richtungen, die für alle krummlinigen Partialbewegungen dieselben sind. Alsdann ist (nach §. 11.) die zusammengesetzte aus allen diesen geradlinigen Bewegungen einerlei mit der zusammengesetzten aus allen krummlinigen Partialbewegungen. Folglich ist (nach §. 17.) die zusammengesetzte aus allen beschleunigenden (verzögernden) Kräften aller geradlinigen Bewegungen einerlei mit der Curvenkraft der aus allen partialen krummlinigen Bewegungen zusammengesetzten krummlinigen Bewegung. Die zusammengesetzte aus je 3 beschleunigenden (verzögernden) Kräften, die zu correspondirenden Puncten dreier zusammengehöriger geradliniger Bewegungen gehören, ist aber nach §. 17. allemal einerlei mit der Curvenkraft im correspondirenden Punct der aus diesen 3 geradlinigen Bewegungen zusammengesetzten krummlinigen Partialbewegung. Folglich ist (nach §. 9.) die zusammengesetzte aus den Curvenkräften der einzelnen krummlinigen Partialbewegungen einerlei mit der Curvenkraft der aus allen partialen krummlinigen Bewegungen zusammengesetzten krummlinigen Bewegung.

§. 21. Lehrsatz.

Die Richtung der Curvenkraft für eine krummlinige Bewegung von einfacher Krümmung ist allemal in der Ebene der Bahn, und, wenn man sie an den betreffenden Punct der Bahn anbringt, auf der concaven Seite befindlich.

Beweis. Man zerfälle die krummlinige Bewegung in 2 geradlinige, in der Ebene der Bahn befindliche, und zwar habe eine dieser beiden Bewegungen die Richtung der Tangente eines beliebigen Puncts der Bahn, die andere die Richtung der Normale desselben Puncts. Die beschleunigenden (verzögernden) Kräfte dieser beiden geradlinigen Bewegungen geben, zusammengesetzt, eine in der Ebene der Bahn befindliche Kraft; also ist die Curvenkraft eines jeden Puncts der krummlinigen Bahn in der Ebene der Curve befindlich. Es sei nun AB Fig. 8. ein von A auslaufender Zweig der Bahn, AC die Tangente, und AD die nach der hohlen Seite hin gezogene Normale dieses Zweiges; hierbei ist es gleichgültig, ob man sich die Bewegung auf der Curve AB entlang von A nach B zu oder von B nach A zu gehend denkt. Man zerfälle die Bewegung AB in 2 geradlinige, eine nach der Richtung AC, eine nach der Richtung AD, und fälle aus einem beliebigen Punct E des Zweiges AB das Perpendikel EF auf AD; auch ziehe man die Sehne AE. Läßt man nun in Gedanken den Punct E immer näher an A rücken, so kann der ∠ CAE (nach §. 2. des 1sten Abschn. Theil 2.), also auch der ebenso große ∠ AEF kleiner werden als jeder gegebene ∠; folglich kann das Verhältniß AH:FE kleiner werden als jedes gegebene Verhältniß. Hieraus sehen wir, daß die Bewegung AD im Punct A die Geschwindigkeit 0 haben muß. Diese Bewegung ist folglich, wenn sie von A nach D zu geht, wenigstens von A an eine Zeitlang, eine beschleunigte, wenn sie aber von D nach A zu geht, wenigstens unmittelbar vor Erreichung des Punctes A eine Zeitlang, eine verzögerte; in beiden Fällen ist die Kraft der Bewegung AD im Punct A eine von A nach D zu, also nach der hohlen Seite zu gerichtete. Diese Kraft giebt, mit der zum Punct A gehörigen Kraft der Bewegung AC zusammengesetzt, eine Curvenkraft, welche gleichfalls von A aus nach der hohlen Seite des Zweiges AE zu gerichtet ist. Was aber vom Punct A bewiesen ist, läßt sich ebenso von jedem andern Punct der krummlinigen Bahn beweisen.

§. 22. Lehrsatz.

Bei einer krummlinigen Bewegung von doppelter Krümmung ist die Curvenkraft für jeden Punct der Bahn in der zu diesem Punct gehörigen Krümmungsebene und auf der concaven Seite befindlich.

Beweis. Man projicire die Bewegung auf die Krümmungsebene irgend eines Puncts der Bahn durch winkelrechte Linien, und zerfälle die projicirte Bewegung wiederum in 2 geradlinige, nach der Tangente und Normale desselben Puncts gerichtete, so ist die krummlinige Bewegung von doppelter Krümmung in 3 geradlinige auf einander winkelrechte zerfällt, nach der Tangente, nach der Normale und nach der aus dem Berührungspunct winkelrecht auf die Krümmungsebene errichteten Linie. Es sei nun A Fig. 9. der angenommene Punct in der doppelt gekrümmten Bahn, und AGDC ein Stück dieser Bahn, AB aber die Tangente des Puncts A. Man fälle aus einem beliebigen Punct D des Zweiges AGDC das Perpendikel DE auf AB, so wird, wenn man den Punct D in Gedanken immer näher an A rückt, die Geschwindigkeit, womit das Perpendikel DE abnimmt, zuletzt 0 werden, weil, wenn man die Sehne AD zieht (nach II, 1, 2), der ∠ DAB kleiner werden kann als jeder gegebene ∠, also das Verhältniß DE : EA kleiner werden kann als jedes gegebene Verhältniß. Um so mehr wird, wenn man DF winkelrecht auf die Krümmungsebene des Puncts A fällt, die Geschwindigkeit, womit das Perpendikel DF abnimmt, zuletzt 0 werden, weil DF < DE. Die Geschwindigkeit, womit das Perpendikel DF bei der wirklichen Bewegung auf der Curve AGDC sich ändert, ist aber einerlei mit der Geschwindigkeit der auf der Krümmungsebene winkelrechten Partialbewegung. Folglich ist die Geschwindigkeit dieser Partialbewegung im Punct A = 0. Zieht man noch EF, so ist (Eucl. 11, 11) EF auf AB winkelrecht, also die Geschwindigkeit, womit EF sich bei der wirklichen Bewegung auf der Curve AGDC ändert, einerlei mit der Geschwindigkeit der nach der Normale gerichteten Partialbewegung. Wie nun vorher DF < DE war, so ist jetzt EF < DE, woraus wir sehen, daß auch die Geschwindigkeit der nach der Normale gerichteten Partialbewegung im Punct A = 0 ist. Die beiden Partialbewegungen nach den Richtungen FE und FD sind nun, vom Punct A an eine Zeitlang (unmittelbar vor Erreichung des Puncts A eine Zeitlang), entweder gleichf. beschl., oder gleichf. verz., oder beschl. beschl., oder beschl. verz., oder verz. beschl., oder verz. verz.; denn gleichförmig kann keine von beiden Bewegungen sein, weil die Geschwindigkeit im Punct A = 0 ist. Hieraus, verglichen mit §. 62. des 1sten Abschn., kann man schließen, daß, wenn man annimmt, das Perpendikel DF nehme in der auf AGD wirklich verwandten Zeit von der Größe DF bis 0 mit g l e i c h f ö r m i g e r Verzögerung ab, die dieser Annahme zukommende verzögernde Kraft sich beim Heranrücken des Punctes D an A der in

A wirklich statt findenden Kraft der nach DF gerichteten Partialbewegung so sehr nähert, daß der Unterschied < werden kann als jede gegebene Kraft. Ebenso kann man schließen, daß, wenn man annimmt, das Perpendikel EF nehme in der auf AGD wirklich verwandten Zeit von der Größe EF bis 0 mit gleichförmiger Verzögerung ab, die dieser Annahme zukommende verzögernde Kraft sich der in A wirklich statt findenden Kraft der nach der Normale gerichteten Partialbewegung so sehr nähert, daß der Unterschied < werden kann als jede gegebene Kraft. Die Kräfte zweier gleichförmig verzögerter Bewegungen, die mit der Geschwindigkeit 0 endigen, verhalten sich aber nach §. 30. des 1sten Abschn. wie die in einerlei Zeit bis zu Ende der Bewegung beschriebenen Räume, also hier wie DF und FE. Aber das Verhältniß DF: FE kann, weil der Neigungswinkel DEF, den die Ebenen DEA und FEA gegen einander bilden, nach §. 4. des 1sten Abschn. Theil 2. kleiner werden kann als jeder gegebene ∠, kleiner werden als jedes gegebene Verhältniß. Hieraus sehen wir, daß die dem Punct A angehörige Kraft der nach FD gerichteten Bewegung = 0 ist. Die im Punct A statt findende Curvenkraft der Bewegung AGDC reducirt sich also auf die zusammengesetzte aus den in A statt findenden Kräften der nach der Tangente und Normale gerichteten Partialbewegungen, und befindet sich folglich in der Krümmungsebene des Punctes A.

Da wir bisher die Bewegung auf AGDC als aus 3 Partialbewegungen zusammengesetzt angesehen haben, so wollen wir sie jetzt nur als aus 2 Partialbewegungen zusammengesetzt ansehen, aus der bisher betrachteten nach FD gerichteten und aus der auf die Krümmungsebene projicirten. Da die Kraft der nach FD gerichteten Bewegung im Punct A = 0 ist, so reducirt sich die dem Punct A angehörige Curvenkraft der Bewegung AGDC auf die dem Punct A angehörige Curvenkraft der auf die Krümmungsebene projicirten Bewegung. Da nun nach §. 40. und 41. des 1sten Abschn. Theil 2. für die Curve AGDC und für die projicirte Curve im Punct A eine gemeinschaftliche Tangente statt findet, und beide Curven ihre Concavität auf einerlei Seite haben, da ferner die Curvenkraft der projicirten Bewegung nach dem vorigen §. auf der concaven Seite der Tangente AB befindlich ist, so sehen wir, daß die Curvenkraft im Punct A der Bewegung AGDC auf der concaven Seite befindlich ist.

§. 23. Erklärung.

Wenn man die Curvenkraft bei einer krummlinigen Bewegung von einfacher oder doppelter Krümmung nach der Tangente und Normale des betreffenden Puncts zerfällt, so erhält man die Tangential- und Normalkraft.

§. 24. Zusatz.

Die Richtung der Normalkraft bei einer krummlinigen Bewegung ist stets auf der concaven Seite befindlich.

§. 25. Lehrsatz.

Die Tangentialkraft ist einerlei mit der dem betreffenden Punct angehörigen beschleunigenden oder verzögernden Kraft längs der krummen Linie, und daher nur von dem Gesetz, wonach die Bewegung längs der Curve geschieht, nicht aber von der Gestalt der Curve abhängig.

Beweis. Es sei AGED Fig. 10. ein von A auslaufender Zweig der beschriebenen Curve, AC die Tangente, AB die auf der hohlen Seite befindliche Normale. Man zerfälle die krummlinige Bewegung in 3 geradlinige auf einander winkelrechte, wovon 2 nach AC und AB gerichtet sind. Man zerfälle die Bewegung auf AGED, ohne auf die Krümmung Rücksicht zu nehmen, in zwei andere, in eine, welche mit der vorher gefundenen auf AC entlang gehenden in Beziehung auf die Zeit congruent ist, und in eine, welche die übrigbleibende relative Bewegung auf AD, in Beziehung auf die der Bewegung AC congruente Bewegung, ausdruckt. Es sei nun E ein beliebiger Punct des Zweigs AGED, und EF auf AC winkelrecht; man ziehe die Sehne AE. Nun kann, wenn man in Gedanken den Punct E nahe genug nach A zu rückt, das Verhältniß des Bogens AE zur Sehne

AE, wie auch das Verhältniß dieser Sehne zu AF, dem Verhältniß der Gleichheit näher kommen als jedes gegebene Verhältniß einer größeren Größe zu einer kleineren. Das würde aber nicht statt finden, wenn nicht die Geschwindigkeit der Bewegung AC und die Geschwindigkeit der totalen krummlinigen Bewegung im Punct A einander gleich wären. Ist aber das, so hat die vorher angeführte relative Bewegung auf AD in A die Geschwindigkeit 0. Man findet also die dem Punct A angehörige Kraft dieser relativen Bewegung nach §. 62. des 1sten Abschn. dadurch, daß man von A aus ein Stück des relativen Weges abschneidet, und annimmt, die Bewegung auf diesem Stück gehe in derselben Zeit, in welcher sie wirklich vor sich geht, gleichförmig beschleunigt (gleichf. verz.) vor sich, und nun dieses Stück in Gedanken immer kleiner werden läßt. Dies Stück ist aber der Unterschied zwischen den correspondirenden Stücken der Bewegung AC und der totalen krummlinigen Bewegung, also =AGE—AF. Das Verhältniß AGE—AF:EF kann aber nach §. 44. des 1sten Abschn. Theil 2. kleiner werden als jedes gegebene Verhältniß. Hieraus, und weil die Geschwindigkeit, womit das Perpendikel EF sich ändert, im Punct A = 0 ist, ersehen wir, daß die Kraft der relativen Bewegung auf AD im Punct A = 0 ist. Folglich reducirt sich die beschleunigende (verzögernde) Kraft der totalen krummlinigen Bewegung im Punct A auf die beschleunigende (verzögernde) Kraft der mit der Bewegung AC in Beziehung auf die Zeit congruenten Bewegung, d. h. auf die Kraft der Bewegung AC im Punct A, d. h. auf die Tangentialkraft.

§. 26. Lehrsatz.

Wenn man statt irgend einer krummlinigen Bewegung von einfacher oder doppelter Krümmung eine andere setzt, die in dem Krümmungskreis irgend eines Puncts der Bahn gleichförmig mit der Geschwindigkeit geschieht, die in diesem Punct wirklich statt findet, so ist die Normalkraft dieser kreisförmigen Bewegung = der Normalkraft, die in dem betreffenden Punct der krummlinigen Bewegung wirklich statt findet.

Beweis. 1) Wenn die Curve von einfacher Krümmung ist. Es sei AGB Fig. 11. ein von A auslaufender Zweig der beschriebenen Curve, AC der Krümmungskreis des Puncts A, AE die Tangente, AD die nach der hohlen Seite hin gerichtete Normale. Man kann die Bewegung auf AB zusammengesetzt denken aus derjenigen Bewegung auf AC, welche man erhält, wenn man aus jedem Punct G des Zweigs AGB eine Linie GH ⋕ DA bis an AC zieht, und dann G und H als in Ansehung der Zeit correspondirende Puncte ansieht, und aus einer nach der Normale gerichteten Bewegung. Dann ist die Normalkraft auf AB = der Normalkraft auf AC ± der Kraft der zuletzt erwähnten nach der Normale gerichteten Bewegung. Da nun das Verhältniß FG:FA, wie auch das Verhältniß FH:FA, also um so mehr das Verhältniß HG:FA, indem man in Gedanken den Punct G immer näher an A rückt, < werden kann als jedes gegebene Verhältniß, so ist die Geschwindigkeit der zuletzt erwähnten nach der Normale gerichteten Bewegung im Punct A = 0. Aber auch die Geschwindigkeit der übrigen Normal-Bewegung ist im Punct A = 0. Hieraus, und weil das Verhältniß HG:HF nach §. 38. des 1. Abschn. Theil 2. kleiner werden kann als jedes gegebene Verhältniß, ersehen wir, daß die Kraft derjenigen Normalbewegung, welche mit der Bewegung AC zusammengesetzt die Bewegung AB bildet, im Punct A = 0 ist. Die Normalkraft der Bewegung AB im Punct A reducirt sich also auf die Normalkraft der Bewegung AC im Punct A. Die Geschwindigkeiten der Bewegungen AB und AC im Punct A aber sind einander gleich, weil jede von beiden sich auf die Geschwindigkeit der Bewegung AE im Punct A reducirt.

Es seien nun H und I (Fig. 12) correspondirende Puncte zweier auf der Kreislinie AC entlang gehenden Bewegungen, wovon die erste einerlei ist mit der bisher betrachteten auf AC entlang geschehenden Bewegung, die zweite aber gleichförmig mit der auf AB oder AC oder AE im Punct A wirklich statt findenden Geschwindigkeit geschieht; der Punct H Fig. 12. aber sei mit dem

Punct H Fig. 11. einerlei. Man ziehe in Fig. 12. AM ⧺ und = der Sehne IH, so ist, wenn man den Punct G allmälig immer näher bei A annimmt, der geometrische Ort des Puncts M eine solche Bahn, welche, mit der gleichförmigen auf AC entlang geschehenden Bewegung zusammengesetzt, die ungleichförmige auf AC entlang geschehende Bewegung giebt. Da aber der ∠MAE kleiner werden kann als jeder gegebene ∠, so ist AE (nach II, 1, 2) die Tangente des geometrischen Orts des Puncts M im Punct A. Man fälle MN winkelrecht auf AD, und denke sich nun die auf dem geom. Ort des Puncts M entlang geschehende Bewegung in eine nach MN gerichtete und in eine nach der Normale AN gerichtete geradlinige Bewegung zerfällt, so ist bei beiden letzteren Bewegungen die Geschwindigkeit im Punct A = 0, weil sie bei der auf dem geom. Ort des Puncts M entlang geschehenden Bewegung im Punct A = 0 ist. Hieraus, und weil das Verhältniß AN:NM kleiner werden kann als jedes gegebene Verhältniß, ersehen wir, daß die Kraft der zuletzt erwähnten nach AN gerichteten Bewegung im Punct A = 0 ist. Folglich reducirt sich die Normalkraft der Bewegung AB im Punct A auf die Normalkraft der gleichförmigen auf AC entlang geschehenden Bewegung.

2) Wenn die Curve von doppelter Krümmung ist, so projicire man sie auf die Krümmungsebene des angenommenen Puncts der Bahn, so ist die Normalkraft der projicirten Bewegung, wie aus der Beweisführung zu §. 22. hervorgeht, = der Normalkraft der ursprünglichen Bewegung. Die projicirte Bewegung hat aber mit der ursprünglichen im Berührungspunct einerlei Geschwindigkeit (weil die Geschwindigkeit der auf der Krümmungsebene winkelrechten Partialbewegung zufolge der Beweisführung zu §. 22. im Berührungspunct = 0 ist) und nach §. 42. des 1. Abschn. Theil 2. auch einerlei Krümmungskreis, und so wird der Beweis auf den ersten Fall zurückgeführt.

§. 27. Zusatz.

Die Normalkraft in jedem Punct einer krummlinigen Bewegung von einfacher oder doppelter Krümmung ist daher nur von der Geschwindigkeit in diesem Punct und von dem demselben Punct zugehörigen Krümmungshalbmesser, sonst aber von weiter nichts abhängig.

§. 28. Lehrsatz.

Das Maaß der Normalkraft in jedem Punct einer krummlinigen Bewegung von einfacher oder doppelter Krümmung ist die 3te Proportionale zum zugehörigen Krümmungshalbmesser und zu der in diesem Punct statt findenden Geschwindigkeit.

Beweis. Da die Normalkraft nach dem vorigen §. bloß vom Krümmunghalbmesser und von der Geschwindigkeit abhängt, so können wir uns statt der wirklichen Bahn eine in der Krümmungsebene befindliche Parabel denken, deren halber Parameter = dem Krümmungshalbmesser der Curve in dem angenommenen Punct der Bahn, und deren Axe mit der Normale des angenommenen Puncts der Bahn zusammenfällt; die Bewegung auf dieser Parabel aber können wir uns so beschaffen denken, daß die Geschwindigkeit im Scheitel = ist der wirklichen Geschwindigkeit des bewegten Puncts in dem angenommenen Punct der Bahn, übrigens aber das Gesetz der Wurfbewegung (siehe §. 19.) befolgt wird. Nun läßt sich die Bewegung in der Parabel in 2 geradlinige zerfällen, in eine gleichförmige nach der Tang. des Scheitels und in eine gleichförmig beschleunigte (gleichf. verzögerte) nach der Richtung der Axe. Die Kraft dieser gleichf. beschleunigten Bewegung wird = der Normalkraft in dem angenommenen Punct der wirklichen Curve sein. Es sei nun AC Fig. 13. die Parabel, A der Scheitel, AB die Axe, BC eine solche auf der Axe winkelrechte halbe Sehne der Parabel, welche die Geschwindigkeit in dem angenommenen Punct der wirklichen Curve ausdruckt. Der Krümmungshalbmesser in dem angenommenen Punct der wirklichen Curve sei r, so ist 2r der Parameter der Parabel; also verhält sich $2r : BC = BC : AB$. Nach der Anm. zu §. 53. des 1. Abschn. ist aber 2AB das Maaß der Kraft der Bewegung AB. Aus $2r : BC = BC : AB$ folgt $r . BC = BC : 2AB$;

folglich ist das Maaß der Kraft der auf AB geschehenden Bewegung die 3te Proportionale zu r und BC.

Anmerkung. Laplace beweist eben diesen Satz auf analytischem Wege in seiner Méc. cél. Liv. I. Cap. 2. No. 9. Er nennt aber daselbst die Normalkraft Centrifugalkraft (force centrifuge).

Dritter Abschnitt.

Von Central-Bewegungen.

§. 1. Lehrsatz.

Wenn man bei einer krummlinigen Bewegung von einfacher Krümmung eine Linie aus einem in derselben Ebene feststehenden Punct nach einem Punct der Bahn zieht, und diese Linie durch alle Puncte der Bahn fortführt, so steht die Geschwindigkeit, womit der von dieser Linie beschriebene Flächenraum wächst (eine Geschwindigkeit, deren Begriff sich auf ähnliche Art entwickeln läßt, wie wir im 1. Abschn. den Begriff der linearischen Geschwindigkeit entwickelt haben), für verschiedene Puncte der Bahn in einem Verhältniß, welches aus dem Verhältniß der entsprechenden linearischen Geschwindigkeiten und aus dem Verhältniß der aus dem festen Punct auf die entsprechenden Tangenten gefällten Perpendikel zusammengesetzt ist. Dasselbe Verhältniß findet aber auch statt, wenn die betreffenden Puncte zweien verschiedenen Bahnen angehören, und der feste Punct für beide Bahnen verschieden ist.

Beweis. Es sei BC Fig. 14. ein von B auslaufender Zweig einer krummlinigen Bahn von einfacher Krümmung, und A der zugehörige feste Punct. Man ziehe AB, AC, BC. Es sei auf ähnliche Art EF ein von E auslaufender Zweig derselben oder einer andern Bahn, und D der zugehörige feste Punct, es mag nun D mit A zusammenfallen oder nicht; nur muß A in der Ebene der krummlinigen Bahn BC, und D in der Ebene der krummlinigen Bahn EF liegen. Auch mögen die Bogen BC und EF in gleichen Zeiten beschrieben werden. Man ziehe DE, DF, EF. Alsdann fälle man das Perpendikel AG auf BC, und das Perp. DH auf EF, so verhält sich $\triangle ABC : DEF = (BC:EF) + (AG:HD)$. Diese Prop. bleibt richtig, wenn man den Punct C immer näher an B, und F immer näher an E rückt. Fährt man mit diesem Hinanrücken fort, doch so, daß die Bogen BC und EF immer in gleichen Zeiten beschrieben werden, so ist das Verhältniß, dem sich das Verhältniß BC:EF nähert, nach §. 43. des 1. Abschn. Theil 2 = dem Verhältniß der linearischen Geschwindigkeiten in den Puncten B und E. Das Verhältniß aber, dem sich das Verhältniß AG:DH nähert, ist das Verhältniß der aus A und D auf die Tangenten der Puncte B und E gefällten Perpendikel. Und das Verhältniß, dem sich das Verhältniß des $\triangle ABC$ zum $\triangle DEF$ nähert, ist nach §. 45. des 1. Abschn. Theil 2. = dem Verhältniß der in B und E statt findenden Flächengeschwindigkeiten. Folglich ist das Verhältniß der Flächengeschwindigkeiten aus dem Verhältniß der linearischen Geschwindigkeiten und aus dem Verhältniß der Perpendikel auf die Tangenten zusammengesetzt.

§. 2. Lehrsatz.

Die Flächengeschwindigkeit bei einer krummlinigen Bewegung von einfacher Krümmung, in Beziehung auf einen in der Ebene der Bahn liegenden festen Punct, ist = dem halben Rechteck aus der linearischen Geschwindigkeit im betreffenden Punct der Bahn und aus dem Perpendikel, das man aus dem festen Punct auf die Tang. des betreffenden Puncts der Bahn fällen kann.

Beweis. Es sei EF Fig. 14. ein von E auslaufender Zweig einer Curve von einfacher Krümmung, D der feste Punct in derselben Ebene, und F derjenige Flächenraum, welcher in der Zeit t, die zum Maaß der linearischen und Flächen-Geschwindigkeiten dient, beschrieben wird. Man fälle DK winkelrecht auf die

Tangente IEK des Punctes E, und lasse nun einen Punct auf KI entlang sich gleichförmig mit derjenigen linearischen Geschwindigkeit bewegen, daß er in der Zeit t um den Punct D einen Flächenraum = F beschreibe. Da nun die Flächengeschwindigkeit im Punct E der krummlinigen Bewegung EF = ist der Flächengeschwindigkeit der Bewegung EK, und da auch die Perpendikel auf die Tangenten beiderseits zusammenfallen, so sind nach dem vorigen §. auch die zugehörigen linearischen Geschwindigkeiten gleich. Die Flächengeschwindigkeit der Bewegung EK ist aber einem △ gleich, dessen Grundlinie = der linearischen Geschwindigkeit dieser Bewegung, und dessen Höhe = DK ist, und dieses △ ist nach Eucl. 1, 41 wieder die Hälfte eines Rechtecks, welches dieselbe Grundlinie und dieselbe Höhe hat.

§. 3. Lehrsatz.

Wenn man die linearische Geschwindigkeit, welche in irgend einem Punct einer krummlinigen Bahn von einfacher Krümmung statt findet, in 2 auf einander winkelrechte Geschwindigkeiten zerlegt, davon die eine nach einem in der Ebene der Bahn liegenden festen Punct gerichtet ist, so ist das halbe Rechteck aus der andern Geschwindigkeit und aus der vom betreffenden Punct der Bahn nach dem festen Punct gezogenen geraden Linie = der im betreffenden Punct der Bahn statt findenden Flächengeschwindigkeit in Beziehung auf den festen Punct.

Beweis. Es sei EF Fig. 14. ein von E auslaufender Zweig der beschriebenen Curve, und D der feste Punct. Steht nun

1) DE winkelrecht auf der Tangente des Puncts E, so ist der Satz aus dem vorigen §. unmittelbar klar. Steht aber

2) ED nicht winkelrecht auf der Tangente IEK, so fälle man DK winkelrecht auf die Tangente, und KL winkelrecht auf DE. Man nehme die Zeit t, da sie beliebig ist, so groß an, daß ein Punct, welcher sich mit der in E wirklich statt findenden Geschwindigkeit geradlinig und gleichförmig bewegt, in der Zeit t von E bis K kommen würde, so ist EK selbst = dieser Geschwindigkeit, und △EKD = der in E wirklich statt findenden Flä-

chengeschwindigkeit der krummlinigen Bewegung. Zerfällt man nun die Geschwindigkeit EK in 2 auf einander winkelrechte, davon die eine die Richtung ED hat, so ist diese nach ED gerichtete Geschwindigkeit = EL, die andere Geschwindigkeit aber = KL. Da nun das $\triangle EKD = \frac{1}{2} KL \times ED$, so ist der zu beweisende Satz klar.

§. 4. Zusatz.

Da in Fig. 14. $\frac{1}{2} KL \times ED =$ ist der in E wirklich statt findenden Flächengeschwindigkeit der krummlinigen Bewegung, welche Flächengeschwindigkeit wir mit F bezeichnen wollen, so verhält sich (nach Eucl. 6, 17) $\frac{1}{2}ED$ zur Seite des Quadrats, welches = F ist, wie diese Seite zu KL, also (Eucl. 6, 22) $\frac{1}{4}\square ED : F = F : \square KL$; d. i. das $\square$ der winkelrecht auf ED zerfällten Geschwindigkeit ist die 3te Proportionale zum 4ten Theil des Quadrats der Linie, die man aus dem betreffenden Punct der Bahn nach dem festen Punct ziehen kann, und zu der im betreffenden Punct der Bahn statt findenden Flächengeschwindigkeit in Beziehung auf den festen Punct.

§. 5. Zusatz.

Aus §. 1. folgt, daß, wenn bei einer krummlinigen Bewegung von einfacher Krümmung allemal in gleichen Zeiten gleiche Flächenräume um einen in derselben Ebene liegenden festen Punct beschrieben werden, die linearischen Geschwindigkeiten sich verkehrt wie die Perpendikel aus dem festen Punct auf die Tangenten verhalten, und daß, wenn bei einer krummlinigen Bewegung von einfacher Krümmung die linearischen Geschwindigkeiten sich allemal verkehrt wie die Perpendikel aus einem in derselben Ebene liegenden festen Punct auf die Tangenten verhalten, auch allemal in gleichen Zeiten gleiche Flächenräume um den festen Punct beschrieben werden (vergl. §. 26. des 1. Abschn. Theil 1).

§. 6. Erklärung.

Wenn bei einer krummlinigen Bewegung von einfacher Krümmung um einen in derselben Ebene befindlichen festen Punct allemal in gleichen Zeiten gleiche Flächenräume beschrieben werden, so heißen die geraden Linien, welche man aus dem festen Punct nach den successiven Puncten der Bahn ziehen kann, Radii vectores, der feste Punct der Pol, und die von einem feststehenden Radius vector an beschriebenen Winkel Polarwinkel.

§. 7. Lehrsatz.

Bei der im vorigen §. beschriebenen Art der Bewegung ist die Curvenkraft allemal nach dem Pol zu oder von ihm gerade abwärts gerichtet, nach ihm zu, wenn die Curve ihm ihre hohle, von ihm abwärts, wenn sie ihm ihre erhabene Seite zuwendet.

Beweis. Der Pol sei A Fig. 15., ein Bogen der Curve BE, und darin der angenommene Punct C. Man zerfälle die krummlinige Bewegung in 2 geradlinige, eine nach der Tangente des Puncts C und eine von C nach A zu gerichtete. Man ziehe aus 2 beliebigen, auf einerlei Seite von C befindlichen Puncten B und D der Bahn, von denen D näher bei C liegt, die Linien BF und DG parallel der Tangente des Punctes C bis an AC, so ist $\triangle ABC$ die Hälfte des Parallelogramms, welches AC zur Grundlinie, eine Seitenlinie = BF, und einen $\angle = BFA$ hat, $\triangle ADC$ aber die Hälfte des Parallelogramms, welches dieselbe Grundlinie, eine Seitenlinie = DG, und einen $\angle = BFA$ hat. Gleichwinklige Parallelogramme sind aber nach Eucl. 6, 23 im zusammengesetzten Verhältniß ihrer Seiten; also verhält sich $\triangle ABC : ADC = BF : DG$. Denkt man sich nun eine Bewegung auf dem Bogen BC entlang, und sieht C als festen Punct an, so ist klar, daß das Perpendikel aus C auf die Tangente < werden kann als jede gegebene Linie, wofern nur der bewegte Punct nahe genug bei C angenommen wird. Folglich ist die Flächengeschwindigkeit dieser Bewegung, in Beziehung auf den festen Punct C, nach §. 1. im Punct C selbst = 0. Daher wird, wenn die Bewegung auf dem Bogen BC entlang von B nach C zu geht, wenigstens unmittelbar vor Erreichung des Puncts C eine Zeitlang, die Flächengeschwindigkeit in Beziehung auf den festen Punct C abnehmen, und folglich (nach §.7. des 1. Abschn.), wenn der Punct B nahe genug bei C angenommen wird, das Verhältniß des Segments BCB zum Segment DCD größer als das Verhältniß der auf die Bogen BDC und DC verwandten Zeiten sein.

Da nun Sector ABC : Sector ADC $= t' : t$, und dagegen
Segment BCB : Segment DCD $> t' : t$, so wird

$\triangle ABC : \triangle ADC \left\{\begin{matrix} < \\ > \end{matrix}\right\} t' : t$, wo t' die auf den Bogen BDC, und t die auf den Bogen DC verwandte Zeit bedeutet, und das Zeichen $<$ zu wählen ist, wenn die Curve nach A zu hohl, das Zeichen $>$ aber, wenn sie nach A zu erhaben ist. Vorher hatten wir $\triangle ABC : \triangle ADC = BF : DG$. Also ist $BF : DG \left\{\begin{matrix} < \\ > \end{matrix}\right\} t' : t$. Rückt man den Punct B noch näher nach C zu, der Punct D mag dabei zwischen B und C angenommen werden, wo er wolle, so werden immer dieselben Schlüsse bleiben. Hieraus folgt, vermittelst §. 7. des 1. Abschn., daß die nach der Tangente des Puncts C gerichtete Partialbewegung, wenn die krummlinige Bewegung von B nach E zu geht, zunächst vor Erreichung des Puncts C eine $\left\{\begin{matrix} \text{beschl.} \\ \text{verz.} \end{matrix}\right\}$, wenn aber die krummlinige Bewegung von E nach B zu geht, zunächst nach Durchschneidung des Puncts C eine $\left\{\begin{matrix} \text{verz.} \\ \text{beschl.} \end{matrix}\right\}$ ist. Auf ähnliche Art wird bewiesen, daß, wenn die krummlinige Bewegung von B nach E zu geht, die nach der Tangente des Puncts C gerichtete Partialbewegung zunächst nach Durchschneidung des Puncts E eine $\left\{\begin{matrix} \text{verz.} \\ \text{beschl.} \end{matrix}\right\}$, wenn aber die krummlinige Bewegung von E nach B zu geht, jene Partialbewegung zunächst vor Erreichung des Puncts C eine $\left\{\begin{matrix} \text{beschl.} \\ \text{verz.} \end{matrix}\right\}$ ist. Die Geschwindigkeit der nach der Tangente gerichteten Partialbewegung ist folglich im Punct C ein $\left\{\begin{matrix} \text{Größtes} \\ \text{Kleinstes} \end{matrix}\right\}$. Hieraus ergiebt sich, daß die Kraft der nach der Tangente gerichteten Partialbewegung in jedem Fall im Punct C = 0 ist. Die Curvenkraft reducirt sich folglich auf die Kraft der von C nach A gerichteten Partialbewegung. Folglich ist die Curvenkraft entweder von C nach A zu oder nach der gerade entgegengesetzten Richtung gerichtet. Daß der 1ste Fall statt findet, wenn die Curve nach A zu hohl, und der 2te Fall, wenn sie nach A zu erhaben ist, folgt aus §. 21. des vorigen Abschnitts.

§. 8. Zusatz.

Ist bei einer Bewegung von der im vorigen §. vorausgesetzten Art die Bahn kreisförmig, und der Pol der Mittelpunct des Kreises, so ist die Bewegung längs der Kreisperipherie gleichförmig; also findet keine Tangential- sondern nur eine Normalkraft statt (§. 25. des vorigen Abschn.); folglich ist die nach dem Mittelpunct zu gerichtete Kraft unveränderlich und die 3te Prop. zum Halbmesser des Kreises und zur Geschwindigkeit in der Bahn (§. 28. des vorigen Abschn.).

Anmerkung. Laplace beweist eben dieses auf analytischem Wege in seiner Méc. cél. Liv. I. Cap. 2. No. 9. zu Ende der 24sten Seite.

§. 9. Lehrsatz.

Wenn bei einer krummlinigen Bewegung die Curvenkraft stets nach Einem Punct hin oder von Einem Punct abwärts gerichtet ist, so ist die Curve von einfacher Krümmung; auch liegt jener Punct in der Ebene der Curve; und diese wendet im 1sten Fall ihre hohle, im 2ten Fall ihre erhabene Seite dem festen Punct zu, und es werden allemal in gleichen Zeiten gleiche Flächenräume um den festen Punct beschrieben.

Beweis. Daß die Curve von einfacher Krümmung sei, und daß der feste Punct in der Ebene der Bahn sich befinde, erhellt daraus, weil sonst (Fig. 15.) die Krümmungsebene des Puncts C nicht durch A gehen, also die Curvenkraft nicht nach A zu gerichtet oder von A abgekehrt wäre. Daß aber die Curve dem Punct A ihre hohle oder erhabene Seite zuwendet, je nachdem die Kraft nach A zu oder von A abwärts gerichtet ist, erhellt aus §. 21. Wir wollen nun annehmen, es würden nicht in gleichen Zeiten gleiche Flächenräume um A beschrieben, sondern es finde in irgend einem Punct der Bahn eine {beschleunigende / verzögernde} Flächenkraft statt. Dann denke man sich die von C ausgehende Bewegung auf der Curve aus 2 Bewegungen zusammengesetzt, aus einer, welche, auf derselben Curve entlang gehend, allemal in gleichen Zeiten gleiche Flächenräume um A beschreibt, und dabei mit der in A wirklich statt findenden Flächengeschwindigkeit behaftet ist, und aus derjenigen, welche erfordert wird, um, mit der ersteren zusammengesetzt, die auf der Curve wirklich statt findende Bewegung zu geben. Dann wird auf ähnliche Art, wie wir in §. 26. des vorigen Abschn. an Fig. 12. bewiesen haben, so jetzt bewiesen, daß die 2te Partialbewegung eine von C ausgehende Curve ist, welche mit der Curve BDCE in C eine gemeinschaftliche Tangente hat. Zerfällt man nun jede von beiden Partialbewegungen wieder in 2 geradlinige Partialbewegungen, davon die eine die Richtung der zu C gehörigen Tangente hat, die andere aber von C nach A zu (oder nach der gerade entgegengesetzten Richtung) gerichtet ist, so wird, wie in §. 26. an Fig. 12. bewiesen ist, eben so jetzt bewiesen, daß die Kraft der aus der 2ten krummlinigen Partialbewegung entstandenen auf der Linie CA entlang geschehenden geradlinigen Partialbewegung im Punct C = 0 ist. Die Curvenkraft der 2ten krummlinigen Partialbewegung im Punct C reducirt sich also auf die Kraft der aus dieser krummlinigen Partialbewegung entstandenen nach der Tangente gerichteten Partialbewegung. Diese Kraft giebt, mit der Kraft der 1sten krummlinigen Partialbewegung (welche zufolge §. 7. von C nach A zu oder nach der gerade entgegengesetzten Richtung gerichtet ist) zusammengesetzt, eine nicht nach A zu, auch nicht gerade von A abwärts gerichtete Kraft. Folglich wäre die Curvenkraft der totalen krummlinigen Bewegung im Punct C nicht nach A zu, auch nicht gerade von A abwärts gerichtet, welches der Voraussetzung widerspricht. Demnach ist die Annahme falsch, und es findet nirgends eine beschleunigende oder verzögernde Flächenkraft statt. Die Flächengeschwindigkeit ist daher unveränderlich, und es werden allemal in gleichen Zeiten gleiche Flächenräume um den Punct A beschrieben.

Anmerkung. Was wir in diesem §. und in §. 7. bewiesen haben, beweist Laplace mit Hülfe des Unendlichkleinen in seiner Méc. cél. Liv. I. Cap. 2, zu Ende der 6ten Nummer.

§. 10. Erklärung.

Wenn die Curvenkraft bei einer krummlinigen Bewegung stets nach Einem Puncte hin oder stets von Einem Puncte abwärts gerichtet ist, so heißt die Bewegung eine Central-Bewegung, die Curvenkraft eine Centralkraft, und namentlich, wenn sie stets nach Einem Punct hin gerichtet ist, Centripetalkraft (anziehende Kraft), wenn sie aber stets von Einem Punct abwärts gerichtet ist, abstoßende Kraft, endlich der feste Punct selbst das Centrum der Bewegung oder der Centralpunct.

Anmerkung. Nach dem 2ten Keplerschen Gesetze beschreibt der Mittelpunct eines jeden Planeten und Kometen um den Mittelpunct der Sonne, wie auch der Mittelpunct jedes Trabanten um den Mittelpunct seines Hauptplaneten, in gleichen Zeiten allemal gleiche Flächenräume; folglich ist die bei der Bewegung des Mittelpuncts eines jeden Planeten und Kometen statt findende Curvenkraft eine nach dem Mittelpunct der Sonne, und die bei der Bewegung des Mittelpuncts eines jeden Trabanten statt findende Curvenkraft eine nach dem Mittelpunct des Hauptplaneten zu gerichtete anziehende Kraft. Aus §. 9. folgern wir, daß bei der Bewegung eines jeden kleineren Weltkörpers um einen größeren, dem der erstere zum beständigen Begleiter dient, allemal in gleichen Zeiten gleiche Flächenräume beschrieben werden; eine Folgerung, welche, nachdem man sie im Voraus gemacht hatte, theils durch die Beobachtung der Bahnen der 5 neuentdeckten Planeten (Uranus, Ceres, Pallas, Juno, Vesta) bestätigt wurde, theils noch alljährlich durch die Beobachtung neuer Kometen bestätigt wird. (Vergl. Laplace Méc. cél. Liv. II. Cap. 1. No. 1. und 4.)

§. 11. Lehrsatz.

Bei jeder Centralbewegung stehen die Centralkräfte in verschiedenen Puncten der Bahn in einem Verhältniß, welches aus dem Verhältniß der entsprechenden Radii vectores, dem umgekehrten Verhältniß der Krümmungshalbmesser und dem 3fachen umgekehrten Verhältniß der aus dem Centralpunct auf die Tangenten gefällten Perpendikel zusammengesetzt ist.

Beweis. Nennen wir die Centralkraft für irgend einen Punct der Bahn k, den diesem Punct angehörigen Radius vector v, den Krümmungshalbmesser r, und das Perpendikel auf die Tangente P, und bezeichnen wir für irgend einen andern Punct der Bahn alle entsprechenden Linien mit einem Strich, so verhält sich $k:n = v:P$, wo n die Normalkraft ist. Nach §. 28. d. 2. Abschn. ist $n:s = s:r$, wo s die linearische Geschw. ist. Nach §. 5. d. 3. Abschn. ist $s:s' = P':P$. Eben so

$$s':n' = r':s'$$
$$n':k' = P':v'$$

per affinitatem (I. 1, 28)

$$k:k' = (v:v') + (r':r) + (s:s') + 2(P':P).$$

Da aber $s:s' = P':P$, so wird $k:k' = (v:v') + (r':r) + 3(P':P)$.

Anmerkung. Dieser Lehrsatz ist der geometrische Ausdruck der Moivreschen Formel, deren Beweis auf analytischem Wege unter andern in Kästners höherer Mechanik (I. Abschn. 6tes Cap. Absatz 206) zu finden ist. (Vergleiche Keils Aufsatz an Halley, de legibus virium centripetarum, in Keils introduct. in phys. et astron. ver., Leiden 1725. S. 585, und Joh. Bernoulli Op. T. I. n. 90. d. 63.)

§. 12. Lehrsatz.

Wenn bei einer Centralbewegung ein Kegelschnitt um einen Brennpunct beschrieben wird, so steht die anziehende Kraft im doppelten umgekehrten Verhältniß der Entfernung vom Centralpunct.

Beweis. Bei jeder Centralbewegung verhält sich nach dem vorigen §. die Centralkraft in einem Punct der Bahn zur Centralkraft in einem andern Punct $= (v:v') + (r':r) + 3(P':P)$. Nun ist aber, wenn die Curve ein Kegelschnitt, und der Centralpunct ein Brennpunct desselben ist, (nach §. 23. des 2. Abschn. Theil 2.) $r':r = 3(v':v) + 3(P:P')$. Also wird für eine solche Bewegung das Verhältniß der anziehenden Kraft im 1sten Punct der Bahn zur anziehenden Kraft im 2ten Punct der Bahn = 2 (v′ : v).

Anmerkung. Die Planeten beschreiben um die Sonne, und die Nebenplaneten um ihre Hauptplaneten nach dem 1sten Keplerschen Gesetz Ellipsen, in deren einem Brennpunct die Sonne (der Hauptplanet) steht; folglich steht bei der Bewegung eines und desselben Planeten um die Sonne (eines und desselben Nebenplaneten um seinen Hauptplaneten) die anziehende Kraft im umgekehrten Verhältniß des Quadrats der Entfernung vom Centralpunct. Laplace hat den Beweis dieses Satzes mit Hülfe der Differentialrechnung gegeben in seiner Méc. cel. Liv. II. Cap. 1. No. 2.

§. 13. Lehrsatz.

Wenn bei einer Centralbewegung die anziehende Kraft im doppelten umgekehrten Verhältniß der Entfernung vom Centralpunct steht, so wird (wenn die Bewegung nicht etwa gerade auf den Centralpunct zu oder gerade von ihm abwärts gekehrt ist) ein Kegelschnitt beschrieben, dessen einer Brennpunct der Centralpunct ist. Wenn wir die Geschwindigkeit in einem Punct der Bahn mit s, die anziehende Kraft in demselben Puncte mit k, und die Entfernung dieses Puncts vom Centralpunct mit v bezeichnen, und es ist s = der mittleren Proportionale zwischen v und k, und die zum betreffenden Punct der Bahn gehörige Tangente winkelrecht auf dem zugehörigen Radius vector, so wird ein Kreis beschrieben, dessen Mittelpunct der Centralpunct ist. Ist aber s = jener mittleren Prop., und die Tang. nicht winkelrecht auf dem Radius vector, oder ist s nicht = jener mittleren Prop., aber < als die mittlere Prop. zwischen 2v und k, so wird eine Ellipse beschrieben; ist s = der mittleren Prop. zwischen 2v und k, so wird eine Parabel beschrieben; und ist s > als die mittlere Prop. zwischen 2v und k, so wird eine Hyperbel beschrieben.

Beweis. Es sei das Perpendikel auf die Tang. des genannten Puncts der Bahn = P, so ist die Normalkraft in diesem Punct die 4te Prop. zu v, P und k. Nennen wir also die Normalkraft n, und den Krümmungshalbmesser des genann-

ten Puncts r, so ist $k:n = v:P$
$n:s = s:r$ (§. 28. des 2. Abschn.)

$k:s$, d. i. $(k:v)+(v:s) = (v:P)+(s:r)$, folglich $(k:v)+(P:s) = s:r$. Ist nun

1) $s =$ der mittleren Prop. zwischen k und v, und die Tang. winkelrecht auf dem Radius vector, so ist $k:v = 2(s:v)$, also $(k:v)+(P:s)$, d. i. $s:r = (P:v)+(s:v)$. Da aber hier $P = v$, so ist $s:r = s:v$, also $r = v$. Man beschreibe einen Kreis aus dem Centralpunct durch den genannten Punct der Bahn in der durch die Tangente dieses Puncts und durch den Centralpunct gehenden Ebene, und lasse nun einen Punct auf der Peripherie dieses Kreises entlang sich mit der Geschwindigkeit s gleichförmig bewegen, so ist diese Bewegung eine wirkliche Centralbewegung um denselben Centralpunct, um welchen die problematische Bewegung geschieht, und hat in demjenigen Puncte, den sie mit der problematischen Bewegung gemein hat, dieselbe Richtung, dieselbe Geschwindigkeit und dieselbe Curvenkraft als die problematische Bewegung; überdies befolgt die Curvenkraft in verschiedenen Puncten der Kreisbewegung das Gesetz des umgekehrten Verhältnisses der Quadrate der Entfernungen; hieraus sehen wir, daß die Kreisbewegung mit der problematischen Bewegung in Beziehung auf Zeit und Raum congruent ist.

2) Ist $s =$ der mittleren Prop. zwischen k und v, aber die Tang. nicht winkelrecht auf dem Radius vector, so ist $k:v = 2(s:v)$, also $(k:v)+(P:s)$, d. i. $s:r = (P:v)+(s:v)$, folglich $v:r = P:v$. Also ist r die 3te Prop. zu P und v, und folglich $<$ als die 3te Prop. zu $\frac{1}{2}P$ und v. Man construire daher auf die in §. 31. des 2. Abschn. Theil 2. gezeigte Art in der durch den Centralpunct und durch die Tangente des genannten Puncts der Bahn gehenden Ebene eine Ellipse, deren einer Brennpunct der Centralpunct ist, deren Umfang durch den genannten Punct der Bahn geht, die daselbst gezogene Tang. der problematischen Bahn berührt, und daselbst einen Krümmungs-

halbmesser $= r$ hat. Eine solche Ellipse ist nach §. 31. des 2ten Abschn. Theil 2. möglich, weil $r <$ als die 3te Prop. zu $\frac{1}{2}P$ und v, und die Tang. auf dem Radius vector nicht winkelrecht steht. Man lasse einen Punct sich in dieser Ellipse mit gleichförmiger Flächengeschwindigkeit um den Brennpunct bewegen, und zwar mit der Flächengeschwindigkeit $\frac{1}{2}P \times s$, so ist die linearische Geschwindigkeit dieser Bewegung in dem Puncte, welchen die Ellipse mit der problematischen Bahn gemein hat, nach §. 2. $= s$. Die elliptische Bewegung ist unter den angeführten Umständen eine wirkliche Centralbewegung um denselben Centralpunct, um welchen die problematische Bewegung geschieht, und hat in demjenigen Punct, den sie mit der problematischen Bewegung gemein hat, dieselbe Richtung, dieselbe Geschwindigkeit und dieselbe Normalkraft, folglich auch dieselbe totale Curvenkraft als die problem. Bew.; überdies befolgt die Curvenkraft in verschiedenen Puncten der elliptischen Bahn nach dem vorigen §. das Gesetz des umgekehrten Verhältnisses der Quadrate der Entfernungen; hieraus ersehen wir, daß die elliptische Bewegung mit der problem. Bewegung in Beziehung auf Zeit und Raum congruent ist.

3) Ist $s <$ als die mittlere Prop. zwischen $2v$ und k, oder, was dasselbe sagt, $<$ als die mittlere Prop. zwischen $2k$ und v, aber nicht $=$ der mittleren Prop. zwischen v und k, so ist $k:v$ nicht $= 2(s:v)$, also $(k:v) + (P:s)$, d. i. $s:r$ nicht $=$ $(P:v) + (s:v)$, also $v:r$ nicht $= P:v$, also r nicht $=$ der 3ten Prop. zu P und v, also auch nicht $=$ der halben 3ten Prop. zu $\frac{1}{2}P$ und v, dagegen $2k:v > 2(s:v)$, also $k:v > (s:v) + (\frac{1}{2}s:v)$, also $(k:v) + (P:s)$, d. i. $s:r > (P:v) + (\frac{1}{2}s:v)$, also $v:r > \frac{1}{2}P:v$, folglich $r <$ als die 3te Prop. zu $\frac{1}{2}P$ und v. Man construire daher auf die in §. 31. des 2. Abschn. Theil 2. gezeigte Art eine Ellipse, deren einer Brennpunct der Centralpunct ist, deren Umfang durch den genannten Punct der Bahn geht, die daselbst gezogene Tangente der problematischen Bahn berührt, und daselbst einen Krümmungshalbmesser $= r$ hat. Eine solche Ellipse ist möglich, weil $r <$ als die 3te Prop. zu $\frac{1}{2}P$ und v, und da-

bei, wenn die Tangente winkelrecht auf dem Radius vector steht, r nicht = der halben 3ten Prop. zu $\frac{1}{2}$P und v, d. h. nicht = v ist. Man lasse einen Punct sich in dieser Ellipse mit gleichf. Flächengeschwindigkeit um den Brennpunct, und zwar mit der Flächengeschwindigkeit $\frac{1}{2}P \times s$, bewegen, so ist die linearische Geschwindigkeit dieser Bewegung in dem Punct, welchen die Ellipse mit der problem. Bahn gemein hat, = s. Die elliptische Bewegung ist unter den angeführten Umständen eine wirkliche Centralbewegung um denselben Centralpunct, um welchen die problem. Bewegung geschieht, und hat in demjenigen Punct, den sie mit der problem. Bahn gemein hat, dieselbe Richtung, dieselbe Geschwindigkeit und dieselbe Normalkraft, also auch dieselbe totale Curvenkraft als die problem. Bewegung; überdies befolgt die Curvenkraft der elliptischen Bewegung in verschiedenen Puncten der Bahn nach dem vorigen §. das Gesetz des umgekehrten Verhältnisses der Quadrate der Entfernungen; hieraus sehen wir, daß die elliptische Bewegung mit der problem. Bewegung in Beziehung auf Zeit und Raum congruent ist.

4) Ist s = der mittleren Prop. zwischen 2k und v, so wird auf ähnliche Art wie in Nr. 3. gezeigt, daß $\frac{1}{2}P : v = v : r$. Man beschreibe daher auf die in §. 29. des 2. Abschn. Theil 2. gezeigte Art eine Parabel, so daß der Centralpunct der Brennpunct wird, die Parabel aber durch den genannten Punct der problem. Bahn geht, und die daselbst gezogene Tang. der problem. Bahn berührt, so wird der dortige Krümmungshalbmesser der Parabel nach §. 24. des 2. Abschn. Theil 2. von selbst = r, und es wird auf ähnliche Art wie bisher gezeigt, daß die construirte Parabel mit der problem. Bahn zusammenfallen wird.

5) Ist s > als die mittlere Prop. zwischen 2k und v, so wird auf ähnliche Art wie in Nr. 3. gezeigt, daß r > ist als die 3te Prop. zu $\frac{1}{2}$P und v. Man construire daher auf die in §. 30. des 2ten Abschn. Theil 2. gezeigte Art eine Hyperbel, so daß der Centralpunct der Brennpunct wird, die Hyperbel aber durch den genannten Punct der problem. Bahn geht, die daselbst

gezogene Tangente der problematischen Bahn berührt, und daselbst einen Krümmungshalbmesser = r hat. Eine solche Hyperbel ist möglich, weil r > ist als die 3te Prop. zu $\frac{1}{2}$P und v, und es wird auf ähnliche Art wie bisher gezeigt, daß die construirte Hyperbel mit der problem. Bahn zusammenfallen wird.

Anmerkung. Tragen wir das aus der Beobachtung der Haupt- und Nebenplaneten hergeleitete Gesetz der nach der Sonne (dem Hauptplaneten) gerichteten und im umgekehrten Verhältniß des Quadrats der Entfernung stehenden Anziehungskraft auf alle die Fälle über, wo ein Weltkörper, sich um einen andern schwingend, diesem zum beständigen Begleiter dient, so folgern wir, daß eine jede solche Bewegung in einem Kegelschnitt geschehen, und der Weltkörper, um welchen die Bewegung geschieht, in einem Brennpunct dieses Kegelschnitts stehen müsse. Da aber unter den angegebenen Voraussetzungen der Kreis, die Ellipse, Parabel und Hyperbel gleich möglich sind, und die Entscheidung, welcher von diesen 4 Kegelschnitten beschrieben wird, nur von der in einem beliebigen Punct der Bahn statt findenden Geschwindigkeit, bei gegebener Entfernung vom Centralpunct und gegebener Stärke der Anziehungskraft in diesem Punct der Bahn, abhängig ist, so kann man bei der Entdeckung eines neuen Weltkörpers, der einem größeren zum beständigen Begleiter dient, nie im Voraus bestimmen, welcher von den 4 Kegelschnitten beschrieben werde. Die Erfahrung hat die Folgerung, daß überhaupt ein Kegelschnitt beschrieben werde, bei der Entdeckung der 5 neuen Planeten bestätigt, und bestätigt sie noch jährlich bei der Entdeckung neuer Kometen; zugleich zeigt sie, daß die erwähnten möglichen Fälle auch alle viere in der Wirklichkeit vorkommen, indem die Bahnen der 11 Hauptplaneten elliptisch, die Bahnen der 18 Nebenplaneten theils merkbar elliptisch theils nicht merklich vom Kreise abweichend, endlich die Bahnen der Kometen meistentheils nicht merklich von der Parabel abweichend sind, bei einigen jedoch eine entschieden elliptische Gestalt, bei andern Spuren von Ellipticität, bei einigen wenigen auch Spuren von Hyperbolicität sich zeigen. Laplace führt den Beweis, daß bei Centralkräften, die im verkehrten Verhältniß des Quadrats der Entfernung stehen, Kegelschnitte beschrieben werden, auf analytischem Wege in seiner Méc. cél. Liv. II. Cap. 1. zu Ende der 2ten Nummer.

§. 14. Zusatz.

Aus der Beweisführung des vorigen §. Nr. 1) folgt, daß, wenn für irgend einen Punct einer durch anziehende Kraft eines festen Puncts beschriebenen Bahn die Geschwindigkeit die mittlere Prop. zwischen dem Radius vector und der Anziehungskraft, und zugleich die Tangente winkelrecht auf dem Radius vector ist, daß alsdann die Bahn allemal kreisförmig, und der Centralpunct der Mittelpunct des Kreises ist, in welcher Abhängigkeit auch die Stärke der anziehenden Kraft von der jedesmaligen Entfernung vom Centralpunct stehen mag.

§. 15. Lehrsatz.

Bei zwei Centralbewegungen, welche in Kegelschnitten um die Brennpuncte geschehen, stehen die anziehenden Kräfte, auf gleiche Entfernungen von den Centralpuncten reducirt (die specifischen Anziehungskräfte) in einem Verhältniß, welches aus dem doppelten Verhältniß der Flächengeschwindigkeiten und aus dem umgekehrten Verhältniß der Parameter zusammengesetzt ist.

Beweis. Wir wollen zur Vergleichung die Scheitelpuncte zweier Bahnen zum Grunde legen, weil dort die Centralkraft winkelrecht auf der Tangente steht, also keine Tangential- sondern nur eine Normalkraft statt findet. Die Entfernung des Centralpuncts vom Scheitel sei bei der einen Bahn $= q$, bei der andern $= q'$, die anziehende Kraft im Scheitel $= k$ und k'; für die 2te Bewegung aber sei die anziehende Kraft, auf die Entfernung q reducirt, K, der Parameter der 1sten Bahn $= p$, der der 2ten $= p'$, die linearische Geschwindigkeit am Scheitel $= s$ und s', die Flächengeschwindigkeit $= f$ und f'. Nun ist $f : f'$ nach §. 1. $= (s : s') + (q : q')$, also $(f : f') + (s' : s) = q : q'$. Nun aber ist der Krümmungshalbmesser am Scheitel nach §. 1. des 2. Abschn. Theil 2. $= \frac{1}{2}p$ und $\frac{1}{2}p'$, also (§. 28. des 2. Abschn. Theil 3.) $\frac{1}{2}p : s = s : k$, und $\frac{1}{2}p' : s' = s' : k'$. Wir haben also

$$k : s = s : \tfrac{1}{2}p$$
$$s : s' = s : s'$$
$$s' : k' = \tfrac{1}{2}p' : s'$$
$$k' : K = 2(q : q') = 2(f : f') + 2(s' : s)$$

per affinitatem

$$k : K = 2(f : f') + (\tfrac{1}{2}p' : \tfrac{1}{2}p) + (s : s') + (s : s') + 2(s' : s) = 2(f : f') + (p' : p).$$

§. 16. Zusatz.

Hieraus, verbunden mit §. 26. des 1. Abschn. Theil 1., folgt der Satz: Wenn bei 2 Centralbewegungen, welche in Kegelschnitten um die Brennpuncte geschehen, die Parameter im doppelten Verhältniß der Flächengeschwindigkeiten stehen, so sind die specifischen Anziehkräfte beider Centralpuncte gleich, und wenn die specifischen Anziehkräfte beider Centralpuncte gleich sind, so stehen die Parameter im doppelten Verhältniß der Flächengeschwindigkeiten.

§. 17. Lehrsatz.

Bei 2 elliptischen Centralbewegungen, welche um die Brennpuncte geschehen, (wovon eine oder beide auch kreisförmig sein können), stehen die specifischen Anziehkräfte in einem Verhältniß, welches aus dem 3fachen Verhältniß der mittleren Entfernungen vom Centralpunct und aus dem doppelten umgekehrten Verhältniß der Umlaufszeiten zusammengesetzt ist.

Beweis. Die Flächengeschwindigkeiten stehen nach §. 3. des 1. Abschn. in einem Verhältniß, welches aus dem Verhältniß der ganzen Ellipsenflächen und dem umgekehrten Verhältniß der Umlaufszeiten zusammengesetzt ist. Nun sei die Umlaufszeit bei der ersten Bahn u, bei der 2ten u', die Ellipsenflächen aber F und F'. Dann ist $f:f' = (F:F') + (u':u)$. Nun stehen die Flächen zweier Ellipsen im zusammengesetzten Verhältniß ihrer Axen (Archimed. de Sphaeroid. et Conoid. Satz 7). Nennen wir also die großen Axen a und a', und die kleinen b und b', so ist $F:F' = (a:a') + (b:b')$, also $2(F:F') = 2(a:a') + (\square b:\square b') = 2(a:a') + (a \times p : a' \times p') = 3(a:a') + (p:p')$. Da aber nach §. 15. $k:K = 2(f:f') + (p':p)$, so wird $k:K = 3(a:a') + (p:p') + 2(u':u) + (p':p) = 3(a:a') + 2(u':u)$.

§. 18. Zusatz.

Hieraus, verbunden mit I. 1, 26, folgt der Satz: Wenn bei 2 elliptischen oder kreisförmigen Centralbewegungen das 3fache Verhältniß der mittleren Entfernungen = ist dem doppelten Verhältniß der Umlaufszeiten, so sind die specifischen Anziehkräfte gleich; und wenn die specifischen Anziehkräfte gleich sind, so ist das 3fache Verhältniß der mittleren Entfernungen = dem doppelten Verhältniß der Umlaufszeiten.

Anmerkung. Nach dem dritten Keplerschen Gesetze stehen die Würfel der mittleren Entfernungen der Planeten von der Sonne im doppelten Verhältniß der Umlaufszeiten, und die Würfel der mittleren Entfernungen der zu einem und demselben Hauptplaneten gehörigen Nebenplaneten im doppelten Verhältniß ihrer Umlaufszeiten; folglich ist die specifische Anziehkraft der Sonne gegen alle Hauptplaneten dieselbe, und die specifische Anziehkraft eines und desselben Hauptplaneten gegen alle seine Nebenplaneten dieselbe. Hieraus folgern wir, daß die specifische Anziehkraft eines Weltkörpers gegen einen andern überhaupt von der Größe, Masse und physischen Beschaffenheit des angezogenen Körpers unabhängig sei, und daß daher allemal, wenn 2 Weltkörper sich um einen dritten, dem sie als beständige Begleiter dienen, bewegen, die Würfel der mittleren Entfernungen im doppelten Verhältniß der Umlaufszeiten stehen, daß aber, wenn Parabeln, Hyperbeln, Ellipsen und Kreise um einen und denselben Weltkörper beschrieben werden, die Parameter im doppelten Verhältniß der Flächengeschwindigkeiten stehen. Vermittelst dieser Folgerung läßt sich aus der bekannten großen Axe einer elliptischen Bahn, wenn man die großen Axen und Umlaufszeiten anderer um denselben Weltkörper laufender Körper kennt, die unbekannte Umlaufszeit jener ersteren elliptischen Bahn, und aus der bekannten Umlaufszeit die große Axe berechnen; bei einer parabolischen oder hyperbolischen Bahn aber läßt sich aus dem bekannten Parameter die Geschwindigkeit in jedem Punct der Bahn bestimmen. Jene Folgerung wurde, nachdem man sie im Voraus gemacht hatte, theils bei der Entdeckung der 5 neuen Planeten und der zuletzt entdeckten Saturns- und Uranus-Trabanten bestätigt, theils wird sie noch jährlich durch die Beobachtung der Kometen, wenn man die Schnelligkeit ihres Laufs in den parabolischen Bahnen mit der Schnelligkeit des Laufs in den elliptischen Planetenbahnen und die Schnelligkeit des Laufs bei 2 parabolischen Kometenbahnen unter sich vergleicht, bestätigt. (Vergl. Laplace Méc. cél. Liv. II. Cap. 1. No. 3 und 4). Aus der bekannten Größe und Gestalt der Bahn unseres Mondes findet sich, wenn man auch noch die siderische Umlaufszeit des Mondes kennt, leicht die Stärke der Anziehungskraft der Erde gegen den Mond, wenn dieser sich in der Erdnähe oder Erdferne befindet; denn weil alsdann keine Tangentialkraft statt findet, so reducirt sich die Anziehungskraft auf die Normalkraft, und ist folglich die 3te Proportionale zur kleinsten (größten) Entfernung des Mondes von der Erde und zu der in der Erdnähe (Erdferne) statt findenden linearischen Geschwindigkeit des Mondes (§. 28 des 2. Abschn.). Indem nun Newton die auf diese Weise berechnete Stärke der Anziehungskraft der Erde gegen den Mond mit der beim freien Fall der Körper an der Erdoberfläche in einem möglichst luftleeren Raume beobachteten Beschleunigung der Schwere verglich, fand er, daß beide Kräfte gleichfalls im umgekehrten Verhältniß des Quadrats der Entfernung vom Mittelpunct der Erde stehen, daß also die Centralkraft, welche bei der Bewegung des Mondes um die Erde statt findet, nichts als die durch die größere Entfernung vom Mittelpunct der Erde modificirte Schwere sei (Vergl. Laplace Méc. cél. Liv. II. Cap. 1. No. 5.).

Daß die specifischen Anziehungskräfte, welche man vermittelst des Satzes §. 17. aus der Vergleichung der grosen Axen und Umlaufszeiten zweier Bahnen, die um 2 verschiedene Weltkörper beschrieben werden, schließen kann, den Massen der anziehenden Körper proportional seien, ist eine bloße Hypothese, wenngleich die einfachste und natürlichste, die man annehmen kann. Diese Hypothese ist übrigens von keinem Einfluß auf die weiteren mechanischen Untersuchungen, wofern man nur (was durch die Erfahrung bestätigt wird) festhält, daß die specifische Anziehkraft eines Weltkörpers im Lauf der Jahrhunderte weder vermehrt noch vermindert wird. Indessen wird es uns erlaubt sein, beim weiteren Fortgange unserer Untersuchungen, dem herkömmlichen Sprachgebrauch gemäß, uns des Ausdrucks Masse statt specifische Anziehungskraft zu bedienen. (Vergl. Laplace am angeführten Orte Nr. 6)

§. 19. Lehrsatz.

Wenn mehrere Puncte, deren Massen a, b, c, d, e, f sind, sich im Raum geradlinig und gleichförmig bewegen (wobei einige auch in Ruhe sein können), so ist der gemeinschaftliche Schwerpunct aller dieser Puncte entweder in Ruhe, oder er bewegt sich ebenfalls geradlinig und gleichförmig.

Beweis. Man lege, wo man will, 3 Ebenen winkelrecht auf einander, doch so, daß sämmtliche Puncte, während sie sich eine angenommene Zeit hindurch bewegen, in dieser Zeit sich stets auf einerlei Seite einer jeden dieser 3 Ebenen befinden. Man wähle im Verlauf der angenommenen Zeit 3 beliebige, jedoch gleich weit von einander entfernte Augenblicke, und nenne die Entfernungen der einzelnen Puncte von der 1sten Ebene im 1sten Augenblick x, x', x'', x''', x^{IV}, x^{V}, im 2ten Augenblick X, X', X'', X''', X^{IV}, X^{V}, im 3ten Augenblick ξ, ξ', ξ'', ξ''', ξ^{IV}, ξ^{V}, so ist, weil alle Bewegungen gleichförmig sind, $x + \xi = 2X$; $x' + \xi' = 2X'$, u. s. w. Macht man nun

$$a+b+c+d+e+f : a = x : x_1 = X : X_1 = \xi : \xi_1$$

$$a+b+c+d+e+f : b = x' : x_1' = X' : X_1' = \xi' : \xi_1' \text{ u. s. w.}$$

so ist nach Eucl. 5, 12. $x + \xi : x_1 + \xi_1 = X : X_1$, d. i. $2X : x_1 + \xi_1 = 2X : 2X_1$, also $x_1 + \xi_1 = 2X_1$, und ebenso wird bewiesen, daß $x_1' + \xi_1' = 2X_1'$ u. s. w. Folglich ist $x_1 + x_1' + x_1'' + x_1''' + x_1^{IV} + x_1^{V} + \xi_1 + \xi_1' + \xi_1'' + \xi_1''' + \xi_1^{IV} + \xi_1^{V} = 2(X_1 + X_1' + X_1'' + X_1''' + X_1^{IV} + X_1^{V})$. Nun ist aber (nach §. 13. des 3. Abschn. Theil 2.) $x_1 + x_1' + x_1'' + x_1''' + x_1^{IV} + x_1^{V}$ die Entfernung des Schwerpuncts von der 1sten Ebene im 1sten Augenblick, $X_1 + X_1' + X_1'' + X_1''' + X_1^{IV} + X_1^{V}$ die Entfernung des Schwerpuncts von der 1sten Ebene im 2ten Augenblick, und $\xi_1 + \xi_1' + \xi_1'' + \xi_1''' + \xi_1^{IV} + \xi_1^{V}$ die Entfernung des Schwerpuncts von der 1sten Ebene im 3ten Augenblick. Folglich bewegt sich der Schwerpunct in Beziehung auf die 1ste Ebene gleichförmig, oder ruht. Ebenso wird bewiesen, daß er sich auch in Beziehung auf die 2te und 3te Ebene gleichförmig bewegt, oder ruht. Folglich bewegt sich (nach §. 7. des 2. Abschn. Theil 3.) der Schwerpunct im Raum geradlinig und gleichförmig, oder ruht.

§. 20. Lehrsatz.

Wenn mehrere Puncte, deren Massen a, b, c, d, e, f sind, im Raum sich geradlinig und gleichförmig bewegen (wobei einige auch ruhen können), und man macht $a+b+c+d+e+f : a$ wie die Geschwindigkeit des 1sten Puncts zu α, u. s. w., so ist die Richtung und Geschwindigkeit der Bewegung des gemeinschaftlichen Schwerpuncts aus den Geschwindigkeiten α, β, γ u. s. w. jede mit der ihr zugehörigen Richtung behaftet, zusammengesetzt.

Beweis. Man lege auf die im vorigen §. beschriebene Art 3 auf einander winkelrechte Ebenen, und nenne die Entfernungen der einzelnen Puncte von den 3 Ebenen im 1sten angenommenen

Augenblick x, x′, x″, x‴, x^{IV}, x^{V}, y, y′, y″, y‴, y^{IV}, y^{V}, z, z′, z″, z‴, z^{IV}, z^{V}, im 2ten angenommenen Augenblick ξ, ξ′, ξ″, ξ‴, ξ^{IV}, ξ^{V}, v, v', v'', v''', v^{IV}, v^{V}, ζ, ζ′, ζ″, ζ‴, ζ^{IV}, ζ^{V}. Man mache $a+b+c+d+e+f : a = x : A = y : B = z : C = \xi : D = v : E = \zeta : F$; $a+b+c+d+e+f : b = x' : A' = y' : B' = z' : C' = \xi' : D' = v' : E' = \zeta' : F'$, u. s. w., so ist die Entfernung des Schwerpuncts von der $\begin{Bmatrix}\text{1sten}\\ \text{2ten}\\ \text{3ten}\end{Bmatrix}$ Ebene im 1sten Augenblick = $\begin{Bmatrix}\Sigma A\\ \Sigma B\\ \Sigma C\end{Bmatrix}$, im 2ten Augenblick = $\begin{Bmatrix}\Sigma D\\ \Sigma E\\ \Sigma F\end{Bmatrix}$. Man zerfälle die Geschwindigkeit des ersten Puncts parallel mit den Durchschnittslinien der 3 Ebenen, und nehme die zwischen dem 1sten und 2ten Augenblick verflossene Zeit zum Maaß aller Geschwindigkeiten an, so werden die partiellen Geschwindigkeiten durch die Differenz zwischen x und ξ, die Differenz zwischen y und v und durch die Differenz zwischen z und ζ ausgedruckt. Nun ist (nach I. 1, 1) $a+b+c+d+e+f : a = \begin{Bmatrix}\xi - x : D - A\\ x - \xi : A - D\end{Bmatrix} = \begin{Bmatrix}v - y : E - B\\ y - v : B - E\end{Bmatrix} = \begin{Bmatrix}\zeta - z : F - C\\ z - \zeta : C - F\end{Bmatrix}$. Folglich ist die aus den Bewegungen α, β, γ u. s. w. zusammengesetzte Bewegung einerlei mit der aus den Bewegungen $\begin{Bmatrix}D - A\\ A - D\end{Bmatrix}$, $\begin{Bmatrix}E - B\\ B - E\end{Bmatrix}$, $\begin{Bmatrix}F - C\\ C - F\end{Bmatrix}$, $\begin{Bmatrix}D' - A'\\ A' - D'\end{Bmatrix}$, $\begin{Bmatrix}E' - B'\\ B' - E'\end{Bmatrix}$, $\begin{Bmatrix}F' - C'\\ C' - F'\end{Bmatrix}$, . . . , $\begin{Bmatrix}D^{V} - A^{V}\\ A^{V} - D^{V}\end{Bmatrix}$, $\begin{Bmatrix}E^{V} - B^{V}\\ B^{V} - E^{V}\end{Bmatrix}$, $\begin{Bmatrix}F^{V} - C^{V}\\ C^{V} - F^{V}\end{Bmatrix}$ zusammengesetzten, d. i. mit der aus den Bewegungen $\begin{Bmatrix}\Sigma D - \Sigma A\\ \Sigma A - \Sigma D\end{Bmatrix}$, $\begin{Bmatrix}\Sigma E - \Sigma B\\ \Sigma B - \Sigma E\end{Bmatrix}$, $\begin{Bmatrix}\Sigma F - \Sigma C\\ \Sigma C - \Sigma F\end{Bmatrix}$ zusammengesetzten, d. i. mit der Bewegung des Schwerpuncts.

§. 21. Zusatz.

Hieraus läßt sich folgender Satz schließen: Wenn mehrere Puncte A, B, C, D, E, F, deren Massen a, b, c, d, e, f sind, sich im Raum geradlinig oder krummlinig, gleichförmig oder ungleichförmig, wie man will, bewegen (wobei einige auch in Ruhe sein können), und man legt dem gemeinschaftlichen Schwerpunct die Bewegungen aller einzelnen Puncte zugleich bei, doch im verkleinerten linearischen Maaßstabe, nach dem Verhältniß $a+b+c+d+e+f : \begin{Bmatrix} a \\ b \\ c \\ d \\ e \\ f \end{Bmatrix}$, so erhält man durch Zusammensetzung aller dieser Bewegungen die wahre Bewegung des Schwerpuncts im Raum. Vermindert man aber die Geschwindigkeit und die Curvenkraft des Puncts $\begin{Bmatrix} A \\ B \\ C \\ D \\ E \\ F \end{Bmatrix}$ nach dem Verhältniß $a+b+c+d+e+f : \begin{Bmatrix} a \\ b \\ c \\ d \\ e \\ f \end{Bmatrix}$, wodurch die Geschwindigkeiten α, β, γ, δ, ε, ζ und die Curvenkräfte η, θ, ι, $\varkappa$, λ, μ entstehen, so ist die zusammengesetzte aus den Geschwindigkeiten α, β, γ, δ, ε, ζ, jede mit ihrer Richtung behaftet, nach §. 12. die Richtung und Geschwindigkeit der Bewegung des Schwerpuncts im correspondirenden Puncte, und die zusammengesetzte aus den Curvenkräften η, θ, ι, $\varkappa$, λ, μ, jede mit ihrer Richtung behaftet, nach §. 20. die Curvenkraft der Bewegung des Schwerpuncts im correspondirenden Puncte.

Anmerkung. Laplace hat diese Eigenheit der Bewegung des Schwerpuncts in seiner Méc. cél. Liv. I. Cap. 5. in der 1sten Hälfte der 20sten Nummer auf analytischem Wege bewiesen. Er druckt sich daselbst so aus: Der Schwerpunct eines Systems von Puncten bewegt sich so, als wenn die Masse des ganzen Systems in ihm vereinigt, und die bewegenden Kräfte aller einzelnen Puncte, mit unveränderter Stärke und Richtung, unmittelbar an ihm angebracht wären. Er versteht unter bewegender Kraft theils das Product aus der Masse in die Geschwindigkeit theils das Product aus der Masse in die Curvenkraft; wir haben hier, mehrerer Deutlichkeit wegen, den Theil dieses Satzes, welcher sich auf die Geschwindigkeiten bezieht, von dem Theil, welcher sich auf die Curvenkräfte bezieht, abgesondert ausgesprochen, außerdem aber auch, um den der reingeometrischen Darstellung fremden Begriff der Multiplication zweier benannter Größen zu umgehen, statt des Begriffs der **bewegenden Kraft** den Begriff der im Verhältniß der Summe der Massen aller einzelnen Puncte zur Masse eines einzelnen Punctes verminderten Geschwindigkeit oder Curvenkraft substituirt, welches eben so viel ist, als wenn wir die Summe der Massen aller einzelnen Puncte zur Masseneinheit angenommen hätten, — eine Methode, die wir theils schon früher im 3ten Abschn. des 2ten Theils, welcher vom Schwerpunct handelt, angewandt haben, theils künftig überall anwenden werden, wo nach der arithmetischen Ansicht Massen mit Linien multiplicirt werden sollten.

§. 22. Lehrsatz.

Wenn mehrere bewegte Puncte A, B, C, D, E, F, deren Massen a, b, c, d, e, f sind, nur durch ihre gegenseitigen Anziehungs- oder Abstoßungskräfte getrieben werden, außerdem aber keine Curvenkraft statt findet, und die Kraft, womit jeder Punct jeden andern anzieht oder abstößt, sich zu der Kraft, womit er von ihm im 1sten Fall angezogen, im 2ten Fall abgestoßen wird, wie die Masse des 1sten Puncts zur Masse des andern Puncts verhält, so ist der Schwerpunct aller Puncte zusammengenommen entweder in Ruhe, oder er bewegt sich geradlinig und gleichförmig, — von welcher Beschaffenheit auch übrigens bei jeden 2 Puncten das Gesetz der Anziehung oder Abstoßung sein mag.

Beweis. Die Curvenkraft, womit der Punct A sich bewegt, ist aus der Anziehung (oder Abstoßung) des Puncts B gegen A, aus der Anziehung des Puncts C gegen A, aus der Anziehung des Puncts D, E, F gegen A zusammengesetzt, die Curvenkraft aber, womit der Punct B sich bewegt, aus den Anziehungen der Puncte A, C, D, E, F gegen B zusammengesetzt, u. s. w. Nennen wir nun die Anziehkräfte der Puncte B, C, D, E, F gegen A resp. k, k', k'', k''', k^{IV}, die Anziehungen der Puncte A, C, D, E, F gegen B resp. l, l', l'', l''', l^{IV}, und machen wir $a+b+c+d+e+f : a = k : m = k' : m' = k'' : m'' = k''' : m''' = k^{IV} : m^{IV}$, und $a+b+c+d+e+f : b = l : p = l' : p' = l'' : p'' = l''' : p''' = l^{IV} : p^{IV}$, so verhält sich auch $a+b+c+d+e+f : a$ wie die aus k, k', k'', k''', k^{IV} zusammengesetzte Kraft zu der aus m, m', m'', m''', m^{IV} zusammengesetzten, und $a+b+$

$c+d+e+f:b$ wie die aus l, l', l'', l''', l^{IV} zusammengesetzte Kraft zu der aus p, p', p'', p''', p^{IV} zusammengesetzten. Nennen wir die Anziehungen der PP. A, B, D, E, F gegen C resp. q, q', q'', q''', q^{IV},

. . . . A, B, C, E, F . . . D . . . r, r', r'', r''', r^{IV},

. . . . A, B, C, D, F . . . E . . . s, s', s'', s''', s^{IV},

. . . . A, B, C, D, E . . . F . . . t, t', t'', t''', t^{IV},

und machen wir

$$a+b+c+d+e+f:c=q:u=q':u'=q'':u''=q''':u'''=q^{IV}:u^{IV}$$
$$a+b+c+d+e+f:d=r:v=r':v'=r'':v''=r''':v'''=r^{IV}:v^{IV}$$
$$a+b+c+d+e+f:e=s:w=s':w'=s'':w''=s''':w'''=s^{IV}:w^{IV}$$
$$a+b+c+d+e+f:f=t:x=t':x'=t'':x''=t''':x'''=t^{IV}:x^{IV},$$

so ist aus dem vorigen §. klar, daß die Curvenkraft der Bewegung des Schwerpuncts aus den Kräften m, m', m'', m''', m^{IV}, p, p', p'', p''', p^{IV}, u, u', u'', u''', u^{IV}, v, v', v'', v''', v^{IV}, w, w', w'', w''', w^{IV}, x, x', x'', x''', x^{IV} zusammengesetzt ist. Nun aber ist $a+b+c+d+e+f:a=k:m$, und $b:a+b+c+d+e+f=p:l$, also $(b:a+b+c+d+e+f)+(a+b+c+d+e+f:a)$, d. i. $b:a=(p:l)+(k:m)=$ (per affin.) $(p:m)+(k:l)$. Aber nach der Voraussetzung ist $b:a=k:l$, folglich $p:m$ das Verhältniß der Gleichheit, d. h. $p=m$. Beide Kräfte sind aber in ihrer Richtung einander gerade entgegengesetzt, heben sich also auf, und eben so wird bewiesen, daß von den Kräften m, m', m'', $m''', m^{IV}, p, p', p'', p''', p^{IV}, \ldots, x, x', x'', x''', x^{IV}$ immer 2 und 2 einander aufheben. Folglich findet bei der Bewegung des Schwerpuncts gar keine Curvenkraft statt, d. i. der Schwerpunct ist entweder in Ruhe, oder bewegt sich geradlinig und gleichförmig.

Anmerkung. Laplace beweist eben diesen Satz auf analytischem Wege in seiner Méc. cél. Liv. I. Cap. 5. in der 2ten Hälfte der 20sten Nummer.

Das Problem der zwei Körper.

§. 23. Lehrsatz.

Aus dem vorigen §. ist klar, daß, wenn zwei Puncte sich im Raum bewegen, und dabei von keiner andern Curvenkraft getrieben werden als von ihrer gegenseitigen Anziehung, die im geraden Verhältniß der anziehenden Massen steht, — von welcher Beschaffenheit auch übrigens die gegenseitige Anziehung sein mag, — daß alsdann der Schwerpunct zwischen beiden Puncten entweder ruht oder sich im Raum geradlinig und gleichförmig bewegt. Nichts desto weniger können wir im letzteren Fall den Schwerpunct als ruhend betrachten, und die Bewegung eines jeden der beiden Puncte als aus der Bewegung des Schwerpuncts und aus einer andern Bewegung, die außerdem erfordert wird um die wahre Bewegung des betreffenden Puncts im Raum zu constituiren, zusammengesetzt ansehen. Wenn wir demnach bei beiden bewegten Puncten nur die letztere Bewegung, welches die relative Bewegung in Beziehung auf den Schwerpunct ist, in Betracht ziehen, und die Stärke der Anziehungskraft steht für verschiedene Entfernungen der beiden bewegten Puncte von einander im umgekehrten Verhältniß des Quadrats der Entfernung, so soll bewiesen werden, daß die Bahn eines jeden von beiden Puncten ein Kegelschnitt ist, dessen einer Brennpunct der Schwerpunct ist.

Beweis. Da die Anziehkraft des Puncts B gegen A in verschiedenen Augenblicken der Bewegung sich verkehrt wie das □ der Entfernung des Puncts B von A verhält, diese Entfernung aber zur Entfernung des Puncts A vom Schwerpunct ein unveränderliches Verhältniß hat (§. 7. des 3. Abschn. Theil 2.), so steht die Anziehkraft, welche der Punct A leidet, auch im verkehrten Verhältniß des Quadrats der Entfernung des Puncts A vom Schwerpunct (Eucl. 6, 22), und ist stets nach dem Schwerpunct zu gerichtet. Hieraus, verglichen mit §. 13., folgt, daß die relative Bahn des Puncts A um den als ruhend betrachteten Schwerpunct ein Kegelschnitt ist, dessen einer Brennpunct der Schwerpunct ist. Dasselbe läßt sich eben so von der relativen Bahn des Puncts B beweisen.

§. 24. Zusatz.

Diese beiden Kegelschnitte sind einander ähnlich (was das

heiße, wird in Apoll. Conic. Lib. 6. in den vorangehenden Definitionen erklärt); der Grund der Aehnlichkeit ist das unveränderliche Verhältniß der Entfernungen des Schwerpuncts von beiden bewegten Puncten. Auch verhalten sich die ähnlichliegenden Radii vectores in beiden Bahnen verkehrt wie die Massen der bewegten Puncte.

§. 25. Zusatz.

Wenn man einen von beiden bewegten Puncten als ruhend betrachtet, so ist die relative Bahn des andern Puncts um den ersten gleichfalls ein Kegelschnitt, der den beiden vorigen ähnlich ist, und die ähnlichliegenden Radii vectores in den 3 relativen Bahnen, welche der Punct A um den Schwerpunct, der Punct B um den Schwerpunct, und der Punct A um B oder B um A beschreibt, verhalten sich resp. wie die Massen der Puncte B und A und die Summe beider Massen.

Anmerkung. Daß die relative Bahn des einen bewegten Puncts um den andern ein Kegelschnitt sei, beweist Laplace in der Méc. cél. Liv. II. Cap. 3. zu Anfang der 16ten Nummer.

§. 26. Zusatz.

Wenn 2 Puncte im Raume auf einander durch gegenseitige Anziehung wirken, und dabei die Anziehung sich verkehrt wie das □ der Entfernung verhält, so steht die Summe der specifischen Anziehkräfte des einen Paars zur Summe der specifischen Anziehkräfte des andern Paars in einem Verhältniß, welches aus dem doppelten Verhältniß der relativen Flächengeschwindigkeiten eines Puncts um den andern und aus dem umgekehrten Verhältniß der Parameter der relativen Bahnen eines Puncts um den andern zusammengesetzt ist, oder, was bei kreisförmigen oder elliptischen Bahnen dasselbe sagt, aus dem 3fachen Verhältniß der mittleren Entfernungen zweier zusammengehöriger Puncte von einander und aus dem doppelten umgekehrten Verhältniß der Umlaufszeiten.

Anmerkung. Das hier angegebene Verhältniß liegt versteckt in dem, was Laplace (Méc. cél. am angeführten Orte) über die gegenseitige Anziehung zweier Körper sagt. Das 3te Keplersche Gesetz leidet wegen dieses Satzes eine kleine Abänderung. Aus dem Resultat, daß bei der Bewegung der Planeten um die Sonne die Curvenkraft eine nach der Sonne gerichtete Anziehungskraft, und bei der Bewegung der Trabanten um die Hauptplaneten die Curvenkraft eine nach dem jedesmaligen Hauptplaneten gerichtete Anziehungskraft ist, welche für einen und denselben anziehenden Körper im verkehrten Verhältniß des Quadrats der Entfernung steht, wird man geneigt zu folgern, daß die Anziehungskraft, im verkehrten Verhältniß des Quadrats der Entfernung vom anziehenden Körper stehend, eine allgemeine Eigenschaft aller Weltkörper sei, und daß daher auch alle einzelnen Hauptplaneten, nach Maaßgabe der aus der Bewegung ihrer Trabanten berechneten specifischen Anziehkraft, auf die Sonne, alle einzelnen zu einem und demselben Hauptplaneten gehörigen Trabanten aber auf ihren Hauptplaneten, rückwirken, d. h. ihm eine Bewegung beizubringen streben, bei welcher die Curvenkraft nach dem kleinern Körper hin gerichtet, im umgekehrten Verhältniß des Quadrats der Entfernung veränderlich, und von der specifischen Anziehkraft des kleineren Körpers abhängig ist. Betrachtet man nun den Mittelpunct der Sonne, welcher unter den angegebenen Voraussetzungen, wegen der Anziehung aller einzelnen Planeten gegen die Sonne, eine sehr verwickelte Bewegung erhält, als ruhend, wodurch die relativen Bahnen aller einzelnen Planeten, in Beziehung auf den Mittelpunct der Sonne, zufolge §. 25 Kegelschnitte werden (und zwar Ellipsen, weil die Planetenbahnen in sich selbst zurückkehren), so ist klar, daß in Beziehung auf diese relativen Planetenbahnen das 3te Keplersche Gesetz eine kleine Abänderung leidet, welche, nach Anleitung des Satzes §. 26. für die mit Trabanten versehenen Planeten berechnet, in der That mit den Beobachtungen übereinstimmt. Diese Abweichung vom 3ten Keplerschen Gesetze ist indeß, wegen der geringen Masse jedes einzelnen Planeten im Vergleich mit der Sonnenmasse und wegen der geringen Masse jedes Trabanten im Vergleich mit der Masse seines Hauptplaneten, zu unbedeutend, als daß sich daraus mit Sicherheit die Massen derjenigen Planeten, welche keine Trabanten haben, oder die Massen der Trabanten selbst berechnen ließen.

Aus der Bemerkung, daß die Schwere an der Erdoberfläche gleichmäßig auf alle, auch die kleinsten Theilchen der körperlichen Materie wirkt, (siehe die Anm. zu §. 53. des 1sten Abschn.), wird man ferner geneigt zu folgern, daß die Anziehungskraft nicht nur eine allgemeine Eigenschaft der Weltkörper, in ihrer ganzen Masse betrachtet, sei, sondern daß sie abgesondert auch auf die kleinsten Theilchen aller körperlichen Materie wirke, und daß daher wiederum die kleinsten Theilchen der Materie auf alle übrige körperliche Materie rückwirken. Dieser Betrachtung gemäß ist die Schwere an der Erdoberfläche nicht mehr das Resultat einer einzigen gegen den Mittelpunct der Erde gerichteten Kraft, sondern das Resultat der nach allen, auch den kleinsten Theilchen der Erdmasse gerichteten Anziehungskräfte, — so wie die Anziehung der Planeten gegen die Sonne, der Trabanten gegen ihre Hauptplaneten, nicht mehr eine einzige nach dem Mittelpunct der Sonne (des Hauptplaneten) gerichtete Kraft, sondern das Resultat der nach allen, auch den kleinsten Theilchen der Sonnenmasse (der Masse des Hauptplaneten) gerichteten Anziehungskräfte. Diese gegenseitige Anziehung aller, auch der kleinsten Theilchen der körperlichen Materie, welche Anziehung im geraden Verhältniß der anziehenden Massen und im verkehrten Verhältniß der Quadrate der Entfernungen steht, nannte Newton die allgemeine Gravitation.

Vierter Abschnitt.

Von der Anziehung kugelförmiger Körper, welche in gleichen Entfernungen vom Mittelpunct gleiche Dichtigkeit haben, gegen einzelne Puncte.

§. 1. Lehrsatz.

Wenn man voraussetzt, daß die beiden Seiten eines Rechtecks im Verlauf der Zeit ihre Größe stetig ändern, jede von beiden Seiten nach einem beliebigen Gesetz, so ist in jedem Augenblick die Flächengeschwindigkeit, womit das Rechteck sich ändert, $= \begin{Bmatrix}\text{der Summe}\\ \text{dem Unterschiede}\end{Bmatrix}$ zweier Rechtecke, deren jedes eine Seite mit dem ersteren Rechteck gemein, und die Geschwindigkeit, womit die andere Seite des ersteren Rechtecks sich ändert, zur andern Seite hat; und zwar ist die Flächengeschwindigkeit = der Summe der beiden genannten Rechtecke, wenn beide Seiten des ersteren Rechtecks zugleich wachsen oder zugleich abnehmen, und dagegen = dem Unterschiede beider Rechtecke, wenn eine Seite des ersteren Rechtecks wächst, während die andere abnimmt.

Beweis. 1) Wenn beide Seiten des ersteren Rechtecks zugleich wachsen oder zugleich abnehmen, so habe in irgend einem Augenblick eine Seite des Rechtecks die Größe AB Fig. 16, die andere Seite aber die Größe AD, und es sei ABCD das Rechteck. In einem beliebigen anderen, früheren oder späteren Augenblicke habe die 1ste Seite die Größe AE, die 2te Seite die Größe AG, so daß AB nur ein Theil von AE, AD nur ein Theil von AG sei, und es sei AEFG das Rechteck. Man verlängere BC, bis sie GF in I trifft, DC aber, bis sie FE in H trifft. Läßt man nun die Zwischenzeit in Gedanken immer kleiner und kleiner werden, so daß G immer näher an D, und E immer näher an B rückt, so kann das Verhältniß DCIG:DHFG, wie auch das Verhältniß BCHE:BIFE, folglich auch das Verhältniß DCIG+BCHE zum Gnomon BCDGFE, dem Verhältniß der Gleichheit näher kommen als jedes gegebene Verhältniß einer kleineren Größe zu einer größeren. Daraus folgt der zu beweisende Satz leicht von selbst.

2) Auf ähnliche Art wird der Beweis geführt, wenn eine Seite des Rechtecks wächst, während die andere abnimmt.

§. 2. Zusatz.

Wenn die Seite eines Quadrats sich stetig ändert, so ist die Flächengeschwindigkeit, womit das Quadrat sich ändert, = dem doppelten Rechteck aus der Seite des Quadrats und aus der Geschwindigkeit, womit diese Seite sich ändert.

§. 3. Zusatz.

Wenn eine Seite eines Rechtecks wächst, die andere aber abnimmt, und der Flächenraum des Rechtecks bleibt sich gleich, so verhalten sich die Geschwindigkeiten, womit die Seiten sich ändern, wie die Seiten selbst. Und wenn eine Seite eines Rechtecks wächst, und die andere abnimmt, und die Geschwindigkeiten, womit die Seiten sich ändern, verhalten sich allemal wie die Seiten selbst, so bleibt der Flächenraum des Rechtecks ungeändert.

Wenn aber eine Seite eines Rechtecks wächst, während die andere abnimmt, und der Flächenraum des Rechtecks $\left\{\begin{matrix}\text{wächst}\\ \text{nimmt ab}\end{matrix}\right\}$, so steht die Geschwindigkeit der wachsenden Seite zur Geschwindigkeit der abnehmenden in einem $\left\{\begin{matrix}\text{größeren}\\ \text{kleineren}\end{matrix}\right\}$ Verhältniß als die erstere Seite zur letzteren; und wenn die Geschwindigkeit der wachsenden Seite zur Geschwindigkeit der abnehmenden in einem $\left\{\begin{matrix}\text{größeren}\\ \text{kleineren}\end{matrix}\right\}$ Verhältniß steht als die erstere Seite zur letzteren, so ist der Flächenraum des Rechtecks im $\left\{\begin{matrix}\text{Wachsen}\\ \text{Abnehmen}\end{matrix}\right\}$ begriffen.

§. 4. Zusatz.

Aus dem vorigen Satz, verglichen mit Eucl. 3, 36, folgt, daß, wenn eine Linie in der Ebene eines Kreises um einen festen, außerhalb des Kreises angenommenen Punct gedreht wird, die Geschwindigkeit, womit sich die die hohle Peripherie treffende Linie ändert, sich zur Geschwindigkeit, womit sich die die erhabene Peripherie treffende Linie ändert, wie die erstere Linie zur letzteren verhält. Aus Eucl. 3, 35 dagegen folgt, daß, wenn der Punct, um welchen die Linie gedreht wird, innerhalb des Kreises angenommen wird, die Geschwindigkeit, womit der eine Abschnitt der Sehne sich ändert, sich zur Geschwindigkeit, womit der andere Abschnitt der Sehne sich ändert, wie der erstere Abschnitt zum andern verhält.

§. 5. Zusatz.

Aus dem vorigen Satz folgt durch $\left\{\begin{matrix}\text{Verbindung}\\ \text{Zurückkehrung}\\ \text{Trennung}\end{matrix}\right\}$ der Proportion folgender: Wenn eine Linie sich um einen außerhalb eines Kreises angenommenen Punct dreht, so verhält sich die Geschwindigkeit, womit die die hohle Peripherie treffende Linie sich ändert, zu der Geschwindigkeit, womit die halbe Sehne sich ändert, wie die die hohle Peripherie treffende Linie zu ihrem zwischen dem außerhalb des Kreises liegenden Punct und der Mitte der Sehne eingeschlossenen Abschnitt, die Geschwindigkeit aber, womit die die erhabene Peripherie treffende Linie sich ändert, zu der Geschwindigkeit, womit die halbe Sehne sich ändert, wie die die erhabene Peripherie treffende Linie zur Summe dieser Linie und der halben Sehne. Und wenn eine Linie sich um einen innerhalb des Kreises angenommenen Punct dreht, so verhält sich die Geschwindigkeit, womit der eine Abschnitt der Sehne sich ändert, zu der Geschwindigkeit, womit die halbe Sehne sich ändert, wie der genannte Abschnitt zur Entfernung des Puncts, um welchen die Drehung geschieht, von der Mitte der Sehne.

§. 6. Lehrsatz.

Wenn ein Punct sich auf der Peripherie eines Kreises entlang bewegt, nach welchem Gesetze man will, und man rechnet die um den Mittelpunct zurückgelegten ∠∠ von einem feststehenden Halbmesser an, so verhält sich in jedem Augenblick die Geschwindigkeit, womit der Sinus des Winkels sich ändert, zu der Geschwindigkeit, womit der zurückgelegte Bogen wächst, wie der Cosinus des bis zum angenommenen Augenblick beschriebenen Winkels zum Halbmesser, die Geschwindigkeit aber, womit der Cosinus sich ändert, zu der Geschwindigkeit, womit der Bogen wächst, wie der Sinus des bis zum angenommenen Augenblicke beschriebenen Winkels zum Halbmesser.

Beweis. Man denke sich die auf der Kreisperipherie entlang gehende Bewegung in 2 geradlinige auf einander winkelrechte zerfällt, davon die eine die Richtung des feststehenden Halbmessers hat, so leuchtet aus §. 12. des 2. Abschn., mit Hülfe der bekannten Sätze von der Aehnlichkeit der Dreiecke, der zu beweisende Satz ein, der bis zum angenommenen Augenblick beschriebene ∠ mag nun $< R$ oder $> R$, oder auch $> 2R$, auch $> 3R$, auch $> 4R$ sein.

§. 7. Lehrsatz.

Wenn man aus einem beliebigen Punct der Bahn eines auf irgend eine Art bewegten Punctes eine gerade Linie nach einem beliebigen feststehenden Punct zieht, und man fällt aus diesem festen Punct ein Perpendikel auf die Tangente des betreffenden

Puncts der Bahn, so verhält sich die linearische Geschwindigkeit in dem betreffenden Punct der Bahn zu der Geschwindigkeit, womit die aus dem betreffenden Punct der Bahn nach dem festen Punct gezogene Linie sich ändert, wie diese Linie zu dem vom Perpendikel abgeschnittenen Stück der Tangente.

Beweis. Es sei A Fig. 17. der feste Punct, BC ein Stück der beschriebenen Curve, die Bewegung mag übrigens von B nach C oder von C nach B zu gehen; man ziehe die geraden Linien AB, AC, BC; auch beschreibe man einen Kreisbogen CD aus A bis an AB oder deren Verlängerung, und fälle das Perpendikel CE auf AD. Nennt man nun die ein- für allemal festgesetzte Zeit, die zum Maaß der Geschwindigkeiten dient, t, die auf den Bogen BC verwandte Zeit aber τ, und macht man $\tau : t =$ Sehne $BC : x = BE : y$ (woraus verwechselt $BC : BE = x : y$ folgt), so ist der Werth, dem sich x nähert, nach II. 1, 43. die Geschwindigkeit des bewegten Puncts im Punct B. Nun aber kann nach §. 36. des 1sten Abschn. Theil 2. das Verhältniß DE : EC kleiner werden als jedes gegebene Verhältniß; das Verhältniß EC : EB aber nähert sich dem Verhältniß AF : FB (wo AF das auf die Tangente des Puncts B gefällte Perpendikel ist); folglich kann auch das Verhältniß DE : EB kleiner werden als jedes gegebene Verhältniß; oder, was dasselbe sagt, das Verhältniß BD : BE kann dem Verhältniß der Gleichheit näher kommen als jedes gegebene Verhältniß. Folglich ist der Werth, dem sich y nähert, = der Geschwindigkeit, womit AB sich ändert. Das Verhältniß aber, welchem sich das Verhältniß BC:BE, d. i. $x : y$ nähert, ist das Verhältniß AB:BF. Folglich verhält sich die linearische Geschwindigkeit im Punct B zu der Geschwindigkeit, womit AB sich ändert, wie AB : BF.

§. 8. Zusatz.

Hieraus folgt, daß, wenn man bei der Bewegung eines auf irgend eine Art im Raum bewegten Punctes die linearische Geschwindigkeit in einem beliebigen Punct der Bahn in 2 auf einander winkelrechte Geschwindigkeiten zerfällt, davon die eine nach einem festen Punct gerichtet ist, diese nach dem festen Punct gerichtete Geschwindigkeit = ist der Geschwindigkeit, womit die aus dem betreffenden Punct der Bahn nach dem festen Punct gezogene Linie sich ändert.

§. 9. Lehrsatz.

Wenn man bei der Bewegung eines auf irgend eine Art in Einer Ebene bewegten Puncts aus einem beliebigen Punct der Bahn eine gerade Linie nach einem festen Punct derselben Ebene zieht, so ist das □ der Geschwindigkeit, womit diese letztere Linie sich ändert, = dem □ der linearischen Geschwindigkeit in dem betreffenden Punct der Bahn, minus der 3ten Proportionale zum 4ten Theil des Quadrats der letztgedachten Linie und zur Flächengeschwindigkeit in Beziehung auf den festen Punct.

Beweis. In §. 4. des 3ten Abschn. haben wir bewiesen, daß die 3te Prop. zu $\frac{1}{4}$□ED (Fig. 14.) und zur Flächengeschwindigkeit im Punct E der Curve = ist dem □ der winkelrecht auf ED zerfällten linearischen Geschwindigkeit. Nun ist (Eucl. 1,47) □EL = □EK — □KL, d. i. das □ der nach ED zerfällten Geschwindigkeit = dem □ der totalen linearischen Geschwindigkeit, minus dem □ der winkelrecht auf ED zerfällten Geschwindigkeit. Also ist (zufolge des vorigen §.) das □ der Geschwindigkeit, womit ED sich ändert, = dem □ der totalen linearischen Geschwindigkeit, minus der 3ten Prop. zu $\frac{1}{4}$□ED und zur Flächengeschwindigkeit im Punct E der Curve.

§. 10. Lehrsatz.

Wenn ein Punct sich auf der Peripherie eines aus C Fig. 18. oder 19. beschriebenen Kreises entlang bewegt, nach welchem Gesetze man will, und man zieht aus einem außerhalb oder innerhalb des Kreises angenommenen festen Punct A eine Linie durch C, welche die Peripherie in L und K schneidet, und aus A eine andere Linie, welche die Peripherie in D und B schneidet, und man fällt die Perpendikel BG und DH auf LK, und CE auf BD, so verhält sich, wenn der bewegte Punct sich in B befindet, die Geschwindigkeit, mit welcher der Punct G auf KL entlang rückt, zu der Geschwindigkeit, womit BE sich ändert, wie $\square AB : AC \times AE$; wenn aber der auf der Kreisperipherie bewegte Punct sich in D befindet, so verhält sich die Geschwindigkeit, womit der Punct H auf KL entlang rückt, zu der Geschwindigkeit, womit DE sich ändert, wie $\square AD : AC \times AE$.

Beweis. Man ziehe CB und CD. Nennen wir nun die Geschwindigkeit, womit der Punct $\left\{\begin{matrix}G\\H\end{matrix}\right\}$ auf KL entlang rückt, v, die Geschwindigkeit des auf der Kreisperipherie bewegten Punctes in $\left\{\begin{matrix}B\\D\end{matrix}\right\}$ aber w, die Geschwindigkeit, womit $\left\{\begin{matrix}AB\\AD\end{matrix}\right\}$ sich ändert, x, und die Geschwindigkeit, womit $\left\{\begin{matrix}BE\\DE\end{matrix}\right\}$ sich ändert, y, so verhält sich nach §. 6. $v:w = \left\{\begin{matrix}GB:BC\\HD:DC\end{matrix}\right\}$, nach §. 8. aber, verglichen mit Eucl. 3,32 u. 20, $w:x = BC:CE$

ord. ex aeq.

$v:x = \left\{\begin{matrix}GB\\HD\end{matrix}\right\} : CE = \left\{\begin{matrix}AB\\AD\end{matrix}\right\} : AC$. Nach §. 5. aber verhält sich $x:y = \left\{\begin{matrix}AB\\AD\end{matrix}\right\} : AE$. Also finden wir $(v:x) + (x:y) = \left(\left\{\begin{matrix}AB\\AD\end{matrix}\right\} : AC\right) + \left(\left\{\begin{matrix}AB\\AD\end{matrix}\right\} : AE\right)$, d. i. $v:y = \square\left\{\begin{matrix}AB\\AD\end{matrix}\right\} : AC \times AE$.

§. 11. Zusatz.

Aus §. 10. folgt, daß, wenn man in Fig. 18. oder 19. EB von B aus verlängert, bis EM = dem Halbmesser des Kreises wird, die Geschwindigkeit, mit welcher $\left\{\begin{matrix}G\\H\end{matrix}\right\}$ auf KL entlang rückt, sich zu der Geschwindigkeit, womit $\left\{\begin{matrix}BM\\DM\end{matrix}\right\}$ sich ändert, ebenfalls wie $\square\left\{\begin{matrix}AB\\AD\end{matrix}\right\} : AC \times AE$ verhält.

§. 12. Lehrsatz.

Der Punct A Fig. 18. oder 19. werde von allen Puncten der aus C mit dem Halbmesser CL beschriebenen Kugelfläche angezogen, und es verhalte sich die Kraft, mit welcher er von einem Punct der Kugelfläche angezogen wird, zu der Kraft, mit welcher er von einem andern Punct der Kugelfläche angezogen wird, allemal wie das □ seiner Entfernung vom letzteren Punct der Kugelfläche zum □ seiner Entfernung vom ersteren Punct der Kugelfläche. Man wähle die zum Maaß der Geschwindigkeiten und Kräfte dienende Zeit t so groß, daß die Anziehungskraft, welche die im Mittelpunct vereinigte Masse der ganzen Kugelfläche gegen A ausüben würde, durch den Kugeldurchmesser KL ausgedruckt werden kann, und lasse nun in Gedanken die Kugelfläche nach und nach entstehen, so daß anfangs der bloße Punct K da sei, dieser aber in ein Kugelflächen-Segment übergehe, dessen Pole die Puncte K und L sind, und welches seine Höhe KG mit gleichförmiger Geschwindigkeit ändert, bis nach Ablauf der Zeit t die ganze Kugelfläche sich gebildet hat. Durch dieses allmälige Hinzukommen anziehender Masse ändert sich die Stärke der Kraft, mit welcher A nach C zu gezogen wird, und es soll nun bewiesen werden, daß, wenn das Kugelflächen-Segment bis zum Punct $\left\{\begin{matrix} B \\ D \end{matrix}\right\}$ gewachsen ist, die Geschwindigkeit, womit die Stärke der Kraft, mit welcher der an seiner Stelle fest stehen bleibende Punct A nach C zu gezogen wird, sich ändert, = ist der Geschwindigkeit, womit $\left\{\begin{matrix} BM \\ DM \end{matrix}\right\}$ sich ändert.

Beweis. Zwei einander gegenüberstehende Puncte der Peripherie des das Kugelflächen-Segment begrenzenden Kreises bringen durch ihre vereinte Wirkung allemal eine von A nach C zu (oder nach der gerade entgegengesetzten Richtung) gerichtete Kraft hervor, welche nach §. 5. des 2ten Abschn. = der im Verhältniß $\left\{\begin{matrix} BA : GA \\ DA : HA \end{matrix}\right\}$ verminderten Summe beider anziehenden Kräfte ist. Will man also die totale Wirkung der Anziehung der ganzen Kugelfläche oder des Kugelflächen-Segments bestimmen, so hat man die Anziehung des Puncts $\left\{\begin{matrix} B \\ D \end{matrix}\right\}$ gegen A im Verhältniß $\left\{\begin{matrix} BA : GA \\ DA : HA \end{matrix}\right\}$ zu vermindern.

Aus Archimed. de Sphaer. et Cyl. II. 4. folgt, daß, wenn die Höhe des Kugelflächen-Segments mit gleichförmiger Geschwindigkeit wächst, auch der Flächeninhalt des Segments mit gleichförmiger Geschwindigkeit wächst. Folglich wächst auch die anziehende Masse mit gleichförmiger Geschwindigkeit. Sie wächst aber in der Zeit t um die Masse der ganzen Kugelfläche; folglich ist die unveränderliche Geschwindigkeit, womit die anziehende Masse wächst, = der Masse der ganzen Kugelfläche. Die Masse der ganzen Kugelfläche wirkt aber, im Punct C vereinigt, mit der Kraft KL. Diese Kraft ist erstlich auf die Entfernung $\begin{Bmatrix}BA\\DA\end{Bmatrix}$ zu reduciren, also im Verhältniß $\square\begin{Bmatrix}BA\\DA\end{Bmatrix}:\square AC$ zu verändern, aber außerdem noch, zufolge der im Anfang dieses Beweises gemachten Bemerkung, im Verhältniß $\begin{Bmatrix}BA:GA\\DA:HA\end{Bmatrix}$ zu vermindern. Folglich verhält sich $\left(\square\begin{Bmatrix}BA\\DA\end{Bmatrix}:\square AC\right)+\left(\begin{Bmatrix}BA:GA\\DA:HA\end{Bmatrix}\right)=KL$ zu der Geschwindigkeit, womit, wenn das Kugelflächen-Segment bis zum Punct $\begin{Bmatrix}B\\D\end{Bmatrix}$ gewachsen ist, die Stärke der nach C zu gerichteten Anziehungskraft sich ändert. Diese Geschwindigkeit wollen wir z, die Geschwindigkeit aber, womit $\begin{Bmatrix}BM\\DM\end{Bmatrix}$ sich ändert, y nennen. Weil nun die Höhe des Segments sich gleichförmig ändert, und in der Zeit t von 0 bis KL wächst, so ist die Geschwindigkeit, womit der Punct $\begin{Bmatrix}G\\H\end{Bmatrix}$ sich auf KL entlang bewegt, stets = KL. Hieraus, verglichen mit §. 10. und 11., folgt, daß $KL:y=\square\begin{Bmatrix}AB\\AD\end{Bmatrix}:AC\times AE$. Nun ist aber $\begin{Bmatrix}BA:GA\\DA:HA\end{Bmatrix}=$ $AC:AE=\square AC:AC\times AE$, also $\left(\square\begin{Bmatrix}BA\\DA\end{Bmatrix}:\square AC\right)+\left(\begin{Bmatrix}BA:GA\\DA:HA\end{Bmatrix}\right)$, d. i. $KL:z=\square\begin{Bmatrix}BA\\DA\end{Bmatrix}:AC\times AE=KL:y$, folglich $z=y$.

§. 13. Zusatz.

Da bei der im vorigen §. beschriebenen allmäligen Entstehung der Kugelfläche sowohl die anziehende Kraft als die Linie BM von 0 zu wachsen anfangen, und jene Kraft und diese Linie sich, wie im Beweise des vorigen Satzes gezeigt ist, stets mit gleicher Geschwindigkeit ändern, so sind folgende Sätze unmittelbar klar:

1) Wenn man in Fig. 18. BG verlängert, bis sie die Peripherie des Kreises wieder in N trifft, so ist die Anziehung des Kugelflächen-Segments BKN gegen den Punct A = BM. Zieht man aus A die Tangente AI bis an den Kreis, und aus I die auf KL winkelrechte Sehne IO, so ist die Anziehung des Segments IKO gegen den Punct A = dem Halbmesser der Kugel, d. h. so groß, als wenn A von der in C vereinigten halben Masse der Kugelfläche angezogen würde. Verlängert man DH, bis sie die Peripherie des Kreises wieder in P trifft, so ist die Anziehung des Segments DKP gegen A = DM. Die Anziehung der ganzen Kugelfläche gegen A endlich ist = LK, d. h. so groß, als wenn A von der in C vereinigten ganzen Masse der Kugelfläche angezogen würde. Folglich wird A von den Segmenten IKO und ILO, d. i. von dem in A unsichtbaren und von dem in A sichtbaren Segment gleich stark angezogen, und überhaupt üben 2 Zonen der Kugelfläche, die von A aus gesehen einander zu decken scheinen, gegen A gleich starke Anziehung aus.

2) Wenn man in Fig. 19. BG verlängert, bis sie die Peripherie des Kreises wieder in N trifft, so ist die Anziehung des Segments BKN gegen den Punct B = BM. Zieht man durch A die auf KL winkelrechte Sehne IO, so ist die Anziehung des Segments IKO gegen den Punct A = dem Ueberschuß des Kugelhalbmessers über AI, also so groß, als wenn A von der in C vereinigten, im Verhältniß KC : KC — AI verminderten halben Masse der Kugelfläche angezogen würde. Verlängert man DH, bis sie die Kreisperipherie wieder in P trifft, so ist die Anziehung des Segments DKP gegen A wieder = BM, d. i. = der Anziehung des Segments BKN. Die Anziehung der ganzen Kugelfläche gegen A endlich ist = 0; oder, was dasselbe sagt, der

Punct A wird von den Segmenten IKO und ILO gleich stark, aber nach entgegengesetzten Richtungen angezogen, so daß beide Anziehkräfte einander aufheben, und soviel wirken, als wenn gar keine Anziehungskraft vorhanden wäre; und überhaupt heben die Anziehungskräfte je zweier solcher Zonen der Segmente IKO und ILO, deren begrenzende Kreise von A aus gesehen unter gleichen Gesichtswinkeln erscheinen, einander auf.

§. 14. Erklärung.

Ein Körper heißt ein Körper von gleichförmiger Dichtigkeit, wenn allemal in gleichen Theilen seines körperlichen Raumes gleichviel Masse enthalten ist. Wenn 2 Körper von gleichförmiger Dichtigkeit in gleichen Theilen ihres körperlichen Raums gleichviel Masse enthalten, so sagt man, beide Körper haben gleiche Dichtigkeit; wenn sie aber in gleichen Theilen ihres körperlichen Raums ungleiche Massen enthalten, so sagt man, die Körper haben ungleiche Dichtigkeit, und die Dichtigkeiten verhalten sich wie die in gleichen körperlichen Räumen enthaltenen Massen.

§. 15. Lehrsatz.

Die Dichtigkeiten zweier Körper von gleichförmiger Dichtigkeit stehen in einem Verhältniß, welches aus dem Verhältniß ihrer Massen und dem umgekehrten Verhältniß ihrer körperlichen Räume zusammengesetzt ist.

Beweis. Wie bei §. 3. des 1sten Abschnitts. Vgl. Laplace méc. cél. I. 3, 13. Seite 37.

§. 16. Erklärung.

Wenn ein Körper nicht allemal in gleichen Theilen seines körperlichen Raums gleichviel Masse enthält, so heißt er ein Körper von ungleichförmiger Dichtigkeit. Die Dichtigkeit eines gleichförmig dichten Körpers, der mit einem ungleichförmig dichten einen gleichen körperlichen Raum und gleiche Masse hat, heißt die mittlere Dichtigkeit des ungleichförmig dichten Körpers. Beschreibt man aus einem im innern Raum eines ungleichförmig dichten Körpers befindlichen Punct mit einem Halbmesser, welcher $<$ ist als die kleinste Entfernung dieses Puncts von der Oberfläche des Körpers, eine Kugel, und man läßt nun den Halbmesser dieser Kugel immer kleiner und kleiner werden, so heißt diejenige Dichtigkeit, welcher sich die mittlere Dichtigkeit der Kugel so sehr nähert, daß der Unterschied $<$ werden kann als jede gegebene Dichtigkeit, *die Dichtigkeit des ungleichförmig dichten Körpers in dem betreffenden Puncte.* Beschreibt man dagegen aus einem Punct der *Oberfläche* eines ungleichförmig dichten Körpers mit einem *beliebigen* Halbmesser eine Kugel, und man läßt nun den Halbmesser der Kugel immer kleiner und kleiner werden, so heißt diejenige Dichtigkeit, welcher sich die mittlere Dichtigkeit des in den inneren Raum des gedachten Körpers fallenden Kugelstücks so sehr nähert, daß der Unterschied kleiner werden kann als jede gegebene Dichtigkeit, die *Dichtigkeit des ungleichförmig dichten Körpers in dem betreffenden Punct seiner Oberfläche.* Läßt sich (Fig. 20.) durch einen Punct A eines Körpers von ungleichförmiger Dichtigkeit eine gerade oder krumme Linie BDAEC so ziehen, daß diejenige Dichtigkeit, welcher sich die Dichtigkeit im Punct D der Linie BDA, indem man den Punct D allmälig näher bei A annimmt, so sehr nähert, daß der Unterschied $<$ werden kann als jede gegebene Dichtigkeit, verschieden ist von derjenigen Dichtigkeit, welcher sich die Dichtigkeit im Punct E der Linie AEC, indem man den Punct E allmälig näher bei A annimmt, so sehr nähert, daß der Unterschied $<$ werden kann als jede gegebene Dichtigkeit, (z. B. wenn 2 Körper von gleichförmiger, aber unter sich verschiedener Dichtigkeit, wie etwa Gold und Silber, an einander geheftet sind), so sagt man, die Dichtigkeit ändere im Punct A sich *plötzlich*. Ist aber die Annäherungsdichtigkeit für alle in A von allen Seiten des Raums her zusammenlaufenden *geraden* Linien dieselbe, so sagt man, die Dichtigkeit ändere im Punct A sich *stetig*.

§. 17. Zusatz.

Aus der gegebenen Darstellung ist klar, daß die mittlere Dichtigkeit eines ungleichförmig dichten Körpers größer ist als die kleinste, aber $<$ als die größte Dichtigkeit eines Puncts des Körpers. Sie braucht aber nicht genau das arithmetische Mittel zwischen beiden Extremen zu sein.

§. 18. Lehrsatz.

Aendert die Dichtigkeit eines Körpers in einem seiner Puncte sich stetig, so ist die in §. 16. erwähnte Annäherungsdichtigkeit der von allen Seiten des Raums her in dem betreffenden Punct zusammenlaufenden geraden Linien einerlei mit der Dichtigkeit des Körpers in dem betreffenden Puncte.

Beweis. Beschreibt man aus dem betreffenden Punct mit einem Halbmesser, welcher $<$ ist als die kleinste Entfernung dieses Puncts von der Oberfläche des Körpers, (oder, wenn der Punct in der Oberfläche selbst liegt, mit beliebigem Halbmesser) eine Kugel, und läßt den Halbmesser immer kleiner und kleiner werden, so kann, weil in dem betreffenden Punct die Dichtigkeit sich stetig ändert, sowohl der Unterschied der Annäherungsdichtigkeit und der größten Dichtigkeit eines Puncts des körperlichen Raums der Kugel als auch der Unterschied der Annäherungsdichtigkeit und der kleinsten Dichtigkeit eines Puncts des körperlichen Raums der Kugel zuletzt $<$ werden als jede gegebene Dichtigkeit. Folglich kann auch der Unterschied der Annäherungsdichtigkeit und der mittleren Dichtigkeit der Kugel zuletzt $<$ werden als jede gegebene Dichtigkeit. Folglich nähert sich die mittlere Dichtigkeit der Kugel zuletzt so sehr der genannten Annäherungsdichtigkeit, daß der Unterschied $<$ werden kann als jede gegebene Dichtigkeit; d. h. (nach §. 16.) die Dichtigkeit in dem betreffenden Punct des Körpers ist $=$ der genannten Annäherungsdichtigkeit.

§. 19. Lehrsatz.

Auch wenn man aus einem Punct eines Körpers, worin die Dichtigkeit sich stetig ändert, eine krumme Linie zieht, so ist die Annäherungsdichtigkeit, wenn man einen Punct auf der krummen Linie entlang immer näher an den betreffenden Punct rückt, einerlei mit der Dichtigkeit des Körpers in dem betreffenden Punct.

Beweis. Die krumme Linie kreuzt die in §. 16. erwähnten geraden Linien, welche in dem betreffenden Punct zusammenlaufen; folglich ist die Annäherungsdichtigkeit der krummen Linie = der gemeinschaftlichen Annäherungsdichtigkeit der geraden Linien.

§. 20. Lehrsatz.

Eine hohle, von 2 concentrischen Kugelflächen begrenzte Kugel, welche in gleichen Entfernungen vom Mittelpunct überall gleiche Dichtigkeit hat, zieht einen auf der äußeren Oberfläche oder außerhalb derselben befindlichen Punct so an, als wenn ihre ganze Masse im Mittelpunct vereinigt wäre, einen auf der inneren Oberfläche oder innerhalb derselben befindlichen Punct aber gar nicht, gleichsam als wenn gar keine Anziehung vorhanden wäre, — in beiden Fällen vorausgesetzt, daß die Anziehungskraft im geraden Verhältniß der Dichtigkeit des anziehenden Punctes und im verkehrten Verhältniß des Quadrats der Entfernung stehe.

Beweis. Jede zwischen der inneren und äußeren Kugelfläche enthaltene, aus demselben Mittelpunct beschriebene Kugelfläche zieht den angenommenen Punct, wenn er auf der äußern Oberfläche oder außerhalb derselben befindlich ist, nach §. 13. so an, als wenn ihre ganze Masse im Mittelpunct vereinigt wäre; folglich zieht der ganze zwischen der inneren und äußeren Oberfläche enthaltene Körper den angezogenen Punct so an, als ob die Masse des ganzen Körpers im Mittelpunct vereinigt wäre. Dagegen zieht jede mittlere Kugelfläche den angezogenen Punct, wenn derselbe auf der inneren Oberfläche oder innerhalb derselben befindlich ist, gar nicht an, gleichsam als wenn gar keine Anziehungskraft vorhanden wäre; folglich zieht auch der ganze zwischen der inneren und äußeren Oberfläche befindliche Körper den angezogenen Punct gar nicht an, gleichsam als wenn gar keine Anziehungskraft vorhanden wäre.

§. 21. Zusatz.

Auch eine inwendig nicht hohle Kugel, welche in gleichen Entfernungen vom Mittelpunct überall gleiche Dichtigkeit hat, zieht einen auf ihrer Oberfläche oder außerhalb derselben befindlichen Punct so an, als ob ihre ganze Masse im Mittelpunct vereinigt wäre, vorausgesetzt, daß das Gesetz der Anziehung das im vorigen §. angeführte sei.

Anmerkung. Laplace hat diesen und den vorigen Satz auf analytischem Wege bewiesen in seiner Méc. cél. II. 2, 12.

§. 22. Zusatz.

Aus C Fig. 21. seien 2 concentrische Kreise beschrieben, und außerhalb des größern ein Punct A, innerhalb des kleinern aber auf der von A nach C gezogenen Linie ein Punct a angenommen. Die Linie AC schneide die Peripherie des größern Kreises in L, und verlängert in K, die Peripherie des kleinern Kreises aber in l, und verlängert in k. Es sei über AC, desgleichen über LC ein Halbkreis beschrieben; der größere Halbkreis schneide den größeren Kreis in P, den kleineren in u; der kleinere Halbkreis aber schneide den kleineren Kreis in v. Die von A nach u gezogene Linie schneide den größeren Kreis in γ, und verlängert in G; die von L nach v gezogene Linie aber schneide verlängert den Umfang des größeren Kreises in H. Zwischen die geraden Linien AP und AG seien 2 Linien AO und AN gezogen, welche die Peripherie des größeren Kreises zum erstenmal in U und T, zum zweitenmal in O und N, die Peripherie des größeren Halbkreises aber in β und α schneiden. Zwischen AG und AK seien 2 Linien AF und AE gezogen, welche die Peripherie des größeren Kreises zum erstenmal in δ und ε, zum zweitenmal in F und E, die Peripherie des kleineren Kreises aber zum erstenmal in w und x, zum zweitenmal in t und s schneiden. Zwischen LH und die Verlängerung des Bogens Lε seien 2 Linien LI und LM gezogen, welche die Peripherie des größeren Kreises in I und M, und die Peripherie des kleineren Halbkreises in R und S schneiden. Zwischen LH und LK seien 2 Linien LD und LB gezogen, welche die Peripherie des kleineren Kreises zum erstenmal in y und z, zum zweitenmal in r und Q, die Peripherie des größeren Kreises aber in D und B schneiden. Aus a sei das Perpendikel ag auf LK errichtet, welches die Peripherie des kleineren Kreises in Y, die Peripherie des größeren Kreises in g schneidet; ag aber schneide verlängert die Peripherie des kleineren Kreises in λ, die des größeren in η. Aus l sei das Perpendikel lh auf LK errichtet, welches die Peripherie des größeren Kreises in h und ζ schneidet. Zwischen ag und aL seien die beiden Linien an und ap gezogen, welche die Peripherie des größeren Kreises in u und p, die des kleineren in Z und c, verlängert aber die Peripherie des kleineren Kreises in X und W, die des größeren in f und e schneiden. Zwischen lh und lL seien die Linien li und lm bis an die Peripherie des größeren Kreises gezogen, welche verlängert die Peripherie des kleineren Kreises in V und q, die Peripherie des größeren aber in d und b schneiden. Man denke sich die ganze Zeichnung um die feststehende Linie AK gedreht, so wird der zwischen den beiden ganzen Kreisen enthaltene Ring eine hohle Kugel beschreiben. Diese hohle Kugel sei mit anziehender Masse ausgefüllt, welche in gleichen Entfernungen vom Mittelpunct allemal gleiche Dichtigkeit hat. Alsdann wird der Punct A

von dem durch Umdrehung der Figur Llxε gebildeten Körper eben so stark angezogen
als - - - - - - - - - - - - - - kKEs - - - - - -
- - - - - - - - - - - - - - Llnγ - - - - - - - - - - - - - -
- - - - - - - - - - - - - - - kKGn - - - - - -
- - - - - - - - - - - - - - LlnαT - - - - - - - - - - - - - -
- - - - - - - - - - - - - - - ukKNα - - - - - -
- - - - - - - - - - - - - - LlnP - - - - - - - - - - - - - -
- - - - - - - - - - - - - - - ukKP - - - - - -

- $\varepsilon x w \delta$ -
- sEFt - - - - - -
- $\varepsilon x u \gamma$ -
- sEGu - - - - - -
- $\varepsilon x u \alpha T$ -
- $usEN\alpha$ - - - - - -
- $\varepsilon x u P$ -
- usEP - - - - - -
- $\gamma u \alpha T$ -
- $uGN\alpha$ - - - - - -
- $\gamma u P$ -
- uGP - - - - - -
- $T\alpha\beta U$ -
- $\alpha NO\beta$ - - - - - -
- $T\alpha P$ -
- αNP - - - - - -

Der Punct L aber wird

von dem durch Umdrehung der Figur Llz gebildeten Körper eben so stark angezogen

als - kKBQ - - - - - -
- Llv -
- kKHv - - - - - -
- LlvR -
- vkKIR - - - - - -
- $LlvRS\theta\iota L$ -
- $vkKBDeHIfM\eta himL\iota\theta SRv$

von dem durch Umdrehung der Figur Lzy gebildeten Körper eben so stark angezogen
als - - - - - - - - - - - - - - - QBDr - - - - - -
- - - - - - - - - - - - - - - Lzv - - - - - - - - - - - - - - - -
- - - - - - - - - - - - - - - - QBHv - - - - - -
- - - - - - - - - - - - - - - LzvR - - - - - - - - - - - - - - - -
- - - - - - - - - - - - - - - - vQBIR - - - - - -
- - - - - - - - - - - - - - - LzvRS$\theta\iota$L - - - - - - - - - - - - - - -
- - - - - - - - - - - - - - - - vQBDeHIfMηhimL$\iota\theta$SRv
- - - - - - - - - - - - - - - LvR - - - - - - - - - - - - - - - -
- - - - - - - - - - - - - - - - vHIR - - - - - -
- - - - - - - - - - - - - - - LvRS$\theta\iota$L - - - - - - - - - - - - - - -
- - - - - - - - - - - - - - - - vHIfMηhimL$\iota\theta$SRv -
- - - - - - - - - - - - - - - LRS - - - - - - - - - - - - - - - -
- - - - - - - - - - - - - - - - RIMS - - - - - -
- - - - - - - - - - - - - - - LRS$\theta\iota$L - - - - - - - - - - - - - - -
- - - - - - - - - - - - - - - - RIfMηhimL$\iota\theta$SR - -

Der Punct a aber wird, jedoch nach entgegengesetzten Seiten,

von dem durch Umdrehung der Figur Llcp gebildeten Körper eben so stark angezogen
als - - - - - - - - - - - - - - - kKeW - - - - - -
- - - - - - - - - - - - - - - LlYg - - - - - - - - - - - - - - - -
- - - - - - - - - - - - - - - - kKgY - - - - - -
- - - - - - - - - - - - - - - pcZn - - - - - - - - - - - - - - - -
- - - - - - - - - - - - - - - - WefX - - - - - -
- - - - - - - - - - - - - - - pcYg - - - - - - - - - - - - - - - -
- - - - - - - - - - - - - - - - λWeη - - - - - -

Der Punct l aber wird, gleichfalls nach entgegengesetzten Seiten,

von dem durch Umdrehung der Figur Llm gebildeten Körper eben so stark angezogen
als - - - - - - - - - - - - - - - kKbq - - - - - -
- - - - - - - - - - - - - - - - Llh - - - - - - - - - - - - - - - - -
- - - - - - - - - - - - - - - - - kKhlzyλvXrWQk - - -
- - - - - - - - - - - - - - - - mli - - - - - - - - - - - - - - - - - -
- - - - - - - - - - - - - - - - - qbdV - - - - - -
- - - - - - - - - - - - - - - - mlh - - - - - - - - - - - - - - - - - -
- - - - - - - - - - - - - - - - - qbζlcxZwYuVtq - - -

Ist aber die ganze aus C mit dem Halbmesser CK beschriebene Kugel mit anziehender Masse ausgefüllt, welche in gleichen Entfernungen vom Mittelpunct allemal gleiche Dichtigkeit hat, so wird der Punct A

von dem durch Umdrehung der Figur LCαT gebildeten Körper eben so stark angezogen
als - - - - - - - - - - - - - - CKNα - - - - - -
- - - - - - - - - - - - - - LCP - - - - - - - - - - - - - - -
- - - - - - - - - - - - - - - CKP - - - - - -

Der Punct L aber wird

von dem durch Umdrehung der Figur LCR gebildeten Körper eben so stark angezogen
als - - - - - - - - - - - - - - CKIR - - - - - -
- - - - - - - - - - - - - - CKBDeHlfMηhimL$\iota\theta$SRvC gebildeten Körper eben so stark angezogen als von der durch Umdrehung des kleineren Halbkreises gebildeten Kugel.

Hierbei wird überall vorausgesetzt, daß das Gesetz der Anziehung das in §. 20 beschriebene sei.

§. 23. Zusatz.

Ist das Gesetz der Anziehung das bisher beschriebene, und ein angezogener Punct befindet sich zwischen der inneren und äußeren Oberfläche einer hohlen Kugel, welche in gleichen Entfernungen vom Mittelpunct gleiche Dichtigkeit hat, und man beschreibt aus dem Mittelpunct eine Kugelfläche durch den angezogenen Punct, so wird die hohle Kugel in 2 concentrische Kugelschaalen getheilt, davon die äußere nach §. 20. den angezogenen Punct gar nicht anzieht, die innere aber ihn so anzieht, als ob ihre ganze Masse im Mittelpunct vereinigt wäre; folglich wird der angezogene Punct von beiden Kugelschaalen zusammen nach dem Mittelpunct hin gezogen, und zwar mit einer Kraft, als wenn die Masse der inneren Kugelschaale im Mittelpunct vereinigt wäre.

Derselbe Satz gilt, wenn der angezogene Punct sich innerhalb einer nicht hohlen Kugel befindet, welche in gleichen Entfernungen vom Mittelpunct überall gleiche Dichtigkeit hat.

§. 24. Lehrsatz.

Ist das Gesetz der Anziehung das bisher beschriebene, so verhält sich die Kraft, womit ein innerhalb einer Kugel von gleichförmiger Dichtigkeit befindlicher Punct nach dem Mittelpunct zu gezogen wird, direct wie die Entfernung des angezogenen Puncts vom Mittelpuncte.

Beweis. Theilt man die Kugel auf die im vorigen §. beschriebene Art in eine Kugelschaale und in eine von derselben umschlossene kleinere Kugel, so verhält sich der Körperinhalt der letzteren, wenn man den angezogenen Punct in verschiedene Entfernungen vom Mittelpunct bringt, wie der Würfel der Entfernung des angezogenen Puncts vom Mittelpunct (Eucl. 12, 18). Da nun die Kugel nach der Voraussetzung von gleichförmiger Dichtigkeit ist, so ist das angegebene Verhältniß auch das Verhältniß der nach Abrechnung der jedesmaligen äußeren Kugelschaale übrigbleibenden anziehenden Masse. Folglich verhält sich die Kraft, womit der angezogene Punct nach dem Mittelpunct zu gezogen wird, wegen dieser Veränderlichkeit der übrigbleibenden anziehenden Masse wie der Würfel der Entfernung des angezogenen Puncts vom Mittelpunct. Wegen der Veränderlichkeit der Entfernung des angezogenen Puncts vom Mittelpunct aber verhält sich die Kraft umgekehrt wie das □ dieser Entfernung. Durch Zusammensetzung dieser beiden Verhältnisse erhält man das directe Verhältniß der Entfernungen des angezogenen Puncts vom Mittelpunct.

§. 25. Zusatz.

Ist das Gesetz der Anziehung das bisher beschriebene, und es bewegen sich mehrere kugelförmige Körper, deren jeder in gleichen Entfernungen vom Mittelpunct allemal gleiche Dichtigkeit hat, so, daß bei der Bewegung des Mittelpuncts einer jeden dieser Kugeln die Curvenkraft zusammengesetzt ist aus den Anziehungen aller, auch der kleinsten Theilchen der übrigen Kugeln, (so daß also in jeder Kugel der Mittelpunct allein angezogen wird, und die übrigen Puncte der angezogenen Kugel, welche ihre Entfernungen von einander und vom Mittelpunct nicht ändern, mit sich fortreißt), so bewegen sich die Mittelpuncte aller dieser Kugeln so, als wenn nicht die einzelnen Theilchen aller Kugeln, sondern nur die Mittelpuncte, jeder nach Maaßgabe der Masse seiner Kugel, Anziehungskraft ausübten. Ziehen nicht alle Kugeln einander an, sondern zieht Eine Kugel die Mittelpuncte der übrigen an, während diese übrigen Kugeln den Mittelpunct der ersteren Kugel anziehen, so sind die relativen Bahnen der Mittelpuncte der übrigen Kugeln, in Beziehung auf den Mittelpunct der ersteren Kugel, Kegelschnitte, bei deren Durchlaufung die drei Keplerschen Gesetze befolgt werden, das 3te jedoch mit der aus §. 26. des vorigen Abschn. hervorgehenden Abänderung.

Anmerkung. Nach der natürlichsten Annahme sind die Planeten und Trabanten, wie auch die Sonne selbst, Kugeln, welche in gleichen Entfernungen vom Mittelpunct allemal gleiche Dichtigkeit haben; wenn sich über die Vertheilung der Dichtigkeit nichts durch die Erfahrung unmittelbar entscheiden läßt, so lehrt dagegen die Beobachtung, daß die Gestalt aller dieser Weltkörper sehr wenig von der Kugelgestalt abweicht.

Abstrahirt man also von dieser geringen Abweichung von der Kugelgestalt, so lassen sich die in diesem §. gemachten Schlüsse auf das Sonnensystem anwenden.

Fünfter Abschnitt.

Von den Bewegungen auf vorgeschriebenem Wege.

§. 1. Erklärung.

Eine Bewegung in einer krummen Linie oder auf einer Fläche, wo außer den äußeren Kräften allemal eine auf der {Tangente / Berührungsebene} der Curve (Fläche) winkelrechte Curvenkraft von unbestimmter Stärke wirkt, so daß der bewegte Punct gezwungen wird auf einer vorgezeichneten Curve oder Fläche zu bleiben, heißt eine Bewegung auf vorgeschriebenem Wege, und die vorgezeichnete Curve oder Fläche die Bedingung der Bewegung. Ist keine solche Bedingung vorhanden, so sagt man, der Punct bewegt sich frei.

§. 2. Lehrsatz.

Wenn eine Bewegung auf einer Curve gleichförmig geschieht, so ist die Curvenkraft überall nach der Normale der Curve gerichtet.

Beweis. Wenn die Bewegung auf der Curve gleichförmig geschieht, so findet nach §. 25. des 2ten Abschn. keine Tangentialkraft statt; die Curvenkraft reducirt sich also auf die Normalkraft.

§. 3. Lehrsatz.

Wenn bei der Bewegung eines Punctes, welcher gezwungen ist sich in einer vorgezeichneten Curve zu bewegen, keine äußeren Kräfte wirken, so ist die Bewegung gleichförmig.

Beweis. Wäre sie ungleichförmig, so würde nach §. 25. des 2ten Abschn. eine Tangentialkraft statt finden; diese würde, mit der Normalkraft zusammengesetzt, eine Curvenkraft hervorbringen, welche auf der Tangente nicht winkelrecht wäre, gegen die Voraussetzung. Folglich ist die Bewegung gleichförmig.

Anmerkung. Laplace giebt von diesem Satze zwei Beweise auf analytischem Wege, Méc. cél. I. 2, 8.

§. 4. Lehrsatz.

Wenn eine Bewegung auf einer Fläche gleichförmig und so geschieht, daß die Normale der Bahn allemal auch eine Normale der Fläche ist, (z. B. wenn die Bewegung im größten Kreis einer Kugelfläche geschieht), so ist die Curvenkraft überall nach der Normale der Fläche gerichtet.

Beweis. Die Bewegung geschieht gleichförmig in einer Curve; folglich ist (nach §. 2.) die Curvenkraft stets nach der Normale der Curve gerichtet; diese Normale fällt aber nach der Voraussetzung überall mit der Normale der Fläche zusammen.

§. 5. Lehrsatz.

Wenn bei der Bewegung eines Punctes, welcher gezwungen ist sich auf einer vorgezeichneten Fläche zu bewegen, keine äußeren Kräfte wirken, so ist die Bahn so beschaffen, daß ihre Normale allemal zugleich eine Normale der Fläche ist, und die Bewegung ist gleichförmig.

Beweis. Wäre die Bewegung nicht gleichförmig, so würde nach §. 25. des 2ten Abschn. eine Tangentialkraft statt finden, und diese würde mit der Normalkraft zusammen eine Curvenkraft hervorbringen, deren Richtung auf der Fläche nicht normal stände, gegen die Voraussetzung. Folglich ist die Bewegung gleichförmig, und hieraus folgt wieder nach §. 2., daß die Curvenkraft überall nach der Normale der Curve gerichtet ist. Sie ist aber, zufolge der Voraussetzung, auch stets nach der Normale der Fläche gerichtet. Folglich ist die Bahn so beschaffen, daß ihre Normale stets mit der Normale der Fläche zusammenfällt.

Anmerkung. Laplace giebt auch von dem Satze, daß die Bewegung auf einer vorgeschriebenen Fläche, wenn keine äußeren Kräfte wirken, gleichförmig ist, einen doppelten Beweis auf analytischem Wege, Méc. cél. I. 2, 8. Zu Ende der 9ten Nummer desselben Capitels zeigt er auch die Eigenschaft, daß bei der gedachten Art der Bewegung die Normale der beschriebenen Curve stets mit der Normale der Fläche zusammenfalle; er führt den Beweis gleichfalls auf analytischem Wege, und spricht den Satz mit Ausdrücken aus, die vom Unendlichkleinen hergenommen sind, indem er sagt, die Ebene des Krümmungskreises, d. h. die Ebene, welche durch 2 auf einander folgende Seiten der beschriebenen krummen Linie geht, sei auf der Fläche winkelrecht. Er fügt aber alsdann noch hinzu, die beschriebene Curve, von einem beliebigen Punct derselben bis zum andern gerechnet, sei die kürzeste, die man von einem dieser Puncte zum andern auf der Fläche ziehen kann, und beruft sich zu dem Ende auf den Beweis, den er, hinsichtlich der Bewegung eines auf eine vorgeschriebene Fläche angewiesenen, von keiner äußeren Kraft getriebenen Puncts, zu Ende der verhergehenden, 8ten Nummer geführt hatte; daraus folgert er dann den reingeometrischen Satz, daß, wenn zwischen 2 Puncte einer Fläche eine Curve so gezogen ist, daß sie ganz in der Fläche liegt, und der Krümmungskreis jedes mittleren Puncts der Curve winkelrecht auf der Fläche steht, daß alsdann die genannte Curve die kürzeste sei, die sich zwischen beiden Puncten auf der Fläche ziehen läßt. Aber dieser reingeometrische Satz bedarf, so wie der mechanische zu Ende der angeführten 8ten Nummer, einer näheren Bestimmung, weil er, in der von Laplace ausgesprochenen Form, mißverstanden werden kann. Wenn ein Punct sich in einer ihm vorgezeichneten Kugelfläche bewegt, ohne daß äußere Kräfte auf ihn wirken, so beschreibt er denjenigen größten Kreis, dessen Ebene durch die Tangente eines beliebigen Puncts der Bahn geht, weil, wenn er von der Ebene dieses größten Kreises nach einer Seite hin abwiche, er aus demselben Grunde zugleich nach der andern Seite hin abweichen müßte (vgl. Laplace Méc. cél. I. 2, 9. den 2ten Absatz der 24sten Seite). Hat der bewegte Punct nun mehr als die Hälfte dieses größten Kreises durchlaufen, so ist klar, daß der beschriebene Bogen keineswegs die kleinste Curve ist, die sich zwischen den beiden Endpuncten auf der Kugelfläche ziehen läßt, indem nämlich nicht nur die Ergänzung des beschriebenen Bogens zum ganzen Kreisumfang kleiner ist als der beschriebene Bogen, sondern auch noch außerdem unzählige Curven zwischen beiden Endpuncten auf der Kugelfläche gezogen werden können, welche kleiner sind als der beschriebene Bogen. Die nähere Bestimmung des von Laplace ausgesprochenen Satzes gehört nicht hierher, da wir es nur mit synthetischen Betrachtungen zu thun haben. Dieselbe Bemerkung gilt hinsichtlich des in der 8ten Nummer zu Ende der 22sten und Anfang der 23sten Seite bewiesenen allgemeineren Satzes, wie auch hinsichtlich des noch allgemeineren, in der 23sten Nummer des 5ten Capitels bewiesenen Satzes der kleinsten Wirkung, welcher, so wie alle Gegenstände der Variationsrechnung, für die Synthesis unzugänglich ist.

§. 6. Lehrsatz.

Es sei AB Fig. 22. eine beliebige Curve von einfacher Krümmung; eine gerade Linie bewege sich parallel mit sich selbst so, daß sie nach und nach die auf einander folgenden Puncte der Curve durchschneidet, und habe demzufolge nach und nach die Lagen AR, VW, ZY, BK; die Linie IRWYK aber stehe auf allen diesen Parallellinien winkelrecht. Dann ist für jeden Augenblick der parallelen Bewegung die Geschwindigkeit, womit der von einer feststehenden Linie AR an gerechnete Flächenraum AVWR sich ändert, = dem Rechteck aus der zwischen IK und der Curve enthaltenen Linie VW und aus der Geschwindigkeit, womit der Punct W auf IK sich entlang bewegt.

Beweis. Der Bogen VX werde in einer beliebigen Zeit τ beschrieben; die zum Maaß der Geschwindigkeiten dienende unveränderliche Zeit aber sei t. Man fälle Xa winkelrecht auf VW oder deren Verlängerung, und VZ winkelrecht auf YX oder deren Verlängerung. Man mache $\tau : t = WY : x = VXYW : y$, so ist die Größe, welcher sich x nähert, wenn man X immer näher bei V annimmt, die Geschwindigkeit, welche bei der auf IK entlang gehenden Bewegung im Punct W statt findet, die Größe aber, welcher sich y nähert, die Flächengeschwindigkeit, welche nach Erreichung der Linie VW statt findet. Nun aber kann das Verhältniß VWYZ : aWYX, also um so mehr das Verhältniß VWYZ : VXYW, dem Verhältniß der Gleichheit näher kommen als jedes gegebene Verhältniß. Folglich ist, wenn man $\tau : t = VWYZ : z$ macht, die Größe, welcher sich z nähert, einerlei mit der Größe, welcher sich y nähert. Aus $\tau : t = WY : x$ und $\tau : t = VWYZ : z$ folgt simpl. ex aeq. und verwechselt $WY \times VW : VWYZ = x \times VW : z$.

Da nun WY×VW = VWYZ, so ist auch z = x×VW, folglich auch die Größe, welcher sich z nähert, = dem Rechteck aus VW und aus der Größe, welcher sich x nähert, d. h. die Flächengeschwindigkeit = dem Rechteck aus VW und aus der Geschwindigkeit der auf IK entlang gehenden Bewegung im Puuct W.

§. 7. Lehrsatz.

Wenn auf 2 bewegte Puncte, die sich frei oder auf vorgeschriebenen Flächen oder Curven bewegen, Centralkräfte wirken, und zwar auf jeden von beiden Puncten so viele Centralkräfte, als man will, die aber gegen feststehende Puncte gerichtet sind, und deren Stärke von der Entfernung vom Centralpunct abhängig ist, (doch können auch Kräfte darunter vorkommen, die nach parallelen Richtungen wirken, und deren Stärke für alle Puncte einer auf diesen parallelen Richtungen winkelrechten Ebene gleich ist), und die Anfangs- und Endpuncte beider Bahnen fallen zusammen, so ist die Differenz der Quadrate der Anfangsgeschwindigkeiten beider bewegten Puncte = der Differenz der Quadrate der Endgeschwindigkeiten beider Puncte; auch ist die Endgeschwindigkeit des einen bewegten Puncts größer oder gleich oder kleiner als seine Anfangsgeschwindigkeit, je nachdem die Endgeschwindigkeit des andern Puncts > oder = oder < ist als seine Anfangsgeschwindigkeit.

Beweis. Man setze bei demjenigen von beiden Puncten, welcher etwa sich frei bewegt, oder nur gezwungen ist sich auf einer vorgezeichneten Fläche zu bewegen, voraus, nicht nur die Fläche, sondern auch die Curve, in welcher er sich wirklich bewegt, sei vorgeschrieben, welches im Erfolg nichts ändert. Nun trägt die unbestimmte, auf der vorgeschriebenen Curve winkelrechte Kraft (welche man mit dem Ausdruck Widerstand der Curve zu bezeichnen pflegt) nichts zur Tangentialkraft, sondern nur zur Normalkraft, also auch nichts zur Aenderung der Geschwindigkeit bei; die Tangentialkraft, d. i. die beschleunigende (verzögernde) Kraft längs der beschriebenen Curve ist vielmehr bloß das Resultat der Centralkräfte, wenn man jede derselben nach der Tangente des betreffenden Puncts der beschriebenen Curve zerfällt (vergl. §. 11. des 2. Abschn.); diese einzelnen zerfällten Kräfte vermehren einander, oder heben einander auf, je nachdem sie nach einerlei oder nach entgegengesetzter Richtung gerichtet sind. Nach §. 8. des 4. Abschn. aber verhält sich jede einzelne Centralkraft zu dem von ihr herrührenden Antheil der Tangentialkraft wie die jedesmalige Geschwindigkeit des bewegten Puncts in der Bahn zu der Gewindigkeit, womit seine Entfernung vom Centralpunct zu- oder abnimmt. Folglich ist (Eucl. 6, 16) das Rechteck aus der partiellen Tangentialkraft und aus der Geschwindigkeit in der Bahn = dem Rechteck aus der Centralkraft und aus der Geschwindigkeit, womit die Entfernung vom Centralpunct sich ändert. Folglich ist (wenn man immer Gleiches zu Gleichem addirt, oder Gleiches von Gleichem wegnimmt) das Rechteck aus der totalen Tangentialkraft und aus der Geschwindigkeit in der Bahn = der Summe der Rechtecke, deren jedes aus einer einzelnen Centralkraft und aus der Geschwindigkeit, womit die Entfernung vom Centralpunct sich ändert, gebildet ist (bei welcher Summirung jedoch, wenn die partiellen Tangentialkräfte entgegengesetzte Richtung haben, die aus den Centralkräften und den Geschwindigkeiten, womit die Entfernung vom Centralpunct sich ändert, gebildeten Rechtecke, anstatt addirt zu werden, von einander subtrahirt werden müssen; 2 partielle Tangentialkräfte haben aber entgegengesetzte Richtung, wenn die zugehörigen Centralkräfte beide anziehend oder beide abstoßend sind, und dabei der bewegte Punct sich dem einen Centralpunct nähert, während er sich vom andern Centralpunct entfernt; 2 partielle Tangentialkräfte haben auch dann entgegengesetzte Richtung, wenn die eine Centralkraft eine anziehende, und die andere eine abstoßende ist, und dabei der bewegte Punct sich entweder beiden Centralpuncten nähert, oder sich von beiden entfernt; 2 partielle Tangentialkräfte haben dagegen einerlei Richtung, wenn die zugehörigen Centralkräfte beide anziehend oder beide abstoßend sind, und dabei der bewegte Punct sich entweder beiden Centralpuncten nähert, oder sich von beiden entfernt; 2 partielle Tangentialkräfte haben auch dann einerlei Richtung, wenn die eine Centralkraft eine anziehende und die andere eine abstoßende ist, und dabei der bewegte Punct sich dem einen Centralpunct nähert, während er sich vom andern Centralpunct entfernt). Das Rechteck aus der totalen Tangentialkraft und aus der Geschwindigkeit in der Bahn ist aber nach §. 2. des vorigen Abschn. = der Hälfte der Geschwindigkeit, womit das □ der Geschwindigkeit in der Bahn sich ändert. Folglich ist die Geschwindigkeit, womit das □ der Geschwindigkeit in der Bahn sich ändert, doppelt so groß als die vorhin angeführte Summe der Rechtecke. Man beschreibe nun mehrere Curven von einfacher Krümmung, AB, CD, EF, GH Fig. 22., so viele, als Centralkräfte vorhanden sind; man construire aber diese Curven so, daß die Perpendikel, die man aus einzelnen Puncten dieser Curven auf die Grundlinien IK, LM, NO, PQ fällt, die Centralkräfte ausdrücken für diejenige Entfernung vom Centralpunct, welche durch das vom Perpendikel abgeschnittene Stück der Grundlinie ausgedruckt wird. Es sei also AR die Stärke der Centralkraft für die Entfernung IR vom Centralpunct, VW die Stärke der Centralkraft für die Entfernung IW von demselben Centralpunct, XY die Stärke der Centralkraft für die Entfernung IY von demselben Centralpunct, BK die Stärke der Centralkraft für die Entfernung IK von demselben Centralpunct, CS die Stärke der Centralkraft für die Entfernung LS von einem andern Centralpunct, DM die Stärke der Centralkraft für die Entfernung LM von diesem Centralpunct, ET die Stärke der Centralkraft für die Entfernung NT von einem dritten Centralpunct, FO die Centralkraft für die Entfernung NO von diesem Centralpunct, GU die Centralkraft für die Entfernung PU von einem 4ten Centralpunct, HQ die Centralkraft für die Entfernung PQ von diesem Centralpunct. (Wenn parallele Kräfte wirken, so denkt man sich den feststehenden Anfangspunct der Grundlinie unbestimmt, in welchem Punct der Grundlinie man will). Auch lasse man die Perpendikel nach entgegengesetzten Richtungen laufen, wenn die

Centralpuncte theils anziehende theils abstoßende sind; wir haben daher die Perpendikel bei der ersten und 2ten Curve aufwärts, bei der 3ten und 4ten aber unterwäts gezogen, um anzuzeigen, daß die 1ste und 2te Centralkraft als anziehende, die 3te und 4te aber als abstoßende gedacht werden sollen, oder umgekehrt. Es seien IR, LS, NO, PU die Entfernungen des gemeinschaftlichen Anfangspuncts beider Bahnen von den einzelnen Centralpuncten, IK, LM, NT, PQ aber die Entfernungen des gemeinschaftlichen Endpuncts beider Bahnen von den einzelnen Centralpuncten. Da nun die Stärke der Anziehungskraft jedes Centralpuncts nach der Voraussetzung nur von der Entfernung abhängt, so werden beide bewegte Puncte in gleichen Entfernungen von einem und demselben Centralpunct allemal mit gleicher Stärke angezogen; folglich sind die Flächenräume ABKR, CDMS, EFOT, GHQU für beide bewegten Puncte dieselben. Folglich ist auch die Summe dieser Flächenräume (wobei aber die nach oben und nach unten hin gezeichneten Flächenräume einander aufheben) für beide bewegte Puncte dieselbe. Man denke sich nun, daß die Linien AR, CS, FO, GU parallel mit sich selbst resp. bis BK, DM, ET, HQ rücken, und zwar nach demjenigen Gesetze, daß die Bewegung des Puncts W auf IK entlang mit der Veränderung der Entfernung des einen von beiden bewegten Puncten vom ersten Centralpunct in Beziehung auf die Zeit congruent sei, — und so bei den übrigen Curven respective. Da wir nun bewiesen haben, daß die Geschwindigkeit, womit das □ der Geschwindigkeit in der Bahn sich ändert, doppelt so groß ist als die vorhin angeführte Summe der Rechtecke, jedes dieser Rechtecke aber nach dem vorigen §. = der Flächengeschwindigkeit der parallelen Fortrückung der Linie VW (CS, FO, GU) ist, so ist die Geschwindigkeit, womit das □ der Geschwindigkeit in der Bahn sich ändert, doppelt so groß als die Summe der einzelnen Flächengeschwindigkeiten (wobei aber 2 Flächengeschwindigkeiten, deren eine vorwärts, die andere rückwärts gerichtet ist, und welche entweder beide zu aufwärts gerichteten oder beide zu unterwärts gerichteten

Flächenräumen gehören, desgleichen 2 Flächengeschwindigkeiten, welche entweder beide vorwärts oder beide rückwärts gerichtet sind, und deren eine zu einem aufwärts gerichteten, die andere zu einem unterwärts gerichteten Flächenraum gehört, einander aufheben), d. h. doppelt so groß als die Geschwindindigkeit, womit die Summe der von Anfang an beschriebenen Flächenräume sich ändert. Da man diese Schlüsse während der ganzen Bewegung des ersten bewegten Puncts machen kann, so ist auch die Differenz der Quadrate der Anfangs- und Endgeschwindigkeit des ersten bewegten Puncts in der Bahn doppelt so groß als die Summe der von Anfang bis zu Ende beschriebenen Flächenräume. Eben dieselben Schlüsse lassen sich für die Bewegung des zweiten bewegten Puncts machen. Da wir nun gesehen haben, daß die Summe der Flächenräume ABKR, CDMS, EFOT, GHQU für beide bewegten Puncte dieselbe ist, so ist auch die Differenz der Quadrate der Anfangs- und Endgeschwindigkeit des ersten bewegten Puncts = der Differenz der Quadrate der Anfangs- und Endgeschwindigkeit des zweiten bewegten Puncts; auch ist die Endgeschwindigkeit des einen bewegten Puncts > oder = oder < als seine Anfangsgeschwindigkeit, je nachdem die Endgeschwindigkeit des andern Puncts > oder = oder < ist als seine Anfangsgeschwindigkeit.

§. 8. Zusatz.

Laufen daher beide bewegte Puncte mit gleicher Geschwindigkeit aus, so langen sie auch im gemeinschaftlichen Endpunct mit gleicher Geschwindigkeit an.

Anmerkung. Laplace hat diesen Satz auf analytischem Wege bewiesen in seiner Méc. cél. Liv. I. Cap. 2. zu Anfang der 8ten Nummer.

§. 9. Lehrsatz.

Ein Punct laufe auf der vorgeschriebenen Curve BCD Fig. 23. von B bis D, und werde dabei von keiner anderen äußeren Kraft als von der Schwere getrieben. Ein andermal laufe er auf der vorgeschriebenen geraden Linie BD von B bis D, und werde gleichfalls von keiner anderen äußeren Kraft getrieben als von der

Schwere. Läuft er nun beidemale mit gleicher Geschwindigkeit aus, so langt er auch beidemale mit gleicher Geschwindigkeit in D an. Liegen die Puncte B und D der Curve BCD in gleicher Höhe, so langt der bewegte Punct im Endpunct D der Curve mit derselben Geschwindigkeit an, mit welcher er auslief.

Beweis. Es sei A der Mittelpunct der Erde, in welchem man sich (nach §. 25. des vorigen Abschn. Anm.) den Sitz der Schwere vereinigt denken kann, so folgt der zu beweisende Satz unmittelbar aus §. 8. dieses Abschn. Er folgt aber daraus auch in dem Fall, wenn man die Schwere als eine nach parallelen Richtungen wirkende und unveränderliche Kraft ansieht, weil auf diesen Fall in §. 7., wovon §. 8. abhangt, gleichfalls Rücksicht genommen worden ist.

§. 10. Lehrsatz.

Wenn ein Punct auf einer schiefen geraden Linie, vom Zustand der Ruhe anhebend, herabläuft, so erlangt er zuletzt dieselbe Geschwindigkeit, als wenn er an einer eben so hohen senkrechten Linie, vom Zustand der Ruhe anhebend, herabgefallen wäre.

Beweis. AB Fig. 24. sei die schiefe, AC die eben so hohe senkrechte Linie. Man ziehe BC, und fälle CD winkelrecht auf AB. Druckt nun AC die Schwerkraft aus, (welche in die Kräfte AD und DC zerfällt werden kann), so ist (weil DC durch den Widerstand der schiefen Linie aufgehoben wird) AD die Kraft der gleichförmig beschleunigten Bewegung auf der Linie AB. Folglich werden (nach §. 30. des 1. Abschn.) AC und AD in gleichen Zeiten beschrieben. Die Geschwindigkeit in C verhält sich also (nach §. 19. des 1. Abschn.) zur Geschwindigkeit in D wie AC:AD, die Geschwindigkeit in D aber zur Geschwindigkeit in B $= \frac{1}{2}$(AD:AB) = AD:AC. Also ist die Geschwindigkeit in C = der Geschwindigkeit in B.

§. 11. Lehrsatz.

Wenn ein Punct auf einer schiefen geraden Linie, mit irgend einer Geschwindigkeit anhebend, herabläuft, so erhält er zuletzt dieselbe Geschwindigkeit, als wenn er an einer eben so hohen senkrechten geraden Linie, mit derselben Anfangsgeschwindigkeit anhebend, herabgefallen wäre.

Beweis. Es sei AB Fig. 25. die schiefe, AC die senkrechte Linie. Man verlängere CA nach D, so daß ein von D nach A herabgefallener Körper die Geschwindigkeit erreicht, welche bei der Bewegung AB in A wirklich statt findet. Man ziehe DE#BC, bis sie BA in E schneidet, und EF#AC, bis sie BC in F schneidet, und fälle AG winkelrecht auf EF. Dann hat nach §. 10. der von E bis A, vom Zustand der Ruhe aus, herablaufende Punct in A die Geschwindigkeit, welche der von E nach G, vom Zustand der Ruhe aus, herabfallende Punct in G hat, d. h. die Geschwindigkeit, welche bei der Bewegung auf AB in A wirklich statt findet. Folglich ist, gleichfalls nach §. 10., die Geschwindigkeit in B = der Geschwindigkeit in F, wenn der von E nach G gefallene Punct seinen Weg weiter nach F fortgesetzt hat, d. h. = der Geschwindigkeit in C.

§. 12. Zusatz.

Hieraus, verglichen mit §. 9., folgt, daß ein Körper, der auf einer vorgeschriebenen Bahn oder Fläche herab- oder hinaufläuft, zuletzt dieselbe Geschwindigkeit erlangt, als wenn er an einer eben so hohen senkrechten Linie, mit derselben Anfangsgeschwindigkeit anhebend, herab- oder hinaufgegangen wäre.

§. 13. Zusatz.

Wenn ein Punct aus einer horizontalen Ebene in eine andere herab- oder hinaufläuft, so erlangt er zuletzt einerlei Geschwindigkeit, auf welchem vorgeschriebenen Wege er auch dahin gelangen mag, vorausgesetzt, daß er allemal mit einerlei Anfangsgeschwindigkeit ausläuft. Und da die von Anfang an gerechneten Räume, welche ein vom Zustand der Ruhe aus frei herabfallender Punct durchläuft, sich wie die Quadrate der zuletzt erlangten Geschwindigkeiten verhalten, so bilden die □□ der Geschwindigkeiten eines Punctes, der auf einer vorgeschriebenen Curve oder Fläche herab- oder hinaufläuft, für solche Puncte der Bahn, welche in gleichweit von einander entfernten Horizontalebenen liegen, allemal eine arithmetische Reihe, und die Differenz der Quadrate der Geschwindigkeiten in 2 Puncten der Bahn verhält sich zur Differenz der □□ der Geschwindigkeiten in 2 andern Puncten der Bahn allemal wie die Entfernung der durch die beiden ersten Puncte gelegten Horizontalebenen von einander zur Entfernung der durch die beiden letzten Puncte gelegten Horizontalebenen von einander, das Verhältniß mag nun ein rationales oder ein irrationales sein; auch ist für gleich hoch liegende Puncte der Bahn die Geschwindigkeit allemal gleich, für tiefer liegende Puncte aber allemal größer. Aus allem diesem, verglichen mit §. 55. des 1sten Abschn., folgt, daß die Differenz der □□ der Geschwindigkeiten in 2 Puncten der Bahn allemal = dem doppelten Rechteck aus der Beschleunigung der Schwere und aus der Entfernung der durch beide Puncte gelegten Horizontalebenen von einander ist.

§. 14. Zusatz.

Zerlegt man bei der Bewegung eines Puncts, der sich in einer vorgeschriebenen Curve bewegt, die zusammengesetzte aus den äußeren Curvenkräften in 2 auf einander winkelrechte Kräfte, davon die eine nach der Tangente des betreffenden Puncts der Bahn gerichtet ist, so bildet die andere, mit der Widerstandskraft der Curve zusammengesetzt, die Normalkraft. Man kann sich aber die genannte Kraft, welche mit der Widerstandskraft der Curve zusammengesetzt die Normalkraft bildet, aus 2 Kräften zusammengesetzt denken, davon die eine die Stärke und die Richtung der Normalkraft hat, und die andere durch die Widerstandskraft der Curve aufgehoben wird.

Zerlegt man aber bei der Bewegung eines Puncts, der sich in einer vorgeschriebenen Fläche bewegt, die zusammengesetzte aus den äußeren Curvenkräften in 2 auf einander winkelrechte, davon die eine nach der Tangente des betreffenden Puncts der Bahn gerichtet ist, so bildet die andere, mit der Widerstandskraft der Fläche zusammengesetzt, die Normalkraft der krummlinigen Bewegung. Man kann sich aber die genannte Kraft, welche mit der Widerstandskraft der Fläche zusammengesetzt die Normalkraft der krummlinigen Bewegung bildet, aus 2 Kräften zusammengesetzt denken, davon die eine die Stärke und Richtung der Normalkraft der krummlinigen Bewegung hat, und die andere durch die Widerstandskraft der Fläche aufgehoben wird.

§. 15. Erklärung.

Die im vorigen §. erwähnte Kraft, welche durch die Widerstandskraft der {Curve / Fläche} aufgehoben wird, heißt der gegen die {Curve / Fläche} ausgeübte Druck.

§. 16. Zusatz.

Bei der Bewegung eines Puncts auf einer vorgeschriebenen Curve oder Fläche, wobei keine äußeren Kräfte statt finden, ist der Druck nach der Normale der beschriebenen Curve, und zwar allemal nach der erhabenen Seite, gerichtet, und = der 3ten Prop. zum Krümmungshalbmesser und zur Geschwindigkeit in der Bahn. Wirken aber äußere Kräfte, und man zerfällt die zusammengesetzte aller äußeren Curvenkräfte in 2 auf einander winkelrechte Kräfte, davon die eine die Richtung der Tangente des betreffenden Puncts der Bahn hat, so bildet die andere, mit der nach der Normale der beschriebenen Curve (und zwar nach der convexen Seite hin) gerichteten 3ten Proportionale zum Krümmungshalbmesser und zur Geschwindigkeit zusammengesetzt, die Stärke und Richtung des gegen die Curve oder Fläche ausgeübten Drucks. Doch kann man bei der Bewegung eines Puncts in einer vorgeschriebenen Fläche die erste der beiden Kräfte, in welche die zusammengesetzte der äußeren Curvenkräfte zerfällt worden, wiederum in 2 auf einander winkelrechte Kräfte zerfällen, davon die eine die Richtung der Normale der Fläche hat. Alsdann ist die nach der Normale der Fläche gerichtete Kraft einerlei mit derjenigen, welche man erhält, wenn man die zusammengesetzte der äußeren Curvenkräfte unmittelbar in 2 auf einander winkelrechte Kräfte zerfällt, davon die eine die Richtung der

Normale der Fläche hat. Desgleichen kann man die nach der Normale der beschriebenen Curve gerichtete 3te Proportionale zum Krümmungshalbmesser und zur Geschwindigkeit in 2 auf einander winkelrechte Kräfte zerfällen, davon die eine die Richtung der Normale der Fläche hat. Diese nach der Normale der Fläche gerichtete Kraft verhält sich zu der vorhin angeführten 3ten Proportionale wie der Sinus des Neigungswinkels, welchen die Krümmungsebene der beschriebenen Curve gegen die berührende Ebene der Fläche macht, zum Halbmesser, und bildet, mit den nach der Normale der Fläche zerfällten äußeren Curvenkräften zusammengesetzt, die Stärke und Richtung des gegen die Fläche ausgeübten Drucks.

Anmerkung. Die hier ausgesprochenen Bestimmungen des Drucks sind, jedoch mit verändertem Gange der Beweise, auch in Laplace Méc. cél. I. 2, 9 entwickelt.

§. 17. Lehrsatz.

Wenn ein Punct sich auf irgend eine Art in einer Kugelfläche bewegt, gleichviel, ob seine Bewegung eine freie, oder ob die Kugelfläche ihm vorgeschrieben ist, so ist das □ seiner nach einer beliebigen Richtung zerfällten Geschwindigkeit = dem □ der 4ten Proportionale zum Kugelhalbmesser r, zur jedesmaligen Entfernung des bewegten Puncts von dem nach der letztgedachten Richtung gerichteten Kugeldurchmesser (welche Entfernung wir ϱ nennen wollen) und zur totalen Geschwindigkeit c in der Bahn, minus der 3ten Proportionale zu $\frac{1}{4}$□r und zur Flächengeschwindigkeit in der projicirten Bahn; doch muß die Bahn auf eine gegen die gedachte Richtung winkelrechte Ebene projicirt, und die Flächengeschwindigkeit auf den Mittelpunct des von der Projectionsebene gebildeten Kugelkreises bezogen sein. Ist die Tangente des betreffenden Puncts der Bahn in der Ebene eines auf der Projectionsebene winkelrechten größten Kreises befindlich, so ist die winkelrecht auf die Projectionsebene zerfällte Geschwindigkeit die 4te Proportionale zu r, ϱ und c.

Beweis. 1) Wenn die Tangente des betreffenden Puncts

der Bahn parallel der Projectionsebene läuft. Man mache $r:\varrho = c:x$, und $\frac{1}{4}\square r:F = F:y$ (wo F die gedachte Flächengeschwindigkeit bedeutet). Nach §. 3. des 3. Abschn. ist $F = \frac{1}{2}\varrho \times c$, also $\frac{1}{4}\square r : \frac{1}{2}\varrho\times c = \frac{1}{2}\varrho\times c : y$; aber auch $\square r : \square\varrho = \square c : \square x$ (Eucl. 6,22), oder

$$\frac{1}{4}\square r : \frac{1}{2}\square\varrho = \frac{1}{2}\square c : \square x$$
$$\frac{1}{2}\square\varrho : \frac{1}{2}\varrho\times c = \frac{1}{2}\varrho\times c : \frac{1}{2}\square c$$
pert. ex aeq.
$$\frac{1}{4}\square r : \frac{1}{2}\varrho\times c = \frac{1}{2}\varrho\times c : \square x.$$

Folglich ist $y = \square x$, und daher $\square x - y = 0$, aber auch die winkelrecht auf die Projectionsebene zerfällte Geschwindigkeit $= 0$; folglich ist für diesen Fall der Satz bewiesen.

2) Wenn die Tangente des betreffenden Puncts der Bahn die Projectionsebene schneidet, ohne aber in der Ebene eines auf der Projectionsebene winkelrechten größten Kreises sich zu befinden, so wollen wir die Entfernung der Linie ϱ vom Kugelmittelpunct z nennen. Da $\square z + \square\varrho = \square r$, so ist die Geschwindigkeit, womit $\square z \left\{\begin{matrix}\text{zunimmt}\\ \text{abnimmt}\end{matrix}\right\}$, = der Geschwindigkeit, womit $\square \varrho \left\{\begin{matrix}\text{abnimmt}\\ \text{zunimmt}\end{matrix}\right\}$, d. h. (nach §. 2. des vorigen Abschn.) das Rechteck aus z und aus der Geschwindigkeit, womit $z \left\{\begin{matrix}\text{zunimmt}\\ \text{abnimmt}\end{matrix}\right\}$, = dem Rechteck aus ϱ und aus der Geschwindigkeit, womit ϱ $\left\{\begin{matrix}\text{abnimmt}\\ \text{zunimmt}\end{matrix}\right\}$. Daher verhält sich (Eucl. 6, 16) $\varrho : z$ wie die winkelrecht auf die Projectionsebene zerfällte Geschwindigkeit (die wir k nennen wollen) zu der Geschwindigkeit, womit ϱ sich ändert. Hieraus, verglichen mit §. 9. des vorigen Abschn. und mit Eucl. 6, 22, folgt, daß, wenn man $\frac{1}{4}\square\varrho : F = F : 1$ macht, $\square\varrho : \square z = \square k : \square$ der Geschwindigkeit in der projicirten Bahn, minus 1. Diese Proportion wollen wir mit (a) bezeichnen. Macht man jetzt wieder $r:\varrho = c:x$, und $\frac{1}{4}\square r:F = F:y$, so ist $\square\varrho : \square r$, d. i. $\frac{1}{4}\square\varrho : \frac{1}{4}\square r$, d. i. $(\frac{1}{4}\square\varrho : F) + (F : \frac{1}{4}\square r)$, d. i. $(F:1) + (y:F)$, d. i. $y:1 = \square x : \square c$. Aber aus der Proportion (a) folgt verbunden $\square\varrho : \square r = \square k : \square c - 1$. Für das Verhältniß $\square\varrho : \square r$ setzen wir nun die beiden gefundenen ihm gleichen Verhältnisse,

so haben wir $\square x : \square c = \square k : \square c - 1$

$$\begin{array}{r} y : 1 = \square k : \square c - 1 \\ \hline \square x - y : \square c - 1 = \square k : \square c - 1. \end{array} \quad (I.\ 1,\ 1)$$

Folglich ist $\square k = \square x - y$.

3) Ist die Tangente des betreffenden Puncts der Bahn in der Ebene eines auf der Projectionsebene winkelrechten größten Kreises befindlich, so läßt sich aus den bekanntesten Sätzen von der Aehnlichkeit der $\triangle\triangle$ beweisen, daß die winkelrecht auf die Projectionsebene zerfällte Geschwindigkeit die 4te Proportionale zu r, ϱ und c ist.

Theorie der Bewegung eines von der Schwere getriebenen Punctes in einer vorgeschriebenen Kugelfläche.

§. 18. Lehrsatz.

So lange ein von der Schwere getriebener und in einer vorgeschriebenen Kugelfläche bewegter Punct in der $\left\{\begin{matrix}\text{unteren}\\ \text{oberen}\end{matrix}\right\}$ Halbkugel verweilt, ist $\left\{\begin{matrix}\text{der Unterschied}\\ \text{die Summe}\end{matrix}\right\}$ des Quadrats seiner Geschwindigkeit und des doppelten Rechtecks aus g und aus der Entfernung des bewegten Puncts von der durch den Kugelmittelpunct gelegten Horizontalebene (welche Entfernung wir z nennen wollen) eine beständige Größe; befindet sich aber der Punct während seiner Bewegung einmal in der $\left\{\begin{matrix}\text{unteren}\\ \text{oberen}\end{matrix}\right\}$ Halbkugel, einmal in der mittleren Horizontalebene, so ist das $\square$ seiner Geschwindigkeit in einem beliebigen Punct der $\left\{\begin{matrix}\text{unteren}\\ \text{oberen}\end{matrix}\right\}$ Halbkugel, $\left\{\begin{matrix}\text{minus}\\ \text{plus}\end{matrix}\right\}$ dem doppelten Rechteck aus g und z = dem $\square$ der Geschwindigkeit in der mittleren Horizontalebene.

Beweis. Es seien die Entfernungen zweier Puncte der Bahn, die sich auf einerlei Seite der mittleren Horizontalebene befinden, von dieser Horizontalebene = z und Z, und zwar Z > z, die zugehörigen Geschwindigkeiten aber c und C, so ist nach

§. 13. $\left\{\begin{matrix}\square C - \square c \\ \square c - \square C\end{matrix}\right\} = 2g \times (Z - z)$, also

$\left\{\begin{matrix}\text{die Diff. zwischen } \square C \text{ u. } 2g \times Z = \text{der Diff. zwischen } \square c \text{ u. } 2g \times z \\ \square c + 2g \times z = \square C + 2g \times Z\end{matrix}\right\}$.

Es sei aber nun z die Entfernung eines beliebigen in der $\left\{\begin{matrix}\text{unteren} \\ \text{oberen}\end{matrix}\right\}$ Halbkugel befindlichen Puncts der Bahn von der durch den Mittelpunct gehenden Horizontalebene, c die Geschwindigkeit in diesem Punct, und D die Geschwindigkeit in der mittleren Horizontalebene, so ist nach §. 13. $\left\{\begin{matrix}\square c - \square D \\ \square D - \square c\end{matrix}\right\} = 2g \times z$, folglich $\square c \mp 2g \times z = \square D$.

Anmerkung. Dieser Satz ist eine Uebertragung der von Laplace (Méc. cél. I. 2, 11) gegebenen analytischen Formel

$$c + 2gz = \frac{dx^2 + dy^2 + dz^2}{dt^2}$$

in die reingeometrische Sprache. Laplace versteht hier unter c eine durch die Integration eingeführte beständige Größe, welche aber, wenn man sie auf die bekannte Art bestimmt, einerlei mit derjenigen ist, die wir durch $\square$D bezeichnet haben. Wenn der bewegte Punct während seiner Bewegung stets in der unteren Halbkugel verweilt (welches nach §. 13. z. B. dann statt findet, wenn der bewegte Punct in irgend einem Puncte der unteren Halbkugel die Geschwindigkeit o hat), so kann die Constante, welche Laplace c nennt, negativ sein, wodurch die Geschwindigkeit, welche der bewegte Punct in der mittleren Horizontalebene, wenn er diese Ebene erreichte, haben würde, unmöglich wird. Wir haben hier, unserm einmal gefaßten Plane gemäß, die Betrachtung so gewandt, daß die Vorstellung des Negativen und Imaginären dabei ganz umgangen wird.

§. 19. Zusatz.

Ist die Geschwindigkeit in der mittleren Horizontalebene = 0, so findet daselbst gar kein Druck gegen die Kugelfläche statt (weil die Schwere alsdann bloß als Tangentialkraft wirkt). Ist aber die Geschwindigkeit in der mittleren Horizontalebene nicht = 0, so ist der Druck die 3te Proportionale zum Kugelhalbmesser r und zur Geschwindigkeit; auch ist der Druck nach außen gerichtet (vergl. §. 16. dieses Abschn. und §. 46. des 1. Abschn. Theil 2). Auch in der unteren Halbkugel ist der Druck allemal nach außen gerichtet (weil die beiden Kräfte, woraus er zufolge §. 16. zusammengesetzt ist, vom Kugelmittelpunct gerade abwärts gerichtet sind). In der oberen Halbkugel dagegen findet gar kein Druck statt, wenn die Geschwindigkeit die mittlere Proportionale zwischen g und z ist (weil alsdann die beiden Kräfte, woraus der Druck nach §. 16. zusammengesetzt ist, gleich und entgegengesetzt sind); der Druck aber ist nach $\left\{ \begin{matrix} \text{außen} \\ \text{innen} \end{matrix} \right\}$ gerichtet, wenn die Geschwindigkeit $\left\{ \begin{matrix} > \\ < \end{matrix} \right\}$ ist als die mittlere Proportionale zwischen g und z.

Anmerkung. Man pflegt die Bewegung eines an einem Faden befestigten schweren Körpers, wenn das andere Ende des Fadens fest ist, als eine in einer vorgeschriebenen Kugelfläche geschehende Bewegung zu betrachten. Der Körper bleibt aber nur so lange in der aus dem festen Punct als Mittelpunct mit einem Halbmesser = der Länge des Fadens beschriebenen Kugelfläche, als der Druck gegen diese Kugelfläche (d. h. hier die Spannung des Fadens) nach außen gerichtet ist. Erreicht der Körper die obere Halbkugel, und steigt er darin bis zu derjenigen Höhe, welcher, zufolge der in diesem §. gemachten Bestimmung, der Druck o entspricht, so hört er auf, den Faden zu spannen, und es ist, wenn er noch höher steigt, fernerhin keine Ursach vorhanden, daß er auf der bisher beschriebenen Kugelfläche bleiben sollte; er bewegt sich also von da an frei, und befolgt, indem der Faden bei der Annäherung des Körpers an den Kugelmittelpunct sich krümmt, die Gesetze der parabolischen Wurfbewegung, bis er die Kugelfläche wieder erreicht hat, worauf dann, wenn der Körper in einem tiefer liegenden Punct der Kugelfläche sich befindet als beim Anfang der parabolischen Bewegung, die Bewegung in der vorgeschriebenen Kugelfläche wieder anfängt. Wir werden aber in den folgenden Untersuchungen auf diesen Fall keine weitere Rücksicht nehmen, sondern die Theorie so durchführen, daß auch beim nach innen gerichteten Druck der bewegte Punct auf der Kugelfläche bleibt, welches z. B. in dem Fall wirklich statt findet, wenn ein schwerer Körper sich auf der äußeren Fläche einer befestigten Kugel bewegt.

§. 20. Lehrsatz.

Wenn in der unteren Halbkugel die Geschwindigkeit $<$ ist als die mittlere Proportionale zwischen 2g und z, so ist der Druck $<$ als die 4te Proportionale zu r, 3g und z (welche 4te

Proportionale wir y nennen wollen), und zwar ist der Unterschied die 3te Prop. zu r und zu der Seite eines Quadrats, welches der in §. 18. erwähnten beständigen Größe gleich ist (welche 3te Prop. wir v nennen wollen). Wenn aber in der oberen Halbkugel die Geschwindigkeit $\left\{ \begin{matrix} > \\ < \end{matrix} \right\}$ ist als die mittlere Prop. zwischen g und z, so ist der Druck $= \left\{ \begin{matrix} v-y \\ y-v \end{matrix} \right\}$.

Beweis. 1) Ist die Geschwindigkeit in irgend einem Punct der oberen oder unteren Halbkugel $=0$, so reducirt sich der Druck auf die nach dem Kugelhalbmesser zerfällte Schwere, ist also die 4te Prop. zu r, z und g, also $<$ als die 4te Prop. zu r, 3g und z. Der Unterschied zwischen der 4ten Prop. zu r, 3g und z und der 4ten Prop. zu r, g und z ist aber (nach I. 1, 7) die 4te Prop. zu r, 2g und z, die in §. 18. erwähnte beständige Größe aber (weil die Geschwindigkeit $= 0$ ist) $= 2g \times z$, also $r : 2g = z : v$. Folglich ist für diesen Fall der Satz bewiesen.

2) Ist die Geschwindigkeit in irgend einem Punct der oberen oder unteren Halbkugel nicht $= 0$, so sei c diese Geschwindigkeit. Alsdann ist nach §. 16. der Druck zusammengesetzt aus der 3ten Prop. zu r und c (welche 3te Prop. wir v nennen wollen) und aus der 4ten Prop. zu r, g und z, also $= \left\{ \begin{matrix} v+\frac{1}{3}y \\ v-\frac{1}{3}y \\ \frac{1}{3}y-v \end{matrix} \right\}$; der obere Ausdruck gilt für die untere Halbkugel, der mittlere für die obere, wenn c $>$ als die mittlere Prop. zwischen g und z ist, und der untere Ausdruck für die obere Halbkugel, wenn c $<$ ist als die genannte mittlere Proportionale. Aus $r : c = c : v$ folgt (Eucl. 6, 17) $\square c = r \times v$; aus $r : 3g = z : y$ aber folgt $r : 2g = z : \frac{2}{3}y$, also $2g \times z = r \times \frac{2}{3}y$. Theilen wir nun den ersten unter den obigen 3 Fällen wieder in 2 Fälle, wenn nämlich c $\left\{ \begin{matrix} > \\ < \end{matrix} \right\}$ ist als die mittlere Prop. zwischen 2g und z, so daß nun 4 Fälle entstehen, so finden wir

$$\left.\begin{cases} \Box c - 2g\times z = r\times(v - \tfrac{2}{3}y) = r\times(\lambda - y) \\ 2g\times z - \Box c = r\times(\tfrac{2}{3}y - v) = r\times(y - \lambda) \\ \Box c + 2g\times z = r\times(v + \tfrac{2}{3}y) = r\times(\lambda + y) \\ \Box c + 2g\times z = r\times(v + \tfrac{2}{3}y) = r\times(y - \lambda) \end{cases}\right\}$$, wo λ den Druck be-

deutet; folglich wird $\left.\begin{cases} \lambda - y = v \\ y - \lambda = v \\ \lambda + y = v, \text{ also } \lambda = v - y \\ y - \lambda = v, \text{ also } \lambda = y - v \end{cases}\right\}$.

§. 21. Lehrsatz.

In der unteren Halbkugel ist $r\times\lambda \begin{Bmatrix} > \\ = \\ < \end{Bmatrix} 3g\times z$, je nachdem $c \begin{Bmatrix} > \\ = \\ < \end{Bmatrix}$ ist als die mittlere Proportionale zwischen $2g$ und z, und zwar ist der Unterschied = der in §. 18. erwähnten beständigen Größe. In der oberen Halbkugel dagegen ist, wenn $c \begin{Bmatrix} > \\ < \end{Bmatrix}$ ist als die mittlere Proportionale zwischen g und z, $r\times\lambda =$ $\begin{Bmatrix} \text{der in §. 18. erwähnten beständigen Größe minus } 3g\times z \\ 3g\times z \text{ minus der in §. 18. erwähnten beständigen Größe} \end{Bmatrix}$.

Beweis. Nach dem vorigen Satze ist, wenn in der unteren Halbkugel $c \gtrless$ ist als die mittlere Prop. zwischen $2g$ und z, $\lambda \gtrless$ als die 4te Prop. zu r, $3g$ und z, d. i. $r : 3g \gtrless z : \lambda$, folglich (Eucl. 6, 16) $r\times\lambda \gtrless 3g\times z$. Auch ist nach dem vorigen Satz, wenn die 4te Prop. zu r, $3g$ und z mit y, die Linie aber, welche mit r ein Rechteck = $\begin{Bmatrix} \Box c - 2g\times z \\ 2g\times z - \Box c \end{Bmatrix}$ bildet, mit v bezeichnet wird, $\begin{Bmatrix} \lambda - y \\ y - \lambda \end{Bmatrix} = v$, also $\begin{Bmatrix} r\times\lambda - r\times y \\ r\times y - r\times\lambda \end{Bmatrix} = r\times v$, d. i. $\begin{Bmatrix} r\times\lambda - 3g\times z \\ 3g\times z - r\times\lambda \end{Bmatrix}$ = der in §. 18. erwähnten beständigen Größe.

Dagegen ist in der oberen Halbkugel, wenn $c \begin{Bmatrix} > \\ < \end{Bmatrix}$ ist als die mittlere Prop. zwischen g und z, $\lambda = \begin{Bmatrix} v - y \\ y - v \end{Bmatrix}$, also $r\times\lambda =$ $\begin{Bmatrix} r\times v - r\times y \\ r\times y - r\times v \end{Bmatrix} = \begin{Bmatrix} \text{der in §.18 erwähnten beständigen Größe minus } 3g\times z \\ 3g\times z \text{ minus der in §. 18. erwähnten beständigen Größe} \end{Bmatrix}$.

Anmerkung. Die Sätze §. 19, 20 und 21 sind eine Uebertragung der von Laplace (Méc. cél. I. 2, 11) gegebenen analytischen Formel $2\lambda r = \frac{c+3gz}{r}$ (wo $2\lambda r$ den Druck bedeutet) in die reingeometrische Sprache.

§. 22. Lehrsatz.

Die Projection des bewegten Puncts auf die durch den Kugelmittelpunct gelegte Horizontalebene beschreibt allemal in gleichen Zeiten gleiche Flächenräume um den Mittelpunct.

Beweis. Die gesammte Curvenkraft reducirt sich auf die Schwere und auf den Widerstand der Kugelfläche; letztere Kraft ist nach dem Mittelpunct der Kugel zu, oder gerade von ihm abwärts gerichtet. Zerlegt man den Widerstand in eine senkrechte und wagerechte Kraft, so ist letztere nach dem senkrechten Kugeldurchmesser zu gerichtet. Die senkrechte Kraft giebt, mit der Schwere zusammengesetzt, wieder eine senkrechte Kraft. Man kann nun die totale Bewegung als aus 2 Bewegungen zusammengesetzt ansehen, aus der projicirten und aus einer in einer senkrechten geraden Linie vor sich gehenden. Alsdann ist klar, daß die Curvenkraft der projicirten Bewegung einerlei ist mit der vorher erwähnten nach dem senkrechten Kugeldurchmesser zu gerichteten Kraft. Folglich ist die Curvenkraft der projicirten Bewegung überall nach dem Kugelmittelpunct gerichtet. Folglich beschreibt die Projection des bewegten Puncts (nach §. 9. des 3ten Abschn.) allemal in gleichen Zeiten gleiche Flächenräume um den Mittelpunct.

Anmerkung. Dieser Satz entspricht der Laplaceschen Formel $\frac{x\,dy - y\,dx}{dt} = c'$ (Méc. cél. I. 2, 11).

§. 23. Lehrsatz.

Wenn 2 bewegte Puncte von der Schwere allein getrieben werden, und dabei gezwungen sind sich auf einer und derselben oder auf gleichen Kugelflächen zu bewegen, und sie haben in einem Puncte, der von der mittleren Horizontalebene in beiden Kugeln gleich weit entfernt ist, und in beiden Kugeln auf einerlei

Seite dieser Ebene sich befindet, gleiche Geschwindigkeiten, und Richtungen, welche mit der in der senkrechten Ebene aufwärts gehenden Tangente des betreffenden Puncts der Kugelfläche gleiche ∠∠ bilden, doch so, daß, wenn der eine Körper im Aufsteigen begriffen ist, der andere im Absteigen begriffen ist, so ist die vorhergegangene Bewegung des ersten Puncts mit der nachfolgenden Bewegung des 2ten Puncts, und die vorhergegangene Bewegung des 2ten Puncts mit der nachfolgenden Bewegung des 1sten Puncts in Beziehung auf den Raum congruent oder symmetrisch (je nachdem die vorher erwähnten gleichen ∠∠ auf einerlei oder auf entgegengesetzten Seiten der Tangente liegen), in Beziehung auf die Zeit aber allemal symmetrisch.

Beweis. Man denke sich eine Kugel in die andere gelegt, so daß nicht nur die Kugeln, sondern auch die beiden betreffenden Puncte der Bahnen zusammenfallen. Es sei alsdann A Fig. 26. der Punct, worin die beiden betreffenden Puncte der Bahnen zusammenfallen, und BAC ein Stück der Bahn des einen Punctes, und zwar AB der vorangehende, AC der nachfolgende Zweig. Die beiden bewegten Puncte haben also nach der Voraussetzung in A einerlei Geschwindigkeit, und (wenn die beiden gleichen ∠∠ auf einerlei Seite der Tangente liegen) entgegengesetzte Richtung. Man lasse nun einen dritten Punct sich auf CAB entlang so bewegen, daß er, um von jedem Punct E des Zweigs AC nach A zu gelangen, ebensoviel Zeit braucht als der 1ste bewegte Punct um von A nach E zu gelangen, daß er aber, um von A nach jedem Punct D des Zweigs AB zu gelangen, ebensoviel Zeit braucht als der 1ste Punct um von D nach A zu gelangen. Dann sind für jede 2 zusammenfallende Puncte der Bewegung des 1sten und 3ten Puncts auch die Geschwindigkeiten, so wie die beschleunigenden oder verzögernden Kräfte, gleich, doch mit dem Unterschiede, daß in den Puncten, wo die eine Bewegung beschleunigt ist, die andere verzögert ist. Folglich fallen (nach §. 25 des 2. Abschn.) in zusammenfallenden Puncten beider Bewegungen die Tangentialkräfte nach Stärke und Richtung ganz zusammen. Aber auch die Normalkräfte fallen ganz zusammen, weil die Geschwindigkeit und der Krümmungshalbmesser gleich ist. Folglich fallen die Curvenkräfte ganz zusammen, und der 3te bewegte Punct bewegt sich daher so, als wenn er nur von der Schwere und von einer unbestimmten auf der Kugelfläche normalen Widerstandskraft, die ihn stets auf der Kugelfläche festhält, getrieben würde. Daher ist die Bewegung des 2ten bewegten Puncts mit der Bewegung des 3ten Puncts in Beziehung auf Zeit und Raum congruent (vergl. die Beweisführung zu §. 13 des 3ten Abschn.).

Auf ähnliche Art wird der Beweis geführt, wenn die beiden gleichen ∠∠ auf entgegengesetzten Seiten der Tang. liegen.

§. 24. Lehrsatz.

Bewegt sich ein von der Schwere allein getriebener Punct in einer ihm angewiesenen Kugelfläche so, daß er aus einer durch den senkrechten Kugeldurchmesser gehenden Ebene in die andere kommt, so befindet er sich während seiner Bewegung nie im höchsten oder niedrigsten Punct der Kugelfläche; auch verweilt er nie in einer und derselben dieser Ebenen, sondern geht stetig, und immer nach einerlei Seite hin, in die folgenden Ebenen über.

Beweis. Käme der Punct irgend einmal in den höchsten oder niedrigsten Punct der Kugelfläche, so würde er nachher beständig in einer und derselben durch den senkrechten Kugeldurchmesser gelegten Ebene bleiben, weil, wenn er sich nach einer Seite dieser Ebene hin entfernte, er sich aus demselben Grunde zugleich nach der andern Seite hin entfernen müßte. Er müßte daher nach dem vorigen Satz auch schon vorher beständig in derselben Ebene sich aufgehalten haben, gegen die Voraussetzung. Auch kann der bewegte Punct, der sich aus einer Ebene in die andere bewegt, nie in Einer dieser Ebenen verweilen, weil er sonst (nach dem vorigen Satz) auch schon früher sich beständig in dieser Ebene aufgehalten haben müßte. Auch kann der bewegte Punct nie in diejenigen durch den senkrechten Kugeldurchmesser gelegten Ebenen zurückkehren, die er unmittelbar vorher gekreuzt hatte, weil sonst die Tangente seiner Bahn irgendwo in einer durch den senkrechten Kugeldurchmesser gelegten Ebene befindlich sein müßte.

§. 25. Zusatz.

Aus der Beweisführung dieses Satzes erhellt auch, daß die Tangente der Bahn, wenn der bewegte Punct nicht in einer durch den senkrechten Kugeldurchmesser gelegten Ebene sich bewegt, niemals in der durch den Berührungspunct und den senkrechten Kugeldurchmesser gelegten Ebene befindlich ist.

§. 26. Lehrsatz.

Wenn der Punct sich so bewegt, daß die Tangente irgend eines Puncts der Bahn, welcher in der unteren Halbkugel befindlich und von der mittleren Horizontalebene um die Linie z entfernt ist, horizontal ist, die dortige Geschwindigkeit aber zur Entfernung des betreffenden Puncts der Bahn vom senkrechten Kugeldurchmesser (welche Entfernung wir ϱ nennen wollen im Verhältniß $\frac{1}{2}(g:z)$ steht, so beschreibt der bewegte Punct einen horizontalen Kreis mit gleichförmiger Geschwindigkeit. Ist aber unter denselben Umständen die Geschwindigkeit größer, so fängt der Punct an höher zu steigen, und ist sie geringer, so fängt er an tiefer zu sinken. Das letztere findet auch statt, wenn der betreffende Punct der Bahn sich in der mittleren Horizontalebene oder in der oberen Halbkugel befindet, und die Tangente der Bahn in diesem Punct horizontal ist, die Geschwindigkeit in diesem Punct sei, welche sie wolle.

Beweis. 1) Wenn der betreffende Punct der Bahn sich in der unteren Halbkugel befindet, und $c:\varrho = \frac{1}{2}(g:z)$, so lasse man einen zweiten Punct sich in dem horizontalen Kreis der unteren Halbkugelfläche, dessen Halbmesser ϱ ist, mit der Geschwindigkeit c gleichförmig bewegen, so findet bei dieser Bewegung (nach §. 25. des 2. Abschn.) keine Tangential= sondern nur eine nach dem Halbmesser ϱ gerichtete Normalkraft n statt, welche nach §. 28. desselben Abschn. die 3te Prop. zu ϱ und c ist. Nun ist nach der Voraussetzung $\square c : \square \varrho$, d. i. $\varrho \times n : \square \varrho$, d. i. $n : \varrho = g:z$; verwechselt $n:g = \varrho:z$. Es sei nun C Fig. 27. der Mit=

telpunct der Kugel, CA die senkrechte Richtung, B der betreffende Punct der Bahn, und man ziehe BC und BA, letztere winkelrecht auf CA, so ist CA = z, AB = ϱ und BC = r. Man vollende das Parallelogramm ACBD, und zerfälle die Kraft n nach den Richtungen BC und BD, so ist die nach BD gerichtete Kraft die 4te Proportionale zu BA, BD und n, d. i. zu ϱ, z und n, also = g, d. i. = der Schwerkraft. Der 2te bewegte Punct bewegt sich also so, als wenn er nur von der Schwerkraft und von dem unbestimmten Widerstande der Kugelfläche, der ihn an die Kugelfläche fesselt, getrieben würde. Die Bahn des 1sten Puncts ist folglich mit der Bahn des 2ten Puncts in Beziehung auf Zeit und Raum congruent.

2) Wenn $\square c : \square \varrho > g : z$, so kann der Punct keinen horizontalen Kreis beschreiben. Denn gesetzt, er beschriebe ihn, so beschriebe er ihn nach §. 22. gleichförmig; folglich würde keine Tangentialkraft statt finden, und die ganze Curvenkraft sich auf die Normalkraft, welche die 3te Prop. zu ϱ und c ist, reduciren. Ist nun $\square c : \square \varrho > g : z$, so ist $\varrho \times n : \square \varrho > g : z$, d. i. $n : g > \varrho : z$. Zerfällt man die Kraft n nach den Richtungen BC und BD, so ist die nach BD die 4te Prop. zu ϱ, z und n, also (nach I. 1, 34) > g. Es wirkt aber weiter keine Kraft als die Schwere und die nach BC gerichtete; folglich ist die Annahme falsch, und es kann kein horizontaler Kreis beschrieben werden.

Der Punct kann aber auch in B nicht tiefer zu sinken anfangen; denn sonst wäre er nach §. 23. auch vorher schon tiefer gewesen; also wäre nach §. 13. die Geschwindigkeit in B ein Kleinstes; daher fände daselbst keine Tangentialkraft statt, und die Curvenkraft würde sich auf die Normalkraft reduciren. Dreht man nun eine Ebene so, daß sie stets durch die Tangente des Puncts B der Bahn geht, und daß sie dabei allmälig durch immer näher und näher bei B liegende Puncte der Curve geht, so sieht man (aus II. 1, 4) ein, daß die Krümmungsebene des Puncts B die Kugel in einem Kreise schneiden muß, dessen Halbmesser nicht > ϱ ist. Folglich ist (II. 1, 46) der Krümmungshalbmesser des Puncts B der Bahn nicht $> \varrho$. Dieser Krümmungshalbmesser sei Q, so ist $Q \left\{\begin{matrix}=\\<\end{matrix}\right\} \varrho$. Nennen wir wieder die Normalkraft (welche zugleich die totale Curvenkraft ist) n, so ist $Q:c = c:n$, also $\varrho:c \left\{\begin{matrix}=\\>\end{matrix}\right\} c:n$, also $\Box c \left\{\begin{matrix}=\\<\end{matrix}\right\} \varrho \times n$. Nun ist nach der Voraussetzung $\Box c : \Box \varrho > g:z$; also ist um so mehr $\varrho \times n : \Box \varrho > g:z$, d. i. $n:g > \varrho:z$. Zerlegen wir die Normalkraft (welche jetzt von B aus

$\left\{\begin{matrix}\text{nach A zu}\\ \text{nach einem unter A liegenden Punct E der Linie CA zu}\end{matrix}\right\}$ gerichtet ist) nach den Richtungen BC und BD, so ist $\left\{\begin{matrix}BA:AC\\BE:EC\end{matrix}\right\} =$ n zur Kraft nach BD. Nun ist aber der $\angle$ CBE ein spitzer, weil, wenn es ein rechter wäre, die durch BE und durch die Tangente des Puncts B gelegte Ebene die Kugelfläche bereits berühren, also gewiß nicht die Krümmungsebene des Puncts B der Curve sein würde. Man ziehe AF $\#$ EB bis an CB, so ist auch der $\angle$ CFA spitz, also $AF < AB$. Aber $BE:EC = FA:AC$, also $< BA:AC$, folglich BA:AC, d. i. $\varrho:z \left\{\begin{matrix}=\\>\end{matrix}\right\}$ n zur Kraft nach BD. Nun war $n:g > \varrho:z$. Also ist um so mehr $n:g >$ n zur Kraft nach BD, folglich die Kraft nach $BD > g$. Folglich kann auch dieser Fall nicht statt finden.

Es bleibt daher nur übrig, daß der bewegte Punct in B anfangen muß zu steigen.

3) Wenn in der unteren Halbkugel $\Box c : \Box \varrho < g:z$, so wird auf ähnliche Art wie unter Nr. 2) bewiesen, daß der Punct keinen horizontalen Kreis beschreiben kann.

Der Punct kann aber auch in B nicht höher zu steigen anfangen. Wäre das, so wäre er nach §. 23. auch schon vorher höher gewesen; also wäre die Geschwindigkeit in B nach §. 13. ein Größtes; daher fände daselbst keine Tangentialkraft statt. Dreht man nun eine Ebene um die Tangente des Puncts B so, daß sie allmälig durch immer näher bei B liegende Puncte der Curve geht, so sieht man ein, daß die Krümmungsebene die Kugel in einem Kreise schneiden muß, dessen Halbmesser von B aus nach A, oder nach einem über A liegenden Punct der Linie AC zu, oder nach einem Punct H der von C ausgehenden Verlängerung der Linie AC zu, oder gar senkrecht aufwärts nach I zu, oder jenseits BI, nach BK zu, läuft. Nach I zu aber kann er nicht laufen; denn verlängert man CB von B aus nach L, so ist die Curvenkraft (die ja aus der nach BD gerichteten Schwerkraft und aus der auf der Kugelfläche normalen Widerstandskraft zusammengesetzt ist) von B aus nach derjenigen Seite der Linie CL gerichtet, wo BD liegt, also gewiß nicht nach BI. Aus demselben Grunde kann der Krümmungshalbmesser des Puncts B der Curve auch nicht nach BK oder BH oder BC zu liegen. Er liegt folglich $\left\{\begin{array}{l}\text{in BA}\\ \text{in einer zwischen BA u. BC liegenden Linie BG, welche AC}\\ \text{in G schneidet}\end{array}\right\}$, und so ist klar, daß der Krümmungshalbmesser $Q \left\{\begin{array}{c}=\\>\end{array}\right\} \varrho$. Da nun $Q:c = c:n$, so ist $\varrho:c \left\{\begin{array}{c}=\\<\end{array}\right\} c:n$, also $\Box c \left\{\begin{array}{c}=\\>\end{array}\right\} \varrho \times n$, also, da $\Box c : \Box \varrho < g:z$, um so mehr $\varrho \times n : \Box \varrho < g:z$, d. i. $n:g < \varrho:z$. Zerlegen wir die Kraft n nach den Richtungen BC und BD, so ist $\left\{\begin{array}{l}BA:AC\\ BG:GC\end{array}\right\} = n$ zur Kraft nach BD, also BA:AC, d. i. $\varrho:z \left\{\begin{array}{c}=\\<\end{array}\right\} n$ zur Kraft nach BD, also gewiß $n:g < n$: Kraft nach BD, folglich die Kraft nach BD $< g$. Folglich kann auch dieser Fall nicht statt finden.

Es bleibt daher nur übrig, daß der bewegte Punct in B anfangen muß zu sinken.

4) Hat die Bahn des bewegten Puncts in der mittleren Horizontalebene eine horizontale Tangente, so kann kein horizontaler Kreis beschrieben werden; sonst würde dieser nach §. 22. gleichförmig beschrieben, und die Curvenkraft reducirte sich auf eine horizontale Normalkraft, welches der Wahrheit, daß die Curvenkraft aus der senkrecht nach unten gerichteten Schwerkraft

und aus der Widerstandskraft zusammengesetzt sein muß, widerspricht.

Auch kann der Punct nicht anfangen zu steigen; sonst wäre er nach §. 23. auch schon vorher höher gewesen; folglich wäre nach §. 13. die Geschwindigkeit ein Größtes; es fände keine Tangentialkraft statt, und die Normalkraft wäre horizontal oder gar schräg nach oben gerichtet, welches wiederum der Wahrheit, daß die Curvenkraft aus der Schwerkraft und aus der Widerstandskraft zusammengesetzt sein muß, widerspricht.

Der Punct kann folglich nur anfangen zu sinken.

5) Auf ähnliche Art wird bewiesen, daß, wenn die Bahn in einem Punct der oberen Halbkugel eine horizontale Tangente hat, der Punct anfangen muß zu sinken.

§. 27. Zusatz.

Bewegt sich der Punct eine Zeitlang in einem horizontalen Kreis, so hat er sich vorher immer darin bewegt, und bewegt sich auch nachher immerfort darin, und seine Geschwindigkeit ist gleichförmig; auch kann ein solcher horizontaler Kreis nur in der unteren Halbkugel, nicht aber in der oberen, auch nicht in der Höhe des Mittelpuncts befindlich sein. Bewegt sich der Punct nicht in einem horizontalen Kreis, so ändert er seine Höhe ununterbrochen.

Auch ist die Geschwindigkeit, wenn der Punct sich nicht in Einer durch den senkrechten Kugeldurchmesser gelegten Ebene bewegt, nirgends 0, weil sonst der bewegte Punct, von der Schwere getrieben, anfangen würde in einer durch den senkrechten Kugeldurchmesser gelegten Ebene herabzulaufen, und also eine Zeitlang in dieser Ebene zu verweilen.

§. 28. Lehrsatz.

Wenn man durch die Tangente eines Puncts der Bahn (vorausgesetzt, daß die Bahn nicht in Einer durch den senkrechten Kugeldurchmesser gelegten Ebene befindlich ist) und durch den Mittelpunct der Kugel eine Ebene legt, (welche Ebene also einen größten Kreis der Kugel bildet), so tritt die Curve zu beiden

Seiten des Berührungspuncts in die untere derjenigen beiden Halbkugelflächen hinein, worein die Kugelfläche durch den gedachten größten Kreis getheilt wird.

Beweis. Da die Curvenkraft nur aus der Schwere und der nach dem Mittelpunct der Kugel zu oder von ihm gerade abwärts gerichteten Widerstandskraft zusammengesetzt ist, so ist sie in derjenigen senkrechten Ebene befindlich, die man durch den betreffenden Punct der Curve und durch der Kugel Mittelpunct legen kann, und zwar, wenn man sich diese senkrechte Ebene durch die durch den betreffenden Punct der Curve und den Kugelmittelpunct gehende gerade Linie in 2 Seiten getheilt denkt, nach der unteren Seite hin. Es sei nun der aus A Fig. 28. beschriebene Kreis derjenige größte Kreis der Kugel, dessen Ebene durch die zum betreffenden Punct der Bahn gehörige Tangente der Curve geht.

1) Man nehme an, der bewegte Punct bleibe, nachdem er in B angelangt, eine Zeitlang auf der Peripherie dieses größten Kreises, und bewege sich demnach von B nach C. Dann wäre die Curvenkraft von B nach dem innern Raum dieses größten Kreises zu gerichtet (§. 21. des 2. Abschn.). Sie ist aber auch in der durch A und B gelegten senkrechten Ebene (welche die Ebene des gedachten größten Kreises im Halbmesser AB schneidet) befindlich, und zwar unterhalb der Linie BA, also doch nicht in der Ebene des gedachten größten Kreises. Da dies sich widerspricht, so ist die Annahme falsch.

2) Man nehme ferner an, der bewegte Punct trete, nachdem er in B angelangt, in die obere der beiden Halbkugelflächen, worein die Kugelfläche durch den gedachten größten Kreis getheilt wird; er bewege sich z. B. auf dem Bogen BD entlang. Dreht man nun eine Ebene um die Tangente des Puncts B der Curve so, daß sie nach und nach durch immer näher bei B liegende Puncte des Bogens DB geht, so sieht man (aus II. 1, 4) ein, daß die Krümmungsebene des Puncts B (welche, wie sich auf ähnliche Art als unter Nr. 1) beweisen läßt, nicht mit der

Ebene des gedachten größten Kreises zusammenfallen kann) die Kugelfläche in einem durch B gehenden kleineren Kugelkreis BEF schneiden müßte, welcher in der oberen der beiden Halbkugeln läge, worein die Kugel durch den vorhergedachten größten Kreis getheilt wird. Dann wäre (§. 22. des 2. Abschn.) die Curvenkraft von B aus nach dem inneren Raum des gedachten kleineren Kreises zu gerichtet, welches wiederum der Wahrheit widerspricht, daß die Curvenkraft von B aus unterhalb der Linie BA gerichtet sein muß.

Also ist auch diese Annahme falsch, und der bewegte Punct kann von B aus nur in die unterhalb des gedachten größten Kreises liegende Halbkugel treten, und hieraus folgt vermittelst §. 23., daß er auch schon vorher in dieser unteren Halbkugel befindlich gewesen sein muß.

§. 29. Lehrsatz.

Wenn der Punct sich nicht in einer durch den senkrechten Kugeldurchmesser gelegten Ebene bewegt, so rücken die Puncte, wo der durch die gedachte Tangente der Curve gelegte größte Kreis den größten Horizontalkreis schneidet, auf der Peripherie des größten Horizontalkreises ununterbrochen fort, und zwar, so lange der bewegte Punct sich in der unteren Halbkugel befindet, nach derselben Seite hin, wohin der bewegte Punct sich bewegt, so lange aber der bewegte Punct sich in der oberen Halbkugel aufhält, nach der entgegengesetzten Seite hin; auch ist der Neigungswinkel des durch die Tangente gelegten größten Kreises gegen die Horizontalebene desto größer, in einem je tieferen Punct der Bahn sich der bewegte Punct befindet.

Beweis. Es sei A Fig. 29. irgend ein Punct der Bahn des bewegten Puncts, ACGBDFA der durch die Tangente des Puncts A der Curve gelegte größte Kreis: die Zeichnung stelle die untere der beiden Halbkugelflächen vor, in welche die Kugelfläche durch den größten Kreis ACGBDFA getheilt wird; AF sei die Richtung des bewegten Puncts im Punct A, ferner E der Pol des Kreises ACGBDFA; man ziehe die größten Halbkreise

AEB und CED, letzteren gegen ersteren winkelrecht. Der Punct bewege sich von A aus auf der Linie AHI entlang. Man lege durch die Tangente des Puncts H der Curve den größten Halbkreis FHG; der Pol desselben sei K. Man nehme nun den Punct H immer näher bei A an, so wird der geometrische Ort des Puncts K eine Curve KE, welche, weil der Bogen AF kleiner werden kann als jeder gegebene Bogen des größten Kreises, den Bogen EC in E berührt. Nun können 4 Fälle statt finden:

1) Der bewegte Punct ist in A in der unteren Halbkugel befindlich und im Sinken begriffen; dann befindet sich der unterste Punct der Kugel im Quadranten AED der sichtbaren Halbkugelfläche, z. B. im Punct L. Man ziehe den Bogen LE eines größten Kreises. Dann ist, weil ∠LEC stumpf, der Pol des durch die Tangente der Curve gelegten größten Kreises darin begriffen sich vom untersten Punct der Kugelfläche zu entfernen, und in die folgenden Vertikalkreise, nach derselben Seite hin, nach welcher die Bewegung des bewegten Puncts geschieht, überzugehen; folglich nimmt der Neigungswinkel des durch die Tangente der Curve gehenden größten Kreises gegen den größten Horizontalkreis zu, und die Durchschnittspuncte beider Kreise rücken auf der Peripherie des größten Horizontalkreises nach derselben Seite hin fort, nach welcher die Bewegung des bewegten Puncts geschieht.

2) Der bewegte Punct ist in A in der unteren Halbkugel und im Steigen begriffen. Dann ist der unterste Punct der Kugel im Quadranten AEC befindlich, z. B. im Punct M. Zieht man den Bogen ME, so ist, weil ∠MEC spitz, der Pol E darin begriffen sich dem Punct M zu nähern, und in die folgenden Vertikalkreise, nach derselben Seite hin, nach welcher die Bewegung des bewegten Puncts geschieht, überzugehen.

3) der bewegte Punct ist in A in der oberen Halbkugel und im Sinken begriffen. Dann ist der unterste Punct der Kugel im Quadranten BED, z. B. im Punct N. Man ziehe den Bogen NE, so wird der Beweis auf ähnliche Art geführt.

4) Der bewegte Punct ist in A in der oberen Halbkugel und im Steigen begriffen. Dann ist der unterste Punct der Kugel im Quadranten BEC, z. B. in O, befindlich. Zieht man den Bogen OE, so wird der Beweis auf ähnliche Art geführt.

§. 30. Lehrsatz.

Wenn der bewegte Punct sich nicht in einem Vertikalkreis bewegt, so durchstreicht er nach und nach alle Vertikalkreise ringsum und wieder von vorn, und setzt so seine Umläufe ohne Ende fort; auch durchstrich er früher alle Vertikalkreise ringsum, und setzte seine Umläufe fort, ohne daß sich ein bestimmter Anfang angeben läßt. Auch ist die Winkelgeschwindigkeit, welche beim Uebergang aus einem Vertikalkreis in die folgenden statt findet, nirgends 0.

Beweis. Man lasse einen Punct sich auf der Peripherie des größten Horizontalkreises gleichförmig bewegen, und lege ihm dabei diejenige Flächengeschwindigkeit bei, welche bei der auf die Ebene des größten Horizontalkreises projicirten Bewegung des von der Schwere getriebenen Puncts wirklich obwaltet. Alsdann durchstreicht der zu Hülfe genommene Punct nach und nach alle Radios vectores ringsum und wieder von vorn, und setzt so seine Umläufe ohne Ende fort; auch durchstrich er früher alle Radios vectores ringsum, und setzte seine Umläufe fort, ohne daß sich ein bestimmter Anfang angeben läßt; auch ist seine Winkelgeschwindigkeit nirgends 0, sondern unveränderlich. Um so mehr durchstreicht die Projection des von der Schwere getriebenen Puncts nach und nach alle Radios vectores ringsum, und wieder von vorn, und setzt so die Umläufe ohne Ende fort; auch durchstrich diese Projection früher alle Radios vectores ringsum, und setzte die Umläufe fort, ohne daß sich ein bestimmter Anfang angeben läßt; auch ist die Winkelgeschwindigkeit nirgends 0.

§. 31. Lehrsatz.

Wenn man durch den bewegten Punct (vorausgesetzt, daß er sich nicht in einem Vertikalkreise bewegt) einen Vertikalkreis legt und mit dem bewegten Punct herumführt, und man legt durch die Tangente eines beliebigen Puncts der Curve einen größten Kreis, und läßt diesen größten Kreis unverändert an Einer Stelle bleiben, während der bewegte Punct sich weiter fort bewegt, so liegt in jeder Lage des beweglichen Vertikalkreises, so lange die Projection des bewegten Puncts noch nicht mehr als 2 rechte ∠∠ um den Mittelpunct beschrieben hat, der Punct, wo der bewegliche Vertikalkreis jenen feststehenden Kreis schneidet, höher als der bewegte Punct selbst.

Beweis. Es sei ABCDEFGHIKA Fig. 30. der feststehende größte Kreis, A derjenige Punct der Bahn, durch dessen Tang. der genannte Kreis geht. Die Zeichnung stelle die untere der beiden Halbkugelflächen dar, in welche die Kugelfläche durch den genannten Kreis getheilt wird, und U sei der unterste Punct der Kugel, AUF aber der zum Punct A gehörige Vertikalkreis. Dann wird nach §. 28. die Bahn von A aus in die sichtbare Halbkugelfläche treten, und nach AOPQ zu laufen. Es seien BOrLG, CrPsMH, DsQtNI die durch die Tangenten der Puncte O, P, Q der Curve gelegten größten Halbkreise, so wird nach §. 25. keiner derselben durch U gehen; sie werden also sämmtlich U auf einerlei Seite liegend haben; auch wird nach §. 28. jeder dieser Halbkreise den anstoßenden Zweig der Curve auf derselben Seite haben, auf welcher U liegt. Nimmt man die Puncte A, O, P, Q nahe genug bei einander an, so werden je 2 auf einander folgende Halbkreise sich, von den Berührungspuncten aus gegen einander zu verlängert, in einem zwischen AOPQ und der halben Kreislinie ABCDEF enthaltenen Raum schneiden; ABCDEF und BOrLG schneiden einander in B, BOrLG und CrPsMH einander in r, CrPsMH und DsQtNI einander in s. Folglich schneiden 2 auf einander folgende Halbkreise sich auf der sichtbaren Halbkugelfläche nicht zum zweitenmal; folglich rückt der Durchschnittspunct eines solchen Halbkreises mit dem Bogen FU ununterbrochen fort von F nach U zu; BOrLG schneidet FU in L; CrPsMH schneidet FU in M; DsQtNI schneidet FU in N; und das geht in derselben Ordnung fort, bis die Curve den dem verticalen Bogen

UA gerade entgegenstehenden Bogen UF erreicht. Folglich schneidet die Curve den Bogen UF noch in der sichtbaren Halbkugelfläche, in V (wo der durch die Tangente gelegte Halbkreis die Lage EtVK hat), und befindet sich während ihres ganzen Laufs von A bis V stets in der sichtbaren Halbkugelfläche. Legt man daher einen beliebigen Vertikalkreis UW zwischen UA und UF, welcher das Stück AOPQV der Curve in X schneidet, so liegt der Punct X dem Punct U näher als der Punct W, wo der Vertikalkreis UW den Kreis ABCDEFGHIKA schneidet, und es leuchtet ein, was bewiesen werden sollte.

§. 32. Zusatz.

Hieraus ist klar, daß der Punct, wo der bewegliche Vertikalkreis den feststehenden Kreis ABCDEFGHIKA schneidet, auch noch nachher, wenn der bewegte Punct sich von V aus weiter bewegt, eine Zeitlang höher als der bewegte Punct selbst liegt.

§. 33. Zusatz.

Aus §. 23. geht hervor, daß die Sätze §. 31. und 32. auch für die rückwärts gerechnete Bewegung gelten.

§. 34. Lehrsatz.

Die nach §. 22. bestimmte Projection des bewegten Puncts beschreibt (wenn der bewegte Punct sich nicht in einem Vertikalkreise bewegt) während der Zeit, daß der bewegte Punct ununterbrochen in der oberen Halbkugel verweilt, um den Mittelpunct weniger als 2 rechte ∠∠.

Beweis. Der bewegte Punct befinde sich in irgend einem Augenblicke in der oberen Halbkugel; man lege durch die dortige Tangente seiner Bahn einen größten Kreis, den wir wie in §. 31. den feststehenden nennen wollen. Man verfolge die Bahn rückwärts bis zum gerade entgegengesetzten Vertikalkreis, und führe den durch den bewegten Punct gehenden Vertikalkreis mit dem bewegten Punct herum, so ist der Punct, wo der dem anfänglichen Vertikalkreis gerade entgegengesetzte Vertikalkreis den feststehenden Kreis schneidet, dem anfänglich gedachten Ort des bewegten Puncts e diametro entgegengesetzt, also in der unteren Halbkugel befindlich. Um so mehr befand sich (nach §. 33.) der bewegte Punct selbst damals in der unteren Halbkugel. Er muß inzwischen den größten Horizontalkreis geschnitten haben. Man verfolge nun die Bewegung des bewegten Puncts von dem Augenblick an, wo er aus der untern Halbkugel in die obere tritt, vorwärts so weit, bis der bewegte Punct in denjenigen Vertikalkreis kommt, welcher dem Vertikalkreis, der zu dem im größten Horizontalkreis befindlichen Punct der Bahn gehört, gerade entgegengesetzt ist. Dann wird der Punct, wo der letztgedachte Vertikalkreis den durch die Tangente des im größten Horizontalkreis befindlichen Puncts der Bahn gelegten größten Kreis schneidet, dem gedachten im größten Horizontalkreis befindlichen Punct der Bahn e diametro entgegengesetzt sein, folglich sich gleichfalls im größten Horizontalkreis befinden; der bewegte Punct selbst also wird nach §. 31. sich in der unteren Halbkugel befinden. Er verläßt also, nachdem er aus der unteren in die obere Halbkugel getreten, die letztere schon wieder, ehe noch die Projection des bewegten Puncts inzwischen um den Mittelpunct 2 rechte $\angle\angle$ beschrieben hat.

§. 35. Lehrsatz.

Wenn der bewegte Punct weder einen vertikalen noch einen horizontalen Kreis beschreibt, so giebt es allemal 2, aber auch nur 2 Horizontalkreise, worin die Bahn eine horizontale Tangente hat. Zwischen diesen beiden Kreisen windet sich die Bahn unaufhörlich und so hin und her, daß sie sich vom unteren zum oberen Kreise erhebt, und, nachdem sie den oberen Kreis berührt, sich wieder bis zum unteren Kreise senkt, und diesen gleichfalls berührt, und so immer abwechselnd. Wenn man durch alle höchsten und niedrigsten Puncte der Bahn vertikale größte Kreise legt, so schließen diese der Reihe nach lauter gleiche Flächenwinkel zwischen sich ein; und wenn man 2 auf diese Art gebildete Kugelsectoren, zwischen denen eine ungerade Anzahl Sectoren befindlich ist, so dreht, daß sie ganz zusammenfallen, so fallen die eingeschlossenen Stücke der Bahn ebenfalls ganz zusammen; jede 2 benachbarten auf diese Art gebildeten Stücke der Bahn aber sind nicht nur in ihrer Gestalt einander symmetrisch, sondern haben auch zu beiden Seiten des sie trennenden Vertikalkreises eine völlig symmetrische Lage; auch ist die Bewegung in congruenten Stücken der Bahn in Beziehung auf Zeit und Raum congruent, und in symmetrischen Stücken der Bahn in Beziehung auf Zeit und Raum symmetrisch; auch sind alle Zeiten, welche der bewegte Punct braucht um vom höchsten zum nächstfolgenden niedrigsten Punct der Bahn zu kommen, unter sich und der Zeit, welche der bewegte Punct braucht um vom niedrigsten zum nächstfolgenden höchsten Punct zu kommen, gleich.

Beweis. Man denke sich erstlich den bewegten Punct im Steigen begriffen, so kann er nach §. 24. nicht bis zum höchsten Punct der Kugel zu steigen fortfahren. Er kann aber (nach §. 34.) auch nicht dem höchsten Punct oder einem Horizontalkreise der oberen Halbkugel sich so nähern, daß seine Entfernung von der Ebene des genannten Horizontalkreises $<$ werden könnte als jede gegebene Linie, ohne ihn zu erreichen. Er kann aber auch nicht dem größten Horizontalkreis oder einem tiefer liegenden Horizontalkreis sich auf die gedachte Art nähern. Man nehme an, das sei möglich. Dann kann man sich die Bewegung als aus der projicirten Bewegung und aus einer aufsteigenden nach der Vertikale gerichteten zusammengesetzt vorstellen. Alsdann giebt nach §. 20. des 2. Abschn. die nach dem Mittelpunct gerichtete Curvenkraft der projicirten Bewegung, mit der verzögernden Kraft der senkrecht aufsteigenden Bewegung zusammengesetzt, die totale Curvenkraft. Diese ist aber auch das Resultat der unveränderlichen Schwerkraft und der (vermöge §. 19.) in der unteren Halbkugel stets nach dem Mittelpunct hinwärts gerichteten Widerstandskraft der Kugelfläche. Zerfällt man die Widerstandskraft in eine horizontale und vertikale, so ist klar, daß die horizontale einerlei ist mit der Curvenkraft der projicirten Bewegung, die vertikale aber die Schwere um soviel vermindert, daß der Rest die verzögernde Kraft der vorher erwähnten senkrecht aufsteigenden Bewegung ist. Nach §. 21. nun wird der Druck, je höher der bewegte Punct steigt, desto kleiner; und da überdies die Richtung des Drucks immer mehr von der senkrechten Lage abweicht, so wird um so mehr die nach der senkrechten Richtung zerfällte Widerstandskraft immer kleiner; die Schwere wird also immer weniger vermindert, und folglich die verzögernde Kraft der vorher erwähnten senkrecht aufsteigenden Bewegung immer größer. Aber schon wenn die verzögernde Kraft sich gleich bliebe, so würde die Geschwindigkeit der senkrecht aufsteigenden Bewegung endlich in 0 übergehen, und der bewegte Punct aufhören zu steigen; um so mehr ist dies der Fall, da die verzögernde Kraft wächst. Das widerspricht der Annahme, daß der bewegte Punct sich im Steigen immer mehr einer feststehenden Horizontalebene nähern sollte, ohne sie jemals zu erreichen. Folglich ist die Annahme falsch, und der bewegte Punct muß endlich einen Horizontalkreis erreichen, über welchen er nicht hinaus steigt, sondern von wo er wiederum zu sinken anfängt.

Man denke sich zweitens den bewegten Punct im Sinken begriffen, so wird er, wenn er etwa in der oberen Halbkugel oder im größten Horizontalkreis befindlich ist, nach §. 34. jedenfalls in die untere Halbkugel hinabsinken. Ist er nun demnach in der unteren Halbkugel befindlich, so kann er nach §. 24. nicht bis zum tiefsten Punct der Kugel zu sinken fortfahren. Er kann aber auch nicht dem tiefsten Punct oder einem Horizontalkreis der unteren Halbkugel sich so nähern, daß seine Entfernung von der Ebene des genannten Horizontalkreises $<$ werden könnte als jede gegebene Linie, ohne ihn zu erreichen. Man nehme an, das sei möglich. Dann kann man sich die Bewegung als aus der projicirten Bewegung und aus einer absteigenden nach der Vertikale gerichteten zusammengesetzt vorstellen. Alsdann giebt die nach dem Mittelpunct gerichtete Curvenkraft der projicirten Bewegung, mit der verzögernden Kraft der senkrecht absteigenden Bewegung zusammengesetzt, die totale Curvenkraft. Diese ist aber auch das Resultat der unveränderlichen Schwerkraft und der stets nach dem Mittelpunct hinwärts gerichteten Widerstandskraft der Kugelfläche. Zerfällt man die Widerstandskraft in eine horizontale und vertikale, so ist die horizontale einerlei mit der Curvenkraft der projicirten Bewegung; die vertikale aber überwältigt die Schwere, und bringt noch einen aufsteigenden Ueberschuß hervor, welcher der verzögernden Kraft der vorher erwähnten senkrecht absteigenden Bewegung gleich ist. Nach §. 21. nun wird der Druck, je tiefer der bewegte Punct sinkt, desto größer; und da überdies die Richtung desselben sich immer mehr der senkrechten Lage nähert, so wird um so mehr die nach der senkrechten Richtung zerfällte Widerstandskraft immer größer; die Schwere wird also immer mehr überwältigt, und folglich die verzögernde Kraft der vorher erwähnten senkrecht absteigenden Bewegung immer größer. Aber schon wenn die verzögernde Kraft sich gleich bliebe, so würde die Geschwindigkeit der senkrecht absteigenden Bewegung endlich in 0 übergehen, und der bewegte Punct aufhören zu sinken; um so mehr ist dies der Fall, da die verzögernde Kraft wächst. Das widerspricht der Annahme, daß der bewegte Punct sich im Sinken immer mehr einer feststehenden Horizontalebene nähern sollte ohne sie jemals zu erreichen. Folglich ist die Annahme falsch, und der bewegte Punct muß endlich einen Horizontalkreis erreichen, unter welchen er nicht hinab sinkt, sondern von wo er wiederum zu steigen anfängt.

Hiernach, verbunden mit §. 23., erkennen wir zugleich, daß der bewegte Punct, wenn er im Steigen begriffen ist, vorher irgend einmal von einem tiefsten Horizontalkreis ausging, und wenn er im Fallen begriffen ist, er vorher irgend einmal von einem höchsten Horizontalkreis ausging.

Der bewegte Punct ist folglich in einem unaufhörlichen Steigen und Sinken begriffen, und seine Bahn berührt den obersten Horizontalkreis, wenn er aus dem Steigen ins Sinken übergeht, und den untersten Horizontalkreis, wenn er aus dem Sinken ins Steigen übergeht. Das übrige zu Beweisende folgt aus §. 23. von selbst.

§. 36. Lehrsatz.

Wenn die Bewegung des bewegten Puncts die im vorigen §. beschriebene ist, und der bewegte Punct befindet sich während der Bewegung bald in der oberen bald in der unteren Halbkugel, so liegt der höchste Horizontalkreis, den er erreicht, dem Kugelmittelpunct näher als der tiefste Horizontalkreis, den er erreicht.

Beweis. Wenn man einen größten Kreis durch die Tangente des tiefsten Puncts der Bahn, einen andern größten Kreis aber durch die Tangente des höchsten Puncts der Bahn legt, so schließt der zuletzt gelegte größte Kreis mit dem größten Horizontalkreis nach §. 29. einen kleineren Neigungswinkel ein als der zuerst gelegte größte Kreis; der höchste Punct der Bahn liegt folglich dem größten Horizontalkreis näher als der tiefste Punct der Bahn.

§. 37. Zusatz.

Aus dem bisher Bewiesenen erhellt, daß, wenn der bewegte Punct die in §. 35. beschriebene Bewegung hat, allemal nicht nur der tiefste Horizontalkreis, den der bewegte Punct erreicht, sondern auch der vom höchsten und tiefsten gleich weit abstehende in der unteren Halbkugel liegt; der höchste aber kann sowohl in der unteren als in der oberen Halbkugel als im größten Horizontalkreis liegen.

§. 38. Lehrsatz.

Bewegt sich der bewegte Punct in einem Vertikalkreis, und er durchstreicht den höchsten oder niedrigsten Punct der Kugel, so kann seine Geschwindigkeit daselbst nicht = 0 sein.

Beweis. Wäre seine Geschwindigkeit in irgend einem Augenblick, wo der bewegte Punct sich im höchsten oder niedrigsten Punct der Kugel befindet, = 0, so würde er von da an unaufhörlich in diesem Punct stehen bleiben, weil die Schwere vom Widerstand der Kugelfläche ganz aufgehoben wird, also keine Curvenkraft statt findet. Folglich müßte der Punct (nach §. 23.)

auch vorher schon immer in demselben Punct still gestanden haben, gegen die Voraussetzung.

§. 39. Lehrsatz.

Durchstreicht der bewegte Punct den obersten Punct der Kugel, so ist seine Geschwindigkeit in jedem andern Punct > als die mittlere Prop. zwischen 2g und der Tiefe des jedesmaligen Puncts der Bahn unter dem höchsten Punct der Kugel. Und ist die Geschwindigkeit des in einem Vertikalkreise bewegten Puncts in irgend einem Punct der Bahn, welcher nicht der höchste Punct der Kugel ist, > als die mittlere Prop. zwischen 2g und der Tiefe des betreffenden Puncts der Bahn unter dem höchsten Punct der Kugel, so erreicht der bewegte Punct den höchsten Punct der Kugel.

Beweis. 1) Der bewegte Punct durchstreiche den obersten Punct der Kugel mit der Geschwindigkeit c, so ist nach §. 14. das □ seiner Geschwindigkeit in einem andern Punct, der um die Linie h tiefer als der höchste Punct der Kugel liegt, = □c + 2g×h, also > 2g×h, folglich (Eucl. 6, 17) die Geschwindigkeit selbst > als die mittlere Prop. zwischen 2g und h.

2) Ist die Geschwindigkeit in irgend einem Punct der Bahn, welcher nicht der höchste Punct der Kugel ist, > als die mittlere Prop. zwischen 2g und h, so ist (Eucl. 6, 17) das □ der Geschwindigkeit > 2g×h. Man lasse nun einen Punct sich vom höchsten Punct der Kugel an mit einer Geschwindigkeit c, deren □ = dem □ der vorhergenannten Geschwindigkeit minus 2g×h ist, bewegen, so wird er, von der nach der jedesmaligen Tangente des Vertikalkreises zerfällten Schwere getrieben, eine beschleunigte Bewegung in einem Vertikalkreise annehmen, also gewiß einmal die Tiefe h unter dem höchsten Punct der Kugelfläche erreichen, und daselbst nach §. 13. dieselbe Geschwindigkeit erlangen, die der ursprüngliche bewegte Punct daselbst wirklich hat. Bewegt sich nun der ursprüngliche bewegte Punct in dem betreffenden Punct aufwärts, so wird seine nachherige Bewegung nach §. 23. der bisherigen Bewegung des 2ten bewegten

Puncts in Beziehung auf die Zeit symmetrisch sein; er wird also den höchsten Punct der Kugelfläche erreichen. Bewegt sich aber der erste bewegte Punct in dem betreffenden Punct abwärts, so wird seine nachherige Bew. der nachherigen Bew. des 2ten Puncts in Beziehung auf die Zeit congruent sein; er wird folglich, durch die vorher genannte beschleunigende Kraft getrieben, gewiß den untersten Punct der Kugel erreichen, und von da, zufolge §.23, sich in der andern Hälfte des bisher durchlaufenen Vertikalkreises wiederum bis zum höchsten Punct der Kugel aufschwingen.

§. 40. Zusatz.

Wenn der bewegte Punct den höchsten Punct der Kugelfläche durchstreicht, so bewegt er sich ununterbrochen vorwärts in einem Vertikalkreise, durch alle Puncte der Peripherie desselben, und setzt auf diese Art seine Umläufe ohne Ende fort; auch bewegte er sich früher ununterbrochen vorwärts in demselben Vertikalkreise, durch alle Puncte der Peripherie desselben, und setzte auf diese Art seine Umläufe fort, ohne daß sich ein bestimmter Anfang angeben läßt. Die aufsteigenden Bewegungen sind unter sich, wie auch die absteigenden Bewegungen unter sich, in Beziehung auf die Zeit congruent, diese aber mit jenen symmetrisch, und alle Zeiten, welche der bewegte Punct braucht um vom höchsten Punct der Kugel zum niedrigsten zu kommen, unter sich und der Zeit, welche der bewegte Punct braucht um vom niedrigsten Punct zum höchsten zu kommen, gleich.

§. 41. Erklärung.

Die Bewegung von der eben beschriebenen Art wird der Ueberschwung genannt.

§. 42. Lehrsatz.

Wenn der bewegte Punct sich in einem Vertikalkreis bewegt, und seine Geschwindigkeit ist in irgend einem Punct der Bahn, der aber nicht der höchste Punct der Kugel ist, $<$ als die mittlere Prop. zwischen $2g$ und h, so erreicht der bewegte Punct einen vom höchsten und tiefsten Punct der Kugel verschiedenen Punct, wo seine Geschwindigkeit $= 0$ ist.

Beweis. Hat der bewegte Punct in der Tiefe h unter dem höchsten Punct der Kugel die Geschwindigkeit c, so ist nach der Voraussetzung die 3te Proportionale zu 2g und c $<$ h. Man lasse daher einen Punct von einem Punct der Kugelfläche aus, welcher um die 3te Proportionale zu 2g und c höher liegt als der betreffende Ort des ursprünglichen bewegten Puncts, sich vom Zustande der Ruhe an bewegen, so wird er, von der nach der jedesmaligen Tangente des Vertikalkreises zerfällten Schwere getrieben, eine abwärts gerichtete beschleunigte Bewegung in einem Vertikalkreise antreten, welche mit der Geschwindigkeit 0 anhebt. Er wird folglich gewiß einmal die Tiefe h unter dem höchsten Punct der Kugel erreichen, und daselbst nach §. 13. die Geschwindigkeit c erlangen. Bewegt sich nun der urspüngliche bewegte Punct in dem betreffenden Punct aufwärts, so wird seine nachherige Bewegung nach §. 23. der bisherigen Bewegung des 2ten bewegten Puncts in Beziehung auf die Zeit symmetrisch sein; er wird also die Höhe erreichen, von welcher der 2te Punct ausging, und daselbst die Geschwindigkeit 0 haben. Bewegt sich aber der 1ste Punct in dem betreffenden Punct abwärts, so wird seine nachherige Bewegung der nachherigen Bewegung des 2ten Puncts in Beziehung auf die Zeit congruent sein; er wird folglich, durch die vorher genannte beschleunigende Kraft getrieben, gewiß den untersten Punct der Kugel erreichen, und von da nach §. 23. in der Fortsetzung des bisher durchlaufenen Vertikalkreises sich bis zu derselben Höhe, von welcher der 2te Punct ausging, wieder aufschwingen, und daselbst die Geschwindigkeit 0 erreichen.

§. 43. Zusatz.

Wenn der bewegte Punct in irgend einem vom höchsten und tiefsten Punct der Kugelfläche verschiedenen Punct die Geschwindigkeit 0 hat, so bewegt er sich in dem durch diesen Punct gelegten größten Vertikalkreis so, daß er von diesem Punct an mit stetig beschleunigter Bewegung bis zum tiefsten Punct der Kugel sinkt, von da auf der andern Seite sich wieder bis zur vorigen

Höhe erhebt, den ganzen auf diese Art zurückgelegten Bogen rückwärts ab und auf durchläuft, und so ohne Ende hin und her schwingt; auch schwang er früher ununterbrochen auf dieselbe Art hin und her, ohne daß sich ein bestimmter Anfang angeben läßt. Die Hinabschwünge sind unter sich, wie auch die Hinaufschwünge unter sich, in Beziehung auf die Zeit congruent, diese aber mit jenen symmetrisch; auch sind die Dauern aller Hinabschwünge unter sich und der Zeit eines Hinaufschwungs gleich. Auch ist in jedem höchsten Punct der Bewegung die Geschwindigkeit $= 0$, und in jedem tieferen Punct (nach §. 13.) $<$ als die mittlere Prop. zwischen $2g$ und der Tiefe des jedesmaligen Puncts der Bahn unter dem höchsten Punct der Kugel.

§. 44. Erklärung.

Die Bewegungen von der ebenbeschriebenen Art werden **Pendelschwingungen** genannt, der bewegte Punct aber, der solche macht, ein **Pendel**. Der Halbmesser des Kreises, in welchem ein Pendel gezwungen ist sich zu bewegen, heißt die **Länge des Pendels**.

§. 45. Lehrsatz.

Ist in irgend einem Punct der Bahn eines von der Schwere getriebenen und auf eine Kugelfläche angewiesenen Punctes die Geschwindigkeit $=$ der mittleren Prop. zwischen $2g$ und der Tiefe des betreffenden Puncts unter dem höchsten Punct der Kugel, so erreicht der bewegte Punct nie den höchsten Punct der Kugel, und auch in jedem andern Punct der Bahn ist die Geschwindigkeit $=$ der mittleren Prop. zwischen $2g$ und der Tiefe des betreffenden Puncs der Bahn unter dem höchsten Punct der Kugel.

Beweis. Erreichte der bewegte Punct den höchsten Punct der Kugel, so wäre nach §. 39. die Geschwindigkeit in jedem Punct der Bahn $>$ als die mittlere Prop. zwischen $2g$ und der Tiefe des betreffenden Puncts der Bahn unter dem höchsten Punct der Kugel, gegen die Voraussetzung. Das übrige zu Beweisende folgt aus §. 13., verglichen mit Eucl. 6, 17.

§. 46. Lehrsatz.

Bewegt sich der bewegte Punct in einem Vertikalkreise und so, daß seine Geschwindigkeit die mittlere Prop. zwischen 2g und der Tiefe des jedesmaligen Puncts der Bahn unter dem höchsten Punct der Kugel ist, so schwingt er in dem gedachten Vertikalkreise nicht hin und her, sondern bewegt und bewegte sich auch früher ununterbrochen vorwärts, ohne daß sich ein bestimmter Anfang oder ein Ende seiner Bewegung angeben läßt; und er kommt allmälig dem höchsten Punct der Kugel näher als jeder gegebene vom höchsten Punct verschiedene Punct der Kugelfläche; auch war er früher dem höchsten Punct näher als jeder gegebene vom höchsten Punct verschiedene Punct der Kugelfläche; auch wird seine Geschwindigkeit allmälig $<$ als jede gegebene Geschwindigkeit, ohne jedoch jemals 0 zu werden, und war früher $<$ als jede gegebene Geschwindigkeit, ohne jedoch jemals 0 gewesen zu sein.

Beweis. Wäre die Geschwindigkeit bei dieser Bewegung irgend einmal $= 0$, so wäre nach §. 43. die Geschwindigkeit überall $<$ als die mittlere Prop. zwischen 2g und der Tiefe des jedesmaligen Puncts der Bahn unter dem höchsten Punct der Kugel, gegen die Voraussetzung. Folglich ist die Geschwindigkeit nirgends 0, und daher die Bewegung nicht hin und her schwingend, sondern ununterbrochen vorwärts gerichtet, ohne daß sich ein bestimmter Anfang oder ein Ende angeben läßt.

Man nehme nun an, die Geschwindigkeit, indem der bewegte Punct sich vorwärts bewegt, bleibe stets $>$ als eine gegebene Geschwindigkeit x, so würde der Punct, wenn er sich stets mit der Geschwindigkeit x bewegte, endlich den höchsten Punct der Kugel erreichen; um so mehr wird dies der Fall sein, da seine Geschwindigkeit stets $>$ x ist. Das widerspricht aber dem vorigen §., worin gezeigt ist, daß der Punct unter den angegebenen Voraussetzungen nie den höchsten Punct der Kugel erreichen kann. Folglich kann die Geschwindigkeit $<$ werden als jede gegebene Geschwindigkeit.

Ist nun in irgend einem Punct der Bahn die Bewegung **abwärts** gerichtet, so wird der bewegte Punct, von der nach der jedesmaligen Tangente zerfällten Schwerkraft beschleunigt, gewiß einmal den **untersten** Punct der Kugel erreichen, und von da sich wieder aufwärts bewegen. Man nehme nun an, der bewegte Punct käme dem höchsten Punct der Kugel nicht näher als jeder gegebene vom höchsten Punct verschiedene Punct der Kugelfläche, so müßte ein anderer Punct desjenigen Vertikal-Halbkreises, in welchem der bewegte Punct aufwärts steigt, existiren, von der Art daß der bewegte Punct diesem andern Punct näher kommt als jeder von diesem andern Punct verschiedene Punct der Kugelfläche, ohne ihn zu erreichen. Dieser andere Punct habe von der durch den höchsten Punct der Kugel gelegten Horizontalebene die Entfernung y, so bleibt der bewegte Punct von dieser Horizontalebene stets weiter als um die Linie y entfernt; seine Geschwindigkeit müßte folglich stets $>$ bleiben als die mittlere Prop. zwischen $2g$ und y; welches dem schon Bewiesenen, daß die Geschwindigkeit $<$ werden kann als jede gegebene Geschwindigkeit, widerspricht. Folglich kommt der bewegte Punct im Aufwärtssteigen dem höchsten Punct der Kugel näher als jeder gegebene vom höchsten Punct verschiedene Punct der Kugelfläche.

Hieraus, in Verbindung mit §. 23., folgt wiederum, daß der bewegte Punct auch früher dem höchsten Punct der Kugel näher war als jeder gegebene vom höchsten Punct verschiedene Punct der Kugelfläche, und daß seine Geschwindigkeit auch früher $<$ war als jede gegebene Geschwindigkeit.

§. 47. Zusatz.

Auch folgt aus §. 23., daß bei der in §. 46. beschriebenen Art der Bewegung das Aufsteigen dem Absteigen in Beziehung auf die Zeit **symmetrisch** ist.

§. 48. Zusatz.

Aus dem Bisherigen geht hervor, daß es **fünf** Arten der Bewegung eines von der Schwere getriebenen und auf eine Kugelfläche angewiesenen Puncts giebt: 1) die Durchlaufung eines Horizontalkreises in der unteren Halbkugel; 2) die in §. 35. beschriebene Bewegung; 3) der Ueberschwung; 4) die Pendelschwingungen; 5) die in §. 46. beschriebene Bewegung. Die eine dieser 5 Arten kann nie mit der andern einerlei sein, und außer ihnen ist keine sechste denkbar.

§. 49. Lehrsatz.

Die Dauer eines Ueberschwunges kann, wenn man die Geschwindigkeit in irgend einem Punct der Bahn groß genug annimmt, $<$ werden als jede gegebene Zeit.

Beweis. Der in der Bahn angenommene Punct sei

1) der höchste Punct der Kugel, und t eine gegebene Zeit. Man gebe dem bewegten Punct in diesem höchsten Punct eine Geschwindigkeit, wonach er, gleichförmig sich bewegend, den ganzen Vertikalkreis in der Zeit t vollenden würde, so wird er, von der beschleunigenden Schwerkraft getrieben, vom höchsten bis zum niedrigsten Punct der Kugel in kürzerer Zeit als in der Zeit $\frac{1}{2}t$, und daher (nach §. 40.) auch vom niedrigsten bis zum höchsten Punct in kürzerer Zeit als in der Zeit $\frac{1}{2}t$ gelangen.

2) Der in der Bahn angenommene Punct liege um die Linie h tiefer als der höchste Punct der Kugel. Man gebe ihm daselbst eine Geschwindigkeit, deren □ das □ derjenigen Geschwindigkeit, wonach eine gleichförmige Bewegung in der gegebenen Zeit t den ganzen Vertikalkreis durchlaufen würde, um $2g \times h$ übertrifft, so erreicht der bewegte Punct nach §. 39. den höchsten Punct der Kugel, und erlangt daselbst nach §. 13. eine Geschwindigkeit, womit er bei gleichförmiger Bewegung den ganzen Vertikalkreis in der Zeit t durchlaufen würde. Er wird folglich, von der Schwerkraft getrieben, nach dem, was unter Nr. 1) bewiesen, den ganzen Vertikalkreis in kürzerer Zeit als in der Zeit t durchlaufen.

§. 50. Lehrsatz.

Wenn der bewegte Punct entweder einen Horizontalkreis beschreibt, oder die in §. 35. angeführte Bewegung hat, so steht die Flächengeschwindigkeit der projicirten Bewegung zu dem Rechteck zwischen den Entfernungen des höchsten und niedrigsten Puncts der Bahn vom senkrechten Kugeldurchmesser im halben Verhältniß des 4ten Theils der Beschleunigung der Schwere zur Tiefe der mittleren vom bewegten Punct durchschnittenen Horizontalebene unter dem Kugelmittelpunct.

Beweis. 1) Wenn ein Horizontalkreis beschrieben wird, so heiße die Entfernung desselben vom Mittelpunct z. Dann ist nach §. 26. $c:\varrho = \frac{1}{2}(g:z)$. Aus der linearischen Geschwindigkeit findet sich nach §. 2. des 3. Abschn. $F = \frac{1}{2}\varrho \times c$. Also $F:\Box\varrho = \frac{1}{2}c:\varrho = \frac{1}{2}(\frac{1}{4}g:z)$.

2) Wenn die Bewegung die in §. 35. beschriebene ist, so sei a die Entfernung des niedrigsten Puncts der Bahn von der Ebene des größten Horizontalkreises, und m die Entfernung der mittleren vom bewegten Punct durchschnittenen Horizontalebene von der Ebene des größten Horizontalkreises, ϱ aber die Entfernung des niedrigsten Puncts der Bahn vom senkrechten Kugeldurchmesser, und σ die Entfernung des höchsten Puncts der Bahn vom senkrechten Kugeldurchmesser, endlich c die größte, und d die kleinste Geschwindigkeit des bewegten Puncts, so ist (§. 2. des 3. Abschn.) $F = \frac{1}{2}c\times\varrho = \frac{1}{2}d\times\sigma$. Hieraus ergiebt sich (Eucl. 6, 16) $c:d = \sigma:\varrho$; (Eucl. 6, 22) $\Box c:\Box d = \Box\sigma:\Box\varrho$; zurückkehrend $\Box c:\Box c - \Box d = \Box\sigma:\Box\sigma - \Box\varrho$. Nun ist aber $\Box c - \Box d = 2g\times 2(a - m)$; $\Box\varrho = \Box r - \Box a$, und $\Box\sigma$ (nach Eucl. 6, 8. Zus.) $= (r - a + 2m)\times(r + a - 2m) = (r - a)\times(r + a) + 4m\times(a - m) = \Box r - \Box a + 4m\times(a - m) = \Box\varrho + 4m\times(a - m)$; folglich $\Box\sigma - \Box\varrho = 4m\times(a - m)$, also $\Box c:4g\times(a - m) = \Box\sigma:4m\times(a - m)$; verwechselt $\Box c:\Box\sigma = g:m$; (Eucl. 6, 23) $c:\sigma = \frac{1}{2}(g:m)$; $\frac{1}{2}c:\sigma$, d. i. $\frac{1}{2}c\times\varrho:\varrho\times\sigma$, d. i. $F:\varrho\times\sigma = \frac{1}{2}(\frac{1}{4}g:m)$.

Anmerkung. Dieser Satz entspricht der Laplaceschen Formel (Méc. cél. I. 2, 11) $c'^2 = \frac{2g(r^2 - a^2)(r^2 - b^2)}{a + b}$, wo b (welches positiv und negativ sein kann) die Entfernung des höchsten Puncts der Bahn vom größten Horizontalkreis bedeutet.

§. 51. Lehrsatz.

Wenn 2 von der Schwere getriebene Puncte sich in einer und derselben angewiesenen Kugelfläche auf die in §. 35. beschriebene Art bewegen, und der höchste Punct der Bahn findet sich bei beiden bewegten Puncten in einerlei Horizontalebene, so erreicht derjenige von beiden Puncten, welcher im höchsten Punct der Bahn die kleinere Geschwindigkeit hat, eine größere Tiefe. Wenn aber der tiefste Punct der Bahn sich bei beiden bewegten Puncten in einerlei Horizontalebene befindet, so erreicht derjenige Punct, welcher im tiefsten Punct die größere Geschwindigkeit hat, eine größere Höhe.

Beweis. 1) Man lasse, während die Höhe des höchsten Puncts der Bahn ungeändert bleibt, die Geschwindigkeit in diesem höchsten Punct abnehmen, so wird (nach §. 2. des 3. Abschn.) auch die Flächengeschwindigkeit abnehmen, also F abnehmen, aber σ ungeändert bleiben. Alsdann kann die Entfernung des tiefsten Puncts der Bahn von der Ebene des größten Horizontalkreises nicht $\left\{\begin{matrix}\text{unverändert bleiben}\\ \text{abnehmen}\end{matrix}\right\}$, weil sonst m $\left\{\begin{matrix}\text{unverändert bleiben}\\ \text{abnehmen}\end{matrix}\right\}$, ϱ aber $\left\{\begin{matrix}\text{unverändert bleiben}\\ \text{wachsen}\end{matrix}\right\}$, also [wegen der Proportion $\frac{1}{2}(m:\frac{1}{4}g) = \varrho \times \sigma : F$ §. 50.] F gewiß $\left\{\begin{matrix}\text{unverändert bleiben}\\ \text{wachsen}\end{matrix}\right\}$ würde, welches dem Vorigen widerspricht. Folglich wächst die Entfernung des tiefsten Puncts der Bahn von der Ebene des größten Horizontalkreises, d. h. der bewegte Punct erreicht eine größere Tiefe.

2) Man lasse, während die Höhe des tiefsten Puncts der Bahn ungeändert bleibt, die Geschwindigkeit in diesem tiefsten Punct wachsen, so wird F wachsen, aber ϱ ungeändert bleiben. Alsdann kann die Höhe des höchsten Puncts der Bahn über der Horizontalebene des tiefsten Puncts nicht $\left\{\begin{matrix}\text{unverändert bleiben}\\ \text{abnehmen}\end{matrix}\right\}$, weil sonst m $\left\{\begin{matrix}\text{unverändert bleiben}\\ \text{wachsen}\end{matrix}\right\}$, σ aber $\left\{\begin{matrix}\text{unverändert bleiben}\\ \text{in der oberen Halbkugel wachsen, in der unteren abnehmen}\end{matrix}\right\}$, also

[wegen der Proportion $\frac{1}{2}(m:\frac{1}{4}g) = \varrho \times \sigma : F$] F [da ja, wenn σ sich in der oberen Halbkugel befindet, $\Box\varrho + 4m \times (a-m)$, d. i. $\Box\sigma$, verhältnißmäßig weniger wächst als m]
{unverändert bleiben / abnehmen} würde, welches dem Vorigen widerspricht. Folglich wächst die Höhe des höchsten Puncts der Bahn über der Horizontalebene des tiefsten Puncts; d. h. der bewegte Punct erreicht eine größere Höhe.

§. 52. Aufgabe.

Aus der gegebenen Entfernung des höchsten Puncts der Bahn eines auf die in §. 35. beschriebene Art bewegten Puncts von der Ebene des größten Horizontalkreises (wobei zugleich), wenn die Entfernung nicht 0 ist, bestimmt sein muß, ob der höchste Punct der Bahn sich in der oberen oder unteren Halbkugel befindet). die Geschwindigkeit zu finden, welche man dem bewegten Punct daselbst geben muß, damit er zu einer gegebenen Tiefe herabsinke. Doch muß, wenn der höchste Punct der Bahn sich in der oberen Halbkugel befindet, der tiefste Punct der Bahn weiter von der Ebene des größten Horizontalkreises entfernt sein als der höchste Punct der Bahn. Auch soll die Geschwindigkeit bestimmt werden, mit welcher der bewegte Punct im tiefsten Punct der Bahn anlangt.

Auflösung. Aus der gegebenen Entfernung des höchsten und tiefsten Puncts der Bahn von der Ebene des größten Horizontalkreises findet man die Tiefe der mittleren vom bewegten Punct durchschnittenen Horizontalebene unter dem Kugelmittelpunct, welche Tiefe wir m nennen wollen. Desgleichen findet sich ϱ und σ (Eucl. 10, 14. Lehns.). Man bestimme nun eine Linie, die zu ϱ im Verhältniß $\frac{1}{2}(g:m)$ steht, so ist die gefundene Linie die Geschwindigkeit, die man dem bewegten Punct geben muß, damit er die gegebene Tiefe erreiche. Man bestimme dagegen eine Linie, die zu σ im Verhältniß $\frac{1}{2}(g:m)$ steht, so ist die gefundene Linie die Geschwindigkeit, womit der bewegte Punct im tiefsten Punct der Bahn anlangt.

Beweis. Der bewegte Punct wird, wenn er mit der gefundenen Auslaufsgeschwindigkeit horizontal ausläuft, wirklich anfangen zu sinken, auch wenn er sich in der unteren Halbkugel befindet; denn nennen wir die Tiefe des höchsten Puncts der Bahn unter dem Kugelmittelpunct b, so ist das gefundene $m > b$, also $\frac{1}{2}(g:m)$, d. i. die gefundene Auslaufsgeschwindigkeit zu $\varrho < \frac{1}{2}(g:b)$; folglich fängt der bewegte Punct nach §. 26. wirklich an zu sinken. Man nehme nun an, er erreiche eine $\left\{\begin{matrix}\text{größere}\\ \text{geringere}\end{matrix}\right\}$ Tiefe als die gegebene, so würde die Tiefe der mittleren vom bewegten Punct durchschnittenen Horizontalebene unter dem Mittelpunct (welche Tiefe wir l nennen wollen) $\left\{\begin{matrix}>\\ <\end{matrix}\right\} m$, und der Halbmesser des tiefsten vom bewegten Punct berührten Horizontalkreises (welchen Halbmesser wir k nennen wollen) $\left\{\begin{matrix}<\\ >\end{matrix}\right\} \varrho$ sein. Aber nach §. 50. ist $\frac{1}{2}(l:g) = k \times \sigma$ zum Rechteck aus σ und aus der gefundenen Auslaufsgeschwindigkeit, d. i. $= k$ zur gefundenen Auslaufsgeschwindigkeit, folglich $\frac{1}{2}(m:g) \left\{\begin{matrix}<\\ >\end{matrix}\right\} \varrho$ zur gefundenen Auslaufsgeschwindigkeit. Wir haben aber diese Auslaufsgeschwindigkeit so bestimmt, daß sie zu ϱ im Verhältniß $\frac{1}{2}(g:m)$ steht. Da dies sich widerspricht, so ist die Annahme falsch, und der bewegte Punct erreicht die gegebene Tiefe. Er darf aber, um die gegebene Tiefe zu erreichen, mit keiner $\left\{\begin{matrix}\text{größeren}\\ \text{geringeren}\end{matrix}\right\}$ Auslaufsgeschwindigkeit behaftet werden, weil er sonst nach §. 51. eine $\left\{\begin{matrix}\text{geringere Tiefe als die gegebene erreichen, oder gar einen Horizontalkreis beschreiben, oder steigen}\\ \text{größere Tiefe als die gegebene erreichen}\end{matrix}\right\}$ würde.

Das □ der Geschwindigkeit, womit der bewegte Punct im tiefsten Punct der Bahn anlangt, ist nach §. 13. = dem □ der Auslaufsgeschwindigkeit $+ 2g \times 2(a - m)$, wenn wir die gegebene Tiefe des tiefsten Puncts der Bahn unter dem Mitterpunct mit a bezeichnen. Da aber

$m : g = \square\varrho : \square$ der Auslaufsgeschwindigkeit

$m : g = 4m \times (a - m) : 2g \times 2(a - m)$, so ist (Eucl. 5, 12)

$m : g = \square\sigma : \square$ der Geschwindigkeit, womit der bewegte Punct im tiefsten Punct der Bahn anlangt.

§. 53. Aufgabe.

Aus der gegebenen Tiefe des tiefsten Puncts der Bahn eines auf die in §. 35. beschriebene Art bewegten Puncts unter dem Kugelmittelpunct die Geschwindigkeit zu finden, welche man dem bewegten Punct daselbst geben muß, damit er zu einer gegebenen Höhe steige. Doch muß, wenn der höchste Punct der Bahn sich in der oberen Halbkugel befindet, die Höhe desselben über dem Mittelpunct $<$ sein als die Tiefe des tiefsten Puncts der Bahn unter dem Mittelpunct. Auch soll die Geschwindigkeit bestimmt werden, mit welcher der bewegte Punct im höchsten Punct anlangt.

Auflösung. Aus der Auflösung des vorigen Satzes, verglichen mit §. 23., geht hervor, daß, wenn man dem bewegten Punct eine Geschwindigkeit giebt, die zu σ im Verhältniß $\frac{1}{2}(g:m)$ steht, er die gegebene Höhe erreicht, und daselbst mit einer Geschwindigkeit anlangt, die zu ϱ im Verhältniß $\frac{1}{2}(g:m)$ steht. Aus §. 51. aber geht hervor, daß man dem bewegten Punct, wenn er die gegebene Höhe erreichen soll, keine {größere / geringere} Auslaufsgeschwindigkeit geben darf als die auf die beschriebene Art gefundene, weil er sonst eine

{größere Höhe als die gegebene erreichen
geringere Höhe als die gegebene erreichen, oder gar einen Horizontalkreis beschreiben, oder sinken}

würde.

§. 54. Aufgabe.

Aus der gegebenen Höhe des höchsten und tiefsten Puncts der Bahn eines von der Schwere getriebenen und auf eine Kugelfläche angewiesenen Puncts die Geschwindigkeit für jede gegebene Höhe zu bestimmen. Doch muß, wenn der bewegte Punct den Ueberschwung macht, auch noch die Geschwindigkeit für Eine gegebene Höhe gegeben sein.

Auflösung. Man bestimme auf dem senkrechten Kugeldurchmesser einen Punct, der vom Mittelpunct eben so weit entfernt ist als der höchste Punct der Bahn von der Ebene des größten Horizontalkreises, aber dabei auf der andern Seite des Mittelpuncts liegt. Von dem gefundenen Punct ziehe man eine gerade Linie nach dem tiefsten Punct der Bahn, und errichte auf diese gerade Linie aus dem tiefsten Punct der Bahn eine winkelrechte, welche den senkrechten Kugeldurchmesser schneidet. (Da aber der auf diese Art bestimmte Punct, aus welchem eine gerade Linie nach dem tiefsten Punct der Bahn gezogen werden sollte, bei der in §. 46. beschriebenen Bewegung, wie auch beim Ueberschwung, mit dem tiefsten Punct der Bahn zusammenfällt, so lassen sich durch diesen gemeinschaftlichen Punct soviele gerade Linien ziehen, als man will, und der Schneidepunct der winkelrecht errichteten mit dem senkrechten Kugeldurchmesser bleibt unbestimmt. Für diese Fälle dient es zur näheren Bestimmung, daß man bei der in §. 46. beschriebenen Bewegung den tiefsten Punct der Kugel selbst zum Schneidepunct zu wählen hat, beim Ueberschwung aber einen tiefer liegenden Punct, welcher folgendergestalt gefunden wird. Man bestimme auf dem senkrechten Kugeldurchmesser einen Punct, welcher vom Mittelpunct eben so weit entfernt ist als diejenige Horizontalebene, für welche die Geschwindigkeit gegeben ist, welcher aber dabei auf der andern Seite des Mittelpuncts liegt. Von dem gefundenen Punct aus trage man auf den senkrechten Kugeldurchmesser nach unten hin eine Linie ab = der der gegebenen Geschwindigkeit zugehörigen nach §. 56. des 1. Abschn. zu bestimmenden Höhe. Dadurch findet man denjenigen senkrecht unter dem tiefsten Punct der Kugel liegenden Punct, den man beim Ueberschwung zum Schneidepunct der winkelrecht errichteten Linie mit dem senkrechten Kugeldurchmesser zu wählen hat.) Man bestimme nun in dem zwischen der höchsten und tiefsten vom bewegten Punct berührten Horizontalebene enthaltenen Stück des senkrechten Kugeldurchmessers einen Punct, welcher von der mittleren vom bewegten Punct durchschnittenen Horizontalebene eben so weit entfernt ist als diejenige Horizontalebene, für welche die Geschwindigkeit gefunden werden soll, welcher aber dabei auf der andern Seite der mittleren vom bewegten Punct durchschnittenen Horizontalebene liegt. Die Geschwindigkeit nun, welche ein Punct erreicht, der von dem zuletzt gefundenen Puncte bis zu dem vorher erwähnten Schneidepuncte frei fällt, und welche nach §. 55. des 1. Abschn. bestimmt werden kann, ist = der gesuchten Geschwindigkeit.

Beweis. Für die Pendelschwingung, für die in §. 46. beschriebene Bewegung und für den Ueberschwung ist die Richtigkeit der angegebenen Auflösung aus §. 12. klar. Wenn aber ein Horizontalkreis beschrieben wird, so sei AB Fig. 31. der Halbmesser, und A der Mittelpunct desselben, und C der Mittelpunct der Kugel. Man verlängere AC von C aus, bis CD = CA, ziehe DB, und errichte das Perpendikel BE auf DB, bis es die Verlängerung von DA in E schneidet. Setzen wir nun wie in §. 26. $AC = z$, und $AB = \varrho$, so ist $AD = 2z$, also (Eucl. 6, 8. Zus.) $2z : \varrho = \varrho : AE$. Die der Fallhöhe AE zugehörige Geschwindigkeit c ist die mittlere Prop. zwischen 2g und AE. Wir haben $2z : 2g$, d. i. $z : g = (2z : AE) + (AE : 2g) = 2(2z : \varrho) + 2(c : 2g) = 2[(2z : \varrho) + (c : 2g)] = 2[(z : \varrho) + (c : g)]$, per affin. $= 2[(z : g) + (c : \varrho)]$; also $2(\varrho : c) = z : g$; $\frac{1}{2}(z : g) = \varrho : c$. Folglich ist (nach §. 26.) c = der Geschwindigkeit des sich im Horizontalkreis bewegenden Puncts.

Wenn endlich der bewegte Punct sich auf die in §. 35. beschriebene Art bewegt, so sei AB Fig. 32. der Halbmesser des tiefsten vom bewegten Punct berührten Horizontalkreises, A der Mittelpunct desselben, und C der Mittelpunct der Kugel; D aber sei der Punct, wo der höchste vom bewegten Punct berührte Horizontalkreis den senkrechten Kugeldurchmesser schneidet, und E derjenige Punct dieses Durchmessers, welcher eben so weit als D von C entfernt ist, aber mit D auf entgegengesetzten Seiten des Puncts C liegt. Nun ist, wenn man AE in G halbirt, $AG = m$, und $AB = \varrho$. Ist aber $AG = m$, so ist $AE = 2m$. Nach

Eucl. 6, 8. Zus. verhält sich EA : AB = AB : AF, wenn man BF winkelrecht auf EB bis an die Verlängerung von EA errichtet. Also $2m : \varrho = \varrho : AF$. Läßt man einen Körper von A bis F frei fallen, so wollen wir die Geschwindigkeit, die er erlangt, c nennen. Dann ist nach §. 55. des 1. Abschn. $2g : c = c : AF$, also $(2m : AF) + (AF : 2g)$, d. i. $m : g = 2(2m : \varrho) + 2(c : 2g)$, per affin. $= 2(m : g) + 2(c : \varrho)$, also $2(\varrho : c) = m : g$; $\frac{1}{2}(m : g) = \varrho : c$. Hieraus folgt, in Verbindung mit §. 52., daß c = ist der Geschwindigkeit des bewegten Puncts in der Höhe des Puncts D. Und hieraus, in Verbindung mit §. 12., folgt das Uebrige, was bewiesen werden sollte.

Anmerkung. Die Sätze §. 52. 53. und 54. enthalten eine geometrische Construction der Laplaceschen Formel (Méc. cél. I. 2, 11) $c = \frac{2g(r^2 - a^2 - ab - b^2)}{a + b}$.

§. 55. Lehrsatz.

Bei einer Pendelschwingung, wie auch bei der in §. 35. beschriebenen Bewegung, verhält sich in jedem Punct der Bahn das □ der nach der senkrechten Richtung zerfällten Geschwindigkeit zu dem um das Rechteck $4g \times m$ vermehrten □ der totalen Geschwindigkeit wie das Rechteck aus den Entfernungen des jedesmaligen Puncts der Bahn von der höchsten und tiefsten vom bewegten Punct berührten Horizontalebene zum □ des Kugelhalbmessers.

Beweis. Man nenne die Entfernung des jedesmaligen Puncts der Bahn von der höchsten vom bewegten Punct berührten Horizontalebene w, so ist seine Entfernung von der tiefsten vom bewegten Punct berührten Horizontalebene $= 2(a - m) - w$. Nennt man aber den Halbmesser des Horizontalkreises, worin sich der jedesmalige Punct der Bahn befindet, τ, so ist (Eucl. 6, 8. Zus.) $\square\tau = (r + a - 2m - w) \times (r + 2m + w - a) = \square r + 2a \times (2m + w) - \square(2m + w) - \square a = \begin{cases} (2m + w) \times (2r - 2m - w) \\ \square\varrho + (2m + w) \times (2a - 2m - w) \end{cases}$, wo der obere Ausdruck für die Pendelschwingung, der untere für die

in §. 35. beschriebene Bewegung gilt. Setzt man nun die Geschwindigkeit in dem betreffenden Punct der Bahn $= c$, und die nach der senkrechten Richtung zerfällte Geschwindigkeit $= k$, und macht man $r : \tau = c : x$ . . . . (a)
und überdies für die in §. 35. beschriebene Bewegung $\frac{1}{4}\Box r : F = F : y$, so wird nach §. 17. $\Box k = \left\{\begin{matrix}\Box x \\ \Box x - y\end{matrix}\right\}$. Nach dem vorigen Satz ist aber, wenn man $2m : \varrho = \varrho : h$ macht, $\Box c = \left\{\begin{matrix}2g \times w \\ 2g \times (h + w)\end{matrix}\right\}$; hierdurch, verglichen mit Eucl. 6, 22, verwandelt sich die Prop. (a) in $\Box r : \left\{\begin{matrix}(2m + w) \times (2r - 2m - w) \\ 2m \times h + (2m + w) \times (2a - 2m - w)\end{matrix}\right\} = \left\{\begin{matrix}2g \times w \\ 2g \times (h + w)\end{matrix}\right\} : \Box x$. Nach §. 50. ist $\frac{1}{2}(m : \frac{1}{4}g) = \varrho \times \sigma : F$; daher wird $2(\frac{1}{4}\Box r : \varrho \times \sigma) + 2(\varrho \times \sigma : F)$, d. i. $\frac{1}{4}\Box r : y = 2(\frac{1}{4}\Box r : \varrho \times \sigma) + (m : \frac{1}{4}g)$, also $(\varrho \times \sigma : \frac{1}{4}\Box r) + (\frac{1}{4}\Box r : y)$, d. i. $\varrho \times \sigma : y = (\frac{1}{4}\Box r : \varrho \times \sigma) + (m : \frac{1}{4}g)$, also $(\Box \varrho : \varrho \times \sigma) + (\varrho \times \sigma : y)$, d. i. $2m \times h : y = (\frac{1}{4}\Box r : \Box \sigma) + (m : \frac{1}{4}g) = [\frac{1}{4}\Box r : 2m \times h + 4m \times (a - m)] + (m : \frac{1}{4}g) = \Box r : 2g \times (h + 2a - 2m)$. Da aber

$$
\begin{array}{lcll}
2g \times h : 2m \times h & = & 2g \times (h + 2a - 2m) : 2m \times (h + 2a - 2m) & \\
2m \times h : \quad y & = & \Box r \quad : 2g \times (h + 2a - 2m) & \text{so wird} \\
\hline
 & & & \text{pert. ex aeq.} \\
2g \times h : \quad y & = & \Box r \quad : 2m \times (h + 2a - 2m) = \Box r : &
\end{array}
$$

$2m \times (h + w) + 2m \times (2a - 2m - w)$. Macht man nun $h + w : h = 2m : i$, so wird zurückkehrend $h + w : w = 2m : 2m - i =$ (Eucl. 5, 12) $h + w + 2m : 2m + w - i$; verwechselt und umgekehrt $h + w + 2m : h + w = 2m + w - i : w$. Da aber $\left\{\begin{matrix}2g \times w \\ 2g \times (h + w)\end{matrix}\right\} = \Box c$, so ist $\left\{\begin{matrix}2g \times (w + 2m) \\ 2g \times (h + w + 2m)\end{matrix}\right\} = \Box c + 4g \times m$, also

$$\left\{ h + w + 2m : h + w, \text{ d. i. } \begin{matrix} 2m + w \quad : w \\ 2m + w - i : w \end{matrix} \right\} = \Box c + 4g \times m : \Box c.$$

Aber aus $h + w : h = 2m : i$ folgt auch noch

$$2g\times(h+w) : 2g\times h = 2m\times(h+w)+2m\times(2a-2m-w) : 2m\times h+i\times(2a-2m-w)$$
$$2g\times h \quad : \quad y = \square r \qquad : 2m\times(h+w)+2m\times(2a-2m-w)$$

pert. ex aeq. $2g\times(h+w) : y = \square r \qquad : 2m\times h+i\times(2a-2m-w)$

$$\begin{Bmatrix}2g\times w\\ 2g\times(h+w)\end{Bmatrix} : \square x = \square r : \begin{Bmatrix}(2m+w)\times(2r-2m-w)\\ 2m\times h+(2m+w)\times(2a-2m-w)\end{Bmatrix}$$

(I. 1, 7) $\square c : \square k = \square r : \begin{Bmatrix}(2m+w)\times(2r-2m-w)\\ (2m+w-i)\times(2a-2m-w)\end{Bmatrix}$

$$\square c+4g\times m : \square c = \begin{Bmatrix}(2m+w)\times(2r-2m-w) : w\times(2r-2m-w)\\ (2m+w-i)\times(2a-2m-w) : w\times(2a-2m-w)\end{Bmatrix}$$

pert. ex aeq.

$$\square c+4g\times m : \square k = \square r : \qquad w\times(2a-2m-w).$$

Anmerkung. Dieser Satz entspricht der Laplaceschen Formel (Méc. cél. I. 2, 11) $dt = \frac{-rdz}{\sqrt{(a-z)(z-b)(2gz+f)}}$, wo $f = \frac{2g(r^2+ab)}{a+b}$ ist.

§. 56. Lehrsatz.

Wenn bei einer Pendelschwingung oder bei der in §. 35. beschriebenen Bewegung der senkrechte Kugeldurchmesser von der tiefsten vom bewegten Punct berührten Horizontalebene in A Fig. 33., von der höchsten vom bewegten Punct berührten Horizontalebene aber in D geschnitten wird, und man beschreibt über AD einen Halbkreis, errichtet aus dem Punct D des Durchmessers, welcher Punct mit dem bewegten Punct in einem angenommenen Augenblick in gleicher Höhe liegt, das Perpendikel BC bis an die Peripherie, und zieht die Sehne

CD, so ist, wenn wir den $\angle ADC$ mit θ, und die 4te Proportionale zu 4R, zu der Geschwindigkeit, womit der $\angle\theta$ sich ändert, und zum Umfang des größten Kugelkreises mit α bezeichnen, die 4te Proportionale zu $\frac{1}{2}$g, 2m und $\square\alpha = 4\square m + \square\sigma$, minus der 4ten Prop. zu r, Sin.$^2\,\theta$ und $\left\{\begin{matrix}\square\sigma\\ \square\sigma - \square\varrho\end{matrix}\right\}$. Beim Ueberschwung aber ist, wenn die Geschwindigkeit im untersten Punct der Kugel = C gesetzt wird, $\square\alpha = \frac{1}{4}\square C - g \times \text{Sin.}^2\,\theta$.

Beweis. Es sei E der Mittelpunct des Halbkreises; man ziehe EC, AC und die Tangente CF bis an die Verlängerung von DA. Dann ist (Eucl. 6, 8) EC:CB = CF:FB. Während nun der bewegte Punct aufwärts steigt, bewegt sich der Punct C auf der Peripherie des Halbkreises allmälig von A bis D, und man kann diese Bewegung im Halbkreise zusammengesetzt denken aus der nach der senkrechten Richtung zerfällten Bewegung des in der Kugelfläche laufenden Puncts und aus einer winkelrecht auf AD gerichteten Bewegung, die in einem bloßen Wachsen und Abnehmen der Linie BC besteht. Hieraus, verglichen mit §. 12. des 2. Abschn., ergiebt sich, daß CF:FB, d. i. EC:CB = Geschwindigkeit, womit der Bogen AC wächst, : k. Nun verhält sich aber 2R : Geschwindigkeit, womit der $\angle\theta$ wächst, d. i. der halbe Umfang des größten Kugelkreises : α = Umfang des aus E durch A beschriebenen Kreises : Geschwindigkeit, womit der Bogen AC wächst (Eucl. 3, 20); also auch (verwechselt) der halbe Umfang des größten Kugelkreises zum Umfang des aus E durch A beschriebenen Kreises, d. i. $\frac{1}{2}$r:EC = α: Geschwindigkeit, womit der Bogen AC wächst. Folglich (EC:CB) + ($\frac{1}{2}$r:EC), d. i. $\frac{1}{2}$r : CB = α : k, also $\frac{1}{4}\square r : \square CB$, d. i. zu $DB \times BA = \square\alpha : \square k$. Nach dem vorigen Satz ist aber für die Pendelschwingung und für die in §. 35. beschriebene Bewegung $\frac{1}{4}\square r : DB \times BA = \frac{1}{4}\square c + g \times m : \square k$, und beim Ueberschwung ist für sich klar, daß $\frac{1}{4}\square r : DB \times BA = \frac{1}{4}\square c : \square k = \frac{1}{4}\square C - \frac{1}{2} g \times AB : \square k$. Folglich ist $\square\alpha$ bei der Pendelschwingung und bei der in §. 35. beschriebenen Bewegung $= \frac{1}{4}\square c + g \times m$, beim Ueberschwung aber =

$\frac{1}{4}\square C - \frac{1}{2} g \times AB = \frac{1}{4}\square C - g \times \mathrm{Sin.}^2 \theta$. Da auf diese Art für den Ueberschwung schon bewiesen ist, was bewiesen werden sollte, so wird der übrige Theil unseres Beweises sich nur noch auf die Pendelschwingung und auf die in §. 35. beschriebene Bewegung beziehen. Wir haben gefunden $\square \alpha = \frac{1}{4}\square c + g \times m$. Machen wir hier wieder $2m : \varrho = \varrho : h$, so wird, wie aus der Beweisführung des vorigen Satzes erhellt, $\square c + 4g \times m = \left\{\begin{matrix} 2g \times (2m + DB) \\ 2g \times (h + 2m + DB) \end{matrix}\right\}$, also $\frac{1}{4}\square c + g \times m$, d. i. $\square \alpha = \left\{\begin{matrix} \frac{1}{2}g \times (2m + DB) \\ \frac{1}{2}g \times (h + 2m + DB) \end{matrix}\right\}$, also die 4te Proportionale zu $\frac{1}{2}g$, $2m$ und $\square \alpha$, die wir β nennen wollen, $= \left\{\begin{matrix} 2m \times (2m + DB) \\ 2m \times (h + 2m + DB) \end{matrix}\right\} = \left\{\begin{matrix} 4\square m + 2m \times DB \\ 4\square m + 2m \times (h + DB) \end{matrix}\right\} = \left\{\begin{matrix} 4\square m + 2m \times AD - 2m \times AB \\ 4\square m + 2m \times h + 4m \times (a - m) - 2m \times AB \end{matrix}\right\}$ $= 4\square m + \square \sigma - 2m \times AB$. Nun verhält sich $AD : AC = r : \mathrm{Sin.}\,\theta$, und auch $AC : AB = r : \mathrm{Sin.}\,\theta$, also $AD : AB$, d. i. $\left\{\begin{matrix} 2m \times AD \\ 4m \times (a - m) \end{matrix}\right\}$ $: 2m \times AB$, d. i. $\left\{\begin{matrix} \square \sigma \\ \square \sigma - \square \varrho \end{matrix}\right\} : 2m \times AB = r : \mathrm{Sin.}^2 \theta$. Folglich ist $\beta = 4\square m + \square \sigma$, minus der 4ten Proportionale zu r, $\mathrm{Sin.}^2 \theta$ und $\left\{\begin{matrix} \square \sigma \\ \square \sigma - \square \varrho \end{matrix}\right\}$.

Anmerkung. Dieser Satz entspricht der Laplaceschen Formel (Méc. cél. I. 2, 11) $dt = \frac{r\sqrt{2(a+b)}}{\sqrt{g((a+b)^2 + r^2 - b^2)}} \cdot \frac{d\theta}{\sqrt{1 - \gamma^2 \mathrm{Sin.}^2 \theta}}$, wo $\gamma^2 = \frac{a^2 - b^2}{(a+b)^2 + r^2 - b^2}$ ist. Wir haben ihn, der Vollständigkeit der Theorie wegen, auch für den Fall des Ueberschwungs entwickelt und auf die erforderliche Weise modificirt.

§. 57. Lehrsatz.

Wenn man bei einer Pendelschwingung den $\angle$, welchen der aus dem höchsten Punct der Bahn nach dem Kugelmittelpunct gezogene Halbmesser gegen den vom Mittelpunct senkrecht nach unten laufenden Halbmesser bildet, φ nennt, so ist die Dauer der Pendelschwingung vom höchsten Punct der Bahn bis wieder zum höchsten Punct der Bahn so groß, daß die dieser Dauer zugehörige freie Fallhöhe zum halben Umfang des größten Kugelkreises ein Verhältniß hat, welches aus dem doppelten Verhältniß des Näherungswerthes der Reihe $r + (\frac{1}{2})^2 \text{Sin.}^2 \frac{1}{2}\varphi + \left(\frac{1.3}{2.4}\right)^2 \text{Sin.}^4 \frac{1}{2}\varphi + \left(\frac{1.3.5}{2.4.6}\right)^2 \text{Sin.}^6 \frac{1}{2}\varphi + \ldots \sim$ zu r und aus dem Verhältniß des halben Umfangs eines Kreises zu seinem Durchmesser zusammengesetzt ist.

Wenn man dagegen bei der in §. 35. beschriebenen Bewegung $4\Box m + \Box\sigma : \Box\sigma - \Box\varrho =$ Umfang des größten Kugelkreises (welchen Umfang wir U nennen wollen) $: s' = s' : s'' = s'' : s'''$ u. s. w. macht, so ist die Dauer der Bewegung vom höchsten Punct der Bahn bis wieder zum höchsten Punct so groß, daß die dieser Dauer zugehörige freie Fallhöhe sich zu $\frac{1}{2}m$ verhält wie das $\Box$ des Näherungswerthes der Reihe $U + (\frac{1}{2})^2 s' + \left(\frac{1.3}{2.4}\right)^2 s'' + \left(\frac{1.3.5}{2.4.6}\right)^2 s''' + \ldots \sim$ zu $4\Box m + \Box\sigma$.

Und wenn man beim Ueberschwung die Geschwindigkeit, welche im untersten Punct der Kugel statt findet, C, die Geschwindigkeit aber, welche einer dem Kugeldurchmesser gleichen freien Fallhöhe zugehört, c nennt, und man macht $2(C:c) = r : s' = s' : s'' = s'' : s'''$ u. s. w., so verhält sich die Dauer des ganzen Ueberschwunges rings im Kreise herum zu der Zeit, in welcher eine gleichförmige mit der Geschwindigkeit C behaftete Bewegung die ganze Kreisperipherie beschreiben würde, wie der Näherungswerth der Reihe $r + (\frac{1}{2})^2 s' + \left(\frac{1.3}{2.4}\right)^2 s'' + \left(\frac{1.3\,5}{2.4.6}\right)^2 s''' + \ldots \sim$ zu r.

Beweis. Nach dem vorigen Satz ist, wenn man 4R : Geschwindigkeit, womit der $\angle\theta$ wächst, $= U : \alpha$; $\frac{1}{2}g : 2m = \Box\alpha : \beta$, und $r : \text{Sin.}^2\theta = \begin{Bmatrix}\Box\sigma \\ \Box\sigma - \Box\varrho\end{Bmatrix} : \gamma$ macht,

$$\begin{Bmatrix} \beta = 4\Box m + \Box\sigma - \gamma \\ \beta = 4\Box m + \Box\sigma - \gamma \\ \Box\alpha = \frac{1}{4}\Box C - g \times \text{Sin.}^2\theta \end{Bmatrix}.$$ Da aber

$$\left\{\begin{array}{l}\Box\sigma = 2m\times(2r-2m) = 2\,\text{Cos.}^2\tfrac{1}{2}\varphi\times2\,\text{Sin.}^2\tfrac{1}{2}\varphi,\ \text{alſo}\ 4\Box m+\Box\sigma = 2m\times2r = 2\,\text{Cos.}^2\tfrac{1}{2}\varphi\times2r\\ \Box\sigma-\Box\varrho = 4m\times(a-m),\ \text{und}\ 4\Box m+\Box\sigma = 2m\times(h+2a)\end{array}\right\},\ \text{ſo wird}$$

$$\left\{\begin{array}{l}\Box r : r\times\text{Sin.}^2\theta\\ U\times r : U\times\text{Sin.}^2\theta\end{array}\right\} = \left\{\begin{array}{l}2\text{Cos.}^2\tfrac{1}{2}\varphi\times2\text{Sin.}^2\tfrac{1}{2}\varphi\\ \Box\sigma-\Box\varrho\end{array}\right\}:\gamma,\ \text{und}\ \left\{\begin{array}{l}\beta = 2\,\text{Cos.}^2\tfrac{1}{2}\varphi\times2r-\gamma\\ \beta = 4\Box m+\Box\sigma-\gamma\\ \Box\alpha = \tfrac{1}{4}\Box C-g\times\text{Sin.}^2\theta\end{array}\right\}.$$

$$\left\{\begin{array}{l}r\times\text{Sin.}^2\theta : \text{Sin.}^2\tfrac{1}{2}\varphi\times\text{Sin.}^2\theta = 2\,\text{Cos.}^2\tfrac{1}{2}\varphi\times2r : 2\,\text{Cos.}^2\tfrac{1}{2}\varphi\times2\,\text{Sin.}^2\tfrac{1}{2}\varphi\\ U\times\text{Sin.}^2\theta :\ s'\times\text{Sin.}^2\theta \qquad = 4\Box m+\Box\sigma : \Box\sigma-\Box\varrho\end{array}\right\}$$

pert. ex aeq.

$$\left\{\begin{array}{lll}\Box r & : \text{Sin.}^2\tfrac{1}{2}\varphi\times\text{Sin.}^2\theta = 2\,\text{Cos.}^2\tfrac{1}{2}\varphi\times2r & : \gamma\\ U\times r & :\ s'\times\text{Sin.}^2\theta = 4\Box m+\Box\sigma & : \gamma\\ \Box r & :\ s'\times\text{Sin.}^2\theta = \Box C & : 4g\times\text{Sin.}^2\theta\end{array}\right\}.$$

Hieraus folgt zurückkehrend $\left(\text{weil}\ \left\{\begin{array}{l}g\times r : 2\,\text{Cos.}^2\tfrac{1}{2}\varphi\times2r\\ \tfrac{1}{2}g\times(h+2a) : 2m\times(h+2a)\end{array}\right\} = \Box\alpha:\beta\right)$

$$\left\{\begin{array}{l}\Box r : \Box r-\text{Sin.}^2\tfrac{1}{2}\varphi\times\text{Sin.}^2\theta = 2\,\text{Cos.}^2\tfrac{1}{2}\varphi\times2r : \beta = g\times r : \Box\alpha\\ U\times r : U\times r-s'\times\text{Sin.}^2\theta = 2m\times(h+2a) : \beta = \tfrac{1}{2}g\times(h+2a) : \Box\alpha\\ \Box r : \Box r-s'\times\text{Sin.}^2\theta = \tfrac{1}{4}\Box C : \Box\alpha\end{array}\right\}.$$ Hieraus, in Verbindung mit

§. 20. des 4ten Abſchn. Theil 1, folgt (wenn man die mittlere Proportionale zwiſchen $\left\{\begin{array}{l}\tfrac{1}{2}g\ \text{und}\ 2r\\ \tfrac{1}{2}g\ \text{und}\ h+2a\\ C\ \text{und}\ \tfrac{1}{4}C\end{array}\right\}$ mit

$\left\{\begin{array}{c}E\\ E\\ \tfrac{1}{2}C\end{array}\right\}$ bezeichnet), daß der Näherungswerth der Reihe

$$\left\{\begin{array}{l}\Box r + \frac{1}{2}\,\text{Sin.}^2\,\tfrac{1}{2}\varphi \times \text{Sin.}^2\,\theta + \frac{1.3}{2.4}\,\text{Sin.}^4\,\tfrac{1}{2}\varphi \times \text{Sin.}^4\,\theta + \frac{1.3.5}{2.4.6}\,\text{Sin.}^6\,\tfrac{1}{2}\varphi \times \text{Sin.}^6\,\theta + \ldots \sim : \Box r = E \\ U \times r + \frac{1}{2}\,s' \times \text{Sin.}^2\,\theta + \frac{1.3}{2.4}\,s'' \times \text{Sin.}^4\,\theta + \frac{1.3.5}{2.4.6}\,s''' \times \text{Sin.}^6\,\theta + \ldots \sim : U \times r = E \\ \Box r + \frac{1}{2}\,s' \times \text{Sin.}^2\,\theta + \frac{1.3}{2.4}\,s'' \times \text{Sin.}^4\,\theta + \frac{1.3.5}{2.4.6}\,s''' \times \text{Sin.}^6\,\theta + \ldots \sim : \Box r = \tfrac{1}{2}C\end{array}\right\} : \alpha.$$

Dafür wollen wir schreiben

$$\left\{\begin{array}{l}\Box r + \Sigma \frac{1.3.5\ldots(2n-1)}{2.4.6\ldots(2n)}\,\text{Sin.}^{2n}\,\tfrac{1}{2}\varphi \times \text{Sin.}^{2n}\,\theta : \Box r = E \\ U \times r + \Sigma \frac{1.3.5\ldots(2n-1)}{2.4.6\ldots(2n)}\,s^{n} \times \text{Sin.}^{2n}\,\theta : U \times r = E \\ \Box r + \Sigma \frac{1.3.5\ldots(2n-1)}{2.4.6\ldots(2n)}\,s^{n} \times \text{Sin.}^{2n}\,\theta : \Box r = \tfrac{1}{2}C\end{array}\right\} : \alpha,$$

wo das Zeichen Σ anzeigt, daß man in dem dahinter stehenden Ausdruck n nach und nach = 1, 2, 3, u. s. w. setzen, die dadurch sich ergebenden Werthe zusammenaddiren, und den Näherungswerth der dadurch entstehenden convergirenden Reihe nehmen soll. Nach §. 21. des 4ten Abschn. Theil 2. ist nun $\text{Sin.}^{2n}\,\theta = \frac{{}^{2n}\mathfrak{N}}{2^{2n}}\,r \pm \frac{{}^{2n}\mathfrak{M}}{2^{2n-1}}\,\text{Cos.}\,2\theta \pm \frac{{}^{2n}\mathfrak{L}}{2^{2n-1}}\,\text{Cos.}\,4\theta \pm \frac{{}^{2n}\mathfrak{K}}{2^{2n-1}}\,\text{Cos.}\,6\theta \pm \ldots \pm \frac{{}^{2n}\mathfrak{A}}{2^{2n-1}}\,\text{Cos.}\,(2n-2)\,\theta \pm \frac{\text{Cos.}\,2n\,\theta}{2^{2n-1}}$, in welcher Formel die Zeichen $\pm$ der einzelnen Glieder unabhängig von einander sind, und so verstanden werden sollen, daß man die einzelnen Glieder auf die in §. 20. des 4ten Abschn. Theil 2. angezeigte Art in 2 Partheien theilen, und dann die Summe der Glieder der 2ten Parthei von der Summe der Glieder der 1sten Parthei abziehen soll. Dadurch verwandelt sich $\left\{\begin{array}{l} \Sigma \frac{1.3.5\ldots(2n-1)}{2.4.6\ldots(2n)} \mathrm{Sin.}^{2n} \tfrac{1}{2}\varphi \times \mathrm{Sin.}^{2n}\theta \\ \Sigma \frac{1.3.5\ldots(2n-1)}{2.4.6\ldots(2n)} \quad s^n \quad \times \mathrm{Sin.}^{2n}\theta \\ \Sigma \frac{1.3.5\ldots(2n-1)}{2.4.6\ldots(2n)} \quad s^n \quad \times \mathrm{Sin.}^{2n}\theta \end{array}\right\}$ in eine Reihe von der Form

$$r \times \left\{\begin{array}{l} \Sigma \frac{1.3.5\ldots(2n-1)}{2.4.6\ldots(2n)} \cdot \frac{2n\mathfrak{N}}{2^{2n}} \mathrm{Sin.}^{2n} \tfrac{1}{2}\varphi \\ \Sigma \frac{1.3.5\ldots(2n-1)}{2.4.6\ldots(2n)} \cdot \frac{2n\mathfrak{N}}{2^{2n}} \quad s^n \\ \Sigma \frac{1.3.5\ldots(2n-1)}{2.4.6\ldots(2n)} \cdot \frac{2n\mathfrak{N}}{2^{2n}} \quad s^n \end{array}\right\} \pm \Sigma A \times \mathrm{Cos.}\, 2n\theta,$$

d. i. (nach §. 22. des 3ten Abschnitts Theil 1.)

$$r \times \left\{\begin{array}{l} \Sigma \left(\frac{1.3.5\ldots(2n-1)}{2.4.6\ldots(2n)}\right)^2 \mathrm{Sin.}^{2n} \tfrac{1}{2}\varphi \\ \Sigma \left(\frac{1.3.5\ldots(2n-1)}{2.4.6\ldots(2n)}\right)^2 \quad s^n \\ \Sigma \left(\frac{1.3.5\ldots(2n-1)}{2.4.6\ldots(2n)}\right)^2 \quad s^n \end{array}\right\} \pm \Sigma A \times \mathrm{Cos.}\, 2n\theta,$$

wo das Zeichen $\pm$ ebenso wie vorher verstanden werden muß, und welche Reihe gleichfalls convergirt, und mit $\left\{\begin{array}{l} \Sigma \frac{1.3.5\ldots(2n-1)}{2.4.6\ldots(2n)} \mathrm{Sin.}^{2n} \tfrac{1}{2}\varphi \times \mathrm{Sin.}^{2n}\theta \\ \Sigma \frac{1.3.5\ldots(2n-1)}{2.4.6\ldots(2n)} \quad s^n \quad \times \mathrm{Sin.}^{2n}\theta \\ \Sigma \frac{1.3.5\ldots(2n-1)}{2.4.6\ldots(2n)} \quad s^n \quad \times \mathrm{Sin.}^{2n}\theta \end{array}\right\}$ einerlei Näherungswerth hat. Demnach verwandelt sich obige Proportion in

$$\left\{\begin{array}{l} r\times\left[r+\Sigma\left(\frac{1.3.5\ldots(2n-1)}{2.4.6\ldots(2n)}\right)^2 \text{Sin.}^{2n}\tfrac{1}{2}\varphi\right] \pm \Sigma A\times\text{Cos.}2n\theta : \Box r = E \\ r\times\left[U+\Sigma\left(\frac{1.3.5\ldots(2n-1)}{2.4.6\ldots(2n)}\right)^2 s^n\right] \pm \Sigma A\times\text{Cos.}2n\theta : U\times r = E \\ r\times\left[r+\Sigma\left(\frac{1.3.5\ldots(2n-1)}{2.4.6\ldots(2n)}\right)^2 s^n\right] \pm \Sigma A\times\text{Cos.}2n\theta : \Box r = \tfrac{1}{2}C \end{array}\right\} : \alpha \;\; \ldots\ldots \;\; (b).$$

Nennen wir nun die Geschwindigkeit, womit $\text{Sin.}2n\theta$ sich ändert, S^n, so verhält sich nach §. 6. des vorigen Abschn. $S^n : 2n\alpha = \text{Cos.}2n\theta : r$, also $\frac{1}{2n}S^n : \alpha = \text{Cos.}2n\theta : r$; verwechselt $\frac{1}{2n}S^n : \text{Cos.}2n\theta$, d. i. $\frac{A}{2n}\times S^n : A\times\text{Cos.}2n\theta = \alpha : r$, daher (I. 1, 2) $\Sigma\frac{A}{2n}\times S^n : \Sigma A\times\text{Cos.}2n\theta = \alpha : r$

$$\left\{\begin{array}{l} \alpha\times\left[r+\Sigma\left(\frac{1.3.5\ldots(2n-1)}{2.4.6\ldots(2n)}\right)^2 \text{Sin.}^{2n}\tfrac{1}{2}\varphi\right] : r\times\left[r+\Sigma\left(\frac{1.3.5\ldots(2n-1)}{2.4.6\ldots(2n)}\right)^2 \text{Sin.}^{2n}\tfrac{1}{2}\varphi\right] \\ \alpha\times\left[U+\Sigma\left(\frac{1.3.5\ldots(2n-1)}{2.4.6\ldots(2n)}\right)^2 s^n\right] : r\times\left[U+\Sigma\left(\frac{1.3.5\ldots(2n-1)}{2.4.6\ldots(2n)}\right)^2 s^n\right] \\ \alpha\times\left[r+\Sigma\left(\frac{1.3.5\ldots(2n-1)}{2.4.6\ldots(2n)}\right)^2 s^n\right] : r\times\left[r+\Sigma\left(\frac{1.3.5\ldots(2n-1)}{2.4.6\ldots(2n)}\right)^2 s^n\right] \end{array}\right\} = \alpha : r$$

——————————————————————— (I. 1, 2)

$$\left\{\begin{array}{l} \alpha\times\left[r+\Sigma\left(\frac{1.3.5\ldots(2n-1)}{2.4.6\ldots(2n)}\right)^2\mathrm{Sin.}^{2n}\tfrac{1}{2}\varphi\right]\pm\Sigma\frac{A}{2n}\times S^n : r\times\left[r+\Sigma\left(\frac{1.3.5\ldots(2n-1)}{2.4.6\ldots(2n)}\right)^2\mathrm{Sin.}^{2n}\tfrac{1}{2}\varphi\right]\pm\Sigma A\times\mathrm{Cos.}2n\theta \\ \alpha\times\left[U+\Sigma\left(\frac{1.3.5\ldots(2n-1)}{2.4.6\ldots(2n)}\right)^2 s^n\right]\pm\Sigma\frac{A}{2n}\times S^n : r\times\left[U+\Sigma\left(\frac{1.3.5\ldots(2n-1)}{2.4.6\ldots(2n)}\right)^2 s^n\right]\pm\Sigma A\times\mathrm{Cos.}2n\theta \\ \alpha\times\left[r+\Sigma\left(\frac{1.3.5\ldots(2n-1)}{2.4.6\ldots(2n)}\right)^2 s^n\right]\pm\Sigma\frac{A}{2n}\times S^n : r\times\left[r+\Sigma\left(\frac{1.3.5\ldots(2n-1)}{2.4.6\ldots(2n)}\right)^2 s^n\right]\pm\Sigma A\times\mathrm{Cos.}2n\theta \end{array}\right\} = \alpha : r.$$

Hieraus, in Verbindung mit der Proportion (b), folgt (pert. ex aeq.)

$$\left\{\begin{array}{l} \alpha\times\left[r+\Sigma\left(\frac{1.3.5\ldots(2n-1)}{2.4.6\ldots(2n)}\right)^2\mathrm{Sin.}^{2n}\tfrac{1}{2}\varphi\right]\pm\Sigma\frac{A}{2n}\times S^n : \square r = E \\ \alpha\times\left[U+\Sigma\left(\frac{1.3.5\ldots(2n-1)}{2.4.6\ldots(2n)}\right)^2 s^n\right]\pm\Sigma\frac{A}{2n}\times S^n : U\times r = E \\ \alpha\times\left[r+\Sigma\left(\frac{1.3.5\ldots(2n-1)}{2.4.6\ldots(2n)}\right)^2 s^n\right]\pm\Sigma\frac{A}{2n}\times S^n : \square r = \tfrac{1}{2}C \end{array}\right\} : r.$$

Nennen wir nun den zum Centriwinkel θ gehörigen mit dem Halbmesser r beschriebenen Bogen B, so kann die letzte Prop. auch so ausgedruckt werden: Die Geschwindigkeit, womit sich

$$\left\{\begin{array}{l} B\times\left[r+\Sigma\left(\frac{1.3.5\ldots(2n-1)}{2.4.6\ldots(2n)}\right)^2\mathrm{Sin.}^{2n}\tfrac{1}{2}\varphi\right]\pm\Sigma\frac{A}{2n}\times\mathrm{Sin.}2n\theta \\ B\times\left[U+\Sigma\left(\frac{1.3.5\ldots(2n-1)}{2.4.6\ldots(2n)}\right)^2 s^n\right]\pm\Sigma\frac{A}{2n}\times\mathrm{Sin.}2n\theta \\ B\times\left[r+\Sigma\left(\frac{1.3.5\ldots(2n-1)}{2.4.6\ldots(2n)}\right)^2 s^n\right]\pm\Sigma\frac{A}{2n}\times\mathrm{Sin.}2n\theta \end{array}\right\}$$

ändert

(welche Geschwindigkeit wir H nennen wollen), verhält sich zu $\left\{\begin{array}{l}\square r = E\\ U\times r = E\\ \square r = \frac{1}{2}C\end{array}\right\} : r$. Da in dieser Proportion die 3 letzten Glieder während der Bewegung des bewegten Puncts unverändert bleiben, so bleibt auch H unverändert. Nun ändert sich aber

$$\left\{\begin{array}{l} B\times\left[r+\Sigma\left(\frac{1.3.5\ldots(2n-1)}{2.4.6\ldots(2n)}\right)^2 \mathrm{Sin.}^{2n}\tfrac{1}{2}\varphi\right] \pm \Sigma\frac{A}{2n}\times \mathrm{Sin.}\,2\,n\,\theta \\ B\times\left[U+\Sigma\left(\frac{1.3.5\ldots(2n-1)}{2.4.6\ldots(2n)}\right)^2 s^n\right] \pm \Sigma\frac{A}{2n}\times \mathrm{Sin.}\,2\,n\,\theta \\ B\times\left[r+\Sigma\left(\frac{1.3.5\ldots(2n-1)}{2.4.6\ldots(2n)}\right)^2 s^n\right] \pm \Sigma\frac{A}{2n}\times \mathrm{Sin.}\,2\,n\,\theta \end{array}\right\}$$

in der Zeit, in welcher der bewegte Punct sich vom niedrigsten zum höchsten Punct seiner Bahn erhebt, um

$$\left\{\begin{array}{l} \tfrac{1}{4}U\times\left[r+\Sigma\left(\frac{1.3.5\ldots(2n-1)}{2.4.6\ldots(2n)}\right)^2 \mathrm{Sin.}^{2n}\tfrac{1}{2}\varphi\right] \\ \tfrac{1}{4}U\times\left[U+\Sigma\left(\frac{1.3.5\ldots(2n-1)}{2.4.6\ldots(2n)}\right)^2 s^n\right] \\ \tfrac{1}{4}U\times\left[r+\Sigma\left(\frac{1.3.5\ldots(2n-1)}{2.4.6\ldots(2n)}\right)^2 s^n\right] \end{array}\right\}.$$

Folglich verhält sich die Zeit

{ einer Pendelschwingung vom höchsten bis wieder zum höchsten Punct der Bahn
der in §. 35. beschriebenen Bew. vom höchsten bis wieder zum höchsten Punct der Bahn
eines ganzen Ueberschwunges rings im Kreise herum },

welche Zeit wir T nennen wollen, zu der Zeit, welcher die freie Fallhöhe $\frac{1}{2}g$ zugehört, wie

$$\left\{\begin{array}{l} \tfrac{1}{2}U\times\left[r+\Sigma\left(\frac{1.3.5\ldots(2n-1)}{2.4.6\ldots(2n)}\right)^2 \mathrm{Sin.}^{2n}\tfrac{1}{2}\varphi\right] \\ \tfrac{1}{2}U\times\left[U+\Sigma\left(\frac{1.3.5\ldots(2n-1)}{2.4.6\ldots(2n)}\right)^2 s^n\right] \\ \tfrac{1}{2}U\times\left[r+\Sigma\left(\frac{1.3.5\ldots(2n-1)}{2.4.6\ldots(2n)}\right)^2 s^n\right] \end{array}\right\} : H,$$

folglich die freie Fallhöhe in der Zeit T (welche Fallhöhe wir I nennen wollen)

$$: \tfrac{1}{2} g = 2 \left(\left\{ \begin{array}{l} \tfrac{1}{2} U \times \left[r + \Sigma \left(\frac{1.3.5\ldots(2n-1)}{2.4.6\ldots(2n)} \right)^2 \mathrm{Sin.}^{2n} \tfrac{1}{2} \varphi \right] \\ \tfrac{1}{2} U \times \left[U + \Sigma \left(\frac{1.3.5\ldots(2n-1)}{2.4.6\ldots(2n)} \right)^2 s^n \right] \\ \tfrac{1}{2} U \times \left[r + \Sigma \left(\frac{1.3.5\ldots(2n-1)}{2.4.6\ldots(2n)} \right)^2 s^n \right] \end{array} \right\} : H \right).$$

Aber $2\left(H : \left\{ \begin{array}{c} \Box r \\ U \times r \\ \Box r \end{array} \right\}\right) = \left\{ \begin{array}{c} \Box E \\ \Box E \\ \tfrac{1}{4} \Box C \end{array} \right\} : \Box r.$ Hieraus erkennen wir

1) für die **Pendelschwingung**, $(I : \tfrac{1}{2} g) + (\tfrac{1}{2} g : \tfrac{1}{2} U)$, d. i.
$I : \tfrac{1}{2} U = 2 \left\{ \tfrac{1}{2} U \times \left[r + \Sigma \left(\frac{1.3.5\ldots(2n-1)}{2.4.6\ldots(2n)} \right)^2 \mathrm{Sin.}^{2n} \tfrac{1}{2} \varphi \right] : \Box r \right\} +$
$(\Box r : g \times r) + (g : U) = 2 (U : 2 r) +$
$2 \left[r + \Sigma \left(\frac{1.3.5\ldots(2n-1)}{2.4.6\ldots(2n)} \right)^2 \mathrm{Sin.}^{2n} \tfrac{1}{2} \varphi : r \right] + (r : U) =$
$2 \left[r + \Sigma \left(\frac{1.3.5\ldots(2n-1)}{2.4.6\ldots(2n)} \right)^2 \mathrm{Sin.}^{2n} \tfrac{1}{2} \varphi : r \right] + (\tfrac{1}{2} U : 2 r);$

2) für die in §. 35. beschriebene **Bewegung**, $(I : \tfrac{1}{2} g)$
$+ (\tfrac{1}{2} g : \tfrac{1}{2} m)$, d. i. $I : \tfrac{1}{2} m = 2 \left\{ \tfrac{1}{2} U \times \left[U + \Sigma \left(\frac{1.3.5\ldots(2n-1)}{2.4.6\ldots(2n)} \right)^2 s^n \right] : U \times r \right\}$
$+ [\Box r : \tfrac{1}{2} g \times (h + 2 a)] + [\tfrac{1}{2} g \times (h + 2 a) : \Box m + \tfrac{1}{4} \Box \sigma] =$
$\Box \left[U + \Sigma \left(\frac{1.3.5\ldots(2n-1)}{2.4.6\ldots(2n)} \right)^2 s^n \right] : 4 \Box m + \Box \sigma.$

3) Für den **Ueberschwung** verhält sich die Zeit, welcher die freie Fallhöhe $\tfrac{1}{2} g$ zugehört, zu der Zeit, in welcher eine gleichförmige mit der Geschwindigkeit C behaftete Bewegung die ganze Kreisperipherie durchlaufen würde, $= C : U$, folglich T zu der Zeit, in welcher eine gleichförmige mit der Geschwindigkeit C behaftete Bewegung die ganze Kreisperipherie durchlaufen würde,
$= (C : U) + \left\{ \tfrac{1}{2} U \times \left[r + \Sigma \left(\frac{1.3.5\ldots(2n-1)}{2.4.6\ldots(2n)} \right)^2 s^n \right] : \Box r \right\} + (r : \tfrac{1}{2} C)$
$= r + \Sigma \left(\frac{1.3.5\ldots(2n-1)}{2.4.6\ldots(2n)} \right)^2 s^n : r.$

Anmerkung. Dieser Satz entspricht den beiden Laplaceschen Formeln (Méc. cél, I. 2, 11)

T =

$$\pi\sqrt{\frac{r}{g}}\sqrt{\frac{2r(a+b)}{(a+b)^2+r^2-b^2}}\left[1+(\tfrac{1}{2})^2\gamma^2+\left(\frac{1.3}{2.4}\right)^2\gamma^4+\left(\frac{1.3.5}{2.4.6}\right)^2\gamma^6+\ldots\sim\right]$$

und T =

$$\pi\sqrt{\frac{r}{g}}\left[1+(\tfrac{1}{2})^2\frac{r-b}{2r}+\left(\frac{1.3}{2.4}\right)^2\left(\frac{r-b}{2r}\right)^2+\left(\frac{1.3.5}{2.4.6}\right)^2\left(\frac{r-b}{2r}\right)^3+\ldots\sim\right],$$

wovon die erstere für die Pendelschwingung und für die in §. 35. beschriebene Bewegung, die letztere aber nur für die Pendelschwingung gilt. Wir haben, zur Vervollständigung der Theorie, auch eine Methode angegeben die Dauer des Ueberschwunges zu finden, welche, wenn man die Laplaceschen Formeln benutzen wollte, unbestimmt bleiben würde.

§. 58. Zusatz.

Aus dem vorigen Satz folgt, daß die Dauer einer Pendelschwingung bei ungeändertem Kugelhalbmesser und ungeänderter Intensität der Schwerkraft desto größer ist, ein je größerer Bogen beschrieben wird, die Dauer eines Ueberschwungs aber desto kleiner, je größer die Geschwindigkeit in einerlei Horizontalebene ist.

§. 59. Zusatz.

Auch geht aus §. 26. des 4ten Abschn. Theil 1. hervor, daß die Dauer einer Pendelschwingung, wenn der beschriebene Bogen groß genug angenommen wird, wie auch die Dauer eines Ueberschwunges, wenn die Geschwindigkeit in irgend einer Horizontalebene die mittlere Prop. zwischen 2g und der Tiefe des betreffenden Puncts unter dem höchsten Punct der Kugel wenig genug übertrifft, größer werden kann als jede gegebene Zeit.

§. 60. Lehrsatz.

Die Dauer einer Pendelschwindung ist allemal > als diejenige Zeit, welcher eine freie Fallhöhe = der 3ten Prop. zum Durchmesser und zum halben Umfang des größten Kugelkreises zugehört; doch kann der Ueberschuß, wenn der ganze durchlaufene Bogen klein genug angenommen wird, < werden als jede gegebene Zeit.

Beweis. Aus §. 57. geht hervor, daß $\mathrm{I} : \tfrac{1}{2}\mathrm{U} =$
$2\left[r+\Sigma\left(\frac{1.3\ldots(2n-1)}{2.4\ldots(2n)}\right)^2 \mathrm{Sin.}^{2n}\tfrac{1}{2}\varphi : r\right]+(\tfrac{1}{2}\mathrm{U} : 2r)$. Nun kann

$r + \Sigma \left(\frac{1.3..(2n-1)}{2.4..(2n)}\right)^2 \text{Sin.}^{2n} \frac{1}{2}\varphi$ nach §. 31. des 4. Abschn. Theil 1, wenn man den ganzen durchlaufenen Bogen klein genug annimmt, den Kugelhalbmesser weniger als um jede gegebene Linie übertreffen; folglich kann das Verh. $r + \Sigma \left(\frac{1.3..(2n-1)}{2.4..(2n)}\right)^2 \text{Sin.}^{2n} \frac{1}{2}\varphi : r$ dem Verh. der Gleichheit näher kommen als jedes gegebene Verh. einer größeren Größe zu einer kleineren. Folglich kann I die 3te Prop. zu 2r und $\frac{1}{2}U$ weniger als um jede gegebene Linie übertreffen; folglich kann auch die Zeit der Pendelschwingung die zu dieser 3ten Prop. gehörige freie Fallhöhe weniger als um jede gegebene Zeit übertreffen.

Anmerkung. Dieser Satz entspricht der Näherungsformel $T = \pi \sqrt{\frac{r}{g}}$ (Laplace Méc. cél. I. 2, 11).

§. 61. Zusatz.

Aus §. 57. geht leicht hervor, daß, bei unveränderter Intensität der Schwere und bei unverändertem Schwingungswinkel die Dauer einer Pendelschwingung im halben Verhältniß der Länge des Pendels steht.

§. 62. Aufgabe.

Aus der Länge eines Pendels, dem Schwingungswinkel und der Dauer einer Schwingung die Intensität der Schwere zu finden.

Auflösung. Man mache

$$2\left[r : r + \left(\tfrac{1}{2}\right)^2 \text{Sin.}^2 \tfrac{1}{2}\varphi + \left(\frac{1.3}{2.4}\right)^2 \text{Sin.}^4 \tfrac{1}{2}\varphi + \ldots \sim\right] + (2r : \tfrac{1}{2}U)$$

$= \frac{1}{2}U : \varepsilon$, so ist ε der Weg eines frei fallenden Körpers während der Zeit einer Schwingung.

Vergl. Laplace Méc. cél. I. 2, das Ende der 11ten Nummer, woselbst auch richtig bemerkt ist, daß die Uebereinstimmung der Dauer der Pendelschwingungen bei aller Verschiedenheit in der Größe, Masse und materiellen Beschaffenheit der schwingenden Körper der sicherste Beweis der Unveränderlichkeit der beschleunigenden Schwerkraft ist.

§. 63. Zusatz.

Aus dem vorigen Satz folgt, daß, wenn bei 2 Pendeln von verschiedener Länge die Schwingungszeiten für gleiche Schwingungswinkel gleich sind, die Intensitäten der Schwere bei beiden Pendeln sich wie die Pendellängen verhalten.

Theorie der Bewegung eines von der Schwere getriebenen Punctes in einer vorgeschriebenen Cykloide.

§. 64. Lehrsatz.

Jeder vom Scheitel an gerechnete Bogen einer Cykloide ist doppelt so groß als die aus dem Scheitel gezogene und mit der Tangente des Endpuncts des Cykloidenbogens parallele Sehne des erzeugenden Kreises, die ganze Cykloide aber doppelt so groß als der Durchmesser des Kreises.

Beweis. Es sei AC Fig. 34. der Durchmesser des erzeugenden Halbkreises, B der Mittelpunct, CFD die Cykloide. Man denke sich 2 Puncte in Bewegung, einen auf der Cykloide, einen auf der Peripherie des Halbkreises entlang, so daß beide ihre Bewegung gemeinschaftlich in C antreten, zu gleicher Zeit in A und D anlangen, und inzwischen allemal zu gleicher Zeit sich in 2 zusammengehörigen Puncten E und F des Kreises und der Cykloide befinden, so daß die gerade Verbindungslinie EF, welche verlängert AC in H schneidet, auf AC winkelrecht steht. Man ziehe die Tangente EG des Kreises, bis sie den verlängerten Durchmesser in G schneidet; auch ziehe man AE und BE. Nennen wir nun die Geschwindigkeit des bewegten Puncts auf der Kreisperipherie c, und die Geschwindigkeit auf der Cykloide c′, die nach der Richtung CA zerfällte Geschwindigkeit aber (welche für beide Bewegungen gleich ist) d, endlich die Geschwindigkeit, womit CE zunimmt, e, so ist nach §. 8. des 4ten Abschn. (weil $\angle GEC = EAC$ ist, Eucl. 3, 32)

$e:c = EA:AC =$ (Eucl. 6,8) $HE:EC$, nach §. 12. des 2. Abschn. aber
$c:d = EG:GH =$ (Eucl. 6,8) $BE:HE$

pert. ex aeq.

$e:d =$ $BE:EC$, und (weil die Tang. des Puncts F der Cykloide $\#$ EC ist)
$d:c' = CH:CE =$ (Eucl. 6,8. Zus.) $EC:CA$

ord. ex aeq.

$e:c' =$ $BE:CA$. Da aber $CA = 2BE$, so ist auch $c' = 2e$, d. i. der Bogen CF nimmt noch einmal so schnell zu als die Sehne CE. Da nun die Sehne CE und der Bogen CF beide zugleich von 0 anfangen zu wachsen, so ist klar, daß überall CF doppelt so groß ist als die Sehne CE, und, wenn die Bewegung zu Ende ist, $CD = 2CA$.

§. 65. Lehrsatz.

Hat eine Cykloide CD Fig. 34. in einer senkrechten Ebene eine solche Lage, daß der Scheitel C den untersten Punct ausmacht, die Tangente des Scheitels aber horizontal liegt, und man läßt 2 Puncte von C aus mit gleichen oder verschiedenen Anfangsgeschwindigkeiten c und C bis zu beliebigen, gleichen oder verschiedenen Weiten aufsteigen, so daß der 1ste Punct den Bogen s, der andere den Bogen S beschreibt, so verhält sich der Verlust des Quadrats der Geschwindigkeit zum □ einer dem durchlaufenen Bogen gleichen geraden Linie bei dem einen bewegten Punct wie bei dem andern.

Beweis. Nach Durchlaufung des Bogens s erlange der 1ste bewegte Punct die Geschwindigkeit c', der 2te nach Durchlaufung des Bogens S die Geschwindigkeit C', so ist nach §. 13. $\square c - \square c' =$ dem Rechteck aus $2g$ und der Höhe des Bogens s. Der Bogen s selbst ist nach dem vorigen §. (verglichen mit Eucl. 6, 8. Zus.) die doppelte mittlere Prop. zwischen seiner Höhe und dem Durchmesser des erzeugenden Kreises. Folglich ist $\square s$ = dem 4fachen Rechteck aus dem Durchmesser des erzeugenden Kreises und der Höhe des Bogens s. Folglich verhält sich $\square c - \square c' : \square s$ wie $\frac{1}{2} g$ zum Durchmesser des erzeugenden Kreises. Dasselbe Verhältniß hat, wie sich auf dieselbe Art beweisen läßt,

$\square C - \square C' : \square S$. Also ist simpl. ex aeq. $\square c - \square c' : \square s = \square C - \square C' : \square S$.

§. 66. Zusatz.

Läuft auf einer Cykloide, welche die im vorigen Satz beschriebene Lage hat, ein Punct vom untersten Punct aus in die Höhe, mit einer Anfangsgeschwindigkeit, welche = ist der mittleren Prop. zwischen 2g und dem Durchmesser des erzeugenden Kreises, so erreicht er den höchsten Punct der Cykloide, und legt nachher denselben Weg zurück, so daß seine Bewegung der aufsteigenden in Beziehung auf die Zeit symmetrisch ist; ist aber seine Anfangsgeschwindigkeit kleiner, so hat er dieselbe Bewegung, nur daß er nicht den höchsten Punct der Cykloide erreicht; auch ist der höchste erreichte Punct desto niedriger, je kleiner die Anfangsgeschwindigkeit; und die Höhe des ganzen durchlaufenen Bogens kann, wenn die Anfangsgeschwindigkeit klein genug angenommen wird, $<$ werden als jede gegebene Linie. Ist aber die Anfangsgeschwindigkeit $>$ als jene mittlere Prop., so erreicht der bewegte Punct den höchsten Punct der Cykloide, ohne daß jedoch seine Geschwindigkeit daselbst 0 wird; auch ist die Zeit, welche zur Durchlaufung der ganzen Cykloide angewandt wird, kleiner, als wenn die Anfangsgeschwindigkeit = jener mittleren Prop., und desto kleiner, je größer die Anfangsgeschwindigkeit, und kann, wenn man die Anfangsgeschwindigkeit groß genug annimmt, $<$ werden als jede gegebene Zeit.

§. 67. Lehrsatz.

Wenn man, in der §. 65. beschriebenen Lage der Cykloide, 2 Puncte vom untersten Punct an mit verschiedenen Anfangsgeschwindigkeiten auslaufen läßt, deren aber keine $>$ ist als die im vorigen §. erwähnte mittlere Prop., so verhalten sich die ganzen durchlaufenen Bogen wie die Anfangsgeschwindigkeiten, und wenn man von beiden durchlaufenen Bogen vom untersten Punct an Stücke abschneidet, die sich wie die Anfangsgeschwindigkeiten verhalten, so findet man 2 Puncte, in denen sich die Geschwindigkeiten wie die Anfangsgeschwindigkeiten verhalten. Das letztere findet auch in dem Fall statt, wenn eine von beiden Anfangsgeschwindigkeiten oder auch beide > sind als die im vorigen §. erwähnte mittlere Proportionale.

Beweis. Die Bewegung geht in den Zustand der Ruhe über, und der bewegte Punct fängt an umzukehren, wenn die Geschwindigkeit 0 geworden ist, also wenn das □ der Geschwindigkeit sich beim 1sten Punct um □c, beim 2ten um □C vermindert hat. Nennen wir also die ganzen durchlaufenen Bogen s′ und S′, so ist nach §. 65. $\square c : \square s' = \square C : \square S'$, also (Eucl. 6, 22) $c : s' = C : S'$; verwechselt $c : C = s' : S'$. Folglich verhalten sich die ganzen durchlaufenen Bogen wie die Anfangsgeschwindigkeiten.

Schneidet man nun vom untersten Punct an Stücke s und S ab, so daß $s : S = c : C$, und nennt man die zu Ende der Bogen s und S erreichten Geschwindigkeiten c′ und C′, so ist nach §. 65. $\square c - \square c' : \square C - \square C' = \square s : \square S = \square c : \square C =$ (I. 1, 1) $\square c' : \square C'$, also (Eucl. 6, 22) $c : C = c' : C'$.

§. 68. Lehrsatz.

Läßt man auf die in der §. 65. beschriebenen Lage liegende Cykloide 2 Puncte vom untersten Punct an mit verschiedenen Anfangsgeschwindigkeiten aufsteigen, so verhalten sich die vom untersten Punct an in gleichen Zeiten beschriebenen Bogen wie die Anfangsgeschwindigkeiten.

Beweis. Da beide bewegte Puncte nach Durchlaufung zweier Bogen, die sich wie die Anfangsgeschwindigkeiten verhalten, zufolge des vorigen §. allemal Geschwindigkeiten erlangt haben, die in demselben Verhältniß stehen, so sind beide Bewegungen in nichts als in dem zum Grunde liegenden linearischen Maaßstab unterschieden, übrigens aber in Beziehung auf die Zeit vollkommen ähnlich (siehe §. 24. des 1sten Abschn.). Es werden daher in correspondirenden Zeiten Bogen beschrieben, welche in demselben Verhältniß stehen, d. h. sich wie die Anfangsgeschwindigkeiten verhalten.

§. 69. Zusatz.

Hieraus, verglichen mit §. 67., wo bewiesen ist, daß die bis zu dem Punct, wo die Geschwindigkeit 0 ist, durchlaufenen Bogen sich wie die Anfangsgeschwindigkeiten verhalten, folgt, daß die zwischen diesem Punct und dem untersten Punct enthaltenen Bogen von beiden bewegten Puncten in gleichen Zeiten durchlaufen werden. Die Dauer der Bewegung auf einer in der §. 65. beschriebenen Lage liegenden Cykloide, vom untersten Punct bis dahin, wo die Geschwindigkeit 0 ist, ist also, bei unveränderter Intensität der Schwerkraft und bei unverändertem Halbmesser des erzeugenden Kreises der Cykloide, dieselbe, wie groß auch der ganze durchlaufene Bogen sein mag.

Anmerkung. Wegen dieser Eigenschaft heißt die in der §. 65. beschriebenen Lage liegende Cykloide auch Linie von einerlei Zeiten des Falls (Tautochrona).

§. 70. Lehrsatz.

Außer der Cykloide hat keine andere Curve von einfacher Krümmung in einer senkrechten Ebene die Eigenschaft des Tautochronismus, und auch die Cykloide hat diese Eigenschaft nur dann, wenn sie in der §. 65. beschriebenen Lage liegt.

Beweis. Es sei AB Fig. 35. eine senkrechte Linie, und t eine gegebene Zeit. Man setze an AB eine gebrochene Linie BCDEF, deren Stücke von beliebiger, aber gleicher Größe sind, so, daß die concaven ∠∠ABC, BCD, CDE, DEF u. s. w. sämmtlich nach oben gerichtet und in Einer Ebene befindlich sind. Die Größe dieser ∠∠ aber bestimme man nach folgendem Gesetz. Man neige zuerst BC gegen AB so, daß ein von der Schwere getriebener Punct in der Zeit t von C bis B herablaufe. Alsdann neige man CD gegen BC so, daß ein von der Schwere getriebener Punct in der Zeit t von D auf der gebrochenen Linie DCB entlang bis B herablaufe. Alsdann neige man DE gegen DC so, daß ein von der Schwere getriebener Punct in der Zeit t von E auf der gebrochenen Linie EDCB entlang bis B herablaufe. So fahre man allmälig weiter fort. Dadurch kann man die gebrochene Linie so weit fortsetzen, bis entweder ein Stück die senkrechte Lage erreicht hat, und daher das weitere Fortsetzen unmöglich ist, oder bis das folgende Stück auch selbst bei der senkrechten Lage eine Fallzeit bis B hervorbringt, welche > t ist. Man vermindere nun die Größe jedes Stücks der gebrochenen Linie, und wiederhole dieselbe Construction von vorn, so wird man eine andere gebrochene Linie erhalten. Man denke sich nun die Größe jedes Stücks so weit abnehmend, daß es kleiner werden kann als jede gegebene Linie, so wird sich die gebrochene Linie einer, aber auch nur Einer krummen Linie so sehr nähern, daß die Abweichung geringer werden kann als jede gegebene Abweichung, ohne sie jedoch zu erreichen. Für eine andere Zeit t wird die Curve eine andere sein. Nun läßt sich aber beweisen, daß bei der Bewegung auf einer Cykloide, welche die in §. 65. beschriebene Lage hat, die Schwingungszeit > und < werden kann als jede gegebene Zeit, wenn man nur den Halbmesser des erzeugenden Kreises groß oder klein genug annimmt. Denn wird der Halbmesser des erzeugenden Kreises allmälig > als jede gegebene Linie, so nähert sich ein gleicher, vom untersten Punct an gerechneter Bogen, hinsichtlich seiner Lage, allmälig einer horizontalen geraden Linie; folglich wird die Zeit des Herablaufens > als jede gegebene Zeit. Wird aber der Halbmesser des erzeugenden Kreises allmälig < als jede gegebene Linie, so wird die Zeit des Herablaufens < als jede gegebene Zeit. Hieraus folgt, daß die Schwingungszeit auf einer Cykloide, welche die in §. 65. beschriebene Lage hat, bei unveränderter Intensität der Schwerkraft, jeder gegebenen Zeit gleich sein kann, wenn man nur den Halbmesser des erzeugenden Kreises danach bestimmt. Folglich sind die vorher angezeigten, durch Näherung vermittelst gebrochener Linien herausgebrachten Curven lauter Cykloiden, deren jede die in §. 65. beschriebene Lage hat. Daher hat in einer senkrechten Ebene keine andere Curve von einfacher Krümmung die Eigenschaft des Tautochronismus als die Cykloide, und auch diese hat jene Eigenschaft nur dann, wenn sie in der §. 65. beschriebenen Lage liegt.

Anmerkung. Dieser und der vorige Satz sind von Laplace auf analytischem Wege bewiesen in seiner Méc. cél. I. 2, 12.

§. 71. Lehrsatz.

Bei jeder Bewegung in einer vorgeschriebenen Curve von einfacher Krümmung in einer senkrechten Ebene, die ein von der Schwere getriebener Punct haben kann, nähert sich, auch wenn man den Widerstand der Luft mit in Anschlag bringt (von welchem man annimmt, daß er sich wie das Quadrat der Geschwindigkeit verhalte), die Schwingungszeit, indem man den Schwingungsbogen in der Gegend des tiefsten Puncts der Curve immer kleiner macht, derjenigen Zeit, welcher eine freie Fallhöhe = der 3ten Prop. zum doppelten Krümmungshalbmesser des untersten Puncts der Curve und zum halben Umfang des Krümmungskreises zugehört.

Beweis. Da der Widerstand der Luft im doppelten Verhältniß der Geschwindigkeit steht, so kann, wenn man den Schwingungsbogen klein genug annimmt, das Verhältniß der Widerstandskraft der Luft zur Geschwindigkeit für jeden Punct der Bahn < werden als jedes gegebene Verhältniß; folglich nähert sich die Bewegung derjenigen Bewegung, welche statt finden würde, wenn kein Widerstand der Luft da wäre. Sie nähert sich aber zugleich derselben Bewegung, welcher sich die in einem vorgeschriebenen senkrechten Kreise, dessen Halbmesser dem Krümmungshalbmesser des tiefsten Puncts der wirklichen Curve gleich ist, geschehende Bewegung bei Verkleinerung des Schwingungsbogens nähert. Hieraus, verglichen mit §. 60., folgt, was bewiesen werden sollte.

§. 72. Lehrsatz.

Bei jeder Bewegung in einer vorgeschriebenen Curve von einfacher Krümmung, die ein von der Schwere getriebener Punct haben kann, ist die Schwingungszeit so beschaffen, daß sie, indem man den Schwingungsbogen allmälig verkleinert, nicht < werden kann als jede gegebene Zeit, sondern sich einer gewissen von 0 verschiedenen Zeit so nähert, daß der Unterschied < werden kann als jede gegebene Zeit; und das gilt auch, wenn man den Widerstand der Luft mit in Anschlag bringt, in welcher Abhängigkeit auch die Kraft dieses Widerstandes von der jedesmaligen Geschwindigkeit des bewegten Puncts stehen mag.

Beweis. Wenn der Widerstand der Luft nicht in Anschlag gebracht wird, so kann nach dem vorigen §. bei Verkleinerung des Schwingungsbogens die Zeit des Absteigens vom Zustand der Ruhe bis zum tiefsten Punct der Bahn nicht $<$ werden als jede gegebene Zeit. Wird nun der Widerstand in Anschlag gebracht, so wird die Zeit des Herablaufens, auf einem ebenso großen Bogen als vorher, vergrößert. Folglich kann die Zeit des Herablaufens, auch wenn der Widerstand in Anschlag gebracht wird, nicht $<$ werden als jede gegebene Zeit. Noch weniger kann die Zeit des Herab- und Hinauflaufens zusammen kleiner werden als jede gegebene Zeit.

§. 73. Zusatz.

Auch ist aus dem Bisherigen klar, daß, in welcher Abhängigkeit auch die Widerstandskraft der Luft von der Geschwindigkeit stehen mag, die Schwingungen eines von der Schwere getriebenen Punctes, der sich in einer vorgeschriebenen Curve bewegt, jederzeit ohne Ende fortdauern werden, nur daß wegen des Widerstandes der Luft der bewegte Punct bei jedem neuen Aufsteigen sich zu einer geringeren Höhe erheben wird als beim nächstvorhergehenden; auch wird die größte Geschwindigkeit nicht im tiefsten Punct der Bahn, sondern in einem höherliegenden Punct beim Absteigen statt finden; auch wird die Zeit des Hinaufsteigens allemal kürzer sein als die Zeit des zunächst darauf folgenden Hinabsteigens.

Sechster Abschnitt.

Vom Gleichgewicht eines Systems von Puncten.

---

§. 1. Erklärung.

Wenn mehrere Puncte im Raum sich so bewegen, daß entweder allen oder einigen oder keinem von ihnen Flächen oder Curven vorgeschrieben sind, auf denen sie zu bleiben gezwungen werden, und es wirken außer den äußeren Kräften auch noch die gegenseitigen Anziehungen oder Abstoßungen der Puncte unter einander so, daß die $\left\{\begin{matrix}\text{Anziehung}\\\text{Abstoßung}\end{matrix}\right\}$, die jeder dieser Puncte auf einen andern ausübt, sich zu der $\left\{\begin{matrix}\text{Anziehung}\\\text{Abstoßung}\end{matrix}\right\}$, die er von ihm erleidet, wie die Masse des ersteren Puncts zur Masse des andern Puncts verhält, — welches auch übrigens bei jeden 2 Puncten das Gesetz der Anziehung oder Abstoßung sein mag, — so heißen die bewegten Puncte zusammen ein System bewegter Puncte. Ist keinem dieser Puncte eine Curve oder Fläche vorgeschrieben, und finden überdies keine äußeren Kräfte statt, sondern nur die gegenseitigen Anziehungen oder Abstoßungen der bewegten Puncte unter einander, so sagt man, das System bewegt sich frei.

§. 2. Erklärung.

Man sagt von mehreren auf einen Punct wirkenden Kräften, sie stehen im Gleichgewichte, wenn sie, auf die in §. 3. bis 7. des 2ten Abschn. beschriebene Art zusammengesetzt, sich gänzlich vernichten. Man sagt von den auf ein System von Puncten wirkenden Kräften, sie stehen im Gleichgewichte, wenn die auf jeden einzelnen Punct des Systems wirkenden Kräfte, nämlich die äußeren Kräfte, die Widerstandskraft der dem Punct vorgezeichneten Fläche oder Curve und die anziehenden oder abstoßenden Kräfte aller übrigen Puncte des Systems zusammengenommen, sich, auf die in §. 3. bis 7. des 2ten Abschn. beschriebene Art zusammengesetzt, gänzlich vernichten.

§. 3. Erklärung.

Wenn man sich jede 2 Puncte eines Systems durch eine gerade Linie verbunden denkt, und es sind unter den gegenseitigen Anziehungen oder Abstoßungen der einzelnen Puncte des Systems solche Kräfte enthalten, deren Stärke unbestimmt ist, und die es zu Wege bringen, daß entweder eine der gedachten Verbindungslinien, oder die Summe zweier solcher Verbindungslinien, die zusammen eine gebrochene Linie ausmachen, oder die Summe dreier solcher Verbindungslinien, die zusammen eine gebrochene Linie ausmachen u. s. w., unverändert bleibt, (bei welchen Summen der Verbindungslinien aber auch eine und die andere Verbindungslinie doppelt oder dreifach u. s. w. genommen sein, und auch noch die Entfernung eines Puncts des Systems von einem feststehenden Punct oder die Entfernung zweier feststehender Puncte von einander hinzugesetzt sein kann, wofern nur allemal die in eine Summe gebrachten Verbindungslinien zusammen eine gebrochene Linie ausmachen), so heißen die vorgezeichneten Curven oder Flächen mit den vorgezeichneten Bedingungen, daß eine Verbindungslinie oder die Summe zweier oder dreier Verbindungslinien u. s. w. unverändert bleibe, zusammengenommen **die Bedingungen der Bewegung des Systems.**

Anmerkung. Die Bedingung, daß einzelne Puncte des Systems ihre Entfernungen unter einander unverändert behalten, findet z. B. in dem Fall statt, wenn die Puncte durch feste, gerade, unbiegsame Stäbe, deren Dicke und Masse nicht in Anschlag gebracht wird, mit einander verbunden sind. Daß alsdann die Wirkung des einen Puncts auf den andern sich zur Wirkung des andern Puncts auf den ersten wie die Masse des ersten zur Masse des andern Puncts verhalte, wird als ein allgemeines Naturgesetz angenommen, welches überhaupt auf alle die Fälle übergetragen wird, wo 2 Puncte auf einander wirken, und unter dem Namen des **Grundsatzes der Gleichheit der Wirkung und Gegenwirkung** bekannt ist. Vergl. Laplace, Méc. cél. I. S. 14. zu Ende der 37sten und Anfang der 38sten Seite. Die Bedingung aber, daß die Summe mehrerer gerader Verbindungslinien unverändert bleibe, findet z. B. in dem Fall statt, wenn ein biegsamer, aber unausdehnbarer Faden, dessen Dicke und Masse nicht in Anschlag gebracht wird, um mehrere Puncte herum gespannt, an seinen beiden Enden aber an einem und demselben oder an 2 Puncten des Systems befestigt ist. Ein solcher Faden kann um dieselben 2 Puncte mehr- als Einmal geschlungen und nachher zu andern Puncten fortgeführt sein, daher denn eine Verbindungslinie in einer unveränderlichen Summe mehr- als Einmal enthalten sein kann. Auch kann der Faden um einen festen Punct geschlungen oder an einem solchen mit seinem einen Ende oder mit beiden Enden befestigt sein, und daher die Entfernung eines Puncts des Systems von einem festen Punct einen Theil einer unveränderlichen Summe ausmachen. Auch kann ein Faden um 2 oder mehrere feste Puncte geschlungen, und nachher zu mehreren Puncten des Systems fortgeführt sein, und daher die Entfernung zweier fester Puncte von einander einen Theil einer unveränderlichen Summe ausmachen. In jedem Fall aber können die Kräfte, welche dahin wirken die Summe mehrerer Verbindungslinien unverändert zu erhalten, nur in einer Spannung des Fadens bestehen, und daher nur anziehende Kräfte der Puncte des Systems unter einander sein; und da die Spannung des Fadens nur dazu beitragen kann zu hindern, daß die Summe der Verbindungslinien die unveränderliche Länge des Fadens überschreite, so kann die Bedingung, daß die Summe der Verbindungslinien unverändert bleibe, nur so lange bestehen, als ohne diese Bedingung die Summe der Verbindungslinien die Länge des Fadens überschreiten würde; sobald die anderweitigen bewegenden Kräfte dahin wirken die Summe derselben Verbindungslinien zu vermindern, ist kein Hinderniß mehr da (weil ja der Faden als biegsam vorausgesetzt wird), und jene Bedingung wird daher aufhören, und die betreffenden Puncte werden, wenn sie nicht anderweitigen Bedingungen unterworfen sind, sich frei bewegen. Wir werden indessen auf diesen Fall in der Theorie eben so wenig Rücksicht nehmen, wie wir im vorigen Abschnitt auf den Fall Rücksicht genommen, wo ein schwerer Körper an einem Faden, dessen anderes Ende befestigt ist, schwingt, und der Druck gegen die vorgeschriebene Kugelfläche anfängt nach innen gerichtet zu sein. Wir werden vielmehr annehmen, daß, wenn einmal die Bedingung da ist, die Summe mehrerer Verbindungslinien unverändert zu erhalten, diese Bedingung unter allen Umständen ihre Gültigkeit behalte. Und da die Spannung eines Fadens in seiner ganzen Länge, von dem einen Ende an, womit er befestigt ist, bis zum andern, einerlei ist, so werden wir annehmen, daß allemal, so oft die Bedingung da ist, die Summe gewisser

Verbindungslinien unverändert zu erhalten, die anziehende Kraft, welche ein Punct des Systems von einem andern erleidet, = sei der anziehenden Kraft, welche der erste Punct von einem dritten erleidet, wofern nur die Verbindungslinie des 1sten Puncts mit dem 2ten und die Verbindungslinie des 1sten Puncts mit dem 3ten zwei auf einander folgende Stücke der vermöge der Bedingung unveränderlichen gebrochenen Linie sind. Vergl. Poisson, Traité de Mécanique, Livre I. Cap. 7. No. 169 und Grunerts Statik fester Körper Cap. 6. §. 68.

§. 4. Lehrsatz.

Wenn 2 Puncte im Raum anfangs die Stellung A und B Fig. 36. haben, und man bewegt sie auf 2 beliebigen geradlinigen oder krummlinigen Bahnen AA′ und BB′, so daß sie zu gleicher Zeit in A′ und B′ ankommen, so ist die Anfangsgeschwindigkeit, womit bei der wirklichen Bewegung beider Puncte die Linie AB sich ändert, = der Summe oder Differenz der Anfangsgeschwindigkeit, womit, während B stehen bleibt, AB sich ändert, und der Anfangsgeschwindigkeit, womit, während A stehen bleibt, AB sich ändert, und zwar = der Summe, wenn AB sowohl bei unverrücktem A als bei unverrücktem B $\left\{\begin{matrix}\text{zunimmt}\\ \text{abnimmt}\end{matrix}\right\}$, aber = der Differenz, wenn AB bei unverrücktem A $\left\{\begin{matrix}\text{zunimmt}\\ \text{abnimmt}\end{matrix}\right\}$, und bei unverrücktem B $\left\{\begin{matrix}\text{abnimmt}\\ \text{zunimmt}\end{matrix}\right\}$.

Beweis. Man ziehe die durch die wirkliche Fortrückung beider Puncte A und B entstehende relative Bewegung des Puncts A in Beziehung auf den Punct B in Betracht. Diese relative Bewegung findet man folgendermaßen. Man nehme auf dem Bogen BB′ einen beliebigen Punct F, ziehe FA, und verlängere sie von A aus, bis AG = AF. Alsdann ist der geometrische Ort des Puncts G, indem man F auf dem Bogen BB′ anders und anders annimmt, eine mit BFB′ symmetrische Curve CGD. Man lasse nun die Linie CA sich ⧣ mit sich selbst bewegen, so daß ihr Endpunct C nach und nach alle Puncte der Curve CGD durchläuft, die parallel bewegte Linie selbst aber sich gleich bleibt. Alsdann beschreibt der andere Endpunct A eine mit CGD congruente Curve AE. Die aus den Bewegungen AA′ und AE zusammengesetzte Bewegung ist nun die gesuchte relative Bewegung des Puncts A in Beziehung auf B. In dieser relativen Bewegung ist die Geschwindigkeit, womit sich AB ändert, einerlei mit der Geschwindigkeit, womit AB sich bei der wirklichen Fortrückung beider Puncte A und B ändert. Nach §. 12. des 2ten Abschn. ist aber die anfängliche Richtung und Geschwindigkeit auf der relativen Bahn aus der anfänglichen Richtung und Geschwindigkeit der Bahnen AA′ und AE zusammengesetzt. Zerfällt man aber die anfängliche Richtung und Geschwindigkeit jeder dieser 3 zuletzt genannten Bahnen nach der Richtung AB, so findet man, daß die nach AB zerfällte Anfangsgeschwindigkeit der relativen Bahn das Resultat der nach AB zerfällten Anfangsgeschwindigkeit der Bahn AA′ und der nach AB zerfällten Anfangsgeschwindigkeit der Bahn AE ist. Nach §. 8. des 4. Abschn. ist aber die nach AB zerfällte Anfangsgeschwindigkeit der relativen Bahn einerlei mit der Anfangsgeschwindigkeit, womit die Linie AB bei der wirklichen Bewegung beider Puncte A und B sich ändert, die nach AB zerfällte Anfangsgeschwindigkeit der Bahn AA′ aber einerlei mit der Anfangsgeschwindigkeit, womit die Linie AB, während B stehen bleibt, sich ändert, und die nach AB zerfällte Anfangsgeschwindigkeit der Bahn CD, d. i. der Bahn AE, einerlei mit der Anfangsgeschwindigkeit, womit die Linie AB, indem A stehen bleibt, sich ändert. Folglich ist die Anfangsgeschwindigkeit, womit die Linie AB bei der wirklichen Bewegung beider Puncte A und B sich ändert, das Resultat der Anfangsgeschwindigkeit, womit die Linie AB, während B stehen bleibt, sich ändert, und der Anfangsgeschwindigkeit, womit die Linie AB, während A stehen bleibt, sich ändert.

Anmerkung. Ein Beweis dieses Satzes vermittelst der Differentialrechnung findet sich unter andern bei Poisson a. a. O. §. 171. und bei Grunert a. a. O. §. 68. Seite 197 und 198. Doch ist die Thesis des Satzes bei beiden mit Ausdrücken ausgesprochen, die vom Unendlichkleinen hergenommen sind; in welcher Gestalt auch Laplace (Méc. cél. I. 3, 14. in der Mitte der 39sten Seite) den Satz benutzt.

§. 5. Lehrsatz.

Wenn die auf ein System von Puncten, A, B, C u. s. w., deren Massen m, m′, m″ u. s. w. sind (deren Summe wir durch Σm bezeichnen wollen), wirkenden Kräfte im Gleichgewicht stehen, und man bewegt in Gedanken alle Puncte des Systems, wie man will, doch so, daß alle **Bedingungen** der Bewegung des Systems erfüllt werden, und man theilt nun alle auf die einzelnen Puncte des Systems wirkenden Kräfte, die Widerstandskräfte der Curven und Flächen, die äußeren Kräfte und die gegenseitigen Anziehungen und Abstoßungen der Puncte des Systems, in 2 Partheien, so daß die 1ste Parthei die den **Bedingungen** des Systems zugehörigen Kräfte enthält, und man zerfällt nun jede den Punct $\begin{Bmatrix}A\\B\\C\\\vdots\end{Bmatrix}$ treibende Kraft der 2ten Parthei, nachdem man diese Kraft im Verhältniß $\Sigma m : \begin{Bmatrix}m\\m'\\m''\\\vdots\end{Bmatrix}$ vermindert hat, nach der Tangente des Anfangspuncts der dem Punct $\begin{Bmatrix}A\\B\\C\\\vdots\end{Bmatrix}$ willkürlich beigelegten Bewegung, und setzt aus der zerfällten Kraft und aus der Anfangsgeschwindigkeit der dem Punct $\begin{Bmatrix}A\\B\\C\\\vdots\end{Bmatrix}$ willkürlich beigelegten Bewegung ein Rechteck zusammen, so ist die Summe derjenigen Rechtecke, für welche die Richtung der jedesmaligen Kraft der 2ten Parthei gegen die Anfangsrichtung der dem betreffenden Punct willkürlich beigelegten Bewegung einen **spitzen** $\angle$ macht, $=$ der Summe derjenigen Rechtecke, für welche die Richtung der jedesmaligen Kraft der 2ten Parthei gegen die Anfangsrichtung der dem betreffenden Punct willkürlich beigelegten Bewegung einen **stumpfen** Winkel macht.

Beweis. 1) Wenn das System nur aus Einem Punct besteht, und demselben weder eine Curve noch eine Fläche vorgeschrieben ist. Es seien alsdann S, S′, S″ . . . die einzelnen auf den Punct wirkenden äußeren Kräfte. Man theile dem Punct eine willkürliche Bewegung mit, und zerfälle nun die Kräfte S, S′, S″ . . . nach der Tangente des Anfangspuncts dieser Bewegung und nach 2 andern auf dieser Tangente und auf einander winkelrechten Richtungen, so muß, weil Gleichgewicht hervorgebracht wird, die aus den nach der Tangente gerichteten Partialkräften entspringende Kraft = 0 sein, d. h. die Summe derjenigen nach der Tangente gerichteten Partialkräfte, bei welchen die entsprechende äußere Kraft gegen die Anfangsrichtung der willkürlichen Bewegung einen spitzen ∠ macht, = sein der Summe derjenigen nach der Tangente gerichteten Partialkräfte, bei welchen die entsprechende äußere Kraft gegen die erwähnte Anfangsrichtung einen stumpfen ∠ macht; und so ist klar, was bewiesen werden sollte *).

2) Wenn das System nur aus Einem Punct besteht, und dieser gezwungen ist sich auf einer **Fläche** zu bewegen, so seien S, S′, S″ . . . die äußeren Kräfte, und R die Widerstandskraft der Fläche. Man theile dem Punct eine willkürliche Bewegung auf der Fläche mit, und zerfälle nun die Kräfte S, S′, S″ . . ., R nach der Tangente des Anfangspuncts dieser Bewegung und nach 2 andern auf dieser Tangente und auf einander winkelrechten Richtungen, so ist die von R abhängige nach der Tangente gerichtete Kraft = 0, weil die Richtung der Kraft R auf jener Tangente winkelrecht steht. Hieraus, verglichen mit dem, was unter Nr. 1) bewiesen, folgt, was für diesen 2ten Fall bewiesen werden sollte **).

---

*) Der Beweis dieses Falls entspricht dem Anfang der 3ten Nummer in Laplace Méc. cél. Liv. I. Cap. 1.

**) Der Beweis dieses Falls entspricht dem, was in Laplace Méc.

3) Wenn das System nur aus Einem Punct besteht, und dieser gezwungen ist sich auf einer Curve zu bewegen, so seien $S, S', S'' \ldots$ die äußeren Kräfte, und R die Widerstandskraft der Curve. Man theile dem Punct eine willkürliche Bewegung auf der vorgeschriebenen Curve mit, und zerfälle nun die Kräfte $S, S', S'' \ldots$, R nach der Tangente des Anfangspuncts dieser Bewegung und nach 2 andern auf dieser Tangente und auf einander winkelrechten Richtungen, so ist die von R abhängige nach der Tangente gerichtete Kraft $= 0$, weil die Richtung der Kraft R auf jener Tangente winkelrecht steht. Hieraus, verglichen mit dem, was unter Nr. 1) bewiesen, folgt, was für diesen 3ten Fall bewiesen werden sollte *).

4) Wenn das System aus mehreren Puncten besteht. Es seien alsdann

$$\begin{Bmatrix} S\ , & S_{I}\ , & S_{II} \ldots \\ S^{I}, & S^{I}_{I}, & S^{I}_{II} \ldots \\ S^{II}, & S^{II}_{I}, & S^{II}_{II} \ldots \\ & \vdots & \end{Bmatrix} \text{ die auf den Punct } \begin{Bmatrix} A \\ B \\ C \\ \vdots \end{Bmatrix}$$

wirkenden Kräfte der 2ten Parthei, dagegen p die zur 1sten Parthei gehörige Anziehungs- oder Abstoßungskraft des Puncts B gegen A, p' die zur ersten Parthei gehörige Kraft des Puncts C gegen A, p'' die zur 1sten Parthei gehörige Kraft des Puncts D gegen A u. s. w., p_{I} die zur 1sten Parthei gehörige Kraft des Puncts A gegen B, p^{I}_{I} die zur 1sten Parthei gehörige Kraft des Puncts C gegen B, p^{II}_{I} die zur 1sten Parthei gehörige Kraft des Puncts D gegen B, u. s. w., und auf ähnliche Weise sollen die Buchstaben $p_{II}, p^{I}_{II}, p^{II}_{II} \ldots, p_{III}, p_{III}, p^{II}_{III} \ldots$ u. s. w. verstanden werden. Man theile dem System eine Bewegung mit, wobei es alle vorgeschriebenen Bedingungen erfüllt, und nenne die Anfangsgeschwindigkeiten der Puncte A, B, C... resp. $v, v', v'' \ldots$ Man mache $\Sigma m : m = S : T = S_{I} : T_{I} = S_{II} : T_{II} \ldots$,

---

cél. I. 1, 3. zu Ende der 9ten und Anfang der 10ten Seite bemerkt ist.

*) Der Beweis dieses Falls entspricht dem, was in Laplace Méc. cél. I. 1, 3. in der Mitte der 11ten Seite bemerkt ist.

$\Sigma m : m' = S' : T' = S^{I}_{I} : T^{I}_{I} = S^{I}_{II} : T^{I}_{II} \ldots$ u. s. w., und zerfälle nun jede der Kräfte $T, T_{I}, T_{II} \ldots, T', T^{I}_{I}, T^{I}_{II} \ldots$ u. s. w. nach der Anfangsrichtung der willkürlichen Bewegung des betreffenden Puncts. Die zerfällten Kräfte seien $U, U_{I}, U_{II} \ldots, U^{I}, U^{I}_{I}, U^{I}_{II} \ldots$ u. s. w. Man mache ferner $\Sigma m : m = p : q = p' : q' = p'' : q'' \ldots, \Sigma m : m' = p_{I} : q_{I} = p^{I}_{I} : q^{I}_{I} = p^{II}_{I} : q^{II}_{I} \ldots$ u. s. w., und zerfälle jede der Kräfte $q, q', q'', \ldots$ nach der Anfangsrichtung der willkürlichen Bewegung des Puncts A, jede der Kräfte $q_{I}, q^{I}_{I}, q^{II}_{I} \ldots$ nach der Anfangsrichtung der willkürlichen Bewegung des Puncts B, u. s. w.; die zerfällten Kräfte seien $r, r', r'' \ldots, r_{I}, r^{I}_{I}, r^{II}_{I} \ldots$ u. s. w. Dann ist (nach dem, was unter Nr. 1) bis 3) bewiesen worden), wenn man unter $\Sigma U \times v$ die Summe derjenigen unter den Rechtecken $U \times v, U_{I} \times v, U_{II} \times v \ldots, U' \times v', U^{I}_{I} \times v', U^{I}_{II} \times v' \ldots$ u. s. w. versteht, für welche die Richtung der jedesmaligen Kraft der 2ten Parthei gegen die Anfangsrichtung der willkürlichen Bewegung des betreffenden Puncts einen spitzen $\angle$ macht, unter $\underline{\Sigma} U \times v$ dagegen die Summe derjenigen unter den Rechtecken $U \times v, U_{I} \times v, U_{II} \times v \ldots, U' \times v', U^{I}_{I} \times v', U^{I}_{II} \times v' \ldots$ u. s. w., für welche die Richtung der Kraft der 2ten Parthei gegen die Anfangsrichtung der willkürlichen Bewegung des betreffenden Puncts einen stumpfen $\angle$ macht, $\Sigma U \times v + \Sigma r \times v = \underline{\Sigma} U \times v + \underline{\Sigma} r \times v$. Nach der Voraussetzung ist aber $p : p_{I} = m' : m = (m' : \Sigma m) + (\Sigma m : m) = (q_{I} : p_{I}) + (p : q)$, also $(p : p_{I}) + (p_{I} : q_{I})$, d. i. $p : q_{I} = p : q$. Folglich ist $q = q_{I}$. Eben so wird bewiesen, daß unter den Kräften $q, q', q'' \ldots, q_{I}, q^{I}_{I}, q^{II}_{I} \ldots$ u. s. w. allemal die zwischen denselben Puncten des Systems obwaltenden einander gleich sind. Da ferner $q : r = v$ zur Anfangsgeschwindigkeit, womit die Linie AB, während B stehen bleibt, sich ändert, so ist, wenn wir diese letztere Anfangsgeschwindigkeit w nennen, (nach Eucl. 6, 16) $r \times v = q \times w$. Wir wollen auf ähnliche Art die Anfangsgeschwindigkeit, womit die Linie AC, während C stehen bleibt, sich ändert, w', die Anfangsgeschwindigkeit, womit die Linie AD, während D stehen bleibt, sich ändert, $w'' \ldots$, die Anfangsgeschwindigkeit, womit die Linie BA, während A stehen bleibt, sich ändert, w_1, die Anfangsgeschwindigkeit, womit die Linie BC, während C stehen bleibt, sich ändert, w_1^{I}, die Anfangsgeschwindigkeit, womit die Linie BD, während D stehen bleibt, sich ändert, w_1^{II}... nennen, u. s. w. Dann läßt sich auf ähnliche Art beweisen, daß $r_1 \times v' = q_1 \times w_1 = q \times w_1$, also $\left\{\begin{matrix} r \times v + r_1 \times v' = q \times (w + w_1) \\ r \times v - r_1 \times v' = q \times (w - w_1) \\ r_1 \times v' - r \times v = q \times (w_1 - w) \end{matrix}\right\}$, d. i. (nach dem vorigen §.) = dem Rechteck aus q und aus der Anfangsgeschwindigkeit, womit bei der wirklichen Bewegung beider Puncte A und B die Linie AB sich ändert. Da sich nun dieselben Schlüsse, die wir für A und B gemacht haben, auch für jede 2 andern Puncte des Systems machen lassen, so geht die Gleichung $\Sigma U \times v + \Sigma r \times v = \mathfrak{Z} U \times v + \mathfrak{Z} r \times v$, wenn wir unter x die Anfangsgeschwindigkeit verstehen, womit bei der willkürlichen Bewegung des ganzen Systems die Linie AB sich ändert, unter x' die Anfangsgeschwindigkeit, womit bei der willkürlichen Bewegung des ganzen Systems die Linie AC sich ändert, unter x'' die Anfangsgeschwindigkeit, womit bei der willkürlichen Bewegung des ganzen Systems die Linie BC sich ändert, u. s. w., in folgende über: $\Sigma U \times v + \Sigma q \times x = \mathfrak{Z} U \times v + \mathfrak{Z} q \times x$, wo unter $\Sigma q \times x$ die Summe derjenigen unter den Rechtecken $q \times x$, $q' \times x'$, $q'_1 \times x''$ u. s. w. zu verstehen ist, für welche die entsprechende gerade Verbindungslinie bei der willkürlichen Bewegung des ganzen Systems anfangs abnimmt, unter $\mathfrak{Z} q \times x$ dagegen die Summe derjenigen unter den Rechtecken $q \times x$, $q' \times x'$, $q'_1 \times x''$ u. s. w., für welche die entsprechende gerade Verbindungslinie anfangs wächst. In der Gleichung $\Sigma U \times v + \Sigma q \times x = \mathfrak{Z} U \times v + \mathfrak{Z} q \times x$ sind bereits diejenigen Glieder verschwunden, für welche die entsprechende gerade Verbindungslinie zufolge der Bedingungen des Systems ungeändert bleibt. Die Glieder $\Sigma q \times x$ und $\mathfrak{Z} q \times x$ beziehen sich also nur noch auf diejenigen Bedingungen, denen zufolge die Summe zweier oder dreier . . . gerader Verbindungslinien, welche zusammen eine gebrochene Linie ausmachen, unverändert bleibt. Es sei z. B. die Bedingung vorhanden, daß CA + AF + FG + GB unverändert bleiben soll. Alsdann ist, weil die Linien CA und AF an einander schließen, die Kraft, mit welcher A von C angezogen wird, = der Kraft, mit welcher A von F angezogen wird (siehe die Anm. zu §. 3.), also $p' = p^{IV}$. Wir haben aber $\Sigma m : m = p' : q' = p^{IV} : q^{IV}$ gemacht; folglich ist auch $q' = q^{IV}$. Eben so wird bewiesen, daß, weil die Linien AF und FG an einander schließen, q_{VI}, d. i. $q^{IV} = q^{VI}_{VII}$, und weil die Linien FG und GB an einander schließen, q^{VI}_{VII}, d. i. $q^{VI}_{VI} = q^{II}_{VII}$. Die Geschwindigkeit nun, womit sich CA + AF + FG + GB bei der willkürlichen Bewegung des ganzen Systems ändert, ist nach der Voraussetzung = 0; sie ist aber auch = dem Resultat der Geschwindigkeiten, womit sich CA, AF, FG und GB einzeln genommen ändern; dies Resultat ist also = 0. Folglich ist die Summe derjenigen unter den zu den Verbindungslinien CA, AF, FG, GB gehörigen Rechtecken, welche in dem Ausdruck $\Sigma q \times x$ enthalten sind, = der Summe derjenigen unter den zu denselben Verbindungslinien gehörigen Rechtecken, welche in dem Ausdruck $\mathfrak{Z} q \times x$ enthalten sind. Da man dieselben Schlüsse für jede andere Bedingung, die sich auf die Summe mehrerer gerader Verbindungslinien bezieht, machen kann, so ist

(Eucl. 1, 2ter Grundſ.) $\Sigma q \times x = \mathfrak{Z} q \times x$.

Wir hatten aber $\Sigma U \times v + \Sigma q \times x = \mathfrak{Z} U \times v + \mathfrak{Z} q \times x$

(Eucl. 1, 3ter Grundſ.) $\Sigma U \times v = \mathfrak{Z} U \times v$.

Und so ist bewiesen, was bewiesen werden sollte.

Anmerkung. Der Beweis dieses Satzes findet sich (doch so, daß nicht nur die Schlüsse, sondern auch die Thesis Ausdrücke enthalten, die vom Unendlichkleinen hergenommen sind) auch in Laplace Méc. cél. I. 3, 14 vom Ende der 38sten bis zur Mitte der 41sten Seite. Aber der zu allgemein und unbestimmt gefaßte Begriff der von der Verbindung der Puncte des Systems unter einander abhängigen Bedingungen der Bewegung hat auf die Evidenz der von Laplace entwickelten Schlüsse einen so störenden Einfluß, daß nur der Theil des Beweises befriedigt, welcher sich auf die Bedingung der Unveränderlichkeit der Entfernungen der Puncte des Systems unter einander bezieht. Der Mangel ist ersetzt von Poisson, welcher zuerst den Begriff der Bedingungen eines Systems bestimmter faßte, und auf das Princip der Spannungen der Fäden aufmerksam machte. Man sehe Poisson, Traité de Mécanique, Liv. I. Cap. 7. No. 172 u. 173, und Grunerts Statik Cap. 6. §. 68.

§. 6. Lehrsatz.

Wenn mehrere Puncte A, B, C, . . ., deren Massen m, m′, m″ . . . sind, ein System bilden, und man sondert die Kräfte auf die im vorigen §. bezeichnete Art in 2 Partheien, und legt dem System eine willkürliche Bewegung bei, doch so, daß dabei alle Bedingungen erfüllt werden, welche es erfüllen soll, und man zerfällt nun jede den Punct $\left\{\begin{matrix} A \\ B \\ C \\ \vdots \end{matrix}\right\}$ treibende Kraft der 2ten Parthei, nachdem man sie im Verhältniß $\Sigma m : \left\{\begin{matrix} m \\ m' \\ m'' \\ \vdots \end{matrix}\right\}$ vermindert hat, nach der Tangente des Anfangspuncts der dem Punct $\left\{\begin{matrix} A \\ B \\ C \\ \vdots \end{matrix}\right\}$ willkürlich beigelegten Bewegung, und setzt aus der zerfällten Kraft und aus der Anfangsgeschwindigkeit der dem Punct $\left\{\begin{matrix} A \\ B \\ C \\ \vdots \end{matrix}\right\}$ willkürlich beigelegten Bewegung ein Rechteck zusammen, und die Summe derjenigen Rechtecke, für welche die Richtung der jedesmaligen Kraft der 2ten Parthei gegen die Anfangsrichtung der dem betreffenden Punct willkürlich beigelegten Bewegung einen spitzen ∠ macht, ist = der Summe derjenigen Rechtecke, für welche die Richtung der jedesmaligen Kraft der 2ten Parthei gegen die Anfangsrichtung der dem betreffenden Punct willkürlich beigelegten Bewegung einen stumpfen $\angle$ macht, wie man auch die willkürliche Bewegung annehmen mag, wenn nur immer dabei die Bedingungen erfüllt werden, welche das System erfüllen soll, so stehen die auf das System wirkenden Kräfte im Gleichgewichte.

Beweis. Man nehme an, die auf das System wirkenden Kräfte ständen nicht im Gleichgewichte, sondern setzten das System aus dem Zustande der Ruhe in wirkliche Bewegung, so sei die anfängliche Tangentialkraft der dem Punct $\left\{\begin{matrix}A\\B\\C\\\vdots\end{matrix}\right\}$ von den Kräften des Systems mitgetheilten Bewegung $\left\{\begin{matrix}V\\V'\\V''\\\vdots\end{matrix}\right\}$. Alsdann füge man in Gedanken zu den Kräften des Systems noch für den Punct $\left\{\begin{matrix}A\\B\\C\\\vdots\end{matrix}\right\}$ eine äußere Kraft hinzu, welche der vorher genannten Kraft $\left\{\begin{matrix}V\\V'\\V''\\\vdots\end{matrix}\right\}$ gleich und entgegengesetzt ist, so werden die nunmehrigen Kräfte des Systems augenscheinlich im Gleichgewichte stehen, also nach dem vorigen §. (wenn man $\Sigma m : \left\{\begin{matrix}m\\m'\\m''\\\vdots\end{matrix}\right\} = \left\{\begin{matrix}V : W\\V' : W'\\V'' : W''\\\vdots\end{matrix}\right\}$ macht, und die willkürliche Bew. übereinstimmend mit der von den anfänglichen Kräften des Systems hervorgebrachten Bew. setzt) $\Sigma U \times v = \Sigma U \times v + \Sigma W \times V$, folglich $\Sigma U \times v > \Sigma U \times v$

sein. Nach der Voraussetzung ist aber $\Sigma U \times v = \Sigma U \times v$. Da dies sich widerspricht, so ist die Annahme falsch, und die auf das System wirkenden Kräfte stehen im Gleichgewichte.

Anmerkung. Dieser Satz ist, doch mit Ausdrücken, die vom Unendlichkleinen hergenommen sind, aufgestellt in Laplace Méc. cél. I. 3, 14. zu Ende der 41sten und Anfang der 42sten Seite.

§. 7. Erklärung.

Die beiden vorigen Lehrsätze werden zusammen das Princip der virtuellen Geschwindigkeiten genannt.

Anwendung des Princips der virtuellen Geschwindigkeiten auf die Theorie des Hebels.

§. 8. Erklärung.

Wenn 2 bewegte Puncte gezwungen sind sich in feststehenden concentrischen Kugelflächen zu bewegen, und überdies ihre Entfernung von einander nicht zu ändern, so bilden die von den bewegten Puncten nach dem gemeinschaftlichen Mittelpunct beider Kugeln gehenden geraden Linien zusammen einen Hebel; die beiden bewegten Puncte selbst heißen Kraft und Last, der gemeinschaftliche Mittelpunct beider Kugeln der Unterstützungspunct (Ruhepunct, Hypomochlion) des Hebels, und die beiden aus dem Mittelpunct nach den bewegten Puncten gezogenen Linien die beiden Arme des Hebels. Fallen beide Arme auf einander, so heißt der Hebel ein einarmiger; ist aber ein Arm die Verlängerung des andern, so heißt der Hebel ein zweiarmiger, und wenn die beiden Arme einen $\angle$ gegen einander bilden, ein Winkelhebel.

§. 9. Lehrsatz.

Wenn auf die Kraft und Last eines Hebels Kräfte wirken, so daß die zusammengesetzte aus allen auf die Kraft des Hebels wirkenden äußeren Kräften und die zusammengesetzte aus allen auf die Last wirkenden äußeren Kräften mit beiden Hebelarmen in Einer Ebene liegen, (welche beiden zusammengesetzten Kräfte wir P und Q nennen wollen), und das aus den Verhältnissen P : Q und m : m' (wo m die Masse der Kraft des Hebels, und m' die Masse der Last bedeutet) zusammengesetzte Verh. ist = dem Verh. der Entfernung der Richtung der Kraft Q vom Ruhepunct zur Entfernung der Richtung der Kraft P vom Ruhepunct, und die Richtung der Kraft P liegt überdies, wenn man sie so betrachtet, daß man den Ruhepunct vor sich liegend hat, zur {Rechten / Linken} des anliegenden Hebelarms, die Richtung der Kraft Q aber, auf derselben Seite der Ebene und so betrachtet, daß man den Ruhepunct vor sich liegend hat, zur {Linken / Rechten} des an ihr anliegenden Hebelarms, so stehen die auf die Kraft und Last des Hebels wirkenden Kräfte im Gleichgewichte. Auch wenn jede der Kräfte P und Q gerade auf den Ruhepunct zu oder gerade von ihm abwärts gekehrt ist, oder wenn die eine der beiden Kräfte P und Q gerade auf den Ruhepunct zu oder gerade von ihm abwärts gekehrt ist, und die andere ganz verschwindet, stehen die auf die Kraft und Last des Hebels wirkenden Kräfte im Gleichgewichte.

Beweis. Wenn jede der Kräfte P und Q gerade auf den Ruhepunct zu oder gerade von ihm abwärts gekehrt ist, oder wenn die eine der Kräfte P und Q gerade auf den Ruhepunct zu oder gerade von ihm abwärts gekehrt ist, während die andere ganz verschwindet, so verschwinden auch die in §. 6. erwähnten Rechtecke; folglich stehen die auf die Kraft und Last des Hebels wirkenden Kräfte im Gleichgewichte. Wenn aber die Kräfte P und Q nicht gerade auf den Ruhepunct zu, auch nicht gerade von ihm abwärts gekehrt sind, sondern ihre Richtungen vom Ruhepunct die Entfernungen e und e' haben, und dabei mit beiden Hebelarmen in Einer Ebene liegen, so fingire man, die Kraft und Last des Hebels seien nicht bloß gezwungen sich in einer Kugelfläche zu bewegen, sondern in einem in der genannten Ebene liegenden größten Kreis der Kugelfläche, welches im Erfolg nichts ändert. Man theile der Kraft und Last des Hebels eine willkürliche Bewegung mit, doch so, daß die Bedingungen erfüllt werden, so kann dies keine andere sein als eine in der erwähnten Ebene geschehende Drehung des ganzen Hebels um den Ruhepunct. Alsdann verhalten sich, weil die der Kraft und Last des Hebels mitgetheilten Bewegungen einander ähnlich sind, die Anfangsgeschwindigkeiten wie die Halbmesser der beiden beschriebenen Kreisbogen, welche Halbmesser wir r und r' nennen wollen. Die in §. 5. erwähnten Kräfte $S, S' \ldots$ fallen hier mit den Kräften P und Q zusammen, und die Proportionen $\Sigma m : m = S : T \ldots$ gehen daher in die Proportionen $m + m' : m = P : T$ und $m + m' : m' = Q : T'$ über. Aus den bekannten Sätzen von der Aehnlichkeit der $\triangle\triangle$ folgt ferner $T : U = r : e$ und $T' : U' = r' : e'$. Wir haben also $(U : T) + (T : P) + (P : Q) + (Q : T') + (T' : U') + (v : v')$, d. i. $U \times v : U' \times v' = (e : r) + (m : m + m') + (P : Q) + (m + m' : m') + (r' : e') + (r : r') = (P : Q) + (m : m') + (e : e')$, d. i. (nach der Voraussetzung) $= (e' : e) + (e : e') = e' : e'$. Folglich ist $U \times v = U' \times v'$, und daher stehen nach §. 6. die auf die Kraft und Last des Hebels wirkenden Kräfte im Gleichgewichte.

§. 10. Lehrsatz.

Wenn die auf Kraft und Last eines Hebels wirkenden Kräfte im Gleichgewicht stehen, so ist entweder jede der Kräfte P und Q gerade auf den Ruhepunct zu oder gerade von ihm abwärts gekehrt, oder eine der beiden Kräfte P und Q ist gerade auf den Ruhepunct zu oder gerade von ihm abwärts gekehrt, während die andere ganz verschwindet, oder keine von beiden Kräften ist gerade auf den Ruhepunct zu oder gerade von ihm abwärts gekehrt. Im letzteren Falle liegen die Richtungen der Kräfte P und Q mit beiden Hebelarmen in Einer Ebene, und es verhält sich, wenn m, m', e, e' dieselbe Bedeutung wie im vorigen §. haben, $(P : Q) + (m : m') = e' : e$; auch liegt die Richtung der Kraft P, wenn man sie so betrachtet, daß man den Ruhepunct vor sich liegend hat, zur $\begin{Bmatrix}\text{Rechten}\\\text{Linken}\end{Bmatrix}$ des anliegenden Hebelarms, während die Richtung der Kraft Q, auf derselben Seite der Ebene und so betrachtet, daß man den Ruhepunct vor sich liegend hat, zur $\left\{\begin{matrix}\text{Linken}\\ \text{Rechten}\end{matrix}\right\}$ des an ihr anliegenden Hebelarms liegt.

Beweis. Ist eine der beiden Kräfte P und Q gerade auf den Ruhepunct zu oder gerade von ihm abwärts gekehrt, so verschwindet das in §. 5. erwähnte dieser Kraft zugehörige Rechteck gänzlich, welche willkürliche Bewegung man auch, den Bedingungen des Systems gemäß, der Kraft und Last des Hebels geben mag; folglich muß nach §. 5. auch das der andern Kraft zugehörige Rechteck verschwinden, und das kann nur geschehen, wenn diese andere Kraft entweder ganz verschwindet, oder wenn sie gerade nach dem Ruhepunct zu, oder wenn sie gerade von ihm abwärts gekehrt ist. Wir haben also nur noch den Fall zu betrachten, wo keine der beiden Kräfte P und Q gerade auf den Ruhepunct zu oder gerade von ihm abwärts gekehrt ist.

Auf die Last des Hebels wirkt keine andere Kraft als die Kraft Q, der Widerstand der der Last angewiesenen Kugelfläche und die Anziehungs- oder Abstoßungskraft der Kraft des Hebels gegen die Last. Diese 3 Kräfte müssen nach §. 2. einander gänzlich aufheben, und folglich in Einer Ebene liegen, weil sie sonst nach §. 7. des 2ten Abschn. eine durch die Diagonale eines Parallelepipedums ausgedruckte Kraft geben, also sich nicht gänzlich aufheben würden. Der Widerstand der Kugelfläche ist aber nach der Richtung des an die Last anschließenden Hebelarms gerichtet. Folglich liegt die Kraft Q mit beiden Hebelarmen in Einer Ebene. Ebenso wird bewiesen, daß die Kraft P mit beiden Hebelarmen in Einer Ebene liegt. Wir unterscheiden nun noch 2 Fälle:

1) den Fall des Winkelhebels. Man drehe den Hebel um den Ruhepunct in der Ebene beider Arme mit beliebiger Anfangsgeschwindigkeit. Dann verhält sich wie im vorigen §. $U \times v : U' \times v' = (e : r) + (m : m + m') + (P : Q) + (m + m' : m') + (r' : e') + (r : r')$, (per affin.) $= (P : Q) + (m : m') + (e : e') + (r' : r) + (r : r')$

$= (P:Q) + (m:m') + (c:c')$. Da nun nach der Voraussetzung die auf die Kraft und Last des Hebels wirkenden Kräfte im Gleichgewicht stehen, so ist zufolge §. 5. nicht nur $U \times v = U' \times v'$, also $(P:Q) + (m:m') = c':c$, sondern die Richtung der Kraft Q bildet auch gegen die Anfangsrichtung der drehenden Bewegung der Last des Hebels einen $\left\{\begin{matrix}\text{spitzen}\\ \text{stumpfen}\end{matrix}\right\} \angle$, während die Richtung der Kraft P gegen die Anfangsrichtung der drehenden Bewegung der Kraft des Hebels einen $\left\{\begin{matrix}\text{stumpfen}\\ \text{spitzen}\end{matrix}\right\} \angle$ bildet.

2) Den Fall des einarmigen oder zweiarmigen Hebels. Man nehme an, die Ebene, welche von der geraden Linie, worin beide Arme des Hebels liegen, und von der Richtung der Kraft P gebildet wird, falle mit der Ebene, welche von derselben geraden Linie und von der Richtung der Kraft Q gebildet wird, nicht zusammen. Man zerfälle die Kraft Q in 2 Kräfte, davon die eine in der von beiden Hebelarmen und von der Richtung der Kraft P gebildeten Ebene liegt, die andere aber auf dieser Ebene winkelrecht steht. Legt man nun dem Hebel eine drehende Bewegung um den Ruhepunct in der zuletzt erwähnten Ebene mit beliebiger Anfangsgeschwindigkeit bei, so ist leicht einzusehen, daß die in §. 5. erwähnte Kraft U' einerlei ist mit derjenigen Kraft U', welche man erhalten würde, wenn man voraussetzte, daß statt der Kraft Q die auf die zuletzt erwähnte Ebene projicirte Kraft Q wirkte. Da nun nach §. 5. $U \times v = U' \times v'$, so stehen zufolge §. 6. die auf den Hebel wirkenden Kräfte auch dann noch im Gleichgewichte, wenn man voraussetzt, daß statt der Kraft Q die projicirte Kraft wirkt. Die andere Kraft, worein Q zerfällt worden, stört folglich das Gleichgewicht, und folglich stehen die sämmtlichen auf Kraft und Last des Hebels wirkenden Kräfte doch nicht im Gleichgewichte; welches der Voraussetzung widerspricht. Daher ist die Annahme falsch, und die Richtungen der Kräfte P und Q liegen mit beiden Hebelarmen in Einer Ebene. Das übrige zu beweisende wird wie unter Nr. 1) bewiesen.

Anmerkung. Aus dem Beweise dieses und des vorigen §. geht hervor, daß wir zum Behuf der Theorie des ein- und zweiarmigen Hebels nicht nöthig haben, mit Laplace (Méc. cél. I. 3, 14. in der Mitte der 38sten Seite) anfangs anzunehmen, der Hebel sei im Ruhepunct gebrochen, und bilde einen ∠, welcher unendlich wenig von 2R verschieden ist. Doch möchte sich vor dem Beweise des Princips der virtuellen Geschwindigkeiten (welches Laplace in derselben Nummer erst nachher beweist) schwerlich ein anderer befriedigender Beweis des Satzes vom Hebel erdenken lassen.

Anwendung des Princips der virtuellen Geschwindigkeiten auf ein System von Puncten, welche gezwungen sind ihre Entfernungen von einander sämmtlich unverändert zu behalten.

§. 11. Lehrsatz.

Wenn die Bedingungen eines Systems von Puncten nur darin bestehen, daß sämmtliche Puncte ihre Entfernungen von einander unverändert behalten, und die auf das System wirkenden Kräfte stehen im Gleichgewichte, und man zerfällt alle nicht zu den Bedingungen gehörigen auf den Punct $\left\{\begin{matrix} A \\ B \\ C \\ \vdots \end{matrix}\right\}$ wirkenden Kräfte, nachdem man sie im Verhältniß $\Sigma m : \left\{\begin{matrix} m \\ m' \\ m'' \\ \vdots \end{matrix}\right\}$ vermindert hat, nach einer und derselben Richtung, so ist die Summe derjenigen zerfällten Kräfte, welche nach einerlei Richtung hinfallen, = der Summe derjenigen zerfällten Kräfte, welche nach der entgegengesetzten Richtung hinfallen.

Beweis. Folgt unmittelbar aus §. 5., wenn die dem System willkürlich beigelegte Bewegung eine bloß progressive, nach derjenigen Richtung, wonach alle einzelnen Kräfte zerfällt worden, gerichtete und mit beliebiger Anfangsgeschwindigkeit behaftete ist.

§. 12. Lehrsatz.

Wenn die Bedingungen eines Systems von Puncten die im vorigen §. angeführten sind, und die auf das System wirkenden Kräfte stehen im Gleichgewichte, und man zerfällt jede äußere auf das System wirkende Kraft, nachdem man sie vorher, wenn sie den Punct $\left\{\begin{matrix} A \\ B \\ C \\ \cdot \\ \cdot \end{matrix}\right\}$ angeht, im Verhältniß $\Sigma m : \left\{\begin{matrix} m \\ m' \\ m'' \\ \cdot \\ \cdot \end{matrix}\right\}$ vermindert hat, nach 2 auf einander winkelrechten Richtungen, davon die eine $\#$ ist mit einer Linie M, welche dieselbe ist für alle zu zerfällenden Kräfte, und man bildet nun aus jeder zerfällten gegen die Richtung M winkelrechten Kraft und aus der Entfernung ihrer Richtung von der Linie M ein Rechteck, so ist die Summe derjenigen Rechtecke, für welche die Richtung der zerfällten gegen die Richtung M winkelrechten Kraft (wenn man die Linie M vom betreffenden Punct aus so betrachtet, daß man sie aufrecht vor sich stehend hat) nach der rechten Seite hin gerichtet ist, = der Summe derjenigen Rechtecke, für welche die Richtung der zerfällten gegen die Richtung M winkelrechten Kraft nach der linken Seite hin gerichtet ist.

Beweis. Man gebe dem System eine drehende Bewegung um die Linie M, wobei die Winkelgeschwindigkeit zu Anfang der Bewegung willkürlich ist, so folgt das, was bewiesen werden soll, aus §. 5. und aus den bekannten Sätzen von der Aehnlichkeit der △△.

§. 13. Erklärung.

Wenn man eine Kraft in 2 auf einander winkelrechte Kräfte zerfällt, davon die eine einer gegebenen Linie $\#$ ist, so heißt das Rechteck aus der andern Kraft und aus der Entfernung der Richtung dieser andern Kraft von der gegebenen Linie das statische Moment der ursprünglichen Kraft in Beziehung auf die gegebene Linie. Wenn man aber eine Geschwindigkeit eines bewegten Puncts in 2 auf einander winkelrechte Geschwindigkeiten zerfällt, davon die eine einer gegebenen Linie im Raum $\#$ ist, so heißt das Rechteck aus der andern Geschwindigkeit und aus der Entfernung der Richtung dieser andern Geschwindigkeit von der gegebenen Linie das mechanische Moment der ursprünglichen Geschwindigkeit in Beziehung auf die gegebene Linie.

§. 14. Zusatz.

Hieraus, verglichen mit §. 12., folgt, daß, wenn die auf ein festes System von Puncten wirkenden Kräfte im Gleichgewicht stehen, daß alsdann in Beziehung auf jede gegebene Linie im Raum die Summe der statischen Momente derjenigen äußeren Kräfte, für welche die winkelrecht auf die gegebene Linie zerfällte Kraft nach der rechten Seite gerichtet ist, = ist der Summe derjenigen statischen Momente, für welche die winkelrecht auf die gegebene Linie zerfällte Kraft nach der linken Seite hin gerichtet ist, — vorausgesetzt, daß man jede auf den Punct $\begin{Bmatrix} A \\ B \\ C \\ \vdots \end{Bmatrix}$ wirkende Kraft im Verhältniß $\Sigma m : \begin{Bmatrix} m \\ m' \\ m'' \\ \vdots \end{Bmatrix}$ vermindert habe.

§. 15. Lehrsatz.

Wenn auf mehrere Puncte im Raum Kräfte wirken, und man zerfällt alle diese Kräfte nach 2 auf einander winkelrechten Richtungen, die für alle zu zerfällenden Kräfte dieselben sind, und die Summe derjenigen zerfällten Kräfte, welche nach einerlei Richtung hinfallen, ist für jede der beiden genannten Richtungen = der Summe derjenigen zerfällten Kräfte, welche nach der entgegengesetzten Richtung hinfallen, so findet diese Gleichheit der Summen der zerfällten Kräfte auch in Beziehung auf jede 3te Richtung statt, welche mit den beiden ersten in Einer Ebene liegt.

Beweis. Wenn man alle auf $\left\{\begin{matrix}A\\B\\C\\\vdots\end{matrix}\right\}$ wirkenden Kräfte in Eine zusammensetzt, so heiße die entspringende $\left\{\begin{matrix}S\\S'\\S''\\\vdots\end{matrix}\right\}$. Man zerfälle die Kraft $\left\{\begin{matrix}S\\S'\\S''\\\vdots\end{matrix}\right\}$ in die 3 Partialkräfte $\left\{\begin{matrix}X, & Y, & Z\\X', & Y', & Z'\\X'', & Y'', & Z''\\ & \vdots & \end{matrix}\right\}$, wovon 2 die beiden genannten auf einander winkelrechten Richtungen haben, die 3te auf den beiden ersten winkelrecht steht. Alsdann ist nach der Voraussetzung $\Sigma X = \mathfrak{Z} X$, wo ΣX die Summe der nach einer Richtung, und $\mathfrak{Z} X$ die Summe der nach der entgegengesetzten Richtung fallenden Kräfte bedeutet. Eben so ist $\Sigma Y = \mathfrak{Z} Y$. Man zerfälle nun jede der Kräfte X, Y, X', Y' . . . nach einer beliebigen 4ten Richtung, welche in der Ebene der beiden ersten Richtungen liegt, und nenne die zerfällten Kräfte $X_1, Y_1, X'_1, Y'_1 \ldots$, so verhält sich $X : X_1 = X' : X'_1 = X'' : X''_1 \ldots$, also (Eucl. 5, 12) $\Sigma X : \Sigma X_1 = \mathfrak{Z} X : \mathfrak{Z} X_1$. Da nun $\Sigma X = \mathfrak{Z} X$, so ist auch $\Sigma X_1 = \mathfrak{Z} X_1$. Eben so wird bewiesen, daß $\Sigma Y_1 = \mathfrak{Z} Y_1$. Folglich ist $\Sigma X_1 + \Sigma Y_1 = \mathfrak{Z} X_1 + \mathfrak{Z} Y_1$.

§. 16. Lehrsatz.

Wenn die im vorigen §. erwähnte Gleichheit der Summen der zerfällten Kräfte zwar in Beziehung auf eine der beiden genannten auf einander winkelrechten Richtungen statt findet, in Beziehung auf die andere Richtung aber nicht, so findet sie auch in Beziehung auf jede dritte nicht statt, die mit den beiden ersten in Einer Ebene liegt, und zwar ist die Summe der zerfällten Kräfte auf derjenigen Seite der ersten Richtung größer, auf welcher die Summe der zerfällten Kräfte in Beziehung auf die 2te Richtung die größere ist; der Ueberschuß ist aber desto größer, je näher die 3te Richtung an die 2te kommt, und für 2 solche Richtungen, welche gegen die 2te Richtung gleiche ∠∠ bilden, gleich, und für die 2te Richtung selbst am größten; auch verhält sich der Ueberschuß für die 3te Richtung zu dem Ueberschuß für die 2te Richtung wie der Cosinus des Winkels, welchen die 2te und 3te Richtung gegen einander machen, zum Halbmesser.

Beweis. Man verfährt wie bei der Beweisführung des vorigen Satzes, so leuchtet alles zu Beweisende von selbst ein.

§. 17. Lehrsatz.

Wenn die im vorigen §. erwähnte Gleichheit der Summen der zerfällten Kräfte in Beziehung auf 2 beliebige einander unter schiefen Winkeln schneidende Richtungen statt findet, so findet sie auch in Beziehung auf jede 3te Richtung statt, die mit den beiden ersten in Einer Ebene liegt.

Beweis. Man zerfälle die Kräfte nach einer in der Ebene der 1sten und 2ten Richtung liegenden, auf einer von beiden Richtungen winkelrechten Richtung, so findet in Beziehung auf diese Richtung die Gleichheit der Summen der zerfällten Kräfte statt, weil sie sonst nach §. 16. in Beziehung auf eine der beiden ersten Richtungen nicht statt fände. Und hieraus folgt wieder nach §. 15., daß die Gleichheit der Summen der zerfällten Kräfte auch in Beziehung auf jede Richtung statt findet, die mit den beiden ersten in Einer Ebene liegt.

§. 18. Lehrsatz.

Wenn die im vorigen §. erwähnte Gleichheit der Summen der zerfällten Kräfte in Beziehung auf drei Richtungen statt findet, die nicht in Einer Ebene liegen, so findet sie auch in Beziehung auf jede 4te Richtung im Raume statt.

Beweis. Es seien BC, DE und FG Fig. 37. die 3 ersten Richtungen, und diese 3 Linien mögen sich in A schneiden. Die durch A gehende Linie HI aber zeige eine beliebige 4te Richtung im Raume an; auch falle AI innerhalb des von den Winkeln EAC, CAG und GAE gebildeten körperlichen Winkels. Man lege eine Ebene durch AG und AI, welche EAC in AL schneidet, und verlängere AL von A aus unbestimmt nach K. Da nun die Gleichheit der Summen der zerfällten Kräfte in Beziehung auf BC und DE statt findet, so findet sie nach dem vorigen §. auch in Beziehung auf KL statt. Und da sie in Beziehung auf FG und KL statt findet, so findet sie auch in Beziehung auf HI statt.

§. 19. Lehrsatz.

Wenn man mehrere auf einen Punct wirkende Kräfte in Eine zusammensetzt, oder die Geschwindigkeit eines bewegten Puncts in eine beliebige Anzahl Partialgeschwindigkeiten nach beliebigen Richtungen zerfällt, und man bildet nun die statischen (mechanischen) Momente der Partialkräfte (Partialgeschwindigkeiten) in Beziehung auf Eine und dieselbe Linie im Raum, und die Summe derjenigen Momente, für welche die winkelrecht gegen die genannte Linie zerfällte Kraft (Geschwindigkeit) nach der rechten Seite gerichtet ist, ist = der Summe derjenigen Momente, für welche die winkelrecht gegen die genannte Linie zerfällte Kraft (Geschwindigkeit) nach der linken Seite gerichtet ist, so liegt die zusammengesetzte Kraft (die totale Geschwindigkeit) mit der genannten Linie in Einer Ebene; sind aber beide Summen ungleich, so liegt die zusammengesetzte Kraft (die totale Geschwindigkeit) auf der Seite der größeren Summe, und ihr Moment in Beziehung auf dieselbe Linie ist = dem Unterschied beider Summen.

Beweis. Es sei AB Fig. 38. die Linie, in Beziehung auf welche die Momente genommen werden, und C der bewegte Punct. Man fälle CD winkelrecht auf AB. Man zerfälle eine der Partialkräfte (Partialgeschwindigkeiten) v nach 2 auf einander winkelrechten Richtungen, wovon eine $\#$ AB ist. Es sei CE die gegen AB winkelrechte der beiden zerfällten Kräfte (Geschwindigkeiten), und diese nach CE gerichtete Kraft (Geschwindigkeit) heiße P. Man fälle DE winkelrecht auf CE, und EF winkelrecht auf CD, so ist $P \times DE$ das Moment von v. Zerfällt man aber P wieder nach den Richtungen CF und FE, so ist die nach FE gerichtete Kraft (Geschwindigkeit), welche wir Q nennen wollen, die 4te Prop. zu CE, FE und P, d. i. (Eucl. 6, 8) zu CD, DE und P. Also (Eucl. 6, 16) $P \times DE = Q \times CD$. Folglich die Summe der Momente aller auf C wirkenden Partialkräfte (aller Partialgeschwindigkeiten), welche **rechts** von CD gerichtet sind, $= CD \times \Sigma Q$, und die Summe der Momente der **links** von CD gerichteten Kräfte (Geschwindigkeiten) $= CD \times$ ƷQ. Aber die Differenz zwischen ΣQ und ƷQ ist $=$ derjenigen Kraft (Geschwindigkeit), welche man erhält, wenn man die aus allen Partialkräften v, v' . . . zusammengesetzte Kraft (die totale Geschwindigkeit), welche wir S nennen wollen, nach der Richtung CE zerfällt. Ist $\Sigma Q =$ ƷQ, so liegt S in der Ebene ADC; aber $CD \times \Sigma Q$ ist auch $= CD \times$ ƷQ, folglich die Summe der Momente der Partialkräfte (Partialgeschwindigkeiten) rechts und links gleich. Ist aber $\Sigma Q \begin{Bmatrix} > \\ < \end{Bmatrix}$ ƷQ, so liegt S $\begin{Bmatrix} \text{rechts} \\ \text{links} \end{Bmatrix}$ von der Ebene ADC; aber dann ist auch $CD \times \Sigma Q \begin{Bmatrix} > \\ < \end{Bmatrix} CD \times$ ƷQ, d. i. die Summe der Momente der Partialkräfte (Partialgeschwindigkeiten) zur Rechten $\begin{Bmatrix} > \\ < \end{Bmatrix}$ als die Summe der Momente zur Linken. Auch geht aus den bekannten Sätzen von der Aehnlichkeit der △△ hervor, daß $CD \times \begin{Bmatrix} (\Sigma Q - Ʒ Q) \\ (Ʒ Q - \Sigma Q) \end{Bmatrix}$ das Moment von S ist.

Anmerkung. Derselbe Satz ist vermittelst der Differentialrechnung bewiesen in Laplace Méc. cél. I. 1. zu Ende der 3ten Nummer.

§. 20. Lehrsatz.

Wenn auf mehrere Puncte im Raum Kräfte wirken (oder wenn mehrere Puncte im Raum sich in irgend einem Augenblick mit beliebigen Geschwindigkeiten und nach beliebigen Richtungen bewegen), und man bildet die Momente aller dieser Kräfte (Geschwindigkeiten) in Beziehung auf 2 einander winkelrecht schneidende Linien, und die Summe derjenigen Momente, für welche die winkelrecht gegen die 1ste der beiden genannten Linien zerfällte Kraft (Geschwindigkeit) nach der rechten Seite gerichtet ist, ist $=$ der Summe derjenigen Momente, für welche die winkelrecht gegen die erste der beiden genannten Linien zerfällte Kraft (Geschwindigkeit) nach der **linken** Seite gerichtet ist, und diese Gleichheit der Summen der Momente findet auch in Beziehung auf die 2te der beiden genannten Linien statt, so findet dieselbe Gleichheit der Summen der Momente auch in Beziehung auf jede 3te Linie statt, welche durch den Schneidepunct der beiden ersteren Linien geht, und mit ihnen in Einer Ebene liegt.

Beweis. Es seien BC und DE Fig. 39. zwei in A sich winkelrecht schneidende Linien, in Beziehung auf welche die Gleichheit der Summen der Momente zu beiden Seiten statt findet, und wir wollen beweisen, daß diese Gleichheit der Summen der Momente auch in Beziehung auf die in der Ebene BAD liegende Linie HAI statt findet, von welcher das Stück AI zwischen AC und AE fällt. Man setze für jeden einzelnen Punct alle wirkenden Kräfte in Eine zusammen, und bilde dadurch in Beziehung auf den 1sten Punct die Kraft (Geschwindigkeit) S, in Beziehung auf den 2ten die Kraft (Geschwindigkeit) S′, u. s. w. Man zerfälle S in 3 Partialkräfte (Partialgeschwindigkeiten) X nach der Richtung BC, Y nach der Richtung DE, und Z nach der auf der Ebene BAD winkelrechten Richtung KAL. Man bezeichne die Entfernung des $\left\{\begin{matrix}\text{1sten}\\ \text{2ten}\\ \text{3ten}\\ \vdots\end{matrix}\right\}$ Puncts von der Ebene DAK mit $\left\{\begin{matrix}x\\ x'\\ x''\\ \vdots\end{matrix}\right\}$, seine Entfernung von der Ebene BAK mit $\left\{\begin{matrix}y\\ y'\\ y''\\ \vdots\end{matrix}\right\}$, und seine Entfernung von der Ebene BAD mit $\left\{\begin{matrix}z\\ z'\\ z''\\ \vdots\end{matrix}\right\}$. Hieraus ist auch klar, was unter X′, Y′, Z′, X″, Y″, Z″ . . . zu verstehen ist. Alsdann ist nach der Voraussetzung und nach §. 19. $\Sigma Z\times y + \Sigma Y\times z = \Sigma Z\times y + \Sigma Y\times z$, und $\Sigma Z\times x + \Sigma X\times z = \Sigma Z\times x + \Sigma X\times z$.

Fällt man nun aus jedem einzelnen Punct ein Perpendikel auf BC, so ist das von BC vom Punct A aus abgeschnittene Stück für den 1sten Punct $= x$, für den 2ten Punct $= x' \ldots$; fällt man Perpendikel auf DE, so ist das von A aus abgeschnittene Stück $= y, y' \ldots$; fällt man endlich Perpendikel auf KL, so ist das von A aus abgeschnittene Stück $= z, z' \ldots$ Diese abgeschnittenen Stücke wollen wir, um die Betrachtung zu erleichtern, wie Kräfte oder Geschwindigkeiten behandeln, womit der Punct A, in welchem die Linien BC, DE und HI sich schneiden, sich bewegt. Wir wollen die Kräfte (Geschwindigkeiten) X, Y, X', $Y' \ldots$, x, y, x', $y' \ldots$ nach der Richtung FA zerfällen, welche auf HI in der Ebene BAD winkelrecht steht, und die zerfällten Kräfte (Geschwindigkeiten) X_{I}, Y_{I}, $X_{\mathrm{I}}^{\mathrm{I}}$, $Y_{\mathrm{I}}^{\mathrm{I}} \ldots$, x_{I}, y_{I}, $x_{\mathrm{I}}^{\mathrm{I}}$, $y_{\mathrm{I}}^{\mathrm{I}} \ldots$ nennen. Alsdann ist $X : X_{\mathrm{I}} = X^{\mathrm{I}} : X_{\mathrm{I}}^{\mathrm{I}} = X^{\mathrm{II}} : X_{\mathrm{I}}^{\mathrm{II}} \ldots = x : x_{\mathrm{I}} = x^{\mathrm{I}} : x_{\mathrm{I}}^{\mathrm{I}} = x^{\mathrm{II}} : x_{\mathrm{I}}^{\mathrm{II}} \ldots =$ (Eucl. 6, 1) $X \times z : X_{\mathrm{I}} \times z = X^{\mathrm{I}} \times z^{\mathrm{I}} : X_{\mathrm{I}}^{\mathrm{I}} \times z^{\mathrm{I}} = X^{\mathrm{II}} \times z^{\mathrm{II}} : X_{\mathrm{I}}^{\mathrm{II}} \times z^{\mathrm{II}} \ldots = Z \times x : Z \times x_{\mathrm{I}} = Z^{\mathrm{I}} \times x^{\mathrm{I}} : Z^{\mathrm{I}} \times x_{\mathrm{I}}^{\mathrm{I}} = Z^{\mathrm{II}} \times x^{\mathrm{II}} : Z^{\mathrm{II}} \times x_{\mathrm{I}}^{\mathrm{II}} \ldots$, folglich (Eucl. 5, 12) $\Sigma Z \times x + \Sigma X \times z : \Sigma Z \times x_{\mathrm{I}} + \Sigma X_{\mathrm{I}} \times z = \reflectbox{Σ} Z \times x + \reflectbox{Σ} X \times z : \reflectbox{Σ} Z \times x_{\mathrm{I}} + \reflectbox{Σ} X_{\mathrm{I}} \times z$. Nun war $\Sigma Z \times x + \Sigma X \times z = \reflectbox{Σ} Z \times x + \reflectbox{Σ} X \times z$; folglich ist auch $\Sigma Z \times x_{\mathrm{I}} + \Sigma X_{\mathrm{I}} \times z = \reflectbox{Σ} Z \times x_{\mathrm{I}} + \reflectbox{Σ} X_{\mathrm{I}} \times z$. Eben so wird bewiesen, daß $\reflectbox{$\Sigma$} Z \times y_{\mathrm{I}} + \reflectbox{Σ} Y_{\mathrm{I}} \times z = \Sigma Z \times y_{\mathrm{I}} + \Sigma Y_{\mathrm{I}} \times z$. Durch Vergleichung dieser beiden letzteren Gleichungen findet man, wenn man die nach FG gerichtete Kraft (Geschw.), worein sich S zerfällen läßt, mit X_{II}, die Entfernung des betreffenden Puncts von der Ebene HAK mit x_{II}, die entsprechenden Größen für den 2ten betreffenden Punct mit $X_{\mathrm{II}}^{\mathrm{I}}$ und $x_{\mathrm{II}}^{\mathrm{I}}$ bezeichnet, u. s. w., daß $\Sigma Z \times x_{\mathrm{II}} + \Sigma X_{\mathrm{II}} \times z = \reflectbox{Σ} Z \times x_{\mathrm{II}} + \reflectbox{Σ} X_{\mathrm{II}} \times z$. Hieraus, in Verbindung mit §. 19., folgt, was bewiesen werden sollte.

§. 21. Lehrsatz.

Wenn die im vorigen §. erwähnte Gleichheit der Summen der Momente zwar in Beziehung auf eine der beiden genannten auf einander winkelrechten Linien, z. B. auf BC Fig. 39., statt findet, in Beziehung auf die andere Linie DE aber nicht, so findet sie auch in Beziehung auf jede 3te Linie HI nicht statt, die durch den Durchschnittspunct der beiden ersten geht, und mit ihnen in Einer Ebene liegt, und zwar ist (wenn man die Linien AE und AI von einerlei Seite der Ebene BAD aus betrachtet) die Summe derjenigen Momente, für welche die winkelrecht gegen HI zerfällte Kraft (Geschwindigkeit) nach der rechten Seite gerichtet ist, $\left\{\begin{matrix} > \\ < \end{matrix}\right\}$ als die Summe derjenigen Momente, für welche die winkelrecht gegen HI zerfällte Kraft (Geschwindigkeit) nach der linken Seite gerichtet ist, je nachdem die Summe derjenigen Momente, für welche die winkelrecht gegen AE zerfällte Kraft nach der rechten Seite gerichtet ist, $\left\{\begin{matrix} > \\ < \end{matrix}\right\}$ ist als die Summe derjenigen Momente, für welche die winkelrecht gegen AE zerfällte Kraft nach der linken Seite gerichtet ist. Der Ueberschuß ist aber desto größer, je näher die 3te Linie an die 2te kommt, und für 2 solche Linien, welche gegen die 2te Linie gleiche $\angle\angle$ bilden, gleich, und für die 2te Linie selbst am größten; auch verhält sich der Ueberschuß für die 3te Linie zum Ueberschuß für die 2te wie der Cosinus des Winkels, den die 2te und 3te Linie gegen einander machen, zum Halbmesser.

Beweis. Man verfährt wie bei der Beweisführung des vorigen Satzes, so leuchtet alles zu Beweisende von selbst ein.

§. 22. Lehrsatz.

Wenn die im vorigen §. erwähnte Gleichheit der Summen der Momente in Beziehung auf 2 beliebige einander schneidende Linien statt findet, so findet sie auch in Beziehung auf jede 3te Linie statt, welche durch den Durchschnittspunct der beiden ersten geht, und mit ihnen in Einer Ebene liegt.

Beweis. Wie bei §. 17.

§. 23. Lehrsatz.

Wenn die im vorigen §. erwähnte Gleichheit der Summen der Momente in Beziehung auf drei Linien statt findet, die sich in Einem Punct schneiden, aber dabei nicht in Einer Ebene liegen, so findet sie auch in Beziehung auf jede 4te Linie im Raum statt, die man durch den Durchschnittspunct der 3 ersteren Linien ziehen kann.

Beweis. Wie in §. 18.

§. 24. Lehrsatz.

Wenn die Bedingungen eines Systems von Puncten darin bestehen, daß sämmtliche Puncte ihre Entfernungen von einander unverändert behalten, und man zerfällt alle äußeren auf das System wirkenden Kräfte (nachdem man vorher jede auf den Punct $\begin{Bmatrix} A \\ B \\ C \\ \vdots \end{Bmatrix}$ wirkende Kraft im Verhältniß $\Sigma m : \begin{Bmatrix} m \\ m' \\ m'' \\ \vdots \end{Bmatrix}$ vermindert hat) auf sechserlei Arten, 1) nach einer beliebigen Richtung im Raume, die für alle zu zerfällenden Kräfte dieselbe ist, 2) nach einer beliebigen anderen Richtung, die gleichfalls für alle zu zerfällenden Kräfte dieselbe ist, 3) nach einer 3ten Richtung, die mit den beiden ersten nicht in Einer Ebene liegt, und gleichfalls für alle zu zerfällenden Kräfte dieselbe ist, 4) nach 2 auf einander winkelrechten Richtungen, wovon die erste # einer beliebigen Linie läuft, welche Linie für alle zu zerfällenden Kräfte dieselbe ist, 5) nach 2 auf einander winkelrechten Richtungen, wovon die erste # einer die vorige Linie schneidenden Linie läuft, welche Linie gleichfalls für alle zu zerfällenden Kräfte dieselbe ist, 6) nach 2 auf einander winkelrechten Richtungen, wovon die erste # einer Linie läuft, welche durch den Durchschnittspunct der beiden vorigen Linien geht, aber mit ihnen nicht in Einer Ebene liegt, und gleichfalls für alle zu zerfällenden Kräfte dieselbe ist, — und es findet sich nach der unter Nr. 1) 2) und 3) beschriebenen Zerfällung die in §. 15. erwähnte Gleichheit der Summen der zerfällten Kräfte, nach der unter Nr. 4) 5) und 6) beschriebenen Zerfällung aber die in §. 20. erwähnte Gleichheit der Summen der statischen Momente, — so stehen die auf das System wirkenden Kräfte im Gleichgewichte.

Beweis. Man theile dem System eine willkürliche Bewegung mit, so kann dies nach §. 13. des 2ten Abschn. keine andere sein als eine solche, wobei die anfänglichen Richtungen und Geschwindigkeiten aller Puncte des Systems zusammengenommen eine Bewegung bilden, welche zusammengesetzt ist aus einer bloß progressiven Bewegung des ganzen Systems und aus einer drehenden Bewegung um eine durch den Durchschnittspunct der 3 in Nr. 4) 5) und 6) erwähnten einander in Einem Punct schneidenden Linien gehende augenblickliche Umdrehungsaxe. Man ziehe durch den genannten Durchschnittspunct 2 andere auf einander selbst und auf der augenblicklichen Umdrehungsaxe winkelrechte Linien. Es sei in Fig. 39. KL die augenblickliche Umdrehungsaxe, und BC und DE die beiden darauf winkelrechten Linien. Man bezeichne die Entfernung des ersten Puncts des Systems von der Ebene DAK mit x, die Entfernung des 2ten Puncts von derselben Ebene mit x' . . ., die Entfernungen von der Ebene BAK aber mit y, y' . . ., und die Entfernungen von der Ebene BAD mit z, z' . . . Man nenne die zusammengesetzte aus allen auf den 1sten Punct des Systems wirkenden äußeren Kräften, nachdem man sie im Verhältniß $\Sigma m : m$ vermindert hat, S, die zusammengesetzte für den 2ten Punct des Systems, nachdem man sie im Verhältniß $\Sigma m : m'$ vermindert hat, S' . . . Man zerfälle die Kraft S in 3 Partialkräfte, X nach der Richtung BC, Y nach der Richtung DE, und Z nach der Richtung KL. Dann ist zufolge §. 18. $\Sigma X = \mathfrak{Z} X$; $\Sigma Y = \mathfrak{Z} Y$, und $\Sigma Z = \mathfrak{Z} Z$; und zufolge §. 23. $\Sigma X \times y + \Sigma Y \times x = \mathfrak{Z} X \times y + \mathfrak{Z} Y \times x$. Die anfängliche Richtung und Geschwindigkeit der willkürlichen Bewegung jedes Puncts des Systems ist zusammengesetzt aus der anfänglichen Richtung und Geschwindigkeit der bloß progressiven Bewegung und aus der anfänglichen Richtung und Geschwindigkeit der drehenden Bewegung um die Axe KL. Es ist daher für jeden Punct des Systems einerlei, ob man die ganze Anfangsgeschwindigkeit der ihm mitgetheilten willkürlichen Bewegung nach den Richtungen BC, DE, KL zerfällt, oder ob man die Anfangsgeschwindigkeit der progressiven Bewegung und die Anfangsgeschwindigkeit der dem betreffenden Punct des Systems beigelegten drehenden Bewegung einzeln nach den 3 genannten Richtungen zerfällt. Die durch diese Zerfällungen entstandenen 6 Partialgeschwindigkeiten mögen U, V, W, u, v heißen, U, V, W für die progressive, u, v für die drehende Bewegung (bei letzterer verschwindet nämlich die nach der Richtung KL gerichtete Partialgeschwindigkeit). Für den 2ten Punct des Systems mögen die entsprechenden Partialgeschwindigkeiten der drehenden Bewegung u′ und v′ sein, für den 3ten Punct u″ und v″, u. s. w. Alsdann ist $\left\{\begin{matrix} U+u \\ U-u \\ u-U \end{matrix}\right\}$ die nach BC, $\left\{\begin{matrix} V+v \\ V-v \\ v-V \end{matrix}\right\}$ die nach DE, und W die nach KL zerfällte Geschwindigkeit der willkürlichen Bewegung des 1sten Puncts des Systems; für den 2ten Punct sind die entsprechenden Partialgeschwindigkeiten $\left\{\begin{matrix} U+u' \\ U-u' \\ u'-U \end{matrix}\right\}$, $\left\{\begin{matrix} V+v' \\ V-v' \\ v'-V \end{matrix}\right\}$ und W, u. s. w. für die übrigen Puncte des Systems. Aus $\Sigma X = \Sigma X$; $\Sigma Y = \Sigma Y$, und $\Sigma Z = \Sigma Z$ erhalten wir $\Sigma X \times U = \Sigma X \times U$; $\Sigma Y \times V = \Sigma Y \times V$, und $\Sigma Z \times W = \Sigma Z \times W$. Es sei nun M Fig. 40. der 1ste Punct des Systems; man fälle MN winkelrecht auf die Umdrehungsaxe, und ziehe NO # der Linie AC der 39. Figur. Man fälle MP winkelrecht auf NO, und errichte MO winkelrecht auf MN bis an NO. Alsdann ist $NP = x$, $PM = y$, MO die Anfangsrichtung der drehenden Bewegung des Puncts M; die Anfangsgeschwindigkeit dieser drehenden Bewegung verhält sich aber zu v wie MO : MP, und zu u wie MO:OP. Nach Eucl. 6, 8. Zus. ist aber $NP:PM = PM:PO$, d. i. $x:y = v:u$; verwechselt $x:v = y:u$; folglich (Eucl. 6, 22) $\Box x : \Box v = \Box y : \Box u$; (Eucl. 5, 12) $\Box x + \Box y : \Box u + \Box v$, d. i. $\Box MN : \Box$ der ganzen Geschwindigkeit der drehenden Bewegung $= \Box x : \Box v$; folglich (Eucl. 6, 22) MN zur Geschwindigkeit der drehenden Bewegung wie x zu v. Bezeichnen wir die Entfernungen der einzelnen Puncte des Systems von der Umdrehungsaxe mit e, e′ . . ., und die totalen linearischen Geschwindigkeiten der drehenden Bewegung mit w, w′ . . ., so ist $e : e' = w : w'$; verwechselt $e : w = e' : w'$, und ebenso wird bewiesen, daß $e : w = e'' : w'' = e''' : w'''$ . . . Aus allem diesem folgt $x : v = y : u = x' : v' = y' : u' = x'' : v'' = y'' : u'' \ldots =$ (Encl. 6, 1) $X \times y : X \times u = X' \times y' : X' \times u' = X'' \times y'' : X'' \times u'' \ldots = Y \times x : Y \times v = Y' \times x' : Y' \times v' = Y'' \times x'' : Y'' \times v'' \ldots$, daher (Encl. 5, 12) $\Sigma X \times y + \Sigma Y \times x : \Sigma X \times u + \Sigma Y \times v = \mathfrak{Z} X \times y + \mathfrak{Z} Y \times x : \mathfrak{Z} X \times u + \mathfrak{Z} Y \times v$. Nun war aber $\Sigma X \times y + \Sigma Y \times x = \mathfrak{Z} X \times y + \mathfrak{Z} Y \times x$; also wird

$$\Sigma X \times u + \Sigma Y \times v = \mathfrak{Z} X \times u + \mathfrak{Z} Y \times v.$$

Vorher war

$$\Sigma X \times U = \mathfrak{Z} X \times U$$

$$\Sigma Y \times V = \mathfrak{Z} Y \times V$$

$$\Sigma Z \times W = \mathfrak{Z} Z \times W$$

$$\Sigma X \times \begin{Bmatrix} (U+u) \\ (U-u) \\ (u-U) \end{Bmatrix} + \Sigma Y \times \begin{Bmatrix} (V+v) \\ (V-v) \\ (v-V) \end{Bmatrix} + \Sigma Z \times W = \mathfrak{Z} X \times \begin{Bmatrix} (U+u) \\ (U-u) \\ (u-U) \end{Bmatrix} + \mathfrak{Z} Y \times \begin{Bmatrix} (V+v) \\ (V-v) \\ (v-V) \end{Bmatrix} + \mathfrak{Z} Z \times W.$$

Nennen wir aber die totale Geschwindigkeit der willkürlichen Bewegung des 1sten Puncts des Systems γ, die totale Geschwindigkeit der willkürlichen Bewegung des 2ten Puncts γ' . . ., und zerfällen wir jede der Kräfte X, Y, Z, X′, Y′, Z′ . . . nach der Richtung der willkürlichen Bewegung des betreffenden Puncts, und nennen wir die zerfällten Kräfte ξ, v, ζ, ξ', v', ζ' . . ., so ist nach den bekannten Sätzen von der Aehnlichkeit der Dreiecke $X : \xi = \gamma : \begin{Bmatrix} U+u \\ U-u \\ u-U \end{Bmatrix}$; $Y : v = \gamma : \begin{Bmatrix} V+v \\ V-v \\ v-V \end{Bmatrix}$; $Z : \zeta = \gamma : W$; $X' : \xi' = \gamma' : \begin{Bmatrix} U+u' \\ U-u' \\ u'-U \end{Bmatrix}$; $Y' : v' = \gamma' : \begin{Bmatrix} V+v' \\ V-v' \\ v'-V \end{Bmatrix}$;

$Z' : \zeta' = \gamma' : W; \ldots$; folglich (Eucl. 6, 16) $X \times \begin{Bmatrix} (U+u) \\ (U-u) \\ (u-U) \end{Bmatrix} = \xi \times \gamma$;
$Y \times \begin{Bmatrix} (V+v) \\ (V-v) \\ (v-V) \end{Bmatrix} = \upsilon \times \gamma$; $Z \times W = \zeta \times \gamma$; $X' \times \begin{Bmatrix} (U+u') \\ (U-u') \\ (u'-U) \end{Bmatrix} = \xi' \times \gamma'$;
$Y' \times \begin{Bmatrix} (V+v') \\ (V-v') \\ (v'-V) \end{Bmatrix} = \upsilon' \times \gamma'$; $Z' \times W = \zeta' \times \gamma'$; $\ldots$, also $\Sigma \xi \times \gamma + \Sigma \upsilon \times \gamma + \Sigma \zeta \times \gamma = \mathfrak{S} \xi \times \gamma + \mathfrak{S} \upsilon \times \gamma + \mathfrak{S} \zeta \times \gamma$. Dafür können wir (wenn wir die nach der Richtung der Geschwindigkeit $\begin{Bmatrix} \gamma \\ \gamma' \\ \vdots \end{Bmatrix}$ zerfällte Kraft $\begin{Bmatrix} S \\ S' \\ \vdots \end{Bmatrix}$ mit $\begin{Bmatrix} T \\ T' \\ \vdots \end{Bmatrix}$ bezeichnen) so schreiben: $\Sigma T \times \gamma = \mathfrak{S} T \times \gamma$. Da diese Gleichung statt findet, wie auch immer die dem System mitgetheilte Bewegung beschaffen sein mag, wenn nur die Bedingungen des Systems erfüllt werden, so stehen nach §. 6. die auf das System wirkenden Kräfte im Gleichgewichte.

Anmerkung. Dieser Satz, nebst den in §. 11, 12 und 14 ausgesprochenen, ist von Laplace auf analytischem Wege bewiesen in seiner Méc. cél. I. 3, 15. vom Ende der 42sten bis zum Anfang der 44sten Seite; wir haben ihn indeß noch mehr verallgemeinert.

§. 25. Lehrsatz.

Wenn die Bedingungen eines Systems von Puncten darin bestehen, daß die Puncte ihre Entfernungen von einander und von einem im Raum feststehenden Punct unverändert behalten, und die auf das System wirkenden Kräfte stehen im Gleichgewichte, so findet, wenn man jede äußere auf den Punct $\begin{Bmatrix} A \\ B \\ \vdots \end{Bmatrix}$ des Systems wirkende Kraft im Verhältniß $\Sigma m : \begin{Bmatrix} m \\ m' \\ \vdots \end{Bmatrix}$ vermindert, in Beziehung auf jede gegebene Linie im Raume, welche durch den erwähnten feststehenden Punct geht, die in §. 14. erwähnte Gleichheit der Summen der statischen Momente statt.

Beweis. Man gebe dem System eine drehende Bewegung um die gegebene Linie, wobei die Winkelgeschwindigkeit zu Anfang der Bewegung willkürlich ist, so folgt das, was bewiesen werden soll, aus §. 5. und aus den bekannten Sätzen von der Aehnlichkeit der △△.

§. 26. Lehrsatz.

Wenn die Bedingungen eines Systems von Puncten die im vorigen §. erwähnten sind, und es findet, nachdem man jede auf den Punct $\begin{Bmatrix} A \\ B \\ \vdots \end{Bmatrix}$ des Systems wirkende Kraft im Verhältniß $\Sigma m : \begin{Bmatrix} m \\ m' \\ \vdots \end{Bmatrix}$ vermindert hat, in Beziehung auf 3 einander in dem erwähnten feststehenden Punct schneidende Linien, die aber nicht in Einer Ebene liegen, die in §. 14. erwähnte Gleichheit der Summen der statischen Momente statt, so stehen die auf das System wirkenden Kräfte im Gleichgewichte.

Beweis. Man theile dem System eine willkürliche Bewegung mit, so kann dies nach §. 2. des 2ten Abschn. keine andere sein als eine solche, wobei die anfänglichen Richtungen und Geschwindigkeiten aller Puncte des Systems zusammengenommen eine drehende Bewegung um eine durch den erwähnten feststehenden Punct gehende augenblickliche Umdrehungsaxe bilden. Der übrige Theil des Beweises ist wie in §. 24., wobei indeß, weil die progressive Bewegung des Systems verschwindet, auch alle die Schlüsse fortfallen, welche sich auf diese progressive Bewegung beziehen.

Anmerkung. Die Sätze §. 25. und 26. sind, jedoch weniger allgemein, auf analytischem Wege bewiesen in Laplace Méc. cél. I. 3, 15. in der Mitte der 44sten Seite.

§. 27. Lehrsatz.

Wenn die Bedingungen eines Systems von Puncten die im vorigen §. erwähnten sind, und der im Raum feststehende Punct, von dem die einzelnen Puncte des Systems ihre Entfernungen nicht ändern dürfen, ist der Schwerpunct des Systems, die äußeren Kräfte aber sind sämmtlich einander parallel und für die einzelnen Puncte des Systems von gleicher Stärke, so stehen die auf das System wirkenden Kräfte im Gleichgewichte.

Beweis. Man lege durch den erwähnten im Raum feststehenden Punct (es sei der Punct A Fig. 39.) drei beliebige auf einander winkelrechte Linien BC, DE, KL, wovon aber die letztere, KL, den Richtungen der parallelen Kräfte parallel ist, und nenne die für alle Puncte des Systems gleiche Kraft S. Man mache $\Sigma m : m = S : T$; $\Sigma m : m' = S : T' \ldots$, so ist (wenn man die Abstände der Puncte des Systems von der Ebene DAK mit $x, x', x'' \ldots$, ihre Abstände von der Ebene BAK mit $y, y', y'' \ldots$, und ihre Abstände von der Ebene BAD mit $z, z'; z'' \ldots$ bezeichnet, und

$$S : T = x : x_1 = y : y_1 = z : z_1$$
$$S : T' = x' : x'_1 = y' : y'_1 = z' : z'_1$$
$$S : T'' = x'' : x''_1 = y'' : y''_1 = z'' : z''_1 \text{ u. s. w.}$$

macht) nach §. 13. des 3. Abschn. Theil 2. $\Sigma x_1 = \mathfrak{S} x_1$; $\Sigma y_1 = \mathfrak{S} y_1$, und $\Sigma z_1 = \mathfrak{S} z_1$. Da nun die parallelen Kräfte die Richtung KL haben, so findet in Beziehung auf die Linie KL die §. 14. erwähnte Gleichheit der Summen der statischen Momente statt, indem nämlich die winkelrecht gegen KL zerfällten Kräfte und folglich auch die Momente ganz verschwinden. Aber auch in Beziehung auf die Linie BC findet diese Gleichheit der Summen der Momente statt, weil $\Sigma y_1 = \mathfrak{S} y_1$, also $\Sigma S \times y_1 = \mathfrak{S} S \times y_1$, d. i. (Eucl. 6, 16) $\Sigma T \times y = \mathfrak{S} T \times y$ ist. So findet auch in Beziehung auf die Linie DE die Gleichheit der Summen der Momente statt, weil $\Sigma x_1 = \mathfrak{S} x_1$, also $\Sigma S \times x_1 = \mathfrak{S} S \times x_1$, d. i. (Eucl. 6, 16) $\Sigma T \times x = \mathfrak{S} T \times x$ ist. Hieraus folgt nach §. 26., daß die auf das System wirkenden Kräfte im Gleichgewicht stehen.

§. 28. Zusatz.

Auf ähnliche Art wird bewiesen, daß, wenn der im Raum feststehende Punct zwar nicht der Schwerpunct des Systems selbst ist, aber doch mit dem Schwerpunct in einer der Richtung der Kraft S parallelen geraden Linie liegt, die auf das System wirkenden Kräfte im Gleichgewichte stehen; nur fällt im Beweise der Schluß weg, daß $\Sigma z_1 = \mathfrak{Z} z_1$.

§. 29. Lehrsatz.

Wenn die Bedingungen eines Systems von Puncten die in §. 25. erwähnten sind, und die äußeren Kräfte sind sämmtlich unter einander ⋕ und für die einzelnen Puncte des Systems von gleichen Stärke, und die auf das System wirkenden Kräfte stehen im Gleichgewichte, so fällt der im Raum feststehende Punct entweder mit dem Schwerpunct des Systems zusammen, oder die durch beide Puncte gezogene Linie ist der Richtung der parallelen Kräfte parallel.

Beweis. Man lege durch den im Raum feststehenden Punct drei auf einander winkelrechte Linien, wovon eine die Richtung der parallelen Kräfte hat. In Beziehung auf die beiden andern Linien findet, da das System im Gleichgewicht ist, die in §. 14. erwähnte Gleichheit der Summen der Momente statt; es ist also, wenn wir die in §. 27. gewählten Bezeichnungen beibehalten, $\Sigma T \times x = \mathfrak{Z} T \times x$, und $\Sigma T \times y = \mathfrak{Z} T \times y$, d. i. (Eucl. 6, 16) $\Sigma S \times x_1 = \mathfrak{Z} S \times x_1$, und $\Sigma S \times y_1 = \mathfrak{Z} S \times y_1$, d. i. $S \times \Sigma x_1 = S \times \mathfrak{Z} x_1$, und $S \times \Sigma y_1 = S \times \mathfrak{Z} y_1$. Folglich ist auch $\Sigma x_1 = \mathfrak{Z} x_1$, und $\Sigma y_1 = \mathfrak{Z} y_1$. Daher liegt der Schwerpunct des Systems nach §. 13 des 3. Abschn. Theil 2. in der Ebene DAK Fig. 39. wie auch in der Ebene BAK. Beide Ebenen haben aber nichts als die Linie KL gemein; in dieser muß folglich der Schwerpunct liegen.

§. 30. Zusatz.

Aus den 3 vorigen Sätzen folgt, daß, wenn auf ein System von Puncten, welches den in §. 25. erwähnten Bedingungen unterworfen ist, keine äußere Kraft wirkt als die Schwere, daß alsdann die Unterstützung des Schwerpuncts Gleichgewicht hervorbringt, daß aber auch nur in diesem Fall das Gleichgewicht statt finden kann.

Anmerkung. Laplace beweist diesen Satz durch die Differentialrechnung in seiner Méc. cél. I. 3, 15. zu Ende der 44sten Seite. Von der eben erwähnten Eigenschaft schreibt sich übrigens die Benennung

Schwerpunct. Da aber die genannte Eigenschaft nicht bei der Wirkung der Schwere allein statt findet, sondern bei allen parallelen und unveränderlichen Kräften, und da überdies der Schwerpunct bei manchen Untersuchungen, die mit der Schwere nichts gemein haben, vorkommt, so haben einige dafür die Benennung Mittelpunct der Masse oder Mittelpunct der Trägheit vorgeschlagen; mehrere, hauptsächlich französische Schriftsteller nennen ihn das Centrum der parallelen Kräfte. Vergl. Grunerts Statik Cap. 2. §. 36.

Siebenter Abschnitt.

Vom Gleichgewicht der festen Körper.

§. 1. Erklärung.

Ein Körper heißt ein fester Körper, wenn seine Theile so unter einander verbunden sind, daß, was auch für äußere Kräfte und sonstige Bedingungen bei seiner Bewegung statt finden mögen, allemal die Bedingung dabei ist, daß sämmtliche Puncte des Körpers ihre Entfernungen von einander stets unverändert behalten. Ein Körper heißt dagegen ein flüssiger Körper, wenn die Theile desselben, wie klein man auch ihre Größe annehmen mag, durch die bewegenden Kräfte ungehindert in jede beliebige Lage unter einander gesetzt werden können.

Anmerkung. Da uns das innere Wesen der festen und flüssigen Körper unbekannt ist, so läßt sich die Definition derselben überall nur von äußeren Erscheinungen herleiten. Indem nun solcher äußerer Erscheinungen außer der Bewegung noch mehrere statt finden, lassen sich auch von festen und flüssigen Körpern außer der hier angeführten mehrere andere Definitionen geben, die aber nicht der Mechanik als rein mathematischer Wissenschaft (womit wir es hier allein zu thun haben), sondern der Physik angehören. Die der Bedingung, daß die Puncte eines Körpers ihre Entfernungen von einander unverändert behalten, angehörige Kraft wird Cohäsionskraft genannt. Sie findet nur zwischen denjenigen Theilen eines festen Körpers statt, welche einander unmittelbar berühren, indem nämlich die entfernteren Theile eines Körpers unter der Bedingung, daß jede 2 einander berührenden Theile ihre Lage gegen einander behalten, von selbst ihre Lage gegen einander behalten. Die Physik lehrt, daß die Stärke dieser Kraft ihre Grenzen hat; sie beruft sich dabei auf die alltägliche Erfahrung, daß die Theile eines jeden festen Körpers bei Anwendung einer hinreichenden Kraft von einander getrennt werden können. Wir werden aber in der Theorie annehmen, daß diese Kraft völlig unbestimmt sei, und daß also die Theile eines festen Körpers ihre Entfernungen unter einander unter allen Umständen unverändert erhalten. Vergl. Grunerts Statik, Einleitung, Nr. 3. Seite 3.

So scheint auch, der Erfahrung zufolge, die Verschiebbarkeit der Theile einer Flüssigkeit unter einander insofern ihre Grenzen zu haben, als zur Verschiebung der Theile gewisser Flüssigkeiten, z. B. fetter Oele, beträchtliche Kräfte erfordert werden, und die Verschiebung nicht durch die kleinsten Kräfte bewerkstelligt werden kann. Aber auch hier wird die Verschiebbarkeit in der Theorie als völlig unbegrenzt und durch die kleinsten Kräfte ausführbar angenommen; „die vollkommene Bewegbarkeit der kleinsten Theile ist die unterscheidende Eigenschaft der flüssigen „Körper; sie unterscheidet sie von den festen Körpern, und dient zu ihrer Definition." (Laplace Méc. cél. I. 4, 17. Seite 47.)

§. 2. Erklärung.

Man sagt von mehreren auf einen festen Körper wirkenden Kräften, sie stehen im Gleichgewichte, wenn die auf jeden einzelnen Punct des Körpers wirkenden Kräfte, nämlich die äußeren Kräfte und die unbestimmten zu den Bedingungen gehörigen Kräfte zusammengenommen, auf die in §. 3. bis 7. des 2. Abschn. beschriebene Art zusammengesetzt, sich gänzlich vernichten. Ist aber ein fester Körper in Bewegung, und es ist ihm keine Fläche oder Curve vorgeschrieben, auf welcher der Körper zu bleiben gezwungen wäre, und es wirken auch keine äußeren Kräfte auf ihn, sondern nur die unbestimmten gegenseitigen Anziehungen und Abstoßungen der einzelnen Theile des Körpers, so sagt man, der Körper bewegt sich frei.

§. 3. Annahme I.

So wie in jedem System fest mit einander verbundener Puncte, auf welches parallele Kräfte wirken, die für alle einzelnen Puncte von gleicher Stärke sind, unter allen mit den parallelen Kräften parallelen Linien nur Eine existirt, von der Art daß das System, in einem beliebigen Punct dieser Linie festgehalten, im Gleichgewicht ist, (§. 27 — 29 des vorigen Abschn.), so existirt auch in jedem festen Körper, auf welchen parallele Kräfte wirken, die für alle Puncte des Körpers von gleicher Stärke sind, unter den mit den parallelen Kräften parallelen Linien eine, aber auch nur Eine, von der Art daß der Körper, in einem beliebigen Punct dieser Linie festgehalten, im Gleichgewicht steht.

Anmerkung. Da uns das innere Wesen der festen Körper unbekannt ist, so lassen sich die Gesetze des Gleichgewichts und der Bewegung derselben nur aus der Vergleichung mit einem System fest unter einander verbundener Puncte herleiten. Wenn die auf diese Art gemachten Schlüsse durch die Erfahrung bei physischen festen Körpern bestätigt werden, so ist das kein Beweis für die Haltbarkeit des atomistischen Systems in der Physik, welches übrigens Laplace in seiner ganzen Mechanik des Himmels zu begünstigen scheint (vergl. besonders Méc. cél. I. 3, 13. Seite 87), sondern nur daß das Gleichgewicht und die Bewegung fester Körper mit dem Gleichgewicht und der Bewegung fest unter einander verbundener Puncte, welche auf einander nach dem Princip der Gleichheit der Wirkung und Gegenwirkung wirken, unter einerlei Gesetzen stehe. Wir werden vielmehr in den folgenden Untersuchungen die Körper als stetig gefüllte Räume annehmen, wie sie, wenigstens im Allgemeinen, sich unsern Sinnen darstellen, dabei aber doch die aus der Betrachtung fest unter einander verbundener Puncte hergeleiteten Gesetze in allen denjenigen Fällen auf feste Körper übertragen, wo sich die diese Körper betreffenden Gesetze nicht aus früher bewiesenen Sätzen durch logische Schlüsse ableiten lassen. Zu diesem Behuf werden wir uns in allen nöthigen Fällen ähnlicher Annahmen bedienen, wie die in diesem §. aufgestellte ist. Um aber die Reinheit der geometrischen Methode möglichst zu erhalten, werden wir, nach dem Beispiel des Archimedes in seinen statischen und hydrostatischen Untersuchungen, die Anzahl der Annahmen auf das möglichste Minimum beschränken, und sie, der leichteren Controlle wegen, mit römischen Ziffern bezeichnen.

§. 4. Zusatz.

Die im vorigen §. erwähnte mit den parallelen Kräften parallele Linie bleibt dieselbe, wenn die Intensität der parallelen Kraft sich ändert.

§. 5. Erklärung.

Da auch die Schwere an Oertern der Erdfläche, die nicht sehr weit von einander entfernt sind, als eine nach parallelen Richtungen wirkende und unveränderliche Kraft angesehen werden kann, so nennt man die in den beiden vorigen §§. erwähnte, mit den parallelen Kräften parallele Linie einen Durchmesser der Schwere des festen Körpers. Vergl. Grunerts Statik Cap. 8. §. 85.

§. 6. Annahme II.

So wie, wenn auf ein System fest mit einander verbundener Puncte parallele und gleiche Kräfte wirken (deren Richtung für ein und dasselbe System einmal so, einmal anders, und immer anders angenommen wird) alle diejenigen geraden Linien, deren Unterstützung nach §. 27 — 29 des vorigen Abschn. Gleichgewicht hervorbringt, sich in Einem Puncte schneiden, so schneiden auch alle Durchmesser der Schwere eines festen Körpers einander in Einem Puncte.

§. 7. Erklärung.

Dieser Punct wird der Schwerpunct des festen Körpers genannt. Auch bei einem flüssigen Körper oder bei einem Körper, welcher aus festen und flüssigen Theilen zusammengesetzt ist, heißt derjenige Punct, welcher, wenn der Körper, bei unveränderter Dichtigkeit in allen seinen einzelnen Puncten, als fest gedacht wird, der Schwerpunct sein würde, der Schwerpunct des Körpers, und jede durch diesen Punct gehende gerade Linie ein Durchmesser der Schwere des Körpers.

§. 8. Zusatz.

Wenn die Dichtigkeit in allen Puncten eines festen oder flüssigen Körpers nach einerlei Verhältniß vermehrt oder vermindert wird, so bleibt die Lage des Schwerpuncts ungeändert, weil der Erfolg hinsichtlich des durch die Schwere bei einem festen Körper hervorgebrachten Gleichgewichts derselbe ist, man mag die Dichtigkeit in allen Puncten des Körpers nach einerlei Verhältniß $\left\{\begin{matrix}\text{vermehren}\\ \text{vermindern}\end{matrix}\right\}$, oder bei überall ungeänderter Dichtigkeit die Intensität der beschleunigenden Schwerkraft nach demselben Verhältniß $\left\{\begin{matrix}\text{vermehren}\\ \text{vermindern}\end{matrix}\right\}$.

§. 9. Zusatz.

Findet bei einem festen Körper die Bedingung statt, daß sein Schwerpunct stets an Einem Orte des Raumes bleiben muß, so bringen parallele Kräfte, die auf alle Puncte des Körpers gleich stark wirken, allemal Gleichgewicht hervor. Dasselbe findet statt, wenn der feststehende Punct nicht der Schwerpunct selbst ist, aber doch die den Schwerpunct mit dem festen Punct verbindende gerade Linie # der Richtung der parallelen Kräfte läuft. Auch kann bei einem festen Körper, worin ein Punct seinen Ort im Raum nicht ändern darf, das durch parallele und auf alle Puncte des Körpers gleich stark wirkende Kräfte hervorgebrachte Gleichgewicht in keinem dritten Falle statt finden.

§. 10. Annahme III.

So wie man den gemeinschaftlichen Schwerpunct mehrerer Puncte, die in 2 Partheien getheilt sind, dadurch findet, daß man zwischen den Schwerpuncten der einzelnen Partheien, in deren jedem man sich die Masse seiner ganzen Parthei vereinigt denkt, wieder den Schwerpunct nimmt, (§. 1 — 7 des 3. Abschn. Theil 2), so findet man auch den Schwerpunct eines festen Körpers, der aus 2 fest mit einander verbundenen Stücken besteht, dadurch, daß man zwischen den Schwerpuncten der einzelnen Stücke, in deren jedem man sich die Masse des ganzen Stücks vereinigt denkt, wieder den Schwerpunct nimmt.

§. 11. Erklärung.

Unter dem gemeinschaftlichen Schwerpunct zwischen mehreren getrennten Körpern versteht man den gemeinschaftlichen Schwerpunct zwischen den Schwerpuncten der einzelnen Körper, in deren jedem man sich die Masse des ganzen Körpers vereinigt denkt.

§. 12. Lehrsatz.

Wenn die Schwerpuncte eines Körpers und eines seiner Stücke zusammenfallen, (wie z. B. bei einer Kugel, deren Dichtigkeit in gleichen Entfernungen vom Mittelpunct gleich ist, und bei einer kleineren mit ihr concentrischen Kugel), so fällt auch der Schwerpunct des übrigbleibenden Stücks eben dahin.

Beweis. Fielen die Schwerpuncte der beiden Stücke des Körpers nicht zusammen, so würde nach §. 10. der Schwerpunct des ganzen Körpers zwischen die Schwerpuncte der beiden Stücke fallen, welches der Voraussetzung, daß der Schwerpunct des ganzen Körpers mit dem Schwerpunct des ersten Stücks zusammenfalle, widerspricht.

§. 13. Zusatz.

Wenn die Schwerpuncte eines Körpers und eines seiner Stücke nicht zusammenfallen, so findet man den Schwerpunct des andern Stücks, wenn man beide Schwerpuncte durch eine gerade Linie verbindet, und diese über den Schwerpunct des ganzen Körpers hinaus so weit verlängert, bis sich die ganze Linie zur Entfernung des Schwerpuncts des ersten Stücks vom Schwerpunct des ganzen Körpers verhält wie die Masse des ganzen Körpers zur Masse des 2ten Stücks.

§. 14. Annahme IV.

So wie bei einem System von Puncten, welche nach dem Grundsatz der Gleichheit der Wirkung und Gegenwirkung auf einander wirken, übrigens aber von keinen äußeren Kräften getrieben werden, und keinen vorgeschriebenen Curven oder Flächen unterworfen sind, der Schwerpunct sich geradlinig und gleichförmig bewegt oder ruht (§. 22. des 3. Abschn.), so ist auch bei einem sich frei bewegenden festen Körper der Schwerpunct entweder in Ruhe, oder bewegt sich geradlinig und gleichförmig. Und da der Grundsatz der Gleichheit der Wirkung und Gegenwirkung als ein allgemeines Naturgesetz angenommen wird, so ist auch bei einem sich frei bewegenden flüssigen Körper, desgleichen bei einem Körper, der aus festen und flüssigen Theilen zusammengesetzt ist, der Schwerpunct entweder in Ruhe, oder bewegt sich geradlinig und gleichförmig. Und wenn mehrere von einander getrennte Körper sich so bewegen, daß den einzelnen Körpern weder Curven noch Flächen vorgeschrieben sind, und auch keine äußeren Kräfte auf sie wirken, sondern nur die gegenseitigen Anziehungen und Abstoßungen der einzelnen Körper und ihrer Theile, so ist der gemeinschaftliche Schwerpunct aller Körper zusammengenommen entweder in Ruhe, oder er bewegt sich geradlinig und gleichförmig.

Anmerkung. Da es uns, wenigstens bis jetzt, unmöglich ist, den Einfluß der Fixsterne auf unser Sonnensystem aus Beobachtungen zu bestimmen, so haben wir anzunehmen, daß der Schwerpunct des ganzen Sonnensystems entweder ruhe, oder im Weltraum sich geradlinig und gleichförmig fortbewege. Die Fortbewegung kann sich offenbar nicht aus den innerhalb des Sonnensystems selbst beobachteten Erscheinungen ergeben, sondern nur aus der veränderten scheinbaren Stellung der Fixsterne unter einander. Da aber diese Veränderung wegen ihrer Langsamkeit nur mit großer Schwierigkeit beobachtet werden kann, und jetzt kaum erst anfängt ungefähr bestimmt zu werden, überdies auch wegen der realen eigenen Bewegungen der Fixsterne (welche zufolge der Theorie eben so leicht möglich sind als die Fortbewegung des Schwerpuncts unseres Sonnensystems, und sich auch bereits den Beobachtungen zu erkennen geben) noch viele Jahrhunderte hindurch problematisch bleiben wird, so müssen wir uns fürs erste in der Theorie der Mechanik des Himmels damit begnügen, den Schwerpunct des Sonnensystems als ruhend zu betrachten. Man vergleiche übrigens über den Einfluß der Fixsterne auf das Sonnensystem Laplace Méc. cél. Liv. VI. Cap. 18.

Da der Schwerpunct des Sonnensystems nicht ganz mit dem Mittelpunct der Sonne zusammenfällt, so wird der letztere durch die vereinigte Wirkung der Planeten gezwungen eine sehr verwickelte Bewegung um den Schwerpunct des ganzen Sonnensystems anzunehmen. Um aber die Vergleichung der Theorie mit den Beobachtungen zu erleichtern, betrachtet man den Mittelpunct der Sonne als ruhend, und überträgt, indem man in Beziehung auf diesen letzteren die relative Bewegung der

Planeten berechnet, die Bewegung des Mittelpuncts der Sonne um den Schwerpunct des ganzen Sonnensystems auf die Bewegung der Planeten. Vgl. Schuberts theoret. Astron. Theil 3. Abschn. 3 Cap. 3 § 50.

Achter Abschnitt.

Von der Anziehung einzelner Puncte gegen kugelförmige feste Körper, welche in gleichen Entfernungen vom Mittelpunct gleiche Dichtigkeit haben.

§. 1. Lehrsatz.

Wenn ein System fest mit einander verbundener Puncte, deren Massen m, m′, m″ . . . sind, um eine gerade Linie AB Fig. 41. so vertheilt sind, daß jedem Punct D des Systems ein anderer Punct E des Systems entspricht, welcher mit D gleiche Masse und gleiche Entfernung von AB hat, und dabei in der durch D und AB gelegten Ebene so liegt, daß die gerade Verbindungslinie DE winkelrecht auf AB steht, und ein in AB befindlicher, nicht zum System gehöriger Punct C, dessen Masse Σm ist, wird von der vereinigten Anziehungskraft der einzelnen Puncte des Systems, worunter 2 zusammengehörige Puncte allemal gleich starke Anziehung gegen C ausüben, so angezogen, daß die sämmtlichen Anziehungskräfte einander aufheben, — und der Punct C übt wiederum nach dem Grundsatz der Gleichheit der Wirkung und Gegenwirkung anziehende Kraft gegen die einzelnen Puncte des Systems aus, — welches auch übrigens das Gesetz der Anziehung sein mag, — so stehen die auf das System wirkenden Kräfte im Gleichgewichte.

Beweis. Man ziehe durch C zwei beliebige auf AB und auf einander winkelrechte Linien IK und LM, und fälle DF und EG winkelrecht auf die Ebene LCA, und ziehe FG, welche AB und DE in H schneidet, ferner FC und GC. Es sei S die Kraft, mit welcher D oder E den Punct C anzieht, so verhält sich nach dem Grundsatz der Gleichheit der Wirkung und Gegenwirkung $m : \Sigma m = S$ zu der Kraft, womit D oder E von C angezogen wird, welche Kraft wir T nennen wollen. Da nun C durch die vereinigte Anziehung der Puncte des Systems im Gleichgewicht steht, so ist, wenn man die Anziehung, welche C von jedem Punct des Systems leidet, nach der Richtung AB zerfällt, die Summe der nach A zu gerichteten Kräfte = der Summe der nach B zu gerichteten Kräfte. Hieraus, und weil die Kraft T, im Verhältniß $\Sigma m : m$ vermindert, = S wird, folgt, daß, wenn man die Kraft, womit der Punct D von C angezogen wird, im Verhältniß $\Sigma m : m$ vermindert und dann nach der Richtung AB zerfällt, und so bei den übrigen Puncten des Systems respective, daß alsdann die Summe der nach A gerichteten Kräfte = ist der Summe der nach B gerichteten Kräfte. Zerfällt man aber die Kraft, womit D von C angezogen wird, nach der Richtung LM, so verhält sich die totale Kraft zur zerfällten wie DC : FH. Zerfällt man aber die Kraft, womit E von C angezogen wird, nach der Richtung LM, so verhält sich die totale Kraft zur zerfällten = CE : GH = CD : FH. Folglich sind beide nach LM gerichtete Kräfte einander gleich und der Richtung nach entgegengesetzt. Eben so wird bewiesen, daß die Kräfte, womit jede 2 anderen zusammengehörigen Puncte des Systems von C angezogen werden, nach der Richtung LM zerfällt gleich und entgegengesetzt sind. Eben das gilt von der Richtung IK. Zerfällt man die Kraft, womit D von C angezogen wird, in die nach CI und CF gerichteten Kräfte, so sieht man ein, daß das statische Moment jener Kraft in Beziehung auf die Linie IK = 0 ist. Folglich ist die Summe der Momente der auf das System wirkenden Kräfte in Beziehung auf die Linie IK = 0. Eben das gilt in Beziehung auf die Linie LM. Zerfällt man aber die Kraft, womit D von C angezogen wird, in die nach AB und DH gerichteten Kräfte, so sieht man ein, daß das statische Moment jener Kraft auch in Beziehung auf die Linie AB = 0 ist. Folglich ist die Summe der Momente der auf das System wirkenden Kräfte auch in Beziehung auf die Linie AB = 0. Aus allem diesem, verglichen mit §. 24. des 6. Abschn., folgt, daß die auf das System wirkenden Kräfte im Gleichgewichte stehen.

§. 2. Lehrsatz.

Wenn aber der Punct C Fig. 41. durch die vereinigte Wirkung der Anziehungen der Puncte des Systems nicht im Gleichgewichte steht, sondern nach A zu mit der Kraft P gezogen wird, und man bringt an jeden Punct des Systems eine Kraft an, welche mit der Kraft P gleiche Stärke und Richtung hat, so bringen diese Kräfte mit den im vorigen §. erwähnten nach C zu gerichteten Kräften zusammengenommen das System ins Gleichgewicht.

Beweis. Vermindert man die Anziehung, welche D von C leidet, im Verhältniß $\Sigma m : m$, wodurch die Kraft S entsteht, und zerfällt man alsdann diese Kraft S nach der Richtung AB, und verfährt man eben so in Beziehung auf die übrigen einzelnen Puncte des Systems, so ist der Unterschied der Summe der nach A gerichteten und der Summe der nach B gerichteten Kräfte = P, und zwar ist die Summe der nach B gerichteten Kräfte die überwiegende. Vermindert man die an D angebrachte Kraft P im Verhältniß $\Sigma m : m$, und verfährt man eben so in Beziehung auf die übrigen einzelnen Puncte des Systems, so ist die Summe der dadurch entstandenen Kräfte (zufolge I. 1, 7) = P. Folglich findet in Beziehung auf die Linie AB die in §. 11. des 6. Abschn. erwähnte Gleichheit der Summen der zerfällten Kräfte statt. Daß diese Gleichheit auch in Beziehung auf die Linien IK und LM statt findet, desgleichen daß die Gleichheit der Summen der statischen Momente in Beziehung auf alle 3 Linien AB, IK und LM statt findet, wird wie im vorigen §. bewiesen. Hieraus, verglichen mit §. 24. des 6. Abschn., folgt, daß die auf das System wirkenden Kräfte im Gleichgewichte stehen.

§. 3. Zusatz.

Wenn die in §. 1. gemachten Voraussetzungen statt finden, ausgenommen daß im Punct C eine andere Masse als Σm sich befindet, so stehen die auf das System wirkenden Kräfte nach §. 24. des 6. Abschn. ebenfalls im Gleichgewichte. Und wenn unter den in §. 2. gemachten Voraussetzungen in C statt der Masse Σm eine andere Masse M sich befindet, und man bringt an jeden Punct des Systems statt der Kraft P eine Kraft an, die sich zu P wie $M : \Sigma m$ verhält, so stehen die auf das System wirkenden Kräfte ebenfalls im Gleichgewichte.

§. 4. Annahme V.

Wir haben in §. 13. 20. 21. und 22. des 4. Abschn. gesehen, daß, wenn eine Kugelfläche von gleichförmiger Dichtigkeit oder eine hohle oder nicht hohle Kugel, welche in gleichen Entfernungen vom Mittelpunct überall gleiche Dichtigkeit hat, einen außerhalb befindlichen Punct nach dem Gesetz der allgemeinen Gravitation anzieht, daß alsdann der Punct nach dem Mittelpunct zu mit einer solchen Kraft gezogen wird, als wenn die ganze anziehende Masse im Mittelpunct vereinigt wäre, — wenn aber eine Kugelfläche von gleichförmiger Dichtigkeit oder eine hohle Kugel, welche in gleichen Entfernungen vom Mittelpunct überall gleiche Dichtigkeit hat, einen innerhalb der innern Oberfläche befindlichen Punct nach dem Gravitationsgesetz anzieht, daß alsdann die anziehenden Kräfte sich gänzlich aufheben, — wenn aber 2 Zonen einer und derselben Kugelfläche von gleichförmiger Dichtigkeit, deren begrenzende Kreise von einem innerhalb der Kugelfläche liegenden Punct aus gesehen unter gleichen Gesichtswinkeln erscheinen, und dabei in parallelen Ebenen liegen, deren Axe durch den genannten Punct geht, diesen Punct nach dem Gravitationsgesetze anziehen, daß alsdann die anziehenden Kräfte ebenfalls sich gänzlich aufheben, — und wenn (Fig. 21.) die beiden Körper, welche durch Umdrehung der Figuren Llcp und kKew, oder LlYg und kKgY, oder pcZn und WefX, oder pcYg und λWeη entstanden sind, den Punct a nach dem Gra=

vitationsgesetz anziehen, daß alsdann die anziehenden Kräfte ebenfalls sich gänzlich aufheben. In allen angegebenen Fällen entspricht aber jedem anziehenden Puncte ein anderer anziehender Punct von derselben Dichtigkeit, welcher den angezogenen Punct eben so stark anzieht, und dabei mit dem ersteren anziehenden Punct und mit der den Mittelpunct und den angezogenen Punct verbindenden geraden Linie in Einer Ebene liegt, auch mit dem ersteren anziehenden Punct gleiche Entfernung von der genannten Linie hat, und so liegt, daß die genannte Linie auf der die beiden anziehenden Puncte verbindenden geraden Linie winkelrecht steht. Alles dies zusammengenommen, verglichen mit §. 1. 2. und 3. dieses Abschnitts, berechtigt uns zu folgender Annahme:

Eine feste Kugelfläche von gleichförmiger Dichtigkeit oder eine hohle oder nicht hohle Kugel, welche in gleichen Entfernungen vom Mittelpunct überall gleiche Dichtigkeit hat, wird von einem außerhalb befindlichen nach dem Gravitationsgesetz anziehenden Punct so angezogen, als wenn die ganze angezogene Masse im Mittelpunct vereinigt wäre. Eine feste Kugelfläche von gleichförmiger Dichtigkeit oder eine hohle Kugel, welche in gleichen Entfernungen vom Mittelpunct überall gleiche Dichtigkeit hat, steht, von einem innerhalb der inneren Oberfläche befindlichen Punct nach dem Gravitationsgesetz angezogen, im Gleichgewichte. Wenn 2 Zonen einer und derselben Kugelfläche von gleichförmiger Dichtigkeit, deren begrenzende Kreise von einem innerhalb der Kugelfläche liegenden Punct aus gesehen unter gleichen Gesichtswinkeln erscheinen, und dabei in parallelen Ebenen liegen, deren Axe durch den genannten Punct geht, durch die Bedingungen der Bewegung so mit einander verbunden sind, daß sämmtliche Puncte beider Zonen zusammengenommen ihre Entfernungen von einander nicht ändern dürfen, so stehen sie, von dem genannten Punct nach dem Gravitationsgesetze angezogen, im Gleichgewichte. Und wenn (Fig. 21.) die beiden Körper, welche durch Umdrehung der Figuren Llcp und kKeW, oder LlYg und kKgY, oder pcZn und WefX, oder pcYg und $\lambda We\eta$ entstanden sind, durch die

Bedingungen der Bewegung auf die angegebene Weise mit einander verbunden sind, so stehen sie, vom Punct a nach dem Gravitationsgesetze angezogen, im Gleichgewichte.

§. 5. Zusatz.

Aus dem vorigen §., verglichen mit §. 13. 20. und 21. des 4. Abschn., folgt folgender Satz: Wenn eine feste Kugelfläche von gleichförmiger Dichtigkeit oder eine hohle oder nicht hohle Kugel, welche in gleichen Entfernungen vom Mittelpunct überall gleiche Dichtigkeit hat, von einer gleichförmig dichten Kugelfläche oder von einer hohlen oder nicht hohlen Kugel, welche in gleichen Entfernungen vom Mittelpunct überall gleiche Dichtigkeit hat, nach dem Gesetze der allgemeinen Gravitation angezogen wird, so ist die Anziehung so beschaffen, als wenn die anziehende und angezogene Masse im Mittelpunct vereinigt wären. Und wenn eine feste Kugelfläche von gleichförmiger Dichtigkeit oder eine hohle Kugel, welche in gleichen Entfernungen vom Mittelpunct überall gleiche Dichtigkeit hat, von einem innerhalb der innern Oberfläche befindlichen Körper von beliebiger Gestalt und Vertheilung der Masse nach dem Gravitationsgesetz angezogen wird, so steht die Kugelfläche (die hohle Kugel) im Gleichgewichte.

§. 6. Zusatz.

Bewegen sich mehrere kugelförmige feste Körper, deren jeder in gleichen Entfernungen vom Mittelpunct allemal gleiche Dichtigkeit hat, nach dem Gesetze der allgemeinen Gravitation, so daß also von jeder Kugel nicht der Mittelpunct allein, sondern alle Puncte der körperlichen Masse angezogen werden, so bewegen sich die Mittelpuncte aller dieser Kugeln auf die in §. 25. des 4. Abschn. angegebene Art.

Anmerkung. Die bisher gemachten Schlüsse lassen sich aus dem in der Anmerkung zu §. 25. des 4. Abschn. angegebenen Grunde auf das Sonnensystem anwenden.

Neunter Abschnitt.

Allgemeine Gesetze der Bewegung eines Systems von Puncten.

---

§. 1. Erklärung.

Man nennt lebendige Kraft eines zu einem bewegten System gehörigen Puncts denjenigen Flächenraum, welcher sich zum Quadrat der Geschwindigkeit des betreffenden Puncts verhält wie die Masse des betreffenden Puncts zur Masse des ganzen Systems. Die Summe der lebendigen Kräfte aller Puncte des Systems aber heißt die lebendige Kraft des ganzen Systems.

§. 2. Lehrsatz.

Bei der Bewegung eines Systems von Puncten, worauf keine Kräfte wirken als die zu den Bedingungen gehörigen, bleibt die lebendige Kraft des ganzen Systems stets unverändert. Wirken aber noch andere Kräfte, theils äußere gegen feste Puncte gerichtete Kräfte, deren Stärke von der Entfernung abhangt, theils parallele Kräfte, theils solche gegenseitige Anziehungen oder Abstoßungen der einzelnen Puncte des Systems, deren Stärke von der jedesmaligen Entfernung der 2 betreffenden Puncte von einander abhangt, und die einzelnen Puncte des Systems bewegen sich einmal auf diesen, ein andermal auf jenen vorgeschriebenen Curven oder Flächen, und auch die von der gegenseitigen Verbindung der Puncte des Systems herrührenden Bedingungen sind beidemale verschieden, so nimmt die lebendige Kraft des ganzen Systems bei beiden Bewegungen um gleichviel zu oder ab, wofern nur die Auslaufs- und Ankunftspuncte aller einzelnen Puncte des Systems bei beiden Bewegungen dieselben sind.

Beweis. Bei denjenigen Puncten, die etwa frei oder nur gezwungen sind sich auf einer vorgezeichneten Fläche zu bewegen, setze man voraus, nicht nur die Fläche, sondern auch die Curve, in welcher ein solcher Punct sich wirklich bewegt, sei vorgeschrieben, welches im Erfolg nichts ändert. Es seien nun

$$\left\{\begin{array}{l} S,\ S_{I},\ S_{II}\ldots \\ S^{I},\ S^{1}_{I},\ S^{1}_{II}\ldots \\ \quad\ \vdots \end{array}\right\}$$ die auf den Punct $$\left\{\begin{array}{c} A \\ B \\ \vdots \end{array}\right\}$$ des Systems wirkenden gegen feste Puncte gerichteten Kräfte in irgend einem Augenblick der Bewegung (wozu auch die parallelen Kräfte zu zählen sind). Man mache $\Sigma m : m = S : T = S_{I} : T_{I} \ldots$; $\Sigma m : m' = S' : T' = S'_{I} : T'_{I} \ldots$ u. s. w. Ferner sei unter den nicht zu den Bedingungen gehörigen Kräften P die Anzieh= oder Abstoßkraft des Puncts B gegen A, P' die Kraft des Puncts C gegen A, P'' die Kraft des Puncts D gegen A ..., P_{I} die Kraft des Puncts A gegen B, P'_{I} die Kraft des Puncts C gegen B, P''_{I} die Kraft des Puncts D gegen B ... u. s. w. Man mache $\Sigma m : m = P : Q = P' : Q' = P'' : Q'' \ldots$; $\Sigma m : m' = P_{I} : Q_{I} = P'_{I} : Q'_{I} = P''_{I} : Q''_{I} \ldots$ u. s. w., so ist wie in §. 5. des 6. Abschn. $Q = Q_{I}$, und so sind unter den Kräften Q, Q', Q'' ..., Q_{I}, Q'_{I}, Q''_{I} ... u. s. w. allemal die zu denselben 2 Puncten des Systems gehörigen einander gleich. Man bezeichne nun wieder mit v, v', v'' ... die Geschwindigkeiten der einzelnen Puncte des Systems, und zerfälle v nach der Richtung der Kräfte S, S_{I}, S_{II} ..., P, P', P'' ...; die zerfällten Geschwindigkeiten seien w, w_{I}, w_{II} ..., x, x', x'' ...; man zerfälle v' nach der Richtung der Kräfte S', S'_{I}, S'_{II} ..., P_{I}, P'_{I}, P''_{I} ...; die zerfällten Geschwindigkeiten seien w', w'_{I}, w'_{II} ..., x_{I}, x'_{I}, x''_{I} ... u. s. w. Man bezeichne ferner die Tangentialkräfte der wirklichen Bewegungen der einzelnen Puncte des Systems mit t, t', t'' ..., und mache $\Sigma m : m = v : u$; $\Sigma m : m' = v' : u'$ u. s. w. Da nun die totale Curvenkraft in der Bewegung des Puncts $$\left\{\begin{array}{c} A \\ B \\ \vdots \end{array}\right\}$$ zusammengesetzt ist aus den Kräften

$$\left\{\begin{array}{l} S,\ S_{I},\ S_{II}\ldots,\ P,\ P',\ P''\ldots \\ S',\ S'_{I},\ S'_{II}\ldots,\ P_{I},\ P'_{I},\ P''_{I}\ldots \\ \qquad\quad \vdots \end{array}\right\}$$ und aus den zu den Bedin=

gungen gehörigen auf $\left\{\begin{matrix}A\\B\\\vdots\end{matrix}\right\}$ wirkenden Kräften, so wird, wenn man auf das System folgende Kräfte wirken läßt: die entgegengesetzte der totalen auf $\left\{\begin{matrix}A\\B\\\vdots\end{matrix}\right\}$ wirkenden Curvenkraft, die Kräfte $\left\{\begin{matrix}S,\ S_1,\ S_{11}\ldots,\ P,\ P',\ P''\ldots\\S',\ S'_1,\ S'_{11}\ldots,\ P_1,\ P'_1,\ P''_1\ldots\\\vdots\end{matrix}\right\}$ und die zu den Bedingungen gehörigen Kräfte, Gleichgewicht hervorgebracht. Hieraus folgt nach dem Princip der virtuellen Geschwindigkeiten (weil, wenn man die willkürliche Bewegung mit der vom betreffenden Augenblick an gerechneten wirklichen Bewegung des Systems übereinstimmend macht, gewiß alle Bedingungen des Systems erfüllt sind) daß $\mathfrak{Z}t \times n + \Sigma T \times w + \Sigma Q \times x = \Sigma t \times n + \mathfrak{Z}T \times w + \mathfrak{Z}Q \times x$. Aber $2t \times v$ ist nach §. 2. des 4. Abschn. = der Geschwindigkeit, womit sich das □ der Geschwindigkeit des Puncts A ändert; folglich $2t \times u$ die Geschwindigkeit, womit sich die lebendige Kraft des Puncts A ändert, eben so $2t' \times u'$ die Geschwindigkeit, womit sich die lebendige Kraft des Puncts B ändert, u. s. w. Wirken nun keine Kräfte auf das System als die zu den Bedingungen gehörigen, so verschwinden die Summen $\Sigma T \times w$, $\mathfrak{Z}T \times w$, $\Sigma Q \times x$ und $\mathfrak{Z}Q \times x$, und man hat $\mathfrak{Z}t \times u = \Sigma t \times u$, woraus folgt, daß die lebendige Kraft des Systems während der ganzen Bewegung ungeändert bleibt. Dies sollte zuerst bewiesen werden.

Verschwinden aber die Summen $\Sigma T \times w$, $\Sigma Q \times x$, $\mathfrak{Z}T \times w$ und $\mathfrak{Z}Q \times x$ nicht, so ist $\left\{\begin{matrix}\Sigma 2t \times u - \mathfrak{Z}2t \times u\\\mathfrak{Z}2t \times u - \Sigma 2t \times u\end{matrix}\right\}$ die Geschwindigkeit, womit die lebendige Kraft des ganzen Systems $\left\{\begin{matrix}\text{zunimmt}\\\text{abnimmt}\end{matrix}\right\}$. Diese Geschwindigkeit ist also das Doppelte des Flächenraums $\left\{\begin{matrix}\Sigma T \times w + \Sigma Q \times x - \mathfrak{Z}T \times w - \mathfrak{Z}Q \times x\\\mathfrak{Z}T \times w + \mathfrak{Z}Q \times x - \Sigma T \times w - \Sigma Q \times x\end{matrix}\right\}$. Nach §. 8. d. 4. Abschn.

ist aber $\left\{\begin{matrix} w \\ w_1 \\ \vdots \end{matrix}\right\}$ die Geschwindigkeit, womit die Entfernung des Puncts A vom Sitz der Kraft $\left\{\begin{matrix} S \\ S_1 \\ \vdots \end{matrix}\right\}$ sich ändert, $\left\{\begin{matrix} w' \\ w'_1 \\ \vdots \end{matrix}\right\}$ die Geschwindigkeit, womit die Entfernung des Puncts B vom Sitz der Kraft $\left\{\begin{matrix} S' \\ S'_1 \\ \vdots \end{matrix}\right\}$ sich ändert, ..., und nach §. 4. des 6. Abschn.

$$\left\{\begin{matrix} x + x_1 \text{ oder } x - x_1 \text{ oder } x_1 - x \\ x' + x_{11} \text{ oder } x' - x_{11} \text{ oder } x_{11} - x' \\ x'_1 + x'_{11} \text{ oder } x'_1 - x'_{11} \text{ oder } x'_{11} - x'_1 \\ \vdots \end{matrix}\right\}$$ die Geschwindigkeit, womit die Entfernung des Puncts $\left\{\begin{matrix} \text{A von B} \\ \text{A von C} \\ \text{B von C} \\ \vdots \end{matrix}\right\}$ sich ändert. Unter den Rechtecken $Q \times x$, $Q' \times x'$, $Q'' \times x''$ . . ., $Q_1 \times x_1$, $Q'_1 \times x'_1$, $Q''_1 \times x''_1$ . . . u. s. w. können folglich immer 2 und 2, diejenigen nämlich, welche sich auf dieselben 2 Puncte des Systems beziehen, durch Addition oder Subtraction in Eins zusammengefaßt werden, und, wenn wir die Geschwindigkeit, womit die Entfernung des Puncts $\left\{\begin{matrix} \text{A von B} \\ \text{A von C} \\ \text{B von C} \\ \vdots \end{matrix}\right\}$ sich ändert, mit $\left\{\begin{matrix} e \\ e' \\ e'' \\ \vdots \end{matrix}\right\}$ bezeichnen, durch $\left\{\begin{matrix} Q \times e \\ Q' \times e' \\ Q'' \times e'' \\ \vdots \end{matrix}\right\}$ ausgedruckt werden. Demnach ist

$$\left\{\begin{matrix} \Sigma Q \times x - \reflectbox{Σ} Q \times x \\ \reflectbox{Σ} Q \times x - \Sigma Q \times x \end{matrix}\right\} = \left\{\begin{matrix} \Sigma Q \times e - \reflectbox{Σ} Q \times e \\ \reflectbox{Σ} Q \times e - \Sigma Q \times e \end{matrix}\right\},$$ und zwar vertheilen sich die Rechtecke $Q \times e$, $Q' \times e'$, $Q'' \times e''$ . . . so, daß, wenn bei irgend 2 Puncten des Systems die gegenseitige Entfernung wächst, die Anziehkraft zur Verminderung, die Abstoßkraft aber zur Ver-

mehrung der lebendigen Kraft des ganzen Systems beiträgt, wenn aber die gegenseitige Entfernung der beiden Puncte abnimmt, die Anziehkraft zur Vermehrung, die Abstoßkraft aber zur Verminderung der lebendigen Kraft des ganzen Systems beiträgt. Eben diese Vertheilung findet bei den Rechtecken $T \times w$, $T_{I} \times w_{I}$, $T_{II} \times w_{II}$, ... $T' \times w'$, $T'_{1} \times w'_{1}$, $T'_{II} \times w'_{II}$ ... u. s. w. statt. Folglich ist die Geschwindigkeit, womit die lebendige Kraft des ganzen Systems $\left\{\begin{matrix}\text{zunimmt} \\ \text{abnimmt}\end{matrix}\right\}$, das Doppelte des Flächenraums

$$\left\{\begin{matrix}\Sigma T \times w + \Sigma Q \times e - \text{Ƹ} T \times w - \text{Ƹ} Q \times e \\ \text{Ƹ} T \times w + \text{Ƹ} Q \times e - \Sigma T \times w - \Sigma Q \times e\end{matrix}\right\},$$

wo das Zeichen Σ sich auf diejenigen Rechtecke bezieht, die aus einer abstoßenden Kraft und aus der Geschwindigkeit, womit eine Entfernung wächst, oder aus einer *anziehenden* Kraft und aus der Geschwindigkeit, womit eine Entfernung *abnimmt*, gebildet sind, dagegen das Zeichen Ƹ auf diejenigen Rechtecke, welche aus einer *anziehenden* Kraft und aus der Geschwindigkeit, womit eine Entfernung wächst, oder aus einer *abstoßenden* Kraft und aus der Geschwindigkeit, womit eine Entfernung *abnimmt*, gebildet sind. Man construire nun auf die in §. 7. des 5. Abschn. auseinandergesetzte Art mehrere Curven, 2 in Beziehung auf die Kraft S für die 1ste und 2te Bewegung, 2 in Beziehung auf die Kraft S_{I} für die 1ste und 2te Bewegung ..., 2 in Beziehung auf die Kraft S' für die 1ste und 2te Bewegung, 2 in Beziehung auf die Kraft S'_{I} für die 1ste und 2te Bewegung ... u. s. w., 2 in Beziehung auf die gegenseitige nicht zu den Bedingungen gehörige Wirkung der Puncte A und B für die 1ste und 2te Bewegung, und so in Beziehung auf die gegenseitige Wirkung jeder 2 andern Puncte des Systems 2 Curven, eine für die 1ste, eine für die 2te Bewegung. Die auf der Grundlinie von einem festen Anfangspunct an genommenen Abscissen (welcher Anfangspunct aber, wie in §. 7. des 5. Abschn., für *parallele Kräfte unbestimmt* bleibt) mache man = den Entfernungen der einzelnen Puncte des Systems von den festen

Puncten und von einander, die winkelrecht errichteten Ordinaten aber = den zu den jedesmaligen Entfernungen gehörigen, im Verhältniß $\Sigma m : m$, $\Sigma m : m'$ . . . verminderten anziehenden oder abstoßenden Kräften, so daß die den anziehenden Kräften angehörigen Ordinaten auf die eine, die den abstoßenden Kräften angehörigen Ordinaten aber auf die andere Seite der Grundlinie fallen. Begrenzt man dann die auf diese Art gebildeten Flächenräume durch 2 Ordinaten, welche den Abscissen zu Anfang und zu Ende der Bewegung angehören, so ist klar, daß die Flächenräume bei 2 zusammengehörigen Curven, wovon eine der 1sten, die andere der 2ten Bewegung angehört, congruent sind, weil nach der Voraussetzung die Stärke der anziehenden oder abstoßenden Kräfte für jeden einzelnen festen Punct und für jede 2 Puncte des Systems nur von der Entfernung, sonst aber von weiter nichts abhängig ist. Der übrige Theil des Beweises ist wie bei §. 7. des 5. Abschnitts.

§. 3. Erklärung.

Der vorige Satz wird das Princip der Erhaltung der lebendigen Kräfte genannt.

Anmerkung. Dies Princip ist auf analytischem Wege bewiesen in Laplace Méc. cél. I. 5, 19.

§. 4. Zusatz.

Aus der Beweisführung zu §. 2. geht hervor, daß bei der Bewegung eines Systems von Puncten die Geschwindigkeit, womit die lebendige Kraft des ganzen Systems $\left\{\begin{matrix}\text{zunimmt}\\ \text{abnimmt}\end{matrix}\right\}$, = ist dem Doppelten des Flächenraums

$$\left\{\begin{matrix}\Sigma T \times w + \Sigma Q \times e - \mathfrak{Z} T \times w - \mathfrak{Z} Q \times e\\ \mathfrak{Z} T \times w + \mathfrak{Z} Q \times e - \Sigma T \times w - \Sigma Q \times e\end{matrix}\right\}.$$

§. 5. Zusatz.

Aus §. 21. des 3. Abschn. ist klar, daß, wenn mehrere Puncte im Raum sich verschiedentlich bewegen, und man zerfällt für irgend einen angenommenen Augenblick die Curvenkraft jedes dieser Puncte in soviele andere Kräfte, als man will, und man vermindert alsdann jede auf den Punct $\left\{\begin{matrix} A \\ B \\ \vdots \end{matrix}\right\}$ wirkende Kraft im Verhältniß $\Sigma m : \left\{\begin{matrix} m \\ m' \\ \vdots \end{matrix}\right\}$, und setzt die dadurch erhaltenen Kräfte in Eine zusammen, man die Curvenkraft der Bewegung des Schwerpuncts in dem betreffenden Augenblick erhält.

§. 6. Zusatz.

Bilden diese bewegten Puncte ein System, so kann man bei der Zusammensetzung der eben erwähnten im Verhältniß $\Sigma m : \left\{\begin{matrix} m \\ m' \\ \vdots \end{matrix}\right\}$ verminderten Kräfte alle diejenigen Kräfte weglassen, welche von der gegenseitigen Wirkung der Puncte des Systems herrühren.

Anmerkung. Dieser Satz entspricht dem, was Laplace in der 1sten Hälfte der 20sten Nummer des 5ten Capitels des 1sten Buchs seiner Méc. cél. bewiesen hat, noch genauer als der obige Satz §. 21. des 3ten Abschnitts.

§. 7. Zusatz.

Aus §. 2. des 3. Abschn., verglichen mit §. 13. des 6. Abschn., folgt, daß bei jeder Bewegung eines Puncts in Einer Ebene die Flächengeschwindigkeit in Beziehung auf jeden beliebigen feststehenden Punct derselben Ebene = ist dem halben mechanischen Moment in dem betreffenden Punct der Bahn in Beziehung auf denselben festen Punct.

§. 8. Zusatz.

Hieraus, verglichen mit §. 19. des 6. Abschn., folgt folgender Satz: Wenn man die Geschwindigkeit eines in Einer Ebene bewegten Puncts für irgend einen angenommenen Punct der Bahn in soviele Partialgeschwindigkeiten zerlegt, als man will, deren Richtungen aber sämmtlich in der Ebene der Bahn liegen, und man bildet für den betreffenden Punct der Bahn die mechanischen Momente aller Partialgeschwindigkeiten in Beziehung auf einen und denselben Punct der Ebene der Bahn, so ist die Summe derjenigen Momente, für welche die entsprechenden Partialgeschwindigkeiten nach derselben Seite gerichtet sind, nach welcher die totale Bewegung geschieht, $>$ als die Summe derjenigen Momente, für welche die entsprechenden Partialgeschwindigkeiten nach der entgegengesetzten Seite gerichtet sind, als nach welcher die totale Bewegung geschieht; auch ist der halbe Unterschied beider Summen $=$ der Flächengeschwindigkeit.

§. 9. Erklärung.

Wenn mehrere Puncte im Raum sich verschiedentlich bewegen, und man projicirt die Bewegungen der einzelnen Puncte auf eine feste Ebene, und vermindert für irgend einen Augenblick der Bewegung die Flächengeschwindigkeit der Projection des Puncts A in Beziehung auf einen festen Punct der Projectionsebene im Verhältniß $\Sigma m : m$, die Flächengeschwindigkeit der Projection des Puncts B in Beziehung auf denselben festen Punct im Verhältniß $\Sigma m : m'$, u. s. w. für die übrigen bewegten Puncte respective, und man addirt alsdann diejenigen verminderten Flächengeschwindigkeiten, welche nach Einer Seite gerichtet sind, unter sich, wie auch diejenigen verminderten Flächengeschwindigkeiten, welche nach der entgegengesetzten Seite gerichtet sind, unter sich, und zieht die kleinere Summe von der größeren ab, so heißt der Rest die *Flächengeschwindigkeit aller Puncte A, B, ... zusammengenommen.* Auch sagt man, die *Flächengeschwindigkeit aller Puncte A, B, ... zusammengenommen sei nach der Seite der größeren Summe hin gerichtet.* Sind beide Summen gleich, so sagt man, die *Flächengeschwindigkeit aller Puncte A, B, ... zusammengenommen sei* $= 0$.

§. 10. Lehrsatz.

Wenn mehrere Puncte im Raum sich verschiedentlich bewegen, so existirt für jeden Augenblick der Bewegung durch jeden im Raum angenommenen Punct eine Ebene von der Art, daß die Flächengeschwindigkeit aller bewegten Puncte zusammengenommen in Beziehung auf jede auf dieser Ebene winkelrecht stehende und durch den angenommenen Punct gelegte Ebene = 0 ist.

Beweis. Es sei L Fig. 42. der angenommene Punct. Man lege durch denselben eine beliebige Ebene ABCDEF. Ist nun die Flächengeschwindigkeit in Beziehung auf diese Ebene in diesem Augenblick = 0, so hat man eine Ebene gefunden, in Beziehung auf welche die Flächengeschwindigkeit = 0 ist. Ist aber die Flächengeschwindigkeit in Beziehung auf die Ebene ABCDEF nicht = 0, so ziehe man in dieser Ebene durch L eine beliebige Linie ALD, und drehe die Ebene um diese Linie, bis sie in ihre erste Lage zurückkommt, so ändert die Flächengeschwindigkeit der bewegten Puncte zusammengenommen sich stetig. Da aber die Vorderseite der Ebene ABCDEF zur hinteren, und die hintere zur vorderen geworden ist, so ist, wenn man die bewegliche Ebene unterwegs stets von einerlei Seite betrachtete, die nach der $\begin{Bmatrix}\text{rechten}\\ \text{linken}\end{Bmatrix}$ Seite gerichtete Flächengeschwindigkeit der bewegten Puncte zusammengenommen in die eben so große, aber nach der $\begin{Bmatrix}\text{linken}\\ \text{rechten}\end{Bmatrix}$ Seite gerichtete übergegangen. Die Ebene muß also unterwegs eine Lage AHGDIK gehabt haben, in Beziehung auf welche die Flächengeschwindigkeit der bewegten Puncte zusammengenommen = 0 war. In jedem Fall läßt sich also durch L eine Ebene legen, in Beziehung auf welche die Flächengeschwindigkeit = 0 ist. Es sei AHGDIK diese Ebene.

Man errichte nun die Linie NM winkelrecht auf die Ebene AHGDIK durch den Punct L, und lege durch NM eine beliebige Ebene MGCNKF. Ist die Flächengeschwindigkeit in Beziehung auf diese Ebene = 0, so hat man 2 auf einander winkelrechte Ebenen durch L gefunden, in Beziehung auf welche die Flächengeschwindigkeit der bewegten Puncte zusammengenommen = 0 ist. Ist aber die Flächengeschwindigkeit in Beziehung auf die Ebene MGCNKF nicht = 0, so drehe man diese Ebene um die Linie NM, so wird wie vorher bewiesen, daß die Ebene irgendeinmal eine Lage MHBNIE annehmen muß, in Beziehung auf welche die Flächengeschwindigkeit = 0 ist. In jedem Fall lassen sich also durch L zwei auf einander winkelrechte Ebenen legen, in Beziehung auf welche die Flächengeschwindigkeit der bewegten Puncte zusammengenommen = 0 ist. Diese beiden Ebenen seien AHGDIK und MHBNIE, welche sich in der Linie HLI schneiden. Dann hat die durch L winkelrecht auf HI gelegte Ebene nach §. 7. dieses Abschn., verglichen mit §. 20. des 6. Abschn., die verlangte Eigenschaft.

Anmerkung. Aus diesem Beweise sehen wir, daß sich statt des von Laplace (Méc. cél. I. 5, 21. vom Ende der 57sten bis zur Mitte der 60sten Seite) gegebenen Beweises desselben Satzes ein weit kürzerer geben läßt.

§. 11. Erklärung.

Eine Ebene, welche die im vorigen §. beschriebene Eigenschaft hat, wollen wir eine Hauptebene nennen.

§. 12. Zusatz.

Aus §. 7. dieses Abschn., verglichen mit §. 20. und 21. des 6. Abschn., geht hervor, daß, wenn die Flächengeschwindigkeit mehrerer bewegter Puncte zusammengenommen für eine Hauptebene = 0 ist, daß alsdann die Flächengeschwindigkeit in Beziehung auf jede durch den festen Punct gelegte Ebene = 0, daß also jede durch den festen Punct gelegte Ebene eine Hauptebene ist. Ist aber die Flächengeschwindigkeit der bewegten Puncte zusammengenommen in Beziehung auf irgend eine durch den festen Punct gelegte Ebene nicht = 0, so existirt nur Eine Hauptebene, und die Flächengeschwindigkeit der bewegten Puncte zusammengenommen ist für keine durch den festen Punct gelegte Ebene = 0, außer für die auf der Hauptebene winkelrechten Ebenen; auch ist die Flächengeschwindigkeit in Beziehung auf die Hauptebene > als in Beziehung auf jede andere durch den festen Punct gelegte Ebene, für 2 Ebenen aber, welche gegen die Hauptebene gleiche Neigungswinkel bilden, gleich, und desto kleiner, je mehr eine Ebene sich der winkelrechten Lage gegen die Haupt=

ebene nähert; auch verhält sich die Flächengeschwindigkeit in Beziehung auf eine gegen die Hauptebene schief stehende Ebene zur Flächengeschwindigkeit in Beziehung auf die Hauptebene wie der Cosinus des Neigungswinkels zum Halbmesser. Auch ist die Flächengeschwindigkeit in Beziehung auf eine gegen die Hauptebene schief stehende Ebene nach der {rechten / linken} Seite gerichtet, je nachdem die Flächengeschwindigkeit in Beziehung auf die Hauptebene, von derselben Seite der Hauptebene aus betrachtet, nach der {rechten / linken} Seite gerichtet ist.

Anmerkung. Dieser Satz ist auf analytischem Wege bewiesen von Laplace in seiner Méc. cél. I. 5, 21. von der Mitte der 60sten Seite an bis zu Ende der genannten Nummer.

§. 13. Lehrsatz.

Wenn man 3 gerade Linien, die sich wie die Flächengeschwindigkeiten mehrerer bewegter Puncte in Beziehung auf 3 durch Einen festen Punct gelegte auf einander winkelrechte Ebenen verhalten, zu einem rechtwinkligen Parallelepipedum zusammensetzt, so druckt die Diagonale dieses Parallelepipedums die Flächengeschwindigkeit in Beziehung auf die Hauptebene aus.

Beweis. Es sei A Fig. 43. der feste Punct, ABCD, ABGF und ADEF die 3 genannten auf einander winkelrechten Ebenen, und AH die auf der Hauptebene winkelrechte Linie. Man vollende das Parallelepipedum ABCDEFGH. Alsdann verhält sich nach dem vorigen §. die Flächengeschwindigkeit in Beziehung auf die Hauptebene zur Flächengeschwindigkeit in Beziehung auf die Ebene ABCD = AH:HC, die Flächengeschwindigkeit in Bezug auf die Hauptebene zur Flächengeschwindigkeit in Bezug auf die Ebene ABGF = AH : HG, und die Flächengeschwindigkeit in Bezug auf die Hauptebene zur Flächengeschwindigkeit in Bezug auf die Ebene ADEF = AH : HE.

Anmerkung. Dieser Satz entspricht der Laplaceschen Formel (Méc. cél. I. 5, 21.) $\Sigma m \frac{x_{,,,} dy_{,,,} - y_{,,,} dx_{,,,}}{dt} = \sqrt{c^2 + c'^2 + c''^2}$.

§. 14. Zusatz.

Aus der Beweisführung des vorigen Satzes ist auch klar, daß, wenn mehrere Puncte im Raum sich verschiedentlich bewegen, und man nimmt zwischen ihnen in irgend einem Augenblick der Bewegung einen beliebigen festen Punct, und legt durch denselben 3 beliebige auf einander winkelrechte Ebenen, und schneidet von den 3 Durchschnittslinien dieser Ebenen Stücke ab, die sich resp. wie die Flächengeschwindigkeiten der bewegten Puncte zusammengenommen in Beziehung auf die gegen eine jede Durchschnittslinie winkelrechte Ebene verhalten, daß alsdann die Hauptebene winkelrecht gegen die Diagonale des Parallelepipedums steht, das man aus den 3 abgeschnittenen Stücken construiren kann; doch ist es zufolge der zu Ende des 12ten §. gemachten Bemerkung nicht gleichgültig, nach welcher Seite des festen Puncts hin man das jedesmalige Stück der Durchschnittslinie abschneidet, sondern man hat unter den 8 körperlichen Winkeln, welche von den 3 auf einander winkelrechten Ebenen gebildet werden, denjenigen zur Construction des Parallelepipedums auszuwählen, von dessen inneren Raum aus gesehen die Flächengeschwindigkeiten entweder in Beziehung auf alle 3 Ebenen nach der rechten oder in Beziehung auf alle 3 Ebenen nach der linken Seite gerichtet sind.

Anmerkung. Dieser Satz möchte vielleicht, hinsichtlich der Lage der Hauptebene, eine leichtere Uebersicht gewähren als die entsprechenden Laplaceschen Formeln (Méc. cél. I. 5, 21) $\text{Sin.}\,\theta\,\text{Sin.}\,\psi = \frac{c''}{\sqrt{c^2+c'^2+c''^2}}$; $\text{Sin.}\,\theta\,\text{Cos.}\,\psi = \frac{-c'}{\sqrt{c^2+c'^2+c''^2}}$; $\text{Cos.}\,\theta = \frac{c}{\sqrt{c^2+c'^2+c''^2}}$.

§. 15. Zusatz.

Aus §. 13. folgt auch, daß, wenn man durch den festen Punct 6 Ebenen legt, wovon die 3 ersten auf einander, und die 3 letzten auf einander winkelrecht sind, und man stellt 3 gerade Linien zu einem rechtwinkligen Parallelepipedum, und 3 andere gerade Linien zu einem andern rechtwinkligen Parallelepipedum zusammen, so daß diese 6 Linien sich wie die Flächengeschwindigkeiten der bewegten Puncte zusammengenommen in Beziehung auf die genannten 6 Ebenen verhalten, daß alsdann die Diagonalen beider Parallelepipeda einander gleich sind.

§. 16. Lehrsatz.

Wenn ein bewegter Punct eine Bahn von einfacher Krümmung beschreibt, so ist die Flächenkraft, in Beziehung auf jeden festen Punct der Ebene der Bahn, = dem halben statischen Moment der Curvenkraft in Beziehung auf denselben Punct.

Beweis. Es sei ECDBF Fig. 44. eine solche Bahn eines bewegten Puncts, und A der feste Punct. Werden nun

1) allemal in gleichen Zeiten gleiche Flächenräume um A beschrieben, so ist nach §. 7. des 3. Abschn. die Curvenkraft beständig nach A zu oder beständig von A abwärts gerichtet; also findet kein statisches Moment derselben statt, aber auch keine Flächenkraft.

2) Werden aber nicht in gleichen Zeiten gleiche Flächenräume beschrieben, so sei C Fig. 44. ein beliebiger Punct der Bahn; man ziehe AC und die Tangente CL, und zerfälle nun die ganze Bewegung in folgende 3: 1) in eine auf der Curve ECDBF mit gleichförmiger Flächengeschwindigkeit geschehende, und zwar mit derjenigen Flächengeschwindigkeit, welche bei der totalen Bewegung im Punct C wirklich statt findet. Zufolge dieser Partialbewegung befinde sich der bewegte Punct in einem andern Augenblick in D, so daß die zwischen den Standörtern C und D verstrichene Zeit = τ ist. Zufolge der totalen Bewegung aber befinde sich der Punct in demselben Augenblick, wo er nach der Partialbewegung in D ist, in B; man ziehe die Sehne BD, ferner CG ⧣ und = DB, und construire eine Curve CGH, welche den geometrischen Ort des Puncts G ausdruckt, wenn man die Zeit τ anders und anders bestimmt. Die Bewegung auf der Curve CGH zerfälle man 2) in eine auf der Linie CA entlang geschehende, 3) in eine auf CL entlang geschehende. Dann ist nach §. 7. des 3. Abschn. die Curvenkraft der Bewegung Nr. 1) im Punct C von C nach A zu oder gerade von A abwärts gerichtet. Zerfällt man also die Curvenkraft der totalen Bewegung

nach den Richtungen CA und CL, so ist die letztere Kraft = der beschleunigenden (verzögernden) Kraft der Bewegung Nr. 3) im Punct C. Da nun, wenn man τ kleiner und kleiner annimmt, der ∠, welchen Sehne BD gegen CL macht, < werden kann als jeder gegebene ∠, so ist klar, daß CL auch eine Tangente der Curve CGH ist, und hieraus folgt wieder, daß, wenn man GI ≠ LC bis an AC, und GK ≠ AC bis an CL zieht, das Verhältniß GC : GI oder GC : CK dem Verhältniß der Gleichheit näher kommen kann als jedes gegebene Verhältniß, das Verhältniß CI : CG aber, also auch das Verhältniß CI : CK, < werden kann als jedes gegebene Verhältniß. Da nun die Flächengeschwindigkeit der Bewegung Nr. 1) im Punct C = ist der Flächengeschwindigkeit der totalen Bewegung, so kann das Verhältniß Sector ABD : Sector ADC kleiner werden als jedes gegebene Verhältniß; also kann auch (§. 45. des 1. Abschn. Theil 2) das Verhältniß △ABD : △ADC, also auch (wenn man AM winkelrecht auf CL fällt) das Verhältniß BD × AM : Sehne DC × AM, d. i. Sehne BD : Sehne DC, d. i. CG : Sehne DC, < werden als jedes gegebene Verhältniß. Folglich ist die Geschwindigkeit der Bewegung auf CGH im Punct C, und daher die Geschwindigkeit der Bewegung Nr. 3) im Punct C, und folglich um so mehr die Geschwindigkeit der Bewegung Nr. 2) im Punct C = 0. Hieraus, verglichen mit §. 62. des 1. Abschn., erkennen wir, daß, wenn t die Zeit ist, die zum Maaß der Geschwindigkeiten dient, und man macht $2(\tau : t) = BD : x$, daß alsdann die Größe, welcher sich 2x nähert, = ist der Kraft der Bewegung Nr. 3) im Punct C, also auch (wenn man die totale Curvenkraft nach CA und CL zerfällt) = der nach CL zerfällten Curvenkraft. Macht man dagegen $2(\tau : t) = \text{Sector } ABD : y$, so ist die Größe, welcher sich 2y nähert, = der Flächenkraft der totalen Bewegung im Punct C. Hieraus, verglichen mit §. 45. des 1. Abschn. Theil 2, folgt wieder, daß, wenn man $2(\tau : t) = \triangle ABD : z$ macht, auch die Größe, welcher sich 2z nähert, jener Flächenkraft gleich ist. Folglich ist auch, wenn man $2(\tau : t) = BD \times AM : w$ macht, die Größe, welcher sich w nähert, jener Flächenkraft gleich. Nun ist aber $2(\tau:t) = BD \times AM : x \times AM$; also ist die Größe, welcher sich $x \times AM$ nähert, jener Flächenkraft gleich. Folglich ist (wenn man die totale Curvenkraft nach CA und CL zerfällt) die totale Flächenkraft = dem halben Rechteck aus der nach CL zerfällten Curvenkraft und aus AM. Ist nun die totale Curvenkraft von C nach A zu oder von A gerade abwärts gerichtet (welches geschehen kann, auch ohne daß allemal in gleichen Zeiten gleiche Flächenräume beschrieben werden), so verschwindet die erwähnte nach CL zerfällte Curvenkraft, und folglich auch die Flächenkraft; aber auch das statische Moment der Curvenkraft verschwindet. Ist die Curvenkraft selbst nach der Tangente CL gerichtet, so ist das Rechteck aus dieser Curvenkraft und aus AM das statische Moment der Curvenkraft, also der Satz bewiesen. Ist aber die totale Curvenkraft im Punct C weder nach A zu noch von A gerade abwärts noch nach der Tangente gerichtet, so sei CN Fig. 45. die Curvenkraft. Man zerfälle sie in die Kräfte CP nach der Richtung CA, und CO nach der Richtung der Tangente, so ist, wenn man NO und NP zieht, NOCP ein Parallelogramm, also, wenn man AN und AO zieht, nach Eucl. 1, 37. $\triangle AOC = ANC$, folglich, wenn man beiderseits das Doppelte nimmt, $CO \times AM$, d. i. die doppelte Flächenkraft, = dem Moment der Kraft CN.

§. 17. Zusatz.

Aus der Beweisführung des vorigen Satzes geht, bei näherer Betrachtung der 44. und 45. Figur, auch hervor, daß, wenn die Flächenkraft eine beschleunigende ist, die Curvenkraft nach derselben Seite der Linie CA hin gerichtet ist, nach welcher die Bewegung geschieht, wenn aber die Flächenkraft eine verzögernde ist, die Curvenkraft nach der entgegengesetzten Seite der Linie CA hin gerichtet ist, als nach welcher die Bewegung geschieht, und daß endlich, wenn keine Flächenkraft statt findet, die Curvenkraft gerade nach A zu oder gerade von A abwärts gerichtet ist.

§. 18. Lehrsatz.

Wirken auf einen Punct, der sich in Einer Ebene bewegt, mehrere Kräfte, deren Richtungen in derselben Ebene liegen, und man bildet für einen beliebigen Punct der Bahn die Momente aller dieser Kräfte in Beziehung auf einen und denselben Punct derselben Ebene, und die Summe derjenigen Momente, für welche die entsprechende Kraft nach derselben Seite gerichtet ist, nach welcher die Bewegung geschieht, ist = der Summe derjenigen Momente, für welche die entsprechende Kraft nach der entgegengesetzten Seite gerichtet ist, als nach welcher die Bewegung geschieht, so findet keine Flächenkraft statt; ist aber die erstere Summe > als die zweite, so ist die Flächenkraft eine beschleunigende, und ist die zweite Summe > als die erste, so ist die Flächenkraft eine verzögernde; der halbe Unterschied beider Summen aber ist der Flächenkraft gleich.

Beweis. Folgt unmittelbar aus den beiden vorigen §§., in Verbindung mit §. 19. des 6. Abschnitts.

§. 19. Erklärung.

Die Geschwindigkeit, womit sich die Flächengeschwindigkeit mehrerer bewegter Puncte zusammengenommen (siehe §. 9.) ändert, soll die Flächenkraft dieser Puncte zusammengenommen heißen.

§. 20. Lehrsatz.

Wenn einem System von Puncten keine Curven oder Flächen vorgeschrieben sind, und es finden entweder gar keine äußeren Kräfte statt, oder alle äußeren Kräfte sind nach einem gemeinsamen feststehenden Punct im Raume zu gerichtet, und man nimmt im ersteren Fall einen beliebigen feststehenden Punct im Raum an, und projicirt nun in beiden Fällen alle Bewegungen auf eine durch den festen Punct gelegte feste Ebene, so ist die Flächenkraft des ganzen Systems in Beziehung auf die feste Ebene und in Beziehung auf den festen Punct stets = 0.

Beweis. Es sei S die Kraft, mit welcher der feste Punct auf den Punct A des Systems wirkt (diese Kraft mag übrigens eine anziehende oder abstoßende sein), p, p', p'' ... aber die Kräfte, mit welchen resp. die Puncte B, C ... auf den Punct A wirken (diese Kräfte mögen nun zu den Bedingungen gehören oder nicht), S' die Kraft, mit welcher der feste Punct auf den Punct B wirkt, und p_1, p'_1, p''_1 ... die Kräfte, mit welchen resp. die Puncte A, C, D ... auf B wirken, u. s. w. Dieselben Kräfte, parallel mit der festen Ebene zerfällt, seien T, r, r', r'' ..., T', r_1, r'_1, r''_1 ... u. s. w., und die Momente dieser Kräfte s, s', s'' ..., s_1, s'_1, s''_1 ... u. s. w. (indem nämlich die Momente der Kräfte T, T' ... verschwinden), so ist nach §. 18. die Flächenkraft, womit die Projection des Puncts $\left\{\begin{matrix}A\\B\\\vdots\end{matrix}\right\}$ sich bewegt, $=\left\{\begin{matrix}\frac{1}{2}\Sigma s-\frac{1}{2}\Sigma s \text{ oder } \frac{1}{2}\Sigma s-\frac{1}{2}\Sigma s\\ \frac{1}{2}\Sigma s_1-\frac{1}{2}\Sigma s_1 \text{ oder } \frac{1}{2}\Sigma s_1-\frac{1}{2}\Sigma s_1\\ \vdots\end{matrix}\right\}$, wo die Zeichen Σ und Σ sich auf alle Puncte des Systems außer $\left\{\begin{matrix}A\\B\\\vdots\end{matrix}\right\}$ erstrecken. Man mache $\Sigma m : m = r : t = r' : t' = r'' : t'' \ldots$; $\Sigma m : m' = r_1 : t_1 = r'_1 : t'_1 = r''_1 : t''_1 \ldots$ u. s. w., aber auch $\Sigma m : m = s : u = s' : u' = s'' : u'' \ldots$; $\Sigma m : m' = s_1 : u_1 = s'_1 : u'_1 = s''_1 : u''_1$ ... u. s. w., so ist die im Verhältniß $\Sigma m : \left\{\begin{matrix}m\\m'\\\vdots\end{matrix}\right\}$ verminderte Flächenkraft, womit sich die Projection des Puncts $\left\{\begin{matrix}A\\B\\\vdots\end{matrix}\right\}$ bewegt, $=\left\{\begin{matrix}\frac{1}{2}\Sigma u-\frac{1}{2}\Sigma u \text{ oder } \frac{1}{2}\Sigma u-\frac{1}{2}\Sigma u\\ \frac{1}{2}\Sigma u_1-\frac{1}{2}\Sigma u_1 \text{ oder } \frac{1}{2}\Sigma u_1-\frac{1}{2}\Sigma u_1\\ \vdots\end{matrix}\right\}$, wo die Zeichen Σ und Σ sich wieder auf alle Puncte des Systems außer $\left\{\begin{matrix}A\\B\\\vdots\end{matrix}\right\}$ erstrecken. Nun ist $t : t_1 = (t : r) + (r : r_1) + (r_1 : t_1) = (m : \Sigma m) + (m' : m) + (\Sigma m : m') = m : m$, also $t = t_1$. Ebenso wird bewiesen, daß allemal diejenigen 2 unter den Kräften t, t', t'' ..., t_1, t'_1, t''_1 ... u. s. w., welche sich auf dieselben 2 Puncte des Systems beziehen, einander gleich sind. Sie sind aber der Richtung nach entgegengesetzt, und ihre Richtungslinien liegen überdies in Einer geraden Linie, haben also gleiche Entfernungen vom festen Punct; folglich heben ihre Momente einander auf. Und so heben immer 2 und 2 Momente einander auf, und daraus folgt, daß unter den oben erwähnten verminderten Flächenkräften die Summe der nach der rechten Seite hin gerichteten = ist der Summe der nach der linken Seite hin gerichteten. Folglich ist die Flächenkraft des ganzen Systems = 0.

§. 21. Zusatz.

Aus dem vorigen Satz folgt, daß unter denselben Voraussetzungen die Flächengeschwindigkeit des ganzen Systems unveränderlich, und wenn sie nicht = 0 ist, stets nach einerlei Seite gerichtet ist.

§. 22. Zusatz.

Nimmt man unter denselben Voraussetzungen 4 beliebige Augenblicke während der Bewegung des Systems an, so daß 2 derselben um die Zeit t, die beiden andern um die Zeit t' aus einander liegen, und man vermindert den in der Zeit t von der Projection des Puncts $\begin{Bmatrix} A \\ B \\ \vdots \end{Bmatrix}$ beschriebenen Flächenraum (wobei aber, wenn ein Radius vector sich während der Zeit t zum Theil nach der rechten zum Theil nach der linken Seite hin bewegt hat, die Bewegungen so angesehen werden müssen, als wenn die nach der Rechten hin gerichtete die nach der Linken hin gerichtete aufhöbe) im Verhältniß $\Sigma m : \begin{Bmatrix} m \\ m' \\ \vdots \end{Bmatrix}$, und nennt den erhaltenen Flächenraum $\begin{Bmatrix} a \\ b \\ \vdots \end{Bmatrix}$, den entsprechenden der Zeit t' angehörigen Flächenraum aber $\begin{Bmatrix} a' \\ b' \\ \vdots \end{Bmatrix}$, und addirt nun diejenigen unter den Flächenräumen a, b, . . ., welche nach einerlei Seite hin um den festen Punct beschrieben sind, und bildet daraus eine Summe

Σa, und addirt auch diejenigen unter den Flächenräumen a, b, . . ., welche nach der andern Seite hin um den festen Punct beschrieben sind, und bildet daraus eine Summe $\mathfrak{S} a$, und man addirt dagegen diejenigen unter den Flächenräumen a′, b′ . . ., welche nach der ersteren Seite hin beschrieben sind, und bildet daraus eine Summe $\Sigma a'$, und addirt endlich diejenigen unter den Flächenräumen a′, b′ . . ., welche nach der andern Seite hin beschrieben sind, und bildet daraus eine Summe $\mathfrak{S} a'$, so ist, je nachdem $\Sigma a \gtrless \mathfrak{S} a$, auch $\Sigma a' \gtrless \mathfrak{S} a'$, und es verhält sich

$$\left\{\begin{array}{l} \Sigma a - \mathfrak{S} a : \Sigma a' - \mathfrak{S} a' \\ \mathfrak{S} a - \Sigma a : \mathfrak{S} a' - \Sigma a' \end{array}\right\} = t : t'.$$

§. 23. Erklärung.

Der vorige Satz wird das **Princip der Erhaltung der Flächenräume** (principe de la conservation des aires) genannt.

Anmerkung. Laplace beweist dies Princip auf analytischem Wege in seiner Méc. cél. I. 5, 21. Seite 56 und 57.

§. 24. Zusatz.

Aus §. 21. folgt, daß unter den in §. 20. gemachten Voraussetzungen die durch den festen Punct gelegte Hauptebene während der Bewegung des Systems stets eine unveränderliche Lage behält.

Anmerkung. Laplace nennt deswegen die Hauptebene plan invariable.

§. 25. Zusatz.

Bei einem sich **frei** bewegenden System von Puncten bleibt die durch den Schwerpunct gelegte und in Beziehung auf die relative Bewegung des Systems um den als ruhend betrachteten Schwerpunct genommene Hauptebene während der Bewegung des Systems beständig sich selbst parallel.

Anmerkung. Laplace führt für diesen Satz noch einen besonderen Beweis (Méc. cél. I. 5, in den beiden ersten Absätzen der 22sten Nummer). Er ist aber unnöthig, und der Satz kann unmittelbar aus §. 24. gefolgert werden, wenn man bedenkt, daß **Bewegung** immer nur ein **relativer** Begriff ist (siehe die Anm. zu §. 1. des 1. Abschn), und daher alles, was man unter Voraussetzung einer absoluten Bewegung geschlossen hat, ohne Weiteres auf jede relative Bewegung übergetragen werden kann.

§. 26. Lehrsatz.

Wenn mehrere Puncte sich im Raum verschiedentlich bewegen, und man betrachtet bloß die relative Bewegung aller Puncte in Beziehung auf ihren gemeinschaftlischen, als ruhend gedachten Schwerpunct, und zerfällt nun für irgend einen Augenblick der Bewegung alle relativen Geschwindigkeiten und Curvenkräfte der einzelnen Puncte des Systems, nachdem man sie im Verhältniß $\Sigma m : \left\{\begin{matrix} m \\ m' \\ \vdots \end{matrix}\right\}$ vermindert hat, nach einer und derselben Richtung, und nennt die zerfällten Geschwindigkeiten (Kräfte) u, u' ..., so ist $\Sigma u = \rotatebox{180}{Σ} u$.

Beweis. Folgt aus §. 21. des 3ten Abschnitts.

§. 27. Lehrsatz.

Wenn mehrere Puncte sich im Raum verschiedentlich bewegen, so ist die Summe der lebendigen Kräfte aller einzelnen Puncte in Beziehung auf die relative Bewegung um den Schwerpunct, mit dem □ der Geschwindigkeit des Schwerpuncts zusammen, = der Summe der lebendigen Kräfte aller einzelnen Puncte in Beziehung auf ihre totale Bewegung im Raum.

Beweis. Man zerfälle die totalen Geschwindigkeiten sowohl als die relativen Geschwindigkeiten aller einzelnen bewegten Puncte nach 3 auf einander winkelrechten Richtungen, desgleichen die Geschwindigkeit des Schwerpuncts nach denselben Richtungen. Es seien v, v', v'' ... die Geschwindigkeiten der einzelnen Puncte, V die Geschwindigkeit des Schwerpuncts, u, u', u'' ... die relativen Geschwindigkeiten der einzelnen Puncte in Beziehung auf den Schwerpunct; dieselben Geschwindigkeiten, nach der ersten der 3 auf einander winkelrechten Richtungen zerfällt, seien v_{I}, v'_{I}, v''_{I} ..., V_{I}, u_{I}, u'_{I}, u''_{I} ..., nach der 2ten Richtung zerfällt v_{II}, v'_{II}, v''_{II} ..., V_{II}, u_{II}, u'_{II}, u''_{II} ..., nach der 3ten Richtung zerfällt, v_{III}, v'_{III}, v''_{III} ..., V_{III}, u_{III}, u'_{III}, u''_{III} ..., so ist

$$\left\{\begin{matrix}\square v = \square v_I + \square v_{II} + \square v_{III} \\ \square v' = \square v'_I + \square v'_{II} + \square v'_{III} \\ \vdots\end{matrix}\right\};\ v_I = \left\{\begin{matrix}V_I + u_I \\ V_I - u_I \\ u_I - V_I\end{matrix}\right\};\ v'_I = \left\{\begin{matrix}V_I + u'_I \\ V_I - u'_I \\ u'_I - V_I\end{matrix}\right\};\ \ldots;$$ eben so $v_{II} = \left\{\begin{matrix}V_{II} + u_{II} \\ V_{II} - u_{II} \\ u_{II} - V_{II}\end{matrix}\right\};$

$v'_{II} = \left\{\begin{matrix}V_{II} + u'_{II} \\ V_{II} - u'_{II} \\ u'_{II} - V_{II}\end{matrix}\right\} \ldots;$ und $v_{III} = \left\{\begin{matrix}V_{III} + u_{III} \\ V_{III} - u_{III} \\ u_{III} - V_{III}\end{matrix}\right\};\ v'_{III} = \left\{\begin{matrix}V_{III} + u'_{III} \\ V_{III} - u'_{III} \\ u'_{III} - V_{III}\end{matrix}\right\} \ldots$ Ferner $\square v_I = \square V_I + \square u_I \pm 2 V_I \times u_I;\ \square v'_I = \square V_I + \square u'_I \pm 2 V_I \times u'_I \ldots,$ folglich (wenn man $\Sigma m : m = \square u_I : x_I = \square u_{II} : x_{II} = \square u_{III} : x_{III};\ \Sigma m : m' = \square u'_I : x'_I = \square u'_{II} : x'_{II} = \square u'_{III} : x'_{III};\ \ldots;\ \Sigma m : m = \square v : z;\ \Sigma m : m' = \square v' : z';\ \ldots;\ \Sigma m : m = \square V_I : W_I;\ \Sigma m : m' = \square V_I : W'_I;\ \ldots;\ \Sigma m : m = u_I : w_I = u_{II} : w_{II} = u_{III} : w_{III};\ \Sigma m : m' = u'_I : w'_I = u'_{II} : w'_{II} = u'_{III} : w'_{III};\ \ldots$ macht)

$$\left\{\begin{matrix}\Sigma m : m = \square V_I + \square u_I \pm 2V_I \times u_I : W_I + x_I \pm 2V_I \times w_I = \square v_I : W_I + x_I \pm 2V_I \times w_I \\ \Sigma m : m' = \square V_I + \square u'_I \pm 2V_I \times u'_I : W'_I + x'_I \pm 2V_I \times w'_I = \square v'_I : W'_I + x'_I \pm 2V_I \times w'_I \\ \vdots\end{matrix}\right\},$$ und eben so wird

bewiesen, daß, wenn man $\left\{\begin{matrix}\Sigma m : m = \square V_{II} : W_{II} = \square V_{III} : W_{III} \\ \Sigma m : m' = \square V_{II} : W'_{II} = \square V_{III} : W'_{III} \\ \vdots\end{matrix}\right\}$ macht,

$$\left\{\begin{matrix}\Sigma m : m = \square v_{II} : W_{II} + x_{II} \pm 2V_{II} \times w_{II} = \square v_{III} : W_{III} + x_{III} \pm 2V_{III} \times w_{III} \\ \Sigma m : m' = \square v'_{II} : W'_{II} + x'_{II} \pm 2V_{II} \times w'_{II} = \square v'_{III} : W'_{III} + x'_{III} \pm 2V_{III} \times w'_{III} \\ \vdots\end{matrix}\right\}.$$ Hieraus folgt nach Eucl. 5, 12,

$$\text{daß}\begin{cases}\Sigma m : m = \square v_{,} + \square v_{,,} + \square v_{,,,}, \text{ d. i. } \square v : W_{,} + W_{,,} + W_{,,,} + x_{,} + x_{,,} + x_{,,,} \pm 2V_{,}\times w_{,} \pm 2V_{,,}\times w_{,,} \pm 2V_{,,,}\times w_{,,,} \\ \Sigma m : m' = \qquad \square v' : W'_{,} + W'_{,,} + W'_{,,,} + x'_{,} + x'_{,,} + x'_{,,,} \pm 2V_{,}\times w'_{,} \pm 2V_{,,}\times w'_{,,} \pm 2V_{,,,}\times w'_{,,,} \\ \vdots \end{cases}.$$

Hieraus, und weil nach dem vorigen §. $\Sigma w_{,} = \Sigma w_{,}$; $\Sigma w_{,,} = \Sigma w_{,,}$, und $\Sigma w_{,,,} = \Sigma w_{,,,}$, folgt $\Sigma z = \Sigma W_{,} + \Sigma W_{,,} + \Sigma W_{,,,} + \Sigma x_{,} + \Sigma x_{,,} + \Sigma x_{,,,}$. Aber aus

$$\begin{aligned} \Sigma m : m &= \square V_{,} : W_{,} \\ \Sigma m : m &= \square V_{,,} : W_{,,} \\ \Sigma m : m &= \square V_{,,,} : W_{,,,} \text{ folgt (Eucl. 5, 12)} \\ \hline \Sigma m : m &= \square V : W_{,} + W_{,,} + W_{,,,}. \end{aligned}$$

Eben so wird bewiesen, daß $\Sigma m : m' = \square V : W'_{,} + W'_{,,} + W'_{,,,}$ u. s. w. (I. 1, 7)

$$\overline{\Sigma m : \Sigma m = \square V : \Sigma W_{,} + \Sigma W_{,,} + \Sigma W_{,,,}}.$$

Folglich ist $\Sigma z = \square V + \Sigma x_{,} + \Sigma x_{,,} + \Sigma x_{,,,}$. Aus

$$\begin{aligned} \Sigma m : m &= \square u_{,} : x_{,} \\ \Sigma m : m &= \square u_{,,} : x_{,,} \\ \Sigma m : m &= \square u_{,,,} : x_{,,,} \text{ folgt (Eucl. 5, 12)} \\ \hline \Sigma m : m &= \square v : x_{,} + x_{,,} + x_{,,,}. \end{aligned}$$

Folglich ist $x_{,} + x_{,,} + x_{,,,}$ die lebendige Kraft des ersten bewegten Puncts in Beziehung auf den Schwerpunct, und eben so wird bewiesen, daß $x'_{,} + x'_{,,} + x'_{,,,}$ die lebendige Kraft des 2ten bewegten Puncts in Beziehung auf den Schwerpunct ist, u. s. w. Folglich ist $\Sigma x_{,} + \Sigma x_{,,} + \Sigma x_{,,,}$ die Summe der lebendigen Kräfte aller bewegten Puncte in Beziehung auf den Schwerpunct. Wir erkennen daher aus der Gleichung $\Sigma z = \square V + \Sigma x_{,} + \Sigma x_{,,} + \Sigma x_{,,,}$ die Richtigkeit des zu beweisenden Satzes.

Anmerkung. Dieser Satz entspricht der Laplaceschen Formel (Méc. cél. I. 5, 22) $\Sigma m \frac{dx^2 + dy^2 + dz^2}{dt^2} = \frac{dX^2 + dY^2 + dZ^2}{dt^2} \Sigma m + \Sigma m \frac{dx_{,}^2 + dy_{,}^2 + dz_{,}^2}{dt^2}$.

§. 28. Lehrsatz.

Wenn mehrere Puncte sich im Raum verschiedentlich bewegen, so ist die Flächengeschwindigkeit aller Puncte zusammengenommen, in Beziehung auf einen beliebigen festen Punct im Raum und auf eine beliebige durch diesen Punct gelegte feste Ebene, für jeden Augenblick der Bewegung = der Summe der Flächengeschwindigkeit des Schwerpuncts in Beziehung auf denselben festen Punct und auf dieselbe Ebene und der Flächengeschwindigkeit der bewegten Puncte zusammengenommen in Beziehung auf die relative Bewegung um den Schwerpunct und in Beziehung auf eine durch den Schwerpunct gelegte mit der ersteren festen Ebene parallele Ebene. Doch werden auch bei dieser Summirung der beiden Flächengeschwindigkeiten die nach entgegengesetzten Seiten gerichteten Flächengeschwindigkeiten so betrachtet, als wenn sie einander aufhöben.

Beweis. Behalten wir die Bezeichnungen des vorigen §. bei, und bezeichnen wir noch überdies die Entfernungen der einzelnen bewegten Puncte von 2 feststehenden, durch den erstgedachten festen Punct gelegten, auf der erstgedachten festen Ebene und auf einander winkelrechten Ebenen mit $\xi, \xi', \xi'' \ldots, \upsilon, \upsilon', \upsilon'' \ldots$, die Entfernungen des Schwerpuncts von beiden letztgedachten Ebenen aber mit Ξ und Υ, so ist zufolge §. 7. die Flächengeschwindigkeit des Puncts $\begin{Bmatrix} A \\ B \\ \vdots \end{Bmatrix}$ in Beziehung auf den erstgedachten festen Punct =

$\frac{1}{2}\left(\begin{Bmatrix} \xi \times v_{,,} + \upsilon \times v_{,} \text{ oder } \xi \times v_{,,} - \upsilon \times v_{,} \text{ oder } \upsilon \times v_{,} - \xi \times v_{,,} \\ \xi' \times v'_{,,} + \upsilon' \times v'_{,} \text{ oder } \xi' \times v'_{,,} - \upsilon' \times v'_{,} \text{ oder } \upsilon' \times v'_{,} - \xi' \times v'_{,,} \\ \vdots \end{Bmatrix}\right)$, also, wenn wir $\Sigma m : \begin{Bmatrix} m \\ m' \\ \vdots \end{Bmatrix} = \begin{Bmatrix} v_{,} : \zeta_{,} = v_{,,} : \zeta_{,,} \\ v'_{,} : \zeta'_{,} = v'_{,,} : \zeta'_{,,} \\ \vdots \end{Bmatrix}$

machen, die Flächengeschwindigkeit der bewegten Puncte zusammengenommen in Beziehung auf den erstgedachten festen Punct $= \frac{1}{2}(\Sigma\xi\times\zeta_{,,} + \Sigma\upsilon\times\zeta_{,} - \mathfrak{S}\xi\times\zeta_{,,} - \mathfrak{S}\upsilon\times\zeta_{,})$ oder $\frac{1}{2}(\mathfrak{S}\xi\times\zeta_{,,} + \mathfrak{S}\upsilon\times\zeta_{,} - \Sigma\xi\times\zeta_{,,} - \Sigma\upsilon\times\zeta_{,})$, in Beziehung auf den Schwerpunct aber $=$

$\frac{1}{2}(\Sigma\xi\times w_{,,} + \Sigma\Xi\times w_{,,} + \Sigma\upsilon\times w_{,} + \Sigma\Upsilon\times w_{,} - \mathfrak{S}\xi\times w_{,,} - \mathfrak{S}\Xi\times w_{,,} - \mathfrak{S}\upsilon\times w_{,} - \mathfrak{S}\Upsilon\times w_{,})$ oder

$\frac{1}{2}(\mathfrak{S}\xi\times w_{,,} + \mathfrak{S}\Xi\times w_{,,} + \mathfrak{S}\upsilon\times w_{,} + \mathfrak{S}\Upsilon\times w_{,} - \Sigma\xi\times w_{,,} - \Sigma\Xi\times w_{,,} - \Sigma\upsilon\times w_{,} - \Sigma\Upsilon\times w_{,}) =$

$\frac{1}{2}(\Sigma\xi\times w_{,,} + \Sigma\upsilon\times w_{,} - \mathfrak{S}\xi\times w_{,,} - \mathfrak{S}\upsilon\times w_{,})$ oder $\frac{1}{2}(\mathfrak{S}\xi\times w_{,,} + \mathfrak{S}\upsilon\times w_{,} - \Sigma\xi\times w_{,,} - \Sigma\upsilon\times w_{,})$, und die Flächengeschwindigkeit des Schwerpuncts $= \frac{1}{2}(\Xi\times V_{,,} + \Upsilon\times V_{,})$ oder $\frac{1}{2}(\Xi\times V_{,,} - \Upsilon\times V_{,})$ oder $\frac{1}{2}(\Upsilon\times V_{,} - \Xi\times V_{,,})$.

Nun ist nach §. 13. des 3. Abschn. Theil 2, wenn man $\left\{\begin{matrix} \Sigma m : m = \xi : \omega = \upsilon : \lambda \\ \Sigma m : m' = \xi' : \omega' = \upsilon' : \lambda' \\ \vdots \end{matrix}\right\}$ macht, $\Xi = \Sigma\omega - \mathfrak{S}\omega$ oder $\mathfrak{S}\omega - \Sigma\omega$, und $\Upsilon = \Sigma\lambda - \mathfrak{S}\lambda$ oder $\mathfrak{S}\lambda - \Sigma\lambda$, also die Flächengeschwindigkeit des Schwerpuncts $=$ $\frac{1}{2}(\Sigma V_{,,}\times\omega + \Sigma V_{,}\times\lambda - \mathfrak{S}V_{,,}\times\omega - \mathfrak{S}V_{,}\times\lambda)$ oder $\frac{1}{2}(\mathfrak{S}V_{,,}\times\omega + \mathfrak{S}V_{,}\times\lambda - \Sigma V_{,,}\times\omega - \Sigma V_{,}\times\lambda)$. Aus $\Sigma m : m$ $= u_{,,} : w_{,,} = v_{,,} : \zeta_{,,} = \xi : \omega$ folgt (Eucl. 6, 16) $\xi\times w_{,,} = \omega\times u_{,,}$ und

$$\underline{\xi\times\zeta_{,,} = \omega\times v_{,,}}$$

$\xi\times\left\{\begin{matrix}(\zeta_{,,} - w_{,,})\\(\zeta_{,,} + w_{,,})\\(w_{,,} - \zeta_{,,})\end{matrix}\right\} = \omega\times V_{,,}$. Eben so wird bewiesen, daß $\xi'\times\left\{\begin{matrix}(\zeta'_{,,} - w'_{,,})\\(\zeta'_{,,} + w'_{,,})\\(w'_{,,} - \zeta'_{,,})\end{matrix}\right\}$ $= \omega'\times V_{,,}$; u. s. w. Folglich wird $\left\{\begin{matrix}\Sigma\xi\times\zeta_{,,} + \Sigma\xi\times w_{,,} - \mathfrak{S}\xi\times\zeta_{,,} - \mathfrak{S}\xi\times w_{,,} = \Sigma V_{,,}\times\omega - \mathfrak{S}V_{,,}\times\omega\\ \mathfrak{S}\xi\times\zeta_{,,} + \mathfrak{S}\xi\times w_{,,} - \Sigma\xi\times\zeta_{,,} - \Sigma\xi\times w_{,,} = \mathfrak{S}V_{,,}\times\omega - \Sigma V_{,,}\times\omega\end{matrix}\right\}$, und eben so wird bewiesen, daß $\left\{\begin{array}{l}\Sigma v\times\zeta_{,}+\Sigma v\times w_{,}-\Sigma' v\times\zeta_{,}-\Sigma' v\times w_{,}=\Sigma V_{,}\times\lambda-\Sigma' V_{,}\times\lambda\\ \Sigma' v\times\zeta_{,}+\Sigma' v\times w_{,}-\Sigma v\times\zeta_{,}-\Sigma v\times w_{,}=\Sigma' V_{,}\times\lambda-\Sigma V_{,}\times\lambda\end{array}\right\}$. Daher wird die Flächengeschwindigkeit des Schwerpuncts =

$\frac{1}{2}(\Sigma\xi\times\zeta_{,,}+\Sigma\xi\times w_{,,}+\Sigma v\times\zeta_{,}+\Sigma v\times w_{,}-\Sigma'\xi\times\zeta_{,,}-\Sigma'\xi\times w_{,,}-\Sigma' v\times\zeta_{,}-\Sigma' v\times w_{,})$ oder

$\frac{1}{2}(\Sigma'\xi\times\zeta_{,,}+\Sigma'\xi\times w_{,,}+\Sigma' v\times\zeta_{,}+\Sigma' v\times w_{,}-\Sigma\xi\times\zeta_{,,}-\Sigma\xi\times w_{,,}-\Sigma v\times\zeta_{,}-\Sigma v\times w_{,})$. In diesem Ausdruck für die Flächengeschwindigkeit des Schwerpuncts ist das Glied $\left\{\begin{array}{l}\Sigma\xi\times w_{,,}\\ \Sigma'\xi\times w_{,,}\\ \Sigma v\times w_{,}\\ \Sigma' v\times w_{,}\end{array}\right\}$ = dem Gliede $\left\{\begin{array}{l}\Sigma'\xi\times w_{,,}\\ \Sigma\xi\times w_{,,}\\ \Sigma' v\times w_{,}\\ \Sigma v\times w_{,}\end{array}\right\}$ des obigen Ausdrucks für die Flächengeschw. der bewegten Puncte zusammengenommen in Beziehung auf den Schwerpunct. Daraus folgt, daß die Flächengeschwindigkeit der bewegten Puncte zusammengenommen in Beziehung auf den Schwerpunct, nebst der Flächengeschwindigkeit des Schwerpuncts, = ist $\frac{1}{2}(\Sigma\xi\times\zeta_{,,}+\Sigma v\times\zeta_{,}-\Sigma'\xi\times\zeta_{,,}-\Sigma' v\times\zeta_{,})$ oder $\frac{1}{2}(\Sigma'\xi\times\zeta_{,,}+\Sigma' v\times\zeta_{,}-\Sigma\xi\times\zeta_{,,}-\Sigma v\times\zeta_{,})$ = der Flächengeschwindigkeit der bewegten Puncte zusammengenommen in Beziehung auf den erstgedachten festen Punct.

Anmerkung. Dieser Satz entspricht der Laplaceschen Formel (Méc. cél. I. 5, 22)

$$\Sigma m\frac{x\,dy-y\,dx}{dt}=\frac{X\,dY-Y\,dX}{dt}\Sigma m+\Sigma m\frac{x_{,}dy_{,}-y_{,}dx_{,}}{dt}.$$

§. 29. Lehrsatz.

Wenn mehrere Puncte sich im Raum verschiedentlich bewegen, und man berücksichtigt nur die relative Bewegung aller Puncte in Beziehung auf den Schwerpunct, und projicirt die Bewegungen aller einzelnen

Puncte auf eine beliebige durch den Schwerpunct gelegte feste Ebene, und vermindert nun für einen beliebigen Augenblick der Bewegung die relative Flächengeschwindigkeit der

Projection des Puncts A um die Proj. des Puncts	B oder der Proj. des Puncts	B um die Proj. des Puncts	A	
- - - - - - - A - - - - - - - - -	C - - - - - - - - -	C - - - - - - - - -	A	
- - - - - - - B - - - - - - - - -	C - - - - - - - - -	C - - - - - - - - -	B	
	⋮			

im Verhältniß

$$\left\{\begin{array}{l}(\Sigma m:m)+(\Sigma m:m')\\(\Sigma m:m)+(\Sigma m:m'')\\(\Sigma m:m')+(\Sigma m:m'')\\\vdots\end{array}\right\},$$

so daß auf diese Art jede 2 bewegte Puncte berücksichtigt werden, und addirt die so erhaltenen verminderten Flächengeschwindigkeiten zusammen, (doch so, daß die nach entgegengesetzten Seiten gerichteten Flächengeschwindigkeiten als einander aufhebend betrachtet werden), so ist die Summe = der Flächengeschwindigkeit der bewegten Puncte zusammengenommen in Beziehung auf den Schwerpunct.

Beweis. Wir wollen in der festen Ebene 2 beliebige auf einander winkelrechte Linien durch den Schwerpunct ziehen, und für den angenommenen Augenblick der Bewegung die Entfernungen der Projectionen der einzelnen bewegten Puncte von der ersten dieser beiden Linien mit ξ, ξ', ξ'' . . ., die Entfernungen dieser Projectionen von der 2ten Linie aber mit v, v', v'' . . . bezeichnen. Die projicirten Geschwindigkeiten der einzelnen bewegten Puncte, nach der Richtung x zerfällt, seien $u_{\prime}$, $u_{\prime}'$, $u_{\prime}''$ . . ., nach der Richtung y zerfällt, $u_{\prime\prime}$,

$u'_{,,}$, $u''_{,,}$ . . ., so ist die relative Geschwindigkeit der Projectionen der Puncte $\left\{\begin{matrix} A \text{ und } B \\ A \text{ und } C \\ B \text{ und } C \\ \vdots \end{matrix}\right\}$ um einander, nach der Richtung x zerfällt, $\left\{\begin{matrix} u_{,} + u'_{,} \text{ oder } u_{,} - u'_{,} \text{ oder } u'_{,} - u_{,} \\ u_{,} + u''_{,} \text{ oder } u_{,} - u''_{,} \text{ oder } u''_{,} - u_{,} \\ u'_{,} + u''_{,} \text{ oder } u'_{,} - u''_{,} \text{ oder } u''_{,} - u'_{,} \\ \vdots \end{matrix}\right\}$, dagegen nach der Richtung y zerfällt, $\left\{\begin{matrix} u_{,,} + u'_{,,} \text{ oder } u_{,,} - u'_{,,} \text{ oder } u'_{,,} - u_{,,} \\ u_{,,} + u''_{,,} \text{ oder } u_{,,} - u''_{,,} \text{ oder } u''_{,,} - u_{,,} \\ u'_{,,} + u''_{,,} \text{ oder } u'_{,,} - u''_{,,} \text{ oder } u''_{,,} - u'_{,,} \\ \vdots \end{matrix}\right\}$. Behalten wir übrigens überall die Bezeichnungen des 27. u. 28. §. bei, so finden wir, daß die Flächengeschwindigkeit des Puncts $\left\{\begin{matrix} A \\ B \\ \vdots \end{matrix}\right\}$ um den Schwerpunct = ist $\left\{\begin{matrix} \frac{1}{2}(\xi \times u_{,,} + \upsilon \times u_{,}) \text{ oder } \frac{1}{2}(\xi \times u_{,,} - \upsilon \times u_{,}) \text{ oder } \frac{1}{2}(\upsilon \times u_{,} - \xi \times u_{,,}) \\ \frac{1}{2}(\xi' \times u'_{,,} + \upsilon' \times u'_{,}) \text{ oder } \frac{1}{2}(\xi' \times u'_{,,} - \upsilon' \times u'_{,}) \text{ oder } \frac{1}{2}(\upsilon' \times u'_{,} - \xi' \times u'_{,,}) \\ \vdots \end{matrix}\right\}$, also die Flächengeschwindigkeit der bewegten Puncte zusammengenommen in Beziehung auf den Schwerpunct $= \frac{1}{2}(\Sigma \xi \times w_{,,} + \Sigma \upsilon \times w_{,} - \Sigma \xi \times w_{,,} - \Sigma \upsilon \times w_{,})$ oder $\frac{1}{2}(\Sigma \xi \times w_{,,} + \Sigma \upsilon \times w_{,} - \Sigma \xi \times w_{,,} - \Sigma \upsilon \times w_{,})$; dagegen die relative Flächengeschwindigkeit des Puncts $\left\{\begin{matrix} A \text{ um } B \text{ oder } B \text{ um } A \\ A \text{ um } C \text{ oder } C \text{ um } A \\ B \text{ um } C \text{ oder } C \text{ um } B \\ \vdots \end{matrix}\right\} =$

$$\tfrac{1}{2}\left(\begin{Bmatrix}(\xi+\xi')\\(\xi-\xi')\\(\xi'-\xi)\end{Bmatrix}\times\begin{Bmatrix}(\mathfrak{u}_{,,}+\mathfrak{u}'_{,,})\\(\mathfrak{u}_{,,}-\mathfrak{u}'_{,,})\\(\mathfrak{u}'_{,,}-\mathfrak{u}_{,,})\end{Bmatrix}+\begin{Bmatrix}(v+v')\\(v-v')\\(v'-v)\end{Bmatrix}\times\begin{Bmatrix}(\mathfrak{u}_{,}+\mathfrak{u}'_{,})\\(\mathfrak{u}_{,}-\mathfrak{u}'_{,})\\(\mathfrak{u}'_{,}-\mathfrak{u}_{,})\end{Bmatrix}\right)$$

oder

$$\tfrac{1}{2}\left(\begin{Bmatrix}(\xi+\xi')\\(\xi-\xi')\\(\xi'-\xi)\end{Bmatrix}\times\begin{Bmatrix}(\mathfrak{u}_{,,}+\mathfrak{u}'_{,,})\\(\mathfrak{u}_{,,}-\mathfrak{u}'_{,,})\\(\mathfrak{u}'_{,,}-\mathfrak{u}_{,,})\end{Bmatrix}-\begin{Bmatrix}(v+v')\\(v-v')\\(v'-v)\end{Bmatrix}\times\begin{Bmatrix}(\mathfrak{u}_{,}+\mathfrak{u}'_{,})\\(\mathfrak{u}_{,}-\mathfrak{u}'_{,})\\(\mathfrak{u}'_{,}-\mathfrak{u}_{,})\end{Bmatrix}\right)$$

oder

$$\tfrac{1}{2}\left(\begin{Bmatrix}(v+v')\\(v-v')\\(v'-v)\end{Bmatrix}\times\begin{Bmatrix}(\mathfrak{u}_{,}+\mathfrak{u}'_{,})\\(\mathfrak{u}_{,}-\mathfrak{u}'_{,})\\(\mathfrak{u}'_{,}-\mathfrak{u}_{,})\end{Bmatrix}-\begin{Bmatrix}(\xi+\xi')\\(\xi-\xi')\\(\xi'-\xi)\end{Bmatrix}\times\begin{Bmatrix}(\mathfrak{u}_{,,}+\mathfrak{u}'_{,,})\\(\mathfrak{u}_{,,}-\mathfrak{u}'_{,,})\\(\mathfrak{u}'_{,,}-\mathfrak{u}_{,,})\end{Bmatrix}\right);$$

$$\tfrac{1}{2}\left(\begin{Bmatrix}(\xi+\xi'')\\(\xi-\xi'')\\(\xi''-\xi)\end{Bmatrix}\times\begin{Bmatrix}(\mathfrak{u}_{,,}+\mathfrak{u}''_{,,})\\(\mathfrak{u}_{,,}-\mathfrak{u}''_{,,})\\(\mathfrak{u}''_{,,}-\mathfrak{u}_{,,})\end{Bmatrix}+\begin{Bmatrix}(v+v'')\\(v-v'')\\(v''-v)\end{Bmatrix}\times\begin{Bmatrix}(\mathfrak{u}_{,}+\mathfrak{u}''_{,})\\(\mathfrak{u}_{,}-\mathfrak{u}''_{,})\\(\mathfrak{u}''_{,}-\mathfrak{u}_{,})\end{Bmatrix}\right)$$

oder

$$\tfrac{1}{2}\left(\begin{Bmatrix}(\xi+\xi'')\\(\xi-\xi'')\\(\xi''-\xi)\end{Bmatrix}\times\begin{Bmatrix}(\mathfrak{u}_{,,}+\mathfrak{u}''_{,,})\\(\mathfrak{u}_{,,}-\mathfrak{u}''_{,,})\\(\mathfrak{u}''_{,,}-\mathfrak{u}_{,,})\end{Bmatrix}-\begin{Bmatrix}(v+v'')\\(v-v'')\\(v''-v)\end{Bmatrix}\times\begin{Bmatrix}(\mathfrak{u}_{,}+\mathfrak{u}''_{,})\\(\mathfrak{u}_{,}-\mathfrak{u}''_{,})\\(\mathfrak{u}''_{,}-\mathfrak{u}_{,})\end{Bmatrix}\right)$$

oder

$$\tfrac{1}{2}\left(\begin{Bmatrix}(v+v'')\\(v-v'')\\(v''-v)\end{Bmatrix}\times\begin{Bmatrix}(\mathfrak{u}_{,}+\mathfrak{u}''_{,})\\(\mathfrak{u}_{,}-\mathfrak{u}''_{,})\\(\mathfrak{u}''_{,}-\mathfrak{u}_{,})\end{Bmatrix}-\begin{Bmatrix}(\xi+\xi'')\\(\xi-\xi'')\\(\xi''-\xi)\end{Bmatrix}\times\begin{Bmatrix}(\mathfrak{u}_{,,}+\mathfrak{u}''_{,,})\\(\mathfrak{u}_{,,}-\mathfrak{u}''_{,,})\\(\mathfrak{u}''_{,,}-\mathfrak{u}_{,,})\end{Bmatrix}\right);$$

$$\tfrac{1}{2}\left(\begin{Bmatrix}(\xi'+\xi'')\\(\xi'-\xi'')\\(\xi''-\xi')\end{Bmatrix}\times\begin{Bmatrix}(\mathfrak{u}'_{,,}+\mathfrak{u}''_{,,})\\(\mathfrak{u}'_{,,}-\mathfrak{u}''_{,,})\\(\mathfrak{u}''_{,,}-\mathfrak{u}'_{,,})\end{Bmatrix}+\begin{Bmatrix}(v'+v'')\\(v'-v'')\\(v''-v')\end{Bmatrix}\times\begin{Bmatrix}(\mathfrak{u}'_{,}+\mathfrak{u}''_{,})\\(\mathfrak{u}'_{,}-\mathfrak{u}''_{,})\\(\mathfrak{u}''_{,}-\mathfrak{u}'_{,})\end{Bmatrix}\right)$$

oder

$$\tfrac{1}{2}\left(\begin{Bmatrix}(\xi'+\xi'')\\(\xi'-\xi'')\\(\xi''-\xi')\end{Bmatrix}\times\begin{Bmatrix}(\mathfrak{u}'_{,,}+\mathfrak{u}''_{,,})\\(\mathfrak{u}'_{,,}-\mathfrak{u}''_{,,})\\(\mathfrak{u}''_{,,}-\mathfrak{u}'_{,,})\end{Bmatrix}-\begin{Bmatrix}(v'+v'')\\(v'-v'')\\(v''-v')\end{Bmatrix}\times\begin{Bmatrix}(\mathfrak{u}'_{,}+\mathfrak{u}''_{,})\\(\mathfrak{u}'_{,}-\mathfrak{u}''_{,})\\(\mathfrak{u}''_{,}-\mathfrak{u}'_{,})\end{Bmatrix}\right)$$

oder

$$\tfrac{1}{2}\left(\begin{Bmatrix}(v'+v'')\\(v'-v'')\\(v''-v')\end{Bmatrix}\times\begin{Bmatrix}(\mathfrak{u}'_{,}+\mathfrak{u}''_{,})\\(\mathfrak{u}'_{,}-\mathfrak{u}''_{,})\\(\mathfrak{u}''_{,}-\mathfrak{u}'_{,})\end{Bmatrix}-\begin{Bmatrix}(\xi'+\xi'')\\(\xi'-\xi'')\\(\xi''-\xi')\end{Bmatrix}\times\begin{Bmatrix}(\mathfrak{u}'_{,,}+\mathfrak{u}''_{,,})\\(\mathfrak{u}'_{,,}-\mathfrak{u}''_{,,})\\(\mathfrak{u}''_{,,}-\mathfrak{u}'_{,,})\end{Bmatrix}\right);$$

......

Macht man daher

$$\begin{array}{l|l|l}
\Sigma m : m' = \xi : \varphi = v : \psi & \Sigma m : m = \xi' : \varphi_{,} = v' : \psi_{,} & \Sigma m : m = \xi'' : \varphi_{,,} = v'' : \psi_{,,} \\
\Sigma m : m'' = \xi : \varphi' = v : \psi' & \Sigma m : m'' = \xi' : \varphi_{,}' = v' : \psi_{,}' & \Sigma m : m' = \xi'' : \varphi_{,,}' = v'' : \psi_{,,}' \\
\Sigma m : m''' = \xi : \varphi'' = v : \psi'' & \Sigma m : m''' = \xi' : \varphi_{,}'' = v' : \psi_{,}'' & \Sigma m : m''' = \xi'' : \varphi_{,,}'' = v'' : \psi_{,,}'' \\
\vdots & \vdots & \vdots
\end{array} \; \ldots\ldots$$

und dagegen $\Sigma m : m = \xi : \chi = v : \varrho$; $\Sigma m : m' = \xi' : \chi' = v' : \varrho'$; $\Sigma m : m'' = \xi'' : \chi'' = v'' : \varrho''$; ..., so wird die Summe der verminderten relativen Flächengeschwindigkeiten aller bewegten Puncte um einander =

$\frac{1}{2}(\Sigma\varphi \times w_{,,} + \Sigma\chi \times w_{,,}' + \Sigma\psi \times w_{,} + \Sigma\varrho \times w_{,}' - \bar{\Sigma}\varphi \times w_{,,} - \bar{\Sigma}\chi \times w_{,,}' - \bar{\Sigma}\psi \times w_{,} - \bar{\Sigma}\varrho \times w_{,}')$ oder

$\frac{1}{2}(\bar{\Sigma}\varphi \times w_{,,} + \bar{\Sigma}\chi \times w_{,,}' + \bar{\Sigma}\psi \times w_{,} + \bar{\Sigma}\varrho \times w_{,}' - \Sigma\varphi \times w_{,,} - \Sigma\chi \times w_{,,}' - \Sigma\psi \times w_{,} - \Sigma\varrho \times w_{,}')$.

Aus $\Sigma m : m = \xi : \chi$

$\Sigma m : m' = \xi : \varphi$

$\Sigma m : m'' = \xi : \varphi'$

$\vdots$

folgt (I. 1, 7)

$\Sigma m : \Sigma m = \xi : \chi + \Sigma\varphi$, also $\xi = \chi + \Sigma\varphi$, wo das Zeichen Σ auf alle bewegten Puncte außer A zu erstrecken ist. Eben so wird bewiesen, daß $\xi' = \chi' + \Sigma\varphi_{,}$, wo das Zeichen Σ auf alle bewegten Puncte außer B zu erstrecken ist u. s. w. Folglich ist

$$\left\{\begin{array}{l} \Sigma\xi \times w_{,,} - \bar{\Sigma}\xi \times w_{,,} = \Sigma\chi \times w_{,,} + \Sigma\varphi \times w_{,,} - \bar{\Sigma}\chi \times w_{,,} - \bar{\Sigma}\varphi \times w_{,,} \\ \bar{\Sigma}\xi \times w_{,,} - \Sigma\xi \times w_{,,} = \bar{\Sigma}\chi \times w_{,,} + \bar{\Sigma}\varphi \times w_{,,} - \Sigma\chi \times w_{,,} - \Sigma\varphi \times w_{,,} \end{array}\right\}.$$

Nach §. 13. des 3ten Abschn. Theil 2. ist aber $\Sigma\chi \times w_{,,} + \Sigma\chi \times w_{,,}' = \bar{\Sigma}\chi \times w_{,,} + \bar{\Sigma}\chi \times w_{,,}'$, also

$$\left\{\begin{matrix}\Sigma\chi\times w_{,,}-\mathfrak{S}\chi\times w_{,,}=\mathfrak{S}\chi\times w'_{,,}-\Sigma\chi\times w'_{,,}\\ \mathfrak{S}\chi\times w_{,,}-\Sigma\chi\times w_{,,}=\Sigma\chi\times w'_{,,}-\mathfrak{S}\chi\times w'_{,,}\end{matrix}\right\}, \text{ alſo } \left\{\begin{matrix}\Sigma\xi\times w_{,,}-\mathfrak{S}\xi\times w_{,,}=\Sigma\varphi\times w_{,,}+\Sigma\chi\times w'_{,,}-\mathfrak{S}\varphi\times w_{,,}-\mathfrak{S}\chi\times w'_{,,}\\ \mathfrak{S}\xi\times w_{,,}-\Sigma\xi\times w_{,,}=\mathfrak{S}\varphi\times w_{,,}+\mathfrak{S}\chi\times w'_{,,}-\Sigma\varphi\times w_{,,}-\Sigma\chi\times w'_{,,}\end{matrix}\right\},$$

und eben ſo wird bewieſen, daß $\left\{\begin{matrix}\Sigma\upsilon\times w_{,}-\mathfrak{S}\upsilon\times w_{,}=\Sigma\psi\times w_{,}+\Sigma\varrho\times w'_{,}-\mathfrak{S}\psi\times w_{,}-\mathfrak{S}\varrho\times w'_{,}\\ \mathfrak{S}\upsilon\times w_{,}-\Sigma\upsilon\times w_{,}=\mathfrak{S}\psi\times w_{,}+\mathfrak{S}\varrho\times w'_{,}-\Sigma\psi\times w_{,}-\Sigma\varrho\times w'_{,}\end{matrix}\right\}$. Folglich iſt

$$\left\{\begin{matrix}\Sigma\xi\times w_{,,}+\Sigma\upsilon\times w_{,}-\mathfrak{S}\xi\times w_{,,}-\mathfrak{S}\upsilon\times w_{,}=\Sigma\varphi\times w_{,,}+\Sigma\chi\times w'_{,,}+\Sigma\psi\times w_{,}+\Sigma\varrho\times w'_{,}-\mathfrak{S}\varphi\times w_{,,}-\mathfrak{S}\chi\times w'_{,,}-\mathfrak{S}\psi\times w_{,}-\mathfrak{S}\varrho\times w'_{,}\\ \mathfrak{S}\xi\times w_{,,}+\mathfrak{S}\upsilon\times w_{,}-\Sigma\xi\times w_{,,}-\Sigma\upsilon\times w_{,}=\mathfrak{S}\varphi\times w_{,,}+\mathfrak{S}\chi\times w'_{,,}+\mathfrak{S}\psi\times w_{,}+\mathfrak{S}\varrho\times w'_{,}-\Sigma\varphi\times w_{,,}-\Sigma\chi\times w'_{,,}-\Sigma\psi\times w_{,}-\Sigma\varrho\times w'_{,}\end{matrix}\right\},$$

folglich, wenn man beiderſeits die Hälfte nimmt, die Flächengeſchwindigkeit der bewegten Puncte zuſammengenommen in Beziehung auf den Schwerpunct = der Summe der verminderten relativen Flächengeſchwindigkeiten aller bewegten Puncte um einander.

Anmerkung. Dieſer Satz iſt von Laplace vermittelſt der Differentialrechnung bewieſen in ſeiner Méc. cél. I. 5, 22. zu Ende der 62ſten und Anfang der 63ſten Seite.

§. 30. Zuſatz.

Wenn mehrere ſich bewegende Puncte ein freies Syſtem bilden, und man berückſichtigt bloß die relativen Bewegungen in Beziehung auf den Schwerpunct, und projicirt die Bewegungen aller einzelnen Puncte des Syſtems auf eine beliebige durch den Schwerpunct gelegte feſte Ebene, und vermindert nun den in einer beliebigen

Zeit t von der $\left\{\begin{matrix}\text{Projection des P. A um die Proj. des P. B oder von der Proj. des P. B um die Proj. des P. A}\\ \text{- - - - - - A - - - - - - C - - - - - - - - - C - - - - - - A}\\ \text{- - - - - - B - - - - - - C - - - - - - - - - C - - - - - - B}\\ \vdots\end{matrix}\right\}$

beschriebenen relativen Flächenraum im Verhältniß

$$\left\{\begin{matrix}(\Sigma m : m) + (\Sigma m : m') \\ (\Sigma m : m) + (\Sigma m : m'') \\ (\Sigma m : m') + (\Sigma m : m'') \\ \vdots\end{matrix}\right\},$$ so daß auf diese Art jede 2 Puncte des Systems berücksichtigt werden, und addirt die so erhaltenen verminderten Flächenräume zusammen, (doch so, daß die nach entgegengesetzten Seiten hin beschriebenen Flächenräume als einander aufhebend betrachtet werden), und man sucht eine ähnliche Summe in Beziehung auf eine beliebige andere Zeit t', so $\left\{\begin{matrix}\text{ist die letztere Summe nach der rechten Seite gerichtet} \\ \text{verschwindet die letztere Summe ganz} \\ \text{ist die letztere Summe nach der linken Seite gerichtet}\end{matrix}\right\}$, je nachdem die erstere Summe, von derselben Seite der Projectionsebene aus betrachtet, $\left\{\begin{matrix}\text{nach der rechten Seite gerichtet ist} \\ \text{ganz verschwindet} \\ \text{nach der linken Seite gerichtet ist}\end{matrix}\right\}$; auch verhält sich die 1ste Summe zur 2ten wie t : t', und die erste Summe ist = der Summe der im Verh. $\Sigma m : \left\{\begin{matrix} m \\ m' \\ \vdots\end{matrix}\right\}$ verminderten in der Zeit t um den Schwerpunct beschriebenen Flächenräume, die 2te Summe aber = der Summe der im Verhältniß $\Sigma m : \left\{\begin{matrix} m \\ m' \\ \vdots\end{matrix}\right\}$ verminderten in der Zeit t' um den Schwerpunct beschriebenen Flächenräume (bei welchen Additionen gleichfalls die nach entgegengesetzten Seiten beschriebenen Flächenräume als einander aufhebend betrachtet werden); auch sind die Summe der verminderten relativen Flächenräume aller Puncte um einander und die Summe der verminderten Flächenräume um den Schwerpunct nach einerlei Seite gerichtet.

§. 31. Zusatz.

Legt man durch einen beliebigen bewegten Punct eines sich frei bewegenden Systems von Puncten eine Ebene so, daß die

Summe der relativen Flächengeschwindigkeiten aller Puncte um einander, jede Flächengeschw. im Verh. $\left\{\begin{matrix}(\Sigma m : m) + (\Sigma m : m') \\ (\Sigma m : m) + (\Sigma m : m'') \\ (\Sigma m : m') + (\Sigma m : m'') \\ \vdots\end{matrix}\right\}$ vermindert, in Beziehung auf diese Ebene größer ist als in Beziehung auf jede andere durch denselben Punct des Systems gelegte Ebene, so bleibt diese gelegte Ebene während der Bewegung des Systems beständig sich selbst parallel und auch parallel derjenigen durch den Schwerpunct gelegten Ebene, in Beziehung auf welche die Flächengeschw. des Systems die möglichst größte ist; in Beziehung auf jede auf der genannten Ebene winkelrechte Ebene aber ist die Summe derjenigen unter den relativen im Verhältniß $\left\{\begin{matrix}(\Sigma m : m) + (\Sigma m : m') \\ (\Sigma m : m) + (\Sigma m : m'') \\ (\Sigma m : m') + (\Sigma m : m'') \\ \vdots\end{matrix}\right\}$ verminderten Flächengeschwindigkeiten, welche nach der rechten Seite gerichtet sind, = der Summe der nach der linken Seite gerichteten verminderten relativen Flächengeschwindigkeiten.

Anmerkung. Wegen dieses und des vorigen §. vergleiche Laplace Méc. cél. I. 5, 22. den 2ten Absatz der 63sten Seite.

§. 32. Lehrsatz.

Wenn mehrere Puncte im Raum sich verschiedentlich bewegen, so ist die Summe des im Verh. $\left\{\begin{matrix}(\Sigma m : m) + (\Sigma m : m') \\ (\Sigma m : m) + (\Sigma m : m'') \\ (\Sigma m : m') + (\Sigma m : m'') \\ \vdots\end{matrix}\right\}$ verminderten Quadrats der relativen Geschwindigkeit des Puncts

$$\left\{\begin{matrix}\text{A in Beziehung auf B oder des Puncts B in Beziehung auf A} \\ \text{A - - - - - - C - - - - - C - - - - - - A} \\ \text{B - - - - - - C - - - - - C - - - - - - B} \\ \vdots\end{matrix}\right\}$$

= der Summe der relativen lebendigen Kräfte aller Puncte in Beziehung auf den Schwerpunct.

Beweis. Die relative Geschwindigkeit des Puncts $\left\{\begin{matrix} A \\ B \\ \vdots \end{matrix}\right\}$ in Beziehung auf den Schwerpunct sei $\left\{\begin{matrix} v \\ v' \\ \vdots \end{matrix}\right\}$, dieselbe Geschwindigkeit, nach einer Richtung zerfällt, welche für alle bewegten Puncte dieselbe ist, $\left\{\begin{matrix} v_{,} \\ v'_{,} \\ \vdots \end{matrix}\right\}$, dieselbe Geschwindigkeit, nach einer auf der vorigen Richtung winkelrechten Richtung zerfällt, welche gleichfalls für alle bewegten Puncte dieselbe ist, $\left\{\begin{matrix} v_{,,} \\ v'_{,,} \\ \vdots \end{matrix}\right\}$, dieselbe Geschwindigkeit, nach der auf den beiden vorigen Richtungen winkelrechten Richtung zerfällt, $\left\{\begin{matrix} v_{,,,} \\ v'_{,,,} \\ \vdots \end{matrix}\right\}$, so ist die relative Geschwindigkeit des Puncts

$$\left\{\begin{matrix} \text{A in Beziehung auf B oder des Puncts B in Beziehung auf A} \\ \text{A - - - - - - C - - - - - C - - - - - - A} \\ \text{B - - - - - - C - - - - - C - - - - - - B} \\ \vdots \end{matrix}\right\}$$

nach der Richtung der Geschwindigkeit $v_{,}$ zerfällt, $=$

$$\left\{\begin{matrix} v_{,} + v'_{,} \text{ oder } v_{,} - v'_{,} \text{ oder } v'_{,} - v_{,} \\ v_{,} + v''_{,} \text{ oder } v_{,} - v''_{,} \text{ oder } v''_{,} - v_{,} \\ v'_{,} + v''_{,} \text{ oder } v'_{,} - v''_{,} \text{ oder } v''_{,} - v'_{,} \\ \vdots \end{matrix}\right\},$$

dagegen nach der Richtung der Geschwindigkeit $v_{,,}$ zerfällt, $=$

$$\left\{\begin{matrix} v_{,,} + v'_{,,} \text{ oder } v_{,,} - v'_{,,} \text{ oder } v'_{,,} - v_{,,} \\ v_{,,} + v''_{,,} \text{ oder } v_{,,} - v''_{,,} \text{ oder } v''_{,,} - v_{,,} \\ v'_{,,} + v''_{,,} \text{ oder } v'_{,,} - v''_{,,} \text{ oder } v''_{,,} - v'_{,,} \\ \vdots \end{matrix}\right\},$$

und nach der Richtung der Geschwindigkeit $v_{,,,}$ zerfällt, $=$

$$\left\{\begin{matrix} v_{,,,}+v'_{,,,} \text{ oder } v_{,,,}-v'_{,,,} \text{ oder } v'_{,,,}-v_{,,,} \\ v_{,,,}+v''_{,,,} \text{ oder } v_{,,,}-v''_{,,,} \text{ oder } v''_{,,,}-v_{,,,} \\ v'_{,,,}+v''_{,,,} \text{ oder } v'_{,,,}-v''_{,,,} \text{ oder } v''_{,,,}-v'_{,,,} \\ \vdots \end{matrix}\right\}.$$ Man mache nun $\Sigma m:\left\{\begin{matrix} m = v_{,}:w_{,} = v_{,,}:w_{,,} = v_{,,,}:w_{,,,} \\ m' = v'_{,}:w'_{,} = v'_{,,}:w'_{,,} = v'_{,,,}:w'_{,,,} \\ \vdots \end{matrix}\right\}$

und

$$\begin{array}{l|l|l} \Sigma m:m' = v_{,}:x = v_{,,}:y = v_{,,,}:z & \Sigma m:m = v'_{,}:x_{,} = v'_{,,}:y_{,} = v'_{,,,}:z_{,} & \Sigma m:m = v''_{,}:x_{,,} = v''_{,,}:y_{,,} = v''_{,,,}:z_{,,} \\ \Sigma m:m'' = v_{,}:x' = v_{,,}:y' = v_{,,,}:z' & \Sigma m:m'' = v'_{,}:x'_{,} = v'_{,,}:y'_{,} = v'_{,,,}:z'_{,} & \Sigma m:m' = v''_{,}:x'_{,,} = v''_{,,}:y'_{,,} = v''_{,,,}:z'_{,,} \\ \Sigma m:m''' = v_{,}:x'' = v_{,,}:y'' = v_{,,,}:z'' & \Sigma m:m''' = v'_{,}:x''_{,} = v'_{,,}:y''_{,} = v'_{,,,}:z''_{,} & \Sigma m:m''' = v''_{,}:x''_{,,} = v''_{,,}:y''_{,,} = v''_{,,,}:z''_{,,} \\ \vdots & \vdots & \vdots \end{array}$$

u. s. w., so wird $(\Sigma m:m)+(\Sigma m:m') = \square v_{,}:w_{,}\times x = \square v_{,,}:w_{,,}\times y = \square v_{,,,}:w_{,,,}\times z;$

$(\Sigma m:m)+(\Sigma m:m') = \square v'_{,}:w'_{,}\times x_{,} = \square v'_{,,}:w'_{,,}\times y_{,} = \square v'_{,,,}:w'_{,,,}\times z_{,};$

$(\Sigma m:m)+(\Sigma m:m') = 2v_{,}\times v'_{,}:2w_{,}\times w'_{,} = 2v_{,,}\times v'_{,,}:2w_{,,}\times w'_{,,} = 2v_{,,,}\times v'_{,,,}:2w_{,,,}\times w'_{,,,};$

$$\text{(I. 1, 1)}\quad (\Sigma m:m)+(\Sigma m:m') = \square\left\{\begin{matrix}(v_{,}+v'_{,})\\(v_{,}-v'_{,})\\(v'_{,}-v_{,})\end{matrix}\right\}:w_{,}\times x+w'_{,}\times x_{,}\pm 2w_{,}\times w'_{,} = \square\left\{\begin{matrix}(v_{,,}+v'_{,,})\\(v_{,,}-v'_{,,})\\(v'_{,,}-v_{,,})\end{matrix}\right\}:w_{,,}\times y$$

$$+w'_{,,}\times y_{,}\pm 2w_{,,}\times w'_{,,} = \square\left\{\begin{matrix}(v_{,,,}+v'_{,,,})\\(v_{,,,}-v'_{,,,})\\(v'_{,,,}-v_{,,,})\end{matrix}\right\}:w_{,,,}\times z+w'_{,,,}\times z_{,}\pm 2w_{,,,}\times w'_{,,,} =$$ (Eucl. 5, 12) $\square$ der relativen Geschwindigkeit des Puncts A in Beziehung auf B oder des Puncts B in Beziehung auf A zu $w_{,}\times x+w'_{,}\times x_{,}$

$+ w_{,,} \times y + w'_{,,} \times y_{,} + w_{,,,} \times z + w'_{,,,} \times z_{,} \pm 2 w_{,} \times w'_{,} \pm 2 w_{,,} \times w'_{,,} \pm 2 w_{,,,} \times w'_{,,,}$. Eben so wird bewiesen, daß $(\Sigma m : m) + (\Sigma m : m'')$ $= \Box$ der relativen Geschwindigkeit des Puncts A in Beziehung auf C oder des Puncts C in Beziehung auf A zu $w_{,} \times x' + w''_{,} \times x_{,,} + w_{,,} \times y' + w''_{,,} \times y_{,,} + w_{,,,} \times z' + w''_{,,,} \times z_{,,} \pm 2 w_{,} \times w''_{,} \pm 2 w_{,,} \times w''_{,,} \pm 2 w_{,,,} \times w''_{,,,}$; $(\Sigma m : m') + (\Sigma m : m'') = \Box$ der relativen Geschwindigkeit des Puncts B in Beziehung auf C oder des Puncts C in Beziehung auf B zu $w'_{,} \times x'_{,} + w''_{,} \times x'_{,,} + w'_{,,} \times y'_{,} + w''_{,,} \times y'_{,,} + w'_{,,,} \times z'_{,} + w''_{,,,} \times z'_{,,} \pm 2 w'_{,} \times w''_{,} \pm 2 w'_{,,} \times w''_{,,} \pm 2 w'_{,,,} \times w''_{,,,}$; u. s. w. Folglich ist (wenn wir die Summe aller derjenigen Rechtecke, die aus einem Gliede des Ausdrucks $\Sigma w_{,}$ und aus einem Gliede des Ausdrucks $\varSigma w_{,}$ gebildet sind, mit $\varSigma w_{,} \times w'_{,}$, die Summe aller derjenigen Rechtecke aber, die sich aus 2 Gliedern des Ausdrucks $\Sigma w_{,}$, und die sich aus 2 Gliedern des Ausdrucks $\varSigma w_{,}$ bilden lassen, mit $\Sigma w_{,} \times w'_{,}$ bezeichnen) die Summe der verminderten Quadrate der relativen Geschwindigkeiten aller bewegten Puncte um einander $= \Sigma w_{,} \times x + \Sigma w_{,,} \times y + \Sigma w_{,,,} \times z + 2 \varSigma w_{,} \times w'_{,} + 2 \varSigma w_{,,} \times w'_{,,} + 2 \varSigma w_{,,,} \times w'_{,,,} - 2 \Sigma w_{,} \times w'_{,} - 2 \Sigma w_{,,} \times w'_{,,} - 2 \Sigma w_{,,,} \times w'_{,,,}$. Nach §. 26. ist aber $\Sigma w_{,} = \varSigma w_{,}$, also $\Box \Sigma w_{,} = \Sigma w_{,} \times \varSigma w_{,} = \Box \varSigma w_{,}$, daher $\Box \Sigma w_{,} + \Box \varSigma w_{,} = 2 \Sigma w_{,} \times \varSigma w_{,}$, folglich $\Sigma \Box w_{,} = 2 \varSigma w_{,} \times w'_{,} - 2 \Sigma w_{,} \times w'_{,}$, und eben so wird bewiesen, daß $2 \varSigma w_{,,} \times w'_{,,} - 2 \Sigma w_{,,} \times w'_{,,} = \Sigma \Box w_{,,}$, und $2 \varSigma w_{,,,} \times w'_{,,,} - 2 \Sigma w_{,,,} \times w'_{,,,} = \Sigma \Box w_{,,,}$. Daher wird die Summe der verminderten Quadrate der relativen Geschwindigkeiten aller bewegten Puncte um einander $= \Sigma w_{,} \times x + \Sigma w_{,,} \times y + \Sigma w_{,,,} \times z + \Sigma \Box w_{,} + \Sigma \Box w_{,,} + \Sigma \Box w_{,,,}$. Aus

$$\begin{aligned} \Sigma m : m &= v_{,} : w_{,} \\ \Sigma m : m' &= v_{,} : x \\ \Sigma m : m'' &= v_{,} : x' \\ &\vdots \\ \hline \end{aligned}$$

folgt (I. 1, 7) $\Sigma m : \Sigma m = v_{,} : w_{,} + \Sigma x$

und daher $v_{,} = w_{,} + \Sigma x$, wo das Zeichen Σ auf alle bewegten Puncte außer A zu erstrecken ist. Eben so wird bewiesen, daß $v'_{,} = w'_{,} + \Sigma x_{,}$, wo das Zeichen Σ auf alle bewegten Puncte außer B zu erstrecken ist; u. s. w. Folglich ist $\Sigma v_{,} \times w_{,} = \Sigma \square w_{,} + \Sigma w_{,} \times x$; und eben so wird bewiesen, daß $\Sigma \square w_{,,} + \Sigma w_{,,} \times y = \Sigma v_{,,} \times w_{,,}$, und $\Sigma \square w_{,,,} + \Sigma w_{,,,} \times z = \Sigma v_{,,,} \times w_{,,,}$. Demnach ist die Summe der verminderten Quadrate der relativen Geschwindigkeiten aller bewegten Puncte um einander auch $= \Sigma v_{,} \times w_{,} + \Sigma v_{,,} \times w_{,,} + \Sigma v_{,,,} \times w_{,,,}$, d. i. (wenn man $\Sigma m : m = \square v_{,} : \mu_{,} = \square v_{,,} : \mu_{,,} = \square v_{,,,} : \mu_{,,,}$; $\Sigma m : m' = \square v'_{,} : \mu'_{,} = \square v'_{,,} : \mu'_{,,} = \square v'_{,,,} : \mu'_{,,,}$, u. s. w. macht) $= \Sigma(\mu_{,} + \mu_{,,} + \mu_{,,,})$. Aus $\Sigma m : m = \square v_{,} : \mu_{,} = \square v_{,,} : \mu_{,,} = \square v_{,,,} : \mu_{,,,}$ folgt (Eucl. 5, 12) $\Sigma m : m = \square v : \mu_{,} + \mu_{,,} + \mu_{,,,}$. Folglich ist $\mu_{,} + \mu_{,,} + \mu_{,,,}$ die relative lebendige Kraft des Puncts A in Beziehung auf den Schwerpunct, und eben so wird bewiesen, daß $\mu'_{,} + \mu'_{,,} + \mu'_{,,,}$ die relative lebendige Kraft des Puncts B in Beziehung auf den Schwerpunct ist; u. s. w. Folglich ist die Summe der verminderten Quadrate der relativen Geschwindigkeiten aller bewegten Puncte um einander = der Summe der relativen lebendigen Kräfte aller bewegten Puncte in Beziehung auf den Schwerpunct.

§. 33. Zusatz.

Wenn auf ein sich frei bewegendes System von Puncten nur die zu den Bedingungen gehörigen gegenseitigen Kräfte der einzelnen Puncte des Systems wirken, so bleibt die Summe des

$$\text{im Verhältniß} \left\{ \begin{matrix} (\Sigma m : m) + (\Sigma m : m') \\ (\Sigma m : m) + (\Sigma m : m'') \\ (\Sigma m : m') + (\Sigma m : m'') \\ \vdots \end{matrix} \right\} \text{verminderten Quadrats}$$

der relativen Geschwindigkeit des Puncts

$$\left\{ \begin{matrix} \text{A in Beziehung auf B oder des Puncts B in Beziehung auf A} \\ \text{A - - - - - - C - - - - - C - - - - - - A} \\ \text{B - - - - - - C - - - - - C - - - - - - B} \\ \vdots \end{matrix} \right\}$$

während der ganzen Bewegung des Systems stets unverändert. Wirken aber außerdem solche gegenseitige Anziehungen oder Abstoßungen der einzelnen Puncte des Systems, deren Stärke von der jedesmaligen Entfernung der 2 betreffenden Puncte von einander abhangt, und die einzelnen Puncte des Systems bewegen sich einmal auf diesen, ein andermal auf jenen Curven (indem nämlich die von der Verbindung der Puncte des Systems unter einander abhängigen Bedingungen des Systems beidemale verschieden sind), so nimmt die vorher erwähnte Summe der verminderten Quadrate der relativen Geschwindigkeiten der Puncte des Systems um einander bei beiden Bewegungen um gleichviel zu oder ab, wofern nur die Auslaufs- und Ankunftspuncte aller einzelnen Puncte des Systems bei beiden Bewegungen dieselben sind.

§. 34. Zusatz.

Aus §. 32., verglichen mit §. 4., geht auch hervor, daß bei einem sich frei bewegenden System von Puncten die Geschwindigkeit, womit die Summe des im Verh.

$$\left\{\begin{matrix}(\Sigma m : m) + (\Sigma m : m') \\ (\Sigma m : m) + (\Sigma m : m'') \\ (\Sigma m : m') + (\Sigma m : m'') \\ \vdots\end{matrix}\right\}$$

verminderten Quadrats der relativen Geschwindigkeit des Puncts

$$\left\{\begin{matrix}\text{A in Beziehung auf B oder des Puncts B in Beziehung auf A} \\ \text{A - - - - - C - - - - C - - - - - A} \\ \text{B - - - - - C - - - - C - - - - - B} \\ \vdots\end{matrix}\right\}$$

$$\left\{\begin{matrix}\text{zunimmt} \\ \text{abnimmt}\end{matrix}\right\}, = \text{ist } 2\left(\left\{\begin{matrix}\Sigma Q \times e - \reflectbox{Σ} Q \times e \\ \reflectbox{Σ} Q \times e - \Sigma Q \times e\end{matrix}\right\}\right),$$

wo Q die im Verhältniß $\Sigma m : m$ verminderte nicht zu den Bedingungen gehörige Wirkung des Puncts B auf A oder die im Verhältniß $\Sigma m : m'$ verminderte nicht zu den Bedingungen gehörige Wirkung des Puncts A auf B, und e die Geschwindigkeit bedeutet, womit die Entfernung beider Puncte von einander sich ändert, das Zeichen Σ aber sich auf diejenigen Rechtecke bezieht, die aus einer abstoßenden Kraft und aus einer Geschwindigkeit, womit eine Entfernung wächst, oder aus einer anziehenden Kraft und aus einer Geschwindigkeit, womit eine Entfernung abnimmt, gebildet sind, $\reflectbox{$\Sigma$}$ dagegen auf diejenigen Rechtecke, welche aus einer abstoßenden Kraft und aus einer Geschwindigkeit, womit eine Entfernung abnimmt, oder aus einer anziehenden Kraft und aus einer Geschwindigkeit, womit eine Entfernung wächst, gebildet sind.

Anmerkung. Die Sätze §. 33. und 34 liegen versteckt in dem, was Laplace auf analytischem Wege in seiner Méc. cél. I. 5. im letzten Absatz der 22sten Nummer beweist.

Zehnter Abschnitt.

Allgemeine Gesetze von der drehenden Bewegung der festen Körper.

§. 1. Lehrsatz.

Wenn auf ein System fest unter einander verbundener Puncte parallele Kräfte wirken, und zwar auf alle Puncte des Systems gleiche Kräfte, so beschreibt der Schwerpunct des Systems eine Parabel, deren Axe mit der Richtung der parallelen Kräfte parallel läuft, als wenn er allein von einer Kraft getrieben würde, welche einer der parallelen Kräfte gleich und parallel ist.

Beweis. Der Schwerpunct bewegt sich nach §. 6. des vorigen Abschn. so, als wenn eine den parallelen Kräften parallele Kraft ihm beigelegt wäre = der Summe der auf die einzelnen Puncte des Systems wirkenden parallelen Kräfte, jede Kraft im Verhältniß $\Sigma m : \begin{Bmatrix} m \\ m' \\ \vdots \end{Bmatrix}$ vermindert. Diese Summe ist (nach I. 1, 7) = der Kraft, die auf einen einzelnen Punct des Systems wirkt. Folglich beschreibt der Schwerpunct eine Parabel, deren Axe mit der Richtung der parallelen Kräfte parallel läuft, als wenn er allein von einer Kraft getrieben würde, welche einer der parallelen Kräfte gleich und parallel ist.

§. 2. Annahme VI.

Wenn auf einen festen Körper parallele Kräfte wirken, und zwar auf alle Puncte des Körpers gleiche Kräfte, so beschreibt der Schwerpunct des Körpers eine Parabel, deren Axe mit der Richtung der parallelen Kräfte parallel läuft, als wenn der Schwerpunct allein von einer Kraft getrieben würde, welche einer der parallelen Kräfte gleich und parallel ist.

Anmerkung. Da die Schwere an solchen Orten der Erdoberfläche, welche nicht sehr weit von einander entfernt liegen, als eine nach parallelen Richtungen wirkende und unveränderliche Kraft angesehen werden kann, so wird der Schwerpunct eines seitwärts geworfenen festen Körpers, während der Körper sich dreht, eine Parabel mit senkrechter Axe beschreiben, als wenn die Schwere auf den Schwerpunct allein wirkte. Vergl. Poisson, Traité de Mécanique, III. 5, 405.

§. 3. Erklärung.

Wenn man aus mehreren Puncten A, B, C ..., deren Massen m, m', m'' ... sind, auf eine und dieselbe gerade Linie im Raum Perpendikel r, r', r'' ... fällt, und man macht $\Sigma m : m = \Box r : s$; $\Sigma m : m' = \Box r' : s'$; $\Sigma m : m'' = \Box r'' : s''$ u. s. w., so heißt s das Moment der Trägheit des Puncts A in Beziehung auf die genannte Linie, s' das Moment der Trägheit des Puncts B in Beziehung auf dieselbe Linie, s'' das Moment der Trägheit des Puncts C in Beziehung auf dieselbe Linie, u. s. w., und Σs das Moment der Trägheit aller Puncte A, B, C ... zusammengenommen in Beziehung auf dieselbe Linie. Vergleiche Laplace méc. cél. I. 7, 27. Seite 77.

§. 4. Erklärung.

Wenn ein System mehrerer fest mit einander verbundener Puncte oder ein fester Körper gezwungen ist sich um eine mit ihm fest verbundene unbewegliche, aber nicht senkrechte Axe zu drehen, und es wirkt keine andere äußere Kraft als die Schwere, so heißt das System oder der Körper ein zusammengesetztes Pendel, das in §. 44. des 5. Abschn. beschriebene Pendel aber im Gegensatz des zusammengesetzten ein einfaches Pendel. Vergl. Laplace méc. cél. I. 7, 31. Seite 90.

§. 5. Lehrsatz.

Dreht sich ein System mehrerer fest mit einander verbundener Puncte oder ein fester Körper um eine mit ihm fest verbundene unbewegliche Axe, und es wirken keine äußeren Kräfte, so ist die Drehung gleichförmig; dasselbe findet statt, wenn die Schwere wirkt, und die unbewegliche Axe senkrecht ist.

Beweis. Man nehme an, die Bedingungen der Bewegung beständen bloß darin, daß jeder Punct des Systems oder des Körpers gezwungen wäre sich in einem Kreise zu bewegen, dessen Mittelpunct in der festen Axe liegt, und dessen Ebene auf der Axe winkelrecht steht, so würden alle bewegten Puncte nach §. 3. des 5. Abschn. in ihren Kreisen sich gleichförmig bewegen, und daher die Entfernungen sämmtlicher bewegten Puncte unter einander von selbst ungeändert bleiben; folglich werden alle wirklichen Bedingungen der Bewegung erfüllt sein; daher ist auf jeden Fall die Drehung gleichförmig. Auch die Schwere bringt, wenn die feste Axe senkrecht ist, keine Tangentialkraft hervor; folglich geschieht die Bewegung um eine senkrechte feste Axe, auch wenn die Schwere wirkt, gleichförmig.

§. 6. Lehrsatz.

Wenn ein zusammengesetztes Pendel seinen Schwerpunct in der festen Axe hat, so dreht es sich um diese Axe gleichförmig.

Beweis. Nach §. 27. des 6. u. §. 9. des 7. Abschn. steht, wenn der Schwerpunct fest ist, die auf alle Puncte des Systems oder des festen Körpers wirkende Schwere mit den zu den Bedingungen gehörigen Kräften im Gleichgewicht. Die Bewegung ist also so beschaffen, als wenn keine Schwere wirkte, d. h. (nach dem vorigen §.) die Drehung ist gleichförmig.

§. 7. Lehrsatz.

Es sei jetzt AB Fig. 46. die feste Axe eines Systems von Puncten, welches ein zusammengesetztes Pendel bildet; sie gehe aber nicht durch den Schwerpunct desselben. Man fälle aus dem Schwerpunct D ein Perpendikel DC auf AB, und zerfälle die Schwere in 2 auf einander winkelrechte Kräfte, deren eine die Richtung AB hat. Man suche nun einen mit dem System fest verbundenen Punct E, welcher in der durch C und D gehenden geraden Linie, auf derselben Seite des Puncts C, auf welcher D sich befindet, so liegt, daß $CD \times CE =$ dem Moment der Trägheit des ganzen Systems. Alsdann bewegt das zusammengesetzte Pendel sich so, als wenn der Punct E allein von der winkelrecht auf AB zerfällten Schwere getrieben würde, und dabei das ganze mit ihm fest verbundene zusammengesetzte Pendel nach sich zöge; und es läßt sich aus den in §. 39. — 46. des 5. Abschn. angegebenen Bedingungen bestimmen, ob die Bewegung eine Pendelschwingung oder die in §. 46. des genannten Abschn. beschriebene oder der Ueberschwung ist.

Beweis. Die jedem einzelnen Punct des Systems zugehörige Curvenkraft ist zusammengesetzt aus der auf diesen Punct wirkenden winkelrecht auf AB zerfällten Schwerkraft und aus den zu den Bedingungen gehörigen auf diesen Punct wirkenden Kräften. Folglich bildet die entgegengesetzte der Curvenkraft mit der winkelrecht auf AB zerfällten Schwere und mit den zu den Bedingungen gehörigen Kräften Gleichgewicht. Zerfällt man also jede Curvenkraft in die Tangential- und Normalkraft, so müssen die entgegengesetzten der Tangential- und Normalkräfte mit den auf die einzelnen Puncte des Systems wirkenden winkelrecht auf AB zerfällten Schwerkräften und mit den zu den Bedingungen gehörigen Kräften zusammen Gleichgewicht bilden. Wir unterscheiden nun 2 Fälle:

1) Wenn die Ebene ACD die vertikale Lage hat, so kann bei keinem Punct des Systems eine Tangentialkraft der wirklichen Bewegung statt finden, weil nach §. 28. des 6. Abschn. die auf alle Puncte des Systems wirkenden winkelrecht auf AB zerfällten Schwerkräfte aufgehoben werden, ohne die winkelrecht auf

AB zerfällte Schwere aber, zufolge §. 3. des 5. Abschn., keine Tangential- sondern nur Normalkräfte entstehen.

2) Wenn die Ebene ACD nicht die vertikale Lage hat, so ist die Summe der Rechtecke, die sich aus der im Verhältniß $\Sigma m : \begin{Bmatrix} m \\ m' \\ \vdots \end{Bmatrix}$ verminderten, winkelrecht auf AB zerfällten Schwerkraft und aus der Entfernung des betreffenden Puncts des Systems von der durch die Axe gelegten Vertikalebene bilden lassen, nach §. 13. des 3. Abschn. Theil 2. auf derjenigen Seite der genannten Ebene, wo D liegt, $>$ als auf der entgegengesetzten Seite, und zwar ist der Unterschied beider Summen $=$ dem Rechteck, daß sich aus der winkelrecht auf AB zerfällten Schwerkraft und aus der Entfernung des Puncts D von der genannten Ebene bilden läßt. Dafür können wir sagen: Die Summe der statischen Momente der im Verhältniß $\Sigma m : \begin{Bmatrix} m \\ m' \\ \vdots \end{Bmatrix}$ verminderten, winkelrecht auf AB zerfällten Schwerkräfte in Beziehung auf die Axe ist auf der Seite, wo D liegt, $>$ als auf der andern Seite, und zwar ist der Unterschied beider Summen dem zum Schwerpunct gehörigen statischen Moment der winkelrecht auf AB zerfällten Schwerkraft gleich. Zerfällt man nun auch jede auf einen Punct des Systems wirkende, winkelrecht auf AB zerfällte Schwerkraft in eine Tangential- und Normalkraft, so finden für die Normalkräfte keine statischen Momente statt; die Momente der winkelrecht auf AB zerfällten Schwerkräfte reduciren sich also nach §. 19. des 6. Abschn. auf die Momente der Tangentialkräfte; und so finden wir, daß der Unterschied der beiderseitigen Summen der Momente der verminderten Tangentialkräfte $=$ ist dem Moment der dem Schwerpunct zugehörigen Tangentialkraft. Theilen wir nun dem System eine willkürliche Bewegung mit, so kann dies keine andere sein als eine drehende um die feste Axe, wobei also die Anfangsgeschwindigkeiten sich wie die Entfernun-

gen der betreffenden Puncte von der Axe verhalten. Hieraus folgt, daß auch der Unterschied der Summen der beiderseitigen Rechtecke, die sich aus den von der Schwere herrührenden verminderten Tangentialkräften der einzelnen Puncte des Systems und aus den Geschwindigkeiten der willkürlichen Bewegung construiren lassen, = ist dem Rechteck aus der dem Schwerpunct zugehörigen Tangentialkraft und aus der Geschwindigkeit der willkürlichen Bewegung des Schwerpuncts. Vorher haben wir gesehen, daß die entgegengesetzten der Tangential- und Normalkräfte der wirklichen Bewegung mit den von der Schwere herrührenden Tangential- und Normalkräften und mit den zu den Bedingungen gehörigen Kräften zusammen Gleichgewicht bilden; hieraus folgt vermittelst des Satzes der virtuellen Geschwindigkeiten, daß die Summe der Rechtecke, die sich aus den von der Schwere herrührenden verminderten Tangentialkräften auf derjenigen Seite der durch die Axe gehenden Vertikalebene, wo D liegt, und aus den Geschwindigkeiten der willkürlichen Bewegung construiren lassen, = ist der Summe der Rechtecke auf der andern Seite + der Summe der Rechtecke, die sich aus den verminderten Tangentialkräften der wirklichen Bewegung und aus den Geschwindigkeiten der willkürlichen Bewegung construiren lassen, und daß die Tangentialkräfte der wirklichen Bewegung das System so zu drehen streben, daß der Punct E *sinkt*. Daraus folgt ferner, daß der Unterschied der beiderseitigen Summen der Rechtecke, die sich aus den von der Schwere herrührenden verminderten Tangentialkräften und aus den Geschwindigkeiten der willkürlichen Bewegung construiren lassen, d. i. das Rechteck aus der dem Schwerpunct zugehörigen und von der Schwere herrührenden Tangentialkraft und aus der Geschwindigkeit der willkürlichen Bewegung des Schwerpuncts, = ist der Summe der Rechtecke, die sich aus den verminderten Tangentialkräften der wirklichen Bewegung und aus den Geschwindigkeiten der willkürlichen Bewegung construiren lassen. Und da diese Geschwindigkeiten sich wie die Entfernungen der betreffenden Puncte des

Systems von der Axe verhalten, so ist das Rechteck aus der dem Schwerpunct zugehörigen und von der Schwere herrührenden Tangentialkraft und aus DC = der Summe der Rechtecke, die sich aus den verminderten Tangentialkräften der wirklichen Bewegung und aus den Entfernungen der betreffenden Puncte von der Axe bilden lassen. Die Tangentialkräfte der wirklichen Bewegung aber verhalten sich ebenfalls wie die Entfernungen der betreffenden Puncte von der Axe; folglich verhält sich (Eucl. 5, 12) die Summe der Rechtecke, die sich aus den verminderten Tangentialkräften der wirklichen Bewegung und aus den Entfernungen der betreffenden Puncte von der Axe construiren lassen, zur Summe der im Verhältniß $\Sigma m : \left\{\begin{matrix} m \\ m' \\ \vdots \end{matrix}\right\}$ verminderten □□ der Entfernungen von der Axe, d. i. das Rechteck aus der dem Schwerpunct zugehörigen und von der Schwere herrührenden Tangentialkraft und aus DC zu DC×CE, d. i. die dem Schwerpunct zugehörige und von der Schwere herrührende Tangentialkraft zu CE wie die Tangentialkraft der wirklichen Bewegung des Puncts E zu CE. Demnach ist die Tangentialkraft der wirklichen Bewegung des Puncts E = der dem Schwerpunct zugehörigen und von der Schwere herrührenden Tangentialkraft = der dem Punct E zugehörigen und von der Schwere herrührenden Tangentialkraft; d. h. das System bewegt sich so, als wenn der Punct E allein von der winkelrecht auf AB zerfällten Schwere getrieben würde, und dabei das ganze mit ihm fest verbundene System nach sich zöge.

§. 8. Erklärung.

Aus diesem Grunde heißt der Punct E Fig. 46. der Mittelpunt der Schwingung des zusammengesetzten Pendels oder der Schwingungspunct, seine Entfernung von der festen Axe aber die Länge des zusammengesetzten Pendels.

§. 9. Annahme VII.

Wenn ein fester Körper ein zusammengesetztes Pendel bildet, und der Schwerpunct nicht in der festen Axe liegt, so giebt es in dem aus dem Schwerpunct auf die Axe gefällten Perpendikel, auf derselben Seite der Axe, wo der Schwerpunct liegt, allemal einen Punct, welcher sich so bewegt, als wenn die winkelrecht auf die Axe zerfällte Schwere auf ihn allein wirkte, und er dabei den ganzen festen Körper nach sich zöge.

Anmerkung. Es läßt sich daher auch für einen festen Körper, welcher ein zusammengesetztes Pendel bildet, aus den in §. 39 — 46 des 5. Abschn. angegebenen Bedingungen bestimmen, ob die Bewegung eine Pendelschwingung oder die in §. 46 des genannten Abschn. beschriebene oder der Ueberschwung ist. Man vergleiche übrigens hinsichtlich §. 7. und 9. den analytischen Beweis in Laplace Méc. cél. I. 7, 31, woselbst auch richtig bemerkt ist, daß man die Länge des einfachen Secunden-Pendels durch Beobachtungen an zusammengesetzten Pendeln hat bestimmen können.

§. 10. Erklärung.

Der in Annahme VII. bemerkte Punct heißt der Schwingungspunct, und seine Entfernung von der festen Axe die Länge des zusammengesetzten Pendels, das Rechteck aber aus der Länge des zusammengesetzten Pendels und aus der Entfernung des Schwerpuncts von der Axe das Moment der Trägheit des festen Körpers in Beziehung auf diese Axe.

§. 11. Erklärung.

Unter dem Moment der Trägheit eines festen Körpers in Beziehung auf eine durch den Schwerpunct gehende Axe versteht man denjenigen Flächenraum, welchem sich das Moment der Trägheit in Beziehung auf eine mit der gedachten Axe parallele Axe, wenn man diese parallele Axe dem Schwerpunct immer näher rückt, so sehr nähert, daß der Unterschied kleiner werden kann als jeder gegebene Flächenraum.

§. 12. Erklärung.

Auch bei einem flüssigen Körper oder einem solchen, welcher aus festen und flüssigen Theilen zusammengesetzt ist, nennt man denjenigen Flächenraum, welcher, wenn der Körper bei unveränderter Dichtigkeit in allen seinen einzelnen Puncten als fest gedacht wird, das Moment der Trägheit in Beziehung auf irgend eine Linie im Raum sein würde, das **Moment der Trägheit des Körpers in Beziehung auf diese Linie.**

Anmerkung. Die Größe des Moments der Trägheit eines Körpers ist also nur von der Gestalt des Körpers, von der Vertheilung der Masse in den verschiedenen Theilen des körperlichen Raumes und von der Lage der geraden Linie, auf welche das Moment der Trägheit bezogen wird, abhängig. Laplace lehrt an dem Beispiel einer Kugel von gleichförmiger Dichtigkeit das Moment der Trägheit finden; er bestimmt es in Beziehung auf einen Durchmesser der Kugel (Méc. cél. I. 7, 29. Seite 84). Wir werden die Bestimmung, welche er giebt, in den nächstfolgenden 6 Paragraphen auf rein geometrischem und streng synthetischem Wege beweisen.

§. 13. Lehrsatz.

Wenn mehrere Puncte auf den Peripherien concentrischer und in Einer Ebene liegender Kreise, deren Halbmesser wie die natürlichen Zahlen 1.2.3 u. s. w. wachsen, so vertheilt sind, daß auf der 2ten Peripherie sich doppelt so viel, auf der 3ten 3 mal so viel, auf der 4ten 4 mal so viel Puncte befinden . . . als auf der ersten, und man beschreibt nun zwischen jede 2 Peripherien wieder einen concentrischen Kreis, und vertheilt dann Puncte auf eben die Art wie vorher, und so immer fort, so ist (vorausgesetzt, daß alle Puncte gleiche Massen haben) das Moment der Trägheit aller Puncte zusammen in Bezug auf das aus dem Mittelpunct auf die Kreisebene errichtete Perpendikel allemal $>$ als das halbe $\square$ des Halbmessers des äußersten Kreises; doch kann, wenn man genug Kreise beschreibt, der Ueberschuß $<$ werden als jeder gegebene Flächenraum.

Beweis. Der Halbmesser des äußersten Kreises sei r, und es seien anfangs m Kreise beschrieben, und auf der Peripherie des 1sten Kreises n, auf der Peripherie des 2ten Kreises 2n Puncte befindlich, u. s. w., so ist die Anzahl aller Puncte $(1+2+3+\ldots+m)n$. Daher ist das Moment der Trägheit eines auf der innersten Peripherie befindlichen Puncts $=$

$\frac{\square r}{(1+2+3+\ldots+m)m^2 n}$, das Moment der Trägheit eines auf der

2ten Peripherie befindlichen Puncts $= \frac{4\Box r}{(1+2+3+\ldots+m)m^2 n}$, das Moment der Trägheit eines auf der 3ten Peripherie befindlichen Puncts $= \frac{9\Box r}{(1+2+3+\ldots+m)m^2 n}$, u. s. w., also das Moment aller Puncte auf der 1sten Peripherie zusammen $= \frac{1^3\Box r}{(1+2+3+\ldots+m)m^2}$, das Moment aller Puncte auf der 2ten Peripherie zusammen $= \frac{2^3\Box r}{(1+2+3+\ldots+m)m^2}$, das Moment aller Puncte auf der 3ten Peripherie zusammen $=$ $\frac{3^3\Box r}{(1+2+3+\ldots+m)m^2}$, u. s. w., also das Moment sämmtlicher Puncte $= \frac{1^3+2^3+3^3+\ldots+m^3}{(1+2+3+\ldots+m)m^2}\Box r$, also (nach §. 28. des 3. Abschn. Theil 1) $> \frac{1}{2}\Box r$; doch kann der Ueberschuß, wenn man genug Kreise beschreibt, $<$ werden als jeder gegebene Flächenraum.

§. 14. Lehrsatz.

Das Moment der Trägheit zu mehreren Puncten, die aus mehreren Partheien bestehen, und deren Massen $m, m', m'' \ldots, m_{,}, m'_{,}, m''_{,} \ldots, m_{,,}, m'_{,,}, m''_{,,} \ldots$ u. s. w. sind, ist $=$ der Summe der Momente der Trägheit der einzelnen Partheien in Beziehung auf dieselbe Linie, das Moment der $\left\{\begin{matrix}\text{1sten}\\ \text{2ten}\\ \text{3ten}\\ \vdots\end{matrix}\right\}$ Parthei im Verhältniß $\Sigma m + \Sigma m_{,} + \Sigma m_{,,} + \ldots : \left\{\begin{matrix}\Sigma m\\ \Sigma m_{,}\\ \Sigma m_{,,}\\ \vdots\end{matrix}\right\}$ vermindert.

Beweis. Die Entfernungen der einzelnen Puncte von derjenigen Linie, in Beziehung auf welche die Momente der Trägheit genommen werden sollen, seien $r, r', r'' \ldots, r_{,}, r'_{,}, r''_{,} \ldots, r_{,,}, r'_{,,}, r''_{,,} \ldots$ u. s. w., die Momente der Trägheit der einzelnen Puncte $s, s', s'' \ldots, s_{,}, s'_{,}, s''_{,} \ldots, s_{,,}, s'_{,,}, s''_{,,} \ldots$

u. s. w., so ist $\Sigma m : m = \square r : s$; $\Sigma m : m' = \square r' : s'$; . . .; $\Sigma m_{,} : m_{,} = \square r_{,} : s_{,}$; $\Sigma m_{,} : m_{,}' = \square r_{,}' : s_{,}'$ . . . u. s. w. Man mache $\Sigma m + \Sigma m_{,} + \Sigma m_{,,} + \ldots : \Sigma m = s : t = s' : t' \ldots$; $\Sigma m + \Sigma m_{,} + \Sigma m_{,,} + \ldots : \Sigma m_{,} = s_{,} : t_{,} = s_{,}' : t_{,}' \ldots$ u. s. w., so ist (Eucl. 5, 12) $\Sigma m + \Sigma m_{,} + \Sigma m_{,,} + \ldots : \Sigma m = \Sigma s : \Sigma t$; $\Sigma m + \Sigma m_{,} + \Sigma m_{,,} + \ldots : \Sigma m_{,} = \Sigma s_{,} : \Sigma t_{,}$; u. s. w. Durch Zusammensetzung der Verhältnisse erhält man $\Sigma m + \Sigma m_{,} + \Sigma m_{,,} + \ldots : m = \square r : t$; $\Sigma m + \Sigma m_{,} + \Sigma m_{,,} + \ldots : m' = \square r' : t'$; . . .; $\Sigma m + \Sigma m_{,} + \Sigma m_{,,} + \ldots : m_{,} = \square r_{,} : t_{,}$; $\Sigma m + \Sigma m_{,} + \Sigma m_{,,} + \ldots : m_{,}' = \square r_{,}' : t_{,}'$; . . . u. s. w.; also das Moment sämmtlicher Puncte $= \Sigma t + \Sigma t_{,} + \Sigma t_{,,} + \ldots$

§. 15. Annahme VIII.

Das Moment der Trägheit eines aus mehreren Körpern zusammengesetzten Körpers ist = der Summe der Momente der Trägheit der einzelnen Körper in Beziehung auf dieselbe Linie, jedes Moment im Verhältniß der Summe der Massen aller Körper zur Masse des betreffenden einzelnen Körpers vermindert.

§. 16. Zusatz.

Aus §. 13. und 14., verglichen mit I. 1, 7, folgt, daß, wenn mehrere gleiche Kreise, deren Ebenen parallel sind, so liegen, daß ihre Mittelpuncte sich in einer und derselben auf allen Ebenen winkelrechten Linie befinden, und man vertheilt auf die Peripherien dieser Kreise und anderer mit ihnen concentrischer Kreise Puncte auf die in §. 13. beschriebene Art, und zwar so, daß die Anzahl der concentrischen Kreise für alle Ebenen gleich ist, daß alsdann das Moment der Trägheit aller Puncte zusammengenommen in Beziehung auf jene gegen die Kreisebenen winkelrechte Linie $>$ ist als das halbe $\square$ des Halbmessers des äußersten Kreises, daß aber der Ueberschuß, wenn die Anzahl der concentrischen Kreise in jeder Ebene groß genug angenommen wird, $<$ werden kann als jeder gegebene Flächenraum.

§. 17. Annahme IX.

Das Moment der Trägheit eines geraden Cylinders, bei welchem in Puncten, die zu einer und derselben auf der Axe win=

elrechten Durchschnitts-Kreisfläche gehören, allemal gleiche Dichtigkeit statt findet, ist in Beziehung auf die Axe des Cylinders = dem halben □ des Halbmessers seiner Grundfläche.

§. 18. Lehrsatz.

Das Moment der Trägheit einer Kugel von gleichförmiger Dichtigkeit, in Beziehung auf einen Durchmesser, ist $\frac{2}{5}$ des Quadrats des Halbmessers.

Beweis. Es sei ADBE ein größter Kreis einer Kugel von gleichförmiger Dichtigkeit, und C der Mittelpunct. Man theile den Durchmesser DE, in Beziehung auf welchen das Moment der Trägheit gefunden werden soll, in eine beliebige, aber gerade Anzahl gleicher Theile Dz, zy, yx, xC, Cw, wv, vu, uE, und ziehe die auf DE winkelrechten Sehnen HuI, GvK, FwL, ACB, RxM, QyN, PzO. Man fälle die Perpendikel Ha und Ib auf GK; GW und KX auf FL; FU, LV, RU und MV auf AB; Qi und Nk auf RM; Pn und Op auf QN, ziehe an E eine Tangente, welche die Verlängerung von aH in e, die von bI in f schneidet, an D aber eine Tangente, welche die Verlängerung von nP in s, die von pO in t schneidet, verlängere IH, bis sie die Verlängerung von WG in c, die Verlängerung von XK in d schneidet, verlängere KG, bis sie die Verlängerung von UF in Z, die Verlängerung von VL in Y schneidet, verlängere NQ, bis sie die Verlängerung von ZR in l, die Verlängerung von YM in m schneidet, verlängere OP, bis sie die Verlängerung von iQ in q, die Verlängerung von kN in r schneidet, und ziehe endlich eine Tangente an A, welche die Verlängerung von LF in S, die Verlängerung von MR in g schneidet, und eine Tangente an B, welche die Verlängerung von SL in T, die Verlängerung von gM in h schneidet. Alsdann denke man sich die ganze Zeichnung um den Durchmesser DE gedreht, so beschreiben die Rechtecke Hefl, GcdK, aHIb, FZYL, WGKX, ASTB, UFLV, AghB, URMV, RlmM, iQNk, QqrN, nPOp und PstO lauter gerade Cylinder, deren gemeinschaftliche Axe DE ist. Man denke die von den Figuren EeH, HcG, GZF, FSA, AgR, RlQ, QqP und PsD beschriebenen Körper von derselben Dichtigkeit als die Kugel, und suche nun die Momente der Trägheit aller genannten Cylinder in Beziehung auf die Axe DE nach dem vorigen §. zu bestimmen. Wir wollen das Moment eines jeden Cylinders dadurch bezeichnen, daß wir ein M. vor dasjenige Rechteck setzen, durch dessen Drehung der betreffende Cylinder erzeugt worden ist. Dann erhalten wir $M.feHI = \frac{1}{2}\square Hu$; $M.dcGK = \frac{1}{2}\square Gv$; $M.IHab = \frac{1}{2}\square Hu$, u. s. w. Bezeichnen wir nun den Körperinhalt der Kugel mit K, ihr Moment mit M.K, den Körperinhalt des Körpers IHaGWFRiQnPOpNkMLXKb durch I, sein Moment mit M.I, den Inhalt des Körpers feHcGZFSgRlQqPstOrNmMhTLYKdI mit A, und sein Moment mit M.A, und machen wir $K : Cyl. IHab = \frac{1}{2}\square Hu : \alpha$; $K : Cyl. KGWX = \frac{1}{2}\square Gv : \alpha'$; ...; ferner $K : Cyl. feHI = \frac{1}{2}\square Hu : \beta$; $K : Cyl. dcGK = \frac{1}{2}\square Gv : \beta'$; ..., und bezeichnen wir noch $\alpha + \alpha' + \ldots$ durch $\Sigma\alpha$, und $\beta + \beta' + \ldots$ durch $\Sigma\beta$, so folgt aus §. 15, daß $I : K = \Sigma\alpha : M.I$; $A : K = \Sigma\beta : M.A$. Bezeichnen wir noch die Summe der Körper EHu, HaG, GFW, FAU, UAR, RQi, QPn und PDz mit i, und das Moment dieser Körper zusammengenommen mit M.i, die Summe der Körper EcH, HcG, GZF, FSA, AgR, RlQ, QqP und PsD mit a, und das Moment dieser Körper zusammen mit M.a, so ist nach §. 15., wenn wir $K : i = M.i : \gamma$; $A : K = M.K : \delta$, und $A : a = M.a : \varepsilon$ machen, $M.K = \Sigma\alpha + \gamma$, und $M.A = \delta + \varepsilon$. Also ist $\delta < M.A$, und daher (weil $A : K = \Sigma\beta : M.A = M.K : \delta$) $M.K < \Sigma\beta$, dagegen $M.K > \Sigma\alpha$. Nach Archimed. de Sphaer. et Cyl. ist $K = \frac{2}{3}$ des Cyl., welcher AB zum Durchmesser der Grundfläche und zur Höhe hat, also (Eucl. 12, 2. 11. 14) $K : Cyl. IHab = (\square CE : \square Hu) + (\frac{2}{3} DE : uv) = \frac{1}{2}\square Hu : \alpha$. Ebenso wird bewiesen, daß $(\square CE : \square Gv) + (\frac{2}{3} DE : vw) = \frac{1}{2}\square Gv : \alpha'$ u. s. w. Hieraus folgt, daß $\square CE : \square Hu = (uv : \frac{2}{3} DE) + (\frac{1}{2}\square Hu : \alpha) = (uv : \frac{4}{3} DE) + (\square Hu : \alpha) =$ (Eucl. 12, 2. 11. 14) Cyl. IHab : $\frac{4}{3}$ des Cyl., welcher DE zur Höhe, und α zum $\square$ des Halbmessers der Grundfläche hat. Ebenso $\square CE : \square Gv =$ Cyl. KGWX : $\frac{4}{3}$ des Cyl., welcher DE zur Höhe, und α' zum $\square$ des Halbmessers der

Grundfläche hat u. s. w. Hieraus folgt, daß, wenn man CE : Hu = Hu : ζ; CE : Gv = Gv : ζ' . . . . macht, $\square$CE : $\square\zeta$ = Cyl. ASTB : $\frac{4}{3}$ des Cyl., welcher DE zur Höhe, und α zum $\square$ des Halbmessers der Grundfläche hat; $\square$CE : $\square\zeta'$ = Cyl. ASTB : $\frac{4}{3}$ des Cyl., welcher DE zur Höhe, und α' zum $\square$ des Halbmessers der Grundfläche hat; u. s. w., also (I. 1, 7) $\square$CE : $\Sigma\square\zeta$ = Cyl. ASTB : $\frac{4}{3}$ des Cyl., welcher DE zur Höhe, und $\Sigma\alpha$ zum $\square$ des Halbmessers der Grundfläche hat. Nun ist $\square$Hu = DE × Eu — $\square$Eu; $\square$Gv = 2DE × Eu — 4$\square$Eu; $\square$Fw = 3DE × Eu — 9$\square$Eu, u. s. w.; d. i. $\square$Hu = Eu × (DE — Eu); $\square$Gv = 2Eu × (DE—2Eu); $\square$Fw = 3Eu × (DE—3Eu); u. s. w. Es verhält sich also (Eucl. 6, 17) Eu : Hu = Hu : DE — Eu; Eu : Gv = Gv : 2(DE — 2Eu); Eu : Fw = Fw : 3(DE — 3Eu); u. s. w., also, wenn man CE : Eu = Eu : η macht, CE : Hu = Hu : 2Eu — η; CE : Gv = Gv : 2(2Eu — 2η); CE : Fw = Fw : 3(2Eu—3η); u. s. w. Also ist ζ = 2Eu — η; ζ' = 2(2Eu — 2η); ζ'' = 3(2Eu — 3η); u. s. w.

$$\text{Also } \begin{aligned} \square\zeta &= 4\ \square Eu + \ \square\eta - 4\ Eu\times\eta \\ \square\zeta' &= 4.4\square Eu + 2^4\square\eta - 4.2^3\ Eu\times\eta \\ \square\zeta'' &= 4.9\square Eu + 3^4\square\eta - 4.3^3\ Eu\times\eta \\ &\ \vdots \end{aligned}$$

(§. 30. des 3. Abschn. Thl. 1)

$$\Sigma\square\zeta = 8.\frac{n(n-1)(2n-1)}{6}\square Eu + \frac{n(n-1)(6n^3+n+1-9n^2)}{15}\square\eta$$

$- 2n^2(n-1)^2\ Eu\times\eta$, wo n die Anzahl der Theile ist, in welche der Halbmesser der Kugel getheilt worden. Da aber Eu $= \frac{CE}{n}$, so ist $\square Eu = \frac{\square CE}{n^2}$; $\eta = \frac{CE}{n^2}$; $Eu\times\eta = \frac{\square CE}{n^3}$, und $\square\eta = \frac{\square CE}{n^4}$; also verhält sich

$15n^3 : (n-1)(20n^2(2n-1)+6n^3+n+1-9n^2-30n^2(n-1))$,

d. i. $15n^3 : (n-1)(16n^3+n+1+n^2) = \frac{1}{2n}$ des Cyl., welcher DE zur Höhe, und CE zum Halbmesser der Grundfläche hat, : $\frac{4}{3}$ des Cyl., welcher DE zur Höhe, und $\Sigma\alpha$ zum $\square$ des Halb=

messers der Grundfläche hat; also $40n^4 : (n-1)(16n^3+n+1+n^2)$ $= \square CE : \Sigma\alpha$. Daher ist $\Sigma\alpha = \frac{(n-1)(16n^3+n^2+n+1)}{40n^4}\square CE = \frac{16n^4-15n^3-1}{40n^4}\square CE = \frac{2}{5}\square CE - \frac{15n^3+1}{40n^4}\square CE$, also $< \frac{2}{5}\square CE$, aber $> \frac{2}{5}\square CE - \frac{1}{n}\square CE$. Nun kann, wenn man n groß genug annimmt, $\frac{1}{n}\square CE$ kleiner werden als jeder gegebene Flächenraum; also kann um so mehr $\frac{2}{5}\square CE - \Sigma\alpha$ kleiner werden als jeder gegebene Flächenraum.

Dagegen ist $K : \text{Cyl. feHI} = (\square CE : \square Hu) + (\frac{2}{3}DE : Eu) = \frac{1}{2}\square Hu : \beta$, also $\square CE : \square Hu = (Eu : \frac{4}{3}DE) + (\square Hu : \beta) =$ Cyl. feHI : $\frac{4}{3}$ des Cyl., welcher DE zur Höhe, und β zum $\square$ des Halbmessers der Grundfläche hat. Also $\square CE : \square\zeta =$ Cyl. ASTB : $\frac{4}{3}$ des Cyl., welcher DE zur Höhe, und β zum $\square$ des Halbmessers der Grundfläche hat. Also (I. 1, 7) $\square CE : 2\square CE + \Sigma\square\zeta = \frac{1}{2n}$ des Cyl., welcher DE zur Höhe, und CE zum Halbmesser der Grundfläche hat, : $\frac{4}{3}$ des Cyl., welcher DE zur Höhe, und $\Sigma\beta$ zum $\square$ des Halbmessers der Grundfläche hat; also $2\square CE : 2\square CE + \Sigma\square\zeta = \frac{1}{n}\square CE : \frac{4}{3}\Sigma\beta$; getrennt $2\square CE : \Sigma\square\zeta$, d. i. $30n^3 : 16n^4 - 15n^3 - 1 = \frac{1}{n}\square CE : \frac{4}{3}\Sigma\beta - \frac{1}{n}\square CE$; verbunden $30n^3 : 16n^4 + 15n^3 - 1 = \frac{1}{n}\square CE : \frac{4}{3}\Sigma\beta$; $40n^4 : 16n^4 + 15n^3 - 1 = \square CE : \Sigma\beta$; also ist $\Sigma\beta = \frac{2}{5}\square CE + \frac{15n^3-1}{40n^4}\square CE$, also $> \frac{2}{5}\square CE$, aber $< \frac{2}{5}\square CE + \frac{1}{n}\square CE$. Da nun $\frac{1}{n}\square CE$ kleiner werden kann als jeder gegebene Flächenraum, so kann um so mehr $\Sigma\beta - \frac{2}{5}\square CE$ kleiner werden als jeder gegebene Flächenraum.

Hieraus wird ferner, durch Schlüsse, die den archimedischen zur Bestimmung des Körperinhalts der Kugel und des Flächeninhalts der Kugelfläche ähnlich sind, apagogisch bewiesen, daß $M.K = \frac{2}{5}\square CE$.

§. 19. Lehrsatz.

Es sei A Fig. 48. ein beliebiger Punct im Raume, und $m, m', m'' \ldots$ die Massen beliebiger anderer Puncte im Raume, so lassen sich in jeder durch A gelegten Ebene 2 auf einander winkelrechte durch A gehende Linien BC und DE so ziehen, daß, wenn man aus allen Puncten $m, m', m'' \ldots$ Perpendikel auf die Ebene BAD fällt, welche diese Ebene in F, G, H, I ... treffen, (so daß F zwischen AC und AE, G zwischen AC und AD, H zwischen AB und AD, und I zwischen AB und AE liegt), und wenn man alsdann die Perpendikel FK, GM, HP, IR auf BC, und die Perpendikel FL, GN, HO, IQ auf DE fällt, und wenn man noch $\Sigma m : m = AKFL : n$; $\Sigma m : m' = AMGN : n'$; $\Sigma m : m'' = AOHP : n''$; $\Sigma m : m''' = AQIR : n'''$ macht, u. s. w., daß alsdann $\Sigma n + \Sigma n'' = \Sigma n' + \Sigma n'''$ ist, wo Σn die Summe der in der Winkelfläche EAC befindlichen, $\Sigma n'$ die Summe der in der Winkelfläche CAD befindlichen, $\Sigma n''$ die Summe der in der Winkelfläche DAB befindlichen, und $\Sigma n'''$ die Summe der in der Winkelfläche BAE befindlichen verminderten Rechtecke bedeutet.

Beweis. Man ziehe durch A in einer angenommenen Ebene 2 beliebige auf einander winkelrechte Linien BC und DE, so ist in Beziehung auf diese Linien entweder $\Sigma n + \Sigma n'' = \Sigma n' + \Sigma n'''$, oder $\Sigma n + \Sigma n''$ nicht $= \Sigma n' + \Sigma n'''$. Ist $\Sigma n + \Sigma n'' = \Sigma n' + \Sigma n'''$, so hat man in der angenommenen Ebene 2 auf einander winkelrechte Linien gefunden, in Beziehung auf welche $\Sigma n + \Sigma n'' = \Sigma n' + \Sigma n'''$ ist. Ist aber $\Sigma n + \Sigma n''$ nicht $= \Sigma n' + \Sigma n'''$, ist z. B. $\Sigma n + \Sigma n'' > \Sigma n' + \Sigma n'''$, so drehe man die Linien BC und DE in der angenommenen Ebene um den Punct A so, daß sie stets auf einander winkelrecht bleiben, bis BC in die Lage ED, und DE in die Lage BC kommt. Alsdann ändert die Differenz zwischen $\Sigma n + \Sigma n''$ und $\Sigma n' + \Sigma n'''$ sich stetig. Da aber die auf die anfängliche Lage bezügliche Summe $\Sigma n + \Sigma n'' =$ ist der auf die zuletzt erlangte Lage bezüglichen Summe $\Sigma n' + \Sigma n'''$, und umgekehrt, so ist für die zuletzt erlangte Lage $\Sigma n + \Sigma n'' < \Sigma n' + \Sigma n'''$. Die Linien BC und

DE müssen folglich inzwischen eine Lage gehabt haben, in Beziehung auf welche $\Sigma n + \Sigma n'' = \Sigma n' + \Sigma n'''$ war. In jedem Fall ist es also möglich, in der angenommenen Ebene 2 auf einander winkelrechte Linien zu finden, in Beziehung auf welche $\Sigma n + \Sigma n'' = \Sigma n' + \Sigma n'''$ ist.

§. 20. Lehrsatz.

Wenn durch A Fig. 48. zwei auf einander winkelrechte Linien BC und DE gezogen sind, in Beziehung auf welche die im vorigen §. erwähnte Gleichheit der Summen der verminderten Rechtecke statt findet, und die Momente der Trägheit der Puncte m, m' . . . zusammengenommen in Beziehung auf beide Linien sind einander gleich, so findet die Gleichheit der Summen der verminderten Rechtecke auch in Beziehung auf jede 2 anderen durch A gegen einander winkelrecht und in der Ebene BAD gezogenen Linien statt. Wenn dagegen in Beziehung auf die Linien BC und DE zwar die Gleichheit der Summen der verminderten Rechtecke, aber nicht die Gleichheit der Momente der Trägheit statt findet, so findet die Gleichheit der Summen der verminderten Rechtecke in Beziehung auf keine 2 anderen durch A in der Ebene BAD gegen einander winkelrecht gezogenen Linien statt, sondern die Summe der verminderten Rechtecke ist für diejenigen beiden Vertikal-Winkelflächen die größere, welche die Linie mit dem kleineren Moment der Trägheit in sich enthalten; auch ist der Unterschied der beiden Summen in den Octanten am größten und = dem halben Unterschied beider Momente der Trägheit; für die übrigen Linien ist der Unterschied beider Summen desto größer, je mehr sich die 2 auf einander winkelrechten Linien den Octanten nähern, und für 2 Paare auf einander winkelrechter Linien, welche gegen die Octanten beiderseits gleiche ∠∠ bilden, gleich; auch verhält sich der Unterschied beider Summen für 2 winkelrechte Linien, welche nicht mit BC und DE und auch nicht mit den Octanten zusammenfallen, zum Unterschied der Summen in Beziehung auf die Octanten wie der Cosinus der doppelten Abweichung von den Octanten zum Halbmesser.

Beweis. Man ziehe durch A zwei beliebige auf einander winkelrechte Linien hZ und cg in der Ebene BAD, so daß AZ zwischen AC und AE, und Ac zwischen AC und AD falle, und errichte durch A die auf der Ebene BAD winkelrechte Linie ST. Man bezeichne die Abstände der Puncte m, m′, m″ ... von der Ebene DAS mit x, x′, x″ ..., von der Ebene BAS mit y, y′, y″ ..., von der Ebene cAT mit ξ, ξ' ..., und von der Ebene hAT mit v, v' ..., und mache $\Sigma m : m = x : x_{,} = y : y_{,}$; $\Sigma m : m' = x' : x'_{,} = y' : y'_{,}$ u. s. w. Betrachtet man nun auf die im Beweise zu §. 20. des 6. Abschn. auseinandergesetzte Art die Linien x, x′ ..., y, y′ ..., ξ, ξ' ..., v, v' ... als Kräfte oder Geschwindigkeiten, und bezeichnet man die nach der Richtung hZ zerfällten Kräfte x, x′ ..., y, y′ ... mit λ, λ' ..., μ, μ' ..., und die nach der Richtung cg zerfällten Kräfte x, x′ ..., y, y′ ... mit ϱ, ϱ' ..., σ, σ' ..., so ist $\xi = \left\{\begin{matrix}\lambda+\mu \\ \lambda-\mu \\ \mu-\lambda\end{matrix}\right\}$, und $v = \left\{\begin{matrix}\varrho+\sigma \\ \varrho-\sigma \\ \sigma-\varrho\end{matrix}\right\}$, und es verhält sich $x : \lambda = x' : \lambda' \ldots = y : \sigma = y' : \sigma' \ldots$, und $x : \varrho = x' : \varrho' = \ldots = y : \mu = y' : \mu' \ldots$, also auch, wenn man $\Sigma m : m = \lambda : \lambda_{,} = \mu : \mu_{,}$; $\Sigma m : m' = \lambda' : \lambda'_{,} = \mu' : \mu'_{,} \ldots$ macht, $x_{,} \times y : \lambda_{,} \times \sigma = x'_{,} \times y' : \lambda'_{,} \times \sigma' \ldots$, und $x_{,} \times y : \mu_{,} \times \varrho = x'_{,} \times y' : \mu'_{,} \times \varrho' \ldots$, folglich, wenn man das Zeichen Σ auf die Flächenräume CAE, BAD, ZAg und hAc, das Zeichen Ξ aber auf die Flächenräume BAE, CAD, hAg und ZAc bezieht, nach Eucl. 5, 12. $\Sigma x_{,} \times y : \Sigma \lambda_{,} \times \sigma = \Xi x_{,} \times y : \Xi \lambda_{,} \times \sigma$, und $\Sigma x_{,} \times y : \Xi \mu_{,} \times \varrho = \Xi x_{,} \times y : \Sigma \mu_{,} \times \varrho$. Nun ist nach der Voraussetzung $\Sigma x_{,} \times y = \Xi x_{,} \times y$, also auch $\Sigma \lambda_{,} \times \sigma = \Xi \lambda_{,} \times \sigma$, und $\Sigma \mu_{,} \times \varrho = \Xi \mu_{,} \times \varrho$. Dagegen verhält sich $x_{,} \times x : \lambda_{,} \times \varrho$ nach Eucl. 6, 23 wie $x'_{,} \times x' : \lambda'_{,} \times \varrho' = x''_{,} \times x'' : \lambda''_{,} \times \varrho'' \ldots = y_{,} \times y : \mu_{,} \times \sigma = y'_{,} \times y' : \mu'_{,} \times \sigma' \ldots$, also (Eucl. 5, 12) $\Sigma x_{,} \times x : \Sigma \lambda_{,} \times \varrho = \Sigma y_{,} \times y : \Sigma \mu_{,} \times \sigma$. Nun ist, wenn die Momente der Trägheit in Beziehung auf BC und DE gleich sind, $\Sigma x_{,} \times x + \Sigma z_{,} \times z = \Sigma y_{,} \times y + \Sigma z_{,} \times z$ (wo z, z′ ... die Abstände der Puncte m, m′ ... von der Ebene BAD, und

$z_{,}$, $z_{,}'$ . . . die im Verhältniß $\Sigma m : \begin{Bmatrix} m \\ m' \\ \vdots \end{Bmatrix}$ verminderten Abstände bedeuten), folglich $\Sigma x_{,} \times x = \Sigma y_{,} \times y$; also wird auch $\Sigma \lambda_{,} \times \varrho = \Sigma \mu_{,} \times \sigma$. Vorher hatten wir $\Sigma \lambda_{,} \times \sigma = \Sigma \lambda_{,} \times \sigma$, und $\Sigma \mu_{,} \times \varrho = \Sigma \mu_{,} \times \varrho$. Also wird $\Sigma \mu_{,} \times \sigma + \Sigma \lambda_{,} \times \sigma + \Sigma \mu_{,} \times \varrho = \Sigma \lambda_{,} \times \varrho + \Sigma \lambda_{,} \times \sigma + \Sigma \mu_{,} \times \varrho$, d. i., wenn man $\Sigma m : m = \xi : \xi_{,} = \xi' : \xi_{,}' \ldots$ macht, $\Sigma \xi_{,} \times v = \Sigma \xi_{,} \times v$; folglich findet in Bezug auf jede 2 auf einander winkelrechten durch A in der Ebene BAD gezogenen Linien die Gleichheit der Summen der verminderten Rechtecke statt.

Sind die Momente der Trägheit in Beziehung auf BC und DE ungleich, so wird der Beweis auf ähnliche Art geführt, und der zu beweisende Satz ist klar, wenn man noch den Satz §. 14. des 4. Abschn. Theil 2. berücksichtigt.

§. 21. Zusatz.

Hieraus geht hervor, daß, wenn man durch A Fig. 48. vier in Einer Ebene liegende Linien gezogen hat, wovon immer 2 und 2 auf einander winkelrecht stehen, und die Gleichheit der Summen der verminderten Rechtecke findet in Beziehung auf beide Paare Linien statt, daß sie alsdann auch in Beziehung auf jedes 3te Paar gegen einander winkelrecht stehender Linien statt findet, die man durch A in derselben Ebene ziehen kann.

§. 22. Lehrsatz.

Wenn durch A Fig. 48. zwei auf einander winkelrechte Linien gezogen sind, in Beziehung auf welche die Gleichheit der Summen der verminderten Rechtecke und auch Gleichheit der Momente der Trägheit statt findet, so ist das Moment der Trägheit für jede 3te durch A in derselben Ebene gezogene Linie eben so groß.

Beweis. Wenn wir die Bezeichnungen aus §. 20. beibehalten, so ist $\Sigma x_{,} \times x = \Sigma y_{,} \times y$, und $\Sigma x_{,} \times y = \Sigma x_{,} \times y$, und es verhält sich $r : \text{Cos.}^2 ZAC = x_{,} \times x : \lambda_{,} \times \lambda = x_{,}' \times x' : \lambda_{,}' \times \lambda' \ldots =$ (Eucl. 5, 12) $\Sigma x_{,} \times x : \Sigma \lambda_{,} \times \lambda$, und $r : \text{Sin.}^2 ZAC = y_{,} \times y : \mu_{,} \times \mu = y_{,}' \times y' : \mu_{,}' \times \mu' \ldots = \Sigma y_{,} \times y : \Sigma \mu_{,} \times \mu = \Sigma x_{,} \times x : \Sigma \mu_{,} \times \mu$, also (I. 1, 7 und II. 4, 4) $r : r = \Sigma x_{,} \times x : \Sigma \lambda_{,} \times \lambda + \Sigma \mu_{,} \times \mu$. Also ist $\Sigma \lambda_{,} \times \lambda + \Sigma \mu_{,} \times \mu = \Sigma x_{,} \times x$. Dagegen $x_{,} \times y : \lambda_{,} \times \mu = x_{,}' \times y' : \lambda_{,}' \times \mu' \ldots = \Sigma x_{,} \times y : \Sigma \lambda_{,} \times \mu = \mathfrak{Z} x_{,} \times y : \mathfrak{Z} \lambda_{,} \times \mu$. Da nun $\Sigma x_{,} \times y = \mathfrak{Z} x_{,} \times y$, so ist auch $\Sigma \lambda_{,} \times \mu = \mathfrak{Z} \lambda_{,} \times \mu$, also $\Sigma \lambda_{,} \times \lambda + \Sigma \mu_{,} \times \mu + 2 \Sigma \lambda_{,} \times \mu - 2 \mathfrak{Z} \lambda_{,} \times \mu$, d. i. $\Sigma \xi_{,} \times \xi = \Sigma \lambda_{,} \times \lambda + \Sigma \mu_{,} \times \mu = \Sigma x_{,} \times x$, also auch $\Sigma \xi_{,} \times \xi + \Sigma z_{,} \times z = \Sigma x_{,} \times x + \Sigma z_{,} \times z$.

§. 23. Zusatz.

Auf ähnliche Art wird bewiesen, daß, wenn durch A Fig. 48. zwei auf einander winkelrechte Linien gezogen sind, in Beziehung auf welche zwar die Gleichheit der Summen der verminderten Rechtecke, aber nicht die Gleichheit der Momente der Trägheit statt findet, daß alsdann das Moment der Trägheit für jede 3te durch A in derselben Ebene gezogene Linie zwischen die Momente der Trägheit der beiden ersteren Linien fällt, und desto größer ist, je näher die betreffende Linie der Linie des größten Moments der Trägheit liegt, daß aber die Momente der Trägheit für 2 Linien, welche gegen die Linie des größten Moments der Trägheit gleiche ∠∠ bilden, gleich sind, und daß der Ueberschuß des zwischen das größte und kleinste Moment der Trägheit fallenden Moments über das kleinste sich zum Unterschied des größten und kleinsten verhält wie das □ des Cosinus des Winkels, welchen die betreffende Linie gegen die Linie des größten Moments der Trägheit macht, zum □ des Halbmessers.

§. 24. Zusatz.

Aus §. 19. 22. und 23. erhellt, daß die Momente der Trägheit der Puncte m, m′, m″ . . . zusammengenommen in Beziehung auf die durch A gezogenen und in Einer Ebene liegenden Linien entweder sämmtlich einander gleich sind, oder daß Eins davon das größte und Eins das kleinste ist, und daß im letzteren Fall die Linien des größten und kleinsten Moments winkelrecht auf einander stehen.

§. 25. Annahme X.

Die Momente der Trägheit eines Körpers in Beziehung auf Linien, die durch Einen und denselben Punct gehen, und in Einer Ebene liegen, sind entweder sämmtlich einander gleich, oder Eins ist das größte und Eins das kleinste; im letzteren Falle stehen die Linien des größten und kleinsten Moments auf einander winkelrecht, und der Ueberschuß eines einer Zwischenlinie zugehörigen Moments über das kleinste Moment verhält sich zum Unterschied des größten und kleinsten wie das □ des Cosinus des Winkels, welchen die Zwischenlinie gegen die Linie des größten Moments macht, zum □ des Halbmessers.

§. 26. Zusatz.

Hieraus geht hervor, daß auch bei einem Körper die Momente zweier Zwischenlinien, die gegen die Linie des größten Moments gleiche ∠∠ bilden, einander gleich sind, daß aber das einer Zwischenlinie zugehörige Moment desto größer ist, je näher die Zwischenlinie der Linie des größten Moments liegt.

§. 27. Zusatz.

Für die Octanten ist sowohl bei einer Anzahl Puncte als bei einem Körper das Moment der Trägheit genau das arithmetische Mittel zwischen dem größten und kleinsten Moment.

§. 28. Lehrsatz.

Wenn durch den Punct A Fig. 48. zwei auf einander winkelrechte Linien so gezogen sind, daß die Momente der Trägheit eines Körpers oder einer Anzahl Puncte in Beziehung auf die beiden gezogenen Linien das größte und kleinste sind unter allen Momenten, welche derselben Ebene und dem Punct A angehören, so sind die Momente der Trägheit in Beziehung auf eine 3te und 4te durch A in derselben Ebene gezogene Linie, welche beiden Linien mit den Octanten beiderseits gleiche ∠∠ bilden, zusammengenommen = der Summe des größten und kleinsten Moments der Trägheit, und der Unterschied zwischen dem die 3te oder 4te Linie betreffenden und dem den Octanten betreffenden Moment der Trägheit verhält sich zum halben Unterschied des größten und kleinsten Moments wie der Sinus der doppelten Abweichung der 3ten oder 4ten Linie vom Octanten zum Halbmesser.

Beweis. Es seien BC und DE Fig. 49. die durch A gezogenen auf einander winkelrechten Linien, in Beziehung auf welche das größte und kleinste Moment statt findet, und zwar gehöre der Linie DE das größte Moment B, und der Linie BC das kleinste Moment A zu. Man ziehe die Octanten FG und HI, so daß AG zwischen AC und AE, AH zwischen AC und AD liegt. Man ziehe ferner durch A die Linien KL und MN so, daß AL zwischen AC und AG, AN zwischen AG und AE liegt, und $\angle GAL = GAN$ ist. Dann ist nach dem vorigen §. das zu FG gehörige Moment $= \frac{B+A}{2}$; es übertrifft aber das zu BC gehörige Moment um $\frac{B-A}{2}$. Macht man also $r : Cos.^2 EAL = B - A : m$, so ist $A + m$ nach §. 23. und 25. das zu KL gehörige Moment, und macht man $r : Cos.^2 EAN = B - A : n$, so ist $A + n$ das zu MN gehörige Moment. Aus beiden Proportionen folgt (nach I. 1, 7) $r : r = B - A : m + n$, also $m + n = B - A$; $A + m + A + n = B - A + 2A = B + A$, also die zu MN und KL gehörigen Momente zusammen = dem größten und kleinsten zusammen, oder, was dasselbe sagt, = dem doppelten zu FG gehörigen Moment. Aus

$r : Cos.^2 EAN = B - A : n$ folgt zurückkehrend

$r : Sin.^2 EAN = B - A : B - A - n$

(I. 1, 7)

$r : Cos.^2 EAN - Sin.^2 EAN = B - A : 2n - (B - A)$, d. i. (II. 4, 14)

$r : Cos. 2 EAN = \frac{B-A}{2} : A + n - \frac{B+A}{2}$; $r : Sin. (EAC - 2 EAN)$,

d. i. $r : Sin. 2 GAN = \frac{B-A}{2} : A + n - \frac{B+A}{2}$.

§. 29. Lehrsatz.

Sind durch den Punct A Fig. 48. zwei auf einander winkelrechte Linien gezogen, in Beziehung auf welche die Momente der Trägheit eines Körpers oder einer Anzahl Puncte das größte und kleinste sind unter allen Momenten, welche derselben Ebene und dem Punct A angehören, so besteht das Moment der Trägheit einer Zwischenlinie aus den Momenten der Trägheit der beiden ersteren Linien, jedes im Verhältniß des Quadrats des Halbmessers zum □ des Cosinus des Winkels vermindert, welchen die Zwischenlinie gegen die betreffende unter den beiden ersteren Linien bildet.

Beweis. Es sei B das größte, A das kleinste Moment, φ aber der $\angle$, welchen die Zwischenlinie gegen die Linie des größten, und ψ der $\angle$, welchen die Zwischenlinie gegen die Linie des kleinsten Moments macht; auch sei m das Moment der Trägheit für die Zwischenlinie, so ist nach §. 23. und 25. $\square r : \square \mathrm{Cos.}\,\varphi = B - A : m - A$. Macht man

$\square r : \square \mathrm{Cos.}\,\varphi = B : b$, und $\square r : \square \mathrm{Cos.}\,\psi = A : a$, so wird zurückkehrend

$$\square r : \square \mathrm{Cos.}\,\varphi = A : A - a$$

$$\overline{\hspace{6cm}}\ (\mathrm{I.}\ 1,\ 1)$$

$\square r : \square \mathrm{Cos.}\,\varphi = B - A : a + b - A$. Folglich ist $m - A = a + b - A$, und daher $m = a + b$.

§. 30. Zusatz.

Der vorige Satz gilt auch für den Fall, wenn die Momente der Trägheit in Beziehung auf die durch A gehenden und in Einer Ebene liegenden Linien sämmtlich einander gleich sind.

§. 31. Zusatz.

Aus §. 28. geht hervor, daß, wenn durch A zwei beliebige auf einander winkelrechte Linien gezogen sind, die Summe der Momente der Trägheit beider Linien allemal = ist der Summe der Momente der Trägheit zweier anderer auf einander winkelrechter und in derselben Ebene liegender, durch A gezogener Linien.

§: 32. Lehrsatz.

Wenn man durch A drei auf einander winkelrechte Linien zieht, so ist die Summe der Momente der Trägheit für diese Linien eben so groß als die Summe der Momente der Trägheit für 3 beliebige andere auf einander winkelrechte durch A gezogene Linien.

Beweis. 1) Fällt eine der 3 ersteren Linien mit einer der 3 letzteren Linien zusammen, so folgt der Satz unmittelbar aus dem vorigen §.

2) Fällt keine der 3 letzteren Linien mit einer der 3 ersteren zusammen, so liegt entweder irgend eine der 3 letzteren Linien in einer durch 2 der 3 ersteren Linien gelegten Ebene, oder keine der 3 letzteren liegt in einer durch 2 der 3 ersteren Linien gelegten Ebene.

a) Liegt eine der 3 letzteren Linien in einer durch 2 der 3 ersteren Linien gelegten Ebene, liegt z. B. die Linie FG Fig. 39. in der durch BC und DE gelegten Ebene, so ziehe man HAI winkelrecht auf FG in der Ebene BAD, und KAL winkelrecht auf die Ebene BAD. Dann ist nach dem, was im 1sten Fall bewiesen, die Summe der Momente der Linien BC, DE und KL = der Summe der Momente der Linien FG, HI und KL = der Summe der Momente der Linie FG und jeder 2 andern auf FG und auf einander winkelrechten durch A gezogenen Linien.

b) Liegt keine der 3 letzteren Linien in einer durch 2 der 3 ersteren Linien gelegten Ebene, so lege man 3 Ebenen durch die 3 ersteren Linien, und 3 Ebenen durch die 3 letzteren Linien. Dann ist, nach dem, was unter a) bewiesen, die Summe des Moments der Durchschnittslinie einer der 3 letzteren Ebenen mit einer der 3 ersteren Ebenen, des Moments derjenigen unter den 3 letzteren Linien, welche auf der genannten Durchschnittslinie winkelrecht steht, und des Moments derjenigen Linie, welche auf den Linien der beiden zuletzt genannten Momente winkelrecht steht, = der Summe der Momente der 3 ersteren Linien, aber nach dem, was unter Nr. 1) bewiesen, auch = der Summe der Momente der 3 letzteren Linien.

§. 33. Erklärung.

Wenn man die Abstände der Puncte m, m′ . . . vom Punct A Fig. 48. mit e, e′ . . . bezeichnet, und $\Sigma m : m = \square e : f$;

$\Sigma m : m' = \Box c' : f'$ u. s. w. macht, so heißt f das Moment der Trägheit des Puncts m in Beziehung auf den Punct A, f' das Moment der Trägheit des Puncts m' in Beziehung auf den Punct A, u. s. w., endlich Σf das Moment der Trägheit aller Puncte m, m' ... zusammengenommen in Beziehung auf den Punct A.

§. 34. Zusatz.

Aus dem vorigen Satz, verglichen mit Eucl. 1, 47, folgt, daß, wenn man durch den Punct A Fig. 48. drei auf einander winkelrechte Linien zieht, das Moment der Trägheit des Puncts $\begin{Bmatrix} m \\ m' \\ \vdots \end{Bmatrix}$ in Beziehung auf den Punct A = ist der halben Summe der Momente der Trägheit des Puncts $\begin{Bmatrix} m \\ m' \\ \vdots \end{Bmatrix}$ in Beziehung auf die 3 auf einander winkelrechten Linien, und das Moment der Trägheit der Puncte m, m' ... zusammengenommen in Beziehung auf den Punct A = der halben Summe der Momente der Trägheit der Puncte m, m' ... zusammengenommen in Beziehung auf die 3 auf einander winkelrechten Linien.

§. 35. Erklärung.

Die halbe Summe der Momente der Trägheit eines Körpers in Beziehung auf 3 auf einander winkelrechte Linien heißt das Moment der Trägheit des Körpers in Beziehung auf den Durchschnittspunct der 3 Linien.

§. 36. Erklärung.

Wenn man mehrere Puncte, deren Massen m, m' ... sind, auf eine und dieselbe Ebene projicirt, und aus den Puncten, wo die Projectionslinien die Ebene treffen, Perpendikel, x, x' ..., auf eine in der gedachten Ebene liegende gerade Linie, andere Perpendikel aber, y, y' ..., auf eine in derselben Ebene liegende und auf der vorigen Linie winkelrechte gerade Linie fällt, und man macht $\Sigma m : m = x \times y : t$; $\Sigma m : m' = x' \times y' : t'$ u. s. w., so soll t das geometrische Moment des Puncts m in Beziehung auf die genannten beiden Linien, t' das geometrische Moment des Puncts m' in Beziehung auf dieselben Linien, . . . und $\Sigma t - \mathit{\Sigma} t$ (wo das Zeichen Σ sich auf diejenigen beiden von den genannten Linien gebildeten Vertikal-Winkelflächen bezieht, für welche die Summe der verminderten Rechtecke die größere ist, das Zeichen $\mathit{\Sigma}$ aber auf diejenigen Vertikal-Winkelflächen, für welche die Summe der verminderten Rechtecke die kleinere ist) das geometrische Moment der Puncte m, m' . . . zusammengenommen in Beziehung auf dieselben beiden Linien heißen; ist aber die Summe der verminderten Rechtecke für beide Paare Vertikal-Winkelflächen gleich, so wollen wir sagen, das geometrische Moment der Puncte m, m' . . . zusammengenommen in Beziehung auf die gedachten Linien sei = 0.

§. 37. Erklärung.

Wenn (Fig. 49.) durch einen Punct A eines Körpers (welcher Punct aber auch außerhalb des Körpers liegen kann) 2 auf einander winkelrechte Linien BC und DE so gezogen sind, daß das Moment der Trägheit des Körpers in Bezug auf die Linie DE größer, in Bezug auf BC aber < ist als das Moment der Trägheit in Bezug auf jede andere durch A in derselben Ebene gezogene Linie, so soll der halbe Unterschied des größten und kleinsten Moments der Trägheit das geometrische Moment des Körpers in Bezug auf die Octanten FG und HI, ein Flächenraum aber, der sich zu diesem geometrischen Moment verhält wie der Cosinus des Winkels NAL zum Halbmesser, das geometrische Moment des Körpers in Beziehung auf die Linie MN und auf das aus A auf MN in der Ebene BAD errichtete Perpendikel oder in Beziehung auf die Linie KL und auf das aus A auf KL in derselben Ebene errichtete Perpendikel heißen; von den Linien BC und DE selbst aber wollen wir sagen, das geometrische Moment des Körpers in Beziehung auf sie sei = 0, und ebendasselbe wollen wir von 2 auf einander winkelrechten Linien sagen, wenn die Momente der Trägheit des Körpers in Beziehung auf diese beiden Linien und auf alle durch ihren Durchschnittspunct in ihrer Ebene gezogenen Linien einander gleich sind.

§. 38. Erklärung.

Wenn durch einen Punct 2 auf einander winkelrechte Linien gezogen sind, so sollen von den 4 dadurch gebildeten Winkelflächen diejenigen beiden einander gegenüberstehenden, welche die Linie des kleinsten demselben Punct und derselben Ebene angehörigen Moments der Trägheit eines Körpers oder einer Anzahl Puncte in sich enthalten, die herrschenden Winkelflächen heißen.

Anmerkung. Wir haben diesen Ausdruck deswegen gewählt, weil nach §. 20. die Summe der verminderten Rechtecke für diejenigen beiden Vertikal-Winkelflächen, welche die Linie des kleinsten Moments der Trägheit enthalten, die größere ist.

§. 39. Lehrsatz.

Es sei A Fig. 39. ein beliebiger Punct, und BC und DE zwei durch A gehende Linien, für welche die Momente der Trägheit eines Körpers oder einer Anzahl Puncte das größte und kleinste sind unter allen der Ebene BAE und dem Punct A angehörigen Momenten der Trägheit. Man ziehe durch A in derselben Ebene 2 andere auf einander winkelrechte Linien FG und HI, so verhält sich das geometrische Moment in Beziehung auf FG und HI zum Unterschied der Momente der Trägheit in Beziehung auf FG und BC wie Cot. FAB : r, und zum Unterschied der Momente der Trägheit in Beziehung auf FG und ED wie Cot. FAE : r.

Beweis. Es sei A das Moment der Trägheit der Linie BC, B das Moment der Trägheit der Linie DE, endlich m das geometrische Moment der Linien FG und HI, so ist, wenn B $\left\{\begin{matrix} > \\ < \end{matrix}\right\}$ A, und man □r : □Cos. BAF = A : a, und □r : □Sin. BAF =

B : b macht, a + b nach §. 29. das Moment der Trägheit der Linie FG; dagegen verhält sich $\left\{\begin{matrix}B-A\\A-B\end{matrix}\right\}$: m nach §. 20. u. 37. wie □r : Sin. BAF × Cos. BAF. Aus □r : □Sin. BAF = B : b folgt zurückkehrend □r : □Cos. BAF = B : B—b

$$\square r : \square \mathrm{Cos.\,BAF} = A : a$$

(I. 1, 1)

$$\square r : \square \mathrm{Cos.\,BAF} = \left\{\begin{matrix}B-A : B-(a+b)\\A-B : a+b-B\end{matrix}\right\}$$

$$\square r : \mathrm{Sin.\,BAF} \times \mathrm{Cos.\,BAF} = \left\{\begin{matrix}B-A\\A-B\end{matrix}\right\} : m$$

ord. ex aeq.

$$\mathrm{Sin.BAF} : \mathrm{Cos.BAF},\ \text{d. i.}\ \mathrm{Cot.EAF} : r = m : \left\{\begin{matrix}B-(a+b)\\a+b-B\end{matrix}\right\},$$

und ebenso wird bewiesen, daß $\mathrm{Cot.\,BAF} : r = m : \left\{\begin{matrix}a+b-A\\A-(a+b)\end{matrix}\right\}$.

§. 40. Lehrsatz.

Das geometrische Moment zu FG und HI Fig. 39. ist die mittlere Proportionale zwischen dem Unterschied der Momente der Trägheit der Linien FG und BC und zwischen dem Unterschied der Momente der Trägheit der Linien FG und DE.

Beweis. Aus den im vorigen Beweise enthaltenen Proportionen folgt r : Cot. BAF, d. i. Sin. BAF : Cos. BAF = $\left\{\begin{matrix}a+b-A\\A-(a+b)\end{matrix}\right\} : m = m : \left\{\begin{matrix}B-(a+b)\\a+b-B\end{matrix}\right\}$.

§. 41. Lehrsatz.

Es sei A Fig. 48. ein beliebiger Punct im Raume, und ST eine beliebige durch diesen Punct gezogene gerade Linie, so läßt sich durch A wenigstens Eine auf ST winkelrechte Linie cg im Raume errichten, von der Art, daß das geometrische Moment eines Körpers oder einer Anzahl Puncte in Beziehung auf diese beiden Linien = 0 ist.

Beweis. Man errichte auf ST eine beliebige winkelrechte Linie cAg. Alsdann ist in Beziehung auf die Linien ST und cg entweder das geometrische Moment = 0, oder es ist nicht = 0. Ist es = 0, so haben wir eine durch A gehende und auf ST winkelrechte Linie gefunden, in Beziehung auf welche und auf die Linie ST das geometrische Moment = 0 ist. Ist aber das geometrische Moment in Bezug auf die Linien cg und ST nicht = 0, sind z. B. gAT und cAS die herrschenden Winkelflächen, so drehe man die Linie cg in der auf ST winkelrechten Ebene um den Punct A, bis Ag in die Lage Ac, und Ac in die Lage Ag übergeht. Während dieser Drehung verwandeln sich die nicht herrschenden Winkelflächen in die herrschenden, und umgekehrt. Die Linie cg muß folglich inzwischen eine Lage gehabt haben, in Beziehung auf welche und auf die Linie ST das geometrische Moment = 0 war. In jedem Fall ist es also möglich, durch A eine auf ST winkelrechte Linie zu ziehen, in Beziehung auf welche und auf die Linie ST das geometrische Moment = 0 ist.

§. 42. Lehrsatz.

Wenn durch den Punct A Fig. 48., welcher zwischen einer Anzahl Puncte, deren Massen m, m', m'' . . . sind, beliebig angenommen ist, 3 auf einander winkelrechte Linien so gezogen sind, daß in Beziehung auf eine derselben und auf eine andere, desgleichen in Beziehung auf die erste und auf die 3te die Gleichheit der Summen der verminderten Rechtecke statt findet, so findet diese Gleichheit auch in Beziehung auf die erste und auf jede 4te Linie statt, die man durch den Durchschnittspunct der 3 ersten in der Ebene der 2ten und 3ten ziehen kann. Wenn dagegen 3 auf einander winkelrechte Linien durch A so gezogen sind, daß zwar in Beziehung auf eine derselben und auf eine andere, aber nicht in Bezug auf die 1ste und 3te die Gleichheit der Summen der verminderten Rechtecke statt findet, so findet diese Gleichheit auch in Bezug auf die erste und jede 4te Linie nicht statt, die man durch den Durchschnittspunct der 3 ersten in der Ebene der 2ten und 3ten ziehen kann, sondern die Summe der verminderten Rechtecke ist für diejenigen 2 zwischen der 1sten und 4ten Linie enthaltenen Vertikal-Winkelflächen die größere, welche gegen die zwischen der 1sten und 3ten Linie enthaltenen herrschenden Winkelflächen spitze Flächenwinkel bilden; jedoch ist das geometrische Moment in Bezug auf die 1ste und 4te Linie $<$ als in Bezug auf die 1ste und 3te, und zwar desto kleiner, je näher die 4te Linie der 2ten liegt, und für 2 Linien, die gegen die 2te gleiche $\angle\angle$ bilden, gleich; auch verhält sich das geometrische Moment in Beziehung auf die 1ste und 4te Linie zum geometrischen Moment in Beziehung auf die 1ste und 3te wie der Cosinus des Winkels, welchen die 4te Linie gegen die 3te macht, zum Halbmesser.

Beweis. Es seien BC, DE und ST die 3 auf einander winkelrechten Linien, und es sei in Bezug auf BC und DE, desgleichen in Bezug auf BC und ST das geometrische Moment $=$ 0. Man ziehe zwischen DE und ST eine beliebige Linie UAV, und bezeichne die Abstände der Puncte m, m' ... von der Ebene DAS mit x, x' ..., von der Ebene BAS mit y, y' ..., von der Ebene BAD mit z, z' ..., und von der durch A gelegten auf UV winkelrechten Ebene mit ζ, ζ' ..., die im Verhältniß $\Sigma m : \begin{Bmatrix} m \\ m' \\ \vdots \end{Bmatrix}$ verminderten Linien aber allemal unten mit einem Strich. Betrachtet man nun die Linien wieder als Kräfte oder Geschwindigkeiten, und bezeichnet man die nach der Richtung UV zerfällten Kräfte y, y' ..., z, z' ... mit ϱ, ϱ' ..., σ, σ' ..., so wird $\zeta = \begin{Bmatrix} \varrho+\sigma \\ \varrho-\sigma \\ \sigma-\varrho \end{Bmatrix}$. Aber es verhält sich $y : \varrho = y' : \varrho' \ldots =$ $x_{,} \times y : x_{,} \times \varrho = x'_{,} \times y' : x'_{,} \times \varrho' \ldots$, und $z : \sigma = z' : \sigma' \ldots = x_{,} \times z : x_{,} \times \sigma = x'_{,} \times z' : x'_{,} \times \sigma' \ldots$, also (Eucl. 5, 12), wenn man das Zeichen Σ auf diejenigen Rechtecke erstreckt, welche in den Flächenräumen zweier Scheitelwinkel sich befinden, das Zeichen $\mathfrak{S}$ auf diejenigen Rechtecke, welche in den Flächenräumen der beiden übrigen Scheitelwinkel derselben Ebene sich befinden, $\Sigma x_{,} \times y : \Sigma x_{,} \times \varrho = \mathfrak{S} x_{,} \times y : \mathfrak{S} x_{,} \times \varrho$, und $\Sigma x_{,} \times z : \Sigma x_{,} \times \sigma = \mathfrak{S} x_{,} \times z : \mathfrak{S} x_{,} \times \sigma$. Wenn nun in Beziehung auf die Linien BC und DE, desgleichen in Bezug auf BC und ST die Gleichheit der Summen der verminderten Rechtecke statt findet, so ist $\Sigma x_{,} \times y = \Sigma x_{,} \times y$, und $\Sigma x_{,} \times z = \Sigma x_{,} \times z$; also wird $\Sigma x_{,} \times \varrho = \Sigma x_{,} \times \varrho$

$$\Sigma x_{,} \times \sigma = \Sigma x_{,} \times \sigma$$

——————— Gleiches und Gleiches addirt oder subtrahirt $\Sigma x_{,} \times \zeta = \Sigma x_{,} \times \zeta$; d. h. die Gleichheit der Summen der verminderten Rechtecke findet auch in Beziehung auf die Linien BC und UV statt.

Wenn die Gleichheit der Summen der verminderten Rechtecke zwar in Beziehung auf BC und DE, aber nicht in Bezug auf BC und ST statt findet, so wird der Beweis auf ähnliche Art geführt.

§. 43. Annahme XI.

Wenn durch einen Punct A Fig. 48. drei auf einander winkelrechte Linien so gezogen sind, daß in Bezug auf eine derselben und auf eine andere, desgleichen in Beziehung auf die 1ste und 3te das geometrische Moment eines Körpers = 0 ist, so ist es auch in Beziehung auf die erste und jede 4te Linie = 0, welche man durch den Durchschnittspunct der 3 ersten in der Ebene der 2ten und 3ten ziehen kann. Wenn dagegen 3 auf einander winkelrechte Linien durch A so gezogen sind, daß zwar in Beziehung auf eine derselben und auf eine andere, aber nicht in Beziehung auf die 1ste und 3te das geometrische Moment des Körpers = 0 ist, so ist es auch in Beziehung auf die 1ste und jede 4te Linie nicht = 0, die man durch den Durchschnittspunct der 3 ersten in der Ebene der 2ten und 3ten ziehen kann; auch sind von den 4 durch die 1ste und 4te Linie gebildeten Winkelflächen diejenigen beiden die herrschenden, welche mit den von der 1sten und 3ten Linie gebildeten herrschenden Winkelflächen spitze ∠∠ einschließen, und das geometrische Moment des Körpers in Beziehung auf die 1ste und 4te Linie verhält sich zum geometrischen Moment des Körpers in Beziehung auf die 1ste und 3te Linie wie der Cosinus des Winkels, welchen die 4te Linie gegen die 3te bildet, zum Halbmesser.

§. 44. Zusatz.

Hieraus geht hervor, daß auch bei einem Körper das geometrische Moment in Beziehung auf die 1ste und 4te Linie = ist dem geometrischen Moment in Beziehung auf die 1ste und eine 5te Linie, welche, durch den Durchschnittspunct der 3 ersten in der Ebene der 2ten und 3ten gezogen, gegen die 3te denselben ∠ bildet als die 4te, und daß das geometrische Moment in Bezug auf die 1ste und 4te Linie < ist als das in Bezug auf die 1ste und 3te, und desto kleiner, je näher die 4te Linie der 2ten liegt.

§. 45. Zusatz.

Aus dem Bisherigen geht hervor, daß, wenn man durch A Fig. 48. drei Linien, wovon eine auf den beiden andern winkelrecht steht, so ziehen kann, daß in Beziehung auf die 1ste und 2te, desgleichen in Beziehung auf die 1ste und 3te das geometrische Moment eines Körpers oder einer Anzahl Puncte = 0 ist, daß es alsdann auch in Bezug auf die 1ste und jede 4te Linie = 0 ist, die man durch den Durchschnittspunct der 3 ersten in der Ebene der 2ten und 3ten ziehen kann.

§. 46. Lehrsatz.

Es sei A Fig. 48. ein beliebiger Punct im Raum, so lassen sich durch A allemal 3 auf einander winkelrechte Linien BC, DE und ST so ziehen, daß das geometrische Moment eines Körpers oder einer Anzahl Puncte sowohl in Beziehung auf die Linien BC und DE als auch in Beziehung auf die Linien BC und ST als auch in Beziehung auf die Linien DE und ST = 0 ist.

Beweis. Man lege durch A eine beliebige Ebene BAD, und ziehe in derselben, wenn die Momente der Trägheit in Beziehung auf die durch A in dieser Ebene gezogenen Linien sämmtlich einander gleich sind, 2 beliebige auf einander winkelrechte Linien BAC und DAE, wenn aber die Momente der Trägheit nicht sämmtlich einander gleich sind, 2 auf einander winkelrechte Linien BAC und DAE so, daß das Moment der Trägheit in Beziehung auf BC das kleinste, in Beziehung auf DE aber das größte ist.

Man errichte die Linie SAT winkelrecht auf die Ebene BAD. Alsdann ist das geometrische Moment entweder in Beziehung auf die Linien BC und ST und in Beziehung auf die Linien DE und ST = 0; oder es ist zwar in Beziehung auf die Linien BC und ST = 0, aber nicht in Beziehung auf die Linien DE und ST; oder es ist zwar in Beziehung auf die Linien DE und ST = 0, aber nicht in Beziehung auf die Linien BC und ST; oder es ist weder in Beziehung auf die Linien BC und ST noch in Beziehung auf die Linien DE und ST = 0.

1) Es ist sowohl in Beziehung auf die Linien BC und ST als auch in Beziehung auf die Linien DE und ST = 0. Alsdann hat man 3 Linien BC, DE und ST von der verlangten Eigenschaft gefunden.

2) Es ist in Beziehung auf die Linien BC und ST = 0, aber in Beziehung auf die Linien DE und ST nicht. Alsdann ziehe man durch A in der Ebene DAS zwei Linien UV und WX, in Beziehung auf welche das größte und kleinste unter den der Ebene DAS und dem Punct A angehörigen Momenten der Trägheit statt finden, so hat man zufolge §. 42. und 43. drei Linien BC, UV und WX von der verlangten Eigenschaft gefunden.

3) Auf ähnliche Art wird der Beweis geführt, wenn das geometrische Moment in Beziehung auf DE und ST = 0 ist, in Beziehung auf BC und ST aber nicht.

4) Es ist weder in Beziehung auf die Linien BC und ST noch in Beziehung auf die Linien DE und ST = 0; es seien z. B. TAC, BAS, TAE und DAS die herrschenden Winkelflächen. Wir unterscheiden nun wieder 2 Fälle:

a) Die Momente der Trägheit in Beziehung auf die Linien BC und DE sind einander gleich. Alsdann giebt es nach §. 42.—44. zwischen AB und AE eine Linie Ag von der Art, daß, wenn man gA von A aus beliebig nach c verlängert, das geometrische Moment in Beziehung auf ST und cg = 0 ist. Errichtet man dann noch hAZ winkelrecht auf cg in der Ebene BAD, so hat man 3 durch A gezogene auf einander winkelrechte

Linien ST, cg und hZ gefunden, von der Art daß in Beziehung auf cg und hZ, wie auch in Beziehung auf cg und ST, das geometrische Moment = 0 ist. Man ist also auf den Fall Nr. 2) oder 3) zurückgekommen, und es läßt sich wie dort beweisen, daß 3 auf einander winkelrechte Linien durch A gezogen werden können, welche die verlangte Eigenschaft besitzen.

b) Das Moment der Trägheit in Beziehung auf DE ist > als das in Beziehung auf BC. Alsdann ziehe man zwischen AC und AE eine beliebige Linie AZ, und verlängere sie von A aus beliebig nach h; auch errichte man gAc winkelrecht auf AZ in der Ebene BAD. Da nun unter den Winkelflächen gAZ, ZAc, cAh und hAg nach §. 38. ZAc, hAg, unter den Winkelflächen TAZ, ZAS, SAh und hAT aber nach §. 41. — 44. TAZ und SAh die herrschenden sind, so giebt es (gleichfalls nach §. 41.—44.) zwischen AT und Ag eine, aber auch nur Eine Linie Af von der Art, daß, wenn man fA von A aus beliebig nach e verlängert, das geometrische Moment in Beziehung auf ef und hZ = 0 ist.

Man errichte die Linie Ak winkelrecht auf die Ebene hAe in den inneren Raum des von den ebenen Winkeln TAC, TAD und DAC gebildeten körperlichen Winkels hinein, und verlängere kA von A aus beliebig nach l. Dreht man nun AZ allmälig aus der Lage AC in die Lage AE, so dreht sich Ak aus der Lage AT in den inneren Raum des genannten körperlichen Winkels hinein, und kommt zuletzt in die Lage AT zurück; Af dagegen dreht sich allmälig aus der Lage AE in die Lage AB. Nun sind, wenn Af die Lage AE, und Ak die Lage AT hat, EAT und DAS die herrschenden Winkelflächen, wenn aber Af die Lage AB, und Ak die Lage AT hat, TAC und BAS die herrschenden Winkelflächen; die Linie AZ muß folglich inzwischen wenigstens Eine Lage gehabt haben, von der Art daß in Beziehung auf ef und kl das geometrische Moment = 0 war. Diese Lage sei gefunden, und AZ sei diese Lage, so hat man 3 durch A gezogene auf einander winkelrechte Linien hZ, ef und kl gefunden, von der Art, daß in Beziehung auf hZ und ef, wie auch in Beziehung auf ef und kl das geometrische Moment = 0 ist. Man ist also wieder auf den Fall Nr. 2) zurückgekommen, und es läßt sich wie dort beweisen, daß 3 auf einander winkelrechte Linien durch A gezogen werden können, welche die verlangte Eigenschaft besitzen.

Anmerkung. Aus diesem Beweise ersehen wir, daß wir, um die Möglichkeit dreier Linien von der verlangten Eigenschaft nachzuweisen, nicht nöthig haben mit Laplace (Méc. cél. I. 7, 27) eine kubische Gleichung zu bilden.

§. 47. Erklärung.

Drei auf einander winkelrechte durch A Fig. 48. gezogene Linien, welche die im vorigen §. beschriebene Eigenschaft haben, heißen **Hauptaxen der Puncte** m, m'... **oder des Körpers in Beziehung auf den Punct** A.

§. 48. Zusatz.

Sind die Momente der Trägheit eines Körpers oder einer Anzahl Puncte in Beziehung auf 3 Linien, welche die in §. 46. beschriebene Eigenschaft haben, einander gleich, so sind nach §. 42. und 43. **alle** durch A gezogenen Linien Hauptaxen in Beziehung auf den Punct A, die Momente der Trägheit in Beziehung auf **alle** durch A gezogenen Linien einander gleich, und das geometrische Moment in Bezug auf jede 2 durch A auf einander winkelrecht gezogenen Linien = 0.

Anmerkung. Laplace beweist diesen Satz auf analytischem Wege in seiner Méc. cél. I. 7, im letzten Absatz der 27sten Nummer.

§. 49. Zusatz.

Sind von den Momenten der Trägheit eines Körpers oder einer Anzahl Puncte in Beziehung auf 3 Linien, welche die in §. 46. beschriebene Eigenschaft haben, 2 einander gleich, das 3te aber beiden ungleich, so sind nach §. 42. und 43. alle in der Ebene der beiden gleichen Momente durch A gezogenen Linien Hauptaxen; außer diesen aber und der aus A winkelrecht auf die gedachte Ebene errichteten Linie giebt es keine Hauptaxen.

Das Moment der Trägheit in Beziehung auf jede durch A gezogene Linie, welche keine Hauptaxe ist, fällt zwischen die Momente der Hauptaxen, und ist desto größer, je mehr die betreffende Linie sich der Linie des größten Moments nähert, und für diejenigen Linien, welche gleiche Neigungswinkel gegen die gedachte Ebene bilden, gleich; auch hält das Moment für die Linie, welche einen halben rechten Neigungswinkel gegen die gedachte Ebene bildet, genau die Mitte zwischen dem größten und kleinsten Moment; für eine Linie aber, welche schief gegen die gedachte Ebene unter einem andern Neigungswinkel steht, unterscheidet sich das Moment von dem Moment der unter einem halben rechten ∠ geneigten Linie um einen Flächenraum, welcher sich zum halben Unterschied des größten und kleinsten Moments verhält wie der Sinus der doppelten Abweichung von der halben rechten Neigung zum Halbmesser. Endlich ist das geometrische Moment für keine 2 durch A auf einander winkelrecht gezogenen Linien = 0, außer wenn eine derselben oder auch beide in der gedachten Ebene liegen. Vergl. Laplace Méc. cél. I. 7, 27.

§. 50. Zusatz.

Aus §. 29. folgt, daß, wenn von den Momenten der Trägheit eines Körpers oder einer Anzahl Puncte in Bezug auf 3 Linien, welche die in §. 46. beschriebene Eigenschaft haben, 2 einander gleich sind, das 3te aber beiden ungleich ist, daß alsdann das Moment der Trägheit in Bezug auf eine Linie, welche gegen die Ebene der beiden gleichen Momente schief steht, zusammengesetzt ist aus einem der gleichen und dem ungleichen Moment der Trägheit, das erstere im Verhältniß des Quadrats des Halbmessers zum □ des Cosinus des Neigungswinkels vermindert, welchen die schiefe Linie gegen die Ebene der beiden gleichen Momente bildet, das letztere aber im Verhältniß des Quadrats des Halbmessers zum □ des Cosinus des Winkels vermindert, welchen die schiefe Linie gegen die Linie des ungleichen Moments bildet.

§. 51. Zusatz.

Derselbe Satz gilt nach §. 30. auch für den Fall, wenn die Momente der Trägheit in Bezug auf 3 Linien, welche die in §. 46. beschriebene Eigenschaft haben, alle 3 einander gleich sind.

§: 52. Lehrsatz.

Wenn von den Momenten der Trägheit eines Körpers oder einer Anzahl Puncte in Beziehung auf 3 Linien, welche die in §. 46. beschriebene Eigenschaft haben, 2 einander gleich sind, das 3te aber beiden ungleich ist, so besteht das Moment der Trägheit in Bezug auf eine Linie, welche gegen die Ebene der beiden gleichen Momente schief steht, aus den Momenten der Trägheit in Bezug auf 3 zusammengehörige Hauptaxen, jedes im Verhältniß des Quadrats des Halbmessers zum □ des Cosinus des Winkels vermindert, welchen die schiefe Linie gegen die betreffende Hauptaxe bildet.

Beweis. Es seien AB, AD und AF Fig. 43. drei zusammengehörige Hauptaxen, und zwar AB und AD die mit den gleichen Momenten der Trägheit; AH aber sei eine Linie, welche gegen die Ebene BAD schief steht. Man vollende das Parallelepipedum ABCDEFGH, so ist, wenn wir $AH = r$ setzen, $AB = \text{Cos.}\,HAB$; $AD = \text{Cos.}\,HAD$, und $AF = \text{Cos.}\,HAF$, also

$\square\,\text{Cos.}\,HAB + \square\,\text{Cos.}\,HAD + \square\,\text{Cos.}\,HAF = \square\,r$, aber auch $\square$ Cos. des Neigungswinkels der Linie AH gegen BAD $+ \square\,\text{Cos.}\,HAF = \square\,r$, folglich $\square\,\text{Cos.}\,HAB + \square\,\text{Cos.}\,HAD = \square$ Cos. des Neigungswinkels. Nennen wir diesen Neigungswinkel φ, die Momente der Trägheit in Bezug auf AB, AF und AH aber A, B und m, so ist nach §. 50., wenn wir $\square\,r : \square\,\text{Cos.}\,\varphi = A : a$, und $\square\,r : \square\,\text{Cos.}\,HAF = B : b$ machen, $m = a + b$. Machen wir aber $\square\,r : \square\,\text{Cos.}\,HAB = A : c$, und

$\square\,r : \square\,\text{Cos.}\,HAD = A : d$, so wird (I. 1, 7)

$\square\,r : \square\,\text{Cos.}\,\varphi \quad = A : c + d$, folglich $a = c + d$, und $m = b + c + d$.

§. 53. Zusatz.

Aus dieser Beweisführung geht hervor, daß, wenn 4 Linien, wovon 3 auf einander winkelrecht stehen, einander in Einem Punct schneiden, die Quadrate der Cosinus der ∠∠, welche die 4te Linie gegen die 3 auf einander winkelrechten bildet, zusammen allemal dem □ des Halbmessers gleich sind.

§. 54. Zusatz.

Und hieraus folgt wieder, daß der Satz §. 52. auch für den Fall gilt, wenn die Momente der Trägheit in Bezug auf 3 Linien, welche die in §. 46. beschriebene Eigenschaft haben, alle 3 einander gleich sind.

§. 55. Lehrsatz.

Sind von den Momenten der Trägheit eines Körpers oder einer Anzahl Puncte in Bezug auf 3 Linien, welche die in §. 46. beschriebene Eigenschaft haben, 2 einander gleich, das 3te aber beiden ungleich, so sind für 2 durch A gezogene auf einander winkelrechte Linien, deren keine in der Ebene der beiden gleichen Momente liegt, diejenigen beiden Vertikal-Winkelflächen, welche {die gedachte Ebene schneiden / mit der gedachten Ebene nur Einen Punct gemein haben}, die herrschenden, je nachdem das den beiden gleichen Momenten ungleiche Moment {> / <} ist als jedes der beiden gleichen Momente; das geometrische Moment verhält sich aber zum Unterschied der beiden den Hauptaxen angehörigen Momente der Trägheit wie das Rechteck aus den Sinussen der Neigungswinkel der betreffenden auf einander winkelrechten Linien gegen die gedachte Ebene zum □ des Halbmessers.

Beweis. Es sei ST Fig. 50. diejenige durch A gezogene Linie, für welche das den beiden gleichen Momenten ungleiche Moment der Trägheit statt findet. Bildet nun eine der beiden betreffenden auf einander winkelrechten Linien oder auch beide einen halben rechten ∠ gegen ST, so sei MF eine solche Linie, die gegen ST einen halben rechten ∠ bildet, und ∠TAF = ½R.

Man trage den ∠TAF auf die andere Seite der Linie AF ab, so daß ∠FAC = FAT wird, und verlängere CA von A aus beliebig nach B. Errichtet man noch AH winkelrecht auf AF in der Ebene TAF, so daß AT zwischen AF und AH fällt, und verlängert man HA von A aus beliebig nach P, so sind die Winkelflächen $\begin{Bmatrix}\text{HAM und FAP}\\\text{HAF und MAP}\end{Bmatrix}$ die herrschenden, je nachdem das zu ST gehörige Moment $\begin{Bmatrix}>\\<\end{Bmatrix}$ ist als das zu BC gehörige, und das geometrische Moment in Bezug auf MF und HP (welches geometrische Moment wir = d setzen wollen) ist = der halben Differenz der zu ST und BC gehörigen Momente der Trägheit. Es verhält sich aber (weil der Sinus und Cosinus des halben rechten Winkels mit dem Halbmesser ein gleichschenklig rechtwinkliges △ bilden) nach Eucl. 1, 47. D : d = □r : Sin.TAH×Cos.TAH (wenn wir den Unterschied der zu ST und BC gehörigen Momente der Trägheit = D setzen). Bildet aber keine der beiden betreffenden auf einander winkelrechten Linien gegen ST einen halben rechten ∠, so sei NG eine der beiden betreffenden Linien, und TAG ein spitzer ∠; man errichte AC winkelrecht auf TA in der Ebene TAG, so daß AG zwischen AT und AC falle, und verlängere CA von A aus beliebig nach B; auch halbire man den ∠TAC durch die Linie AF, und den ∠BAS durch AM. Alsdann sind, wenn wir AH winkelrecht auf AG in der Ebene TAG errichten, so daß AT zwischen AG und AH fällt, und HA von A aus beliebig nach P verlängern, $\begin{Bmatrix}\text{HAN und GAP}\\\text{HAG und NAP}\end{Bmatrix}$ die herrschenden Winkelflächen, und es verhält sich, wenn wir das geometrische Moment in Bezug auf HP und GN = d setzen, $\frac{1}{2}$D : d = r : Cos. 2FAG. Es mag nun AG zwischen AF und AT oder zwischen AF und AC fallen, so trage man den ∠FAG auf die entgegengesetzte Seite der Linie AF ab, so daß ∠FAG = FAG wird, so verhält sich $\frac{1}{2}$D : d = r : Cos.GAG = r : Sin.(TAC—GAG) = r : Sin.2TAG (wenn wir unter TAG denjenigen ∠ verstehen, welcher < TAF ist) = (II. 4, 14) □r : 2 Sin.TAG × Cos.TAG (wo es nunmehr gleichviel ist, ob wir unter TAG den größeren oder kleineren ∠ verstehen), also D : d = □r : Sin. TAH × Cos. TAH. Diese Proportion gilt folglich allemal, es mag eine der beiden betreffenden auf einander winkelrechten Linien oder beide oder keine einen halben rechten ∠ gegen ST bilden. Nun liegt die 2te der betreffenden auf einander winkelrechten Linien entweder in der Ebene TAB oder nicht in dieser Ebene. Liegt sie in dieser Ebene, so kann es nur die Linie HP sein; dann ist aber Sin. TAH = dem Sinus der Neigung der ersten betreffenden Linie gegen die Ebene der beiden gleichen Momente, und Cos. TAH = Sin. HAB = Sinus der Neigung der 2ten betreffenden Linie gegen die gedachte Ebene; also druckt die Proportion D : d = □r : Sin. TAH × Cos. TAH den zu beweisenden Satz aus.

Liegt aber die 2te betreffende Linie nicht in der Ebene TAB, so sei IQ diese Linie, und es falle AI zwischen AT und die Ebene der beiden gleichen Momente. Man fälle aus einem beliebigen Punct O der Linie AT das Perpendikel OK auf AH, und aus K das Perpendikel KL auf AI; dann steht, wenn man TL zieht, auch diese Linie nach Eucl. 11, 11 winkelrecht auf AI. Es verhält sich aber AO : AK = r : Cos. TAH, und AK : AL = r : Cos. HAI = (§. 42. und 43.) d zum geometrischen Moment in Bezug auf die betreffenden Linien (welches geometrische Moment wir e nennen wollen) = (d : D) + (D : e) = (Sin. TAH : r) + (Cos. TAH : r) + (D : e), also (AO : AK) + (AK : AL), d. i. AO : AL, d. i. r : Cos. TAI = (Sin. TAH : r) + (D : e), also (r : Cos. TAI) + (r : Sin. TAH), d. i. □r : Sin. TAH × Cos. TAI, d. i. □r zum Rechteck aus den Sinussen der Neigungswinkel der betreffenden Linien gegen die Ebene der beiden gleichen Momente wie D : e.

§. 56. Lehrsatz.

Sind von den Momenten der Trägheit eines Körpers oder einer Anzahl Puncte in Bezug auf 3 Linien, welche die in §. 46. beschriebene Eigenschaft haben, 2 einander gleich, das 3te aber beiden ungleich, so ist für 2 auf einander winkelrechte durch A gezogene Linien, deren keine in der Ebene der beiden gleichen Momente liegt, das geometrische Moment die mittlere Proportionale zwischen dem Unterschied des Moments der Trägheit der einen betreffenden Linie und eines der beiden gleichen Momente und dem Unterschiede des Moments der Trägheit der andern betreffenden Linie und eines der beiden gleichen Momente.

Beweis. Es sei A eins der beiden gleichen Momente, B das den beiden gleichen ungleiche Moment, φ und ψ die Neigungen der betreffenden Linien gegen die Ebene der beiden gleichen Momente, M und m aber die Momente der Trägheit in Beziehung auf die betreffenden Linien, so ist nach §. 23. und 25.

$$\left\{\begin{matrix} \\ A-B:M-B\end{matrix}\right. = \square r:\square \mathrm{Cos.}\,\varphi;\ \text{zurückkehrend}\ \left.\begin{matrix} B-A:M-A \\ A-B:A-M\end{matrix}\right\} = \left.\begin{matrix}\square r:\square \mathrm{Sin.}\,\varphi \\ \square r:\square \mathrm{Sin.}\,\varphi\end{matrix}\right\}$$

$$\left\{\begin{matrix} \\ A-B:m-B\end{matrix}\right. = \square r:\square \mathrm{Cos.}\,\psi;\ \text{zurückkehrend}\ \left.\begin{matrix} B-A:m-A \\ A-B:A-m\end{matrix}\right\} = \left.\begin{matrix}\square r:\square \mathrm{Sin.}\,\psi \\ \square r:\square \mathrm{Sin.}\,\psi\end{matrix}\right\}$$

$$\text{ord. ex aeq.}\ \left\{\begin{matrix} M-A:m-A \\ A-M:A-m\end{matrix}\right\} = \square \mathrm{Sin.}\,\varphi:\square \mathrm{Sin.}\,\psi.$$

Setzt man nun die mittl. Proportionale zwischen $\left\{\begin{matrix} M-A \text{ und } m-A \\ A-M \text{ und } A-m\end{matrix}\right\} = e$, so ist $\left\{\begin{matrix} M-A \\ A-M\end{matrix}\right\} : e = \square \mathrm{Sin.}\,\varphi : \mathrm{Sin.}\,\varphi \times \mathrm{Sin.}\,\psi$

$$\left\{\begin{matrix} B-A:M-A \\ A-B:A-M\end{matrix}\right\} = \square r:\square \mathrm{Sin.}\,\varphi$$

$$\text{ord. ex aeq.}\quad \left\{\begin{matrix} B-A \\ A-B\end{matrix}\right\} : e = \square r : \mathrm{Sin.}\,\varphi \times \mathrm{Sin.}\,\psi = (\text{§. } 55.)$$

$\left\{\begin{matrix} B-A \\ A-B\end{matrix}\right\}$ zum geom. Moment in Bezug auf die betreffenden Linien. Dieses geom. Moment ist also $= e$.

§. 57. Lehrsatz.

Wenn die Momente der Trägheit eines Körpers oder einer Anzahl Puncte in Bezug auf 3 Linien, welche die in §. 46. beschriebene Eigenschaft haben, alle 3 einander ungleich sind, so giebt es außer den 3 gedachten Linien keine durch A gehende Hauptaxen. Das größte der 3 gedachten Momente ist das größte unter allen Momenten der Trägheit, welche sich auf die durch den Punct A gehenden Linien beziehen, das kleinste unter den 3 gedachten Momenten aber das kleinste unter allen Momenten der Trägheit, welche sich auf die durch den Puuct A gehenden Linien beziehen; auch ist das Moment der Trägheit für eine durch A gehende Linie, welche in der Ebene zweier Hauptaxen liegt, zusammengesetzt aus den Momenten der Trägheit für diese beiden Hauptaxen, jedes im Verhältniß des Quadrats des Halbmessers zum □ des Cosinus des Winkels vermindert, welchen die Linie, die keine Hauptaxe ist, gegen die betreffende Hauptaxe bildet; das Moment der Trägheit aber für eine durch A gehende Linie, welche in keiner der 3 durch die Hauptaxen gelegten Ebenen liegt, besteht aus den Momenten der Trägheit für die 3 Hauptaxen, jedes im Verhältniß des Quadrats des Halbmessers zum □ des Cosinus des Winkels vermindert, welchen die Linie, die in keiner der 3 durch die Hauptaxen gelegten Ebenen liegt, gegen die betreffende Hauptaxe bildet. Auch ist das zu 2 auf einander winkelrechten durch A gezogenen Linien gehörige geometrische Moment, wenn eine von beiden Linien eine Hauptaxe ist, allemal = 0; liegt aber eine von beiden Linien in der Ebene zweier Hauptaxen ohne selbst eine Hauptaxe zu sein, so kann die andere Linie, wenn das geometrische Moment = 0 sein soll, nur die 3te Hauptaxe sein; und liegt eine von beiden Linien in keiner der 3 durch die Hauptaxen gelegten Ebenen, so liegt auch die andere Linie, wenn das geometrische Moment = 0 ist, in keiner der 3 genannten Ebenen.

Beweis. Es seien AB, AD und AF Fig. 43. drei Linien, welche die in §. 46. beschriebene Eigenschaft haben, und für welche die Momente der Trägheit, die wir resp. mit A, B, C bezeichnen wollen, alle 3 einander ungleich sind; auch sei $C > B$, und $B > A$. Was nun von den Momenten der Trägheit in Bezug auf die durch A in den Ebenen BAD, BAF und DAF gezogenen Linien bewiesen werden soll, ist aus §. 29. klar; auch erkennen wir, daß jedes dieser Momente $> A$, aber $< C$ ist. Es sei dagegen AH eine Linie, welche in keiner der Ebenen BAD, BAF und DAF liegt, so ist, wenn wir noch AC ziehen, und $\square r : \square \mathrm{Cos.} HAB = A : a$; $\square r : \square \mathrm{Cos.} HAD = B : b$; $\square r : \square \mathrm{Cos.} HAF = C : c$; $\square r : \square \mathrm{Cos.} CAD = B : e$; $\square r : \square \mathrm{Cos.} CAB = A : f$, endlich $\square r : \square \mathrm{Cos.} HAC = m : g$ machen, (wo m das Moment der Trägheit in Bezug auf AC ist), nach §. 29. $m = e + f$. Da nun $AH : AC = r : \mathrm{Cos.} HAC$, und $AC : AB = r : \mathrm{Cos.} CAB$, so ist $(AH : AC) + (AC : AB)$, d. i. $r : \mathrm{Cos.} HAB = (r : \mathrm{Cos.} HAC) + (r : \mathrm{Cos.} CAB)$, also $\square r : \square \mathrm{Cos.} HAB = (\square r : \square \mathrm{Cos.} HAC) + (\square r : \square \mathrm{Cos.} CAB)$, d. i. $A : a = (e + f : g) + (A : f)$, also $f : a = e + f : g$. Und da $AC : AD = r : \mathrm{Cos.} CAD$, so ist $(AH : AC) + (AC : AD)$, d. i. $r : \mathrm{Cos.} HAD = (r : \mathrm{Cos.} HAC) + (r : \mathrm{Cos.} CAD)$, also $B : b = (e + f : g) + (B : e)$, also $e : b = e + f : g$

$$f : a = e + f : g$$

$$\text{(Eucl. 5, 12)} \quad e + f : a + b = e + f : g.$$

Also ist $g = a + b$, das Moment der Trägheit in Bezug auf AH aber nach §. 29. $= c + g = a + b + c$. Auch liegt das zu AH gehörige Moment der Trägheit zwischen den zu AC und AF gehörigen, ist also $> A$, aber $< C$. Das übrige zu Beweisende ist für sich klar.

§. 58. Lehrsatz.

Das Moment der Trägheit mehrerer Puncte $m, m' \ldots$ zusammengenommen in Beziehung auf eine Linie, die nicht durch den Schwerpunct geht, ist = dem Moment der Trägheit in Beziehung auf die durch den Schwerpunct gehende mit der vorigen Linie parallele Linie, + dem $\square$ der Entfernung der beiden Parallellinien von einander.

Beweis. Es sei ST Fig. 51. die nicht durch den Schwerpunct gehende Linie, H der Schwerpunct, und FHG ⧺ ST. Man fälle HA winkelrecht auf ST, und verlängere HA von A aus beliebig nach B, von H aus beliebig nach C; auch errichte man DAE winkelrecht auf die Ebene TAC. Bezeichnet man nun die Abstände der Puncte m, m' ... von der Ebene TAE mit x, x' ..., von der Ebene TAC aber mit y, y' ..., von der durch H gelegten mit TAC parallelen Ebene mit ξ, ξ' ..., und macht man $\Sigma m : m = \xi : \xi_,$; $\Sigma m : m' = \xi' : \xi'_,$ ..., so ist x $= \begin{Bmatrix} AH + \xi \\ AH - \xi \\ \xi - AH \end{Bmatrix}$; $x' = \begin{Bmatrix} AH + \xi' \\ AH - \xi' \\ \xi' - AH \end{Bmatrix}$, u. s. w., und (nach §. 13. des 8. Abschn. Theil 2) $\Sigma \xi_, = \mathfrak{Z} \xi_,$. Das Moment der Trägheit in Bezug auf die Linie FG ist aber $\Sigma \xi_, \times \xi + \Sigma y_, \times y$ (wenn wir $\Sigma m : m = y : y_, = y' : y'_,$ ... machen), dagegen das Moment der Trägheit in Bezug auf ST $= \Sigma x_, \times x + \Sigma y_, \times y$. Aus x $= \begin{Bmatrix} AH + \xi \\ AH - \xi \\ \xi - AH \end{Bmatrix}$ folgt, wenn man $\Sigma m : m = AH : \mathfrak{x}$; $\Sigma m : m' = AH : \mathfrak{x}'$ ... macht, $x_, \times x = AH \times \mathfrak{x} + \xi_, \times \xi \pm 2 AH \times \xi_,$; eben so ist $x'_, \times x' = AH \times \mathfrak{x}' + \xi'_, \times \xi' \pm 2 AH \times \xi'_,$ u. s. w., also $\Sigma x_, \times x = \Box AH + \Sigma \xi_, \times \xi + 2 AH \times \Sigma \xi_, - 2 AH \times \mathfrak{Z} \xi_, = \Box AH + \Sigma \xi_, \times \xi$, also $\Sigma x_, \times x + \Sigma y_, \times y = \Box AH + \Sigma \xi_, \times \xi + \Sigma y_, \times y$.

§. 59. Annahme XII.

Das Moment der Trägheit eines Körpers in Beziehung auf eine Linie, die nicht durch den Schwerpunct geht, ist = dem Moment der Trägheit in Beziehung auf die durch den Schwerpunct gehende mit der vorigen parallele Linie, + dem □ der Entfernung der beiden Parallellinien von einander.

§. 60. Zusatz.

Aus den beiden vorigen Sätzen, verglichen mit §. 48. 49. und 57., folgt, daß das kleinste Moment der Trägheit eines Körpers (oder einer Anzahl Puncte) einer durch den Schwerpunct gehenden Hauptaxe angehört.

Anmerkung. Wegen der Sätze §. 52. 54. 57. — 60. vergleiche Laplace Méc. cél. I. 7, 27.

§. 61. Lehrsatz.

Wenn ein System mehrerer fest unter einander verbundener Puncte entweder sich frei bewegt oder nur gezwungen ist sich um einen unbeweglichen Punct, der mit dem System fest verbunden ist, zu bewegen, und wenn man im ersten Fall einen beliebigen mit dem System fest verbundenen Punct als ruhend betrachtet, und nur die relative Bewegung aller Puncte des Systems in Beziehung auf den als ruhend betrachteten Punct in Betracht zieht, und die augenblickliche Umdrehungsaxe des Systems in Beziehung auf den festen oder als fest betrachteten Punct ist zu irgend einer Zeit eine Hauptaxe, so hat das System sich bisher beständig um diese Hauptaxe gedreht, und dreht sich auch nachher unaufhörlich um dieselbe; die Winkelgeschwindigkeit dieser Drehung war bisher immer dieselbe, und bleibt auch nachher immer dieselbe; auch blieb die Umdrehungsaxe bisher beständig sich selbst parallel, und bleibt auch nachher beständig sich selbst parallel. Dreht aber ein sich frei bewegendes System oder ein System, welches nur gezwungen ist sich um einen mit ihm fest verbundenen Punct zu drehen, sich in seiner relativen Bewegung in Beziehung auf den als fest betrachteten Punct um eine und dieselbe Axe mit gleichförmiger Winkelgeschwindigkeit und so, daß diese Axe sich selbst parallel bleibt, so ist diese Axe eine Hauptaxe.

Beweis. Wir wollen dem System eine willkürliche Bewegung mittheilen, welche so beschaffen ist, daß es sich um die augenblickliche Umdrehungsaxe, um welche es sich in irgend einem Augenblick dreht, mit der Winkelgeschwindigkeit, welche es in diesem Augenblick hat, bisher beständig drehte und auch nachher beständig fortfährt sich zu drehen, und daß die Umdrehungsaxe bisher beständig sich selbst parallel blieb, und auch nachher beständig sich selbst parallel bleibt. Alsdann sind die Curvenkräfte der einzelnen Puncte des Systems bloße Normalkräfte und gegen die Umdrehungsaxe winkelrecht gerichtet. Normalkräfte stehen aber (nach §. 28. des 2. Abschn.) in einem Verhältniß, welches aus dem doppelten Verhältniß der Geschwindigkeiten und dem verkehrten Verhältniß der Krümmungshalbmesser zusammengesetzt ist. Bei der eben erwähnten Drehung nun verhalten sich die Geschwindigkeiten der einzelnen Puncte des Systems wie die Entfernungen dieser Puncte von der Umdrehungsaxe, welche Entfernungen zugleich die Krümmungshalbmesser sind. Folglich verhalten sich die Curvenkräfte wie die Entfernungen von der Umdrehungsaxe, und können, wenn man die zum Maaß der Kräfte dienende Zeit gehörig bestimmt, selbst durch diese Entfernungen ausgedruckt werden. Legt man nun durch die Umdrehungsaxe 2 beliebige auf einander winkelrechte Ebenen, welche ihre Lage behalten, während das System sich der obgedachten willkürlichen Bewegung gemäß dreht, und eine dritte Ebene durch den als fest betrachteten Punct winkelrecht auf die Umdrehungsaxe, welche 3te Ebene gleichfalls ihre Lage behält, und bezeichnet man für irgend einen Augenblick der willkürlichen Bewegung die Entfernungen der einzelnen Puncte des Systems von der 1sten Ebene mit $x, x' \ldots$, von der 2ten Ebene mit $y, y' \ldots$, von der 3ten Ebene mit $z, z' \ldots$, und macht man $\Sigma m : m = x : x_{,} = y : y_{,}$; $\Sigma m : m' = x' : x_{,}' = y' : y_{,}' \ldots$, so sind die statischen Momente der im Verhältniß $\Sigma m : \left\{\begin{matrix} m \\ m' \\ \vdots \end{matrix}\right\}$ verminderten, den Curvenkräften entgegengesetzten Kräfte der einzelnen Puncte des Systems in Bezug auf die Durchschnittslinie der 2ten und 3ten Ebene $y_{,} \times z,\ y_{,}' \times z',\ y_{,}'' \times z'' \ldots$, in Bezug auf die Durchschnittslinie der 1. und 3. Ebene $x_{,} \times z,\ x_{,}' \times z',\ x_{,}'' \times z'' \ldots$, in Bezug auf die Durchschnittslinie der 1. und 2. Ebene 0. Ist nun

1) die augenblickliche Umdrehungsaxe in dem angenommenen Augenblick eine Hauptaxe, so ist nach §. 57. $\Sigma y_{,} \times z = \Sigma y_{,} \times z$, und $\Sigma x_{,} \times z = \Sigma x_{,} \times z$; folglich stehen nach §. 26. des 6. Abschn. die entgegengesetzten der bei der willkürlichen Bewegung des Systems statt findenden Curvenkräfte mit den von den Bedingungen

abhängigen Kräften im Gleichgewichte; folglich sind die Curvenkräfte selbst einerlei mit den durch die Bedingungen des Systems hervorgebrachten Kräften, also die willkürliche Bewegung einerlei mit der wirklichen Bewegung des Systems.

2) Ist aber die beschriebene willkürliche Bewegung einerlei mit der wirklichen, so sind die beschriebenen Curvenkräfte einerlei mit den durch die Bedingungen des Systems hervorgebrachten Kräften; also stehen die entgegengesetzten der Curvenkräfte mit den durch die Bedingungen des Systems hervorgebrachten Kräften im Gleichgewichte. Daher ist nach §. 25. des 6. Abschn. $\Sigma y_{,} xz = \Sigma y_{,} xz$, und $\Sigma x_{,} xz = \Sigma x_{,} xz$, folglich das geometrische Moment in Beziehung auf die Umdrehungsaxe und jede darauf winkelrechte durch den festen Punct gehende Linie $= 0$. Hieraus, verglichen mit §. 19., folgt, daß die Umdrehungsaxe eine Hauptaxe ist.

§. 62. Annahme XIII.

Wenn ein fester Körper entweder sich frei bewegt, oder nur gezwungen ist sich um einen unbeweglichen Punct, der mit dem Körper fest verbunden ist, zu drehen, und wenn man im 1sten Fall einen beliebigen mit dem Körper fest verbundenen Punct als ruhend betrachtet, und nur die relative Bewegung des Körpers in Beziehung auf den als ruhend betrachteten Punct in Betracht zieht, und die augenblickliche Umdrehungsaxe des Körpers in Bezug auf den festen oder als fest betrachteten Punct ist zu irgend einer Zeit eine Hauptaxe, so hat der Körper bisher beständig sich um diese Hauptaxe gedreht, und dreht sich auch nachher unaufhörlich um dieselbe; die Winkelgeschwindigkeit dieser Drehung war bisher immer dieselbe, und bleibt auch nachher immer dieselbe; auch blieb die Umdrehungsaxe bisher beständig sich selbst parallel, und bleibt auch nachher beständig sich selbst parallel. Dreht aber ein sich frei bewegender fester Körper oder ein fester Körper, welcher nur gezwungen ist sich um einen mit ihm fest verbundenen Punct zu drehen, sich in seiner relativen Bewegung in Bezug auf den als fest betrachteten Punct um eine und dieselbe Axe mit gleichförmiger Winkelgeschwindigkeit und so, daß diese Axe sich selbst parallel bleibt, so ist diese Axe eine Hauptaxe.

Anmerkung. Wegen dieser Eigenschaft hat man die Hauptaxen auch Hauptumdrehungsaxen (axes principaux de rotation) genannt. Man vergleiche übrigens wegen dieses und des vorigen §. die analytische Entwickelung in Laplace méc. cél. I. 7, 30. Seite 85 — 87.

§. 63. Lehrsatz.

Wenn ein fester Körper oder ein System fest mit einander verbundener Puncte sich frei bewegt oder nur gezwungen ist sich um einen festen Punct zu drehen, und die augenblickliche Umdrehungaxe ist zu irgend einer Zeit eine solche Axe, die nicht zu den Hauptaxen gehört, so war die augenblickliche Umdrehungsaxe weder vorher noch ist sie nachher jemals eine Hauptaxe; auch ändert die augenblickliche Umdrehungsaxe ihre Lage in Beziehung auf die Puncte des Systems unaufhörlich, ohne auch nur die kleinste Zeit hindurch unverändert zu bleiben.

Beweis. Wäre die augenblickliche Umdrehungsaxe zu irgend einer Zeit eine Hauptaxe, so würde diese Hauptaxe vorher stets die Umdrehungsaxe gewesen sein, und es auch nachher stets bleiben, (zufolge der beiden vorigen §§.), welches aber gegen die Voraussetzung ist. Folglich ist die augenblickliche Umdrehungsaxe weder vor- noch nachher jemals eine Hauptaxe. Behielte aber die Umdrehungsaxe auch nur die kleinste Zeit hindurch ihre Lage in Beziehung auf die Oberfläche des Körpers (auf die Puncte des Systems), so wäre während dieser Zeit die Winkelgeschwindigkeit entweder gleichförmig oder veränderlich. Wäre sie gleichförmig, so wäre nach §. 61. und 62. die Umdrehungsaxe eine Hauptaxe, welches, wie wir schon bewiesen haben, nicht sein kann. Wäre aber die Winkelgeschwindigkeit veränderlich, so wären die Curvenkräfte nicht bloße Normal- sondern auch Tangentialkräfte. Alsdann ist klar, daß das statische Moment einer jeden Normalkraft in Beziehung auf die Umdrehungsaxe verschwindet; die statischen Momente der im Verhältniß $\Sigma m : \begin{Bmatrix} m \\ m' \\ \vdots \end{Bmatrix}$ verminderten Curvenkräfte des Systems reduciren sich folglich auf die statischen Momente der in demselben Verhältniß verminderten Tangentialkräfte; da aber diese Tangentialkräfte sämmtlich nach einerlei Seite gerichtet sind, so heben die Momente der Curvenkräfte sich nicht auf, und folglich bringen (nach §.25. des 6. Absch.) die entgegengesetzten der Curvenkräfte mit den durch die Bedingungen des Systems hervorgebrachten Kräften kein Gleichgewicht hervor; die Curvenkräfte sind also nicht einerlei mit den durch die Bedingungen des Systems hervorgebrachten Kräften, und folglich kann die so eben betrachtete mit veränderlicher Winkelgeschwindigkeit behaftete Bewegung des Systems nicht statt finden. Es bleibt also nur übrig, daß die augenblickliche Umdrehungsaxe ihre Lage in Beziehung auf die Puncte des Systems unaufhörlich ändern muß, ohne auch nur die kleinste Zeit hindurch unverändert zu bleiben.

§. 64. Zusatz.

Aus dieser Beweisführung geht hervor, daß, wenn ein festes System sich frei bewegt oder nur gezwungen ist sich um einen festen Punct zu drehen, und die Umdrehungsaxe behält ihre Lage in Beziehung auf die Puncte des Systems unverändert, daß alsdann auch die Winkelgeschwindigkeit unveränderlich ist.

§. 65. Annahme XIV.

Wenn ein fester Körper sich frei bewegt oder nur gezwungen ist sich um einen festen Punct zu drehen, und die Umdrehungsaxe behält ihre Lage in Beziehung auf die Oberfläche des Körpers unverändert, so ist auch die Winkelgeschwindigkeit unveränderlich.

§. 66. Zusatz.

Wenn man mit dieser Annahme den Beweis zu §. 63. noch einmal durchgeht, so ergiebt sich, daß auch bei der Drehung eines festen Körpers, wenn er entweder sich frei bewegt oder nur gezwungen ist sich um einen festen Punct zu drehen, und wenn die augenblickliche Umdrehungsaxe zu irgend einer Zeit eine von den Hauptaxen verschiedene Axe ist, daß bei einer solchen

Drehung die augenblickliche Umdrehungsaxe ihre Lage in Beziehung auf die Oberfläche des Körpers unaufhörlich ändert, ohne auch nur die kleinste Zeit hindurch unverändert zu bleiben.

§. 67. Zusatz.

Bei einer Kugel von gleichförmiger Dichtigkeit, oder worin die Dichtigkeit in gleichen Abständen vom Mittelpunct allemal gleich ist, sind alle Durchmesser Hauptaxen in Beziehung auf den Mittelpunct (Vergl. Laplace méc. cél. I. 7, den letzten Absatz der 27sten Nummer). Dasselbe gilt überhaupt von allen Körpern, welche folgendermaßen entstehen. Man lege durch A Fig. 52. drei auf einander winkelrechte Ebenen, welche sich in BC, DE, ST schneiden, halbire den ∠DAS durch AF, SAC durch AH, und DAC durch AG, lege durch AD und AH eine Ebene, eine andere durch AS und AG, eine dritte durch AC und AF, welche 3 Ebenen sich in AI schneiden, und construire innerhalb des von den ebenen Winkeln DAF, FAI und IAD gebildeten körperlichen Winkels einen beliebigen Körper, innerhalb des von den ebenen Winkeln FAS, SAI und IAF gebildeten körperlichen Winkels einen Körper, der mit dem vorigen in Beziehung auf Gestalt und auf Abstufung der Dichtigkeit symmetrisch ist, innerhalb des von den ebenen Winkeln SAI, IAH und HAS gebildeten körperlichen Winkels einen dritten Körper, der wiederum dem 2ten in Beziehung auf Gestalt und Abstufung der Dichtigkeit symmetrisch, also dem 1sten congruent ist, und so weiter, bis man 6 Körper ADFI, AFIS, ASIH, AHIC, ACIG und AGID hat, welche den von den rechten Winkeln DAS, SAC und CAD gebildeten körperlichen ∠ ausfüllen. Innerhalb der 7 übrigen körperlichen ∠∠, die von den Ebenen BAT, BAD und DAT gebildet werden, construire man 7 andere Körper ABDT, ADTC, ACET, AEBT, ABDS, ABES und AECS, welche dem bisher construirten Körper ADCS in Beziehung auf Gestalt und Abstufung der Dichtigkeit congruent sind. Alsdann ist der ganze Körper TBDCES ein solcher, in welchem alle durch A gehenden geraden Linien Hauptaxen in Beziehung auf A sind (vgl. §. 48.).

Bei einem runden Körper, d. h. bei einem solchen, der durch Umdrehung einer beliebigen ebenen Figur um eine feststehende gerade Linie entstanden ist, sind, wenn die Dichtigkeit entweder gleichförmig oder doch für solche Puncte, die in einer auf der feststehenden Linie winkelrechten Ebene gleichweit von der feststehenden Linie abstehen, allemal gleich ist, in Beziehung auf jeden Punct der feststehenden Linie alle auf dieser Linie winkelrechten Linien, wie auch die feststehende Linie selbst, Hauptaxen. Dasselbe gilt überhaupt von allen Körpern, welche folgendermaßen entstehen. Man lege durch eine gerade Linie AB Fig. 53. zwei auf einander winkelrechte Ebenen ACBD und AEBF, halbire den von den Ebenen ACB und AEB gebildeten Flächenwinkel durch die Ebene AGB. Alsdann construire man innerhalb des von den Ebenen ABC und ABG gebildeten Flächenwinkels einen beliebigen Körper AGBCA, innerhalb des von den Ebenen ABG und ABE gebildeten Flächenwinkels einen Körper AGBEA, welcher mit dem vorigen in Beziehung auf Gestalt und Abstufung der Dichtigkeit symmetrisch ist, und mit ihm die ebene Grenzfigur ABGA gemein hat, innerhalb des von den Ebenen ABE und ABD gebildeten Flächenwinkels einen Körper AEBD, welcher mit dem bisher construirten Körper ACBEA in Beziehung auf Gestalt und Abstufung der Dichtigkeit congruent ist, und mit ihm die ebene Grenzfigur ABEA gemein hat; auf dieselbe Weise construire man auch innerhalb der beiden übrigen von den Ebenen ACBD und AEBF gebildeten Flächenwinkel Körper ADBFA und AFBCA, so ist der ganze Körper ACBDA ein solcher, in welchem AB eine Hauptaxe ist in Beziehung auf alle in AB liegenden Puncte, jede Linie aber, welche AB winkelrecht schneidet, eine Hauptaxe in Beziehung auf den Schneidepunct ist (vgl. §. 49.).

§. 68. Lehrsatz.

Wenn um die Linie AB Fig. 53. herum nicht, wie bei der im vorigen §. beschriebenen Construction geschehen ist, acht gleiche Flächenwinkel gelegt und symmetrische Körper in denselben construirt sind, sondern wenn die Anzahl der gleichen Flächenwinkel jede beliebige andere gerade Zahl, aber $>$ 4 ist, übrigens aber die Construction ganz der im vorigen §. beschriebenen analog ist, so ist die Linie AB ebenfalls eine Hauptaxe in Beziehung auf alle in AB liegenden Puncte, jede Linie aber, welche AB winkelrecht schneidet, eine Hauptaxe in Beziehung auf den Schneidepunct.

Beweis. Man nehme in AB einen beliebigen Punct an. Wäre AB in Beziehung auf den angenommenen Punct keine Hauptaxe, so denke man sich den Körper, bei unveränderter Dichtigkeit in allen seinen einzelnen Puncten, als einen festen, und denke sich ihn in Bewegung, so daß er nur gezwungen sei sich um den angenommenen Punct zu drehen, übrigens aber sich frei bewege. Wenn alsdann AB die anfängliche augenblickliche Umdrehungsaxe ist, so kann AB nach §. 66. auch nicht die kleinste Zeit hindurch Umdrehungsaxe bleiben, sondern die Umdrehungsaxe nimmt sogleich eine andere Lage im Körper an, und beschreibt, wenn man sich jetzt wieder den Körper als unbeweglich denkt, eine gekrümmte piramydalische Fläche. Die durch eine Seitenlinie einer gekrümmten piramydalischen Fläche gehende berührende Ebene ist aber diejenige, welcher sich die Ebene, die man durch die gedachte Seitenlinie und durch eine andere Seitenlinie legen kann, bei der allmäligen Annäherung der 2ten Seitenlinie an die erste so sehr nähert, daß der fehlende Flächenwinkel $<$ werden kann als jeder gegebene $\angle$, ohne sie jedoch zu erreichen. Die durch AB gehende berührende Ebene der piramydalischen Fläche kann nun mit keiner der durch AB gelegten Ebenen, die zur Construction des Körpers dienten, zusammenfallen, weil sie dann aus demselben Grunde auch mit der 3ten, 5ten, 7ten Ebene u. s. w. zusammenfallen müßte (wenn man die Ebenen von der erstgedachten Ebene an zählt). Sie kann aber auch nicht zwischen 2 Ebenen fallen, die zur Construction des Körpers dienten, weil sie dann aus demselben Grunde auch zwischen die 3te und 4te, zwischen die 5te und 6te Ebene u. s. w. fallen müßte (wenn man die 2 vorhin gedachten Ebenen als die ersten zählt). Folglich ist die Annahme falsch, und AB auf jeden Fall eine Hauptaxe in Beziehung auf den angenommenen Punct. Der Begriff einer Hauptaxe setzt aber allemal wenigstens 2 andere Hauptaxen voraus, welche auf der ersteren winkelrecht stehen. Es ist also allemal möglich, aus dem in AB angenommenen Punct eine auf AB winkelrechte Linie zu errichten, welche in Beziehung auf den angenommenen Punct eine Hauptaxe ist. Eine solche Linie sei gefunden. Alsdann fällt die gefundene 2te Hauptaxe entweder in eine der durch AB gelegten Ebenen, welche zur Construction des Körpers dienten, oder zwischen 2 solche Ebenen. Fällt sie in eine solche Ebene, so sind auch die in die 3te, 5te, 7te Ebene u. s. w. fallenden Linien Hauptaxen. Fällt sie zwischen 2 Ebenen, so fällt auch zwischen die 3te und 4te, desgleichen zwischen die 5te und 6te Ebene u. s. w. eine Hauptaxe. Da nun auf diese Weise Hauptaxen entstehen, welche nicht auf einander winkelrecht sind, so sind alle aus dem angenommenen Punct winkelrecht auf AB errichteten Linien Hauptaxen in Beziehung auf den angenommenen Punct.

§. 69. Zusatz.

Zu den Körpern, welche die in der 2ten Hälfte von §. 67. und in §. 68. beschriebene Eigenschaft haben, gehören z. B. alle regulären geraden Piramyden, desgleichen alle abgekürzten regulären geraden Piramyden, wie auch solche Körper, die aus abgekürzten geraden Kegeln und einer abgekürzten regulären geraden Piramyde mit gemeinschaftlicher Axe zusammengesetzt sind, endlich auch alle regulären ebenflächigen Körper, wenn man einen beliebigen Punct eines großen oder kleinen Halbmessers als festen Punct betrachtet.

§. 70. Zusatz.

Auch wenn die Anzahl der gleichen Flächenwinkel, die man bei der in §. 68. beschriebenen Construction um die Linie AB Fig. 53. legt, statt acht nur vier ist, (wenn also der Körper sich nicht in 8, auch nicht in 6, sondern nur in 4 Körper schneiden läßt, von denen jede 2 benachbarten einander symmetrisch sind, wie dies z. B. bei einer vierseitigen Piramyde, deren Grundfläche ein Rhombus ist, statt findet), so ist die Linie AB eine Hauptaxe in Beziehung auf jeden angenommenen Punct der Linie AB, welches auf ähnliche Art wie in §. 68. bewiesen wird. Die beiden zugehörigen Hauptaxen fallen alsdann in die 2 Ebenen, welche die 4 erwähnten gleichen Flächenwinkel bilden. Zu dieser Klasse von Körpern gehören auch die regulären ebenflächigen Körper, wenn man einen beliebigen Punct eines mittleren Halbmessers (d. h. einer Linie, die aus dem Mittelpunct nach dem Halbirungspunct einer Kante gezogen ist) als festen Punct betrachtet; alsdann ist nämlich der gedachte mittlere Halbmesser eine Hauptaxe, und von den beiden zugehörigen Hauptaxen ist die eine mit der Kante, an welche der gedachte mittlere Halbmesser stößt, parallel, die andere aber steht auf der mit der Kante parallelen Linie winkelrecht.

§. 71. Lehrsatz.

Wenn um den Punct A Fig. 52. herum nicht, wie bei der in §. 67. beschriebenen Construction geschehen ist, Ebenen gelegt werden, welche die Kanten eines um A als Mittelpunct beschriebenen Octaeders schneiden, sondern Ebenen, welche die Kanten irgend eines andern um A als Mittelpunct beschriebenen regulären ebenflächigen Körpers schneiden, (wodurch um den Punct A herum lauter reguläre piramydalische Räume gebildet werden), und man legt nun durch die Axe eines piramydalischen Raums und durch jede Kante der einschließenden Piramydalfläche, wie auch durch die genannte Axe und durch die Halbirungslinie jedes Seitenwinkels des den piramydalischen Raum bildenden körperlichen Winkels, eine Ebene, (wodurch also der körperliche ∠ in doppelt so viel dreiseitige körperliche ∠∠ getheilt wird, als er Seitenwinkel hat), und construirt nun nach der Reihe Körper auf ähnliche Art, wie die Körper ADFI, AFSI, ASHI, AHCI, ACGI und ADGI in §. 67. construirt worden sind, und man verfährt eben so mit allen übrigen regulären piramydalischen Räumen, so daß die in den einzelnen regulären piramydalischen

Räumen construirten Körper in Beziehung auf Gestalt und Abstufung der Dichtigkeit congruent sind, — so sind alle durch A gezogenen Linien Hauptaxen in Beziehung auf den Punct A.

Beweis. Nach §. 68. und 70. sind alle diejenigen Linien Hauptaxen, die man aus A so ziehen kann, daß sie die großen, mittleren und kleinen Halbmesser des der Construction zum Grunde gelegten regulären Körpers bilden. Da man auf diese Art Hauptaxen erhält, die auf einander nicht winkelrecht stehen, so kann der Körper nicht bloß 3 Hauptaxen haben. Er kann aber auch nicht unzählige Hauptaxen haben, die in Einer Ebene liegen, so daß unter den in dieser Ebene nicht liegenden Linien nur noch die auf der Ebene winkelrechte eine Hauptaxe wäre; denn wäre dies, so könnte keine der schon gefundenen Hauptaxen die einzelne Hauptaxe sein, weil, wenn irgend ein $\left\{\begin{array}{l}\text{großer}\\ \text{mittlerer}\\ \text{kleiner}\end{array}\right\}$ Halbmesser des regulären Körpers die einzelne Hauptaxe wäre, aus demselben Grunde auch jeder andere $\left\{\begin{array}{l}\text{große}\\ \text{mittlere}\\ \text{kleine}\end{array}\right\}$ Halbmesser die einzelne Hauptaxe sein müßte; folglich müßten alle großen, mittleren und kleinen Halbmesser in Einer Ebene liegen, welches ungereimt ist. Folglich sind alle durch A gezogenen Linien Hauptaxen in Beziehung auf den Punct A.

Anmerkung. Wir haben aber keineswegs bewiesen, daß Körper, worin alle durch einen Punct gehenden Linien Hauptaxen in Beziehung auf diesen Punct sind, nur solche sind, welche auf die im 1sten Theil des 67sten §. und in §. 71. beschriebene Art construirt werden können, noch auch, daß Körper, worin alle durch einen Punct gehenden und in Einer Ebene liegenden Linien nebst der auf der Ebene winkelrechten Linie Hauptaxen in Beziehung auf diesen Punct sind, nur solche sind, welche auf die im 2ten Theil des 67sten §. und in §. 68. gezeigte Art construirt werden können. Vergl. Laplace Méc. cél. V. 1, 2.

§. 72. Zusatz.

Zu den Körpern, welche die in der 1sten Hälfte von §. 67. und in §. 71. beschriebene Eigenschaft haben, gehören z. B. die

5 vollkommen-regulären ebenflächigen Körper selbst und der 26-flächige Körper Fig. 54., welcher von 18 congruenten Quadraten und 8 congruenten gleichseitigen Dreiecken eingeschlossen ist, und worin jede Ecke von 3 Quadraten, die sich an ihren gemeinschaftlichen Kanten unter anderthalb rechten Winkeln gegen einander neigen, und von einem gleichseitigen △ gebildet wird. (Daß ein solcher Körper möglich sei, erhellt folgendergestalt: Es seien ABCD, CDFE und DFGH drei Quadrate, welche so an einander gesetzt sind, daß der Neigungswinkel an der Linie CD, wie auch der Neigungswinkel an der Linie DF, anderthalb Rechte beträgt. Man errichte DI winkelrecht auf CD in der Ebene CDH, und fälle AI winkelrecht auf DI, so ist (Eucl. 11, 11) AI auf der ganzen Ebene CDH, also, wenn man IH zieht, auch auf IH winkelrecht. Da CD auf DA, DI und DF winkelrecht steht, so liegen (Eucl. 11, 5) DA, DI und DF in Einer Ebene. Die Linie FD aber steht auf DC und DH, also (Eucl. 11, 4) auch auf DI winkelrecht. Und da ADF der Neigungswinkel der Ebenen CDA und CDF ist, so ist $\angle ADI = \frac{1}{2}R$, also $AI = ID$, ferner $\triangle ADI \cong IDH$ (weil DI gemein, $DA = DH$, und $\angle ADI = IDH$), folglich $AI = IH$. Daher ist auch $AH = AD$, und folglich ADH ein gleichseitiges △.) In diesem 26flächigen Körper sind nämlich alle Linien, die man durch den Halbirungspunct der Linie, welche die Mittelpuncte zweier gegenüberstehender Quadrate verbindet, ziehen kann, Hauptaxen in Beziehung auf diesen Halbirungspunct, welchen man den **Mittelpunct** des Körpers nennt.

§. 73. Lehrsatz.

Bei der Bewegung eines Systems fest mit einander verbundener Puncte verhält sich die Flächengeschwindigkeit des ganzen Systems in Beziehung auf den als fest betrachteten Punct und auf eine durch denselben winkelrecht auf die augenblickliche Umdrehungsaxe gelegte Ebene zum Moment der Trägheit des Systems in Beziehung auf die augenblickliche Umdrehunsaxe wie der Umfang eines Kreises zu seinem Durchmesser; doch muß, wenn diese Proportion richtig sein soll, die Zeit, innerhalb welcher das System bei gleichförmiger Winkelgeschwindigkeit mit der augenblicklichen Winkelgeschwindigkeit, die es im betreffenden Augenblick hat, einen ganzen Umlauf vollenden würde, zum Maaß der Geschwindigkeiten angenommen werden.

Beweis. Die Flächengeschwindigkeit des Puncts $\begin{Bmatrix} m \\ m' \\ \vdots \end{Bmatrix}$ des Systems verhält sich zum □ des Abstandes dieses Puncts von der augenblicklichen Umdrehungsaxe nach Archimed. Kreismessung Satz 1. wie der Umfang eines Kreises zum Durchmesser, also die im Verhältniß $\Sigma m : \begin{Bmatrix} m \\ m' \\ \vdots \end{Bmatrix}$ verminderte Flächengeschwindigkeit des Puncts $\begin{Bmatrix} m \\ m' \\ \vdots \end{Bmatrix}$ zum Moment der Trägheit desselben Puncts gleichfalls wie der Umfang eines Kreises zu seinem Durchmesser; dasselbe Verhältniß hat also auch (Eucl. 5, 12) die Flächengeschwindigkeit des ganzen Systems zum Moment der Trägheit des ganzen Systems.

§. 74. Erklärung.

Bei der Bewegung eines festen Körpers um einen festen oder als fest betrachteten Punct heißt diejenige Flächengeschwindigkeit, womit in der Zeit, in welcher der Körper vermöge seiner augenblicklichen Winkelumdrehungsgeschwindigkeit einen ganzen Umlauf vollenden würde, ein Flächenraum beschrieben wird, der sich zum Moment der Trägheit des Körpers in Bezug auf die augenblickliche Umdrehungsaxe verhält wie der Umfang eines Kreises zu seinem Durchmesser, die Flächengeschwindigkeit des festen Körpers in Bezug auf den als fest betrachteten Punct und auf die durch diesen Punct gelegte auf der augenblicklichen Umdrehungsaxe winkelrechte Ebene; auch sagt man, die Flächengeschwindigkeit des Körpers sei nach derselben Seite gerichtet, nach welcher die Drehung um die augenblickliche Umdrehungaxe geschieht.

§. 75. Lehrsatz.

Dreht sich ein System fest mit einander verbundener Puncte in irgend einem Augenblick seiner Bewegung um eine Hauptaxe als augenblickliche Umdrehungsaxe, so ist die Ebene, die man durch den als fest betrachteten Punct winkelrecht auf die augenblickliche Umdrehungsaxe legen kann, die Hauptebene; ist aber die augenblickliche Umdrehungsaxe keine Hauptaxe, so ist die Flächengeschwindigkeit des Systems in Beziehung auf diejenige durch die Umdrehungsaxe gelegte Ebene, für welche das geometrische Moment $>$ ist als für jede andere durch die Umdrehungsaxe gelegte Ebene, $= 0$, und die Flächengeschwindigkeit in Beziehung auf diejenige durch die Umdrehungsaxe gelegte Ebene, für welche das geometrische Moment $= 0$ ist, verhält sich, wenn man die zum Maaß dienende Zeit wie in §. 73. bestimmt, zum vorher genannten größten geometrischen Moment wie der Umfang eines Kreises zu seinem Durchmesser.

Beweis. Ist die augenblickliche Umdrehungsaxe eine Hauptaxe, so ist, wenn man 2 auf einander winkelrechte Ebenen durch die Umdrehungsaxe, und eine 3te Ebene durch den als fest betrachteten Punct winkelrecht auf die Umdrehungsaxe legt, und die Entfernungen der Puncte m, m' . . . des Systems von diesen 3 Ebenen mit x, x' . . ., y, y' . . ., z, z' . . . bezeichnet, $\Sigma x_{,} \times z = \Sigma x_{,} \times z$, und $\Sigma y_{,} \times z = \Sigma y_{,} \times z$. Die linearischen Geschwindigkeiten der einzelnen Puncte des Systems sind $=$ den Peripherien der Kreise, deren Halbmesser $=$ den Entfernungen der einzelnen Puncte von der Umdrehungsaxe sind. Zerlegt man jede dieser linearischen Geschwindigkeiten parallel mit den Linien x, x' . . . und parallel mit den Linien y, y' . . ., und benutzt man dazu noch den Satz §. 2. des 3. Abschn. und die bekannten Sätze von der Aehnlichkeit der $\triangle\triangle$, so sieht man ein, daß die Flächengeschwindigkeit des Puncts m in Beziehung auf die 2te der 3 genannten Ebenen sich zu $y \times z$ verhält wie der Umfang eines Kreises zu seinem Durchmesser. Folglich verhält sich auch die im Verhältniß $\Sigma m : m$ verminderte Flächengeschwindigkeit zu $y_{,} \times z$ wie der Umfang eines Kreises zu seinem Durchmesser. Da man ähnliche Schlüsse in Beziehung auf alle übrigen Puncte des Systems machen kann, und $\Sigma y_{,} \times z = \Sigma y_{,} \times z$ ist, so sehen wir, daß die Flächengeschwindigkeit des ganzen Systems in Beziehung auf die 2te der 3 genannten Ebenen $= 0$ ist, und ebenso wird bewiesen, daß sie in Beziehung auf die 1ste der 3 genannten Ebenen $= 0$ ist. Folglich ist die 3te der 3 genannten Ebenen die Hauptebene.

Ist die augenblickliche Umdrehungsaxe keine Hauptaxe, so wird der Beweis auf ähnliche Art geführt.

§. 76. Zusatz.

Hieraus ist auch klar, daß die Flächengeschwindigkeit des Systems in Beziehung auf die der Umdrehungsaxe winkelrechte und in Beziehung auf die durch die Umdrehungsaxe gelegte mit dem geometrischen Moment 0 behaftete Ebene, von der nicht herrschenden Winkelfläche der auf beiden Ebenen winkelrechten Ebene aus betrachtet, nach einerlei Seite gerichtet sind.

§. 77. Erklärung.

Wenn ein fester Körper sich in irgend einem Augenblick seiner Bewegung um eine Hauptaxe als augenblickliche Umdrehungsaxe dreht, so nennt man die durch den als fest betrachteten Punct winkelrecht auf die Umdrehungsaxe gelegte Ebene die Hauptebene des festen Körpers. Ist aber die augenblickliche Umdrehungsaxe keine Hauptaxe, so nennt man diejenige Flächengeschwindigkeit, welche, nachdem man die zum Maaß dienende Zeit wie in §. 73. bestimmt hat, sich zum größten der Umdrehungsaxe angehörigen geometrischen Moment verhält wie der Umfang eines Kreises zu seinem Durchmesser, die Flächengeschwindigkeit des festen Körpers in Beziehung auf die durch die Umdrehungsaxe gelegte mit dem geometrischen Moment 0 behaftete Ebene; auch sagt man, die Flächengeschwindigkeit des Körpers in Beziehung auf die der Umdrehungsaxe winkelrechte und in Beziehung auf die durch die Umdrehungsaxe gelegte und mit dem geometrischen Moment 0 behaftete Ebene seien, von der nicht herrschenden Winkelfläche der auf beiden Ebenen winkelrechten Ebene aus betrachtet, nach einerlei Seite gerichtet; auch heißt diejenige Ebene, welche durch die Durchschnittslinie der auf der Umdrehungsaxe winkelrechten mit der dem geometrischen Moment 0 angehörigen Ebene geht, und dabei die herrschenden Winkelflächen der mit dem größten geometrischen Moment behafteten Ebene durchschneidet, und zugleich eine solche Lage hat, daß die auf sie aus dem festen Punct winkelrecht errichtete Linie die Diagonale des Rechtecks ist, dessen Seiten sich wie die beiden ersteren Flächengeschwindigkeiten verhalten *), die Hauptebene des festen Körpers, und die durch die Diagonale ausgedruckte Flächengeschwindigkeit die Flächengeschwindigkeit des festen Körpers in Beziehung auf die Hauptebene; auch sagt man, diese Flächengeschwindigkeit sei, von der vorher erwähnten nicht herrschenden Winkelfläche aus betrachtet, nach derselben Seite gerichtet als die beiden ersteren Flächengeschwindigkeiten. Von jeder durch den festen Punct gehenden auf der Hauptebene winkelrechten Ebene sagt man, die Flächengeschwindigkeit des festen Körpers in Beziehung auf sie und auf den festen Punct sei = 0.

§: 78. Lehrsatz.

Die Flächengeschwindigkeit eines festen Körpers in Beziehung auf die der augenblicklichen Umdrehungsaxe, wenn sie keine Hauptaxe ist, winkelrechte Ebene verhält sich zur Flächengeschwindigkeit in Beziehung auf die Hauptebene wie der Cosinus der Neigung beider Ebenen gegen einander zum Halbmesser, die Flächenge-

*) Der eigentliche Sinn dieser Worte erhellt deutlicher aus §. 14. des 9ten Abschnitts.

schwindigkeit in Beziehung auf die durch die augenblickliche Umdrehungsaxe gehende mit dem geometrischen Moment 0 behaftete Ebene aber zur Flächengeschwindigkeit in Beziehung auf die Hauptebene wie der Cosinus der Neigung dieser beiden Ebenen gegen einander zum Halbmesser.

Beweis. Es sei GF Fig. 55. die augenblickliche Umdrehungsaxe, DAEH die durch den als fest betrachteten Punct winkelrecht auf GF gelegte Ebene, GAFH diejenige durch GF gelegte Ebene, in Beziehung auf welche das geometrische Moment = 0 ist, und BACH die Hauptebene. Bezeichnen wir die Flächengeschwindigkeit in Beziehung auf GAFH mit a, die Flächengeschwindigkeit in Beziehung auf DAEH mit M, und die Flächengeschwindigkeit in Beziehung auf die Hauptebene mit H, so werden, zufolge des Begriffs der Flächengeschwindigkeit in Beziehung auf die Hauptebene, 3 gerade Linien, α, μ und η, die sich wie a, M und H verhalten, sich zu einem rechtwinkligen △ zusammensetzen lassen, also $\square\eta = \square\alpha + \square\mu$ sein; zufolge des Begriffs der Hauptebene selbst aber wird sich $\mu : \eta = \text{Cos. CAE} : r$, und $\alpha : \eta = \text{Cos. BAG} : r$ verhalten. Folglich wird sich auch $M : H = \text{Cos. CAE} : r$, und $a : H = \text{Cos. BAG} : r$ verhalten.

§. 79. Erklärung.

Bei der Bewegung eines festen Körpers um einen festen oder als fest betrachteten Punct heißt für jede die Hauptebene schief schneidende durch den festen Punct gehende Ebene diejenige Flächengeschwindigkeit, die sich zu der der Hauptebene angehörigen Flächengeschwindigkeit verhält wie der Cosinus der Neigung beider Ebenen gegen einander zum Halbmesser, die Flächengeschwindigkeit des festen Körpers in Beziehung auf die schiefe Ebene; auch sagt man, diese Flächengeschwindigkeit sei mit der der Hauptebene zugehörigen Flächengeschwindigkeit, von derselben Seite der Hauptebene aus betrachtet, nach einerlei Seite gerichtet.

§. 80. Lehrsatz.

Wenn man durch den festen oder als fest betrachteten Punct eines sich drehenden festen Körpers eine beliebige Linie zieht, die aber nicht auf der Hauptebene winkelrecht steht, und man legt durch diese Linie 3 Ebenen, davon eine die Flächengeschwindigkeit 0 hat, eine andere aber auf der ersteren Ebene winkelrecht steht, so verhält sich die Flächengeschwindigkeit in Beziehung auf die 3te Ebene zur Flächengeschwindigkeit in Beziehung auf die 2te Ebene wie der Cosinus der Neigung der 2ten und 3ten Ebene gegen einander zum Halbmesser.

Beweis. Liegt die zuerst erwähnte Linie in der Hauptebene, so folgt der Satz unmittelbar aus dem vorigen §. Liegt sie aber nicht in der Hauptebene, so sei DE Fig. 56. diese Linie, und A der feste Punct, BAC die Durchschnittslinie der durch DE gelegten auf der Hauptebene winkelrechten Ebene mit der Hauptebene, und NAO der Durchschnitt der durch DE gelegten auf EAB winkelrechten Ebene mit der Hauptebene. Die 3te durch DE gelegte Ebene schneide die Hauptebene in FAG, so daß AF zwischen AB und AN liege. Man fälle von einem beliebigen Punct H der Linie AE das Perpendikel HI auf AB, und errichte aus I auf AB das Perpendikel IK in der Hauptebene bis an AF. Man fälle IL winkelrecht auf AH, und ziehe KL, so steht (Eucl. 11, 11) auch KL auf AH winkelrecht. Daher ist KLI der Neigungswinkel der Ebenen HAB und HAK, welcher mit dem Neigungswinkel der Ebenen HAK und HAN, den wir φ nennen wollen, zusammen einen rechten ausmacht. Man fälle ferner IM winkelrecht auf AK, und ziehe HM, so steht (Eucl. 11, 11) auch HM auf AK winkelrecht; daher ist IMH der Neigungswinkel der Ebene EAF gegen die Hauptebene. Die Linien HM und KL mögen sich in n schneiden; man ziehe In, so ist In die Durchschnittslinie der Ebenen IKL und HIM. Da nun IKL und IMH als Ebenen der Neigungswinkel winkelrecht auf EAF stehen, so steht auch (Eucl. 11, 19) In winkelrecht auf EAF; folglich steht In auch auf KL und HM winkelrecht. Man hat daher in dem bei I rechtwinkligen $\triangle$HIM aus der Spitze des rechten Winkels das Perpendikel In auf die Hypotenuse gefällt, und so sehen wir, daß $\angle$HIn = IMH. Nun verhält sich HI : IL = r : Cos. EAB = Flächengeschwindigkeit in Beziehung auf die Hauptebene, die wir = H setzen wollen, zur Flächengeschwindigkeit in Beziehung auf die Ebene EAN, die wir = F setzen wollen. Ferner IL : In = r : Sin. KLI = r : Cos. φ. Also (HI : IL) + (IL : In), d. i. r : Cos. HIn = (H : F) + (r : Cos. φ), d. i. H : Flächengeschwindigkeit in Bezug auf EAF = (H : F) + (r : Cos. φ), also F : Flächengeschwindigkeit in Bezug auf EAF = r : Cos. φ.

§. 81. Lehrsatz.

Die Flächengeschwindigkeit eines festen Körpers oder eines Systems fest mit einander verbundener Puncte in Bezug auf jede durch die augenblickliche Umdrehungsaxe gelegte Ebene verhält sich zum geometrischen Moment der durch die Umdrehungsaxe gelegten und auf der ersteren Ebene winkelrechten Ebene wie der Umfang eines Kreises zu seinem Durchmesser, vorausgesetzt, daß man die zum Maaß dienende Zeit wie in §. 73. bestimmt. Auch sind die Flächengeschwindigkeiten in Bezug auf die der Umdrehungsaxe winkelrechte und in Bezug auf die durch die Umdrehungsaxe gelegte Ebene, von der nicht herrschenden Winkelfläche der auf beiden Ebenen winkelrechten Ebene aus betrachtet, nach einerlei Seite gerichtet.

Beweis. Es sei FG Fig. 57. die augenblickliche Umdrehungsaxe, GDFE diejenige Ebene, in Beziehung auf welche das geometrische Moment = 0 ist, und GAFI die auf GDFE winkelrechte Ebene. Daß die Flächengeschwindigkeit in Beziehung auf GAFI = 0 ist, und die Flächengeschwindigkeit in Beziehung auf GDFE, die wir F nennen wollen, zum geometrischen Moment in Bezug auf GAFI, das wir M nennen wollen, das in Rede stehende Verhältniß hat, ist schon bewiesen worden (§. 75. und 77.). Es sei nun GBFH eine beliebige dritte durch GF gelegte Ebene, und es falle die Seite GBF dieser Ebene zwischen die Seite GAF der Ebene GAFI und die Seite GDF der Ebene

GDFE. Die Ebene GTFC stehe auf GBFH winkelrecht, und es falle die Seite GTF der Ebene GTFC zwischen die Seite GDF der Ebene GDFE und die Seite GIF der Ebene GAFI. Das geometrische Moment in Bezug auf GTFC sei m, und die Flächengeschwindigkeit in Bezug auf GBFH sei f. Nach §. 42. u. 43. verhält sich M:m = r:Cos.TGI, nach §.21. des 6. Abschn., §. 7. des 9. Abschn. u. §. 80. des jetzigen Abschn. aber F:f = r:Cos.DGB = r:Cos.TGI, also simpl. ex aeq. M:m = F:f; verwechselt M:F = m:f, d. i. Durchmesser eines Kreises zum Umfange = m:f.

§. 82. Lehrsatz.

Wenn man 3 gerade Linien, die sich wie die Flächengeschwindigkeiten eines sich drehenden festen Körpers in Beziehung auf 3 auf einander winkelrechte Ebenen verhalten, zu einem rechtwinkligen Parallelepipedum zusammensetzt, so druckt die Diagonale dieses Parallelepipedums die Flächengeschwindigkeit des Körpers in Beziehung auf die Hauptebene aus; und wenn man durch den als fest betrachteten Punct des Körpers 3 auf einander winkelrechte Ebenen legt, und von ihren 3 Durchschnittslinien Stücke abschneidet, die sich wie die Flächengeschwindigkeiten des Körpers in Beziehung auf die 3 Ebenen verhalten, so steht die Hauptebene winkelrecht gegen die Diagonale des Parallelepipedums, das man aus den 3 abgeschnittenen Stücken construiren kann; doch hat man unter den 8 körperlichen Winkeln, welche von den 3 auf einander winkelrechten Ebenen gebildet werden, denjenigen zur Construction des Parallelepipedums auszuwählen, von dessen inneren Raum aus gesehen die Flächengeschwindigkeiten des Körpers in Beziehung auf alle 3 Ebenen nach einerlei Seite gerichtet sind.

Beweis. Wie in §. 13. des vorigen Abschnitts.

§. 83. Lehrsatz.

Die relative lebendige Kraft eines Systems fest mit einander verbundener Puncte in Beziehung auf den als fest betrachteten Punct steht zum Moment der Trägheit des Systems in Beziehung auf die augenblickliche Umdrehungsaxe im doppelten Verhältniß des Umfangs eines Kreises zu seinem Halbmesser, vorausgesetzt, daß man die zum Maaß dienende Zeit wie in §. 73. bestimmt.

Beweis. Die linearischen Geschwindigkeiten der einzelnen Puncte des Systems sind = den mit ihren Abständen von der augenblicklichen Umdrehungsaxe als Halbmessern beschriebenen Kreisperipherien. Daraus folgt das zu Beweisende leicht.

§. 84. Erklärung.

Bei der Bewegung eines festen Körpers heißt derjenige Flächenraum, welcher zum Moment der Trägheit des festen Körpers in Bezug auf die augenblickliche Umdrehungsaxe im doppelten Verhältniß des Umfangs eines Kreises zum Halbmesser steht, die relative lebendige Kraft des festen Körpers in Bezug auf den als unbeweglich betrachteten Punct; doch wird die zum Maaß dieser lebendigen Kraft dienende Zeit gleichfalls nach §. 73. bestimmt. Die relative lebendige Kraft des festen Körpers in Beziehung auf seinen Schwerpunct, mit dem □ der Geschwindigkeit des Schwerpuncts zusammen, heißt die totale lebendige Kraft des festen Körpers, und die relative Flächengeschwindigkeit des festen Körpers in Bezug auf den Schwerpunct und auf eine beliebige durch den Schwerpunct gelegte Ebene, + der Flächengeschwindigkeit des Schwerpuncts in Bezug auf einen beliebigen festen Punct im Raum und auf eine durch diesen Punct gelegte mit der ersteren Ebene parallele Ebene, (wobei aber die nach entgegengesetzten Seiten gerichteten Flächengeschwindigkeiten als einander aufhebend betrachtet werden), die totale Flächengeschwindigkeit des festen Körpers in Beziehung auf den zuletzt erwähnten Punct und auf die zuletzt erwähnte Ebene.

§. 85. Annahme XV.

So wie, wenn ein System fest mit einander verbundener Puncte sich frei bewegt oder nur gezwungen ist sich um einen unbeweglichen mit ihm fest verbundenen Punct zu drehen, im

1sten Fall die totale Flächengeschwindigkeit des Systems in Beziehung auf jeden festen Punct im Raum und in Beziehung auf jede durch diesen Punct gelegte feste Ebene, im 2ten Fall die Flächengeschwindigkeit des Systems in Beziehung auf den Punct, um welchen es sich zu drehen gezwungen ist, und in Beziehung auf jede durch diesen Punct gelegte feste Ebene, in beiden Fällen aber die totale lebendige Kraft des Systems stets unverändert bleibt, (§. 2. u. 21. des vorigen Abschn.), so bleibt auch bei einem festen Körper, welcher entweder sich frei bewegt, oder nur gezwungen ist sich um einen unbeweglichen mit ihm fest verbundenen Punct zu drehen, im 1sten Fall die totale Flächengeschwindigkeit in Beziehung auf jeden festen Punct im Raum und in Beziehung auf jede durch diesen Punct gelegte feste Ebene, im 2ten Fall die Flächengeschwindigkeit in Beziehung auf den Punct, um welchen der Körper sich zu drehen gezwungen ist, und in Beziehung auf jede durch diesen Punct gelegte feste Ebene, in beiden Fällen aber die totale lebendige Kraft stets unverändert.

§. 86. Zusatz.

Bei der freien Bewegung eines festen Körpers bleibt die relative Flächengeschwindigkeit in Beziehung auf jeden mit dem Körper fest verbundenen beweglichen Punct und in Beziehung auf jede durch diesen Punct gelegte Ebene, die man parallel mit sich selbst dem beweglichen Punct nachrücken läßt, stets ungeändert. Auch bleibt diejenige durch den beweglichen Punct gelegte Ebene, in Beziehung auf welche die Flächengeschwindigkeit des Körpers die größte ist, während der Bewegung des Körpers stets sich selbst parallel, und die Flächengeschwindigkeit des Körpers in Beziehung auf jede gegen die gedachte Ebene winkelrecht stehende Ebene ist = 0. Auch bleibt bei der freien Bewegung eines festen Körpers die relative lebendige Kraft in Beziehung auf jeden mit dem Körper fest verbundenen beweglichen Punct stets unverändert.

Anmerkung. Dieser Satz kann unmittelbar aus dem vorigen §. gefolgert werden, wenn man bedenkt, daß Bewegung immer nur ein relativer Begriff ist, und daher alles, was man unter Voraussetzung einer absoluten Bewegung geschlossen hat, ohne Weiteres auf jede relative Bewegung übergetragen werden kann (man sehe die Anm. zu §. 1. des 1. Abschn. und zu §. 25. des 9. Abschn.). Uebrigens entsprechen die Sätze §. 85. u. 86. den Laplaceschen Formeln $S.\frac{x'dy'-y'dx'}{dt}dm = N$; $S.\frac{x'dz'-z'dx'}{dt}dm = N'$; $S.\frac{y'dz'-z'dy'}{dt}dm = N''$; (Méc. cél. I. 7, 25); und $ABp'^2 + BCq'^2 + ACr'^2 = H^2$ (Méc. cél. I. 7, 29).

§. 87. Lehrsatz.

Wenn ein fester Körper oder ein System fest mit einander verbundener Puncte sich frei bewegt oder nur gezwungen ist sich um einen festen Punct zu drehen, so stehen die Winkelgeschwindigkeiten in 2 Augenblicken der Bewegung im halben umgekehrten Verhältniß der Momente der Trägheit der augenblicklichen Umdrehungsaxen.

Beweis. Die relative lebendige Kraft im ersten Augenblick würde sich zur relativen lebendigen Kraft im 2ten Augenblick (zufolge §. 83. und 84.) verhalten wie das Moment der Trägheit der augenblicklichen Umdrehungsaxe des 1sten Augenblicks zum Moment der Trägheit der augenblicklichen Umdrehungsaxe des 2ten Augenblicks, wenn die Winkelgeschwindigkeiten in beiden Augenblicken gleich wären. Da aber die zum Maaß dienende Zeit im 1sten Augenblick sich zu der zum Maaß dienenden Zeit im 2ten Augenblick verhält wie die Winkelgeschwindigkeit im 2ten Augenblick zur Winkelgeschwindigkeit im 1sten Augenblick, so stehen (nach §. 3. des 1. Abschn.) die lebendigen Kräfte beider Augenblicke, auf einerlei Zeit reducirt, in einem Verhältniß, welches zusammengesetzt ist aus dem Verhältniß der Momente der Trägheit der augenblicklichen Umdrehungsaxen und aus dem doppelten Verhältniß der Winkelgeschwindigkeiten. Da aber die auf einerlei Zeit reducirte lebendige Kraft unverändert bleibt (§. 2. des 9. Abschn. und §. 85. des 10. Abschn.), so ist das doppelte Verhältniß der Winkelgeschwindigkeiten = dem umgekehrten Verhältniß der Momente der Trägheit der augenblicklichen

Umdrehungsaxen, und folglich stehen die Winkelgeschwindigkeiten im halben umgekehrten Verhältniß der Momente der Trägheit der augenblicklichen Umdrehungsaxen.

§. 88. Zusatz.

Hieraus folgt, daß, wenn ein fester Körper oder ein System fest mit einander verbundener Puncte sich frei bewegt oder nur gezwungen ist sich um einen festen Punct zu drehen, daß alsdann für 2 verschiedene Augenblicke der Bewegung die Flächengeschwindigkeit in Beziehung auf die gegen die augenblickliche Umdrehungsaxe winkelrecht stehende Ebene im halben Verhältniß der Momente der Trägheit in Bezug auf die augenblickliche Umdrehungsaxe steht (vergl. §. 3. des 1. Abschn. und §. 73. und 74. dieses Abschn.).

§. 89. Zusatz.

Aus der Betrachtung der 55sten Figur erkennt man, daß bei der Drehung eines festen Körpers oder eines Systems fest mit einander verbundener Puncte die Umdrehungsaxe nie in der Hauptebene liegt.

§. 90. Zusatz.

Hieraus ist klar, daß die Drehung eines sich frei oder nur um einen festen Punct drehenden festen Körpers (Systems), auf einerlei Seite der Hauptebene betrachtet, stets nach einerlei Seite gerichtet ist (vergl. §. 74. und 77.), und daß die Winkelumdrehungsgeschwindigkeit nie $= 0$ sein kann.

Theorie der freien Rotation eines festen Körpers, welcher unzählige in Einer Ebene liegende Hauptaxen und außerdem noch eine einzelne Hauptaxe hat.

§. 91. Lehrsatz.

Wenn ein fester Körper oder ein System fest mit einander verbundener Puncte sich entweder frei bewegt oder nur gezwungen ist sich um einen festen Punct zu drehen, und es existiren durch diesen Punct unzählige in Einer Ebene liegende Hauptaxen und außerdem noch eine einzelne Hauptaxe, und die Drehung geschieht um keine dieser Hauptaxen, so beschreibt die einzelne Hauptaxe um den festen oder als fest betrachteten Punct eine gerade Kegelfläche, deren Axe auf der Hauptebene winkelrecht steht, mit gleichförmiger Geschwindigkeit; während dessen rückt der ganze Körper (das ganze System) dieser Hauptaxe nach, und dreht sich dabei um dieselbe mit gleichförmiger Geschwindigkeit, und zwar, wenn das Moment der Trägheit in Beziehung auf die einzelne Hauptaxe das $\left\{\begin{matrix}\text{größte}\\ \text{kleinste}\end{matrix}\right\}$ ist, nach $\left\{\begin{matrix}\text{entgegengesetzter}\\ \text{derselben}\end{matrix}\right\}$ Seite hin, als nach welcher die kegelförmige Bewegung der einzelnen Hauptaxe geschieht. Die augenblickliche Umdrehungsaxe, d. h. diejenige von der einzelnen Hauptaxe und von der Axe der Kegelfläche verschiedene Linie, deren Puncte in dem jedesmaligen Augenblick sämmtlich die linearische Geschwindigkeit 0 haben *), befindet sich allemal mit der Axe der Kegelfläche und mit der einzelnen Hauptaxe in Einer Ebene, und beschreibt gleichfalls eine gerade Kegelfläche, deren Axe mit der Axe der ersteren Kegelfläche zusammenfällt. Ist das Moment der Trägheit in Beziehung auf die einzelne Hauptaxe das $\left\{\begin{matrix}\text{größte}\\ \text{kleinste}\end{matrix}\right\}$, so liegen die einzelne Hauptaxe und die augenblickliche Umdrehungsaxe $\left\{\begin{matrix}\text{zu beiden Seiten}\\ \text{auf einerlei Seite}\end{matrix}\right\}$ der Axe der Kegelflächen; der $\angle$, welchen das auf einer Seite der Hauptebene liegende Stück der augenblicklichen Umdrehungsaxe gegen das auf derselben Seite der Hauptebene liegende Stück der einzelnen Hauptaxe macht, ist aber auch im ersten Fall stets ein spitzer, und in beiden Fällen verhält sich, wenn man eine Linie zieht, welche die augenblickliche Umdrehungsaxe, die Axe der Kegelflächen und die einzelne Hauptaxe, und zwar letztere winkelrecht, schneidet, das zwischen der Hauptaxe und augenblicklichen

*) Denkt man sich die Rotation des Körpers (Systems) durch einen anfänglichen Stoß entstanden, so hängt die Lage der anfänglichen augenblicklichen Umdrehungsaxe in Beziehung auf die Oberfläche des Körpers (auf die Puncte des Systems) lediglich von der Beschaffenheit des Stoßes ab.

Umdrehungsaxe enthaltene Stück dieser Linie zu dem zwischen der Hauptaxe und der Axe der Kegelflächen enthaltenen Stück wie das Moment der Trägheit der einzelnen Hauptaxe zum Moment der unendlich vielen Hauptaxen *). Die Drehung um die augenblickliche Umdrehungaxe geschieht, von derselben Seite der Hauptebene aus betrachtet, stets nach derselben Seite hin, nach welcher die kegelförmige Bewegung geschieht, und mit immer gleicher Winkelgeschwindigkeit. Die Zeit, in welcher vermöge der Winkelgeschwindigkeit um die augenblickliche Umdrehungsaxe ein ganzer Umlauf vollendet wird, verhält sich zu der ganzen Dauer der kegelförmigen Bewegung wie das Moment der Trägheit in Bezug auf die augenblickliche Umdrehungsaxe zu dem im Verhältniß r : Cos. des Winkels, welchen die augenblickliche Umdrehungsaxe gegen die Axe der Kegelflächen bildet, verminderten Moment der Trägheit in Bezug auf die unzähligen Hauptaxen, zur ganzen Dauer der Umwälzung um die einzelne Hauptaxe aber wie der im Verhältniß r : Cos. des Winkels, welchen die augenblickliche Umdrehungsaxe gegen die einzelne Hauptaxe bildet, verminderte Unterschied des größten und kleinsten Moments der Trägheit zum Moment der Trägheit in Bezug auf die unzähligen Hauptaxen. Betrachtet man den Körper (das System) als ruhend, so beschreibt die augenblickliche Umdrehungsaxe um die einzelne Hauptaxe als Axe einen geraden Kegel mit gleichförmiger Geschwindigkeit, bei welcher kegelförmigen Bewegung die ganze Dauer eines Umlaufs = ist der vorhin erwähnten Dauer der Umwälzung des ganzen Körpers (Systems) um die einzelne Hauptaxe, und welche Bewegung die entgegengesetzte Richtung hat als die eben erwähnte Umwälzung.

Beweis. Das Moment der Trägheit in Bezug auf die unzähligen Hauptaxen heiße A, das in Bezug auf die einzelne

---

*) Durch diese Bestimmung läßt sich die anfängliche Lage der Hauptebene in Beziehung auf die Oberfläche des Körpers (auf die Puncte des Systems) finden, wenn die vom anfänglichen Stoß herrührende Lage der anfänglichen augenblicklichen Umdrehungsaxe gegeben ist.

Hauptaxe B, und der $\angle$, welchen die augenblickliche Umdrehungsaxe in irgend einem Augenblick der Bewegung gegen die einzelne Hauptaxe macht, β, so ist, wenn man $\square r : \square \mathrm{Sin.}\beta = A : a$, und $\square r : \square \mathrm{Cos.}\beta = B : b$ macht, $a + b$ das Moment der Trägheit in Bezug auf die augenblickliche Umdrehungsaxe. Nach §. 49. ist das geometrische Moment in Bezug auf die augenblickliche Umdrehungsaxe und auf eine andere gegen sie und gegen die einzelne Hauptaxe winkelrecht stehende Linie $= 0$; folglich liegt die letztere Linie in der Hauptebene, und daher die auf der Hauptebene winkelrechte Linie mit der augenblicklichen Umdrehungsaxe und der einzelnen Hauptaxe in Einer Ebene. Macht man aber $\square r : \mathrm{Sin.}\beta \times \mathrm{Cos.}\beta = \left\{\begin{matrix} B - A \\ A - B \end{matrix}\right\} : m$, so ist m des geometrische Moment in Bezug auf die augenblickliche Umdrehungsaxe und auf die Linie, die man auf dieselbe winkelrecht in der durch die einzelne Hauptaxe gelegten Ebene errichten kann; daher verhält sich die Flächengeschwindigkeit in Beziehung auf die der augenblicklichen Umdrehungsaxe winkelrechte Ebene zu der Flächengeschwindigkeit in Beziehung auf die mit dem geometrischen Moment 0 behaftete Ebene wie $a + b : m$, also auch der Cosinus des Winkels, welchen die auf der Hauptebene winkelrechte Linie gegen die augenblickliche Umdrehungsaxe macht, (welchen $\angle$ wir φ nennen wollen), zum Sinus wie $a + b : m$. Nun sind beim geometrischen Moment m die Winkelflächen, welche die einzelne Hauptaxe schneiden, die $\left\{\begin{matrix} \text{nicht herrschenden} \\ \text{herrschenden} \end{matrix}\right\}$; folglich liegt

$$\left\{\begin{matrix} \text{die auf der Hauptebene winkelrechte Linie zwischen der augenblicklichen Umdrehungsaxe und der einzelnen Hauptaxe} \\ \text{die augenblickliche Umdrehungsaxe zwischen der auf der Hauptebene winkelrechten Linie und der einzelnen Hauptaxe} \end{matrix}\right\}.$$

Man mache nun $\left\{\begin{matrix} \mathrm{Cos.}\beta : \mathrm{Sin.}\beta = a \\ \mathrm{Sin.}\beta : \mathrm{Cos.}\beta = b \end{matrix}\right\} : c$, und $\square r : \mathrm{Sin.}\beta \times \mathrm{Cos.}\beta = \left\{\begin{matrix} B \\ A \end{matrix}\right\} : \alpha$, so ist $\alpha > m$, also um so mehr $\alpha + c > m$. Aus

$$\left\{\begin{matrix} \square r : \square \mathrm{Cos.}\beta = B : b \\ \square r : \square \mathrm{Sin.}\beta = A : a \end{matrix}\right\} \text{ und}$$

$$\square r : \mathrm{Sin.}\beta \times \mathrm{Cos.}\beta = \left\{\begin{matrix} B \\ A \end{matrix}\right\} : \alpha \quad \text{folgt ord. ex aeq.}$$

$$\left\{\begin{matrix} \mathrm{Cos.}\beta : \mathrm{Sin.}\beta = b \\ \mathrm{Sin.}\beta : \mathrm{Cos.}\beta = a \end{matrix}\right\} : \alpha$$

$$\left\{\begin{matrix} \mathrm{Cos.}\beta : \mathrm{Sin.}\beta = a \\ \mathrm{Sin.}\beta : \mathrm{Cos.}\beta = b \end{matrix}\right\} : c$$

--- (Eucl. 5, 12)

$\left\{\begin{matrix} \mathrm{Cos.}\beta : \mathrm{Sin.}\beta \\ \mathrm{Sin.}\beta : \mathrm{Cos.}\beta \end{matrix}\right\} = a+b : \alpha+c$, also $< a+b : m$, dagegen $\mathrm{Cos.}\varphi : \mathrm{Sin.}\varphi = a+b : m$, also $\left\{\begin{matrix} \mathrm{Cos.}\beta : \mathrm{Sin.}\beta \\ \mathrm{Sin.}\beta : \mathrm{Cos.}\beta \end{matrix}\right\} < \mathrm{Cos.}\varphi : \mathrm{Sin.}\varphi$, d. i. $r : \mathrm{tg.}\left\{\begin{matrix} \beta \\ (R-\beta) \end{matrix}\right\} < r : \mathrm{tg.}\varphi$. Hieraus folgt $\mathrm{tg.}\varphi < \mathrm{tg.}\left\{\begin{matrix} \beta \\ (R-\beta) \end{matrix}\right\}$; folglich $\left\{\begin{matrix} \varphi < \beta \\ \varphi < R-\beta;\ \beta+\varphi < R \end{matrix}\right\}$. Hieraus ergiebt sich, daß die einzelne Hauptaxe nicht in der Hauptebene liegen kann, und die auf einerlei Seite der Hauptebene liegenden Stücke der einzelnen Hauptaxe und der augenblicklichen Umdrehungsaxe $\left\{\begin{matrix} \text{zu beiden Seiten} \\ \text{auf einerlei Seite} \end{matrix}\right\}$ der auf der Hauptebene winkelrechten Linie liegen.

Aus $\square r : \square \mathrm{Sin.}\beta = A : a$

$\square r : \square \mathrm{Sin.}\beta = B : B - b$

--- folgt (I. 1, 1)

$$\square r : \square \mathrm{Sin.}\beta = \left\{\begin{matrix} B-A : B-(a+b) \\ A-B : a+b-B \end{matrix}\right\}$$

$$\square r : \mathrm{Sin.}\beta \times \mathrm{Cos.}\beta = \left\{\begin{matrix} B-A \\ A-B \end{matrix}\right\} : m$$

--- ord. ex aeq.

$\mathrm{Sin.}\beta : \mathrm{Cos.}\beta = \left\{\begin{matrix} B-(a+b) \\ a+b-B \end{matrix}\right\} : m$. Da aber $\mathrm{Sin.}\varphi : \mathrm{Cos.}\varphi = m : a+b$, so ist $\mathrm{Sin.}\beta \times \mathrm{Sin.}\varphi : \mathrm{Cos.}\beta \times \mathrm{Cos.}\varphi = \left\{\begin{matrix} B-(a+b) \\ a+b-B \end{matrix}\right\} : a+b$, also $\mathrm{Cos.}\beta \times \mathrm{Cos.}\varphi \pm \mathrm{Sin.}\beta \times \mathrm{Sin.}\varphi$, d. i. $r \times \mathrm{Cos.}(\beta \mp \varphi) : \mathrm{Cos.}\beta \times \mathrm{Cos.}\varphi = B : a+b$; $r \times \mathrm{Cos.}(\beta \mp \varphi) : \mathrm{Cos.}\beta \times \mathrm{Sin.}\varphi = B : m$; $\mathrm{Sin.}\beta \times \mathrm{Cos.}(\beta \mp \varphi) : r \times \mathrm{Sin.}\varphi$, d. i.

$$: \left\{\begin{matrix} \mathrm{Sin.}\beta \times \mathrm{Cos.}(\beta-\varphi) - \mathrm{Cos.}\beta \times \mathrm{Sin.}(\beta-\varphi) \\ \mathrm{Sin.}(\beta+\varphi) \times \mathrm{Cos.}\beta - \mathrm{Cos.}(\beta+\varphi) \times \mathrm{Sin.}\beta \end{matrix}\right\} = B : \left\{\begin{matrix} B-A \\ A-B \end{matrix}\right\};$$

$\mathrm{Sin.}\beta \times \mathrm{Cos.}(\beta \mp \varphi) : \mathrm{Cos.}\beta \times \mathrm{Sin.}(\beta \mp \varphi) = B : A$; $\mathrm{Cos.}(\beta \mp \varphi) : \mathrm{Sin.}(\beta \mp \varphi)$, d. i. $r : \mathrm{tg.}(\beta \mp \varphi) = (B : A) + (\mathrm{Cos.}\beta : \mathrm{Sin.}\beta) = (B : A) + (r : \mathrm{tg.}\beta)$, also $\mathrm{tg.}\beta : \mathrm{tg.}(\beta \mp \varphi) = B : A$. Hieraus folgt, daß, wenn man eine Linie zieht, welche die augenblickliche Umdrehungsaxe, die auf der Hauptebene winkelrechte Linie und die einzelne Hauptaxe, und zwar letztere winkelrecht, schneidet, daß alsdann das zwischen der Hauptaxe und der augenblicklichen Umdrehungsaxe enthaltene Stück dieser Linie sich zu dem zwischen der Hauptaxe und der auf der Hauptebene winkelrechten Linie enthaltenen Stück verhält wie das Moment der Trägheit der einzelnen Hauptaxe zum Moment der unzähligen Hauptaxen.

Die Flächengeschwindigkeit in Beziehung auf die Hauptebene findet sich, wenn man die Diagonale eines Rechtecks zieht, dessen Seiten d und μ sich wie die Flächengeschwindigkeiten in Beziehung auf die der augenblicklichen Umdrehungsaxe winkelrechte und auf die durch diese Axe gelegte mit dem geometrischen Moment 0 behaftete Ebene, also wie $a + b : m$ verhalten; nennt man nämlich η diese Diagonale, so ist $d : \eta$ wie die Flächengeschwindigkeit in Beziehung auf die der augenblicklichen Umdrehungsaxe winkelrechte Ebene zur Flächengeschwindigkeit in Beziehung auf die Hauptebene. Man mache jetzt $\left(\text{gleichviel, ob } B \left\{ {> \atop <} \right\} A\right)$

$\square r : \mathrm{Sin.}\beta \times \mathrm{Cos.}\beta = B : \alpha$, so ist, weil auch

$\square r : \mathrm{Sin.}\beta \times \mathrm{Cos.}\beta = \left\{ {B - A \atop A - B} \right\} : m$

——————————— (I. 1, 1)

$\square r : \mathrm{Sin.}\beta \times \mathrm{Cos.}\beta = A : \alpha \mp m$. Man mache ferner $a + b : a = d : e$, so ist zurückkehrend $a + b : b = d : d - e$. Man mache ferner $a + b : \alpha = d : f$, so ist, weil

$a + b : m = d : \mu$

——————— (I. 1, 7)

$a + b : \alpha \mp m = d : f \mp \mu$. Nun ist $\square \eta = \square d + \square \mu = \square e + 2e \times (d - e) + \square (d - e) + \square f + \square (f \mp \mu) - 2f \times (f \mp \mu)$.
Aber aus $a + b : a = d : e$ und

$a + b : \alpha = d : f$ folgt ord. ex aeq.

$a : \alpha = e : f$, desgleichen aus

$a+b : b = d : d-e$ und
$a+b : \alpha \mp m = d : f \mp \mu$
——————— ord. ex aeq.
$\alpha \mp m : b = f \mp \mu : d-e$. Aus $\Box r : \text{Sin.}\beta \times \text{Cos.}\beta = B : \alpha$
und $\Box r : \Box \text{Cos.}\beta = B : b$
———————
folgt ord. ex aeq. $\text{Sin.}\beta : \text{Cos.}\beta = \alpha : b$,
wofür wir auch schreiben können
$\Box \text{Sin.}\beta : \text{Sin.}\beta \times \text{Cos.}\beta = \alpha : b$
$\Box r : \Box \text{Sin.}\beta = A : a$
$\text{Sin.}\beta \times \text{Cos.}\beta : \Box r = \alpha \mp m : A$
———————
$\text{Sin.}\beta \times \text{Cos.}\beta : \text{Sin}\beta \times \text{Cos.}\beta = (\alpha \mp m : a) + (\alpha : b)$, daher $\alpha : b = a : \alpha \mp m$; verwechselt $\alpha : a = b : \alpha \mp m$, d. i. $f : e = d - e : f \mp \mu$. Daher ist $e \times (d-e) = f \times (f \mp \mu)$, also $\Box r = \Box e + \Box (d-e) + \Box f + \Box (f \mp \mu)$. Machen wir nun $r : \text{Sin.}\beta = A : g$; $r : \text{Cos.}\beta = B : h$; $m : g = \mu : i$, und $m : h = \mu : k$, so wird, weil
$a+b : a = d : e$
$a+b : \alpha \mp m = d : f \mp \mu$
——————— ord. ex aeq.
$a : \alpha \mp m = e : f \mp \mu$. Aus $\Box r : \Box \text{Sin.}\beta = A : a$ und
$\Box r : \text{Sin.}\beta \times \text{Cos.}\beta = A : \alpha \mp m$
———————
folgt ord. ex aeq. $\text{Sin.}\beta : \text{Cos.}\beta = a : \alpha \mp m = e : f \mp \mu$; $\Box \text{Sin.}\beta : \Box \text{Cos.}\beta = \Box e : \Box (f \mp \mu)$; verbunden $\Box \text{Sin.}\beta : \Box r = \Box e : \Box e + \Box (f \mp \mu)$. Aber aus
$a+b : a = d : e$ und
$a+b : m = d : \mu$ folgt ord. ex aeq.
———————
$a : m = e : \mu$
$m : g = \mu : i$
——————— ord ex aeq.
$a : g = e : i$, also $2(a : g)$, d. i. $\Box \text{Sin.}\beta : \Box r = \Box e : \Box i$. Vorher war $\Box \text{Sin.}\beta : \Box r = \Box e : \Box e + \Box (f \mp \mu)$; also wird $\Box e + \Box (f \mp \mu) = \Box i$. Und weil $a+b : b = d : d-e$ und
$a+b : \alpha = d : f$, so ist
———————
ord. ex aeq. $b : \alpha = d - e : f$.

Aus $\Box r : \Box Cos.\beta = B : b$ und
$\Box r : Sin.\beta \times Cos.\beta = B : \alpha$ folgt ord. ex aeq.

$Cos.\beta : Sin.\beta = b : \alpha = d - e : f$; also $\Box Cos.\beta : \Box Sin.\beta = \Box(d-e) : \Box f$; verbunden $\Box Cos.\beta : \Box r$, d. i. $2(b:h) = \Box(d-e) : \Box(d-e) + \Box f$. Aus $a + b : b = d : d - e$ und
$a + b : m = d : \mu$ folgt ord. ex aeq.

$b : m = d - e : \mu$
$m : h = \mu : k$
ord. ex aeq.
$b : h = d - e : k$, also $2(b:h)$, d. i. $\Box(d-e) : \Box(d-e) + \Box f = \Box(d-e) : \Box k$. Folglich ist $\Box(d-e) + \Box f = \Box k$, und daher $\Box\eta = \Box i + \Box k$. Nun verhält sich die Flächengeschwindigkeit in Beziehung auf die der augenblicklichen Umdrehungsaxe winkelrechte Ebene zu $a+b$ wie $\pi : 2r$ (wo π den Umfang des Kreises bedeutet, dessen Halbmesser r ist), wenn man die zum Maaß dienende Zeit nach §. 73. bestimmt; also ist bei derselben Zeitbestimmung das Verhältniß der Flächengeschwindigkeit in Bezug auf die Hauptebene zu $a+b$ zusammengesetzt aus dem Verhältniß $\eta : d$ und dem Verhältniß $\pi : 2r$, also das doppelte Verhältniß der Flächengeschwindigkeit in Beziehung auf die Hauptebene zu $a+b$ zusammengesetzt aus dem Verhältniß $\Box i + \Box k : \Box d$ und $2(\pi : 2r)$. Es sei nun H die Flächengeschwindigkeit in Beziehung auf die Hauptebene, und man bezeichne die veränderlichen Größen für irgend einen Augenblick der Bewegung oben mit einem Strich, für einen andern Augenblick lasse man den Strich weg, so ist $2(H : a+b) = (\Box i + \Box k : \Box d) + 2(\pi : 2r)$, und $2(H' : a'+b') = (\Box i' + \Box k' : \Box d) + 2(\pi : 2r)$. Hier kann man nämlich d ohne Strich lassen, weil es eine willkürliche Linie ist, die man unveränderlich setzen kann. Die Flächengeschwindigkeit in Bezug auf die Hauptebene ist zwar unveränderlich; aber wir dürfen doch noch nicht $H = H'$ setzen, weil noch nicht bewiesen ist, daß die zum Maaß dienende Zeit für beide Augenblicke gleich ist. Diese Zeit steht nach §. 87. im halben Verhältniß des Moments der Trägheit der augenblicklichen

Umdrehungsaxe, also im Verhältniß $\frac{1}{2}(a+b:a'+b')$. Folglich verhält sich $H:H'=\frac{1}{2}(a+b:a'+b')$; folglich $2(H:H')$, d. i. $2(H:a+b)+2(a'+b':H')+2(a+b:a'+b')$, d. i. $(\Box i+\Box k:\Box i'+\Box k')+2(a+b:a'+b')=a+b:a'+b'$, also $\Box i+\Box k:\Box i'+\Box k'=a'+b':a+b$. Nun ist $i:\mu=g:m=(g:A)+\left(A:\begin{Bmatrix}B-A\\A-B\end{Bmatrix}\right)+\left(\begin{Bmatrix}B-A\\A-B\end{Bmatrix}:m\right)=(\mathrm{Sin.}\beta:r)+\left(A:\begin{Bmatrix}B-A\\A-B\end{Bmatrix}\right)+(r:\mathrm{Sin.}\beta)+(r:\mathrm{Cos.}\beta)=\left(A:\begin{Bmatrix}B-A\\A-B\end{Bmatrix}\right)+(r:\mathrm{Cos.}\beta)$. Dagegen $k:\mu=h:m=(h:B)+\left(B:\begin{Bmatrix}B-A\\A-B\end{Bmatrix}\right)+\left(\begin{Bmatrix}B-A\\A-B\end{Bmatrix}:m\right)$ $=(\mathrm{Cos.}\beta:r)+\left(B:\begin{Bmatrix}B-A\\A-B\end{Bmatrix}\right)+(r:\mathrm{Sin.}\beta)+(r:\mathrm{Cos.}\beta)=$ $\left(B:\begin{Bmatrix}B-A\\A-B\end{Bmatrix}\right)+(r:\mathrm{Sin.}\beta)$. Hieraus folgt $(i:\mu)+(\mu:k)$, d. i. $i:k=(A:B)+(\mathrm{Sin.}\beta:\mathrm{Cos.}\beta)$, also $\Box i:\Box k=(A:B)+(a:b)$. Man mache $a:b=B:l$, so wird $\Box i:\Box k=A:l$; verbunden $\Box i:\Box i+\Box k=A:A+l$. Ferner ist $i:i'=(i:\mu)+(\mu:d)$ $+(d:\mu')+(\mu':i')=\left(A:\begin{Bmatrix}B-A\\A-B\end{Bmatrix}\right)+(r:\mathrm{Cos.}\beta)+(m:a+b)+$ $(a'+b':m')+\left(\begin{Bmatrix}B-A\\A-B\end{Bmatrix}:A\right)+(\mathrm{Cos.}\beta':r)=(\mathrm{Cos.}\beta':\mathrm{Cos.}\beta)+$ $(a'+b':a+b)+(\mathrm{Sin.}\beta:\mathrm{Sin.}\beta')+(\mathrm{Cos.}\beta:\mathrm{Cos.}\beta')=(a'+b':a+b)$ $+(\mathrm{Sin.}\beta:\mathrm{Sin.}\beta')$; $\Box i:\Box i'=2(a'+b':a+b,+(\Box\mathrm{Sin.}\beta:\Box\mathrm{Sin.}\beta')$; $(\Box i+\Box k:\Box i)+(\Box i:\Box i')+(\Box i':\Box i'+\Box k')$, d. i. $\Box i+\Box k$ $:\Box i'+\Box k'$, d. i. $a'+b':a+b=(A+l:A+l')+2(a'+b':a+b)$ $+(\Box\mathrm{Sin.}\beta:\Box\mathrm{Sin.}\beta')$, also $a+b:a'+b'=(A+l:A+l')+$ $(\Box\mathrm{Sin.}\beta:\Box\mathrm{Sin.}\beta')=(A+l:A+l')+(a:a')$. Aus $a:b=B:l$ wird verbunden $a:a+b=B:B+l$, also $(a:a+b)+$ $(a+b:a'+b')+(a'+b':a')$, d. i. $a:a'=(B:B+l)+(A+l:A+l')$ $+(a:a')+(B+l':B)$, also $B+l:B+l'=A+l:A+l'$; verwechselt $B+l:A+l=B+l':A+l'$; folglich ist $B+l:A+l$, d. i. $(B+l:B)+(B:A+l)$, d. i. $(a+b:a)+(B:A+l)$, ein unveränderliches Verhältniß. Macht man noch $B:A=a:p$,

so wird, weil $B:l=a:b$

(I. 1, 7) $B:A+l=a:b+p$,

also $a + b : b + p$ ein unveränderliches Verhältniß, daher $a + b : \left\{\begin{matrix} a - p \\ p - a \end{matrix}\right\}$, also auch $\left(a + b : \left\{\begin{matrix} a - p \\ p - a \end{matrix}\right\}\right) + \left(\left\{\begin{matrix} B - A \\ A - B \end{matrix}\right\} : B\right)$, d. i. $a + b : a$ ein unveränderliches Verhältniß. Folglich ist auch das getrennte Verhältniß $b : a$, d. i. $(b : B) + (B : A) + (A : a)$, d. i. $(B : A) + (\Box \text{Cos.} \beta : \Box \text{Sin.} \beta)$ ein unveränderliches Verhältniß, also auch $\Box \text{Cos.} \beta : \Box \text{Sin.} \beta$, also auch $\text{Cos.} \beta : \text{Sin.} \beta$, d. i. $r : \text{tg.} \beta$ ein unveränderliches Verhältniß. Folglich ist der $\angle \beta$ selbst unveränderlich; ist aber das, so ist auch das Moment der Trägheit für die augenblickliche Umdrehungsaxe, und daher nach §. 87. auch die Winkelgeschwindigkeit um die augenblickliche Umdrehungsaxe, unveränderlich. Daher ist auch der $\angle$, welchen die einzelne Hauptaxe gegen die auf der Hauptebene winkelrechte Linie macht, unveränderlich, und folglich beschreiben sowohl die einzelne Hauptaxe als die augenblickliche Umdrehungsaxe gerade Kegelflächen, deren Axe die auf der Hauptebene winkelrechte Linie ist. Die linearische Geschwindigkeit jedes Puncts der einzelnen Hauptaxe bei seiner Drehung um die augenblickliche Umdrehungsaxe ist $=$ der linearischen Geschwindigkeit bei seiner Drehung um die Axe der Kegelflächen; da nun die Winkelgeschwindigkeit bei der Drehung um die augenblickliche Umdrehungsaxe unveränderlich ist, so ist es auch die linearische, und folglich auch die Winkelgeschwindigkeit bei der kegelförmigen Bewegung unveränderlich. Um das Verhältniß der Umwälzungszeiten beider Bewegungen zu bestimmen, nehme man einen beliebigen Punct der einzelnen Hauptaxe, und setze seine Entfernung von dem als fest betrachteten Punct $= r$, so ist seine Entfernuug von der augenblicklichen Umdrehungsaxe $= \text{Sin.} \beta$, und seine Entfernung von der Axe der Kegelflächen $= \text{Sin.} (\beta \mp \varphi)$. Da nun der in Rede stehende Punct der einzelnen Hauptaxe zufolge beider Umwälzungen einerlei linearische Geschwindigkeit hat, so verhalten sich die Umwälzungszeiten wie die genannten Sinus, also, wenn wir die Umwälzungszeit um die augenblickliche Umdrehungsaxe $= u$, die Umwälzungszeit bei der kegelförmigen Bewegung aber $= U$ setzen,

$u : U = \text{Sin.}\beta : \text{Sin.}(\beta \mp \varphi)$. Da nun $\text{tg.}\beta : \text{tg.}(\beta \mp \varphi)$, d. i. $(\text{Sin.}\beta : \text{Cos.}\beta) + (\text{Cos.}(\beta \mp \varphi) : \text{Sin.}(\beta \mp \varphi))$, d. i. $(\text{Cos.}(\beta \mp \varphi) : \text{Cos.}\beta) + (u : U) = B : A$, so ist $u : U = (B : A) + (\text{Cos.}\beta : \text{Cos.}(\beta \mp \varphi))$. Oben hatten wir $r \times \text{Cos.}(\beta \mp \varphi) : \text{Cos.}\beta \times \text{Cos.}\varphi = B : a + b$; also wird $\text{Cos.}\varphi \times \text{Cos.}(\beta \mp \varphi) : \text{Cos.}\beta \times \text{Cos.}\varphi$, d. i. $\text{Cos.}(\beta \mp \varphi) : \text{Cos.}\beta = (B : a + b) + (\text{Cos.}\varphi : r)$, also $u : U = (a + b : A) + (r : \text{Cos.}\varphi)$, d. i. die Umlaufszeit um die augenblickliche Umdrehungsaxe zur ganzen Dauer der kegelförmigen Bewegung wie das Moment der Trägheit in Bezug auf die augenblickliche Umdrehungsaxe zu dem im Verhältniß $r : \text{Cos.}$ des Winkels, welchen die augenblickliche Umdrehungsaxe gegen die Axe der Kegelflächen macht, verminderten Moment der Trägheit in Bezug auf die unzähligen Hauptaxen. Auch ist klar, daß die Bewegung in der Kegelfläche und die Drehung um die augenblickliche Umdrehungsaxe, auf einerlei Seite der Hauptebene betrachtet, nach einerlei Seite hin gerichtet sind.

Man nehme jetzt denjenigen Punct der augenblicklichen Umdrehungsaxe, welcher von dem als fest betrachteten Punct um die Linie r entfernt ist, und betrachte seine von irgend einem Augenblick an gerechnete Bewegung als zusammengesetzt aus der drehenden Bewegung um die auf der Hauptebene winkelrechte Linie (bei welcher Drehung der ganze Körper oder das ganze System hinter der einzelnen Hauptaxe her unablässig nachfolgt) und aus der drehenden Bewegung um die einzelne Hauptaxe. Dann ist klar, daß das Resultat seiner linearischen Geschwindigkeit in Bezug auf die gegen die Hauptebene winkelrechte Linie und seiner linearischen Geschwindigkeit in Bezug auf die einzelne Hauptaxe seine totale linearische Geschwindigkeit giebt. Diese ist aber = 0, weil der in Rede stehende Punct in der augenblicklichen Umdrehungsaxe liegt. Folglich sind beide linearische Geschwindigkeiten, die in Bezug auf die gegen die Hauptebene winkelrechte Linie und die in Bezug auf die einzelne Hauptaxe, einander gleich und direct entgegengesetzt. Da nun die linearische Geschwindigkeit in Bezug auf die gegen die Hauptebene winkelrechte Linie unveränderlich ist, so ist es auch die in Bezug auf die einzelne Hauptaxe, und folglich bewegt sich der Körper (das System) um die einzelne Hauptaxe mit immer gleicher Winkelgeschwindigkeit; auch ist klar, daß diese Bewegung, wenn $B \left\{ \begin{matrix} > \\ < \end{matrix} \right\} A$, nach $\left\{ \begin{matrix} \text{entgegengesetzter} \\ \text{derselben} \end{matrix} \right\}$ Seite hin gerichtet ist, als nach welcher die Drehung um die auf der Hauptebene winkelrechte Linie geschieht. Die linearische Geschwindigkeit der Drehung des gedachten Puncts der augenblicklichen Umdrehungsaxe um die auf der Hauptebene winkelrechte Linie verhält sich zur linearischen Geschwindigkeit des eben so weit vom festen Punct entfernten Puncts der einzelnen Hauptaxe wie $\text{Sin.}\varphi : \text{Sin.}(\beta \mp \varphi)$, also, wenn wir die Umlaufszeit um die einzelne Hauptaxe T nennen, $u : T = \text{Sin.}\varphi : \text{Sin.}(\beta \mp \varphi)$. Wir hatten oben $\text{Sin.}\beta \times \text{Cos.}(\beta \mp \varphi) : r \times \text{Sin.}\varphi = B : \left\{ \begin{matrix} B-A \\ A-B \end{matrix} \right\}$; also wird $\text{Sin.}\beta \times \text{Sin.}(\beta \mp \varphi) : \text{Sin.}\beta \times \text{Sin.}\varphi$, d. i. $T : u = (A : B) + (\text{Sin.}\beta : \text{Cos.}\beta) + \left(B : \left\{ \begin{matrix} B-A \\ A-B \end{matrix} \right\}\right) + (r : \text{Sin.}\beta) = \left(A : \left\{ \begin{matrix} B-A \\ A-B \end{matrix} \right\}\right) + (r : \text{Cos.}\beta)$.

Anmerkung. Dieser Satz liefert eine vollständige Theorie der freien Rotation eines festen Körpers, welcher unzählige in Einer Ebene liegende Hauptaxen und außerdem noch eine einzelne Hauptaxe hat. Er enthält zugleich die Auflösung der von Laplace (Méc. cél. I. 7, 29) angeführten Aufgabe, die Differentialgleichung

$$dt = \frac{ABC\,dp'}{\sqrt{(ACk^2 - H^2 + A(B-C)p'^2)(H^2 - BCk^2 - B(A-C)p'^2)}}$$

in dem partikulären Fall zu integriren, wenn $B = A$ oder $B = C$ oder $A = C$ ist, welcher partikuläre Fall sich auf einen Körper bezieht, der in Beziehung auf den festen Punct unzählige in Einer Ebene liegende Hauptaxen und außerdem noch eine einzelne Hauptaxe hat.

§. 92. Erklärung.

Man nennt sichern Zustand (état stable) eines Systems von Puncten oder Körpern denjenigen Zustand, bei welchem das System sich von einem unveränderlichen Mittelzustand nicht über eine festgesetzte Grenze hinaus entfernen kann, sondern

Schwankungen um diesen Zustand macht, unsichern Zustand dagegen (état lable) denjenigen Zustand, bei welchem das System sich von einem angenommenen Zustand über alle Grenzen hinaus entfernen kann, so daß man den angenommenen Zustand nicht als einen mittleren Zustand betrachten kann.

Anmerkung. Die von Laplace gegebene Erklärung des sicheren Zustandes ist unbestimmt. Er sagt (Méc. cél. I. 7, 30): On nomme état stable d'un systême de corps, un état tel que le systême, lorsqu'il en est infiniment peu dérangé, ne puisse s'en écarter qu' infiniment peu, en faisant des oscillations continuelles autour de cet état. Versteht man den Ausdruck infiniment peu im strengsten Sinne der höheren Analysis, so giebt die vorliegende Definition gar keinen Sinn, weil sie alsdann eben das aussagt, als wenn es hieße: Sicherer Zustand ist derjenige Zustand, von welchem das System, wenn es darin gar nicht gestört wird, sich gar nicht entfernen kann. Laplace meinte daher unter infiniment peu augenscheinlich soviel als sehr wenig, und seine Definition hat folgenden Sinn: Sicherer Zustand ist derjenige Zustand, von welchem das System, wenn es darin sehr wenig gestört wird, sich auch stets nur sehr wenig entfernen kann, u. s. w. Aber nun haben wir keinen Maaßstab, zu bestimmen, welche Abweichungen vom mittleren Zustand als sehr klein zu betrachten sind, und welche nicht. Folglich ist die von Laplace gegebene Erklärung unbestimmt, und wir haben uns bemüht sie bestimmter zu fassen.

§. 93. Zusatz.

Wenn ein fester Körper oder ein System fest mit einander verbundener Puncte sich entweder frei bewegt oder nur gezwungen ist sich um einen festen Punct zu drehen, und es existiren durch diesen Punct unzählige in Einer Ebene liegende Hauptaxen und außerdem noch eine einzelne Hauptaxe, und der Körper (das System) dreht sich um die einzelne Hauptaxe, so findet der sichere Zustand statt, weil, wenn der Körper (das System) in dieser Drehung gestört und gezwungen wird sich um eine von der einzelnen Hauptaxe abweichende augenblickliche Umdrehungsaxe zu drehen, nachher aber sich selbst überlassen wird, die augenblickliche Umdrehungsaxe sich von der einzelnen Hauptaxe um keinen größeren Winkel als anfangs entfernen kann, übrigens aber, wenn man den Körper (das System) als ruhend betrachtet, eine gerade Kegelfläche um die einzelne Hauptaxe mit gleichförmiger Geschwindigkeit beschreibt, und folglich die einzelne Hauptaxe als mittlere Umdrehungsaxe angesehen werden kann. Dazu kommt noch, daß auch die Lage der einzelnen Hauptaxe im Raume, wie auch die Lage der augenblicklichen Umdrehungsaxe im Raume, solche Schwankungen um eine mittlere Lage (nämlich um die auf der Hauptebene winkelrechte Linie) macht, welche sich auf keine größere Ausdehnung erstrecken können als anfangs, und daß auch die Winkelgeschwindigkeit um die augenblickliche Umdrehungsaxe, desgleichen die Winkelgeschwindigkeit um die einzelne Hauptaxe, unveränderlich ist.

Wenn dagegen der Körper (das System) sich um eine der unzähligen Hauptaxen dreht, so findet der unsichere Zustand statt, weil, wenn der Körper (das System) in dieser Drehung gestört und gezwungen wird sich um eine von der gedachten Hauptaxe abweichende augenblickliche Umdrehungsaxe zu drehen, nachher aber sich selbst überlassen wird, die augenblickliche Umdrehungsaxe sich von der anfänglichen Hauptaxe so weit entfernt, daß sie der gerade entgegengesetzten Lage eben so nahe kommt, als sie anfangs der gedachten Hauptaxe war. Dazu kommt noch, daß die augenblickliche Umdrehungsaxe ihre Lage im Raum so ändert, daß sie beinahe in die gerade entgegengesetzte Lage übergehen kann, desgleichen daß die gedachte Hauptaxe ihre Lage im Raum so ändert, daß sie beinahe in die gerade entgegengesetzte Lage übergehen kann.

§. 94. Zusatz.

Wenn ein Punct, auf welchen die Schwere wirkt, im untersten Punct einer festen Kugelfläche ruht, so findet der sichere Zustand statt, weil, wenn der Punct aus der gedachten Lage heraus und in einen höheren Punct der Kugelfläche, jedoch nicht in den höchsten Punct, gebracht, nachher aber sich selbst überlassen wird, er, durch die Schwere getrieben, zum untersten Punct zurückkehrt, und zu beiden Seiten desselben unaufhörlich hin und her schwingt, und dabei sich vom untersten Punct nie weiter entfernen kann als anfangs, der unterste Punct der Kugelfläche aber als der mittlere Ort des bewegten Punctes angesehen werden kann. Wenn aber der Punct, auf welchen die Schwere wirkt, im obersten Punct der Kugelfläche ruht, so findet der unsichere Zustand statt, weil, wenn der Punct in seiner Lage auch nur im Geringsten gestört und in einen andern, wenn auch noch so nahen Punct der Kugelfläche gebracht wird, er, durch die Schwere getrieben, sogleich anfängt herabzugleiten, und bis zum untersten Punct der Kugelfläche kommt, von wo aus er wieder zu steigen anfängt, bei welcher Bewegung man nicht den obersten, sondern den untersten Punct der Kugelfläche als mittleren Ort des bewegten Puncts anzusehen hat. Auch wenn dem Punct keine Kugelfläche, sondern eine andere Fläche oder Curve vorgeschrieben ist, so findet bei der Ruhe des schweren Puncts in einem solchen Punct der Fläche oder Curve, dessen Berührungsebene (Tangente) horizontal, und dessen Convexität nach unten gerichtet ist, der sichere Zustand, bei der Ruhe des schweren Puncts in einem solchen Punct der Curve oder Fläche aber, dessen Berührungsebene (Tangente) horizontal, und dessen Convexität nach oben gerichtet ist, der unsichere Zustand statt. Desgleichen findet bei einem ruhenden zusammengesetzten Pendel, wenn sein Schwerpunct senkrecht unter dem Aufhängepunct befindlich ist, der sichere, wenn aber sein Schwerpunct senkrecht über dem Aufhängepunct befindlich ist, der unsichere Zustand statt.

§. 95. Zusatz.

Aus §. 49. erhellt, daß, wenn ein Körper oder eine Anzahl Puncte in Beziehung auf einen Punct unzählige in Einer Ebene liegende Hauptaxen und außerdem noch eine einzelne Hauptaxe hat, daß alsdann die zu einerlei Moment der Trägheit gehörigen durch den gedachten Punct gezogenen Linien allemal eine gerade Kegelfläche bilden, welche die einzelne Hauptaxe zur Axe hat, und daß auf diese Art von der einzelnen Hauptaxe an bis zur Ebene der unzähligen Hauptaxen unzählige Kegelflächen exsistiren, in denen das Moment der Trägheit ununterbrochen wächst oder abnimmt. Die Curven, in welchen eine Kugelfläche, die man aus dem Durchschnittspunct der unzähligen in Einer Ebene liegenden Hauptaxen mit beliebigem Halbmesser r beschreibt, von den genannten Kegelflächen geschnitten wird, sind lauter Parallelkreise, deren Axe die einzelne Hauptaxe ist.

Anmerkung. Wir betrachten diesen Satz als Uebergang zur

Theorie der freien Rotation eines festen Körpers, welcher in Beziehung auf den als fest betrachteten Punct nur drei Hauptaxen hat.

§. 96. Lehrsatz.

Wenn ein Körper (eine Anzahl Puncte) in Beziehung auf irgend einen Punct nur 3 Hauptaxen hat, und man zieht in der Ebene der Hauptaxe des größten und kleinsten Moments der Trägheit 2 Linien durch den gedachten Punct, in Beziehung auf welche das Moment der Trägheit = ist dem Moment der Trägheit der dritten Hauptaxe, welches zwischen das größte und kleinste fällt, und man legt nun durch die 3te Hauptaxe und durch jede der 2 gezogenen Linien eine Ebene, so erhält man 2 Ebenen, in denen für alle Linien, die man durch den festen Punct ziehen kann, einerlei Moment der Trägheit statt findet. Innerhalb eines jeden der 4 von diesen Ebenen gebildeten Flächenwinkel bilden diejenigen durch den festen Punct gezogenen Linien, welche einerlei Moment der Trägheit haben, allemal eine gekrümmte piramydalische Fläche, in deren inneren Raum sich die dem betreffenden Flächenwinkel angehörige Hauptaxe des größten oder kleinsten Moments befindet; diese piramydalischen Flächen umschließen einander so, daß von der Hauptaxe des größten oder kleinsten Moments an bis zu den beiden Ebenen des mittleren Moments unzählige gekrümmte piramydalische Flächen sich befinden, in denen das Moment der Trägheit ununterbrochen wächst oder abnimmt.

Beweis. Man beschreibe aus dem festen Punct mit beliebigem Halbmesser eine Kugel. Es seien B und F Fig. 58. diejenigen beiden Puncte der Kugelfläche, wohin die 3te Hauptaxe trifft, deren Moment zwischen das größte und kleinste fällt, A aber ein Punct der Kugelfläche, welcher von der Hauptaxe des größten Moments, und C ein Punct, welcher von der Hauptaxe des kleinsten Moments getroffen wird. Man lege durch A und C den größten Kreis DAICE, und nehme auf dem Quadranten AC denjenigen Punct I, welcher von einem Durchmesser getroffen wird, der mit BF gleiches Moment der Trägheit hat. Man beschreibe den Halbkreis BGIF; es seien aber D und E diejenigen Puncte des größten Kreises DAICE, deren Verbindungslinie DE ebenfalls gleiches Moment der Trägheit mit BF hat, und man beschreibe den größten Kreis BDFE. Da BF eine Hauptaxe ist, so ist (wenn man den Kugelmittelpunct mit K bezeichnet) nach §. 57. das geometrische Moment sowohl für DE und BF als auch für BF und IK = 0, also, da die Momente der Trägheit in Bezug auf DE, BF und IK gleich sind, die Momente der Trägheit auch in Bezug auf alle durch K in den Ebenen BGIF und BDFE gezogenen Linien einander gleich. Man ziehe nun aus A einen beliebigen Bogen eines größten Kreises, welcher den Umfang des Ausschnitts BGIFDB der Kugelfläche z. B. zwischen I und B, in G schneide, und verlängere den Bogen AG, bis er den Quadranten BC in H schneidet. Zieht man nun die Halbmesser AK und HK, so ist in Bezug auf diese nach §. 57. das geometrische Moment = 0; also nimmt das Moment der Trägheit von KA bis KH hin ununterbrochen ab. Da man nun ähnliche Schlüsse für jeden andern aus A bis BGIFDB gezogenen Bogen eines größten Kreises machen kann, so gilt in Beziehung auf den Ausschnitt BGIFDB der Kugel das, was bewiesen werden sollte. Für den Kugelausschnitt BGIFEB läßt sich in Beziehung auf den Punct C der Beweis auf ähnliche Art führen.

§. 97. Erklärung.

Wir wollen die Ebenen BDFE und BGIF Fig. 58. die Ebenen des mittleren Moments der Trägheit nennen, wenn auch in Beziehung auf sie das Moment nicht genau die Mitte zwischen dem größten und kleinsten hält.

§. 98. Erklärung.

Die Curven, in welchen eine Kugelfläche, die man aus dem festen Punct mit beliebigem Halbmesser r beschreibt, von den gekrümmten piramydalischen Flächen, welchen gleiche Momente der Trägheit gehören, geschnitten wird, wollen wir die Curven gleicher Momente der Trägheit nennen, und die beiden größten Kreise, worin die Kugelfläche von den Ebenen des mittleren Moments der Trägheit geschnitten wird, größte Kreise des mittleren Moments der Trägheit.

Anmerkung. Zu mehrerer Verdeutlichung haben wir in Fig. 59. eine sinnliche Darstellung der Curven gleicher Momente der Trägheit gegeben. Der größte Kreis BDFE ist ein größter Kreis des mittleren Moments der Trägheit, der quer durch gezogene Halbkreis BF aber eine Hälfte des andern größten Kreises des mittleren Moments der Trägheit; die Zeichnung stellt die sichtbare Halbkugelfläche dar, und die zwischen den Halbkreisen BF und BDF, desgleichen die zwischen den Halbkreisen BF und BEF enthaltenen in sich selbst zurückkehrenden Curven sind die Curven gleicher Momente der Trägheit; in die innersten Puncte beider Curven-Partheien treffen die Hauptaxen des größten und kleinsten Moments der Trägheit; die von B bis F gehende gerade Linie aber ist die Hauptaxe des mittleren Moments der Trägheit. Auf der unsichtbaren Halbkugelfläche entspricht einer jeden der sichtbaren Halbkugelfläche angehörigen Curve gleiches Moments der Trägheit eine Curve des eben so großen Moments, und 2 solche einander entsprechende Curven gehören allemal zu zweien gekrümmten piramydalischen Flächen von der Art, daß die Seitenlinien der einen die Verlängerungen der Seitenlinien der andern sind.

§. 99. Zusatz.

Eine jede der Curven des gleichen Moments der Trägheit wird von den größten Kreisen, deren Ebenen durch die 3 Hauptaxen gehen, so geschnitten, daß nicht nur von den 4 Stücken der Curve, sondern auch von den 4 Flächenstücken, die von der Curve und von den sich innerhalb derselben kreuzenden größten Kreisen eingeschlossen werden, allemal die gegenüberstehenden congruent, und die benachbarten symmetrisch sind; auch fällt jeder Bogen eines größten Kreises, welcher 2 Puncte einer solchen Curve verbindet, ganz innerhalb, seine beiden Verlängerungen aber, bis sie auf der andern Seite der Kugelfläche wieder zusammentreffen, ganz außerhalb der Curve (weil von den Linien, welche, durch den festen Punct gezogen, in Einer Ebene liegen, allemal die zwischen 2 Linien gleicher Momente der Trägheit liegenden Linien entweder sämmtlich ein größeres oder sämmtlich ein kleineres Moment der Trägheit haben als jene beiden Linien; siehe §. 26.); oder, was dasselbe sagt, jede Curve des gleichen Moments der Trägheit ist überall nach innen zu concav; und hieraus geht zugleich hervor, daß ein Bogen eines größten Kreises, welcher einen Punct mit der Curve gemein hat ohne sie zu schneiden, verlängert ganz außerhalb der Curve fällt, und daß in den Puncten, wo die Curve die vorhin angeführten sich kreuzenden größten Kreise schneidet, (in den Puncten a, b, c, d Fig. 60.), der berührende größte Kreis winkelrecht gegen den schneidenden liegt. Auch ist klar, daß von der Peripherie des größten Kreises, dessen Ebene durch die Hauptaxen des größten und kleinsten Moments geht, ein kleineres Stück innerhalb der Curve liegt, als von der Peripherie des größten Kreises, dessen Ebene durch eine der beiden genannten und durch die dritte Hauptaxe geht, und daß überhaupt ein Bogen eines größten Kreises, welcher einen Punct der Curve mit ihrem auf der Kugelfläche liegenden Mittelpunct e verbindet, für eine und dieselbe Curve desto kleiner ist, je näher er dem Kreis DAICE Fig. 58. liegt. Und weil unter allen Kugelhalbmessern, welche in der Ebene eines und desselben berührenden Kreises der Curve liegen, der nach dem Berührungspunct gehende das größte oder kleinste Moment der Trägheit hat, so ist in Beziehung auf 2 in der Ebene des Berührungskreises einander winkelrecht schneidende Kugelhalbmesser, deren einer den Berührungspunct trifft, das geometrische Moment allemal $= 0$; dagegen hat ein größter Kreis, welcher, durch den Berührungspunct gehend, gegen den berührenden größten Kreis normal liegt, in Beziehung auf 2 Durchmesser, deren einer den Berührungspunct trifft, ein größeres geometrisches Moment, als jeder andere größte Kreis, den man durch den Berührungspunct legen kann, in Beziehung auf den nach dem Berührungspunct gehenden Durchmesser und auf den darauf winkelrechten Durchmesser hat (§. 42. und 43.). So ist auch für den größten Kreis des mittleren Moments der Trägheit das geometrische Moment überall = 0, und für einen größten Kreis, den man darauf winkelrecht errichten kann, das geometrische Moment größer als für jeden andern durch den Durchschnittspunct gelegten größten Kreis.

Es sei nun f ein beliebiger Punct der Curve, und fg der gegen den Berührungskreis des Puncts f normal stehende größte Kreis, so streicht der Kreis fg (wenn f nicht mit a oder b oder c oder d zusammenfällt, sondern z. B. im Quadranten ab liegt), nachdem er von f aus in den innern Raum der Curve hineingetreten, dem Mittelpunct e der Curve so vorbei, daß er die Puncte e und b (welcher letztere in der Ebene der Hauptaxen des größten und kleinsten Moments liegt) auf einerlei Seite behält (daß dem so sei, erhellt daraus, weil, wenn man den Bogen fe eines größten Kreises zieht, und den Punct f allmälig immer näher bei a annimmt, der Bogen ef ununterbrochen wächst, und folglich gegen den Berührungskreis des Puncts f nach b zu einen spitzen ∠ bildet). Nachher tritt der Kreis fg im Punct h wieder zur Curve hinaus, schneidet aber daselbst die Curve nicht wieder normal, sondern schief und so, daß der im innern Flächenraum der Curve liegende stumpfe ∠ nach dem Mittelpunct e zu gerichtet ist. Der Bogen fh wird von einer näher bei e liegenden Curve des gleichen Moments der Trägheit, von der Curve iklmnp, in i berührt und zugleich halbirt (§. 26.), und für die durch i gehende Axe ist das Moment der Trägheit, wenn e in der Axe des $\left\{\begin{matrix}\text{größten}\\ \text{kleinsten}\end{matrix}\right\}$ Moments liegt, $\left\{\begin{matrix}>\\ <\end{matrix}\right\}$ als für jede andere dem größten Kreis fg angehörige Axe. Hat der Kreis fg, von f ausgehend, den Punct i passirt, so schneidet er weiterhin den Kreis bmcpd in g, so daß Bogen fig $<$ als ein Quadrant, und, wenn man den Bogen fq eines größten Kreises winkelrecht auf be fällt, auch Bogen qcpg $<$ als ein Quadrant ist. Auch ist aus §. 77. klar, daß, wenn der Körper fest ist (wenn die Puncte m, m'... ein festes System bilden), und die Rotation um eine durch $\begin{Bmatrix} a \\ b \\ f \end{Bmatrix}$ gehende augenblickliche Umdrehungsaxe geschieht, die auf der Hauptebene winkelrechte Linie in der Ebene des größten Kreises $\begin{Bmatrix} a\,c \\ b\,d \\ f\,g \end{Bmatrix}$ liegt. Geschieht aber die Rotation um eine durch I Fig. 58. gehende augenblickliche Umdrehungsaxe, so liegt die auf der Hauptebene winkelrechte Linie in der Ebene DAICE; und geschieht die Rotation um eine durch G Fig. 58. gehende augenblickliche Umdrehungsaxe, so liegt die auf der Hauptebene winkelrechte Linie in der Ebene des durch G gelegten auf BGIF winkelrechten größten Kreises.

§. 100. Lehrsatz.

Wenn ein fester Körper (ein festes System von Puncten) nur gezwungen ist sich um einen festen Punct zu drehen, und man theilt dem Körper (dem System) einmal diese, ein andermal jene Bewegung um eine und dieselbe augenblickliche Umdrehungsaxe mit, aber beidemale nach einerlei Seite hin und mit verschiedener Winkelgeschwindigkeit, und überläßt nachher jedesmal den Körper (das System) sich selbst, so wird die augenblickliche Umdrehungsaxe in beiden Bewegungen einerlei Curven auf der Oberfläche des als ruhend betrachteten Körpers (einerlei Curven in Beziehung auf das als ruhend betrachtete System von Puncten) beschreiben; auch werden überhaupt beide Bewegungen in Beziehung auf den Raum vollkommen congruent, in Beziehung auf die Zeit aber ähnlich sein.

Beweis. Man theile dem Körper, nachdem man die erste Bewegung beobachtet hat, eine zweite Bew. willkürlich mit, welche der ersten in Beziehung auf den Raum vollkommen congruent, in

Beziehung auf die Zeit aber ähnlich ist, so werden, weil die entgegengesetzten der Curvenkräfte der ersten Bewegung mit den durch die Bedingungen hervorgebrachten Kräften Gleichgewicht bilden, auch die entgegengesetzten der Curvenkräfte der willkürlichen Bewegung (die ja mit den entgegengesetzten der Curvenkräfte der ersten Bewegung einerlei Richtung haben, und mit ihnen in Ansehung der Stärke in einem unveränderlichen Verhältniß stehen) mit den durch die Bedingungen hervorgebrachten Kräften Gleichgewicht bilden. Hieraus erkennen wir, daß die willkürliche Bewegung mit der wirklichen 2ten Bewegung in Beziehung auf Zeit und Raum congruent ist.

§. 101. Zusatz.

Auf ähnliche Art wird folgender Satz bewiesen: Wenn ein fester Körper (ein festes System von Puncten) nur gezwungen ist sich um einen festen Punct zu drehen, und man theilt dem Körper (dem System) einmal diese, ein andermal jene Bewegung mit, und überläßt nachher jedesmal den Körper (das System) sich selbst, und diese beiden Bewegungen sind so beschaffen, daß der Körper (das System) sich in irgend einem Augenblick der 1sten Bewegung und in irgend einem Augenblick der 2ten Bewegung um eine und dieselbe augenblickliche Umdrehungsaxe mit einerlei Winkelgeschwindigkeit, aber nach entgegengesetzten Seiten hin dreht, so sind beide Bewegungen in Beziehung auf den Raum völlig congruent, in Beziehung auf die Zeit aber symmetrisch; auch beschreibt die augenblickliche Umdrehungsaxe in beiden Bewegungen einerlei Curve auf der Oberfläche des als ruhend betrachteten Körpers (einerlei Curve in Beziehung auf das als ruhend betrachtete System von Puncten), aber nach entgegengesetzten Seiten hin.

§. 102. Erklärung.

Wenn man durch den festen oder als fest betrachteten Punct eines festen Körpers oder eines festen Systems eine beliebige Linie zieht, welche gegen die 3 diesem Punct angehörigen Hauptaxen, deren Momente der Trägheit A, B, C sind, die $\angle\angle\ \alpha, \beta$

und γ bildet, und man macht $r : \text{Cos.}\alpha = A : a$; $r : \text{Cos.}\beta = B : b$, und $r : \text{Cos.}\gamma = C : c$, und setzt 3 Linien, die sich wie a, b und c verhalten, zu einem rechtwinkligen Parallelepipedum zusammen, so heißt die 3te Proportionale zum Moment der Trägheit der gezogenen Linie und zu dem durch die Diagonale des Parallelepipedums ausgedruckten Flächenraum das Rotations-Moment des Körpers (des Systems) in Beziehung auf den als fest betrachteten Punct und in Beziehung auf die gezogene Linie. Für jede der Hauptaxen heißt das Moment der Trägheit selbst auch das Rotations-Moment; und für eine durch den festen Punct gezogene Linie, die in der Ebene zweier Hauptaxen liegt, deren Momente A und B sind, und gegen diese beiden Hauptaxen die ∠∠ α und β bildet, heißt, wenn man $r : \text{Cos.}\alpha = A : a$, und $r : \text{Cos.}\beta = B : b$ macht, und dann 2 Linien, die sich wie a und b verhalten, zu einem Rechteck zusammensetzt, die 3te Proportionale zum Moment der Trägheit der gezogenen Linie und zu dem durch die Diagonale des Rechtecks ausgedruckten Flächenraum das Rotations-Moment des Körpers (Systems) in Beziehung auf die gezogene Linie.

§. 103. Lehrsatz.

Das Rotations-Moment einer Linie, die in der Ebene zweier Hauptaxen liegt, ist = den Momenten der Trägheit dieser beiden Hauptaxen zusammen, minus der 4ten Proportionale zum Moment der Trägheit der betreffenden Linie und zu den Momenten der Trägheit der beiden Hauptaxen.

Beweis. Die betreffende Linie mache gegen die Hauptaxe, deren Moment der Trägheit A ist, den $\angle\,\alpha$, so ist, wenn man $r : \text{Cos.}\alpha = A : a = a : A'$, und $r : \text{Sin.}\alpha = B : b = b : B'$ macht, $A' + B'$ nach §. 29. das Moment der Trägheit der betreffenden Linie, und wenn man 2 Linien d und μ, die sich wie a und b verhalten, zu einem Rechteck zusammensetzt, und dessen Diagonale mit η bezeichnet, und noch $d : \eta = a : m$ macht, die 3te Prop. zu $A' + B'$ und zu m = dem Rotationsmoment der betreffenden Linie, welches wir mit M bezeichnen wollen. Ist nun

1) $A = B$, so ist auch $A' + B' = A = B$ (§. 30.), und es verhält sich $(a : A) + (B : b)$, d. i. $a : b$, d. i. $d : \mu = \mathrm{Cos.}\alpha : \mathrm{Sin.}\alpha$; $\square d : \square \mu = (\square \mathrm{Cos.}\alpha : \square r) + (\square r : \square \mathrm{Sin.}\alpha) = (A' : A) + (B : B') = A' : B'$; verbunden $\square d : \square \eta = A' : A$, also $d : \eta$, d. i. $a : m = a : A$; also ist $m = A$. Die Proportion $A' + B' : m = m : M$ geht folglich in $A : A = A : M$ über. Folglich ist $M = A = A + B$ minus der 4ten Proportionale zu $A' + B'$, zu A und zu B. Ist aber

2) $B \left\{ \begin{matrix} > \\ < \end{matrix} \right\} A$, so mache man $a : m = m : m'$; $A + B : A = B : A'' = B' : B''$, so ist $\square r : \square \mathrm{Cos.}\alpha = A : A'$; $\square r : \square \mathrm{Sin.}\alpha = B : B'$; zurückkehrend $\square r : \square \mathrm{Cos.}\alpha = B : B - B'$

$$\overline{\qquad\qquad\qquad\qquad} \text{ (Eucl. 5, 12)}$$

$A : A' = A + B : B - B' + A'$; verwechselt und umgekehrt

$$\begin{array}{l}
A + B : A = B - B' + A' : A' \\
A + B : A = B \qquad\quad : A'' \\
A + B : A = \quad B' \quad : B'' \\
\hline
\qquad\qquad\qquad\qquad \text{(I. 1, 2)} \\
A + B : A = \qquad A' : A' + B'' - A'' \\
A \qquad : a = \qquad a : A' \\
\hline
\qquad\qquad\qquad\qquad \text{pert. ex aeq.} \\
A + B : a = \qquad a : A' + B'' - A''.
\end{array}$$

Aus $d : \eta = a : m$ folgt $\square d : \square \eta = a : m'$; getrennt $\square d : \square \mu$, d. i. $2(a : b) = a : m' - a$, also

$$\begin{array}{l}
b : a = m' - a : b \\
B : b = \quad b \quad : B',
\end{array}$$

und aus $A + B : A = B' : B''$ folgt zurückkehrend

$$\begin{array}{l}
A + B : B = \quad B' \quad : B' - B'' \\
\hline
A + B : a = m' - a : B' - B'' \\
A + B : a = \qquad a : A' + B'' - A'' \\
\hline
\qquad\qquad\qquad\qquad \text{(Eucl. 5, 12)} \\
A + B : a = m' \quad : A' + B' - A'' \\
\quad a : m = m \quad : m' \\
m : A' + B' = M \quad : m \\
\hline
A + B : A' + B' = M : A' + B' - A'' = \text{(I. 1, 1)}\ A + B - M : A'' \\
A + B : A \quad = \qquad\qquad B : A'' \\
\hline
\qquad\qquad\qquad\qquad \text{pert. ex aeq.} \\
A' + B' : A \quad = \qquad\qquad B : A + B - M.
\end{array}$$

§. 104. Lehrsatz.

Wenn ein Körper (ein System von Puncten) in Beziehung auf einen seiner Puncte mehr als 3 Hauptaxen hat, so erhält man für eine und dieselbe durch den genannten Punct gezogene Linie in Beziehung auf diesen Punct allemal einerlei Rotationsmoment, welches System von Hauptaxen man auch zum Grunde legen mag.

Beweis. 1) Wenn alle durch den genannten Punct gezogenen Linien Hauptaxen sind, so geht aus der Beweisführung des ersten Falls des vorigen Satzes hervor, daß das Rotationsmoment in Bezug auf eine Linie, die in der Ebene zweier zum Grunde gelegter Hauptaxen liegt, = ist dem Moment der Trägheit. Für eine Linie aber, die nicht in der Ebene zweier zum Grunde gelegter Hauptaxen liegt, sondern mit den 3 Hauptaxen die spitzen ∠∠ α, β, γ macht, ist, wenn man das Moment der Trägheit A nennt, und $r : \text{Cos.}\alpha = A : a$; $r : \text{Cos.}\beta = A : b$, und $r : \text{Cos.}\gamma = A : c$ macht, $a : b = \text{Cos.}\alpha : \text{Cos.}\beta$, und $b : c = \text{Cos.}\beta : \text{Cos.}\gamma$. Folglich haben, wenn man aus einem beliebigen Punct der betreffenden Linie Perpendikel auf die 3 Hauptaxen fällt, und aus den von den Hauptaxen abgeschnittenen Stücken ein rechtwinkliges Parallelepipedum zusammensetzt, die 3 Kanten dieses Parallelepipedums dasselbe Verhältniß als a, b und c; eine Kante aber verhält sich zur Diagonale wie $\left\{\begin{matrix} a \\ b \\ c \end{matrix}\right\} : A$. Die 3te Proportionale zum Moment der Trägheit und zu A ist aber wieder A; folglich ist das Rotationsmoment der betreffenden Linie = A, und so sehen wir, daß das Rotationsmoment allemal = dem Moment der Trägheit ist, welches System von Hauptaxen man auch zum Grunde legen mag.

2) Wenn der Körper (das System) unzählige in Einer Ebene liegende und außerdem eine einzelne Hauptaxe hat, so heiße das Moment der Trägheit der unzähligen Hauptaxen A, das Moment der Trägheit der einzelnen Hauptaxe B. Für jede in der

Ebene der unzähligen Hauptaxen liegende Linie ist das Rotationsmoment zufolge der Beweisführung des ersten Falls des vorigen §. $= A$, für jede in der Ebene der einzelnen Hauptaxe und einer andern zum Grunde gelegten Hauptaxe liegende Linie aber (wenn die betreffende Linie gegen die einzelne Hauptaxe einen $\angle = \beta$ bildet, und man $\Box r : \Box \text{Sin.}\beta = A : A'$, und $\Box r : \Box \text{Cos.}\beta = B : B'$ macht) $= A + B$ minus der 4ten Proportionale zu $A' + B'$, A und B. Eine Linie aber, die nicht in der Ebene zweier zum Grunde gelegter Hauptaxen liegt, bilde gegen die einzelne Hauptaxe den $\angle\, \beta$, gegen die beiden andern zum Grunde gelegten Hauptaxen die $\angle\angle\, \alpha$ und γ, und man mache $r : \text{Cos.}\alpha = A : a$; $r : \text{Cos.}\gamma = A : c$, und $r : \text{Cos.}\beta = B : b$. Man stelle 3 Linien d, μ und ν, die sich wie a, b und c verhalten, zu einem rechtwinkligen Parallelepipedum zusammen, und nenne dessen Diagonale η, so ist $\Box\eta = \Box d + \Box\mu + \Box\nu$. Macht man nun $\mu : \eta = b : m$, und $A' + B' : m = m : M$, so ist M das Rotationsmoment der betreffenden Linie. Man mache $b : m = m : m'$, so ist $\Box\mu : \Box\eta = b : m'$; getrennt $\Box\mu : \Box d + \Box\nu = b : m' - b$. Man mache $A : a = a : a'$, so ist $a : c$, d. i. $d : \nu = \text{Cos.}\alpha : \text{Cos.}\gamma$, also $\Box d : \Box\nu = \Box\text{Cos.}\alpha : \Box\text{Cos.}\gamma$; verbunden $\Box d : \Box d + \Box\nu = \Box\text{Cos.}\alpha : \Box\text{Sin.}\beta$ (§. 53.) $= (\Box\text{Cos.}\alpha : \Box r) + (\Box r : \Box\text{Sin.}\beta) = a' : A'$. Also $\Box\mu : \Box d$, d. i. $2(b : a) = (b : m' - b) + (A' : a')$, folglich $b : a = (a : m' - b) + (A' : a') = (a : m' - b) + (A' : A) + 2(A : a)$, also $b : A' = A : m' - b$.

Aus $A' + B' : m = m : M$ und

$b : m = m : m'$ folgt pert. ex aeq.

$A' + B' : b = m' : M$. Aus $\Box r : \Box\text{Cos.}\beta = B : B'$ folgt zurückkehrend $\Box r : \Box\text{Sin.}\beta$, d. i. $A : A' = B : B - B' =$ (Eucl. 5, 12) $A + B : B - B' + A'$; verwechselt und umgekehrt $A + B : A = B - B' + A' : A'$. Macht man nun

$A + B : A = B' : B''$ und

$A + B : A = B : A''$, so wird (I. 1, 2)

$A + B : A = A' : A' + B'' - A''$. Aber aus

$A + B : A = B : A''$ und

$A + B : A = B' : B''$ wird auch noch (I. 1, 1)

$A + B : A = B - B' : A'' - B''$; zurückkehrend $A + B : B = B - B' : B - B' + B'' - A''$; verwechselt $A + B : B - B' = B : B - B' + B'' - A''$; zurückkehrend $A + B : A + B' = B : B' + A'' - B''$. Macht man noch

$A' + B' : A = A' : B'''$, so wird, weil

$A + B : A = A' : A' + B'' - A''$

pert. ex aeq.

$$A + B : A' + B' = B''' : A' + B'' - A'' = (\text{I.}\,1, 1)\ A + B - B''' : B' + A'' - B''$$

$$A + B : A + B' = B : B' + A'' - B''$$

pert. ex aeq. $A + B' : A' + B' = A + B - B''' : B$.

Aus $b : A = A' : m' - b$ und

$A' + B' : A = A' : B'''$ folgt pert. ex aeq.

$$A' + B' : b = m' - b : B'''$$

$$A' + B' : b = m' : M$$

(I. 1, 2)

$$A' + B' : b = b : M - B'''$$

$$B' : b = b : B$$

pert. ex aeq.

$$B' : A' + B' = M - B''' : B$$

(I. 1, 5)

$A : A' + B' = A + B - M : B$; umgekehrt $A' + B' : A = B : A + B - M$. Hieraus folgt, daß das Rotationsmoment der betreffenden Linie auch in diesem Fall $=$ ist $A + B$ minus der 4ten Proportionale zu $A' + B'$, A und B, und daß also allemal einerlei Rotationsmoment gefunden wird, welches System von Hauptaxen man auch zum Grunde legen mag.

§. 105. Zusatz.

Aus §. 103. folgt, daß für eine Ebene zweier zusammengehöriger Hauptaxen das Rotationsmoment derjenigen Hauptaxe, deren Moment der Trägheit das $\left\{\begin{matrix}\text{größere}\\\text{kleinere}\end{matrix}\right\}$ ist, das $\left\{\begin{matrix}\text{größte}\\\text{kleinste}\end{matrix}\right\}$, unter den zwischenliegenden Linien aber allemal das Rotationsmoment einer Linie, die der Linie des größten Rotationsmoments näher liegt, $>$ ist als das Rotationsmoment einer entfernteren Linie.

§. 106. Zusatz.

Wenn ein Körper (ein System von Puncten) in Beziehung auf einen Punct unzählige in Einer Ebene liegende Hauptaxen und außerdem eine einzelne Hauptaxe hat, so bilden die zu einerlei Rotationsmoment gehörigen durch den festen Punct gezogenen Linien allemal eine gerade Kegelfläche, welche die einzelne Hauptaxe zur Axe hat, und es exsistiren auf diese Art von der einzelnen Hauptaxe an bis zur Ebene der unzähligen Hauptaxen unzählige Kegelflächen, in denen das Rotationsmoment ununterbrochen wächst oder abnimmt. Die Curven, in welchen eine Kugelfläche, die man aus dem Durchschnittspunct der unzähligen in Einer Ebene liegenden Hauptaxen mit beliebigem Halbmesser r beschreibt, von den genannten Kegelflächen geschnitten wird, sind lauter Parallelkreise, deren Axe die einzelne Hauptaxe ist. Bei einem Körper (System) dieser Art fallen also die Curven gleicher Momente der Trägheit mit den Curven gleicher Rotationsmomente zusammen.

§. 107. Lehrsatz.

Das Rotationsmoment einer Linie, die in der Ebene zweier Hauptaxen liegt ohne selbst eine Hauptaxe zu sein, ist $>$ als das Moment der Trägheit der betreffenden Linie.

Beweis. Es seien A und B die Momente der Trägheit für diese beiden Hauptaxen, A das größere, und B das kleinere, m das Moment der Trägheit für die Zwischenlinie, und M das Rotationsmoment derselben, so ist nach §. 103. $m : A = B : A + B - M$. Nach Eucl. 5, 25 ist $m + A + B - M < A + B$, also $M > m$.

§. 108. Lehrsatz.

Wenn A, B und C die Momente der Trägheit dreier zusammengehöriger Hauptaxen sind, und zwar $B > C$, und es ist m das Moment der Trägheit einer andern in der Ebene der Hauptaxen der Momente B und C liegenden durch den festen Punct gezogenen Linie, und man legt eine Ebene durch die Linie, welcher das Moment m zugehört, und durch die Hauptaxe, welcher das Moment A zugehört, und zieht in dieser Ebene durch den festen Punct eine Linie, welche gegen die 3 zusammengehörigen Hauptaxen resp. die $\angle\angle\ \alpha, \beta, \gamma$ macht, so verhält sich $\square \mathrm{Sin.}\alpha : \square \mathrm{Cos.}\beta = B - C : m - C$, und $\square \mathrm{Sin.}\alpha : \square \mathrm{Cos.}\gamma = B - C : B - m$.

Beweis. Man mache

$\square r : \square \mathrm{Cos.}\beta = B : B' = m : m'$; $\square r : \square \mathrm{Cos.}\alpha = A : w$, und

$$\square r : \square \mathrm{Sin.}\alpha = m : u, \text{ so ist (I. 1, 7)}$$

$\square r : \square \mathrm{Cos.}\gamma = m : u - m'$, aber auch, weil $u + w$ das Moment der Trägheit der zuletzt gezogenen Linie ist (§. 29. u. 30.),

$$\square r : \square \mathrm{Cos.}\gamma = C : u - B' \quad \text{(I. 1, 1)}$$

$\square r : \square \mathrm{Cos.}\gamma = m - C : B' - m'$, und (weil $\square r : \square \mathrm{Cos.}\beta = B : B' = m : m'$ ist)

$$\square r : \square \mathrm{Cos.}\beta = B - m : B' - m' \quad \text{pert. ex aeq.}$$

$\square \mathrm{Cos.}\gamma : \square \mathrm{Cos.}\beta = B - m : m - C$; verbunden $\square \mathrm{Sin.}\alpha : \square \mathrm{Cos.}\beta = B - C : m - C$, und $\square \mathrm{Sin.}\alpha : \square \mathrm{Cos.}\gamma = B - C : B - m$.

§. 109. Lehrsatz.

Wenn A, B und C die Momente der Trägheit dreier zusammengehöriger Hauptaxen sind, und zwar $B > C$, und es ist m das Moment der Trägheit einer andern in der Ebene der Hauptaxen B und C liegenden durch den festen Punct gezogenen Linie, und man legt eine Ebene durch die Linie, welcher das Moment m zugehört, und durch die Hauptaxe A, und zieht in dieser Ebene durch den festen Punct eine Linie, welche gegen die Hauptaxen A, B, C resp. die $\angle\angle\ \alpha, \beta, \gamma$ macht, so wird das der zuletzt gezogenen Linie gehörige Rotationsmoment M folgendermaßen gefunden: 1) Wenn $A < B$, aber $> C$, und m ist = der 4ten Proportionale zu $B + C - A$, zu B und zu C, so ist $M = A$; 2) wenn $A < B$, aber $> C$, und $m = A$, so ist M = dem zu m gehörigen und im Verhältniß $\square r : \square \mathrm{Sin.}\alpha$ verminderten Rotationsmoment *) + dem im Verhältniß □r : □Cos. α verminderten Moment A; 3) wenn A < B, aber > C, und m weder = A noch = der unter Nr. 1) genannten 4ten Proportionale, oder wenn A nicht zwischen B und C fällt, und man nimmt zum Unterschied zwischen A und m, zum Ueberschuß des zu m gehörigen Rotationsmoments über m und zu m die 4te Proportionale q, ferner zu dem Moment der Trägheit der zum Rotationsmoment M gehörigen Linie, zu A und zu m die 4te Proportionale t, endlich zum Unterschied zwischen A und m, zum Unterschied zwischen A und dem zu m gehörigen Rotationsmoment und zu t die 4te Proportionale T, so ist a) wenn A = oder > B ist, M = A + m — q — T; b) wenn A = oder < C ist, M = A + m + q — T; c) wenn A zwischen B und C fällt, und m > A ist, ebenfalls M = A + m + q — T; d) wenn A zwischen B und C, m aber zwischen A und die in Nr. 1) erwähnte 4te Proportionale fällt, M = A + m + T — q; e) wenn A zwischen B und C fällt, und m < als die in Nr. 1) erwähnte 4te Proportionale ist, M = A + m — q — T.

Beweis. Aus dem vorigen §. folgt □r : □Cos. β = (m : u) + (B — C : m — C), und □r : □Cos. γ = (m : u) + (B — C : B — m). Da aber □r : □Sin. α = m : u, und
□r : □Sin. α = A : A — w

so ist m : u = 1)3)a)d)e) A — m : A — (u + w)
3)b)c) m — A : u + w — A
2) □r : □Sin. α; mit diesen Bezeichnungen wollen wir sagen, daß im Fall 1) und in den Unterabtheilungen a) d) und e) des Falls 3) m : u = A — m : A — (u + w) ist, in den Unterabtheilungen b) und c) des Falls 3) aber m : u = m — A : u + w — A, und im Fall 2) m : u = □r : □Sin. α. Folglich wird

*) Das zu m gehörige Rotationsmoment läßt sich nach §. 103. bestimmen.

$$\square r : \square \mathrm{Cos.}\beta = \left(\begin{array}{l} 1)3)a)d)e)\ A - m : A - (u+w) \\ \quad 3)b)c)\ m - A : u+w-A \\ \quad\quad 2)\ \square r : \square \mathrm{Sin.}\alpha \end{array}\right) + (B - C : m - C),$$

und $\square r : \square \mathrm{Cos.}\gamma = \left(\begin{array}{l} 1)3)a)d)e)\ A - m : A - (u+w) \\ \quad 3)b)c)\ m - A : u+w-A \\ \quad\quad 2)\ \square r : \square \mathrm{Sin.}\alpha \end{array}\right) +$
$(B - C : B - m)$; dagegen

$$\square r : \square \mathrm{Sin.}\alpha = \begin{array}{l} 1)\,3)\,a)\,d)\,e)\ A - m : A - (u+w); \\ \quad 3)\,b)\,c)\ m - A : u+w-A \\ \quad\quad 2)\ \square r : \square \mathrm{Sin.}\alpha \end{array}$$ zurückkehrend

$$\square r : \square \mathrm{Cos.}\alpha = \begin{array}{l} 1)\,3)\,a)\,d)\,e)\ A - m : u+w-m. \\ \quad 3)\,b)\,c)\ m - A : m - (u+w) \\ \quad\quad 2)\ \square r : \square \mathrm{Cos.}\alpha \end{array}$$ Auch ist $u+w$

das zu M gehörige Moment der Trägheit. Macht man nun $r : \mathrm{Cos.}\alpha = A : a$; $r : \mathrm{Cos.}\beta = B : b$, und $r : \mathrm{Cos.}\gamma = C : c$, und setzt man 3 Linien, d, μ und ν, die sich wie a, b und c verhalten, zu einem rechtwinkligen Parallelepipedum zusammen, und nennt dessen Diagonale η, so ist $\square\eta = \square d + \square\mu + \square\nu$. Macht man nun $\mu : \eta = b : n$, so ist nach §. 102.

$u+w : n = n : M$. Man mache
$b : n = n : n'$, so ist pert. ex aeq.

$u+w : b = n' : M$. Auch ist $\square\mu : \square\eta = b : n'$; getrennt $\square\mu : \square d + \square\nu = b : n' - b$; aber $\square d : \square\nu = 2(a : c) = 2(a : A) + 2(A : C) + 2(C : c) = 2(A : C) + (\square \mathrm{Cos.}\alpha : \square r) + (\square r : \square \mathrm{Cos.}\gamma)$

$$= 2(A : C) + \left(\begin{array}{l} 1)3)a)d)e)\ u+w-m : A-(u+w) \\ \quad 3)b)c)\ m-(u+w) : u+w-A \\ \quad\quad 2)\ \square \mathrm{Cos.}\alpha : \square \mathrm{Sin.}\alpha \end{array}\right) + (B - C : B - m).$$

Nach der Voraussetzung ist $u+w : A = m : t = $ (I. 1, 1)

$$\left\{\begin{array}{l} 1)\,3)\,a)\,d)\,e)\ u+w-m : A-t \\ \quad 3)\,b)\,c)\ m-(u+w) : t-A \\ \quad\quad 2)\ \quad A \quad : A \end{array}\right\};$$ verwechselt und umgekehrt:

$$\begin{array}{l} 1)3)a)d)e)\ u+w-m : u+w = A-t : A. \\ \quad 3)b)c)\ m-(u+w) \qquad\quad t-A \\ \quad\quad 2)\ A = t \end{array}$$ Aber aus $u+w : A = m : t$

folgt auch noch $\begin{array}{l} 1)3)a)d)e)\ \text{getrennt} \\ \quad 3)b)c)\ \text{zurückkehrend} \end{array}$ $u+w : \begin{array}{l} A-(u+w) \\ u+w-A \end{array} = m : \begin{array}{l} t-m, \\ m-t \end{array}$

und hieraus $\begin{array}{l} 1)\,3)\,a)\,d)\,e)\ \text{verbunden} \\ \quad 3)\,b)\,c)\ \text{getrennt} \end{array}$ $A : \begin{array}{l} A-(u+w) \\ u+w-A \end{array} = t : \begin{array}{l} t-m. \\ m-t \end{array}$

Wir finden folglich $\Box d : \Box \nu = \begin{pmatrix} 1)\,3)\,a)\,d)\,e)\ A - t : C \\ 3)\,b)\,c)\ t - A \\ 2)\ A \end{pmatrix} + (A : C) + \begin{pmatrix} m : t - m \\ m - t \\ \Box \mathrm{Cos}.\alpha : \Box \mathrm{Sin}.\alpha \end{pmatrix} + (B - C : B - m) =$

(wenn man $m : B = C : p$ macht) $\begin{pmatrix} 1)\,3)\,a)\,d)\,e)\ A - t : C \\ 3)\,b)\,c)\ t - A \\ 2)\ B\ \ : p \end{pmatrix} + \begin{pmatrix} A : p \\ A : p \\ B : p \end{pmatrix} + \begin{pmatrix} B : t - m \\ m - t \\ \Box \mathrm{Cos}.\alpha : \Box \mathrm{Sin}.\alpha \end{pmatrix} + (B - C : B - m)$

$=$ (per affin.) $\begin{pmatrix} 1)\,3)\,a)\,d)\,e)\ A - t : t - m \\ 3)\,b)\,c)\ t - A : m - t \\ 2)\,\Box \mathrm{Cos}.\alpha : \Box \mathrm{Sin}.\alpha \end{pmatrix} + \begin{pmatrix} B : C \\ B : C \\ B : p \end{pmatrix} + \begin{pmatrix} A : p \\ A : p \\ B : p \end{pmatrix} + (B - C : B - m)$. Man mache nun

$A : p = C : x;\ B : x = B - m : y$, und $B - C : y = \begin{matrix} 1)\,3)\,a)\,d)\,e)\ t - m : z, \\ 3)\,b)\,c)\ m - t \\ 2)\ \Box \mathrm{Sin}.\alpha \end{matrix}$ so wird $\Box d : \Box \nu = \begin{matrix} A - t : z; \\ t - A \\ \Box \mathrm{Cos}.\alpha \end{matrix}$ verbunden

$\Box d : \Box d + \Box \nu = \begin{matrix} 1)\,3)\,a)\,d)\,e)\ A - t : A - t + z. \\ 3)\,b)\,c)\ t - A : t - A + z \\ 2)\,\Box \mathrm{Cos}.\alpha : \Box \mathrm{Cos}.\alpha + z \end{matrix}$ Folglich wird $(\Box \mu : \Box d + \Box \nu) + (\Box d + \Box \nu : \Box d)$,

d. i. $\Box \mu : \Box d$, d. i. $2(b : a) = (b : n' - b) + \begin{pmatrix} 1)\,3)\,a)\,d)\,e)\ A - t + z : A - t \\ 3)\,b)\,c)\ t - A + z : t - A \\ 2)\,\Box \mathrm{Cos}.\alpha + z : \Box \mathrm{Cos}.\alpha \end{pmatrix}$, folglich $b : a = (a : n' - b) +$

$\begin{pmatrix} 1)\,3)\,a)\,d)\,e)\ A - t + z : A - t \\ 3)\,b)\,c)\ t - A + z : t - A \\ 2)\,\Box \mathrm{Cos}.\alpha + z : \Box \mathrm{Cos}.\alpha \end{pmatrix}$. Macht man nun $\begin{matrix} A - t : A - t + z \\ t - A : t - A + z \\ \Box \mathrm{Cos}.\alpha : \Box \mathrm{Cos}.\alpha + z \end{matrix} = a : a'$, so wird $b : a = a' : n' - b$;

verwechselt und umgekehrt $a' : b = n' - b : a$. Aus $u + w : b = n' : M$ wird $(A : u + w) + (u + w : b)$, d. i. $A : b = (t : m) + (n' : M)$, und wenn man $t : m = A : A'$ macht, $A' : b = n' : M$. Man mache

$A' : a' = a : a''$, so wird, weil auch
$a' : b = n' - b : a$, pert. ex aeq.

$A' : b = n' - b : a''$
$A' : b = n' \quad : M$ (I. 1, 1)

$A' : b = b : M - a''$
$B : b = b : B'$ pert. ex aeq.

$A' : B = B' : M - a''$; verwechselt $A' : B' = B : M - a''$. Nun ist aber $B : B' = \square r : \square \mathrm{Cos.}\,\beta =$

$$\begin{pmatrix} 1)3)a)d,e)\ A - m : A \\ 3)b)c)\ m - A \\ 2)\ r : \mathrm{Sin.}\,\alpha \end{pmatrix} + \begin{pmatrix} t : t - m \\ m - t \\ r : \mathrm{Sin.}\,\alpha \end{pmatrix} + (B - C : m - C), \text{ also } \begin{pmatrix} t : t - m \\ m - t \\ r : \mathrm{Sin.}\,\alpha \end{pmatrix} + (B - C : m - C) = (B : B') + \begin{pmatrix} A : A - m \\ m - A \\ \mathrm{Sin.}\,\alpha : r \end{pmatrix}.$$

Aus der zur Bestimmung von a' dienenden Proportion folgt getrennt
$$\begin{matrix} 1)3)a)d)e)\ A - t : z, \\ 3)b)c)\ t - A \\ 2)\ \square \mathrm{Cos.}\,\alpha \end{matrix} \text{ d. i. } \begin{pmatrix} A - t : t - m \\ t - A : m - t \\ \square \mathrm{Cos.}\,\alpha : \square \mathrm{Sin.}\,\alpha \end{pmatrix}$$

$+ (B - C : y) = a : a' - a$. Da aber $B - C : y = (B - C : B - m) + (B : p) + (A : C)$, so wird

$$\begin{pmatrix} 1)\,3)\,a)\,d)\,e)\ A - t : t - m \\ 3)\,b)\,c)\ t - A : m - t \\ 2)\ \square \mathrm{Cos.}\,\alpha : \square \mathrm{Sin.}\,\alpha \end{pmatrix} + (B - C : B - m) + (m : C) + (A : C), \text{ d. i. } \begin{pmatrix} A - t : t \\ t - A \\ \square \mathrm{Cos.}\,\alpha : r \times \mathrm{Sin.}\,\alpha \end{pmatrix} + (B : B') +$$

$$\begin{pmatrix} 1)\,3)\,a)\,d)\,e)\ A : A - m \\ 3)\,b)\,c)\ m - A \\ 2)\ r \times \mathrm{Sin.}\,\alpha : \square r \end{pmatrix} + (m - C : B - m) + (m : C) + (A : C), \text{ d. i. (per affin.) } \begin{pmatrix} A - t : C \\ t - A \\ A' \end{pmatrix} + \begin{pmatrix} A' : A - m \\ m - A \\ \square \mathrm{Cos.}\,\alpha : \square r \end{pmatrix}$$

$$+ (B : B') + (m - C : B - m) + (A : C), \text{ d. i. (per affin.) } \begin{pmatrix} 1)\,3)\,a)\,d)\,e)\ A - t : C \\ 3)\,b)\,c)\ t - A \\ 2)\ B \end{pmatrix} + (B : M - a'') + \begin{pmatrix} B : A - m \\ m - A \\ \square \mathrm{Cos.}\,\alpha : \square r \end{pmatrix}$$

+ (m—C : B—m) + (A : C) = a : a′ — a. Diese Proportion wollen wir mit (a) bezeichnen. Nun ist a : a′ = (a : a″) + (a″ : a′) = (a : a″) + (a : A′) = (wenn man A′ : a = a : A″ macht) A″ : a″; getrennt a : a′—a = A″ : a″—A″. Aber 2(A : a) = □r : □Cos.α

= (1) 3) a) d) e) A—m : A—t
3) b) c) m—A : t—A
2) □r : □Cos.α) + (A : A′), also (A : a) + (A′ : a),

d. i. A : A″ = 1) 3) a) d) e) A—m : A—t. Durch diese Proportion,
3) b) c) m—A : t—A
2) □r : □Cos.α

welche wir mit (b) bezeichnen wollen, verwandelt sich die Proportion (a) in folgende: (A″ : C) + (B : C) + (B : M — a″) + (m—C : B—m) = A″ : a″ — A″, also (B : C) + (B : M—a″) = (C : a″ — A″) + (B — m : m — C). Man mache B : C = C : D, und m — C : B — m = D : Q, so wird B : M — a″ = Q : a″ — A″ = (Eucl. 5, 12) B + Q : M — A″; verwechselt Q : B + Q = a″ — A″ : M — A″. Aus (b) wird zurückkehrend A : A — A″ =

1) 3) a) d) e) A — m : t — m; verwechselt und umgekehrt
3) b) c) m — A : m — t
2) □r : □Sin.α

1) 3) a) d) e) A — m : A = t — m : A — A″. Macht man nun
3) b) c) m — A   m — t
2) □r   □Sin.α

A : B = C : E und

A : C = C : F, so wird ord. ex aeq. B : C = E : F; verbunden
B + C : B = E + F : E. Aber

A : p = C : x

———————— (I. 1, 7)

A : B + C — p = C : E + F — x, wo B + C — p nach §. 103. das zu m gehörige Rotationsmoment ist. Man mache ferner Q : B + Q = C : G; B—C : B—m = 1) 3) a) d) e) t—m : H, ferner
3) b) c) m—t
2) □Sin.α

B:E+F=H:I, und B:G=H:K, so wird (B—m:B—C)+(B—C:y), d. i. B:x=H:z, d. i. (B:p)+(p:x), d. i. (m:C)+(C:F), d. i. m:F=H:z;

B : E + F — x = H : I — z. Aus der zur Bestimmung von a′ dienenden Proportion folgt

$$\begin{array}{l} 1)\,3)\,a)\,d)\,e)\; A - t : A - t + z \\ \quad 3)\,b)\,c)\; t - A : t - A + z \\ \quad\quad 2)\; \square\mathrm{Cos.}\alpha : \square\mathrm{Cos.}\alpha + z \end{array} = 2(a : A) + (t : m) + (A : a'') =$$

$$\left(\begin{array}{l} 1)3)a)d)e)\; A - t : A - m \\ 3)b)c)\; t - A : m - A \\ 2)\; \square\mathrm{Cos.}\alpha : \square r \end{array}\right) + (A : a''),\ \text{alſo}\ \begin{array}{l} A - m : A - t + z \\ m - A : t - A + z \\ \square r : \square\mathrm{Cos.}\alpha + z \end{array} = A : a''.$$

Wir unterſcheiden nun den Fall 3) b) wieder in 3 Fälle: α) wenn m $>$ als die 4te Proportionale zu U—A+C, zu B und zu C (wobei U die 4te Proportionale zu C, zu A und zu B bedeutet); β) wenn m $=$ der 4ten Proportionale zu U—A+C, zu B und zu C; γ) wenn m $<$ als die 4te Proportionale zu U—A+C, zu B und zu C. Alsdann iſt $U - A + C : B \left\{\begin{array}{l}\alpha) > \\ \beta) = \\ \gamma) <\end{array}\right\} C : m$, alſo $U - A + C : U \left\{\begin{array}{l}\alpha) > \\ \beta) = \\ \gamma) <\end{array}\right\} (C : m) + (C : A)$, d. i. $\left\{\begin{array}{l} > \\ = \\ < \end{array}\right\} x : B$, d. i. $\left\{\begin{array}{l}\alpha) > \\ \beta) = \\ \gamma) <\end{array}\right\}$ $(y : B - C) + (B - C : B - m)$. Aus $U : A = B : C$ folgt zurückkehrend $U - A : U = B - C : B$, und aus $U - A + C : C \left\{\begin{array}{l}\alpha) > \\ \beta) = \\ \gamma) <\end{array}\right\} B : m$ zurückkehrend $U - A + C : U - A \left\{\begin{array}{l}\alpha) < \\ \beta) = \\ \gamma) >\end{array}\right\} B : B - m$

$$\overline{\hspace{6cm}}\ \text{pert. ex aeq.}$$

$$U - A + C : U \left\{\begin{array}{l}\alpha) < \\ \beta) = \\ \gamma) >\end{array}\right\} B - C : B - m,$$ alſo um ſo mehr $(y : B - C) + (B - C : B - m) \left\{\begin{array}{l}\alpha) < \\ \beta) = \\ \gamma) >\end{array}\right\} B - C : B - m$; alſo iſt $y \left\{\begin{array}{l} < \\ = \\ > \end{array}\right\}$ $B - C$, daher auch $z \left\{\begin{array}{r} 1)\,3)\,a)\,d)\,e) < t - m \\ 3)\,b)\,\gamma) > m - t \\ 3)\,b)\,\beta) = m - t \\ 3)\,c)\,b)\,\alpha) < m - t \\ 2) < \square\mathrm{Sin.}\alpha \end{array}\right\}$. Aus der vor der Zertheilung des Falls 3) b) unmittelbar vorhergehenden Proportion folgt

$$\begin{array}{lll} 1)\,3)\,a)\,d)\,e) & \text{zurückkehrend} & A - m : t - m - z = A : A - a'' \\ 3)\,b)\,\gamma) & \text{getrennt} & m - A : z - (m - t) = A : a'' - A \\ 3)\,b)\,\beta) & a'' = A & \\ 3)\,c)\,b)\,\alpha) & \text{zurückkehrend} & m - A : m - t - z = A : A - a'' \\ 2) & \text{- - -} & \square r : \square\mathrm{Sin.}\alpha - z = A : A - a'' \end{array}$$

Hieraus, verglichen mit derjenigen Proportion, welche vor der zur Bestimmung von E dienenden Proportion unmittelbar vorhergeht, ergiebt sich 1) 3) a) d) e) $t - m : t - m - z = A - A'' : A - a''$.
3) b) γ) $m - t : z - (m - t) = A - A'' : a'' - A$
3) c) b) α) $m - t : m - t - z = A - A'' : A - a''$
2) $\square \mathrm{Sin.}\alpha : \square \mathrm{Sin.}\alpha - z = A - A'' : A - a''$

Man mache ferner $B - m : B - C = B : L$, so wird getrennt $B - m : m - C = B : L - B$, und $B : L =$ 1) 3) a) d) e) $H : t - m$
3) b) c) $H : m - t$
2) $H : \square \mathrm{Sin.}\alpha$
$B : G = \quad H : K$

(I. 1, 7) $B : G + L =$ 1) 3) a) d) e) $H : t - m + K$
3) b) c) $H : m - t + K$
2) $H : \square \mathrm{Sin.}\alpha + K$

Aus $m - C : B - m = D : Q$ und
$m - C : B - m = L - B : B$ wird (Eucl. 5, 12)

$D : Q = D + L - B : B + Q$; verwechselt $D : D + L - B = Q : B + Q$. Man mache ferner $B - C : C = B - m : P$, so wird verbunden $B : C = B - m + P : P =$ (I. 1, 1) $m - P : C - P$. Macht man ferner $B + C : C = P : S$, so wird zurückkehrend $P : P - S = B + C : B = m + C - 2P : m - P = m + C - P : m - S$. Man mache $B + C : B = C : N$, so wird $C : N = m + C - P : m - S =$ (I. 1, 1) $m - P : m - N - S$, d. i. $B + C : B = m - P : m - N - S$. Aus $B - C : B - m = L : B$ und $B - C : B - m = C : P$ folgt simpl. ex aeq. und verwechselt $L : C = B : P$, aber auch $L - B : B = C - P : P$, also, wenn man
$B : C = \quad P : R$ macht,
ord. ex aeq.
$L - B : C = C - P : R$, aber auch $B + C : C$, d. i. $P : S = P + R : R$; verwechselt $B : B + C = S : R$
$B : B + C = m - N - S : m - P$

(Eucl. 5, 12) $N : C = m - N : m - P + R$; verwechselt und umgekehrt $m - N : N = m - P + R : C$.
Aus $L - B : C = C - P : R$, und $B : C$, d. i.
$C : D = m - P : C - P$ folgt pert. ex aeq.

$L - B : D = m - P : R$; verbunden $D + L - B : D$, d. i.

$B+Q:Q$, d. i. $G:C=m-P+R:R=(m-P+R:C)+(C:R)=(m-N:N)+(L:C)$, also $G:L=m-N:N$; verbunden $G+L:L=m:N=(m:C)+(B+C:B)=(m:C)+(E+F:E)$, also $(G+L:L)+(L:B)$, d. i.

$$\begin{matrix} 1)\,3)\,a)\,d)\,e) & t-m+K \\ 3)\,b)\,c) & m-t+K \\ 2) & \square \mathrm{Sin}.\alpha+K \end{matrix} : H=(m:C)+(L:B)+(E+F:E)=(m:F)+(E+F:B)$$

$$+\left(\begin{matrix} 1)\,3)\,a)\,d)\,e) & t-m:H \\ 3)\,b)\,c) & m-t \\ 2) & \square \mathrm{Sin}.\alpha \end{matrix}\right), \text{ also } \begin{matrix} t-m+K \\ m-t+K \\ \square \mathrm{Sin}.\alpha+K \end{matrix} : I = \begin{matrix} t-m \\ m-t \\ \square \mathrm{Sin}.\alpha \end{matrix} : z = (\text{I. } 1,\, 1)\ K:I-z, \text{ also}$$

$$\left.\begin{matrix} 1)\,3)\,a)\,d)\,e) & \text{zurückkehrend} & A-A'':A-a''=K:K+z-I; & \text{zurückkehrend} \\ 3)\,b)\,\gamma) & \text{getrennt} & A-A'':a''-A=K:I-z-K; & \text{verbunden} \\ 3)\,b)\,\beta) & K=I-z & & \\ 3)\,c)\,b)\,\alpha) & \text{zurückkehrend} & A-A'':A-a''=K:K+z-I; & \text{zurückkehrend} \\ 2) & - \; - \; - & A-A'':A-a''=K:K+z-I; & - \; - \; - \end{matrix}\right\} A-A'':a''-A''=K:$$

$I-z=(K:H)+(H:I-z)=G:E+F-x=(G:C)+(C:E+F-x)=(M-A'':a''-A'')+(A:B+C-p)$, also $A-A'':M-A''=A:B+C-p$.

Im Fall 1) ist $B+C-A:B=C:m$, also, weil auch $p:B=C:m$ ist, $B+C-A=p$, folglich $B+C-p=A$, und daher auch $M-A''=A-A''$, also $M=A$; folglich ist der Satz für den Fall 1) bewiesen, und wir werden auf diesen Fall weiter keine Rücksicht nehmen. Hieraus geht von selbst hervor, daß im Fall 2), wie auch in den Fällen 3) b) c) d), $B+C-p>A$ ist, und daß dagegen in den Fällen 3) a) e) $B+C-p<A$ ist. Aus der Proportion $A-A'':M-A''=A:B+C-p$ folgt also

$$\begin{matrix} 2)\,3)\,b)\,c)\,d) & \text{getrennt} & A-A'':\begin{matrix} M-A \\ A-M \end{matrix} = A:\begin{matrix} B+C-p-A. \\ A-(B+C-p) \end{matrix} \\ 3)\,a)\,e) & \text{zurückkehrend} & \end{matrix}$$

Hieraus, verglichen mit derjenigen Proportion,

welche unmittelbar vor der zur Bestimmung von E dienenden Proportion vorhergeht, ergiebt sich

2) $\Box \mathrm{Sin.}\,\alpha : M - A = \Box r : B + C - p - A$. Wir wollen nun den Beweis für den Fall 2) vollenden.

3) b) c) $m - t : M - A = m - A : B + C - p - A$

3) d) $t - m : M - A = A - m : B + C - p - A$

3) a) e) $t - m : A - M = A - m : A - (B + C - p)$

Aus $\Box r : \Box \mathrm{Sin.}\,\alpha$, d. i. $B + C - p - A : M - A = A : A - w$ folgt (Eucl. 5, 12) $B + C - p : M - w = \Box r : \Box \mathrm{Sin.}\,\alpha$. Folglich ist der Satz auch für den Fall 2) bewiesen, und wir werden auch auf diesen Fall keine weitere Rücksicht nehmen.

Im Fall 3) ist nach der Voraussetzung a) d) e) $A - m : B + C - p - m = m : q$;
b) c) $m - A$

$$\left\{\begin{array}{llll} \text{a) zurückkehrend} & A - m : A - (B + C - p), & \text{d. i.} & t - m : A - M = m : m - q = t : A + m - q - M \\ \text{b) c) verbunden} & m - A : B + C - p - A, & \text{d. i.} & m - t : M - A = m : m + q = t : A + m + q - M \\ \text{d) getrennt} & A - m : B + C - p - A, & \text{d. i.} & t - m : M - A = m : q - m = t : M - A + q - m \\ \text{e) zurückkehrend} & A - m : A - (B + C - p), & \text{d. i.} & t - m : A - M = m : m - q = t : A + m - q - M \end{array}\right\}.$$

Nun aber ist nach der Voraussetzung

$$\left\{\begin{array}{lll} \text{a) e) } A - m : A - (B + C - p) = t : T, \text{ also } T = & A + m - q - M, \text{ also } M = & A + m - q - T \\ \text{b) c) } m - A : B + C - p - A & A + m + q - M & A + m + q - T \\ \text{d) } A - m : B + C - p - A & M - A + q - m & A + m + T - q \end{array}\right\}.$$

§. 110. Zusatz.

Hieraus ist klar, daß, wenn man zu einem Körper (System), worin in Beziehung auf einen Punct nur 3 Hauptaxen vorkommen, auf die in §. 95. angezeigte Art eine Kugel construirt, und man zieht aus dem Punct, wo die Hauptaxe des mittleren Moments der Trägheit die Kugelfläche trifft, einen größten Kreis durch denjenigen Punct des größten Kreises des größten und kleinsten Moments der Trägheit, dessen Moment der Trägheit die 4te Prop. ist zum Ueberschuß der Summe des größten und kleinsten Moments der Trägheit über das der 3ten Hauptaxe angehörige mittlere Moment der Trägheit und zum größten und kleinsten Moment der Trägheit, daß man alsdann einen größten Kreis erhält, in welchem überall gleiches Rotationsmoment herrscht, nämlich = dem der 3ten Hauptaxe angehörigen mittleren Moment der Trägheit. Auch liegt dieser größte Kreis dem durch die Hauptaxen des mittleren und kleinsten Moments der Trägheit gehenden größten Kreis näher als der größte Kreis des mittleren Moments der Trägheit. Im größten Kreis des mittleren Moments der Trägheit aber ändert sich das Rotationsmoment nach demselben Gesetz, als das Moment der Trägheit in einer Ebene sich vom größten bis zum kleinsten Moment der Trägheit ändert (vergl. §. 29.).

§. 111. Erklärung.

Wir wollen die beiden im vorigen §. angeführten größten Kreise, worin überall gleiches Rotationsmoment herrscht, die **größten Kreise des mittleren Rotationsmoments**, ihre Ebenen aber die **Ebenen des mittleren Rotationsmoments** nennen.

§. 112. Zusatz.

Aus §. 109. geht hervor, daß, wenn man durch eine Hauptaxe eine Ebene legt, die aber nicht die Ebene des mittleren Rotationsmoments ist, daß alsdann unter allen Rotationsmomenten, welche der gelegten Ebene angehören, das der Hauptaxe und der darauf winkelrechten Linie angehörige das größte und kleinste sind, daß aber unter den Zwischenlinien allemal die der Linie des größten Rotationsmoments näherliegende Linie ein größeres Rotationsmoment hat als die entferntere Linie.

§. 113. Zusatz.

Hieraus geht hervor, daß das größte und kleinste Rotationsmoment eines Körpers (Systems) in Beziehung auf einen Punct den zu diesem Punct gehörigen Hauptaxen angehört.

§. **114.** Zusatz.

Auch geht aus §. 109. hervor, daß das Rotationsmoment einer Linie, die zum dortigen 1sten und 2ten Fall oder zu Fall 3)d) gehört, $>$ ist als das zu derselben Linie gehörige Moment der Trägheit.

§. **115.** Lehrsatz.

Auch das Rotationsmoment einer Linie, die zum Fall 3) c) oder 3) e) §. 109. gehört, ist $>$ als das zu derselben Linie gehörige Moment der Trägheit.

Beweis. Wenn wir die Bezeichnungen von §. 109. beibehalten, so ist $u+w : A = m : t$; also (Eucl. 5, 25) $A+m > t + u + w$, also $A+m-t > u+w$. Aus der Proportion, welche zur Bestimmung von T dient, folgt $\left\{\begin{matrix}\text{c) getrennt} & m-A\\ \text{e) zurückkehrend} & A-m\end{matrix}\right\} : B+C-p-m$, d. i. $m : q = t : \left\{\begin{matrix}T-t\\ t-T\end{matrix}\right\}$; $\left\{\begin{matrix}\text{verbunden}\\ \text{zurückkehrend}\end{matrix}\right\} m : \left\{\begin{matrix}m+q\\ m-q\end{matrix}\right\} = t : T$. Da nun $m \left\{\begin{matrix}>\\ <\end{matrix}\right\} t$, so fällt m zwischen $\left\{\begin{matrix}m+q\\ m-q\end{matrix}\right\}$ und t; also ist (Eucl. 5, 25) $m \pm q + t > m + T$, also auch $t \pm q > T$, also $q \left\{\begin{matrix}> T-t\\ < t-T\end{matrix}\right\}$, also $A + m \pm q - T > A + m - t$, also um so mehr $A + m \pm q - T > u + w$, d. i. $M >$ als das zu M gehörige Moment der Trägheit.

§. **116.** Zusatz.

Wir haben also (§. 107. 114. 115.) bewiesen, daß das Rotationsmoment **jeder** Linie, welche keine Hauptaxe ist, $>$ ist als das Moment der Trägheit derselben Linie.

§. **117.** Zusatz.

Wenn ein Körper (System) in Beziehung auf irgend einen Punct nur 3 Hauptaxen hat, so bilden innerhalb eines jeden der 4 Flächenwinkel, welche zwischen den Ebenen des mittleren Rotationsmoments enthalten sind, diejenigen Linien, welche einerlei Rotationsmoment haben, nach §. 112. allemal eine gekrümmte piramydalische Fläche, in deren inneren Raum sich die dem betreffenden Flächenwinkel angehörige Hauptaxe des größten oder kleinsten Moments befindet; diese piramydalischen Flächen umschließen einander so, daß von der Hauptaxe des größten oder kleinsten Moments an bis zu den beiden Ebenen des mittleren Rotationsmoments unzählige gekrümmte piramydalische Flächen statt finden, in denen das Rotationsmoment ununterbrochen wächst oder abnimmt.

Anmerkung. Die 59ste Figur giebt zugleich eine sinnliche Darstellung der Curven, in welchen die nach §. 95. construirte Kugelfläche von den gekrümmten piramydalischen Flächen, welchen gleiche Rotationsmomente gehören, geschnitten wird, oder der Curven gleicher Rotationsmomente, für den Fall, wo in Beziehung auf den festen Punct nur 3 Hauptaxen statt finden.

§. 118. Zusatz.

Eine jede der Curven des gleichen Rotationsmoments wird von den größten Kreisen, deren Ebenen durch die 3 Hauptaxen gehen, so geschnitten, daß nicht nur von den 4 Stücken der Curve, sondern auch von den 4 Flächenstücken, die von der Curve und von den sich innerhalb derselben kreuzenden größten Kreisen eingeschlossen werden, allemal die gegenüberstehenden congruent, und die benachbarten symmetrisch sind; auch ist in den Puncten, wo die Curve die sich innerhalb derselben kreuzenden größten Kreise schneidet, der berührende größte Kreis winkelrecht gegen den schneidenden.

§. 119. Lehrsatz.

Wenn ein Körper (System) in Beziehung auf einen Punct nur 3 Hauptaxen hat, deren Momente A, B und C sind, und zwar A das größte, und C das kleinste, m aber irgend ein von A und C verschiedenes Moment der Trägheit, so ist die 3te Proportionale zu m und A > als die 4te Proportionale zu m, A — m und B + C, und die 3te Proportionale zu A — m und A > als B + C, und auch > A + E (wo E die 4te Proportionale zu A, B und C bedeutet).

Beweis. Nach I. 2, 4 ist $A:A-C > A+C:A$. Man mache $m:A = A:n$, so ist

pert. ex aeq. $m:A-C > A+C:n$, also um so mehr $m:A-m > B+C:n$, d. i. $n >$ als die 4te Prop. zu m, $A-m$ und $B+C$.

$A:m = n:A$ pert. ex aeq.

$A:A-m > B+C:A$; umgekehrt $A-m:A < A:B+C$.

Man mache aber $A-m:A = A:s$, und $A-m:C = B:E'$, so ist $A-m:m = A:s-A$, also (da $m > C$, und $A > B$) $s-A > E'$, also $s > A+E'$, also um so mehr $s > A+E$.

§. 120. Lehrsatz.

Wenn ein Körper (System) in Beziehung auf einen Punct nur 3 Hauptaxen hat, deren Momente der Trägheit A, B und C sind, und zwar A das größte, und C das kleinste, μ aber das Moment der Trägheit einer beliebigen in der Ebene der Momente B und C liegenden Linie, und m das Moment der Trägheit einer beliebigen in der Ebene der Momente μ und A liegenden Linie, so findet sich das zu m gehörige Rotationsmoment M auch folgendergestalt: Man mache $m:A = A:n$; $m:A-m = B+C:v$; $A-m:A = A:s$; $A:B = C:E$; $s-(B+C):s-(A+E) = A:x$, so verhält sich $A-\mu:x-\mu = n-v:M$.

Beweis. Man mache $\mu:B = C:p$, so ist nach §. 103. $B+C-p$ das zu μ gehörige Rotationsmoment, also nach §. 109., wenn man $A-\mu:B+C-p-\mu = \mu:q$; $m:A = \mu:t$, und $A-\mu:A-(B+C-p) = t:T$ macht, $M = A+\mu-q-T$. Man mache $A-\mu:A = A:y$, so wird getrennt

$A-\mu:\mu = A:y-A =$ (I. 1, 1) $\mu:y-A-\mu$, also, weil auch

$A-\mu:B+C-p-\mu = \mu:q$ (I. 1, 7)

$A-\mu:B+C-p = \mu:y-(A+\mu-q)$; verwechselt

$A-\mu:\mu = B+C-p:y-(A+\mu-q)$. Man mache

$A-\mu : A = t : z$, so ist, weil auch

$A-\mu : A = A : y$ (I. 1, 1)

$A-\mu : A = A-t : y-z$; getrennt $A-\mu : \mu = A-t : y-z+t-A =$ (I. 1, 1) $t-\mu : A+\mu+z-y-t$.

Aus $A-\mu : A = t : z$ und

$A-\mu : A-(B+C-p) = t : T$ folgt (I. 1, 7)

$A-\mu : B+C-p = t : z-T$. Wir haben also

$A-\mu : B+C-p = \mu : y-(A+\mu-q)$

$A-\mu : B+C-p = t : z-T$

(I. 1, 1)

$A-\mu : B+C-p = t-\mu : M+z-y$

$A-\mu : \mu = t-\mu : A+\mu+z-y-t$

(I. 1, 7)

$A-\mu : B+C-p-\mu = t-\mu : M-\mu-(A-t)$; verwechselt $A-\mu : t-\mu = B+C-p-\mu : M-\mu-(A-t) =$ (I. 1. 1) $A-(B+C-p) : A-M$. Aus $m : A = \mu : t$ folgt getrennt $A-m : m = t-\mu : \mu$; also wird $A-(B+C-p) : A-M = (A-\mu : \mu) + (m : A-m) = (A-\mu : \mu) + (A : n-A)$. Man mache $\mu : A-\mu = A : A'$, und $A-m : m = A' : A''$, so wird $A-(B+C-p) : A-M = A' : n-A = A'' : A$. Da nun $B+C-p < M$ (nach §. 112.), so ist $A-(B+C-p) > A-M$, also auch $A'' > A$, also (I. 1, 1) $A' : n-A = A''-A+B+C-p : M$.

Aus $A-m : A = A : s$ und

$\mu : A = A : A+A'$ folgt pert. ex aeq.

$A-m : \mu = A+A' : s$, aus $A-m : A = A' : A'+A''$ und

$A-m : A = A : s$ aber nach

Eucl. 5, 12

$A-m : A = A+A' : A'+A''+s$

ord. ex aeq.

$A : \mu = A'+A''+s : s$

$A : \mu = A'+A \quad : A$

(I. 1, 1)

$p : E = A''-A+s : s-A =$ (I. 1, 1)

$A''-A+s-p : s-(A+E) = A : \mu$

$s-(B+C) : s-(A+E) = A : x$ pert. ex aeq.

$s-(B+C) : A''-A+s-p = \mu : x$. Da nun $B+C > p$, so ist

$s-(B+C) < s-p$, also um so mehr $< A''-A+s-p$, also auch $\mu < x$, also getrennt $s-(B+C) : A''-A+B+C-p = \mu : x-\mu$, d. i. $[s-(B+C) : M] + (n-A : A') = (\mu : A-\mu) + (A-\mu : x-\mu)$. Aus

$$\begin{aligned} m : A-m &= A : n-A \\ m : A-m &= B+C : v \\ m : A-m &= s-A : A \quad \text{folgt (I. 1, 2)} \\ \hline A : n-A &= s-(B+C) : n-v. \end{aligned}$$

Also wird $(A : n-A) + (n-v : M) + (n-A : A')$, d. i. $(\mu : A-\mu) + (n-v : M) = (\mu : A-\mu) + (A-\mu : x-\mu)$, also $n-v : M = A-\mu : x-\mu$.

§. 121. Zusatz.

Da im vorigen Satz $A+E$ nach Eucl. 5, 25. $> B+C$, so ist $s-(A+E) < s-(B+C)$, also $x < A$. Hieraus, verglichen mit I. 1, 33, folgt, daß, wenn man in einem Körper (System), der in Beziehung auf einen Punct nur 3 Hauptaxen hat, deren Momente A, B und C sind (und zwar A das größte, und C das kleinste), eine Linie um den festen Punct so dreht, daß sie eine Curve des gleichen Moments der Trägheit durchläuft, (bei welcher Bewegung A und x ungeändert bleiben, aber μ sich ändert), daß alsdann für ein wachsendes μ das Verhältniß $A-\mu : x-\mu$ größer, folglich M kleiner, für ein abnehmendes μ aber das Verhältniß $A-\mu : x-\mu$ kleiner, folglich M größer wird. Hieraus sehen wir, daß in einer Curve des gleichen Moments der Trägheit das Rotationsmoment in dem Punct, der der Hauptaxe des mittleren Moments zunächst liegt, am kleinsten, in dem Punct aber, der in der Ebene der Hauptaxen des größten und kleinsten Moments liegt, am größten, und in einem Punct, der der Hauptaxe des mittleren Moments näher liegt, allemal $<$ ist als in einem entfernteren Puncte.

§. 122. Zusatz.

Und hieraus folgt wieder, daß in einer Curve des gleichen Rotationsmoments das Moment der Trägheit in dem Punct, der der Hauptaxe des mittleren Moments zunächst liegt, am größten, in dem Punct aber, der in der Ebene der Hauptaxen des größten und kleinsten Moments liegt, am kleinsten, und in einem Punct, der der Hauptaxe des mittleren Moments näher liegt, allemal $>$ ist als in einem entfernteren Puncte.

Anmerkung. Die 61ste Figur giebt eine ungefähre sinnliche Darstellung, wie die Curven gleicher Momente der Trägheit und die Curven gleicher Rotationsmomente einander durchkreuzen. Die ganze Zeichnung, sowohl die punctirten als die vollständig gezogenen Linien, stellt nur die sichtbare Halbkugelfläche dar; A ist derjenige Punct, wohin die Hauptaxe des größten Moments, und C und L die Puncte, wohin die Hauptaxe des kleinsten Moments, B und F aber die Puncte, wohin die Hauptaxe des mittleren Moments trifft; der Kreis BLFC ist der durch die Hauptaxen des mittleren und kleinsten Moments gelegte größte Kreis; die beiden von B bis F quer durch gezogenen, punctirten Halbkreise sind die größten Kreise des mittleren Moments der Trägheit, die beiden von B bis F quer durch gezogenen nicht punctirten Linien aber die größten Kreise des mittleren Rotationsmoments; von den übrigen Linien stellen die punctirten die Curven gleicher Momente der Trägheit, die vollständig gezogenen aber die Curven gleicher Rotationsmomente vor. Die unsichtbare Halbkugelfläche hat man sich der sichtbaren vollkommen analog zu denken.

§. 123. Zusatz.

Aus dem vorigen §. folgt, daß ein Punct, wo der absolut größte Unterschied des Moments der Trägheit und des Rotationsmoments statt findet, in der Ebene der Hauptaxen des größten und kleinsten Moments liegt.

§. 124. Lehrsatz.

Bei der Rotation eines festen Körpers oder eines festen Systems von Puncten verhält sich die Flächengeschwindigkeit in Beziehung auf die Hauptebene zur mittl. Proportionale zwischen dem Moment der Trägheit und dem Rotationsmoment der augenblicklichen Umdrehungsaxe wie der Umfang eines Kreises zum Durchmesser, vorausgesetzt, daß man die zum Maaß dienende Zeit nach §. 73. bestimmt.

Beweis. 1) Geschieht die Drehung um eine Hauptaxe als augenblickliche Umdrehungsaxe, so verhält sich die Flächengeschwindigkeit in Beziehung auf die Hauptebene (die ja alsdann auf der Umdrehungsaxe winkelrecht ist) zum Moment der gedachten Hauptaxe wie $\pi : 2r$, und der zu beweisende Satz ist für sich klar.

2) Befindet sich die augenblickliche Umdrehungsaxe in der Ebene zweier Hauptaxen, so sei B das größere, C das kleinere Moment in Beziehung auf diese Hauptaxen, und m das Moment der Trägheit der augenblicklichen Umdrehungsaxe. Dann verhält sich, wenn man zwischen $B-m$ und $m-C$ die mittlere Proportionale M nimmt, nach §. 40. die Flächengeschwindigkeit in Bezug auf die durch die 3te Hauptaxe und die augenblickliche Umdrehungsaxe gelegte Ebene zu M wie $\pi : 2r$. Man setze 2 Linien d und μ, die sich wie m und M verhalten, zu einem Rechteck zusammen, nenne dessen Diagonale η, und mache $d : \eta = m : n$, so verhält sich die Flächengeschwindigkeit in Beziehung auf die Hauptebene zu n wie $\pi : 2r$. Man mache $m : B = C : p$, so ist $B + C - p$ das Rotationsmoment in Bezug auf die augenblickliche Umdrehungsaxe. Aus $m : B = C : p$ folgt getrennt

$m : B - m = C : p - C = (\text{I. } 1, 1)\ m - C : B + C - p - m$

$B - m : M = \qquad\qquad M : m - C$

——————————————————— pert. ex aeq.

$m : M = \qquad\qquad M : B + C - p - m$, also $m : B + C - p - m = 2(m : M) = \square d : \square \mu$; verbunden $m : B + C - p = \square d : \square \eta = 2(m : n)$; folglich ist n die mittlere Proportionale zwischen m und $B + C - p$.

3) Befindet sich bei einem Körper (System), der in Beziehung auf den festen Punct nur 3 Hauptaxen hat, die augenblickliche Umdrehungsaxe zu irgend einer Zeit nicht in der Ebene zweier Hauptaxen, so lege man eine Ebene durch die augenblickliche Umdrehungsaxe und durch die Hauptaxe des größten Moments, welches wir A nennen wollen (es sei dagegen C das kleinste Moment, und B das Moment der 3ten Hauptaxe). Diese Ebene erweitere man, bis sie die Ebene der beiden andern Hauptaxen schneidet, und nenne das Moment der Trägheit der dadurch

angetroffenen Linie μ, das Moment der Trägheit der augenblicklichen Umdrehungsaxe aber m, so ist das geom. Moment der augenblicklichen Umdrehungsaxe in der durch die Hauptaxe des größten Moments gelegten Ebene die mittlere Proportionale zwischen A—m u. m—μ (§. 40.), welche mittlere Proportionale wir m′ nennen wollen, und das geometrische Moment der Linie, welcher das Moment der Trägheit μ zugehört, in der Ebene der Hauptaxen B und C = der mittleren Proportionale zwischen B—μ und μ—C, welche mittlere Proportionale wir μ' nennen wollen. Nach §. 23. und 25. verhält sich A—μ : m—μ = □r : □Cos. des Winkels α, welchen die augenblickliche Umdrehungsaxe gegen die Hauptaxe A bildet; also zurückkehrend A—μ : A—m = □r : □Sin.α. Setzt man also die mittlere Proportionale zwischen A—μ und A—m = m″, so verhält sich A—μ : m″ = μ' zum geometrischen Moment der augenblicklichen Umdrehungsaxe, wenn die entsprechende winkelrechte Linie in der Ebene der Hauptaxen B und C liegt (§. 42. u. 43.), welches geometrische Moment wir μ'' nennen wollen. Setzt man nun 3 Linien d, ν und ν', die sich wie m, m′ und μ'' verhalten, zu einem rechtwinkligen Parallelepipedum zusammen, und nennt dessen Diagonale η, und macht man d : η = m : n, so verhält sich die Flächengeschwindigkeit in Beziehung auf die Hauptebene zu n = π : 2r (zufolge §. 81. u. 82.). Man mache m : m′ = m′ : m‴, so wird, weil auch

A—m : m′ = m′ : m—μ
——————————— pert. ex aeq.
m : A—m = m—μ : m‴. Aus A—μ : m″ = m″ : A—m = μ' : μ'' folgt A—μ : A—m = 2(μ' : μ'') = 2(μ' : m) + (□d : □ν').
Man mache A—μ : μ' = μ' : μ''', so wird, weil auch

B—μ : μ' = μ' : μ—C
——————————— pert. ex aeq.
A—μ : B—μ = μ—C : μ'''. Da nun A—μ > B—μ, so ist μ—C > μ'''. Aus m : m′ = m′ : m‴ folgt 2(m : m′), d. i. □d : □ν = m : m‴; verbunden □d : □d + □ν = m : m + m‴. Macht man aber m : A —m = μ''' : m^{IV}, so wird □d : □ν' = (A—μ : m) + (μ''' : m^{IV}) + 2(m : μ') = (A—μ : μ') + (m : μ') +

$(\mu''' : m^{IV}) = (\mu' : \mu''') + (m : \mu') + (\mu''' . m^{IV}) = m : m^{IV}$. Also

$$\begin{array}{l} \Box d : \Box d + \Box \nu = m : m + m''' \\ \Box d : \Box \nu' \qquad\quad = m : m^{IV} \\ \hline \end{array} \text{(I. 1, 7).}$$

$\Box d : \Box \eta$, d. i. $2(m : n) = m : m + m''' + m^{IV}$, folglich $m : n = n : m + m''' + m^{IV}$. Aus $m : A - m = m - \mu : m'''$ wird (I. 1, 1)

$$\begin{array}{l} m : A - m = \mu : A - m - m''' \\ m : A - m = \mu''' : m^{IV} \\ \hline \end{array} \text{(I. 1, 1)}$$

$m : A - m = \mu - \mu''' : A - m - m''' - m^{IV}$. Man mache $\mu : B = C : p$, so ist nach §. 103. $B + C - p$ das zu μ gehörige Rotationsmoment; wir erhalten aber durch Trennung dieser Proportion $\mu : B - \mu = C : p - C =$ (I. 1, 1) $\mu - C : B + C - p - \mu$

$$\begin{array}{lcr} A - \mu : B - \mu & = & \mu - C : \mu''' \\ \hline A - \mu : \mu & = & B + C - p - \mu : \mu''' \end{array} \text{pert. ex aeq.}$$

verwechselt $A - \mu : B + C - p - \mu = \mu : \mu'''$. Man mache $m : A = \mu : t$, so wird getrennt $m : A - m$, d. i. $\mu - \mu''' : A - m - m''' - m^{IV} = \mu : t - \mu$; verwechselt $\mu - \mu''' : \mu = A - m - m''' - m^{IV} : t - \mu =$ (Eucl. 5, 12) $A - m - m''' - m^{IV} + \mu - \mu''' : t$, d. i.
$A - (B + C - p) : A - \mu = A - m - m''' - m^{IV} + \mu - \mu''' : t$. Hieraus, verglichen mit §. 109., folgt, daß
$A + \mu - \mu''' - (A - m - m''' - m^{IV} + \mu - \mu''')$, d. i. $m + m''' + m^{IV}$, das zu m gehörige Rotationsmoment ist. Folglich ist n die mittlere Proportionale zwischen m und dem zu m gehörigen Rotationsmoment.

Anmerkung. Wegen dieser Eigenschaft haben wir die Benennung **Rotationsmoment** eingeführt. Uebrigens entspricht dieser Satz der Laplaceschen Formel (Méc. cél. I. 7, 29)

$$p'^2 + q'^2 + r'^2 = N^2 + N'^2 + N''^2.$$

§. 125. Lehrsatz.

Bei der Rotation eines festen Körpers (Systems), welcher entweder sich frei bewegt, oder nur gezwungen ist sich um einen festen Punct zu drehen, bleibt das Rotationsmoment in Beziehung auf die augenblickliche Umdrehungsaxe stets ungeändert.

Beweis. 1) Sind alle durch den festen Punct gezogenen Linien Hauptaxen, so geschieht die Drehung nach §. 61. u. 62. stets um eine und dieselbe Umdrehungsaxe; also ist der Satz für sich klar.

2) Finden unzählige in Einer Ebene liegende Hauptaxen und außerdem eine einzelne Hauptaxe statt, so folgt der Satz aus §. 91, verglichen mit §. 106.

3) Finden nur 3 Hauptaxen statt, so folgt der Satz aus §. 124, verglichen mit §. 87.

§. 126. Zusatz.

Hieraus sehen wir, daß bei der Rotation eines festen Körpers (Systems), welcher sich frei bewegt, oder nur gezwungen ist sich um einen festen Punct zu drehen, die augenblickliche Umdrehungsaxe, wenn man den Körper (das System) als ruhend betrachtet, sich allemal in einer der gekrümmten piramydalischen Flächen gleicher Rotationsmomente bewegt, und daß die Winkelgeschwindigkeit um die augenblickliche Umdrehungsaxe desto größer ist, je näher die augenblickliche Umdrehungsaxe der Ebene der Hauptaxen des größten und kleinsten Moments liegt (vgl. §. 87. und 122.).

Anmerkung. Durch diesen Satz haben wir näher bestimmt, was Laplace (Méc. cél. I. 7, 30.) unbestimmter mit den Worten ausdruckt: Concevons, que l'axe réel de rotation *) s'éloigne infiniment peu du troisième axe principal; dans ce cas, l'axe réel de rotation ne fera jamais que des excursions du même ordre autour du troisième axe principal, si le moment du troisième axe principal est le plus grand ou le plus petit. Unbestimmt sind diese Worte deswegen, weil wir keinen Maaßstab haben zu bestimmen, welche Abweichungen von der Hauptaxe mit dem Ausdruck infiniment petit bezeichnet werden können (welcher Ausdruck, zufolge dessen, was wir in der Anm. zu §. 92. bemerkten, nicht im strengsten Sinne der höheren Analysis verstanden werden kann), und welche Abweichungen, im Vergleich mit der anfänglichen Abweichung, excursions du même ordre genannt werden dürfen. Nach

---

*) Laplace versteht unter dieser Axe die augenblickliche Umdrehungsaxe

unserer näheren Bestimmung sind excursions du même ordre diejenigen Abweichungen der augenblicklichen Umdrehungsaxe von den Puncten A, C, L Fig. 61., welche mit der anfänglichen Abweichung zu einerlei Curve des gleichen Rotationsmoments gehören. Ist nun das Rotationsmoment der augenblicklichen Umdrehungsaxe für irgend einen Augenblick der Bewegung bekannt (es läßt sich aber aus der in dem betreffenden Augenblick statt findenden Lage der augenblicklichen Umdrehungsaxe in Beziehung auf die Oberfläche des Körpers nach §. 102. bestimmen), so ist es leicht diejenige Abweichung der augenblicklichen Umdrehungsaxe von der Hauptaxe des größten oder kleinsten Moments zu finden, welche während der Bewegung des Körpers nie überschritten wird, und daher auch zufolge §. 101. früher nie überschritten wurde. Diese größte Abweichung zu finden, wird im folgenden, 127sten §. gelehrt.

§. 127. Aufgabe.

Aus dem gegebenen Rotationsmoment einer Linie, welche in der Ebene zweier Hauptaxen liegt, das Moment der Trägheit der betreffenden Linie zu finden.

Auflösung. Es seien A und B die Momente der beiden Hauptaxen, in deren Ebene die betreffende Linie liegt, und M das Rotationsmoment der betreffenden Linie, so ist nach §. 103. das Moment der Trägheit der betreffenden Linie (welches wir m nennen wollen) zu $A = B : A + B - M$, also umgekehrt $A + B - M : B = A : m$. Aus den 3 ersten gegebenen Gliedern einer Proportion aber läßt sich das vierte finden.

Anmerkung. Aus dem bekannten Moment der Trägheit einer Linie, welche in der Ebene zweier Hauptaxen liegt, findet sich leicht der ∠, welchen die betreffende Linie gegen jede von beiden Hauptaxen macht, (§. 23 und 25.); folglich läßt sich aus der bekannten Lage der augenblicklichen Umdrehungsaxe in Beziehung auf die Oberfläche des Körpers in irgend einem angenommenen Augenblick der Bewegung diejenige Abweichung der augenblicklichen Umdrehungsaxe von der Hauptaxe des größten oder kleinsten Moments bestimmen, welche während der Bewegung nie überschritten wird, und auch früher nie überschritten wurde.

Der von Laplace (Méc. cél. I. 7, 30) geführte Beweis, daß, wenn ein fester Körper angefangen hat sich sehr nahe um die Hauptaxe des größten oder kleinsten Moments zu drehen, er nachher, sich selbst überlassen, beständig fortfahren wird sich sehr nahe um dieselbe Hauptaxe zu drehen, macht, streng genommen, einen Cirkel im Schließen Er setzt voraus, daß der Körper sich stets sehr nahe um dieselbe Hauptaxe drehe, und beweist daraus, daß dies nur in dem Fall geschehen könne, wenn das Moment der Trägheit in Beziehung auf diejenige Hauptaxe, um welche der Körper sich sehr nahe zu drehen angefangen hat, das größte oder kleinste ist, nicht aber in dem Fall, wenn das Moment zwischen das größte und kleinste fällt. Dieser Beweis belehrt uns, streng genommen, nur über die Bewegung in dem Fall, wenn der Körper sich sehr nahe um die Hauptaxe des mittleren Moments zu drehen angefangen hat, läßt aber den Erfolg in dem Fall, wenn der Körper sich sehr nahe um die Hauptaxe des größten oder kleinsten Moments zu drehen angefangen hat, unbestimmt. Diesen Cirkel im Schließen hat schon Poisson bemerkt, und einen strengeren, übrigens sehr einfachen Beweis an seine Stelle gesetzt (Traité de Méc. Liv. III. Chap. IV. §. II. No. 396.). Wir haben diesen strengeren Beweis in rein geometrische Schlüsse verwandelt.

§. 128. Lehrsatz.

Wenn ein fester Körper (ein festes System) in Beziehung auf den festen oder als fest betrachteten Punct nur 3 Hauptaxen hat, deren Momente A, B und C sind, und zwar C das $\left\{\begin{matrix}\text{größte}\\ \text{kleinste}\end{matrix}\right\}$, und B das mittlere, und man theilt dem Körper eine drehende Bewegung um eine Linie, die in der Ebene der Hauptaxen B und C liegt, mit beliebiger Winkelgeschwindigkeit w mit, und überläßt nachher den Körper sich selbst, so kann (wenn man $\left(C:\left\{\begin{matrix}C-B\\ B-C\end{matrix}\right\}\right)+\left(A:\left\{\begin{matrix}B-A\\ A-B\end{matrix}\right\}\right) = \square$ des Sin. des Winkels, den die gewählte Linie gegen die Hauptaxe C bildet, zu x macht) die Winkelgeschwindigkeit nie $>$ werden als diejenige, welche zu w im halben Verhältniß $\square r + x : \square r$ steht.

Beweis. Der genannte $\angle$ sei γ, so ist, wenn man $\square r : \square \text{Cos.}\,\gamma = C : c$, und $\square r : \square \text{Sin.}\,\gamma = B : b$ macht, das Moment der Trägheit der anfänglichen Umdrehungsaxe nach §. 29. $= b + c$, und, wenn man $b + c : C = B : p$ macht, das Rotationsmoment während der Bewegung beständig $= B + C - p$. Dasjenige der Ebene der Hauptaxen des größten und kleinsten

Moments angehörige Moment der Trägheit, welches dem Rotationsmoment $B+C-p$ entspricht, (welches Moment der Trägheit wir m nennen wollen), verhält sich nach dem vorigen §. zu $C = A : A+C-(B+C-p) = A : A+p-B$. Also verhält sich $(m : C) + (C : b+c)$, d. i. $m : b+c = (A : A+p-B) + (p : B)$. Aus $\Box r : \Box \mathrm{Cos.}\gamma = C : c$ folgt zurückkehrend $\Box r : \Box \mathrm{Sin.}\gamma$, d. i. $B : b = C : C-c =$ (I. 1, 1) $\left\{\begin{matrix} C-B : C-(b+c) \\ B-C : b+c-C \end{matrix}\right\}$. Da aber $\Box \mathrm{Sin.}\gamma : x = \left(C : \left\{\begin{matrix} C-B \\ B-C \end{matrix}\right\}\right) + \left(A : \left\{\begin{matrix} B-A \\ A-B \end{matrix}\right\}\right)$, so wird $\Box r : x =$ $\left(C : \left\{\begin{matrix} C-(b+c) \\ b+c-C \end{matrix}\right\}\right) + \left(A : \left\{\begin{matrix} B-A \\ A-B \end{matrix}\right\}\right) = \left(p : \left\{\begin{matrix} p-B \\ B-p \end{matrix}\right\}\right) + \left(A : \left\{\begin{matrix} B-A \\ A-B \end{matrix}\right\}\right)$. Man mache $\left\{\begin{matrix} B-A \\ A-B \end{matrix}\right\} : A = p : p'$, so wird $\Box r : x = p' : \left\{\begin{matrix} p-B \\ B-p \end{matrix}\right\}$; verbunden $\Box r : \Box r + x = p' : \left\{\begin{matrix} p'+p-B \\ p'+B-p \end{matrix}\right\} = (p' : p) + (p : B) +$ $\left(B : \left\{\begin{matrix} p'+p-B \\ p'+B-p \end{matrix}\right\}\right) = \left(A : \left\{\begin{matrix} B-A \\ A-B \end{matrix}\right\}\right) + \left(B : \left\{\begin{matrix} p'+p-B \\ p'+B-p \end{matrix}\right\}\right) + (p : B)$. Aus $\left\{\begin{matrix} B-A \\ A-B \end{matrix}\right\} : A = p : p'$ wird ferner $\left\{\begin{matrix} B-A \\ A-B \end{matrix}\right\} : A = A+p-B :$ $p' \mp A = (A+p-B : A) + (A : p' \mp A)$, aber auch $B : A = p' \pm p : p'$ $= \left\{\begin{matrix} p'+p-B \\ p'+B-p \end{matrix}\right\} : \left\{\begin{matrix} p'-A \\ p'+A \end{matrix}\right\}$; verwechselt $B : \left\{\begin{matrix} p'+p-B \\ p'+B-p \end{matrix}\right\} = A : p' \mp A$. Also $\left\{\begin{matrix} B-A \\ A-B \end{matrix}\right\} : A = (A+p-B : A) + \left(B : \left\{\begin{matrix} p'+p-B \\ p'+B-p \end{matrix}\right\}\right)$, also $\Box r$ $: \Box r + x = (A : A+p-B) + (p : B) = m : b+c =$ (§. 87.) dem doppelten Verhältniß der Winkelgeschwindigkeit w zu der Winkelgeschwindigkeit, welche dem Moment der Trägheit m angehört.

Anmerkung. Durch diesen Satz haben wir näher bestimmt, was Laplace (Méc. cél. I. 7, 30) unbestimmter mit den Worten ausdruckt: Dans le cas, où le corps tourne à très-peu-près autour du troisième axe principal, la vîtesse angulaire de rotation est à très-peu-près constante. Laplace hat bei der Discussion dieses Falls die Quadrate und Producte derjenigen Größen vernachlässigt, welche von derselben Ordnung sind als die Abweichurg der augenblicklichen Umdrehungsaxe von der Hauptaxe; bei dieser Vernachlässigung ergiebt der Calcül die Winkelumdrehungsgeschwindigkeit constant, d. h. die Unterschiede der

Winkelgeschwindigkeiten in verschiedenen Augenblicken sind von der Ordnung der Quadrate und Producte der Abweichungen der Umdrehungsaxe von der Hauptaxe. Das stimmt mit unserm Resultat überein, indem nämlich derjenige Unterschied der Winkelgeschwindigkeiten in verschiedenen Augenblicken, welcher während der Bewegung nie überschritten wird, von der Ordnung derjenigen Größe ist, welche wir mit x bezeichnet haben, die Größe x aber [weil sie zu $\square$ Sin. γ im Verhältniß $\left(\begin{Bmatrix} C-B \\ B-C \end{Bmatrix} : C\right) + \left(\begin{Bmatrix} B-A \\ A-B \end{Bmatrix} : A\right)$ steht] von der Ordnung der Größe $\square$ Sin. γ ist, die Abweichung der Umdrehungsaxe von der Hauptaxe des Moments C aber von der Ordnung der Größe Sin. γ ist. Wir haben aber, anstatt uns der unbestimmten Ausdrücke zu bedienen, welche von den verschiedenen Ordnungen der Kleinheit hergenommen sind, die Grenzen genau angegeben, zwischen welchen die Winkelgeschwindigkeit bei jeder beliebigen Abweichung der Umdrehungsaxe von der Hauptaxe des größten oder kleinsten Moments nothwendig eingeschlossen sein muß; und so gilt unsere Bestimmung nicht bloß für den Fall, wo der Körper sich sehr nahe um die Hauptaxe des größten oder kleinsten Moments dreht, sondern ganz allgemein, wie groß auch die Abweichung der Umdrehungsaxe von der Hauptaxe des größten oder kleinsten Moments sein mag.

§. 129. Lehrsatz.

Wenn ein fester Körper (ein festes System von Puncten) sich um eine augenblickliche Umdrehungsaxe dreht, welche in der Ebene zweier Hauptaxen liegt, und es sind C, B und μ die Momente der Trägheit der beiden Hauptaxen und der augenblicklichen Umdrehungsaxe, und zwar $C > \mu$, und $\mu > B$, so liegt die auf der Hauptebene winkelrechte Linie zwischen der augenblicklichen Umdrehungsaxe und der Hauptaxe C, und die Tangente des Winkels, welchen die auf der Hauptebene winkelrechte Linie gegen die Hauptaxe C macht, steht zum Halbmesser im Verhältniß $(B : C) + \frac{1}{2}(C-\mu : \mu-B)$.

Beweis. Der $\angle$, welchen die augenblickliche Umdrehungsaxe gegen die Hauptaxe C macht, heiße β, der $\angle$ aber, welchen die augenblickliche Umdrehungsaxe gegen die auf der Hauptebene winkelrechte Linie macht, φ, so wird wie in §. 91. bewiesen, daß $\varphi < \beta$, und $\text{tg.}\beta : \text{tg.}(\beta-\varphi) = C : B$, und (wenn man das geometrische Moment in Beziehung auf die augenblickliche Umdrehungsaxe, welches nach §. 40. die mittlere Proportionale zwischen $C-\mu$ und $\mu-B$ ist, $= m$ setzt) $Sin.\beta : Cos.\beta$, d. i. $tg.\beta : r = C-\mu : m = \frac{1}{2}(C-\mu : \mu-B)$. Folglich ist $(tg.\beta : r) + (r : tg.(\beta-\varphi))$, d. i. $C : B = \frac{1}{2}(C-\mu : \mu-B) + (r : tg.(\beta-\varphi))$, also $tg.(\beta-\varphi) : r = (B : C) + \frac{1}{2}(C-\mu : \mu-B)$.

§. 130. Zusatz.

Hieraus, verglichen mit II. 4, 8, ergiebt sich, daß die Tangente des Winkels, welchen die auf der Hauptebene winkelrechte Linie gegen die Hauptaxe B macht, zum Halbmesser im Verhältniß $(C : B) + \frac{1}{2}(\mu-B : C-\mu)$ steht.

§. 131. Zusatz.

Auch folgt aus §. 129., daß, je näher in einem und demselben Körper (System) die augenblickliche Umdrehungsaxe bei der Hauptaxe C liegt, desto näher auch die auf der Hauptebene winkelrechte Linie bei der Hauptaxe C liegt.

§. 132. Lehrsatz.

Es sei A Fig. 62. derjenige Punct der nach §. 95. construirten Kugelfläche, wohin die Hauptaxe des kleinsten Moments trifft, C derjenige Punct, wohin die Hauptaxe des größten Moments trifft, und B derjenige Punct, wohin die Hauptaxe des mittleren Moments trifft; auch seien die Bogen AB, BC, CA größter Kreise gezogen, und im innern Flächenraum des sphärischen Dreiecks ABC ein beliebiger Punct D genommen; ferner sei aus C durch D der Bogen CDF eines größten Kreises bis an AB gezogen, und eben so aus A durch D der Bogen ADE bis an BC. Alsdann soll bewiesen werden, daß derjenige durch D gezogene größte Kreis, in Beziehung auf welchen das geometrische Moment $= 0$ ist, durch die Vertikal-Winkel ADC und FDE geht.

Beweis. Der Punct C hat unter allen Durchmessern des größten Kreises CDF das größte Moment der Trägheit; folglich liegt, wenn man in der Ebene CDF zwei auf einander winkelrechte Durchmesser zieht, deren einer nach D geht, der Bogen DC in der nicht herrschenden Winkelfläche. Ebenso wird bewiesen, daß, wenn man in der Ebene ADE zwei auf einander winkelrechte Durchmesser zieht, deren einer nach D geht, der Bogen DA in der herrschenden Winkelfläche liegt. Folglich geht derjenige größte Kreis, in welchem für den nach D gehenden und für den darauf winkelrechten Durchmesser das geometrische Moment = 0 ist, zufolge §. 42. und 43. durch den Winkel ADC.

§. 133. Zusatz.

Hieraus, in Verbindung mit §. 99., folgt, daß, wenn die augenblickliche Umdrehungsaxe durch D Fig. 62. geht, die auf der Hauptebene winkelrechte Linie in der Ebene eines durch die Vertikal-Winkel FDA und EDC gehenden größten Kreises GDH liegt.

§. 134. Lehrsatz.

Und nun soll bewiesen werden, daß, wenn der größte Kreis GDH den Bogen EC in H schneidet, die auf der Hauptebene winkelrechte Linie einen mittleren Punct des Bogens DH trifft.

Beweis. Wenn man in der Ebene EDA zwei auf einander winkelrechte Durchmesser zieht, deren einer nach D geht, und ebenso in der Ebene CDF zwei auf einander winkelrechte Durchmesser, deren einer nach D geht, so liegen die Bogen DA und DF in den herrschenden Winkelflächen; folglich liegt (nach §. 42. und 43.) auch der Bogen DG in der herrschenden Winkelfläche. Hieraus, in Verbindung mit §. 77., folgt, daß die Axe der Hauptebene einen mittleren Punct des von D auslaufenden, die Verlängerung des Bogens GD bildenden Quadranten trifft. Der spitze $\angle$, welchen die auf der Hauptebene winkelrechte Linie gegen die augenblickliche Umdrehungsaxe macht, heiße φ, das Moment der Trägheit in Beziehung auf die nach A, B, C, E, D gehende Linie aber A, B, C, μ, m, so ist das geometrische Moment in Beziehung auf die Ebene ADE, wenn einer der beiden auf einander winkelrechten Durchmesser nach D geht, (welches geometrische Moment wir m' nennen wollen), die mittlere Proportionale zwischen $\mu - m$ und $m - A$. Nach §. 42. und 43. verhält sich m' zum geometrischen Moment in Bezug auf die Ebene GDH, wenn einer der beiden winkelrechten Durchmesser nach D geht, (welches geometrische Moment wir μ'' nennen wollen) = Cos. EDH : r. Nach §. 77. aber verhält sich $r : tg.\varphi = m : \mu'' = (m : m') + (Cos. EDH : r)$. Es sei nun I der Mittelpunct der Kugel; man ziehe ID, IE, IH, und fälle aus einem beliebigen Punct L der Linie IH das Perpendikel Li auf IE, und aus i das Perpendikel iK auf DI; auch ziehe man KL, so ist, weil die Ebenen HIE und EID auf einander winkelrecht stehen, auch LK auf ID winkelrecht; folglich $\angle LKi = EDH$. Daher verhält sich $KL : Ki = r : Cos.EDH$; $Ki : KI = r : Cot.DE$; also $KL : KI = (r : Cos.EDH) + (r : Cot.DE)$, d. i. $r : Cot.DH = (r : Cos.EDH) + (r : Cot.DE)$. Nun ist aber nach §. 23. u. 25. $\Box r : \Box Cos.DE = \mu - A : m - A$; also $\Box r : \Box Sec.DE = m - A : \mu - A$; getrennt $\Box r : \Box tg.DE = m - A : \mu - m$; $r : tg.DE = \frac{1}{2}(m \cdot A : \mu - m)$, d. i. $Cot.DE : r = m - A : m'$, d. i. $(r : Cos.EDH) + (Cot.DH : r) = (m - A : m) + (r : tg.\varphi) + (r : Cos.EDH)$. Hieraus folgt $tg.\varphi : tg.DH = m - A : m$. Da nun $m - A < m$, so ist auch $tg.\varphi < tg.DH$, also $\varphi < DH$. Folglich trifft die auf der Hauptebene winkelrechte Linie einen mittleren Punct des Bogens DH.

§. 135. Zusatz.

Wenn die augenblickliche Umdrehungsaxe nicht in der Ebene zweier Hauptaxen liegt, und man legt eine Ebene durch die augenblickliche Umdrehungsaxe und durch eine Hauptaxe, eine andere Ebene aber durch dieselbe Hauptaxe und durch die auf der Hauptebene winkelrechte Linie, so liegt die letztere Ebene zwischen der ersteren und derjenigen Ebene, welche man durch die genannte Hauptaxe und durch die 2te Hauptaxe, deren Moment > ist als das Moment der 3ten Hauptaxe, legen kann.

§. 136. Zusatz.

Derselbe Satz gilt nach §. 77. und 129. auch für den Fall, wenn die augenblickliche Umdrehungsaxe in der Ebene zweier Hauptaxen liegt, und man eine Ebene durch die augenblickliche Umdrehungsaxe und durch die 3te Hauptaxe, eine andere Ebene aber durch die 3te Hauptaxe und durch die auf der Hauptebene winkelrechte Linie legt.

§. 137. Lehrsatz.

Wenn die augenblickliche Umdrehungsaxe nicht in der Ebene zweier Hauptaxen liegt, und man legt eine Ebene durch die augenblickliche Umdrehungsaxe und durch eine Hauptaxe, eine andere Ebene aber durch dieselbe Hauptaxe und durch die auf der Hauptebene winkelrechte Linie, so verhält sich die Tangente des Neigungswinkels beider Ebenen gegen einander zum Halbmesser wie das geometrische Moment in Beziehung auf die Ebene der beiden andern Hauptaxen, wenn einer der beiden winkelrechten Durchmesser in der zuerst gelegten Ebene liegt, zum Moment der Trägheit des genannten Durchmessers.

Beweis. 1) Wenn die zuerst erwähnte Hauptaxe die Hauptaxe des kleinsten Moments ist, so sei D Fig. 62. der Punct der Kugelfläche, welcher von der augenblicklichen Umdrehungsaxe, M aber der Punct, welcher von der auf der Hauptebene winkelrechten Linie getroffen wird, und die Bezeichnungen mögen sämmtlich aus §. 134. beibehalten werden. Man ziehe den Bogen AM eines größten Kreises, und fälle den Bogen MN winkelrecht auf DE. Dann ist (nach §. 11. des 4. Abschn. Theil 2) $r \times \text{Sin. AN} = \text{Sin. DN} \times \text{Cos. AD} + \text{Cos. DN} \times \text{Sin. AD}$. Es verhält sich aber $r \times \text{Sin. DN} : \text{Sin. DN} \times \text{Cos. AD} = r : \text{Cos. AD} =$ (weil $\Box r : \Box \text{Sin. AD} = \mu - A : m - A$) $\frac{1}{2}(\mu - A : \mu - m)$, und $r \times \text{Sin. DN} : \text{Cos. DN} \times \text{Sin. AD} = (\text{Sin. DN} : \text{Cos. DN}) + \frac{1}{2}(\mu - A : m - A)$, also $(\text{Sin. DN} \times \text{Cos. AD} : r \times \text{Sin. DN}) + (r \times \text{Sin. DN} : \text{Cos. DN} \times \text{Sin. AD})$, d. i. $\text{Sin. DN} \times \text{Cos. AD} : \text{Cos. DN} \times \text{Sin. AD} = \frac{1}{2}(\mu - m : m - A) + (r : \text{Cot. DN})$. Wie wir nun in §. 134. bewiesen haben, daß $r : \text{Cot. DH} = (r : \text{Cos. EDH}) + (r : \text{Cot. DE})$, auf ähnliche Art läßt sich jetzt beweisen, daß $r : \text{Cot. DM} = (r : \text{Cos. EDH}) + (r : \text{Cot. DN})$, d. i. $(r : \text{Cot.}\,\varphi)$, d. i. $\text{tg.}\,\varphi : r$, d. i. $(r : \text{Cos. EDH}) + (m' : m) = (r : \text{Cos. EDH}) + (r : \text{Cot. DN})$. Folglich ist $r : \text{Cot. DN} = m' : m$; und da überdies $\frac{1}{2}(\mu - m : m - A) = (\mu - m : m')$, so wird $\text{Sin. DN} \times \text{Cos. AD} : \text{Cos. DN} \times \text{Sin. AD} = \mu - m : m$; verbunden

$r \times \text{Sin.AN} : \text{Cos.DN} \times \text{Sin.AD} = \mu : m$. Hieraus, verglichen mit der obigen Proportion $r \times \text{Sin.DN} : \text{Cos.DN} \times \text{Sin.AD} = \frac{1}{2}(\mu - A : m - A) + (r : \text{Cot.DN})$, folgt $(r \times \text{Sin.AN} : \text{Cos.DN} \times \text{Sin.AD}) + (\text{Cos.DN} \times \text{Sin.AD} : r \times \text{Sin.DN})$, d. i. $\text{Sin.AN} : \text{Sin.DN} = (\mu : m) + (\text{Cot.DN} : r) + \frac{1}{2}(m - A : \mu - A) = (\mu : m) + (m : m') + (\text{Cos.DE} : r) = (\mu : m') + (m'' : \mu')$, wo m'' das geometrische Moment in Bezug auf 2 winkelrechte Kugeldurchmesser ist, deren einer nach D geht, der andere in der Ebene BEC liegt, μ' aber das geometrische Moment in Bezug auf die Ebene BEC, wenn einer der beiden winkelrechten Durchmesser nach E geht.

Da ferner $Ii : iK = r : \text{Sin.DE}$, und $iK : iL = r : \text{tg.EDH}$, so ist $Ii : iL$, d. i. $r : \text{tg.EH} = (r : \text{Sin.DE}) + (r : \text{tg.EDH})$. Auf ähnliche Art läßt sich beweisen, daß $r : \text{tg.NM} = (r : \text{Sin.DN}) + (r : \text{tg.EDH}) = (r : \text{Sin.AN}) + (r : \text{tg.EAM})$. Folglich ist $\square r : \text{Sin.DN} \times \text{tg.EDH} = \square r : \text{Sin.AN} \times \text{tg.EAM}$, also $\text{Sin.DN} \times \text{tg.EDH} = \text{Sin.AN} \times \text{tg.EAM}$, folglich (Eucl. 6, 16) $\text{Sin.AN} : \text{Sin.DN}$, d. i. $(\mu : m') + (m'' : \mu') = \text{tg.EDH} : \text{tg.EAM} = (\text{tg.EDH} : r) + (r : \text{tg.EAM})$. In der Beweisführung zu §. 134. haben wir gefunden $m' : \mu'' = \text{Cos.EDH} : r$; nach §. 42. u. 43. verhält sich aber auch $\mu'' : m'' = r : \text{Sin.EDH}$

$$\underline{\qquad\qquad\qquad\qquad} \text{ ord. ex aeq.}$$

$m' : m'' = r : \text{tg.EDH}$. Also wird $(\mu : m') + (m'' : \mu') = (m'' : m') + (r : \text{tg.EAM})$, und folglich $\text{tg.EAM} : r = (m'' : m') + (m' : \mu) + (\mu' : m'') = \mu' : \mu$.

2) Wenn die zuerst erwähnte Hauptaxe die Hauptaxe des größten Moments ist, so fälle man den winkelrechten Bogen MO auf DC, und ziehe den Bogen MC eines größten Kreises. Die Benennungen mögen aus §. 134. beibehalten werden; überdies sei μ''' das geometrische Moment in Beziehung auf die Ebene BFA, wenn einer der beiden winkelrechten Durchmesser nach F geht, μ^{IV} das Moment der Trägheit in Beziehung auf den nach F gehenden Kugeldurchmesser, m''' das geometrische Moment in Bezug auf die Ebene CDF, wenn einer der beiden winkelrechten Durchmesser nach D geht, m^{IV} das geometrische Moment in Be-

ziehung auf 2 winkelrechte Kugeldurchmesser, deren einer nach D geht, der andere in der Ebene BFA liegt. Dann wird auf ähnliche Art wie in §. 11. des 4ten Abschn. Theil 2. bewiesen, daß $r \times \text{Sin.}OC = \text{Sin.}DC \times \text{Cos.}DO - \text{Cos.}DC \times \text{Sin.}DO$. Es verhält sich aber $r \times \text{Sin.}DO : \text{Sin.}DO \times \text{Cos.}DC = r : \text{Cos.}DC = \frac{1}{2}(C - \mu^{IV} : m - \mu^{IV})$, und $r \times \text{Sin.}DO : \text{Cos.}DO \times \text{Sin.}DC = (r : \text{Cot.}DO) + \frac{1}{2}(C - \mu^{IV} : C - m)$, also $\text{Sin.}DO \times \text{Cos.}DC : \text{Cos.}DO \times \text{Sin.}DC = \frac{1}{2}(m - \mu^{IV} : C - m) + (r : \text{Cot.}DO) = (m - \mu^{IV} : m''') + (m''' : m) = m - \mu^{IV} : m$; zurückkehrend $r \times \text{Sin.}OC : \text{Cos.}DO \times \text{Sin}DC = \mu^{IV} : m$. Folglich $\text{Sin.}OC : \text{Sin.}DO = (\mu^{IV} : m) + (m : m''') + (m^{IV} : \mu''') = (\mu^{IV} : m''') + (m^{IV} : \mu''')$, d. i. $\text{tg.}CDH : \text{tg.}FCM = (\mu^{IV} : m''') + (m^{IV} : \mu''')$. Nach §. 42. und 43. ist

$$\begin{array}{l} m''' : \mu'' = \text{Cos.}CDH : r, \text{ und} \\ \underline{\mu'' : m^{IV} = r : \text{Sin.}CDH} \quad \text{ord. ex aeq.} \\ m''' : m^{IV} = r : \text{tg.}CDH, \end{array}$$

also $(\mu^{IV} : m''') + (m^{IV} : \mu''') = (m^{IV} : m''') + (r : \text{tg.}FCM)$, also $\text{tg.}FCM : r = \mu''' : \mu^{IV}$.

3) Wenn die zuerst erwähnte Hauptaxe die Hauptaxe des mittleren Moments ist, so können 3 Fälle statt finden:

a) Der Punct D liegt in der Ebene des mittleren Moments der Trägheit, oder, was dasselbe sagt, m ist = B. Dann ist der größte Kreis, den man aus B durch D ziehen kann, winkelrecht auf DM. Man ziehe die Bogen BD und BM größter Kreise. Dann ist das geometrische Moment in Beziehung auf 2 winkelrechte Durchmesser, deren einer nach D geht, der andere in der Ebene AC liegt, (welches geometrische Moment wir m^{V} nennen wollen), einem Flächenraum gleich, welcher zur mittleren Proportionale zwischen C—B und B—A im Verhältniß $\text{Sin.}BD : r$ steht. Dagegen verhält sich $r : \text{tg.}DM$, d. i. $r : \text{tg.}\varphi = (r : \text{Sin.}BD) + (r : \text{tg.}DBM)$; folglich ist $\text{tg.}DBM : r = (\text{tg.}\varphi : r) + (r : \text{Sin.}BD) =$ (§. 77.) $(m^{V} : B) + \frac{1}{2}(B - A : C - B) + (C - B : m^{V}) =$ (wenn wir die mittlere Proportionale zwischen B—A und $C - B = \mu^{V}$ setzen) $\mu^{V} : B$.

b) m ist > B. Alsdann wird der Beweis auf ähnliche Art wie in Nr. 1) geführt.

c) m ist < B. Alsdann wird der Beweis auf ähnliche Art wie in Nr. 2) geführt.

§. 138. Zusatz.

Der vorige Satz gilt zufolge §. 77. auch für den Fall, wenn die augenblickliche Umdrehungsaxe in der Ebene zweier Hauptaxen liegt, und man eine Ebene durch die augenblickliche Umdrehungsaxe und durch die 3te Hauptaxe, eine andere Ebene aber durch die 3te Hauptaxe und durch die auf der Hauptebene winkelrechte Linie legt.

§. 139. Zusatz.

Fällt die augenblickliche Umdrehungsaxe mit einer Hauptaxe zusammen, so ist diese nach §. 77. zugleich die auf der Hauptebene winkelrechte Linie. Fällt die augenblickliche Umdrehungsaxe in die Ebene zweier Hauptaxen, so fällt die auf der Hauptebene winkelrechte Linie in die Ebene derselben Hauptaxen, und zwar in dieselbe Winkelfläche als die augenblickliche Umdrehungsaxe; und jeder Linie, welche in der Ebene der beiden Hauptaxen liegt, entspricht eine, aber auch nur Eine andere in derselben Ebene liegende Linie von der Art, daß, wenn die erstere Linie die auf der Hauptebene winkelrechte ist, die andere die augenblickliche Umdrehungsaxe ist. Legt man nun durch 2 solche zusammengehörige Linien 2 Ebenen, welche beide durch die 3te Hauptaxe gehen, so entspricht jedem der zweiten Ebene angehörigen Kugeldurchmesser nach §. 137. und 138. ein der ersten Ebene angehöriger Kugeldurchmesser von der Art, daß, wenn der der zweiten Ebene angehörige Kugeldurchmesser die augenblickliche Umdrehungsaxe ist, der der ersten Ebene angehörige Kugeldurchmesser die auf der Hauptebene winkelrechte Linie ist.

§. 140. Erklärung.

Wir wollen 2 Kugeldurchmesser, wovon einer die augenblickliche Umdrehungsaxe, der andere für denselben Augenblick der Bewegung die auf der Hauptebene winkelrechte Linie ist, conjugirte Axen nennen.

§. 141. Zusatz.

Jeder geraden Linie, die man durch den als fest betrachteten Punct eines festen Körpers (eines festen Systems) ziehen kann, entspricht eine andere durch den festen Punct gehende, aber auch nur Eine, der ersteren Linie conjugirte Linie, von der Art, daß, wenn die erstere Linie die augenblickliche Umdrehungsaxe ist, die andere Linie die auf der Hauptebene winkelrechte Linie ist.

§. 142. Lehrsatz.

Jeder geraden Linie, die man durch den als fest betrachteten Punct eines festen Körpers (eines festen Systems) ziehen kann, entspricht eine andere durch den festen Punct gehende, aber auch nur Eine, der ersteren Linie conjugirte Linie, von der Art daß, wenn die letztere Linie die augenblickliche Umdrehungsaxe ist, die erstere Linie die auf der Hauptebene winkelrechte Linie ist.

Beweis. Ist die zuerst angenommene Linie eine Hauptaxe, so kann diese Hauptaxe zu gleicher Zeit augenblickliche Umdrehungsaxe und Axe der Hauptebene sein; es giebt aber keine andere durch den festen Punct gezogene gerade Linie, welche die augenblickliche Umdrehungsaxe sein könnte, während die genannte Hauptaxe die auf der Hauptebene winkelrechte Linie wäre.

Liegt die zuerst angenommene Linie in der Ebene zweier Hauptaxen, ohne selbst eine Hauptaxe zu sein, so entspricht ihr nach §. 131. eine, aber auch nur Eine, in der Ebene derselben Hauptaxen liegende, conjugirte Linie, welche die augenblickliche Umdrehungsaxe sein kann, während die zuerst angenommene Linie die auf der Hauptebene winkelrechte ist. Unter denjenigen Linien aber, welche nicht in den durch die Hauptaxen gelegten Ebenen liegen, giebt es nach §. 134. keine, welche die augenblickliche Umdrehungsaxe sein und zu gleicher Zeit die zuerst angenommene Linie zur Axe der Hauptebene haben könnte.

Liegt endlich die zuerst angenommene Linie nicht in der Ebene zweier Hauptaxen, so giebt es nach §. 77. unter denjenigen Linien, welche in den durch die Hauptaxen gelegten Ebenen liegen, keine, welche die augenblickliche Umdrehungsaxe sein, und dabei die zuerst angenommene Linie zur Axe der Hauptebene haben könnte. Es sei nun (Fig. 63.) M derjenige Punct der Kugelfläche, wohin die zuerst angenommene Linie trifft, A aber derjenige Punct der Kugelfläche, wohin die Hauptaxe des kleinsten Moments trifft, B derjenige Punct, wohin die Hauptaxe des mittleren Moments trifft, und C der Punct, wohin die Hauptaxe des größten Moments trifft. Man ziehe die Bogen AB, BC und CA größter Kreise. Die Puncte A, B, C seien so gewählt, daß der Punct M im innern Flächenraum des sphärischen Dreiecks ABC sich befindet. Man ziehe den Bogen AMP eines größten Kreises bis an BC, und eben so den Bogen CMQ bis an AB. Dann entspricht nach §. 131. dem Punct P ein, aber auch nur Ein Punct E des Bogens BP, von der Art, daß, wenn die augenblickliche Umdrehungsaxe durch E geht, die auf der Hauptaxe winkelrechte Linie durch P geht. Desgleichen entspricht dem Punct Q ein, aber auch nur Ein Punct F des Bogens QA, von der Art, daß, wenn die augenblickliche Umdrehungsaxe durch F geht, die auf der Hauptebene winkelrechte Linie durch Q geht. Man ziehe die Bogen AE und CF größter Kreise, welche sich in D schneiden. Ist alsdann D ein Punct der augenblicklichen Umdrehungsaxe, so liegt die auf der Hauptebene winkelrechte Linie nach §. 139. in der Ebene AMP, aber auch in der Ebene CMQ; beide Ebenen haben aber nichts als den durch M gehenden Kugeldurchmesser mit einander gemein; folglich geht die auf der Hauptebene winkelrechte Linie durch M. Dem Punct M entspricht folglich ein anderer im innern Flächenraum des sphärischen Dreiecks ABC liegender Punct D von der Art, daß, wenn die augenblickliche Umdrehungsaxe durch D geht, die auf der Hauptebene winkelrechte Linie durch M geht. Dem Punct M entspricht aber kein dritter im innern Flächenraum desselben sphärischen Dreiecks liegender Punct, durch welchen die augenblickliche Umdrehungsaxe gehen und zu gleicher Zeit den durch M gehenden Kugeldurchmesser zur Axe der Hauptebene haben könnte; denn gäbe es einen solchen Punct, so müßte er nach §. 139. in dem Quadranten ADE, aber auch im Quadranten CDF liegen, und folglich, da beide Quadranten nichts als den Punct D gemein haben, dennoch mit D zusammenfallen. Nach §. 134. giebt es auch unter denjenigen Kugeldurchmessern, welche nicht den innern Flächenraum des sphärischen Dreiecks ABC treffen, keinen, welcher die augenblickliche Umdrehungsaxe sein und zu gleicher Zeit den nach M gehenden Kugeldurchmesser zur Axe der Hauptebene haben könnte. Folglich entspricht dem nach M gehenden Kugeldurchmesser nur Ein Kugeldurchmesser, welcher die augenblickliche Umdrehungsaxe sein und zu gleicher Zeit den nach M gehenden Kugeldurchmesser zur Axe der Hauptebene haben kann.

§. 143. Zusatz.

Wenn von 2 conjugirten Axen die eine eine Hauptaxe ist, so fallen beide Axen zusammen, und wenn 2 conjugirte Axen zusammenfallen, so fallen sie in eine Hauptaxe. Wenn eine von 2 conjugirten Axen eine solche Axe ist, welche nicht zu den Hauptaxen gehört, so gehört auch die andere nicht zu den Hauptaxen, und die conjugirten Axen fallen nicht zusammen. Und wenn 2 conjugirte Axen nicht zusammenfallen, so ist keine von beiden eine Hauptaxe.

§. 144. Zusatz.

Wenn auf der aus dem festen Punct eines festen Körpers (Systems) beschriebenen Kugelfläche eine beliebige Curve construirt ist, und man nimmt zu so vielen Puncten der Curve, als man will, die conjugirten Puncte, so ist der geometrische Ort dieser conjugirten Puncte wieder eine Curve, und zwar so, daß, wenn die erstere Curve in sich selbst zurückkehrt, auch die letztere Curve in sich selbst zurückkehrt, und wenn die erstere Curve sich selbst schneidet (Schleifen bildet), auch die letztere Curve eben so oft sich selbst schneidet, und wenn die erstere Curve auf die in §. 99. und 118. beschriebene Art in congruente und symmetrische Stücke getheilt wird, auch die letztere Curve auf dieselbe Art in congruente und symmetrische Stücke getheilt wird, und wenn die erstere Curve einen durch 2 Hauptaxen gelegten größten Kreis winkelrecht schneidet, auch die letztere Curve denselben größten Kreis winkelrecht schneidet, — es mag nun die erstere Curve den augenblicklichen Umdrehungsaxen, und die letztere den auf der Hauptebene winkelrechten Linien angehören, oder umgekehrt.

§. 145. Erklärung.

Zwei zusammengehörige Curven von der im vorigen §. beschriebenen Art sollen conjugirte Curven heißen.

§. 146. Zusatz.

Wenn auf der Kugelfläche mehrere Curven construirt sind, welche keinen Punct mit einander gemein haben, und man construirt zu diesen Curven die conjugirten Curven, so haben auch diese keinen Punct mit einander gemein; haben aber die ersteren Curven Puncte mit einander gemein, so haben auch die letzteren Curven ebensoviele Puncte mit einander gemein.

§. 147. Zusatz.

Die einem größten Kreise des mittleren Moments der Trägheit conjugirte Curve ist gleichfalls ein größter Kreis, dessen Ebene durch die Hauptaxe des mittleren Moments geht (§. 139.). So ist auch die einem größten Kreise des mittleren Rotationsmoments conjugirte Curve ein größter Kreis, dessen Ebene durch die Hauptaxe des mittleren Moments geht.

§. 148. Lehrsatz.

Wenn man zum größten Kreise des mittleren Rotationsmoments die conjugirte Curve construirt, und zwar so, daß der genannte größte Kreis den augenblicklichen Umdrehungsaxen, die conjugirte Curve aber den auf der Hauptebene winkelrechten Linien angehört, so sind die der letzteren Curve angehörigen Momente der Trägheit einerlei mit den der Ebene des mittleren Moments der Trägheit angehörigen Rotationsmomenten.

Beweis. Das Moment der Trägheit für diejenige in der Ebene der Hauptaxen des größten und kleinsten Moments liegende Linie, welche der Ebene des mittleren Rotationsmoments angehört, ist nach §. 110. (wenn wir die Bezeichnungen aus §. 134. beibehalten) die 4te Prop. zu $A+C-B$, zu A und zu C (welche 4te Prop. wir μ nennen wollen). Nennen wir ferner dasjenige Rotationsmoment, welches der in der Ebene der Hauptaxen A und C liegenden und mit dem Moment der Trägheit B behafteten Linie angehört, m, so ist nach §. 103. $B:A=C:A+C-m$; getrennt $B-A:A=m-A:A+C-m$. Nach I. 1, 1 aber verhält sich $C:A+C-m$ auch wie $C-B:C-m$; also wird $(C:A+C-m)+(A+C-m:m-A)$, d. i. $C:m-A=(C-B:C-m)+(A:B-A)$, also $(C-m:C-B)+(C-B:C)+(C:m-A)$, d. i. $C-m:m-A=(A:B-A)+(C-B:C)=$ (per affin.) $(A:C)+(C-B:B-A)=(A:C)+(C-B:A)+(A:B-A)=(A:C)+(C-\mu:\mu)+(A:C)+(C:B-A)=2(A:C)+(C-\mu:\mu)+(\mu:\mu-A)=2(A:C)+(C-\mu:\mu-A)$. Hieraus folgt $\frac{1}{2}(C-m:m-A)=(A:C)+\frac{1}{2}(C-\mu:\mu-A)$. Unter den der Ebene der Hauptaxen A und C angehörigen Linien ist eine, deren Moment der Trägheit $=m$ ist; sie bilde gegen die Hauptaxe C den $\angle\varphi$, so ist nach §. 129. $(A:C)+\frac{1}{2}(C-\mu:\mu-A)$, d. i. $\frac{1}{2}(C-m:m-A)$, d. i. $tg.\varphi:r=$ tg. des Winkels, welchen die conjugirte Curve gegen den durch die Hauptaxen B und C gelegten größten Kreis macht, $:r$. Folglich ist der zuletzt genannte Winkel $=\varphi$.

§. 149. Zusatz.

Aus §. 144. und 146. fließen folgende Sätze: Wenn man zu einer Curve des gleichen Moments der Trägheit die conjugirte Curve construirt, so liegt diese ganz innerhalb desjenigen von den conjugirten Curven der größten Kreise des mittleren Moments der Trägheit gebildeten Flächenwinkels, innerhalb dessen die Curve des gleichen Moments der Trägheit selbst liegt; auch hat sie keinen Punct mit den conjugirten Curven der größten Kreise des mittleren Moments der Trägheit gemein; auch liegt der von der Hauptaxe des größten oder kleinsten Moments getroffene Punct der Kugelfläche im innern Flächenraum des von der conjugirten Curve umschlossenen Stücks der Kugelfläche, und dieses Stück der Kugelfläche wird von den durch die Hauptaxen gelegten Ebenen so geschnitten, daß von den 4 dadurch entstehenden Stücken der Kugelfläche allemal die gegenüberstehenden congruent, und die benachbarten symmetrisch sind; auch ist in den Puncten, wo die conjugirte Curve die sich innerhalb derselben kreuzenden größten Kreise schneidet, der berührende größte Kreis winkelrecht gegen den schneidenden. Wenn man zu zwei Curven des gleichen Moments der Trägheit, deren Momente der Trägheit entweder beide zwischen das größte und das der Hauptaxe des mittleren Moments angehörige Moment, oder beide zwischen das kleinste und das der Hauptaxe des mittleren Moments angehörige Moment fallen, die conjugirten Curven construirt, so haben diese keinen Punct mit einander gemein, und die der inneren von beiden Curven des gleichen Moments der Trägheit conjugirte Curve liegt innerhalb der der äußeren Curve conjugirten Curve. Auf diese Art umschließen die den Curven gleicher Momente der Trägheit conjugirten Curven einander so, daß von dem Punct an, welcher von der Hauptaxe des größten oder kleinsten Moments getroffen wird, bis zu den beiden conjugirten Curven der größten Kreise des mittleren Moments der Trägheit unzählige Curven statt finden, in deren conjugirten Curven das Moment der Trägheit ununterbrochen wächst oder abnimmt. Alles in diesem §. Angeführte gilt auch von den den Curven gleicher Rotationsmomente conjugirten Curven. Auch hat für einen Punct einer Curve, welche einer Curve des gleichen Moments der Trägheit conjugirt ist, der conjugirte Punct ein desto kleineres Rotationsmoment, je näher der angenommene Punct bei der Hauptaxe des mittleren Moments liegt (§. 121.); für einen Punct einer Curve aber, welche einer Curve des gleichen Rotationsmoments conjugirt ist, hat der conjugirte Punct ein desto größeres Moment der Trägheit, je näher der angenommene Punct bei der Hauptaxe des mittleren Moments liegt (§. 122.).

Alles in diesem §. Angeführte gilt sowohl für den Fall, wo man die conjugirten Curven so construirt, daß die ursprünglichen Curven den augenblicklichen Umdrehungsaxen, und die conjugirten Curven den auf der Hauptebene winkelrechten Linien angehören, als auch für den Fall, wo die ursprünglichen Curven den auf der Hauptebene winkelrechten Linien, und die conjugirten Curven den augenblicklichen Umdrehungsaxen angehören.

Anmerkung. Die 59ste Figur kann folglich auch dazu dienen, folgende 4 Curven-Systeme zu versinnbilden: 1) die den Curven gleicher Momente der Trägheit conjugirten Curven, für den Fall, wo die Curven gleicher Momente der Trägheit den augenblicklichen Umdrehungsaxen, die conjugirten Curven aber den auf der Hauptebene winkelrechten Linien angehören; 2) die den Curven gleicher Momente der Trägheit conjugirten Curven, für den Fall, wo die Curven gleicher Momente der Trägheit den auf der Hauptebene winkelrechten Linien, die conjugirten Curven aber den augenblicklichen Umdrehungsaxen angehören; 3) die den Curven gleicher Rotationsmomente conjugirten Curven, für den Fall, wo die Curven gleicher Rotationsmomente den augenblicklichen Umdrehungsaxen, die conjugirten Curven aber den auf der Hauptebene winkelrechten Linien angehören; 4) die den Curven gleicher Rotationsmomente conjugirten Curven, für den umgekehrten Fall.

Desgleichen kann die 61ste Figur auch dazu dienen, folgende 2 Curvensysteme zu versinnbilden: 1) die den Curven gleicher Momente der Trägheit und den Curven gleicher Rotationsmomente conjugirten Curven in ihrer gegenseitigen Durchkreuzung, für den Fall, wo die Curven gleicher Momente der Trägheit und die Curven gleicher Rotationsmomente den augenblicklichen Umdrehungsaxen, die conjugirten Curven aber den auf der Hauptebene winkelrechten Linien angehören; 2) die den Curven gleicher Momente der Trägheit und den Curven gleicher Rotationsmomente conjugirten Curven in ihrer gegenseitigen Durchkreuzung, für den umgekehrten Fall.

§. 150. Lehrsatz.

Aus §. 99. geht hervor, daß, wenn man zu einer Curve des gleichen Moments der Trägheit die conjugirte Curve construirt, so daß die Curven des gleichen Moments der Trägheit den augenblicklichen Umdrehungsaxen, die conjugirte Curve aber den auf der Hauptebene winkelrechten Linien angehört, daß alsdann der Bogen eines größten Kreises, welcher 2 conjugirte Puncte beider Curven verbindet, die Curve des gleichen Moments der Trägheit winkelrecht schneidet. Jetzt aber soll bewiesen werden, daß, wenn man zu einer Curve des gleichen Rotationsmoments die conjugirte Curve construirt, so daß die Curve des gleichen Rotationsmoments den augenblicklichen Umdrehungsaxen, die conjugirte Curve aber den auf der Hauptebene winkelrechten Linien angehört, daß alsdann der Bogen eines größten Kreises, welcher 2 conjugirte Puncte beider Curven verbindet, die conjugirte Curve winkelrecht schneidet.

Beweis. Man denke sich den festen Körper oder das feste System in Bewegung, so daß der Körper gezwungen sei sich um den Punct, auf welchen die Curven gleicher Rotationsmomente bezogen werden, als um einen im Raum feststehenden Punct zu drehen, übrigens aber sich frei bewege. Die augenblickliche Umdrehungsaxe durchschneide in irgend einem Augenblick denjenigen unter den beiden angeführten conjugirten Puncten, welcher in der Curve des gleichen Rotationsmoments liegt. Alsdann bewegt sich die augenblickliche Umdrehungsaxe in dem als ruhend gedachten Körper nach §. 126. so, daß sie stets die Curve des gleichen Rotationsmoments durchschneidet; folglich bewegt sich die auf der Hauptebene winkelrechte Linie in dem als ruhend gedachten Körper so, daß sie stets die conjugirte Curve durchschneidet. Es sei nun ACGD Fig. 64. 65. 66. die Curve des gleichen Rotationsmoments, BEHF die conjugirte Curve, und A und B die beiden conjugirten Puncte, AB aber der sie verbindende Bogen eines größten Kreises; (Fig. 64. gilt für den Fall, wo das Rotationsmoment der Curve ACGD zwischen das größte und das der Hauptaxe des mittleren Moments angehörige Moment fällt, Fig. 65. aber für den Fall, wo die Curve ACGD aus 2 Halbkreisen des mittleren Rotationsmoments besteht, und Fig. 66. für den Fall, wo das Rotationsmoment der Curve ACGD zwischen das kleinste und das der Hauptaxe des mittleren Moments angehörige Moment fällt). Die auf der Hauptebene winkelrechte Linie kann nun auch nicht die kleinste Zeit hindurch im Punct B verweilen, weil sie sonst die Umdrehungsaxe wäre, die doch nicht durch B, sondern durch A geht. Die auf der Hauptebene winkelrechte Linie bewege sich also auf der

Curve BE entlang von B nach E zu, so ist die Bewegung der auf der Hauptebene winkelrechten Linie in dem als ruhend gedachten Körper in dem betreffenden Augenblick nach der Tangente des Puncts B des Bogens BE gerichtet. Folglich ist die Bewegung des Puncts B des Körpers in dem betreffenden Augenblick nach der Tangente des Puncts B des Bogens BF gerichtet; d. h. die Richtung der Bewegung des Puncts B des Körpers in dem betreffenden Augenblick ist der Richtung der Bewegung der auf der Hauptebene winkelrechten Linie in dem als ruhend betrachteten Körper in dem betreffenden Augenblick gerade entgegengesetzt. Weil aber die augenblickliche Umdrehungsaxe durch A geht, so ist die Richtung der Bewegung des Puncts B des Körpers in dem betreffenden Augenblick auch auf dem Bogen BA winkelrecht; folglich ist die Tangente des Puncts B der Curve BEHF winkelrecht auf dem Bogen BA.

§. 151. Aufgabe.

Aus der Lage der augenblicklichen Umdrehungsaxe eines sich frei oder nur um einen festen Punct drehenden festen Körpers (Systems) und aus der Winkelumdrehungsgeschwindigkeit die linearische Geschwindigkeit des Puncts der Kugelfläche, welcher von der auf der Hauptebene winkelrechten Linie getroffen wird, in Beziehung auf den als ruhend betrachteten Körper zu finden.

Auflösung. 1) Geschieht die Drehung um eine Hauptaxe, so ist aus §. 61. 62. und 77. klar, daß die gesuchte linearische Geschwindigkeit 0 ist.

2) Geschieht aber die Drehung um eine von den Hauptaxen verschiedene Axe, so bestimme man durch das im Beweise zu §. 142. beschriebene Verfahren die Lage der auf der Hauptebene winkelrechten Linie, so findet sich die Größe des Bogens AB Fig. 64. 65. 66., und folglich der Sinus dieses Bogens, d. i. die geradlinige Entfernung des Puncts B von der augenblicklichen Umdrehungsaxe. Nennen wir diese Entfernung s, und machen wir $r : \pi = s : t$, so ist t die linearische Geschwindigkeit des Puncts B des Körpers, wenn man die zum Maaß dienende Zeit nach

§. 73. bestimmt. Diese Geschwindigkeit ist der Geschwindigkeit des Puncts B der auf der Hauptebene winkelrechten Linie, in Beziehung auf den als ruhend betrachteten Körper, gleich und entgegengesetzt.

§. 152. Zusatz.

Da die Winkelumdrehungsgeschwindigkeit eines sich frei oder nur um einen festen Punct bewegenden festen Körpers (Systems) nach §. 90. nie = 0 ist, so erhellt aus §. 151., daß auch die linearische Geschwindigkeit eines Puncts der auf der Hauptebene winkelrechten Linie, in Beziehung auf den als ruhend betrachteten Körper, nie = 0 sein kann.

§. 153. Zusatz.

Bei einem sich frei oder nur um einen festen Punct bewegenden festen Körper (System) geschieht folglich die Bewegung der auf der Hauptebene winkelrechten Linie, in Beziehung auf den als ruhend betrachteten Körper, stets nach einerlei Seite hin.

§. 154. Zusatz.

Folglich geschieht auch die Bewegung der augenblicklichen Umdrehungsaxe, in Beziehung auf den als ruhend betrachteten Körper, in der Curve des gleichen Rotationsmoments stets nach einerlei Seite hin.

§. 155. Zusatz.

Da die linearische Geschwindigkeit eines Puncts der auf der Hauptebene winkelrechten Linie, in Beziehung auf den als ruhend betrachteten Körper, nie = 0 ist, so giebt es unter den den einzelnen Puncten der von der Axe der Hauptebene beschriebenen Curve angehörigen linearischen Geschwindigkeiten (welche sich aus dem in §. 87. angegebenen Gesetz der Veränderung der Winkelgeschwindigkeit um die augenblickliche Umdrehungsaxe bestimmen lassen) eine größte und eine kleinste.

§. 156. Zusatz.

Nennen wir die größte dieser linearischen Geschwindigkeiten G, und die kleinste g, die ganze Länge der in sich selbst zurückkehrenden, von der auf der Hauptebene winkelrechten Linie beschriebenen Curve aber L, und die Zeit, welche von einer gleichförmigen, mit der Geschwindigkeit G behafteten Bewegung auf den Weg L verwandt werden würde, t, endlich die Zeit, welche von einer gleichförmigen, mit der Geschwindigkeit g behafteten Bewegung auf den Weg L verwandt werden würde, T, so wird in einem Zeitraum, welcher $> t$, aber $< T$ ist, die ganze in sich selbst zurückkehrende Curve durchlaufen. Dieser Satz gilt jedoch nur für den Fall, wo die augenblickliche Umdrehungsaxe sich nicht in der Ebene des mittleren Rotationsmoments befindet.

Theorie der freien Rotation eines festen Körpers, welcher in Beziehung auf den festen Punct nur drei Hauptaxen hat, und sich nicht um die in der Ebene des mittleren Rotationsmoments liegenden Axen dreht.

§. 157. Zusatz.

Im Verlauf der im vorigen §. angeführten Zeit, welche $> t$, aber $< T$ ist, durchläuft die augenblickliche Umdrehungsaxe, in Beziehung auf den als ruhend betrachteten Körper, die ganze Curve des gleichen Rotationsmoments.

§. 158. Zusatz.

Folglich sind die beiden in §. 128. angegebenen Grenzen, innerhalb welcher die Winkelgeschwindigkeit um die augenblickliche Umdrehungsaxe stets eingeschlossen ist, nicht bloß solche Winkelgeschwindigkeiten, welche niemals, weder nach der Seite des Größeren noch nach der Seite des Kleineren hin, überschritten werden, sondern es sind diejenigen äußersten Winkelgeschwindigkeiten, welche während der freien Rotation des festen Körpers (Systems) wirklich erreicht werden.

§. 159. Zusatz.

Aus §. 157., verglichen mit §. 101., folgt, daß, wenn die augenblickliche Umdrehungsaxe zu ihrer alten Stelle in Beziehung auf den als ruhend betrachteten Körper zurückgekehrt ist, die Rotation von vorn anfängt, und daß die Bewegung des Körpers auf diese Art Perioden beobachtet, welche ohne Ende wiederkehren, und in welchen die Bewegung in Beziehung auf Zeit und Raum völlig congruent ist, — auch daß die Bewegung des Körpers auf diese Art früherhin ebendieselben Perioden beobachtete, in welchen die Bewegung in Beziehung auf Zeit und Raum stets völlig congruent war, ohne daß sich ein bestimmter Anfang der Bewegung angeben läßt.

§. 160. Zusatz.

Da in dem Augenblick, wo die augenblickliche Umdrehungsaxe zu ihrer alten Stelle im Körper zurückgekehrt ist, auch die auf der Hauptebene winkelrechte Linie zu ihrer alten Stelle zurückgekehrt ist, — die auf der Hauptebene winkelrechte Linie aber nach §. 24. und 25. des 9ten Abschn. und §. 85. und 86. des 10ten Abschn. stets eine unveränderliche Lage im Raume behält, — so ist nach Ablauf der Periode, in welcher die augenblickliche Umdrehungsaxe die ganze Curve des gleichen Rotationsmoments durchläuft, der Körper zu derselben Stellung in Beziehung auf die Hauptebene zurückgekehrt.

§. 161. Zusatz.

Nach allem Bisherigen läßt sich die Rotation eines festen Körpers (eines festen Systems), wenn der Körper (das System) entweder sich frei bewegt oder nur gezwungen ist sich um einen festen Punct zu drehen, und in Beziehung auf den festen oder als fest betrachteten Punct nur 3 Hauptaxen statt finden, folgendermaßen schildern: Geschieht die Drehung um solche augenblickliche Umdrehungsaxen, deren Rotationsmoment zwischen das {größte / kleinste} und das der Hauptaxe des mittleren Moments angehörige Moment fällt, so beschreibt die Hauptaxe des {größten / kleinsten} Moments (welche sich nie in der Hauptebene befindet) um den festen oder als fest betrachteten Punct eine gekrümmte piramydalische Fläche, in deren inneren Raum sich die auf der Hauptebene winkelrechte Linie befindet. Diese Bewegung in der piramydalischen Fläche geschieht stets nach einerlei Seite hin, und fängt nach Ablauf der in §. 159. bezeichneten Periode von vorn an, so daß auf diese Art die durch die Hauptaxe und die auf der Hauptebene winkelrechte Linie gelegte Ebene nach und nach alle möglichen Lagen ringsum annimmt, und ihre Umläufe ohne Ende fortsetzt. Während dessen rückt der ganze Körper (das ganze System) der genannten Hauptaxe nach, und dreht sich dabei um dieselbe stets nach einerlei Seite hin *), und zwar nach $\left\{\begin{matrix}\text{entgegengesetzter}\\ \text{derselben}\end{matrix}\right\}$ Seite hin, als nach welcher die piramydalische Bewegung der genannten Hauptaxe geschieht; die Umwälzungszeit des Körpers um die genannte Hauptaxe ist einerlei mit der in §. 159. erwähnten Periode. Die augenblickliche Umdrehungsaxe, d. h. diejenige von der genannten Hauptaxe und von der auf der Hauptebene winkelrechten Linie verschiedene Linie, deren Puncte in dem jedesmaligen Augenblick sämmtlich die linearische Geschwindigkeit 0 haben, liegt nur in denjenigen Augenblicken, wo die auf der Hauptebene winkelrechte Linie in der Ebene zweier Hauptaxen liegt, mit der genannten Hauptaxe und mit der auf der Hauptebene winkelrechten Linie in Einer Ebene, und zwar liegen alsdann die genannte Hauptaxe und die augenblickliche Umdrehungsaxe $\left\{\begin{matrix}\text{zu beiden Seiten}\\ \text{auf einerlei Seite}\end{matrix}\right\}$ der auf der Hauptebene winkelrechten Linie; in allen übrigen Augenblicken bildet die durch die auf dec Hauptebene winkelrechte Linie und durch die genannte Hauptaxe gelegte Ebene gegen die durch die auf der Hauptebene winkelrechte Linie und durch die augenblickliche Umdrehungsaxe gelegte Ebene einen $\left\{\begin{matrix}\text{stumpfen}\\ \text{spitzen}\end{matrix}\right\}$ Neigungswinkel; auf diese Art schwankt die augenblickliche Umdrehungsaxe zu beiden Seiten der

*) Diese Drehung geschieht darum stets nach einerlei Seite hin, weil der Neigungswinkel, welchen die zuletzt erwähnte Ebene gegen eine im Körper feststehende durch die Hauptaxe gelegte Ebene bildet, stets nach einerlei Seite wächst.

durch die Hauptaxe und durch die auf der Hauptebene winkelrechte Linie gelegten Ebene, und die Periode dieser Schwankung ist halb so groß als die in §. 159. angeführte Periode. Die Drehung um die augenblickliche Umdrehungsaxe geschieht, von derselben Seite der Hauptebene aus betrachtet, stets nach derselben Seite hin, nach welcher die piramydalische Bewegung der Hauptaxe um die auf der Hauptebene winkelrechte Linie geschieht, und die Periode der Veränderlichkeit der Winkelgeschwindigkeit um die augenblickliche Umdrehungsaxe ist gleichfalls halb so groß als die in §. 159. angeführte Periode. Betrachtet man den Körper (das System) als ruhend, so beschreibt die augenblickliche Umdrehungsaxe um die Hauptaxe des {größten / kleinsten} Moments eine gekrümmte piramydalische Fläche des gleichen Rotationsmoments, bei welcher Bewegung die ganze Dauer eines Umlaufs = ist der in §. 159. angeführten Periode, also auch = der Dauer der Umwälzung des Körpers um die bewegliche Hauptaxe des {größten / kleinsten} Moments, und welche Bewegung die entgegengesetzte Richtung hat als die eben erwähnte Umwälzung. Auch die auf der Hauptebene winkelrechte Linie beschreibt in dem als ruhend gedachten Körper um die Hauptaxe des {größten / kleinsten} Moments eine gekrümmte piramydalische Fläche, bei welcher Bewegung die ganze Dauer eines Umlaufs = ist der Dauer der Umwälzung der augenblicklichen Umdrehungsaxe um die Hauptaxe, und welche Bewegung dieselbe Richtung hat als die eben erwähnte Umwälzung. Endlich ist noch zu bemerken, daß die Bewegung während der in §. 159. erwähnten Periode überhaupt in 4 gleich große Perioden getheilt werden kann, welche, wenn man sie durch die Augenblicke begrenzt, wo die auf der Hauptebene winkelrechte Linie und die augenblickliche Umdrehungsaxe in der Ebene zweier Hauptaxen befindlich sind, so beschaffen sind, daß die Bewegungen in 2 auf einander folgenden unter jenen 4 Perioden in Beziehung auf Zeit und Raum symmetrisch, in 2 solchen Perioden aber, zwischen denen eine Periode liegt, in Beziehung auf Zeit und Raum congruent sind.

§. 162. Zusatz.

Bei der Rotation eines festen Körpers, welcher entweder sich frei bewegt oder nur gezwungen ist sich um einen festen Punct zu drehen, kann man, wenn in Beziehung auf den als fest betrachteten Punct nur 3 Hauptaxen statt finden, und die Drehung nicht um die Axen des mittleren Rotationsmoments geschieht, die auf der Hauptebene winkelrechte Linie als mittleren Standort der Hauptaxe des $\left\{\begin{matrix}\text{größten}\\ \text{kleinsten}\end{matrix}\right\}$ Moments betrachten. Desgleichen läßt sich diejenige Winkelgeschwindigkeit, mit welcher bei gleichförmiger Rotation in der §. 159. angeführten Periode eine ganze Umwälzung vollendet wird, als mittlere Winkelgeschwindigkeit der Rotation des Körpers um die bewegliche Hauptaxe des $\left\{\begin{matrix}\text{größten}\\ \text{kleinsten}\end{matrix}\right\}$ Moments ansehen. So giebt es auch eine mittlere Winkelgeschwindigkeit um die augenblickliche Umdrehungsaxe, von welcher sich die veränderliche Winkelgeschwindigkeit um die augenblickliche Umdrehungsaxe nur bis auf die in §. 128. angegebenen Grenzen entfernt, und dabei eine Periode beobachtet, welche der Hälfte der in §. 159. angeführten Periode gleich ist. Auch kann die auf der Hauptebene winkelrechte Linie als mittlerer Standort der augenblicklichen Umdrehungsaxe im Raume, die Hauptaxe des $\left\{\begin{matrix}\text{größten}\\ \text{kleinsten}\end{matrix}\right\}$ Moments aber als mittlerer Standort der augenblicklichen Umdrehungsaxe und der auf der Hauptebene winkelrechten Linie, in Beziehung auf den als ruhend betrachteten Körper, angesehen werden.

§. 163. Zusatz.

Alles dieses zusammengenommen lehrt, daß bei der Drehung eines festen Körpers (eines festen Systems) um die Hauptaxe des größten oder kleinsten Moments der sichere, bei der Drehung um die Hauptaxe des mittleren Moments aber der unsichere Zustand statt findet.

Anmerkung. Die Sätze §. 161. — 163. geben eine nähere Bestimmung dessen, was Laplace in seiner Méc. cél. I. 7, 30 vom Ende der 85sten bis zum Ende der 87sten Seite beweist.

Theorie der freien Rotation eines festen Körpers, welcher in Beziehung auf den festen Punct nur drei Hauptaxen hat, und sich um die in der Ebene des mittleren Rotationsmoments liegenden Axen dreht.

§. 164. Zusatz.

Aus §. 151. folgt, daß, wenn die augenblickliche Umdrehungsaxe sich in der Ebene des mittleren Rotationsmoments bewegt, die linearische Geschwindigkeit der auf der Hauptebene winkelrechten Linie, in Beziehung auf den als ruhend betrachteten Körper, bei der Annäherung an die Hauptaxe des mittleren Moments kleiner werden kann als jede gegebene linearische Geschwindigkeit.

§. 165. Zusatz.

Da aber auf demjenigen größten Kreise der Kugelfläche, auf welchem die auf der Hauptebene winkelrechte Linie sich entlang bewegt, jedem Puncte eine bestimmte, nach §. 151. zu findende linearische Geschwindigkeit entspricht, so giebt es auf demjenigen Bogen des genannten größten Kreises, welcher zwischen dem einem angenommenen Augenblick entsprechenden Standort der auf der Hauptebene winkelrechten Linie und zwischen dem von der Hauptaxe des mittleren Moments getroffenen Puncte enthalten ist (es ist hier unter den beiden von der Hauptaxe des mittleren Moments getroffenen Puncten derjenige gemeint, nach welchem die auf der Hauptebene winkelrechte Linie sich hinwärts bewegt), keinen Punct, welcher nicht von der auf der Hauptebene winkelrechten Linie erreicht würde. Desgleichen giebt es auch auf demjenigen Bogen, welcher zwischen dem einem angenommenen Augenblick entsprechenden Standort der auf der Hauptebene winkelrechten Linie und zwischen dem von der Hauptaxe des mittleren Moments getroffenen Puncte enthalten ist, und welcher den vorher genannten Bogen zu einem Halbkreise ergänzt, keinen Punct, welcher nicht früher von der auf der Hauptebene winkelrechten Linie durchschnitten worden wäre.

§. 166. Zusatz.

Das im vorigen §. Ausgesprochene gilt auch von der Bewegung der augenblicklichen Umdrehungsaxe durch die auf einander folgenden Puncte des größten Kreises des mittleren Rotationsmoments. In dieser Hinsicht ist die Bewegung der augenblicklichen Umdrehungsaxe und der auf der Hauptebene winkelrechten Linie mit der in §. 46. und 47. des 5ten Abschn. erwähnten Bewegung zu vergleichen.

§. 167. Zusatz.

Die gesammte Bewegung eines festen Körpers (Systems), dessen augenblickliche Umdrehungsaxe sich in der Ebene des mittleren Rotationsmoments bewegt, ist in 2 Theile getheilt, welche in Beziehung auf Zeit und Raum vollkommen symmetrisch sind, und durch den Augenblick, wo die augenblickliche Umdrehungsaxe und die auf der Hauptebene winkelrechte Linie in der Ebene der Hauptaxen des größten und kleinsten Moments liegen, von einander getrennt werden.

§. 168. Zusatz.

Bei der Bewegung der augenblicklichen Umdrehungsaxe in der Ebene des mittleren Rotationsmoments findet eine größte Winkelgeschwindigkeit statt, nämlich in dem im vorigen §. angeführten Augenblick, welcher die beiden symmetrischen Bewegungen von einander scheidet; es findet aber keine kleinste Winkelgeschwindigkeit statt, sondern statt dessen eine Winkelgeschwindigkeit, welche $<$ ist als jede während der Bewegung wirklich vorkommende Winkelgeschwindigkeit, welcher aber die wirkliche Winkelgeschwindigkeit näher kommt als jede gegebene größere Winkelgeschwindigkeit, und welcher auch die wirkliche Winkelgeschwindigkeit früher näher war als jede gegebene größere Winkelgeschwindigkeit.

§. 169. Zusatz.

Da in jedem Augenblick der Bewegung die Richtung der Bewegung jedes Puncts der Kugelfläche winkelrecht auf demjenigen größten Kreise ist, welcher den betreffenden Punct der Kugelfläche mit dem von der augenblicklichen Umdrehungsaxe getroffenen Punct verbindet, so bildet, wenn die augenblickliche Umdrehungsaxe sich in der Ebene des mittleren Rotationsmoments bewegt, die Richtung der Bewegung des von der Hauptaxe des mittleren Moments getroffenen Puncts der Kugelfläche stets einerlei Winkel gegen den durch diesen Punct und durch die auf der Hauptebene winkelrechte Linie gelegten größten Kreis. Der von der Hauptaxe des mittleren Moments getroffene Punct der Kugelfläche beschreibt folglich im Raum eine Curve, welche die auf der Hauptebene winkelrechten größten Kreise stets unter einerlei Winkel schneidet, — welche Curve man eine loxodromische Linie oder Loxodromie zu nennen pflegt. Diese Curve windet sich um die Kugelfläche so, daß sie dem von der Axe der Hauptebene getroffenen Punct immer näher kommt, so daß der Abstand kleiner werden kann als jeder gegebene Abstand, ohne jedoch diesen Punct zu erreichen; dabei geschieht die Windung so, daß nach und nach sämmtliche auf der Hauptebene winkelrechten größten Kreise durchschnitten werden, und die Umläufe sich ohne Ende wiederholen, auch früher sich unaufhörlich wiederholten, ohne daß sich ein bestimmter Anfang dieser Bewegung angeben läßt. Auf diese Art kann die Hauptaxe des mittleren Moments so nahe an die der anfänglichen Stellung gerade entgegengesetzte Stellung kommen, daß die Abweichung kleiner wird als jeder gegebene ∠, ohne jedoch diese gerade entgegengesetzte Stellung jemals ganz zu erreichen (ich verstehe aber hier unter dem Ausdruck anfängliche Stellung keine solche Stellung, welche die Hauptaxe irgend einmal wirklich hatte, sondern diejenige Stellung, welcher sie früher so nahe war, daß die Abweichung kleiner war als jeder gegebene ∠). Während die Hauptaxe des mittleren Moments die erwähnte Loxodromie durchläuft, rückt der ganze

Körper (das ganze System) nach, **ohne sich jedoch dabei um die genannte Hauptaxe zu drehen** *). Die Drehung um die augenblickliche Umdrehungsaxe, d. h. um diejenige von der genannten Hauptaxe und von der auf der Hauptebene winkelrechten Linie verschiedene Linie, deren Puncte in dem jedesmaligen Augenblick sämmtlich die linearische Geschwindigkeit 0 haben, geschieht, von derselben Seite der Hauptebene aus betrachtet, stets nach derselben Seite hin, nach welcher die angeführte loxodromische Bewegung der Hauptaxe geschieht.

Allgemeine Bemerkungen über die Rotation der festen Körper.

§. 170. Lehrsatz.

Wenn auf einen festen Körper oder auf ein festes System von Puncten keine äußere Kraft wirkt als die Schwere, übrigens aber die Bewegung völlig frei ist, so ist die Rotation um den als ruhend betrachteten Schwerpunct so beschaffen, als wenn der Körper (das System) im Schwerpunct festgehalten würde, und gar keine Schwere wirkte.

Beweis. Man denke sich den Körper (das System) im Schwerpunct festgehalten, und der Einwirkung der Schwere ausgesetzt. Alsdann werden die Wirkungen der Schwere auf die einzelnen Puncte des Körpers (Systems) durch die von den Bedingungen hervorgebrachten Kräfte gänzlich zerstört (§. 27. des 6. Abschn. und §. 9. des 7. Abschn.); folglich wird die Rotation um den festen Schwerpunct durch die Einwirkung der Schwere gar nicht gestört, und der Körper (das System) dreht sich so, als wenn gar keine Schwere statt fände. Denkt man sich nun wieder den Körper (das System) im Schwerpunct frei, so kann man sich die Bewegung jedes Puncts des Körpers (des Systems)

---

*) Daß keine solche Drehung erfolgt, ist daraus klar, weil die durch die Hauptaxe des mittleren Moments und durch die auf der Hauptebene winkelrechte Linie gelegte Ebene eine unveränderliche Lage im Körper hat.

zusammengesetzt denken aus der parabolischen Bewegung, welche nach §. 1. und 2. der Schwerpunct annimmt, und aus einer Rotation um den als fest betrachteten Schwerpunct. Da nun keine andern Curvenkräfte wirken als die Schwere und die von den Bedingungen herrührenden Kräfte, die Curvenkraft der parabolischen Bewegung aber einerlei mit der Schwerkraft ist, so sind die Curvenkräfte der rotirenden Bewegung um den als fest betrachteten Schwerpunct nach §. 20. des 2. Abschn. einerlei mit den von den Bedingungen herrührenden Kräften. Daher ist die rotirende Bewegung um den als fest betrachteten Schwerpunct so beschaffen, als wenn der Schwerpunct festgehalten würde, und gar keine Schwere statt fände.

Anmerkung. Vergleiche wegen dieses Satzes Poisson's Traité de Méc. III. 5, 405. Auch ist klar, daß dieser Satz ein Mittel darbietet, die früher entwickelten Gesetze der freien Rotation durch Versuche zu prüfen, welche Versuche (weil wir keinen Körper dem Einfluß aller äußeren Kräfte entziehen können) unmöglich wären, wenn wir nicht beweisen könnten, daß die Schwere die Rotation um den Schwerpunct nicht stört.

§. 171. Zusatz.

Auf ähnliche Art wird aus §. 4. und 5. des 8ten Abschn. bewiesen, daß die um den Mittelpunct geschehende Rotation einer hohlen oder nicht hohlen Kugel, welche in gleichen Entfernungen vom Mittelpunct überall gleiche Dichtigkeit hat, durch die allgemeine Gravitation nicht gestört wird.

Anmerkung. Wenn die Weltkörper unseres Sonnensystems als Kugeln von der eben erwähnten Art angesehen werden, so wird, während die Schwerpuncte der Sonne und der Planeten sich so bewegen, als wenn diese Schwerpuncte allein gravitirend auf einander wirkten, die Rotation nach §. 62. und 67. stets gleichförmig um einen unveränderlichen Kugeldurchmesser, welcher im Raum eine parallele Lage behält, vor sich gehen. Die Störungen dieser Rotation, wozu z. B die Präcession der Nachtgleichen und die Nutation der Erdaxe gehören, rühren folglich vom Einfluß fremder Weltkörper auf den nicht völlig kugelförmigen oder mit unregelmäßiger Vertheilung der Masse behafteten rotirenden Weltkörper her. Vergl. Poisson, Traité de Méc. III. 5, 406.

Vorbereitende geometrische Lehren.

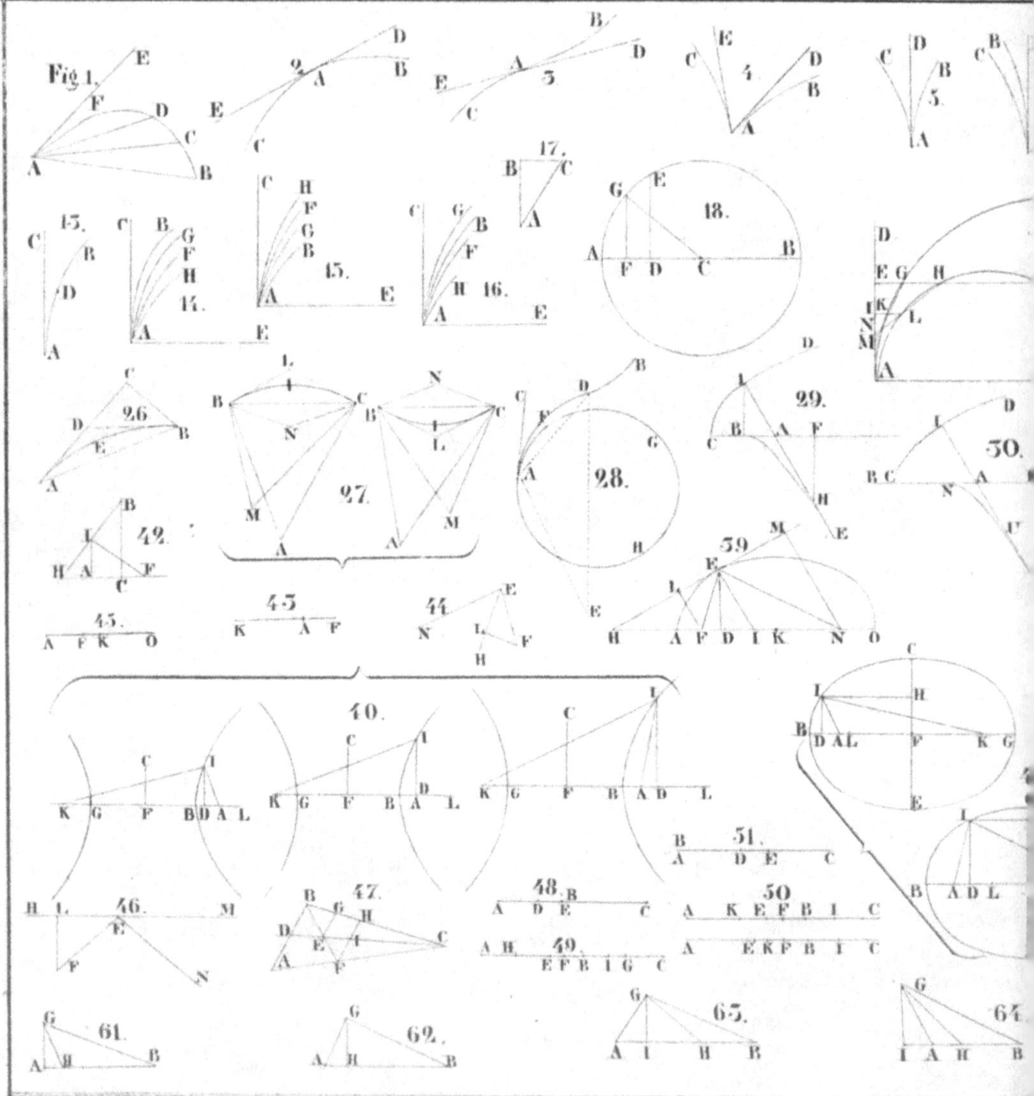

Mechanische Lehren.

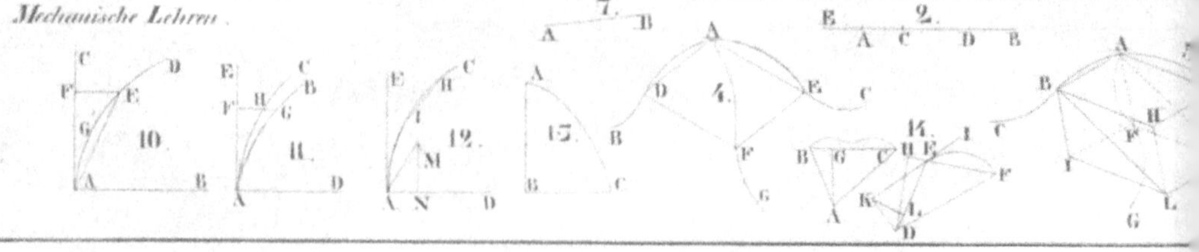

TAF. I.

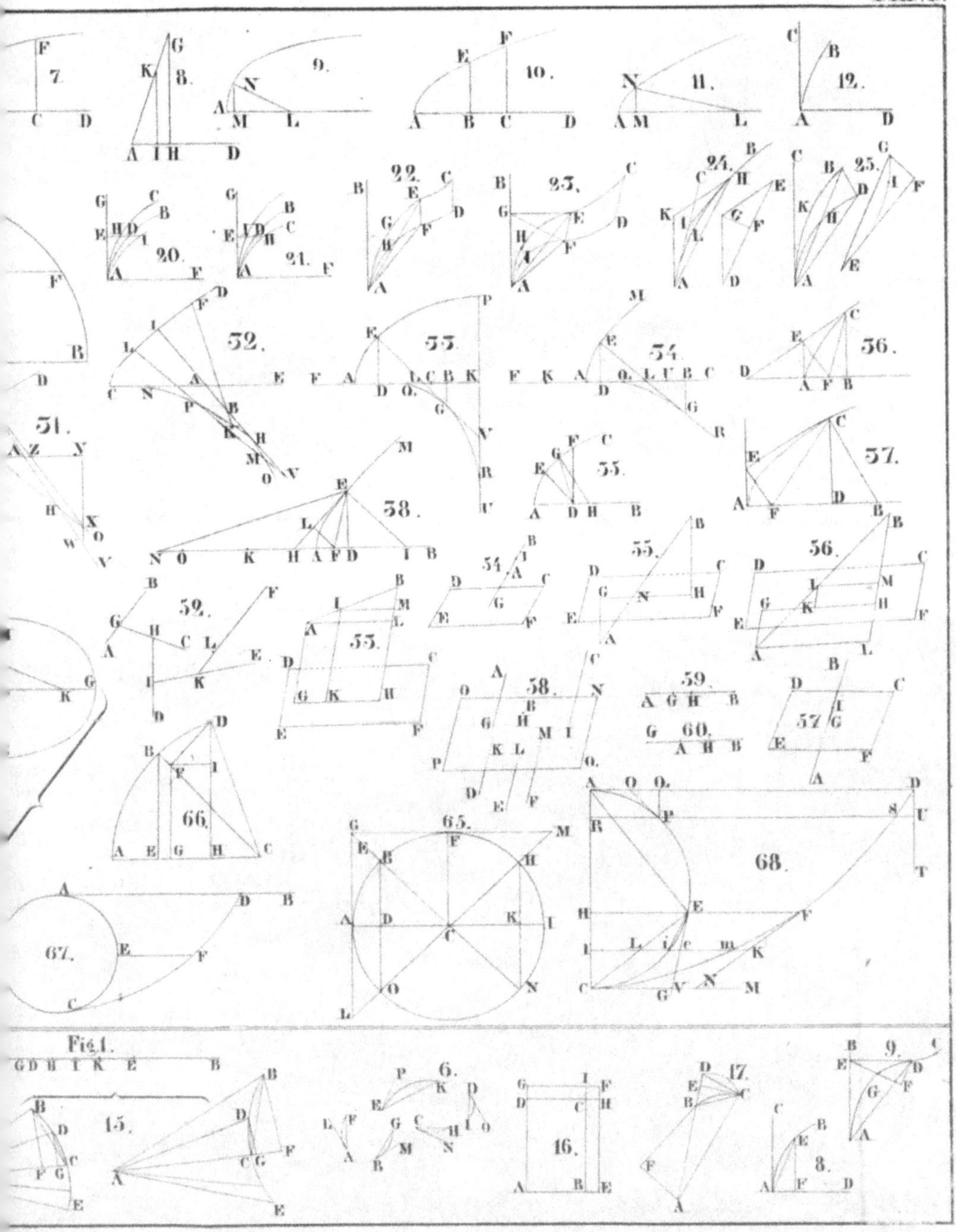
7.
8.
9.
10.
11.
12.
20.
21.
22.
23.
24.
25.
31.
32.
33.
34.
35.
36.
37.
38.
52.
53.
54.
55.
56.
57.
58.
59.
60.
65.
66.
67.
68.
Fig. 1.
15.
6.
16.
17.
8.
9.

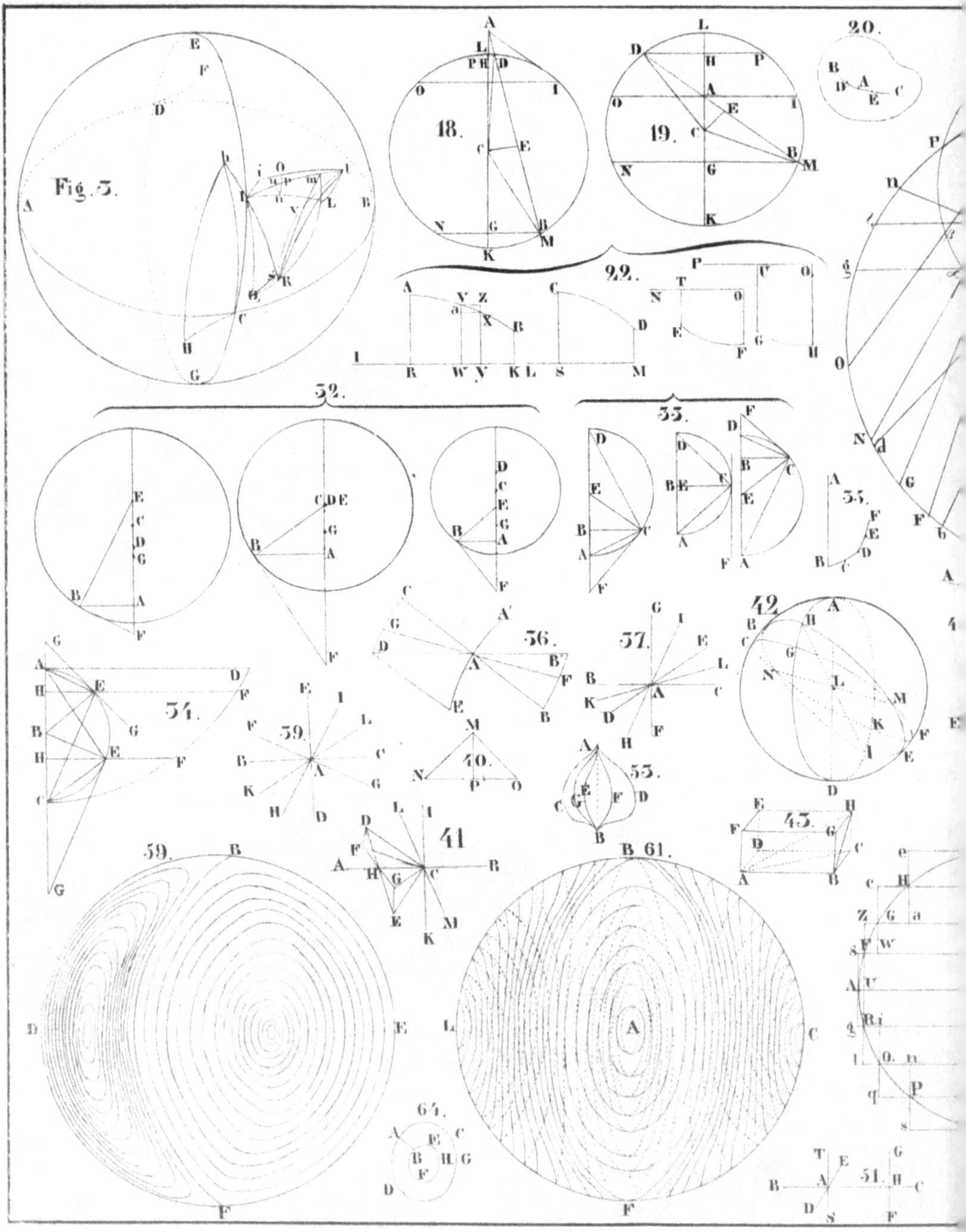

Fig. 3.
18.
19.
20.
22.
32.
33.
34.
35.
36.
37.
39.
40.
41
42
43.
51.
53.
59.
61.
64.

TAF. II.

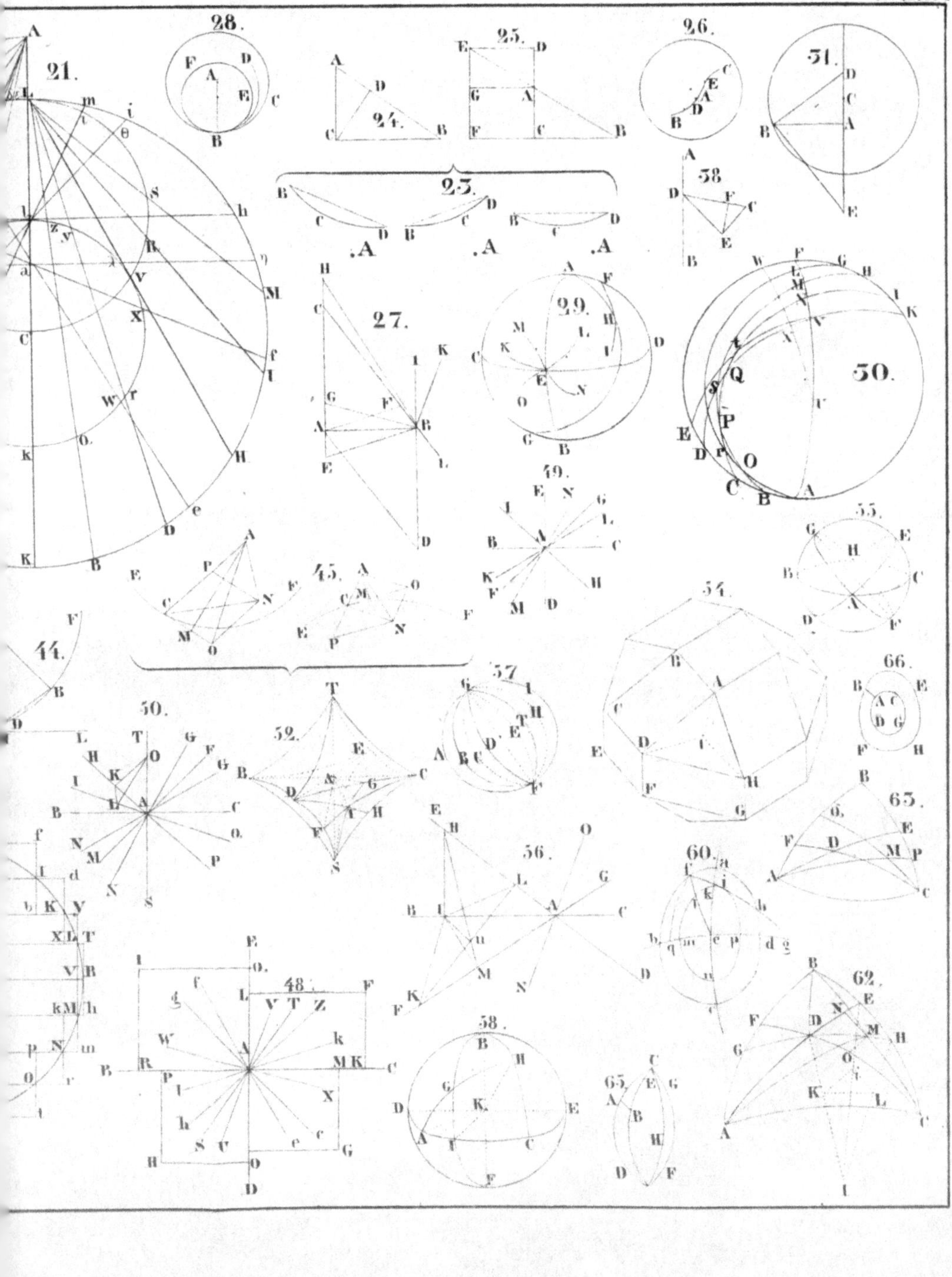
21.
28.
24.
25.
26.
31.
23.
38.
27.
29.
30.
49.
45.
55.
54.
44.
50.
52.
57.
66.
63.
56.
60.
48.
58.
65.
62.

Kolibri 360 GmbH
Ferdinand-Jühlke-Straße 7
99095 Erfurt, Deutschland
produktsicherheit@kolibri360.de